고층대기관측

소선섭 · 서명석
이천우 · 소은미 지음

(주)교 문 사

高層大氣觀測

Upper Atmospheric Observation

蘇鮮燮 · 徐明錫
李天雨 · 蘇恩美 著

Seun-Seup So, Myoung-Seok Suh
Chun-Woo Lee and Eun-Mi So

(株) 教文社

KYOMUNSA Ltd. Publisher

머리말

1980 년대에 기상관측법(氣象觀測法, 1986, 교문사)을 출간하고, 이어서 2000 년에『대기관측법(大氣觀測法)』을 출판하였다. 이들의 내용을 주로 측기와 관측의 이론과 실제를 내용으로 하면서 지상관측을 염두에 두고 지은 서적이었다. 세월이 흘러 20 여 년이 지난 지금은 관측이 지상을 벗어나서 공간적이고 시간적으로 넓혀져서 상공의 높은 곳의 관측이 필요했고, 시간도 긴 시간의 관측을 요하게 되었다. 따라서 대상, 관측장비, 정밀도 등의 변화와 발전이 거듭되어 현재에 이르게 되었다. 따라서 이에 상응하는 교재의 개발이 필요성을 느끼게 되어 이번에『고층대기관측』을 출판하게 되었다.

이번에 출간에 이르게 된 고층대기관측(高層大氣觀測, Upper Atmospheric Observation, upper air observation, aerological observation)은 현재 우리나라에서는 생소하여 잘 이용되고 있지 않는 부분이 많지만, 앞으로는 상용화되어 보편적으로 대기관측 자료를 얻는 데 늘 사용될 것으로 생각한다. 선진국에서는 이미 개발이 되어 실제에서 사용되고 있으므로 우리도 이에 뒤지지 않기 위해서는 교재도 개발하고, 관측하여 자료도 얻고, 연구도 하면서 언젠가는 앞서가는 나라들을 제치고 우리가 선두에 서서 나아가는 날을 고대하면, 이 서적이 그의 밑거름이 되는데 이바지하기를 기대하면서 출간에 이르고 있다.

이 서적을 출판하는 데는 일본기상학회의 기상연구노트 제 194 호『기상측기-고층기상관측편』, 제 200 호『도플러 기상레이더』등이 많은 도움이 되었다. 또『기상핸드북』(朝創書店, 1981 년 제 4 쇄),『신판 기상핸드북』(朝創書店, 1995 년 초판 제 1 쇄),『신파 기상의 사전』(東京堂出版, 1980 년 5 판 발행),『최신 기상의 사전』(東京堂出版, 1993 년 초판 발행),『기상과학사전』(일본기상학회편, 東京書籍, 2004 년 제 3 판 발행) 등과 이외에도 일일이 열고 하지 못하는 여러 곳에서 아이디어와 자료를 얻었다.

이번 출판에 오래 동안의 긴 시간에 소요되었다. 그림의 작업과 내용과 오자의 수정, 교정 작업 등에 도움을 준 공주대학교 대기과학과의 학부학생 소재원(蘇在元)에게 고마움을 표한다. 또한 오래 동안 판매부수도 많지 않은 대기과학 부분에 본 저자의 여러 서적의 출판에 정성을 다 해주신 교문사(教文社) 류제동(柳濟東) 사장님을 비롯한 임직원 여러분께 심심한 감사의 말씀을 드린다.

2007. 8.

저자 씀

차 례

제Ⅰ부 존 데

제 II 부 레이더와 인공위성

제 Ⅲ 부 라이더

제 Ⅳ 부 빛과 음파를 이용한 측기

제 I 부　존 데

Chapter 1

라디오존데

라디오존데(radiosonde)는 라디오(radio, 無線)+존데(sonde, 探測)로 이루어져 있다. 즉 전파(電波)에 의해 대기를 탐측(探測)하는 기기인 무선탐측장비(무선탐측裝備, radio sounding equipment)이다. 1930년대경부터 고층대기관측의 측기(測器)로 현재까지 잘 이용되고 있는데, 일회용의 소모성이라 경비가 만만치 않게 든다.

1.1. 라디오존데의 원리와 구조

1.1.1. 초기단계

고층대기(高層大氣)의 기압, 기온, 습도 등을 측정하기 위한 대기관측측기(大氣觀測測器)

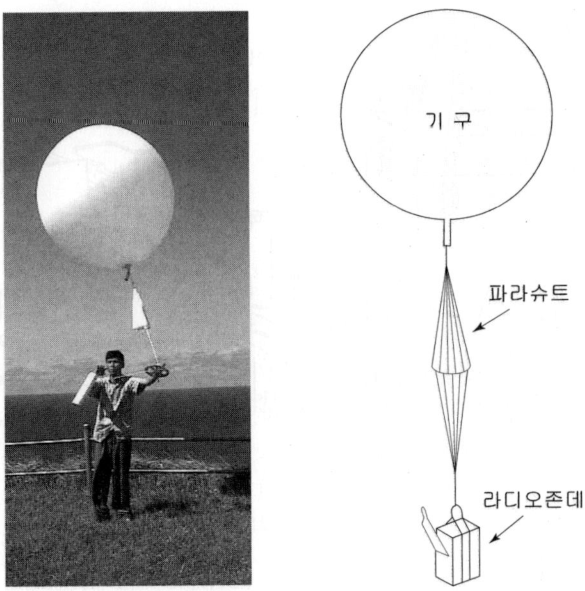

그림 1.1. 라디오존데의 비양 모습

로, 소형경량(小型輕量)의 이들의 센서(sensor)인 측정기(測定器)와 소형무선 송신기(小型無線 送信機)를 일체화한 측기이다.

수소(H)나 헬륨(He) 가스로 채워진 고무기구(氣球)에 이 존데와 낙하산〔落下傘, 파라슈트(parachute)〕를 붙여서 매초 약 6 m/s(매분 약 300~400 m)의 상승속도로 비양〔飛揚 : 공중으로 높이 떠오름, 비등(飛騰)〕해서 지상에서 대략 30 km(기구의 파열 고도)까지의 대기(기상)요소를 관측한다. 파라슈트(낙하산)는 존데가 낙하할 때 펴져서 낙하속도를 억제하여 지상의 기물(器物)과의 격돌을 피하게 하는 역할을 한다(그림 1.1. 참고).

계기부(計器部, 감지부, 감부, 센서부)에 의해 측정된 대기(기상)자료는 발진기부(發振器部, 小型無線器)에 의해 지상으로 송신된다. 비양해서 가능한 높이 올라가야 하므로 소형경량이 제1의 필수조건이면서, 세계 각국에서 상층일기도를 그리기 위해서 신뢰도가 높은 정밀도(精密度)가 요구되었다. 더욱이 한 번밖에는 사용하지 못하는 소모품이기 때문에 저렴하지 않으면 안 되었다. 1930년대에 독일, 미국, 일본, 프랑스, 핀란드, 구소련 등이 경쟁적으로 연구가 진척되어 발전이 거듭되고 있었다.

라디오존데는 계기부(計器部, 感知部, 感部, 센서부), 발진기부(發振器部), 전원부(電源部, 注水電池), 수용상(收容箱, 通風筒)으로 이루어져 있다. 계기부에는 기상계기부(氣象計器部), 부호발생부(符號發生部), 모터부가 있다(그림 1.2. 참고). 기상계기부는 쌍금속온도계〔雙(双)金屬 溫度計, bimetal thermometer, 40~−85 C〕, 공합기압계(空盒氣壓計, aneroid barometer,

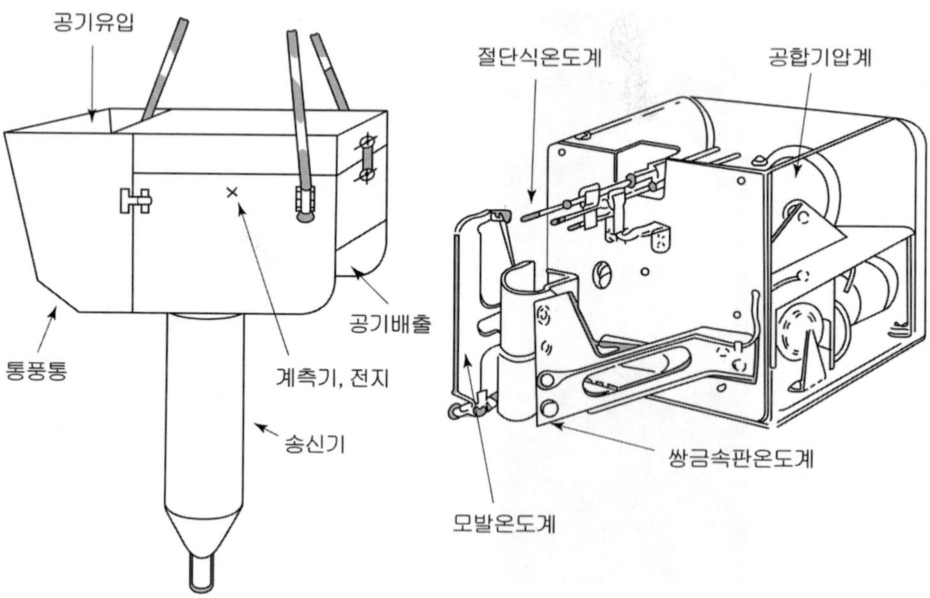

그림 1.2. 계기부의 외관 모습

표 1.1. 그림 1.3의 각 부분의 명칭들

기 호	명 칭	내 용
1	쌍금속온도계	측정범위 +40 C~−85 C
2	공합기압계	〃 1,040 hPa~1 hPa
3	모발습도계	〃 100 %~1 %
4	접촉원통	편심캠형적층식 140 접점
5	부 호 캠	기상부호 T
6	〃	〃 N
7	〃	〃 D
8	〃	〃 B
9	〃	〃 O
10	〃	〃 C
11	〃	〃 Z
12	〃	〃 M
13	〃	〃 G
14	〃	〃 long T
15	〃	〃 5
16	부호 브러시	동상 부호캠용
17	온도 지침	쌍금속 직결식
18	기압 지침	피벗(pivot)회전식
19	습도 지침	〃
20	절단식온도계	−30 C 습도부호소거용
21	〃	−50 C 구별부호변환용
22	전도 톱니바퀴	모듈(module) 0.3
23	모터	
24	접전(接栓)	계기부와 발진기의 접속용

1,040~1 hPa), 모발습도계(毛髮濕度計, hair hygrometer, 100~1 %)와 절단식온도계(切斷式溫度計, −30 C, −50 C용)가 있다. 절단식온도계는 봉상수은온도계의 관에 2개의 백금접점(白金接點)을 삽입해서 기온이 내려가면 수은이 상부 백금접점에서 떨어져 스위치의 역할을 한다.

부호발생부는 소형 모터로 약 3초간에 1회전하는 접촉원통(接觸圓筒)과 부호캠(符號 cam)이 있다. 온도계, 기압계, 습도계의 측정치들은 그들의 지침(指針)이 순차접촉원통(順次接觸圓筒)에 접촉해서 모스부호〔Morse符號 : 점과 선을 배합하여 문자·기호를 나타내는 전신 부호. 미국의 발명가 모스(Morse, Samuel Finley Breese, 1791~1872)가 고안한 것으로, 특히 무선 전신・섬광 신호 따위에 쓴다]의 T(—), N(— —), D(— — —), B(— — — —), C(— — — — —), Z(— — — — —), M(— —), G(— — —)로 변환된다(그림 1.3과 표 1.1 참고). 기온・기압・습도와 모스부호와의 관계는 미리 지상에서 교정(較正)하고 있다. 그러나 그것만으로는 무슨 측정치인지 판단이 되지 않으므로 구별부호로서 long T(——), 또 5(— — — — — —)를 설치해 구별부호(區別符號), 기온, 기압, 습도 부호와 순차발생(順次發生)하도록 되어 있다.

−50 C의 절단식온도계가 끊어지면 구별부호가 변화한다. 또 −30 C 절단식온도계가 끊기면 습도부호가 사라진다. 절단식온도계가 끊기는 온도값은 미리 점검되어 있기 때문에 그들의 신호변화점에서 쌍금속온도계의 측정치를 점검할 수가 있다. 발진기부는 위의 모스부호를 반송파(搬送波) 404.5 ± 1.0 MHz에 실어서 지상으로 전송한다. 전원부는 발진기부에 +110, 2+7.5 V, 소형 모터에 +6.3 V를 공급하는 주수식(注水式) 1차 전지이다. 그 양극(陽極)은 프레스 가공한 염화제일동[鹽(塩)化第一銅, CuCl], 음극(陰極)은 마그네슘판(Mg)으로, 이 양극(兩極)은 탈지면(脫脂綿)을 끼워서 격리되어 있다. 탈지면이 흡수(吸水 : 물을 빨아들임)하면 양극의 화학반응에 의해 기전력(起電力)이 생긴다.

바람의 관측을 행하는 라디오존데는 1955년 자동추적기록형 방향탐지기(自動追跡記錄型 方向探知機, D55)와 레윈존데(1,680 MHz)의 실용화에 수반되어 고층대기관측의 자리를 잃었지만, 지금 다시 D55를 장비(裝備)하기 어려운 선상관측(船上觀測)에 이용되고 있는 외에도 완성된 계기부는 레윈존데, 에코존데에 계승되고 있다. 또 라디오존데라고 하는 명칭은 각종 존데의 총칭에 사용되고 있다.

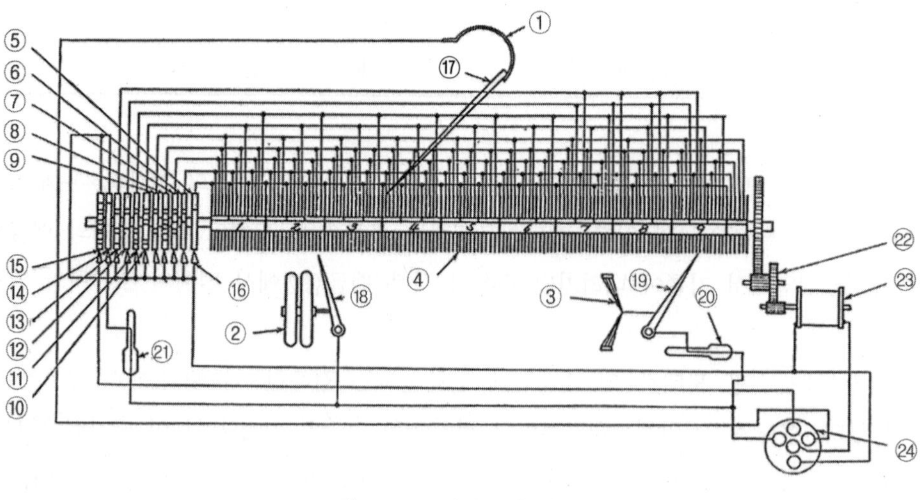

그림 1.3. 계기부의 회로도

부호식 라디오존데 이외에 미국·구소련을 비롯해서 많은 나라들에서는 가청주파수 변화방식(可聽周波數 變化方式)의 라디오존데를 사용하고 있었다. 이 형태는 서미스터온도계, 전기습도계〔電氣濕度計, 염화리튬(lithium chloride, LiCl) 또는 카본습도계〕와 같이 습도나 온도의 변화에 따라서 전기저항이 변화하는 저항체(抵抗体)를 블로킹(blocking : 일정한 길이의 자료를 여러 개 모아 한 블록의 자료로 짜 맞추는 일) 발진회로(發振回路)의 가변저항(可變抵抗)으로써 이용하고 있다. 블로킹 주파수에 의해 반송주파수(搬送周波數)를 변조(變調)해서 지상으로 송신하고, 지상에서 수신복조(受信複調)해서 기록한다. 기온과 습도의 측정의 전환은 바로스위치를 사용하고, 기압의 측정은 이 바로스위치를 이용하고 있다.

바로스위치(baroswitch, bar 또는 baro는 기압, 중량의 의미의 연결형)는 기압의 변화에 따라서 회로를 개폐(開閉)하는 장치이다. 주로 라디오존데의 기온·습도 등의 기압 이외의 측정 센서(感知部, 感部, sensor)의 회로를 기구(氣球)의 상승에 따른 기압의 감소에 따라서 순차발신기(順次發信器)에 자동적으로 접속하기 위해서 이용되고 있다. 기압의 변화도 측정요소의 전환에 의해서 동시에 알 수가 있는 장점이 있다. 미국의 가청주파수 변화식(可聽周波數 變化式) 라디오존데나 일본의 남극용 라디오존데에 장착되어 있다. 레윈이나 특수존데에 부속되어 있는 단속식(斷續式)기압계도 일종의 바로스위치이다.

이외에도 각 감지부(感知部, 센서)의 기계적 변위(變位)를 발진회로 속의 콘덴서의 용량이나 코일의 유도계수(誘導係數, inductance : 회로의 전류의 변화에 대한 유도기전력의 비를 나타내는 상수)의 변화로 변환해서 그 결과 발생하는 주파수의 변화를 반송전파(搬送電波)에 실어서 지상으로 송신하는 타입도 영국이나 핀란드에서 이용되고 있었다. 스위스·옛 동독·인도 등에서는 감지부의 기계적 변위와 시계를 조합한 시간간격식(時間間隔式), 프랑스에서는 이것을 변형한 펄스 계수방식(計數方式)을 이용하고 있었나. 이와 같은 텔레미터〔telemeter, 원격계측기(遠隔計測器) : 원격지로부터의 측정자료의 통신장치〕의 방식은 여러 가지로 궁리되고 있지만, 라디오존데에서 가장 중요한 문제는 공기 밀도가 지상의 1/100 정도의 30 km 이상까지 기온·기압·습도를 정확하게 측정할 수 있는 수감부(受感部)를 장비하고 이것을 적절하게 지상으로 텔레미터하는 일이다. 한편으로는 소모품이라고 하는 제한도 있으므로 이런 점에서 타협하지 않을 수 없다. 전 지구적으로 고층관측치의 정밀도를 통일시키는 문제는 아직 이후의 과제로 남아있지만, 레퍼런스존데의 개발 및 그것과 대기업무에 이용되는 라디오존데와의 비교관측이 계속 행하여지고 있다.

레퍼런스존데〔reference radiosonde, 기준(基準)존데〕는 일상의 라디오존데 관측의 정밀도를 정점하기 위해서 특별히 정밀하게 제작된 라디오존데이다. 매일의 고층관측에 사용하는 라디오존데는 가볍고(輕量)고 싼 가격〔저가(低廉)〕일 필요가 있어, 그 정밀도의 향상에는 한계가 있다. 또 각국이 상이한 존데를 사용하고 있어서 상대적인 관측치의 차는 보정(補正)할 수도 있지만, 절대 정밀도는 이 방법으로는 해명되지 않는다. 일본, 구서독, 구소련 등에서 기온의 기준존데를 만들어 그 상호비교에 의해 각각의 성능이 확인되고 있다. 이 기준존데와 루틴(일상)존데와의 비교관측에 의해 라디오존데 관측의 정밀도가 해명되고 있다. 기압이나 습도의 기준존데도 개발되었다.

1.1.2. 중기단계

잘 사용되고 있는 라디오존데(예, RS2−91형 레윈존데, 무게 270 g)의 모습과 감지부(센서)의 약도(略圖)가 그림 1.4에 있다.

기압 감지부는 정전용량식 공합기압계(靜電容量式 空盒氣壓計)이다. 공합(空盒, 2장의 금속접시를 서로 향해 붙여 그 속을 진공으로 한 것)이 기압변화에 대응해서 변형한다. 이 변형량(變形量)을 공합에 붙여놓은 2장의 전극판 간의 정전용량(丁田容量)의 변화로서 검출된다. 기온 센서는 써미스터온도계이다. 기온의 변화에 대해서 저항치(抵抗値)가 변화한다. 그 표면은 태양방사나 지구방사에 잘 반사시킬 수 있도록 알루미늄을 증착(蒸着)하고 있다. 습도계는 정전용량식 고분자막습도계이다. 얇은 필름 막의 양쪽에 전극판이 있고, 필름 막의 흡습(吸濕 : 습기를 빨아들임) 정도에 따라서 정전용량이 변화한다. 관측 중

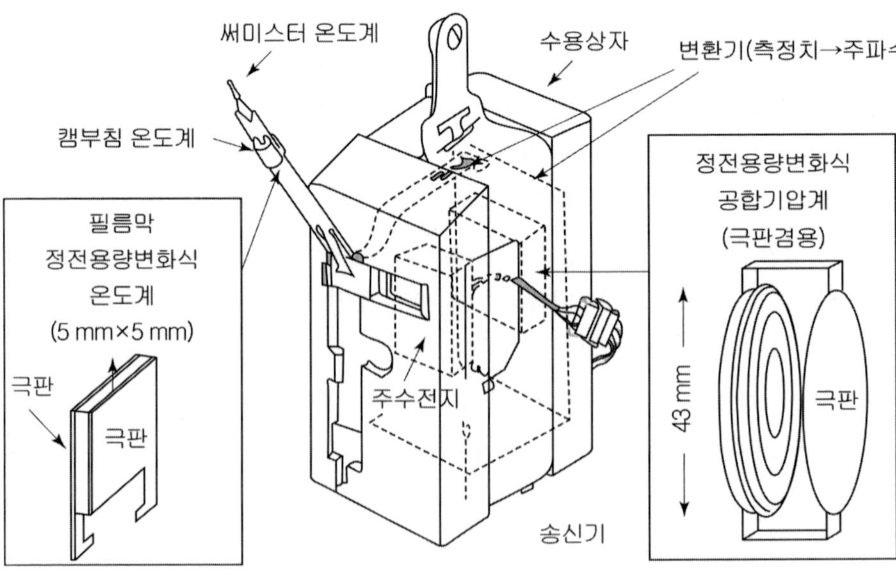

그림 1.4. 라디오존데(RS 2−91형 레윈존데)의 겉모습과 센서의 개략도

에는 레퍼런스 신호→기압 센서→온도 센서→습도 센서의 순서로 1초마다 변환되어, C−R 발진회로의 C(정전용량) 또는 R(저항치)를 바꾸어 줌으로써 저주파신호(低周波信號)로 변환된다. 이것으로 반송파(搬送波, 1,680 MHz)를 AM 변조(變調)해서, 지상의 수신장치(JMA−91 형 고층대기관측장치)로 송신된다.

JMA−91 형 고층대기 관측장치는 자동추적형 방향탐지기(自動追跡型 方向探知機, 안테나 및 수신기, 그림 1.5 참고), 조작부(操作部), 존데신호 변환기(變換機), 자료 처리부(處理部)로 이루어진다. 자동추적형 방향탐지기의 안테나는 민감한 지향성(指向性)을 비양 중의 레윈존데에서 발사되는 전파의 도래방향(到來方向)을 자동추적한다. 즉 관측장치에서 본 존데신호의 방위각(方位角)과 고도각(高度角)을 측정할 수 있다.

수신된 존데 신호는 복조(復調 : 변조되어 있는 반송파 가운데서 본래의 신호를 가려냄, 檢波)되어 존데 신호는 주파수 자료로 변환된다. 각 요소의 주파수 자료는 자료 처리부에서 각각의 감지부(감부, 센서)의 특성함수(特性函數)를 이용해서 기압·기온·습도를 산출한다. 존데의 높이는 기압·기온·습도를 이용해서 측고공식(測高公式)으로 계산된다. 더욱이 관측장치에서 본 존데의 방위각과 고도각 및 존데의 높이에서 각 시각마다의 존데의 위치가 알려지므로 고층의 풍향·풍속을 산출할 수가 있다. 이와 같은 기압·기온·습도의 관측 외에 기구를 자동추적해서 바람도 정밀하게 관측할 수 있는 라디오존데를 특히 레윈존데(rawinsonde)라고 부르고 있다. 레윈은 radio wind〔무선측풍(無線測風)〕에서 온 명칭이다. 그러나 라디오존데와 레윈존데는 같은 뜻으로 사용하는 일이 많다.

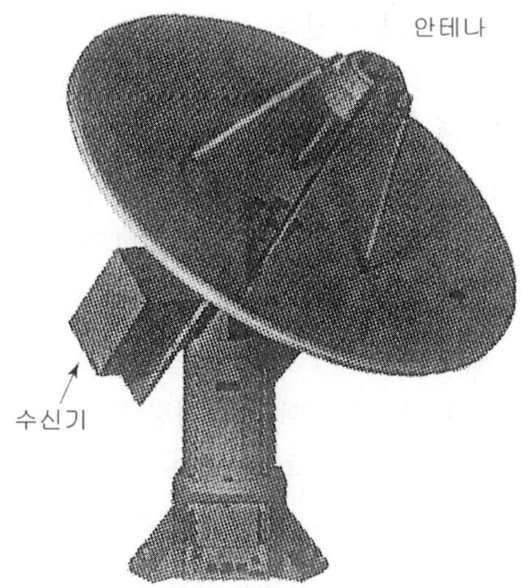

그림 1.5. 자동추적형 방향탐지기(수신 파라볼라 안테나)

또한 라디오존데의 위치를 결정하는 데에 자동추적형 방향탐지기를 사용하지 않고, 전파항법(電波航法) 시스템을 이용하는 방법이 있다. 3개의 지상의 고정국(固定局 : 오메가局 또는 로라C局)에서 발신된 시간(거리)검출용 전파를 존데가 수신해서, 그 정보를 지상의 관측장치에 송신해서 존데의 수평방향(水平方向)의 위치를 결정한다. 존데의 연직(鉛直)방향의 높이(位置)는 기압·기온·습도를 이용해서 측고공식에서 계산한다. 이 방법은 주로 관측선(觀測船) 등에서 이용되고 있다. 최근에는 이것과 같은 3개의 전구위치표정위성(全球位置標定衛星, global positioning satellite, GPS)에서 발신된 거리검출용의 전파를 이용해서 존데의 수평위치를 결정하기도 하고, 4개의 GPS 위성에서의 전파를 이용해서 존데의 수평위치만이 아니고 연직위치(鉛直位置, 높이)도 직접 결정하는 존데가 계속 개발되고 있다. 이들을 GPS 존데라고 부르고 있다. 곧 GPS 존데가 라디오존데의 주류(主流)가 되리라고 생각된다.

1.2. 라디오존데의 관측

라디오존데의 관측(radio sonde observation)은 소형의 대기(기상)관측측기를 기구에 붙여서 날려서 기구가 상승해서 파열할 때까지의 고층대기의 대기(기상)요소를 관측해서 그 결과를 전파신호로 해서 지상으로 전송하여 그 자료를 이용하는 것이다. 보통은 일기예보에 이용하기 위해서 기온·기압·습도를 대상으로 하고 있지만, 오존 등의 특수한 요소의 관측도 행하고 있다. 또 기구의 이동을 발사하고 있는 전파를 추적해서 상공의 바람의 관측도 동시에 하고 있는 레윈존데 관측도 보통하고 있는 경우도 있다. 라디오존데에는 여러 가지 종류가 있지만, 주로 가청주파수 변화방식(可聽周波數 變化方式)이 이용되고 있다. 기온은 서미스터, 기압은 공합(아네로이드, aneroid), 습도는 열전용량 변화형소자(熱電容量 變化型素子)에 의해 측정하고, 1,680 MHz 대의 전파(電波)로 지상국에 송신한다(RS2－91 형). 기상관측선상(氣象觀測船上)에서는 선박의 흔들림에 의한 기구의 추적이나 그 방각의 측정이 어려워, 전파의 추적에 의한 바람의 관측은 곤란하게 되어 있다. 그래서 RSⅡ－80 형 또는 기구의 위치를 오메가방식으로 추적하는 존데(바이사라 RS2－15 형)를 사용한다. 최근에는 기술의 진보로 존데의 소형경량화(小型輕量化)·자동화(自動化)·생력화(省力化 : 산업의 기계화·무인화를 촉진시켜 노동력을 줄이는 일)가 추진되고 있다. 대기관계 기관과 회사에서도 이 방향으로 더욱 신형 존데의 개발이 박차(拍車, spur : 승마화의 뒤축에 단 쇠붙이로 채찍과 같은 역할로 말을 달리게 함)를 가하여 진행되고 있다.

Chapter 2

레윈존데

레윈존데(rawinsonde)는 레윈을 이용해서 고층대기의 기온, 기압, 습도, 바람을 관측하는 대기관측측기(大氣觀測測器)이다. 레윈은 radio wind〔무선측풍(無線測風)〕에서 온 명칭으로 고층의 풍향·풍속만을 관측의 대상으로 하는 무게 약 100 g의 측기이다. 현재 사용하고 있는 현용(現用)의 레윈존데는 계기부, 변환기부, 발진기부, 전원부, 수용상으로 이루어져 있다. 이 중 계기부는 라디오존데와 같지만, 변조방식(變調方式)이 블로킹(blocking, 1장 참조)방식이고, 거의 연속해서 전파를 내보내고 있기 때문에 그 추적을 해서 바람〔風〕의 관측을 할 수가 있다. 따라서 바람의 관측 외에는 거의 같아 라디오존데와 레윈존데는 대체로 같은 뜻〔同義語〕으로 사용한다.

2.1. 구성과 측정원리

지금부터는 RS2-91 형 레윈존데를 예를 들어 설명하도록 한다(이하 약해서 91 형존데라

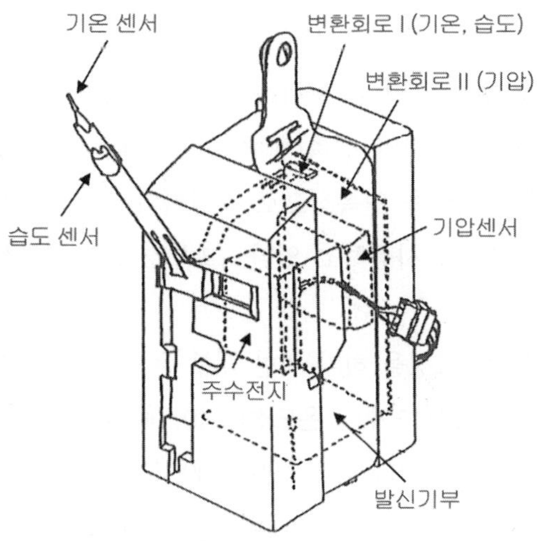

그림 2.1. 레윈존데의 투시도

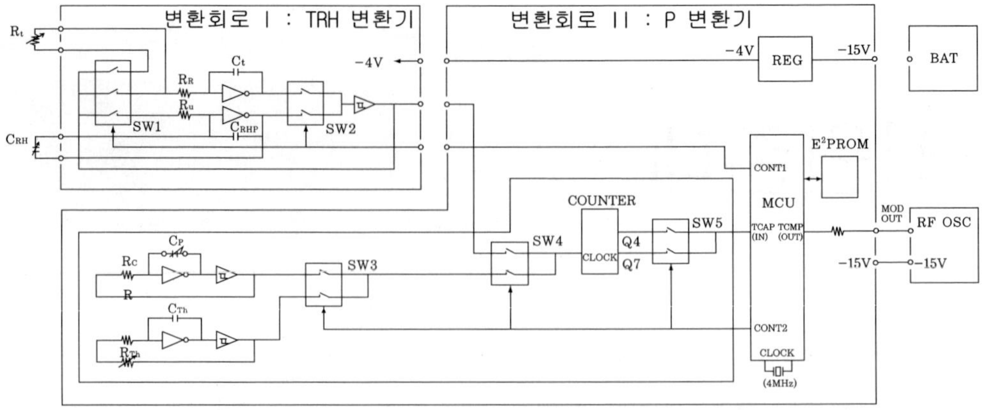

그림 2.2. 레윈존데의 종합계통도

고 하겠다). 이는 감지부(감부, 센서부, 계기부), 변환기부, 발신기부, 전원부 및 수용상 등으로 구성되어 있다.

그림 2.1 은 그의 겉모습〔外觀〕을 투시(透視)로 보여주고 있다. 또 그의 종합계통도(綜合系統圖)를 그림 2.2 에서 보여주고 있다.

2.1.1. 감지부

감지부(感知部, 受感部, 感部, 計器部 =instrument(apparatus) part, 센서부 =sensor-part)는 기압센서, 기온센서, 습도센서로 구성되어 있다.

ㄱ. 기압감부

기압감부(氣壓感部, pressure sensor)로서는 공합(空盒)을 이용한 공합기압계(空盒氣壓計, aneroid barometer)가 사용되고 있다. 공합을 서로 맞보도록 전극판(電極板)이 설치되어 있고, 기압의 변화에 따라서 공합의 신축(伸縮)을 공합과 전극 사이의 정전용량 변화(靜電容量 變化)로써 검출해서 기압을 연속적으로 측정한다. 공합의 재료는 온도변화에 의한 영향이 적은 철·니켈의 합금을 사용하고 있다. 그림 2.3 은 기압센서의 구조를 보여주고 있다.

공합의 표면에는 기압계의 온도보정을 하기 위한 내부 온도측정용 써미스터가 부착되어 있다. 보정치(補正値)는 40~-20 C 내의 5 개의 온도점(+40, +20, +10, -5, -20 C), 1,000 ~ 5 hPa 사이의 기압점(1,000, 850, 700, 500, 400, 300, 200, 150, 100, 70, 50, 30, 20, 10, 5 hPa)에서 측정한 기압에서 구해서 존데의 변환기(變換器) 내의 ROM(read only

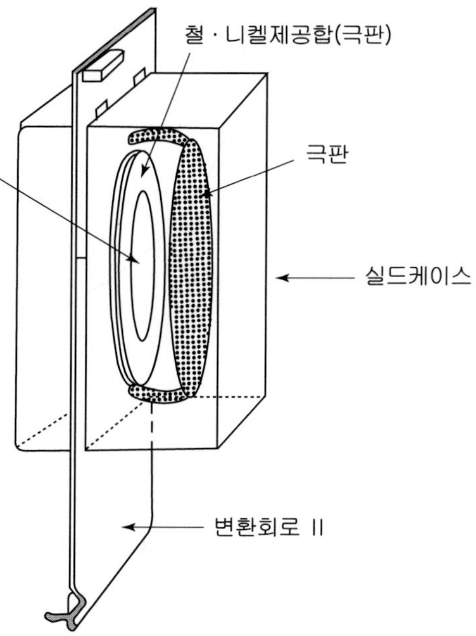

그림 2.3. 기압센서의 구조

memory, 읽기용 기억장치)에 기록한다. 관측 시에는 존데 내에서 보정(補正)된 자료가 송출된다.

이 감부(感部)에 있어서 기압과 정전용량(靜電容量)의 관계를 그림 2.4에, 존데를 조합했을 때의 변조주파수(變調周波數)와 기압과의 관계의 예를 그림 2.5에 나타낸다. 이 관

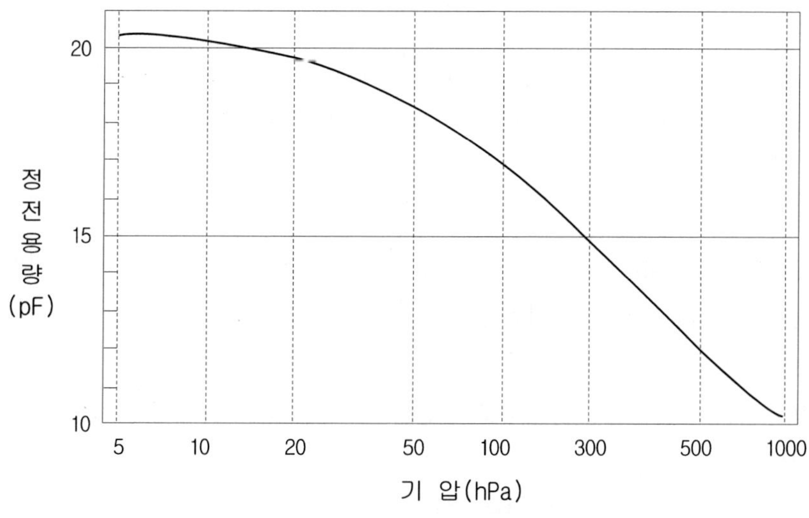

그림 2.4. 기압과 정전용량의 관계

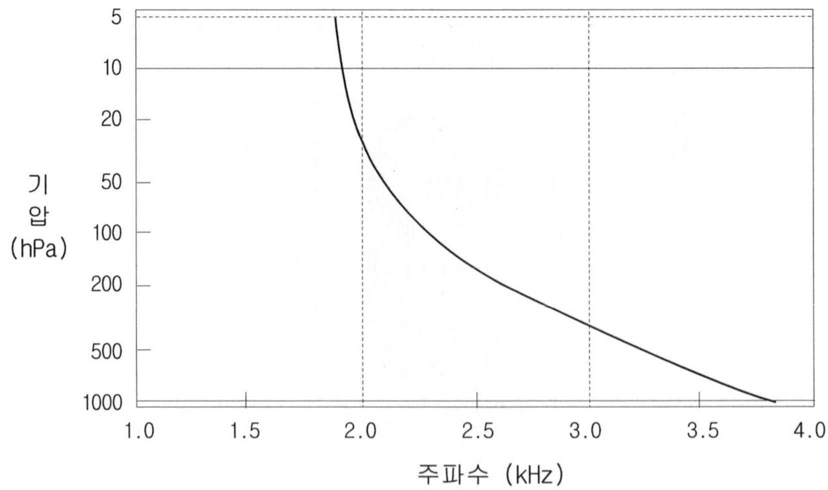

그림 2.5. 변조주파수와 기압의 관계

계는 다음의 근사식(近似式, approximation, approximate formula)으로 표현된다.

$$p = C_0 + C_1(F_P) + C_2(F_P)^2 + C_3(F_P)^3 + C_4(F_P)^4 + C_5(F_P)^5 \tag{2.1}$$

여기서 p는 기압(hPa), F_p는 기압의 주파수(kHz)이다. 계수 $C_0 \sim C_5$ 는 사전에 공장에서 온도 25 C, 기압범위 1,050~5 hPa 의 16 점(1,040, 1,010, 850, 700, 500, 400, 300, 200, 150, 100, 70, 50, 30, 20, 10, 5 hPa)에 있어서 주파수를 실측(實測)해서 이 값으로부터 최소자승법(最小自乘法)으로 산출한다. 다음에 이 계수를 이용해서 기압치를 산출한다. 실측치와의 차를 각 점에서 구해 합부(合否)를 판정한다. 이 계수치는 소정(所定)의 포맷(format : 컴퓨터의 입출력이나 기억에 쓰이는 데이터 리코더의 기록 형식)에 따라서 FD(플로피 디스크, floppy disk, 이동형 저장장치)로 제공된다.

ㄴ. 기온감부

기온감부(氣溫感部, air temperature sensor, 氣溫感知部, 기온센서)에는 써미스터온도계(thermistor thermometer)를 이용한다. 써미스터는 망간, 니켈, 코발트 등의 금속산화물을 만들어서 소결(燒結 : 가루 등을 압축 녹여 서로 밀착 고결함을 이용하는 제조 방법)시킨 것이다. 소형, 경량으로 응답속도[소선섭 외 2인(2005). 대기관측법. 교문사, 「3.5. 측기」와 「부록 1. 동특성과 시상수」를 참고]가 빠르고, 온도변화에 대응해서 전기저항(電氣抵抗)이 크게 변화한다. 온도계로서는 저항(抵抗)의 온도계수가 부(負)의 것을 사용하고

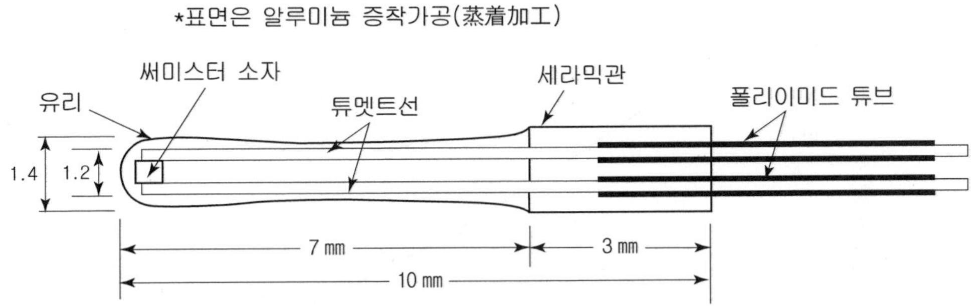

그림 2.6. 기온감부의 구조

있다. 기온센서의 구조를 그림 2.6 에서 보여주고 있다.

기온감부는 팔의 선단부분에 부착되어 외부에 노출되어 있으므로 일사(日射) 및 적외방사(赤外放射)의 영향을 받는다. 이 영향을 경감시키기 위하여 감부 표면이 알루미늄 증착(蒸着, 眞空蒸着 : 진공 상태에서 금속이나 화합물 따위를 가열・증발시켜 그 증기를 물체 표면에 얇은 막으로 입히는 일)이 되어 있다. 또 수적(水滴 : 물방울) 부착에 의한 측정오차를 줄이기 위해 팔은 수평보다 60° 상향(上向 : 위로 향하게 함)되어 수적(水滴)이 떨어지기 쉽게 되어 있다.

써미스터온도계의 저항치(抵抗値)에 대한 온도의 관계는 식 (2.2)로 근사할 수 있다.

$$t = \frac{1}{A(\ln Rt)^3 + B(\ln Rt) + C} - 273.15 \qquad (2.2)$$

여기서 t 는 온도(C), Rt 는 써미스터 저항치(kΩ)이다. 식 (2.2) 의 계수 $A \sim B$ 는 써미스터 제조업자가 센서 1 개마다 온도범위 +40∼-70 C 의 5 점(+40, +10, -20, -50, -70 C)에 있어서 저항치를 실측하고, 그 값에서 최소자승법(最小自乘法)에 의해 산출한다. 써미스터온도계의 저항치와 온도의 관계 예를 그림 2.7 에 보인다.

이 센서를 존데 본체에 조합했을 때의 변조주파수(變調周波數)와 저항치(抵抗値)와의 관계는 다음의 식 (2.3) 으로 근사된다.

$$Rt = A_0 + \frac{A_1}{(Ft-1)} + \frac{A_2}{(Ft-1)^2} + \frac{A_3}{(Ft-1)^3} \qquad (2.3)$$

여기서 Rt 는 전식에서와 같이 써미스터 저항치(kΩ), Ft 는 온도의 주파수(kHz)이다.

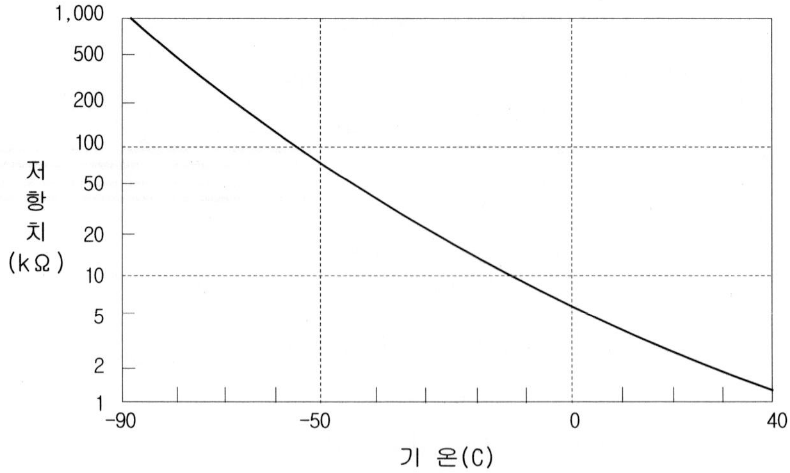

그림 2.7. 써미스터온도계의 저항과 온도의 관계

식 (2.3)의 계수 $A_0 \sim A_3$는 미리 공장에서 변환회로에 1~680 kΩ의 금속피막고정저항기(金屬皮膜固定抵抗器; 1, 2, 5.1, 10, 50, 100, 300, 680 kΩ으로, 각각 +50, +30, 0, -10, -40, -50, -70, -80 C에 대응한다)를 접속해서 얻어진 발진주파수치(發振周波數値)에서 최소자승법으로 산출한다. 다음에 이 계수를 이용해서 저항치를 산출하고, 실제의 저항치와의 차(差)를 각 점에서 구해 합부(合否)를 판정한다. 이들의 계수치 $A \sim C$, $A_0 \sim A_3$는 소정의 포맷에 따라 FD로 제공된다. 식 (2.2)와 식 (2.3)을 이용한 경우 변조주파수(變調周波數)와 온도와 관계의 예를 그림 2.8에 나타낸다.

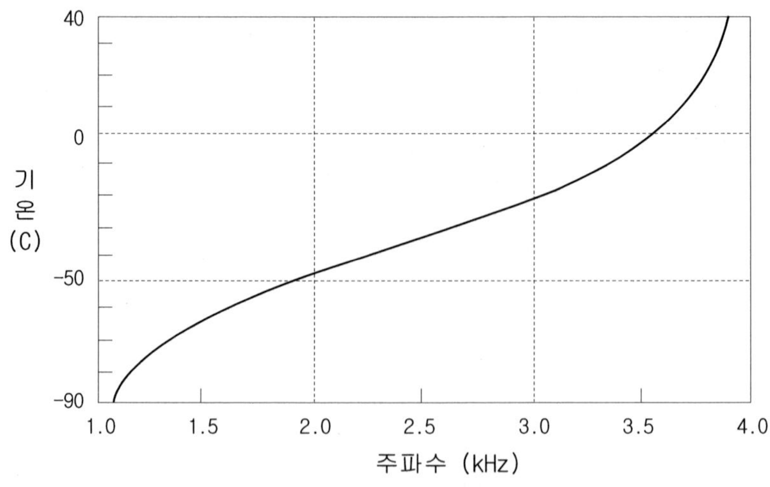

그림 2.8. 변조주파수와 온도의 관계

ㄷ. 습도감부

습도감부(濕度感部, humidity sensor)는 정전용량형 고분자막 습도계(靜電容量型 高分子膜 濕度計)를 이용하고 있다. 이 구조를 그림 2.9 에 나타낸다.

유리판위에 있는 금속층의 하부전극(下部電極)과 수증기가 통과할 수 있는 박막(薄膜) 상부전극(上部電極)과의 사이에 고분자감습막(高分子感濕膜)을 형성하고, 상하양전극간의 정전용량(靜電容量)의 변화로 습도를 검출한다(자세히는 소선섭 외 2 인(2005). 대기관측법. 교문사, 「제 6 장. 습도」편을 참고). 센서(感部)는 팔의 도중 선단에 부착되어 있다. 일사나 장파장 방사(放射) 등의 영향과 수적(水滴 : 물방울, 雨滴) 등의 침입을 방지하기 위해 알루미늄 캡을 씌워서 사용하고 있다.

습도와 정전용량과의 관계 예를 그림 2.10 에, 존데를 조합했을 때의 변조주파수와 습도치와의 관계 예를 그림 2.11 에 나타낸다.

이 관계는 다음의 식 (2.4) 의 근사식으로 표현된다.

$$RH = B_0 + B_1(F_{RH}) + B_2(F_{RH})^2 + B_3(F_{RH})^3 + B_4(F_{RH})^4 \tag{2.4}$$

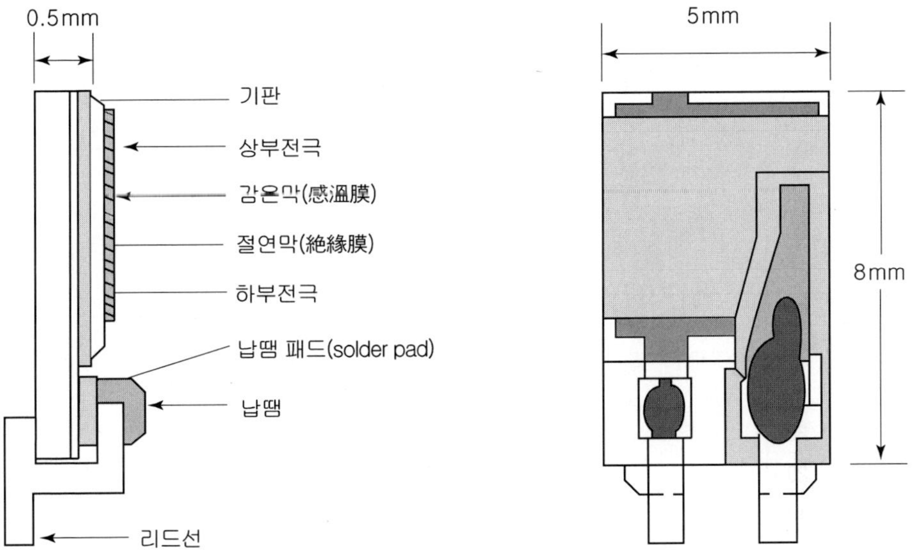

그림 2.9. 습도감부의 구조

측면도는 감부의 구조를 알기 쉽도록 실제보다 두껍게 그려져 있다.
반전(半田, solder = 땜납, 접합물) : 납과 주석의 합금, 패드(pad, 깔개) : 메워 넣는 물건, (말의) 안장 방석

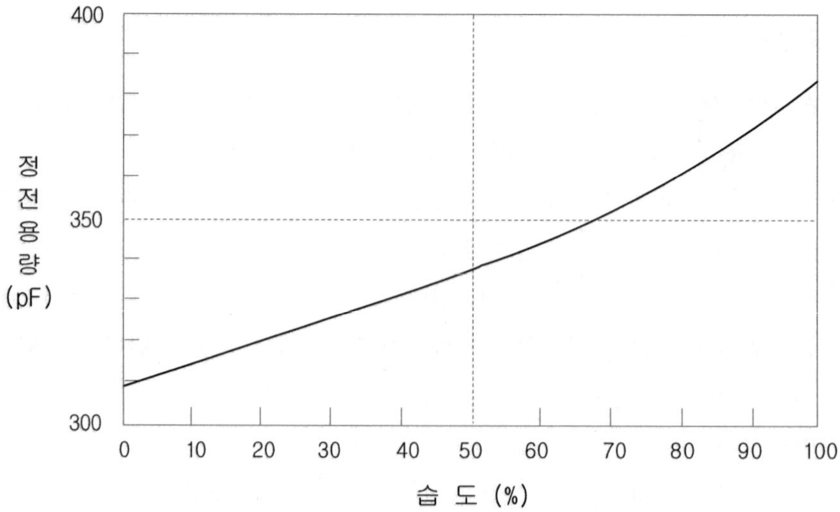

그림 2.10. 습도와 정전용량의 관계

여기서 RH 는 습도(%), F_{RH} 는 습도의 주파수(kHz)이다. 식 (2.4) 의 계수 $B_0 \sim B_4$ 는 미리 공장에서 온도 25 C, 습도범위 15~95 % 사이의 6 점(15, 30, 50, 70, 90, 95 %)에 있어서 주파수 값을 실측하고, 이 값에서 최소자승법(最小自乘法)에 의해 산출했다. 출하 전에 이 계수를 이용해서 습도를 검출하고, 실제의 습도의 차를 각 점에서 구해, 합부(合否)를 판정한다. 이 계수는 소정(所定)의 포맷에 따라서 FD 에 제공된다.

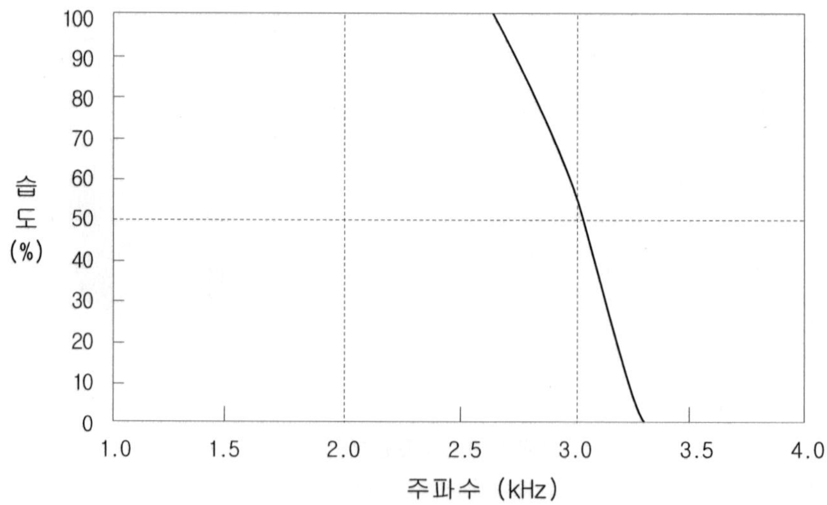

그림 2.11. 변조주파수와 습도치의 관계

2.1.2. 변환기부

변환기부(變換器部, converter part)는 변환회로(變換回路) I 과 II 로 구성되어 있다.

ㄱ. 변환회로 I (온습도변환부)

이 회로는 기온 및 습도감부 부착 팔의 근원(根源, 수용상의 속)에 실장(實裝)되어, 기온감부의 출력(저항치)을 주파수로 변환하기 위한 CR발진기〔저항(R)과 콘덴서(C)를 조합한 이상 회로에 의해서 출력 전압을 동위상으로 입력 측에 궤환시켜서 발진을 하도록 한 것으로 발진 주파수는 C 와 R 의 값으로 결정된다〕, 습도감부의 출력(静電容量)을 주파수로 변환하기 위한 CR발신기(發信器), 절환용(切換用)의 스위치 등으로 구성되었다. 또 기온변화 등에 의한 CR발진기(發振器)의 특성변화를 검출해서 보정(補正)하기 위한 기준저항도 포함되어 있다.

그림 2.2 의 변환회로 II 의 MCU(micro-control unit)에서의 절환신호에 의해 SW1, SW2 가 절환(切換)되어 기준저항(抵抗, R_R), 온도감부(抵抗, R_t), 습도감부(静電容量, C_{RH})가 각각의 순서에 따라서 CR발진회로에 접속되어 회로상수로 결정되는 주파수로 발진(發振)됨과 동시에 변환회로 II 로 송출된다.

기준저항 또는 온도감부에 의해 결정되는 발진주파수는 그 저항치(R_R 또는 R_t)와 정전용량 C_t 로 결정된다. 습도감부에 의해 결정되는 발진주파수는 그 정전용량 C_{RH} 와 고정전용량(固定静電容量) C_{RHP} 의 합(合)과 저항 R_{RH} 로 결정된다.

각각의 발진주파수는 대체로 $F = 1/(2CR)$ 이 되고 기온, 습도의 변화에 따라서 각각 1,200~3,600 Hz, 1,100~3,200 Hz 의 범위에서 변화한다. 기준저항에 의해 발진(發振)하는 주파수는 3,500~3,800 Hz 의 범위의 일정치(一定値)가 된다.

ㄴ. 변환회로 II (기압변환부)

이 회로는 수용상(收容箱) 속의 주기판(主基板)에 실장(實裝)되어, 기압감부, 기압감부의 내부온도측정용 써미스터, 이들의 출력(정전용량과 저항치)을 주파수로 변환하기 위한 CR발진기, 계측가능한 주파수에 각각의 신호를 분주〔分周 : 전파의 주파수를 $1/n$ 로 하는 일, n 은 정수이며 이를 분주비(分周比)라고 한다 = 주파수체강(周波數遞降)〕하기 위한 계산, CPU 및 절환용(切換用) 스위치 등으로 구성되어 있다.

이 CPU를 중심으로 해서

① 각 감부 및 기준저항의 변조주파수를 약 1 초 주기로 바꾼다.

② 기준저항을 접속했을 때의 주파수의 변동을 감시해서, 변환회로 I 의 기온, 습

도주파수를 보정(補正)한다.

③ 내부온도측정용 써미스터에 의해 측정한 기압계 근방의 온도에 의해 기압감부 출력주파수를 보정한다.

④ 레퍼런스 신호 4 kHz를 생성함과 동시에 각 감부(感部)의 변조주파수(1,000~4,000 Hz)를 출력순서〔레퍼런스(Ref) -기압(p) -기온(t) -습도(RH)〕에 따라서 발신기부에 송출한다.

등의 처리를 행하고 있다.

기압감부용의 CR 발진기의 발진주파수(發振周波數)를 75~280 kHz, 내부온도측정용 써미스터용 CR 발진기의 발진주파수는 90~400 kHz 이다.

2.1.3. 발진기부

발진기부(發振器部, oscillator part)는 트랜지스터(transistor : 규소, 게르마늄 따위의 반도체를 이용해서 전기 신호를 증폭하여 발진시키는 반도체 素子)를 사용한 크램프형 발진기(發振器 : 일정한 전기 진동을 일으키는 장치), 공중선(空中線) 등으로 되어 있다. 크램프형 발진기에서는 반송파(搬送波, 1,680 MHz)가 생성되어, 변환기에서 첨가된 신호에 의해 변조되어서 공중선에서 발사된다. 변조신호는 Ref, p, t, RH의 발진주파수는 동기(同期)한 일정의 펄스폭(100~150 μs)을 갖는 펄스파(0~4 V)이다.

공중선은 $\lambda/4$ 쌍극자거대평원형(雙極子巨大平原型, dipole grand plain type)이고, 발사된 전파의 편파면(偏波面)은 수직(垂直), 지향성은 무지향성(無指向性)이다.

2.1.4. 전원부

전원부(電源部, power source part)의 전원으로서는 주수전지(注水電池)를 사용하고 있다. 주수전지(注水電池)는 가압성형(加壓成型)을 한 염화제일동(鹽化第一銅, CuCl)을 양극(陽極, +), 마그네슘(Mg)판을 음극(陰極, −)으로 해서, 2극 사이의 다공성격리물(多孔性隔離物, 脫脂綿)을 끼어 넣은 것이다. 이 전지를 물에 담그면 다공성격리물에 주수(注水 : 물을 주입함)되어, 적당한 부하(負荷 : 전자회로에서 출력을 내기 위한 장치)에 접속되면 약 10~15분으로 필요한 전압(電壓, 13~16 V)이 발생된다.

2.1.5. 수용상

수용상(收容箱, accommodation box)은 백색 발포 스티렌(發泡 styrene = 스티롤 = 합성

수지 고무의 원료 : 합성수지의 한 가지로 안에 부수한 포상(泡狀) 공간이 있어 단열재 · 흡음재 · 포장재 따위로 쓰임)제의 상자〔箱〕로 기압계부 · 발신기부 및 주수전지를 수용하고, 부속의 밴드로 덮개가 열리지 않도록 고정하고 있다.

발포스티롤은 단열성이 있고, 주수전지가 발생하는 열을 이용해서 수용상 내의 극도의 온도 저하를 방지하고 있지만, 실험에 의하면 바깥 기온이 -70 C 전후의 경우에는 수용상 내의 온도는 -20 C 전후까지 내려간다.

2.1.6. 기 타

고무 기구, 달아맴끈〔조뉴(弔紐)〕, 낙하산〔落下傘, 파라슈트(parachute)〕, 권하기(卷下器 : 감아 내리는 기구), 추적보조등(追跡補助燈)이 있다. 레윈존데의 비양기재(飛揚器材)의 각각의 부착 예를 그림 2.12 에서 보인다.

2.2. 관측자료의 처리

비양(飛揚)된 레윈존데에서는 기압, 기온, 습도, 레퍼런스의 각 주파수 신호가 1,680 MHz의 전파에 의해 전송된다. 이 전파는 고층기상(대기)관측소에 설치된 고층대기(기상)관측장치로 수신 · 처리된다. 이 장치는 그림 2.13 에 나타낸 자동추석형 방향탐지기(自動追跡型 方向探知機), 존데신호변환기(信號變換器), 자료처리부(資料處 理部) 등으로 구성되어 있다.

방향탐지기에 의해 수신 · 복조〔復調 : 변조된 진동 전류 또는 전파에서 신호를 잡아내는 조작, 검파(檢波)〕된 주파수 신호는 방향탐지기에 의해 얻어진 각도 자료 등과 함께 존데신호변환기에 의해 디지털 데이터로 변환

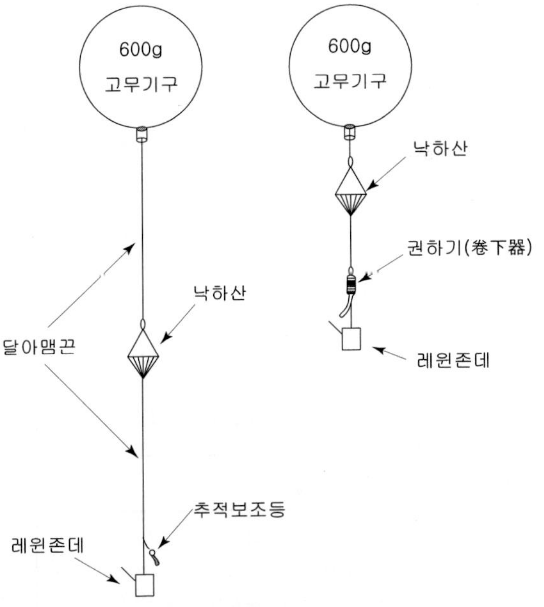

그림 2.12. 레윈존데의 비양기재의 부착

(a)의 달아맴끈〔조뉴〕의 길이는 15 m 이다. 강풍(强風)을 대비해서이 형태에서의 비양(飛揚)이 곤란한 경우에는 (b)와 같이 권하기(卷下器)를 사용한다. 비양 후 卷下器의 끈이 점차로 풀려서 15 m 가 된다.

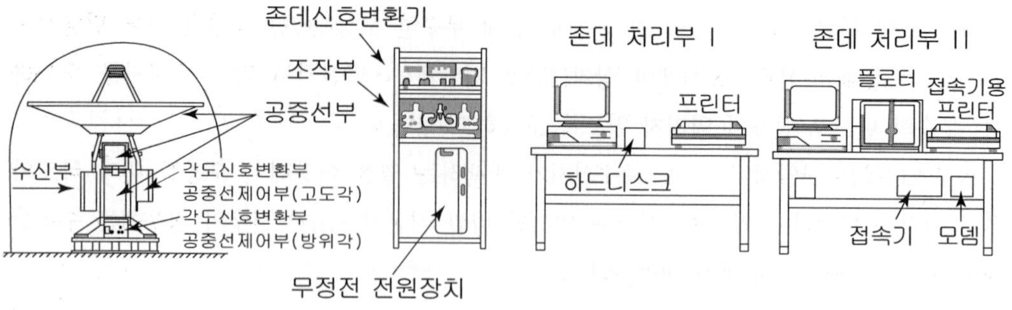

그림 2.13. 고층대기관측장치의 구성의 한 예

되어서 처리부로 전송된다. 이 자료를 존데신호 변환기 출력자료라고 한다.

자료처리부에서는 존데신호 변환기 출력자료의 주파수치를 근거로 해서 기온, 습도, 지정기압면 고도 등을 산출하는 처리(기온·습도 계산)와 고층풍을 계산하는 처리(고층풍 계산)의 2개의 흐름을 따라서 처리한다. 이 처리의 개요를 그림 2.14에 나타낸다. 이 항에서는 비양 전의 점검과 관측시의 기온 습도의 처리에 대해서 순서를 따라서 설명한다.

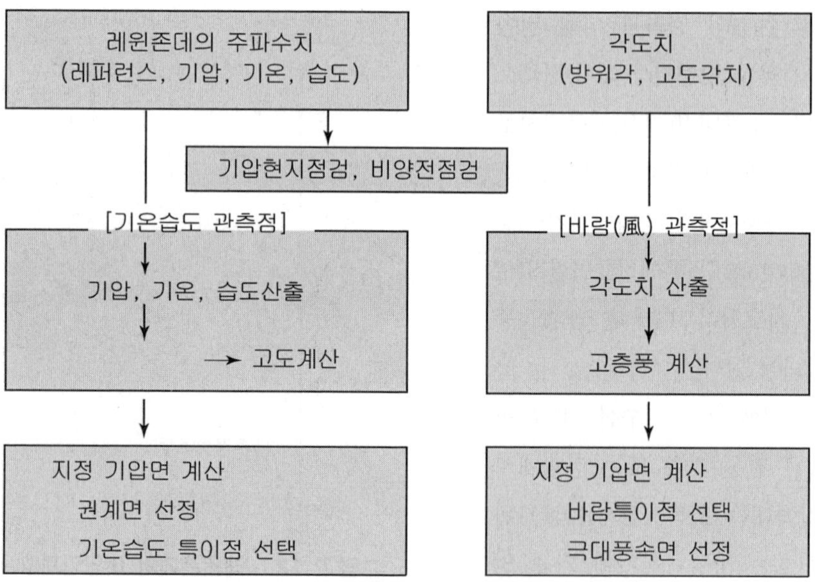

그림 2.14. 레윈존데 관측의 계산의 개요

그림의 위에서 아래의 방향으로 관측 처리가 진행된다.
왼쪽을 기온 습도 관측, 오른쪽을 고층풍 관측이라고 한다.

2.2.1. 관측전의 정밀도 확인

기상청(氣象廳)의 기상측기 검정시험(氣象測器 檢定試驗)센터에서는 측기(測器)의 성능검사(部內檢査라고 한다)를 실시한 후에 고층관측 실시관서로 수송한다. 각 관서(官署)에서는 관측에 앞서서 이하의 점검을 행해서 존데의 작동상황과 관측 정밀도를 확인한다.

ㄱ. 기압 현지 점검

이 점검(點檢)은 기압계에 수송 중의 충격 등에 의한 특성의 변화가 없이 관측에 사용 가능하다는 것을 확인하는 것으로, 비양의 8~1일 전에 행한다. 점검에는 그림 2.15에 나타낸 기압점검장치(氣壓点檢裝置)를 이용하고 있다. 존데에서의 기압주파수신호는 4초마다 주파수 카운터에 의해 계측(計測)되어 처리부에 넘겨져, 여기서 기압계의 계수[「2.1.1. ㄱ. 기압감부」 참고]를 이용하여 기압치로 변환한다. 한편 기준이 되는 광역형 진동식기압계(廣域型 振動式氣壓計)의 값도 동시에 처리부로 이관되어 존데의 값에서 기준기압치를 빼서 편차(偏差)가 산출된다.

점검시의 현지기압(現地氣壓)에서 5 hPa까지 기압을 내리면서 자료를 수집해서, 그 사이의 편차가 100 hPa까지는 ±5 hPa 이내, 그 이상은 ±3 hPa 이내일 때는 그 존데의 기압계를 합격으로 하고, 이것을 넘는 자료가 하나라고 있으면 불합격으로 한다. 이 합부판정(合否判定)은 처리부에 의해 자동적으로 처리되어 1,000~5 hPa의 각 지정기압면치의 편차가 FD에 수록된다. 관측 시에는 이 편차를 기압에 대해서 직선내삽(直線內插)한 값에 의해 측정한 기압치를 보정한다.

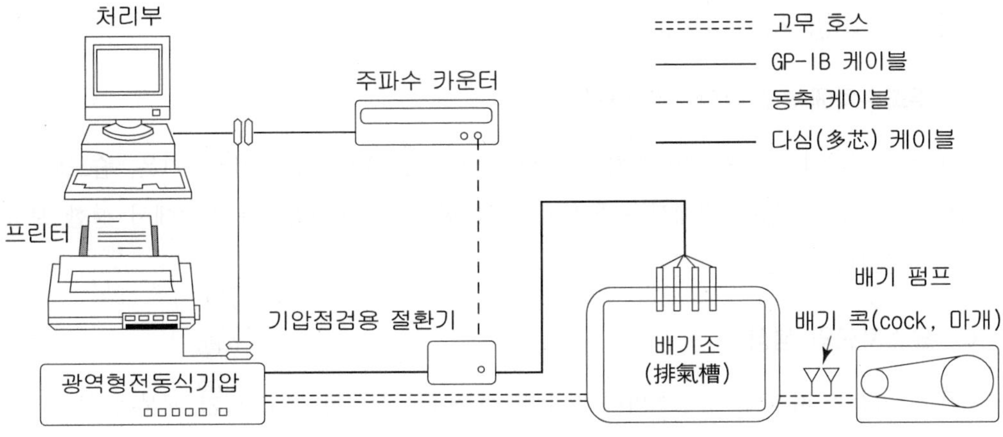

그림 2.15. 기압 점검 장치

ㄴ. 비양 전 점검

이 점검은 존데 성능 점검장치 내에 존데를 놓고, 관측 시의 상승속도와 같은 6 m/s 로 기온, 습도 센서를 통풍(通風)한 상태로 기압, 기온, 습도를 측정하고, 이 값을 기준치와 비교함으로써 존데가 정상으로 작동하고 있는 일과 측정된 각 기상요소(氣象要素, 대기요소)가 올바르다는 것을 확인하는 것으로 비양의 직전에 행한다.

존데의 신호는 관측 시와 같이 존데신호 변환기 출력 자료로 변환되어 처리장치에 의해 기압, 기온, 습도치가 계산된다. 이 계산에는 그 존데에 고유의 계수자료(2.1.1 참고, 기압의 경우는 「2.2.1. ㄱ. 기압 현지 점검」의 보정치를 포함한다)를 이용한다. 이들을 기준치〔진동식기압계 또는 아네로이드 지시기압계에 의한 기압치, 이중관온도계(건구, 습구)에 의한 기온, 습도의 값〕와 비교해서 각각의 값이 ±1.4 hPa, ±0.5 C, ±7 % 이내라면 그 존데는 합격으로 한다. 이 때 기온과 습도의 편차는 합부(合否)의 판단만으로 사용하지만, 기압의 편차는 기압계의 현지 점검시의 기압편차와 합해서 관측시의 기압치의 보정에 사용된다. 보정량의 산출식은 다음과 같다.

$$\Delta p = -\left(p_c + p_{BL}\frac{p_s}{p_0}\right) \tag{2.5}$$

Δp : 보정량(補正量, hPa)

p_c : 기압계 현지 점검시의 기압편차(hPa)

p_{BL} : 비양 전 점검시의 기압편차(hPa)

p_s : 지정면 기압치(hPa)

p_0 : 비양 시의 지상의 기압치(hPa)

2.2.2. 비양 시의 처리

ㄱ. 주파수치에서 기상요소로 변환

존데신호 변환기 자료의 주파수치에서 식 (2.1)~(2.4) 에 의해 기압, 기온, 습도의 값을 산출한다. 단, 기압에 대해서는 동시에 기압 현지점검과 비양 전 점검에서 정한 보정(補正)도 행한다.

ㄴ. 요소자료의 생성

존데는 시간을 따라서 약 1 초마다 요소를 바꾸어서 신호를 얻고 있기 때문에 엄밀히는 각각의 기상요소(氣象要素, 대기요소)의 관측된 시각은 다르지만, 이들의 기상요소가 기온의 시각으로 관측되었다고 간주해서 1초의 자료로 한다. 이것을 요소자료(要素資料, element data)라고 한다. 단, 방구(放球 : 기구를 놓아줌) 직후의 자료는 비양 시의 전파 강도의 급변 등에 의해 신호가 교란되기 쉬운 일, 기온, 습도의 측정에 필요한 통풍이 충분히 이루어 있지 않은 일로부터 기압은 15초간, 기온, 습도는 6초간, 요소자료를 생성하지 않는다. 또 기상요소의 산출에 있어서는 이상치(異常値)의 혼입을 피하기 위해서 각 기상요소의 주파수치, 주파수치에서 구한 써미스터 저항치, 및 산출된 기상요소 값의 각각에 적정범위를 설치해서 값이 이 범위를 벗어날 때에는 그 요소를 결측(缺測)으로 한다. 자료의 수집 개시에서 관측 종결까지의 시간을 최대 약 2시간 10분으로 이 사이의 2,000개의 요소자료가 처리장치 내부에 보관되도록 되어 있다.

ㄷ. 요소자료의 품질관리

존데신호 변환기는 전파강도의 전하나 외부에서의 노이즈의 영향을 받기 어렵게 되어 있지만, 그렇지만 이상한 자료가 생성되었을 때는 그 값을 배제할 필요가 있다. 통상 기상(대기)자료는 단시간에는 불연속인 값을 관측하는 일은 없으므로 어떤 시각의 요소자료의 기압, 기온, 습도의 값이 직전의 신뢰성이 있는 자료 값과 비교했을 때에 일정치(一定値) 이상 변화하고 있을 때에는 이것을 이상자료〔異常資料, unusual(abnormal) data〕로 판정한다.

이상자료로 판정된 계속시간이 기압은 8분, 기온, 습도는 3분 이내일 때는 이 사이의 기상자료는 연속적으로 변화했다고 간주하고, 전후의 정상인 값에서 내삽(內挿)한 값으로 바꾸어 놓는다. 이상자료의 계속시간이 이것보다 긴 경우에는 이 사이를 결측(缺測)으로 한다.

ㄹ. 강제강하의 판정

존데가 대류권(對流圈) 상부에 해당하는 300 hPa 면까지 도달하기 전에 요소자료의 기압치가 그때까지의 최소(最小) 기압치보다 커졌을 경우는 적란운(積亂雲) 내에 있어서 하강기류(下降氣流)나 강한 강수(降水), 기구에 착빙(着氷) 등에 의해 존데의 고도가 저하하고 있다고 판단하여 이 상태를 강제강하(强制降下, forced dropping)라고 한다. 이 후 기압이 다시 최소치까지 저하할 때까지 기온, 습도의 계산, 바람의 계산은 하지 않는다.

ㅁ. 일사 보정

주간(晝間, 낮)의 기온의 측정에는 일사(日射 : 태양 빛) 때문에 기온 감지부의 온도가 상승하여 기온의 측정치에 오차(誤差)를 생기게 하므로 그 보정을 한다. 이것을 일사보정〔日射補正, correlation of solar radiation(insolation)〕이라고 한다.

우선 기온 감부에 일사가 닿는지, 그렇지 않은지를 다음의 조건에 의해 기하학적으로 판정한다.

$$Z \geq 0 \ , \quad \cos(Z - 0.5) \geq \frac{R_m}{R_m + h} \tag{2.6}$$

여기서, Z : 태양 고도각(°), 위도・경도・년월일・시각에서 구한다.

R_m : 지구의 곡률반경(m),

h : 고도(m)

위의 이 조건을 만족하는 경우에는 다음의 식에 의해 일사 보정치를 구해 보정을 한다.

$$\Delta t = \frac{K \cdot (P_{st} + Q_2)}{Q_1} \tag{2.7}$$

$$t_0 = t - \Delta t \tag{2.8}$$

여기서, K : 구름의 보정계수(補正係數)

P_{st} : 써미스터부가 직접 흡수하는 일사에너지(kcal / s)

Q_1 : 써미스터부에서의 주위 공기로의 열전달 및 로드(rod, 막대)부에로의 열전도(熱傳導)를 하기 쉬운 정도(kcal / s・K)

Q_2 : 로드부 및 리드선(lead wire, 앞섬 : 안테나에서 끌어넣는 선)이 흡수한 일사에너지 중, 써미스터부에 전도되어 오는 열(kcal / s) (그림 2.17 참조)

t_0 : 일사보정 후의 기온(C)

t : 보정 전의 기온(써미스터의 온도) (C)

Δt : 일사보정량(日射補正量) (C)

또한 일사보정에 대해서는 2.3.2 의 「일사보정(日射補正)」의 항에서 자세하게 기술한다.

ㅂ. 초단열 처리

보통의 대기에서는 하층의 온위(溫位)가 상층의 온위보다 높아지는(기온감률이 건조단열감율보다 커진다) 일은 있을 수 없다. 만일 그러한 상태가 되면 대류가 생겨서 이 상태를 해소하기 때문이다. 그러기 때문에 관측에 있어서 상층의 온위가 하층의 온위보다 낮아진 경우에는 비양 직후 등 일부의 예외를 제외하고 기온의 측정치에 오차가 있는 것으로 간주해서, 온위의 역전(逆轉)이 해소되도록 자료의 일부를 삭제(削除)한다. 이것을 초단열처리(超斷熱處理, super-adiabatic management)라고 한다. 오차의 원인으로는

① 습구효과(濕球效果 : 써미스터에 부착된 수적이 증발할 때 센서의 열을 빼앗는다)
② 정돌기(正突起 : 써미스터에 부착된 수적이 동결해서 잠열을 방출한다)
③ 습구효과와 정돌기의 중첩을 상정해서, 이것에
④ 단순한 초단열(超斷熱)

을 더한 4 종류로 분류해서 각각의 특성을 고려한 수단에 의해 오차를 포함하는 점을 해제한다. 또한 초단열감율의 판정에 이용되는 온위 $\Theta(K)$는

$$\Theta = T\left(\frac{1,000}{p}\right)^{0.2857} \tag{2.9}$$

로 산출된다. 여기서 T 는 온도(K), p 는 기압(hPa)이다.

ㅅ. 기온 · 습도관측점

요소자료의 기압, 기온, 습도 치는 짧은 시간 동안에는 직선적인 변화를 나타내는 일이 많아, 기압에 대한 변화의 특징을 나타내기 위해서는 반듯이 모든 요소자료는 필요하지 않다. 이렇기 때문에 일정의 수법에 의해 요소자료 속에서 특징적인 변화를 하고 있는 점만을 선택한다. 이렇게 해서 선택된 점을 기온·습도관측점〔氣溫·濕度觀測点, an observation point(site) of temperature·humidity〕이라고 한다. 보통 1 회의 관측에 필요한 기온·습도관측점은 90 개 정도가 되고, 이것으로 기온은 0.3~1.0 C (지상 부근에서 50 hPa 을 넘는 층까지, 기준을 단계적으로 변화시킨다), 습도는 4 % 의 정밀도로 요소자료의 값을 표현할 수가 있다.

ㅇ. 고도계산

기온·습도관측점의 고도계산〔高度計算, altitude(height) calculation〕는 기준이 되는 관측지점의 해발고도(海拔高度)에 기층의 두께를 순차가산(順次加算)해서 가는 것으로 산출된다. 기층의 두께를 산출하는 데에는 공기의 밀도가 필요한데, 밀도는 기압 외에도 기온, 습도에 의해 변화하므로 기온과 습도에서 산출한 가온도(假溫度, virtual temperature :

습윤공기와 같은 기압과 밀도를 가지고 있다고 가정한 건조공기의 온도)와 기압치를 이용한다. 이렇게 함으로써 수증기량에 의한 공기의 밀도의 변화를 고려하고 있다.

ⅰ) 포화수증기압

아래의 식에 의해 그 때의 온도에 있어서의 물의 포화수증기압(飽和水蒸氣壓, saturation vapour pressure)을 구한다(자세히는 소선섭 외 2인(2005). 『대기관측법』. 교문사, p.489 「부록 4. 포화수증기압」의 표를 참조).

$$E_w = \exp\left(19.482 - \frac{4,303.4}{t + 243.5}\right) \tag{2.10}$$

여기서 E_W 는 물의 포화수증기압(hPa), t 는 기온(C)이다.

ⅱ) 가온도의 산출

위에서 산출된 포화수증기압과 상대습도(相對濕度, relative humidity)를 이용해서 다음의 식으로 가온도(假溫度, virtual temperature)를 구한다.

$$\begin{aligned} T_V &= \frac{p}{p - 0.37802\, E_w \dfrac{RH}{100}}(t + 273.15) \\ &= \frac{p}{p - 0.378\, e}\, T \\ &= T(1 + 6.08 \times 10^{-4}\, s) \\ &\fallingdotseq T(1 + 6.08 \times 10^{-4}\, x) \end{aligned} \tag{2.11}$$

여기서, T_V 가온도(K), p 기압(hPa, 습윤공기의 압력), t 기온(C), RH 상대습도(%), s 비습(比濕), x 혼합비(混合比)이다.

ⅲ) 고도의 계산

어떤 층의 하면과 상면의 기압을 각각 p_1(hPa), p_2(hPa)라 할 때, 그 층의 두께인 층후(層厚, thickness) Δh(m)는 측고공식(測高公式, hypsometric formula, barometric formula)에 의해 다음 식으로 주어진다.

$$\Delta h = \frac{R_d}{g_s} T_{Vm} \ln\frac{p_1}{p_2} \tag{2.12}$$

단, R_d : 건조공기 고유의 기체상수 $= 2.8704 \times 10^6 cm^2/(s^2 \cdot \deg)$

g_s : 표준중력가속도(標準重力加速度 $= 9.80665\, m/s^2$)

T_{Vm} : p_1 과 p_2 면 사이의 층의 평균가온도(K)

하면의 고도 h_1(m)과 상면의 고도 h_2(m)는 $\Delta h = h_2 - h_1$의 관계가 있고, 또 하면, 상면의 가온도를 각각 T_{V1}, $T_{V2}(K)$ 로 하면, 그 사이의 평균가온도$T_{Vm} = (T_{V1} + T_{V2})/2$가 되므로

$$h_2 = h_1 + 14.6350\,(T_{V1} + T_{V2}) \ln(\frac{p_1}{p_2}) \tag{2.13}$$

최초에, h_1에 고층기상관측소의 고도, p_1에 지상의 고도, T_{V1}에 지상의 가온도를 취하고, p_2, T_{V2} 에 최초의 기온·습도관측점의 값을 취하면, 이 점의 고도가 구해진다. 이하 기온·습도관측점 마다에 그 사이의 층후를 구해, 이것을 순차가산(順次加算)해서 그 점의 고도(高度, altitude, height)를 구한다.

ㅈ. 상승속도

상승속도(上昇速度, ascension rate, upward vertical velocity = 鉛直速度, vertical velocity)는 서로 이웃하고 있는 두 관측점 간의 지오퍼텐셜 고도차와 비양(飛揚)에서 거기에 도달할 때까지의 시간차에서 구한다.

$$V_Z = \frac{h_2 - h_1}{ti_2 - ti_1} \times 60 \tag{2.14}$$

여기서, V_Z : 상승속도(m/min)

h_1, h_2 : 인접하는 관측점의 지오퍼텐셜 고도(m) ($h_1 < h_2$)

ti_1, ti_2 : 인접하는 관측점의 방구(放球)에서의 경과시간(초)($ti_1 < ti_2$)

ㅊ. 기온노점차의 산출

포화수증기압(飽和水蒸氣壓)은 기온이 상승하면 증가한다. 어떤 습윤공기의 기온이 t(C), 수증기압이 e(hPa)일 때, 이 수증기압 e 를 등압적(等壓的)으로 포화증기압으로 하는 기온(t 보다 작은 값이 된다)를 노점온도〔露点溫度, 이슬점온도, dew-point(temper ature)〕라고 하고 t_d 로 나타내자. 또 기온과 노점온도와의 차를 기온노점차(氣溫露点差, 노점차, dew-point depression) 또는 습수(濕數, depression of the dew point)라고 하고 $t-t_d$ (C)로 나타낸다. 기온노점차는 포화증기압을 구하는 식 (2.10) 의 역함수를 이용해서 다음 식으로 주어진다.

$$t-t_d=\frac{(t+243.5)^2\ln\frac{RH}{100}}{(t+243.5)\ln\frac{RH}{100}-4303.4} \tag{2.15}$$

여기서, $t-t_d$: 기온노점차(C), RH : 상대습도(%)이다.

ㅋ. 지정기압면 자료의 산출

어떤 기온·습도관측점에 있어서 위의 계산이 끝났을 때에 그 하나 아래의 기온관측점과의 사이에 지정기압면〔指定氣壓面, standard isobaric surface, mandatory surface : 등압면일기도 등에서 대기의 상태를 해석할 때에 널리 표준으로써 사용되고 있는 등압면. 이것에는 1,000 hPa(mb), 850 hPa, 700 hPa, 500 hPa, 300 hPa 등이 있다〕이 포함될 때에 상하의 기온·습도관측점의 요소치에서 지정기압면의 요소를 산출할 수가 있다.

i) 기온, 습도

지정기압면의 기압치를 p_{sp}(hPa), 여기에 인접하는 하(下)와 상(上)의 기온·습도관측점의 기온을 t_1, t_2(C), 습도를 RH_1, RH_2(%), 기압을 p_1, p_2(hPa) ($p_1>p_2$)로 하면, 지정기압면의 기온 t_{sp}(C), 습도 RH_{sp}(%) 는 다음 식으로 구해진다.

$$t_{sp}=t_1+(t_2-t_1)\frac{\ln p_{sp}-\ln p_1}{\ln p_2-\ln p_1} \tag{2.16}$$

$$RH_{sp}=RH_1+(RH_2-RH_1)\frac{\ln p_{sp}-\ln p_1}{\ln p_2-\ln p_1} \tag{2.17}$$

이때, 지정기압면의 기압치 p_{sp} 가 지상기압치(surface atmospheric pressure) p_{sfc}보다 클 때에는 지상기온 t_{sfc} 및 지상습도 RH_{sfc}에서 다음 식으로 t_{sp}와 RH_{sp} 를 추정한다.

$$t_{sp} = t_{sfc} + 0.05(C/hPa)(p_{sp} - p_{sfc}) \tag{2.18}$$

$$RH_{sp} = RH_{sfc} \tag{2.19}$$

ii) 고도, 기온노점차

지정기압면의 고도 h_{sp}(m)는 p_{sp}(hPa)과 t_{sp}(C), RH_{sp}(%) 및 이 면의 아래쪽에 인접하는 기온·습도관측점의 고도 h_1(m), 기압 p_1(hPa), 기온 t_1(C), 습도 RH_1(%)에서 식 (2.10)~(2.13) 을 이용해서 산출한다. 기온노점차는 기온 t_{sp}(C), 습도 RH_{sp}(%)에서 식 (2.15) 를 이용해서 산출한다.

iii) 상승속도

지정기압면의 위쪽에 인접하는 기온·습도관측점의 상승속도는 지정기압면을 포함하는 층내의 상승속도이다. 따라서 이 값을 이대로 지정기압면의 상승속도로 한다.

2.3. 자료의 특성

2.3.1. 오차의 원인

여기서는 라디오존데의 관측결과에 포함되는 오차(誤差, error)에 대해서 언급한다. 측정자의 버릇에 의한 오차나 우연오차를 제외하면, 측정치에 포함되는 오차의 원인는 크게 다음의 두 가지로 나눌 수 있다.

① 기차(器差) : 측정기(測定器, 센서나 센서의 출력을 주파수로 변환하는 변환기 등) 자체가 갖는 고유의 오차로, 제조단계에서의 교정(校正)에 있어서 기준으로써 사용되는 측기의 정밀도·교정방법에 의한 진동 등이 영향을 준다.

② 외부조건의 변화에 의한 오차 : 관측환경의 변화가 측정치에 부여하는 오차로 일사에 의한 기온센서의 온도상승이나 공합기압계의 온도 의존성이 이것에 해당한다.

①의 오차는 존데의 사용 전에 검정〔檢定, 검사(檢査)〕을 행하고, 기준치를 넘는 오차가 있는 존데는 사용하지 않고, 오차가 작은 것은 보정하는 등의 방법에 의해 경감하고, ②의 오차는 존데 자체의 궁리나 측정된 값의 보정에 의해 경감(輕減)하고 있다.

레윈존데 관측은 지상기상관측에 비교해서 정밀도가 낮은 것이 보통이다. 이것은

① 대기 중을 이동하면서 측정한다.
② 측정범위가 넓고, 시간변화가 크다.
③ 수적(水滴, 물방울)・일사・온도변화 등 주위 환경의 영향을 받기 쉽다.
④ 존데 자체가 '사용 후 버림'이고, 개개의 존데의 재현성(再現性)의 확인에 한계가 있다.
⑤ 고층관측에는 레윈존데 관측과는 독립된, 보다 고정밀도(高精密度)의 관측방법이 없고, 이론적・경험적인 오차의 경감수법(보정방법)의 타당한 확인이 곤란하다.

등의 이유가 있다.

WMO기상측기관측법 가이드 제 6 판(Guide to Meteorological Instruments and Methods of Observation Sixth edition) (WMO-No. 8, 1996)에 게재(揭載)되어 있는 「종관기상에 요구되는 고층기상관측에 바람직한 정밀도」를 표 2.1 에 표시한다.

표 2.1. 라디오존데 관측치의 바람직한 범위와 정밀도

요 소	범 위	정 밀 도
기 압	지상에서 5 hPa 까지	±1 hPa
기 온	지상에서 100 hPa 까지	± 0.5 C
	100 hPa 에서 5 hPa까지	± 1 C
상대습도	대 류 권	± 5 %(RH)
풍 향	지상에서 100 hPa 까지	풍속 15 m/s 미만 ± 5° 풍속 15 m/s 이상 ±2. 5°
	100 hPa 에서 5 hPa까지	± 5°
풍 속	지상에서 100 hPa 까지	± 1 m/s
	100 hPa 에서 5 hPa까지	± 2 m/s
특이점의 지오퍼텐셜 고도	지상에서 100 hPa 까지	지상 부근에서는 ± 1 % 오차의 비율은 서서히 감소해서 100 hPa 에서는 ±0.5 %

표 2.2. 91 형존데의 각 센서의 측정범위, 측정정밀도, 늦어짐의 계수

요 소	범 위	정 밀 도	늦어짐의 계수*
기 압	1,050~5 hPa	±1 hPa	
기 온	+40~-90 C	±0.5 C	2 초 이하
상대습도	0~100 %	±7 %(10~95 %) ±10 %(상기 이외)	1 초 이하

* 늦어짐의 계수는 상온(常溫)·상압(常壓)·풍속 6 m/s 일 때

91 형존데의 각 감지부(센서, 感部, sensor)의 측정범위·측정정밀도·늦어짐의 계수(係數) 또는 시상수(時常數)를 표 2.2 에 나타낸다(소선섭 외, 2인(2000). 대기관측법, 교문사, p.21 참조).

여기의 설명에서는 주로 주위의 환경의 영향에 의한 오차를 경감하는 수법에 대해서 설명하도록 한다.

ㄱ. 기온의 오차

91 형존데와 같이 기온 센서가 대기 중에 노출된 상태로 부착되어 있는 형의 레윈존데는 그림 2.16 과 같은 각종의 열적(熱的) 영향을 받는다.

기온센서(感知部)의 열수지(熱收支)는 다음의 식으로 주어진다.

$$C\frac{dT}{dt} = Ps + P1 + J + K - H(T - Ta) \tag{2.20}$$

단, C : 센서의 열용량

T : 센서의 온도

Ta : 기온

Ps : 센서가 흡수하는 일사 에너지

$P1$: 센서가 흡수하는 순(正味) 적외방사 에너지

H : 대류에 의한 센서와 대기간의 전달열량(傳達熱量)

K : 센서 부착구(付着具)와의 전도(傳導)에 의한 열량

J : 센서의 측정 전류 및 존데 전파의 유도전류(誘導電流)에 의한 줄열

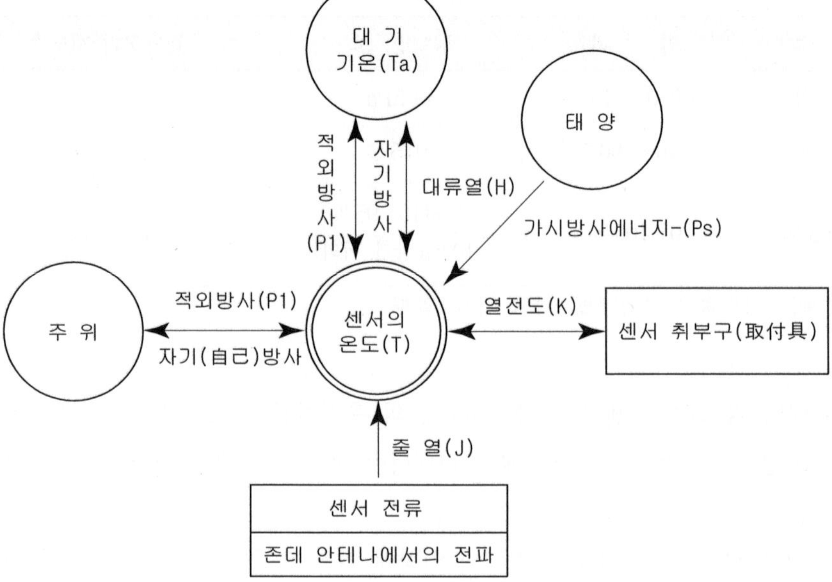

그림 2.16. 기온센서(감지부)가 받는 열적 영향

앞의 식에서 기온측정오차(氣溫測定誤差)는 다음 식으로 표현된다.

$$\Delta T = T - Ta = \frac{Ps}{H} + \frac{P1}{H} + \frac{J}{H} + \frac{K}{H} - \frac{C}{H}\frac{dT}{dt} \qquad (2.21)$$

여기서, Ps/H : 일사에 의한 오차

$P1/H$: 적외방사에 의한 오차

J/H : 줄열 오차

K/H : 센서 부착구의 열전도에 의한 오차

C/H : 늦어짐(時常數)

H 의 값은 주로 센서의 상태, 상승속도(通風速度) 및 공기밀도로 결정되고, 공기밀도는 높이와 함께 작아진다. 그렇기 때문에 다른 조건이 같다고 하면, 지상에서의 값을 기준으로 한 H 의 값은 고도 10 km 에서는 약 1/2, 20 km 에서는 약 1/4, 30 km 에서는 약 1/6 이 되고, 기온의 측정오차는 고도와 함께 증대된다. 식 (2.21) 의 각 항 중, 줄열오차 및 센서 부착구의 열전도에 의한 오차는 존데의 구조를 궁리하는 일로 거의 무시할 수 있다.

일사 및 적외방사에 의한 오차의 크기는 센서의 형상, 표면재질의 방사 흡수율로 결정된다. 91 형존데의 기온 센서는 알루미늄 증착(aluminum 蒸着)이 되어 백색도장 되어 있던 80 형존데에 비교해서 일사・적외방사의 양면에 대해서 흡수율이 작지만 완전히는 막을 수가 없다. 특히 일사의 영향이 커서, 이론식에 의한 보정을 행하고 있다 「2.3.2. 일사보정」참조). 적외방사의 영향은 구름의 유무(有無) 등의 주위의 여건으로 변화하기 때문에 정확히 파악하는 일는 곤란하여, 91 형존데에서는 보정을 행하고 있지 않다.

늦어짐에 의한 오차는 공기밀도가 작을수록 시상수(時常數, C/H)가 커지기 때문에 고도가 높을수록 커진다. 91 형존데의 기온 센서의 지상에 있어서의 시상수를 약 2 초로 하면, 대류권 상단 부근의 고도 10 km 에서는 약 4 초, 존데 관측의 상단 부근의 고도 30 km 에서는 약 12 초가 된다. 표준적인 대기를 생각해서 대류권에서의 기온감률 6 C/km, 성층권에서의 기온감률을 -2 C/km, 존데의 상승속도를 6 m/s 로 하면, 늦어짐에 의한 오차는 지상 부근에서 0.07 C, 고도 10 km 에서는 0.14 C, 고도 30 km 에서 0.14 C 정도가 된다. 이 오차는 다른 영향에 의한 오차에 비교해서 작으므로 91 형존데의 보정은 하지 않고 있다.

이상의 오차 외에, 센서에 부착한 수적(水滴, 물방울, drop of water, waterdrop)이 증발할 때에 기화열(氣化熱)에 의해 센서 온도가 저하하고(濕球效果), 센서에 부착한 수적이 동결(凍結)할 때에 방출하는 잠열(潛熱, 숨은 열, latent heat)에 의해 센서 온도가 상승한다(正突起)라고 하는 오차가 생기는 일이 있다. 이들의 오차는 측정결과에서 완전히 제거할 수가 없지만, 91 형존데를 이용한 자동처리에서는 건조단열감률보다 큰 기온감률이 관측된 경우에는 기온・습도의 변화 경향을 단서로 해서 오자료(誤資料 : 잘못된 자료)를 제거하고 있다 (「2.2.2. ㅂ. 초단열처리」 참조).

ㄴ. 기압의 오차

91 형존데에서 기압 센서로 이용하고 있는 금속 공합(空盒)은 기압 외에 온도에 의해서도 신축(伸縮)하므로 이것을 보정할 필요가 있다. 그러기 위해서 공합에는 써미스터(thermistor, 感熱抵抗素子)를 부착시켜서 내부온도를 연속적으로 계측(計測)하고 있다. 온도보정은 존데 자신의 신호처리기능에 의해 행해진다.

또한 존데의 광체(筐体 : 표면을 둘러싼 바구니, 筐 : 광주리 광)에 이용되고 있는 발포스티롤(styrene, 스티렌)은 내부의 온도변화를 작게 하고, 기압의 보정량을 작게 하는 효과가 있다.

ㄷ. 상대습도의 오차

일반적으로 센서에는 온도 의존성이 있고, 또 저온(低溫)이 될수록 응답(應答)이 늦어진다는 것이 알려져 있다. 고층관측에 있어서는 빙점(氷點)하에서 습도를 관측하는 것이 되어 빙점하(氷點下)에 있어서 오차의 크기를 아는 것이 중요하다.

91 형존데에 이용되고 있는 정전용량식 습도계(靜電容量式 濕度計)는 0 C 이상에서는 습도 의존성이 극히 작은 것이 알려져 있지만, 0 C 이하에서는 습도의 분위기를 정확하게 만드는 일, 또 측정하는 기준이 되는 방법이 없는 일도 있어, 잘 모르고 있다. 이러기 때문에 91 형존데에서는 보정을 하지 않고 있다.

ㄹ. 지오퍼텐셜고도의 오차

지오퍼텐셜고도(geopotential altitude)는 정역학의 식과 기체의 상태방정식에서 유도되는 측고공식을 이용해서 레윈존데가 계측한 기압・기온・상대습도에서 층후(層厚, thickness)를 구해서 가산(加算)한다. 기압이 p_1, p_2 $(p_1 < p_2)$인 2 기압면 간의 지오퍼텐셜고도의 차 Δh는 식 (2.12) 를 재게(再揭)해서 구한다.

$$\Delta h = \frac{R}{g} T_{Vm} \ln \frac{p_1}{p_2} \qquad (2.12)'$$

여기서 변수의 용어는 전과 동일하다.

어떤 면의 고도는 지상에서 지오퍼텐셜고도를 구하고 싶은 기압면까지를 미세한 층으로 나누어서 고도차를 계산해 적산(積算)한다. 따라서 지오퍼텐셜고도의 오차는 그 기압면까지의 기압・기온・상대습도의 오차가 모두 영향을 주어, 이들의 오차가 일정했다고 해도 상층일수록 오차가 커지는 것이 된다. 예를 들면, 가온도가 지표에서 그 면까지의 전층(全層)에 있어서 진(眞)의 값(진값, 眞値)보다 1 C 높은(낮은) 경우에는 지오퍼텐셜고도는 100 hPa에서는 약 65 m, 30 hPa에서는 약 100 m 높게(낮게) 계산된다.

2.3.2. 일사보정

레윈존데에 의한 주간(晝間, 낮 동안)의 기온의 측정에서는 일사(日射, solar radiation, insolation = incoming solar radiation의 약어) 때문에 기온 센서의 온도가 상승해 오차를 생기게 함으로 이 보정을 한다. 이것을 일사보정(日射補正, correction of insolation)이라고 한다. 91 형존데에서 이용되고 있는 일사보정의 개요는 다음과 같다.

ㄱ. 일사보정식

91 형존데의 기온 센서의 구조를 모식적(模式的)으로 그림 2.17 에 나타낸다. 일사보정식(日射補正式)은 센서 각부(써미스터부, 로드부, 리드부 : 「2.2.2. ㅁ」을 참고)에서의 일사에 의한 가열, 각부 사이에서의 열전도 및 주위의 공기와의 열교환을 고려한 열 밸런스의 미분방정식을 푸는 것으로 해서 얻어진다. 기온을 t_0(C), 써미스터의 온도를 t(C), 일사보정량을 Δt(C)로 하고, 식 (2.7), 식 (2.8)을 재게(再揭)하면, 일사보정은 다음과 같이 표현된다.

$$\Delta t = \frac{K(P_{st} + Q_2)}{Q_1} \tag{2.7'}$$

$$t_0 = t - \Delta t \tag{2.8'}$$

여기서 K 는 구름에 의해 일사가 가려지는 차단(遮斷) 효과를 나타내는 파라미터(補正係數)이고, P_{st} 는 써미스터부가 직접 흡수하는 일사에너지(kcal / s), Q_2 는 로드부 및 리드선(lead wire)이 흡수한 일사에너지 중, 전도에 의해 써미스터부에 흘러 들어오는 열(kcal / s), Q_1 은 써미스터부에서의 주위 공기로의 열전달 및 로드부로의 열전도를 하기 쉬움 (kcal / s · K)이다.

Q_1 및 Q_2 는 기온 센서의 특성 등을 나타내는 양을 이용해서 다음과 같이 나타낼 수 있다.

$$Q_1 = h_t S_t + k_r A_r \delta_r \cdot \frac{1 + C_{r1} \tan h(L_r \delta_r) \tan h(L_1 \delta_1)}{\tan h(L_r \delta_r) + C_{r1} \tan h(L_1 \delta_1)} \tag{2.22}$$

$$Q_2 = \frac{Q_{21}}{\tan h(L_r \delta_r) + C_{r1} \tan h(L_1 \delta_1)} \tag{2.23}$$

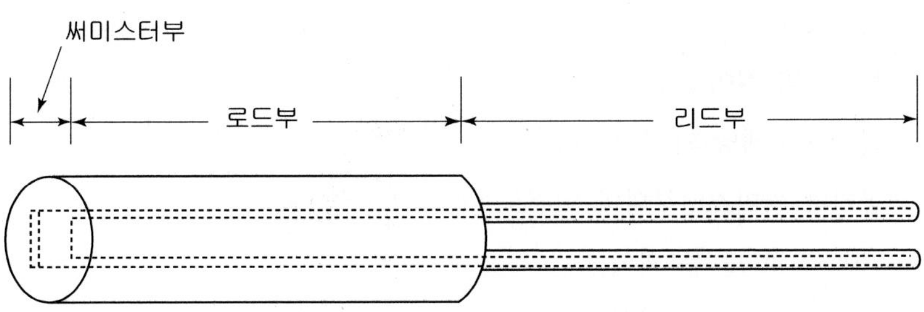

그림 2.17. 기온 센서의 구조 모식도

단, 여기서

$$Q_{21} = \frac{P_{sr}}{L_r\delta_r}\{1 + C_{r1}\tanh(L_r\delta_r)\tanh(L_1\delta_1) - \operatorname{sech} C_{r1}(L_r\delta_r)\} \qquad (2.24)$$

$$+ \frac{2C_{r1}P_{s1}}{L_1\delta_1}\{1 - \operatorname{sech}(L_1\delta_1)\}\operatorname{sech}(L_r\delta_r)$$

여기서 P_{sr} 및P_{s1} 은 각각 노드부 및 리드선(1 개당)이 흡수하는 일사에너지(kcal/s)이고, δ_r, δ_1 및 C_{r1} 은 다음 식으로 정의(定義)된다.

$$\delta_r = \sqrt{\frac{h_r S_r}{k_r A_r L_r}} \qquad (2.25)$$

$$\delta_1 = \sqrt{\frac{h_1 S_1}{k_1 A_1 L_1}} \qquad (2.26)$$

$$C_{r1} = \frac{k_r A_r \delta_r}{2k_1 A_1 \delta_1} \qquad (2.27)$$

식 (2.22)~(2.27) 에 나타나는 기호는 다음과 같다.

k_r : 로드부의 열전도율(熱傳導率, kcal/m・s・K)
k_1 : 리드선의 〃 〃
S_t : 써미스터부의 표면적(表面積, m^2)
S_r : 로드부의 〃
S_1 : 리드선(1 개당)의 표면적(m^2)
A_r : 로드부의 축직각단면적(軸直角斷面積, m^2)
A_1 : 리드선의 〃
L_r : 로드부의 길이(m)
L_1 : 리드선(1 개당)의 길이(m)
h_t : 공기와 써미스터부와의 열전도율(kcal/m・s・K)
h_r : 〃 로 드 부 와의 〃 〃
h_1 : 〃 리 드 선 과의 〃 〃

앞의 식에서 나타나는 열전도율(熱傳導率 h_t, h_r, h_1)은 센서의 크기·형상에 의존하고, 레윈존데의 관측점에 있어서 대기의 밀도 및 레윈존데의 상승속도 등의 함수(函數)이다. 유체공학(流体工學)에 있어서 물체와 주위의 유체와의 사이의 열전달률(熱傳達率)과 관계되어 있다. 본 일사보정에 있어서는 센서 각부의 레이놀즈수(Reynolds number)에서 너셀트수(Nusselt number)를 구함으로써 레윈존데의 관측점에 있어서의 열전도율을 계산하고 있다.

또 식 (2.7) 및 식 (2.24)에 나타나는 센서 각부가 흡수하는 일사에너지 P_{st}, P_{sr} 및 P_{s1}은 레윈존데의 관측점에서의 직달일사(直達日射)에너지와 다음과 같은 관계가 있다.

$$P_{st} = \epsilon_{st} S_{st} (1+\alpha) I \tag{2.28}$$

$$P_{sr} = \epsilon_{sr} S_{sr} (1+\alpha) I \tag{2.29}$$

$$P_{s1} = \epsilon_{s1} S_{s1} (1+\alpha) I \tag{2.30}$$

여기서

ϵ_{st} : 써미스터부의 일사흡수율(日射吸收率, = 0.20)

ϵ_{sr} : 로드부의 〃

ϵ_{s1} : 리드선의 〃 , = 0.70)

S_{st} : 써미스터부의 직달일사에 대한 유효단면적(有效斷面積, m^2)

S_{sr} : 로드부의 〃 〃

S_{s1} : 리드선(1개당)의 〃 〃

α : 대기에서의 산란광 및 지표에서의 반사광의 기여를 나타내는 계수(=0.20)

I : 레윈존데의 관측점에서의 직달일사에너지(kcal/m^2·s)

직달일사에 대한 센서 각부의 유효단면적(有效斷面積)은 태양 고도각의 함수이고, 그 계산에 있어서는 레윈존데에 대한 센서의 부착 각도 및 레윈존데가 연직축의 주위를 회전하면서 상승해 가는 것을 고려하고 있다. 또한 센서에 도달하는 직달일사 에너지는 레윈존데의 관측점에 있어서의 일사의 대기로정(大氣路程, optical air mass)에서 계산하고, 그 때 수증기에 의한 흡수(吸收)의 영향도 간략한 형태로 취급하고 있다.

ㄴ. 구름의 영향

구름(雲, cloud)이 존재하면 일사가 차단되어 레윈존데의 센서에 도달하는 직달일사가 감소한다. 구름의 영향은 복잡하지만, 일사보정량(日射補正量)은 그 직달일사의 에너지에 비례하므로 식 (2.24) 와 같이 파라미터 K 에 의해 그 평균적인 효과를 나타낸다. K 는 대류권의 중층보다 위에서는 1 로 하고, 하층으로 가면서 감소하는 것으로 한다. 즉,

$$
\begin{aligned}
&0 \leqq p \leqq p_1 \text{일 때} && K = 1 \\
&p_1 \leqq p \leqq p_0 \text{일 때} && K = 1-(1-K_0)\frac{\ln p - \ln p_1}{\ln p_0 - \ln p_1}
\end{aligned}
\tag{2.31}
$$

여기서 p 는 레윈존데의 관측점의 기압, p_0 는 지상기압이고, $K_0 = 0.5$, $p_1 = 500\,\text{hPa}$ 로 했다.

ㄷ. 일사보정의 요부판정

요부판정(要否判定)이란 필요한가 불필요한가를 판단하는 것이다. 기온 센서에 일사가 닿을까 그렇지 않을까를 태양 고도각 및 지구의 곡률반경을 고려해서 레윈존데의 관측 고도별로 판단해서, 일사가 닿았다고 판단되는 경우에만 보정을 행하고 있다「2.2.2. ㅁ. 일사보정」 참고).

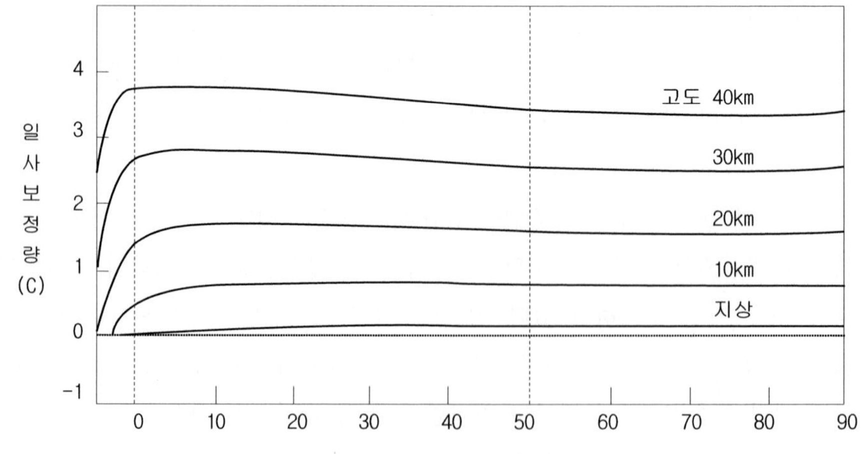

그림 2.18. 일사보정량의 한 예

ㄹ. 일사보정량

일사보정량(日射補正量)은 실제의 관측마다 달라지지만, 여기서는 레윈존데의 상승속도를 6 m/s 로 하고, 대기의 모델로써 아메리카 표준대기(1966)를 이용했을 때의 일사보정량[식 (2.24)의 Δt]을 태양고도의 함수로 해서 계산한 예를 그림 2.18 에 나타낸다. 일반적으로 상공으로 갈수록 공기의 밀도가 작아지고 기온 센서와의 열교환이 나빠지는 일, 및 상공으로 갈수록 대기로정(大氣路程)이 짧아지고, 그 대신 일사가 강해지는 일로부터 보정량은 커진다. 또 그림에서 알 수 있듯이 91 형존데에서는 보정량의 태양 고도각(高度角)으로의 의존이 비교적 작다. 이것은 태양 고도각이 감소함에 따라서 센서에 도달하는 일사가 감소하지만, 한편 센서가 비스듬하게 부착되어 있기 때문에 일사에 대한 센서의 유효단면적(有效斷面積)은 태양 고도각이 작은 때일수록 크다고 하는 서로 상쇄(相殺)하는 효과에 의한 것이다.

ㅁ. 일사보정량의 실제

91 형존데에 의한 루틴관측에 있어서 일사보정의 계산은 다음과 같이 행해진다.

i) 태양 고도각의 계산

레윈존데의 각 관측점의 기상요소의 처리에 들어가기 전에 방구(放球) 시의 양의 시각을 구해 둔다. 다음에 방구(放球) 후의 경과시간에서 각 관측점에서의 태양 고도각을 계산한다.

ii) 열전달의 계산

관측점에서의 기압, 기온(未補正) 및 레윈존데의 상승속도에서 레이놀즈수, 너셀트수를 구해 이것으로부터 각 관측점에서의 열전달률(h_t, h_r, h_1)을 계산한다.

iii) 센서가 흡수하는 일사에너지의 계산

관측점의 기압 및 태양 고도각에서 일사의 대기로정(大氣路程)을 구해, 이것으로부터 레윈존데에 도달하는 직달일사 I 를 계산한다. 또 태양 고도각에서 센서 각부의 직달일사에 대한 유효단면적을 계산하고, 이것과 I 와에서 센서 각부가 흡수하는 일사 에너지(P_{st}, P_{sr}, P_{s1})를 구한다.

iv) 구름의 영향의 계산

관측점에서의 기압에서 구름(雲)의 영향을 나타내는 파라미터(K)를 계산한다.

v) 일사보정량의 계산

열전달률, 센서 각부가 흡수하는 일사에너지 및 구름의 영향을 나타내는 파라미터에서 식 (2.24)~(2.27) 을 이용해서 각 관측점에서의 기온보정량 Δt 를 계산한다.

Chapter 3

고층풍 관측

고층풍 관측(高層風 觀測, upper wind observation, winds aloft observation)은 지상에서 위로 떨어진 상공의 바람을 관측하는 것으로, 상층풍 관측(上層風 觀測)이라고도 한다. 바람에 흘려서 이동하는 레윈, 레윈존데 또는 기구(氣球)를 전기적 또는 광학적으로 추적해서 라디오존데 관측으로 구한 고도를 이용해서 시각 t_1(고도 z_1), t_2(고도 z_2)에 있어서 지구면상(실제로는 수평거리상)의 투영점 P_1, P_2를 추적도(追跡圖)에 기입해서 그 $\overline{P_1P_2}$ 벡터에 의해 고도(z_1, z_2)의 평균의 풍향(風向, wind direction)과 풍속(風速, wind speed)을 구한다. 또 지정기압면, 권계면과 같은 특이점(特異點 = significant point, 극대 풍속면을 포함) 등에 있어서의 풍향과 풍속을 구한다.

3.1. 고층풍 관측자료의 처리

여기서는 JMA(Japan Meteorological Agency, 일본 기상청)-91 형 고층대기관측 장치의 자료 처리부에 대한 각도치(角度値)의 처리와 그 각도치를 사용한 바람[風] 계산처리에 대해서 언급한다.

3.1.1. 각도치의 처리

ㄱ. 각도 0.1 분치의 작성

존데신호 변환기 출력자료의 약 1 초마다의 각도 자료를 사용해서, 0.1 분마다(0, 6, 12,… 54 초의 각초)를 중심으로 전후 3.5 초간의 각도 자료(방위각과 고도각 : 보통은 7개)를 산술평균(算術平均)하고, 6 초마다의 각도 자료를 작성한다. 이것을 각도 0.1 분치라고 한다. 그림 3.1 에 각도 0.1 분치의 작성법을 나타낸다.

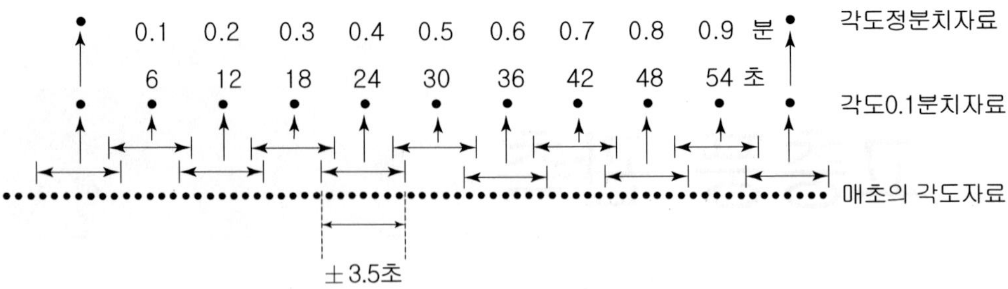

그림 3.1. 각도 0.1분치의 작성

ㄴ. 각도 평활 처리

관측측기의 고도각이 저하하면 관측소 주변의 지물(地物)에 의한 전파반사 등 때문에 고도각치(高度角値)에 진동이 혼입하는 등의 오차가 생기는 일이 있다. 또 수평거리의 산출「3.1.3. ㄴ」참고에 있어서는 고도각이 낮을 때에는 이것에 포함되는 근소한 오차가 수평거리에 큰 오차를 발생시킨다. 이 때문에 방구(放球) 후 10분 이후의 매정분(每正分)에 있어서 고도각 0.1분치가 17° 이하가 되었을 때에는 미리 각도 0.1분치에 대해서 평활처리(平滑處理)를 해서 평활정분치(平滑正分値)를 산출한다.

평활정분치의 산출에는 각 정분(正分)을 중심으로 해서 비양에서의 경과시간이 14분 미만일 때는 ±1.5분간, 40분 미만일 때는 ±3분간, 이것 이상은 ±6분간(각각은 1분법, 중복 2분법, 중복 4분법에 대응하고 있다)의 평활화 구간을 설정해 이 사이에 포함되는 각도 0.1분치를 근사하는 4차함수의 계수를 최소자승법(最小自乘法)에 의해 구해 이 근사식(近似式)에 중심 시각을 대입해서 평활정분치(방위각, 고도각)를 산출한다.

이때 고도각에 대해서는 공중선(空中線) 설치 고도와 그 때의 고도각의 시간 변화율에서지면 반사의 간섭(干涉)이 발생했을 때의 주기를 계산하고, 이것을 제거할 수 있도록 전후 10분간을 상한(上限)으로 평활 구간을 자동 연장한다. 각도 평활화에 대해서는「3.2.3. 각도치의 오차제거를 위한 평활화」에서 자세하게 설명한다.

ㄷ. 각도정분치의 작성

각도의 평활처리를 하지 않을 때에는 정분위치의 각도 0.1분치의 방위각, 고도각을 그대로 각도정분치로 한다. 각도의 평활처리를 행했을 때에는 평활화된 정분위치의 값을 각도정분치로 한다.

3.1.2. 저고도각대

지물 때문에 올바른 측각치가 얻어질 수 없는 가능성이 있는 겉보기의 위치 범위를 저고도각대(低高度角帶)라고 한다. 위의 처리에 의해 작성된 각도정분치의 방위각, 고도각치가 이 저고도각대 내에 있을 때에는 이 각도정분치는 바람 계산에는 사용하지 않는다(이 사이 바람은 결측이 되다).

3.1.3. 고풍속 계산

ㄱ. 고도와 기압의 산출

기온습도관측점의 자료에는 시간과 고도의 관계가 포함되어 있으므로 이 관계를 기초로 해서 식 (3.1)에 의해 정분의 지오퍼텐셜 고도 h(m)를 계산하고, 식 (3.2)에 의해 기하학 고도(幾何學 高度) z(m)로 변환한다.

$$h = h_L + (h_H - h_L)\frac{Ti - Ti_L}{Ti_H - Ti_L} \tag{3.1}$$

여기서 h : 고도(m), T_i : 시간(분),

L, H : 정분의 전후에 위치하는 기온습도관측점의 번호($L < H$로 한다).

산출된 고도는 지오퍼텐셜 고도이므로 기하학 고도 z(m)로 변환한다.

$$z = \frac{R\,h}{\frac{g_\phi}{g_s}R - h} \tag{3.2}$$

여기서 R은 관측소의 위도(緯度, ϕ)에 있어서의 지구반경(地球半徑, m)으로 다음 식으로 구해진다.

$$R = a\sqrt{1 - \frac{e^2(1-e^2)\sin^2\phi}{1 - e^2\sin^2\phi}} \tag{3.3}$$

a : 지구의 장반경(長半徑 = 6.377397×10^6 m)

e : 지구의 이심률(離心率, $e^2 = 6.674372 \times 10^{-3}$)

g_s : 표준 중력가속도(標準 重力加速度 = 9.80665 m/s^2)

g_ϕ : 관측소의 위도(ϕ)에 있어서의 평균해면상에서의 중력가속도로 다음 식으로 구할 수 있다.

$$g_\phi = 978.03267715(1 + 0.0052790414 \sin^2\phi) + 0.0000232718 \sin^4\phi + 0.0000001262 \sin^6\phi + 0.0000000007 \sin^8\phi)\ gal \tag{3.4}$$

로 주어진다.

기온습도관측점의 자료에는 같은 시각의 기압과 고도의 값이 포함되어 있으므로 이 관계를 근거로 해서 다음의 식)에 의해 정분의 기압치 p (hPa)를 산출한다. 이 기압치는 중간기압의 산출에 사용된다.

$$\ln p = \ln p_L + (\ln p_H - \ln p_L)\frac{Ti - Ti_L}{Ti_H - Ti_L} \tag{3.5}$$

ㄴ. 수평거리의 산출

매분의 존데의 고도와 그 때의 고도각 정분치에 대해서, 공중선(空中線)에서 존데까지의 수평거리를 구한다. 그림 3.2에 있어서

P : 관측측기의 위치

X : P와 같은 고도의 면

O : X면에 관측지점을 수직으로 투영한 점으로 했을 때, O에서 X를 따라서 P까지 측정한 호거리(弧距離)를 관측측기까지의 수평거리(horizontal distance)로 정의해서 이것을 다음의 식으로 산출한다.

$$Ds = (R_m + z)[\cos^{-1}\left\{\frac{(R_m + H_A)\cos E}{R_m + z}\right\} - E]\frac{\pi}{180} \tag{3.6}$$

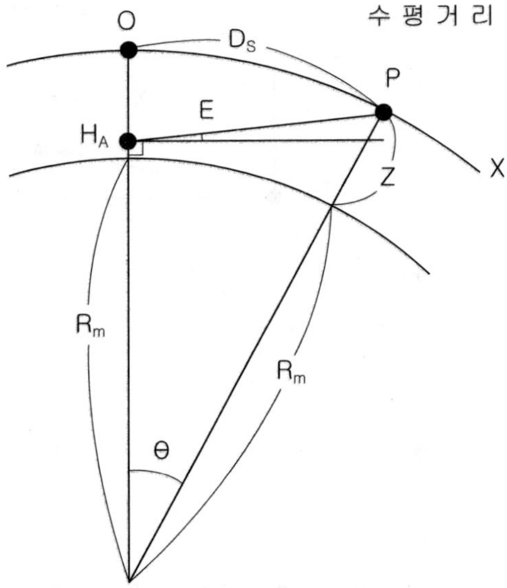

그림 3.2. 수평거리의 산출

여기서, Ds : 수평거리(m)

R_m : 관측소의 위도(ϕ)에 있어서의 지구곡률반경(m)은 다음 식으로 구해진다.

$$R_m = \frac{a}{\sqrt{1 - e^2 \sin^2 \phi}} \tag{3.7}$$

H_A : 공중선의 해면상의 높이(m)

z : 레윈존데의 해면상의 높이(m)

E : 고도각(°)

π : 원주율(圓周率)

ㄷ. 풍향 · 풍속의 산출

첨자[添字, 하첨자(下添字, subscript, 예 p_1), 상첨자(上添字, superscript, 어깨글자, 예 p^1)] 1로 나타내는 시각과 첨자 2로 나타내는 시각 사이의 레윈존데의 위치(P_1 및 P_2)의 성분의 변화량[ΔX(m), ΔY(m)]을 그 사이의 시간차 ΔT_i(초)로 나누어서 바람의 동서성분 u (m/s) 및 남북성분 v (m/s) 을 구한다. 이 계산의 양상을 그림 3.3에 나

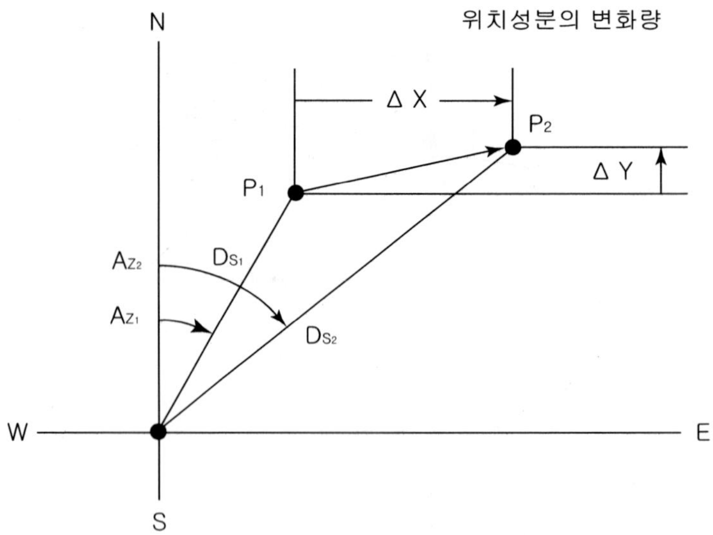

그림 3.3. 풍향 · 풍속의 산출

타낸다.

시간차 ΔT_i 는 비양에서의 경과시간이 14분 미만일 때는 1분간(60초), 40분 미만일 때는 2분간(120초), 이 이상은 4분간(240초)으로 한다. 이 계산법은 각각을 1분법(分法), 중복 2분법(重複 2分法), 중복 4분법(重複 4分法)이라고 한다. 이 시간차의 조합을 그림 3.4에 나타낸다.

$$u = \frac{\Delta X}{\Delta Ti} = \frac{Ds_2 \sin Az_2 - Ds_1 \sin Az_1}{\Delta Ti} \tag{3.8}$$

$$v = \frac{\Delta Y}{\Delta Ti} = \frac{Ds_2 \cos Az_2 - Ds_1 \cos Az_1}{\Delta Ti} \tag{3.9}$$

여기서 A_z : 방위각(方位角, azimuth angle, °)

풍속 V(m/s) 및 풍향 D(°)는 u, v에서 다음 식에 의해 산출된다.

$$V = \sqrt{u^2 + v^2} \tag{3.10}$$

단, 풍속을 정수위(整數位, 정수 자리)로 나타냈을 때, 0(m/s)가 되는 경우는 정온(靜

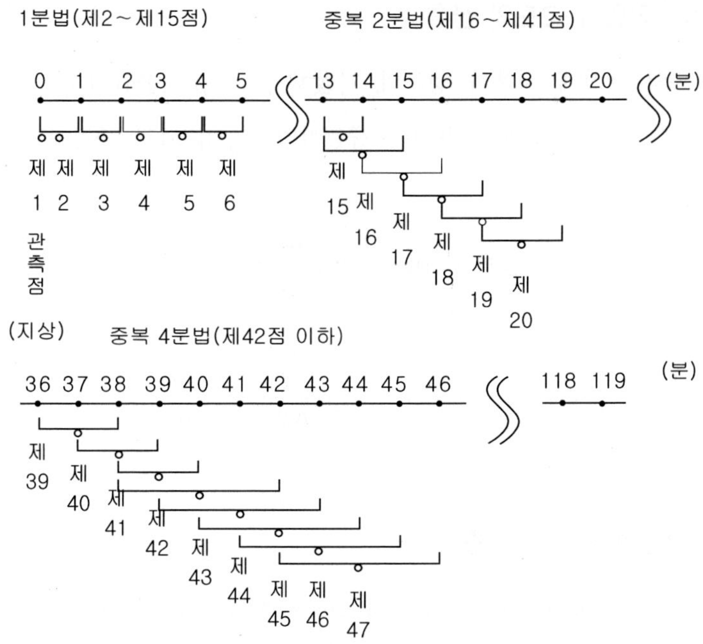

그림 3.4. 바람 계산의 시간차

穩, calm)으로 한다.

$$v > 0\text{일 때,} \qquad D = \tan^{-1}\frac{u}{v} + 180^\circ$$

$$v < 0\text{일 때,} \qquad \begin{cases} D = \tan^{-1}\dfrac{u}{v} + 360^\circ & (u \geq 0 \text{ 일 때}) \\ D = \tan^{-1}\dfrac{u}{v} & (u < 0 \text{ 일 때}) \end{cases} \tag{3.11}$$

$$v = 0\text{일 때,} \qquad \begin{cases} D = 270^\circ & (u > 0 \text{ 일 때}) \\ D = 90^\circ & (u < 0 \text{ 일 때}) \\ D = 0^\circ & (u = 0 \text{ 일 때}) \end{cases}$$

$$\text{단,} \qquad -90^\circ < \tan^{-1}\frac{u}{v} < 90^\circ$$

로 한다.

ㄹ. 중간의 기압과 고도의 산출

풍향·풍속의 계산에 사용한 정분의 기압치 p_H, p_L(hPa) ($p_H < p_L$)와 고도차 h_M, $h_L(m)$에서 그 바람의 층을 대표하는 중간기압 p_m(hPa)과 중간고도 $h_m(m)$을 다음의 식들로 구한다.

$$p_m = \exp\left(\frac{\ln p_H + \ln p_L}{2}\right) \tag{3.12}$$

$$h_m = h_L + (h_H - h_L)\frac{\ln p_m - \ln p_L}{\ln p_H - \ln p_L} \tag{3.13}$$

ㅁ. 지정기압면 자료의 산출

지정기압면(指定氣壓面, standard isobaric surface, mandatory surface) 의 풍향 D_{ms} (°), 풍속 V_{ms}(m/s) 은 상하(上下)로 인접하는 바람 관측점의 기압 p_1, p_2 (hPa) ($p_1 > p_2$), 풍향 D_1, D_2(°), 풍속 V_1, V_2 (m/s) 에서 다음의 식을 구할 수 있다.

$$V_{ms} = V_1 + (V_2 - V_1)\frac{\ln p_{ms} - \ln p_1}{\ln p_2 - \ln p_1} \tag{3.14}$$

$|D_2 - D_1| < 180°$ 일 때,

$$D_{ms} = D_1 + (D_2 - D_1)\frac{\ln p_{ms} - \ln p_1}{\ln p_2 - \ln p_1}$$

$|D_2 - D_1| > 180°$ 일 때,

$D_2 > D_1$ 일 때,

$$D_{ms} = D_1 + (D_2 - D_1 - 360°)\frac{\ln p_{ms} - \ln p_1}{\ln p_2 - \ln p_1} \tag{3.15}$$

$$(D_{ms} \leq 0° \text{ 일 때는 } D_{ms} = D_{ms} + 360°)$$

$D_2 < D_1$ 일 때,

$$D_{ms} = D_1 + (D_2 - D_1 + 360^\circ)\frac{\ln p_{ms} - \ln p_1}{\ln p_2 - \ln p_1}$$

$$(D_{ms} > 360^\circ \text{ 일 때는 } D_{ms} = D_{ms} - 360^\circ)$$

바람 관측점의 한쪽 편이 정온(靜穩)일 때는 풍속은 이 식에 의하지만, 풍향은 정온이 아닌 쪽의 값을 그대로 한다. 양쪽이 정온인 경우에는 지정기압면도 정온으로 한다. 또 상하의 바람 관측점의 풍향의 차가 180°의 경우는 지정기압면에 가까운 쪽의 바람 관측점의 풍향으로 한다.

3.2. 자료의 특성

3.2.1. 고층풍의 고도 분해능

고층풍을 계산할 때의 층후(層厚, thickness)에 대해서 WMO의 측기관측법의 안내(측기관측법의 안내, guide to meteorological instruments and methods of observation)에서는 통상 고층풍은 대류권(對流圈)에서는 300~400 m, 성층권(成層圈)에 있어서는 600~800 m의 두께의 층의 평균치로 나타내는 것으로 언급되어 있다. 어떤 층의 바람을 구하는 데에는 그 층의 상단과 하단의 존데의 위치의 차분(差分)을 취할 필요가 있는 것으로부터, 가령 상승속도를 400 m/min로 했을 경우에는, 대류권에서는 0.75~1′(분)마다, 성층권에서는 1.5~2′마다 존의 2차적인 위치를 결정할 필요가 있다. 그러나 자동추적형 방향탐지기(自動追跡型 方向探知機)를 사용하는 방식의 경우에는 고도각의 측정 정밀도에 한계가 있기 때문에 이와 같이 짧은 시간 간격에서의 바람 계산에는 곤란한 점이 있다. 그러기 때문에 자동처리장치의 바람 계산 프로그램에는 고층풍 산출을 위한 계산 시간 폭을 비양에서의 경과시간이 14분 미만은 1분간, 40분 미만은 2분간, 그 이후는 4분간으로 설정되어 있다. 존데의 상승속도를 400 m/min로 하면, 이것은 고도 약 5 km까지는 400 m, 약 15 km까지는 800 m, 그 이상은 1,600 m의 두께의 층의 바람을 계산하고 있는 것이 되고, 측기관측법의 안내의 기술보다 약간 두껍게 되어 있다.

이하에서는 고도각에 혼입(混入)되는 오차(誤差, 노이즈)의 특징을 언급하고, 다음에는 이것을 제거해서 적당한 고층풍을 산출하기 위한 평활화(平滑化)에 대해서 설명한다.

3.2.2. 각도치에 포함되는 오차

자동추적형 방향탐지기에서는 비양 중의 존데를 자동추적하기 위해서 지금부터 송신되는 전파를 공중선(空中線)의 반사판(反射板, 파라볼라)으로 반사시켜 방사기(放射器) 가까이에 초점을 맺게 한다. 비양 중의 존데가 공중선의 정면(正面)에서 어긋나면 초점의 위치가 이동하므로 이것이 항상 공중선의 중심에 있도록 방위각과 고도각을 자동제어하면 공중선 파라보라는 존데에 정대(正對)하게 되어 그 때의 파라볼라(parabola)의 방향에서 존데의 고도각, 방위각을 알 수가 있다. 초점의 어긋남의 검출방법으로는 코니칼 스켄〔conical scan, 원추형 주사(圓錐形 走査)〕방식과 모노 펄스〔mono-pulse, 단일파동(單一波動)〕방식이 있다. 전자는 파라볼라의 중심축 상에 방사기를 놓고, 편심(偏心)컵이라고 하는 반사기로 전파의 초점을 회전시켰을 때에 방사기 수신강도(受信强度)에 변동이 없도록 제어(制御)하므로 방향탐지기로 사용되고 있다. 후자는 파라볼라의 중심축의 주변에 4개의 방사기를 배치하고, 이들의 방사기에서의 수신전력에 차(差)가 생기지 않도록 제어하는 것이다.

이와 같이 해서 측정된 고도각, 방위각은 고층풍의 모양(profile)을 반영한 진(眞)의 각도치 외에도 전파(電波)전반(傳搬 : 전기 에너지를 전파함 또는 그 전파) 상의 문제나 방향탐지기의 추적기능에 관계하는 여러 가지의 측정 오차가 노이즈로 혼입(混入)하여 고층풍의 계산 결과에 오차를 발생시킨다. 실제의 각도의 관측치에 포함되는 노이즈에는 다음과 같은 것이 있다.

ㄱ. 진자운동

비양 중의 존데는 기구를 지점(支点)으로 하는 수 초의 주기를 갖는 원추진자상(圓錐振子狀)의 운동을 하고 있다. 관측소에서 존데까지의 거리가 가까울 때의 각도/초의 값에는 공중선이 이 진자 운동을 충실하게 추적하기 위해서 생기는 진동(振動)이 포함되는 일이 있다. 그러나 이 진동은 매초 값에서 각도 0.1′ 값을 산출할 때의 평균처리로 사라지므로 관측계산 상은 문제가 되지 않는다.

ㄴ. 단주기의 불규칙 변동

코니칼 스켄방식의 방향탐지기를 사용하고 있는 관서(官署)에서 얻어진 각도치에는 1′ 이내의 주기의 불규칙한 변동이 보이는 일이 있다. 자세한 원인은 모르지만, 방향탐지기의 제어방식에 관계가 있다고 보여 진다. 진폭(振幅)이 작고 주기도 길지 않으므로 문제가 되지는 않는다.

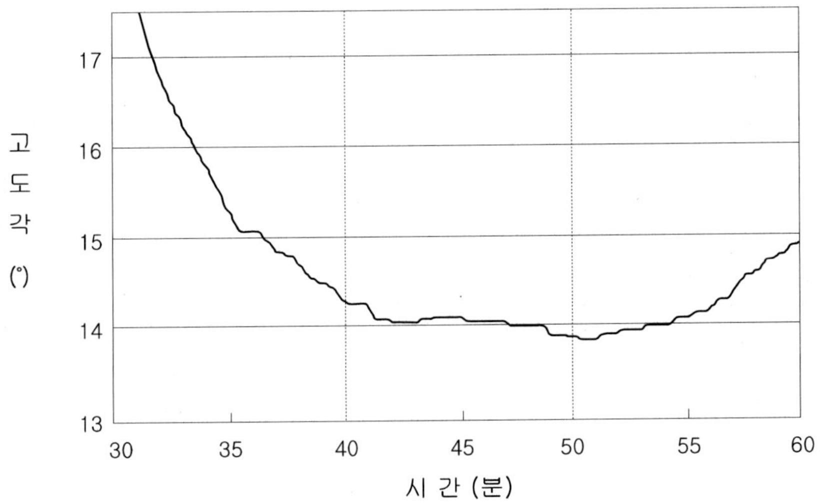

그림 3.5. 계단상의 노이즈의 예

ㄷ. 계단상의 노이즈

방향탐지기가 움직임이 늦은 존데를 추적할 때는 그림 3.5 에 나타낸 계단상(階段狀)의 노이즈〔noise, 소음(騷音)〕가 나타나는 일이 있다. 이것은 방향탐지기의 추적특성에 관계하는 것으로 존데의 움직임이 늦어져서 방향탐지기의 각도치의 움직임이 멈추어버리면 공중선 구동계(驅動系)의 마찰 등 때문에 초점의 어긋남에 의해 생기는 오차검출 신호가 어느 정도의 크기가 되지 않으면 추적을 재개(再開)하지 않기 때문에 계단상의 오차를 발생시키는 것으로 생각되어진다. 그 진폭은 0.05° 이하, 주기는 0.5~3 분 정도의 것이 많다. 모노 펄스형의 방향탐지기의 관서(官署)에서도 보인다.

ㄹ. 지면 반사파의 간섭

관측소 주변(특히 동쪽)에 초지(草地)나 흙(땅) 등의 전파를 반사하기 쉬운 평지가 있는 관서에서는 존데의 고도각이 저하하는 겨울철〔冬期〕의 고도각에 그림 3.6 에 나타내듯이 규칙적인 정현파(正弦波, sine)모양의 진동이 중첩되는 일이 있다. 이것은 존데에서의 직접 수신파(受信波}와 지표면 등에 의한 반사파의 간섭(干涉)에 의해 전파의 도래(到來 : 도착해 옴)방향이 변화하기 때문이라고 생각되어진다.

지면 반사파에 의한 간섭의 양상을 그림 3.7(1) 에 모식적(模式的)으로 나타낸다. 이 그림의 A 를 공중선, S (원방 : 遠方)를 비양 중의 라디오존데, E 를 그 고도각, P 를 전파의 반사점, h 를 전파 반사점에서 본 공중선의 고도로 한다. 전파 반사면에 대해서 A 와 대칭인 점을 A' 으로 하면, 라디오존데에서 직접 수신된 전파의 경로 SA 와 일단 지면에

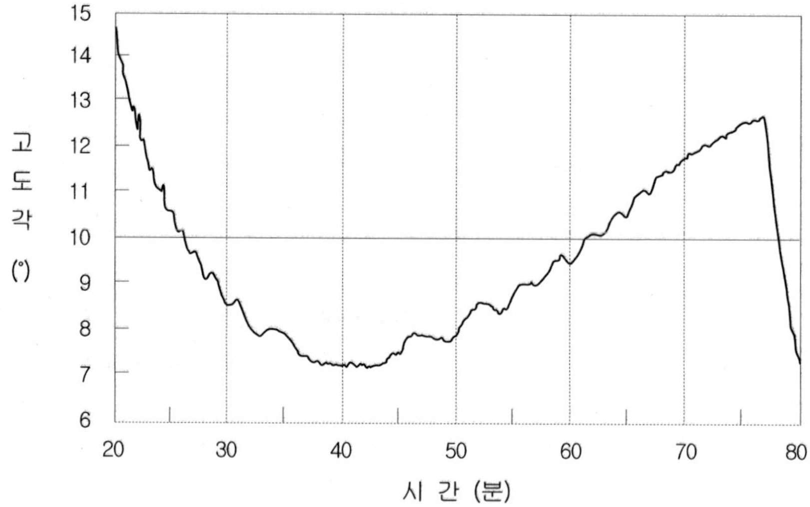

그림 3.6. 지면 반사파의 간섭에 의한 정현파상의 진동

서 반사한 전파의 경로 SPA와의 길이의 차는 $QA' = 2h \sin E$로 나타내진다. 점 P에서 전파가 반사할 때에는 위상(位相)이 반전(反轉)하므로 이 경로차를 파장 λ의 $1/2$로 나눈 수가 기수(奇數, 홀수)일 때는 공중선에 들어온 반사파의 위상은 직접파(直接波)의 위상과 동상(同相)으로 되고, 우수(偶數, 짝수)일 때는 역상(逆相)으로 된다.

공중선으로 직접파와 반사파가 동시에 수신되어서 간섭이 일어나, 고도각치에 오차가 생기는 양상을 그림 3.7(2)에 모식적으로 나타냈다. 왼쪽의 그림과 같이 공중선에서 수신된 직접파와 반사파의 위상이 같아질 때는 그 합성파(合成波)는 전력이 강하게 됨과 동시에 이것에 의해 관측된 고도각치 $E1$은 직접파에 의한 진(眞)의 고도각 E보다도 하향(下向, 아랫방향)이 되고, 오른쪽 그림같이 위상이 역으로 될 때는 합성파는 전력이 약해짐과 동시에 그 고도각은 진의 값보다도 상향(上向, 위방향)으로 된다.

이와 같이 QA' 간에 들어가는 파수가 1 변화하는 분(分)만큼 고도각 E가 변화하는 사이에 전파의 도래방향이 1회만큼 상하로 진동하고, 그것이 라디오존데를 추적하고 있는 방향탐지기의 고도각의 기록에 진동이 되어 혼입되는 것이다.

고도각 진동의 주기 T(초)는, 1회의 상하 진동을 발생시키는 데 필요한 고도각의 변화량〔$180\lambda/(2\pi h \cos E)$〕을 고도각의 시간변화율($dE/dt$)로 나누어서 다음의 식에서와 같이

$$T = \frac{180\,\lambda}{2\,\pi\,h\,\cos\,E} / \frac{dE}{dt} \tag{3.16}$$

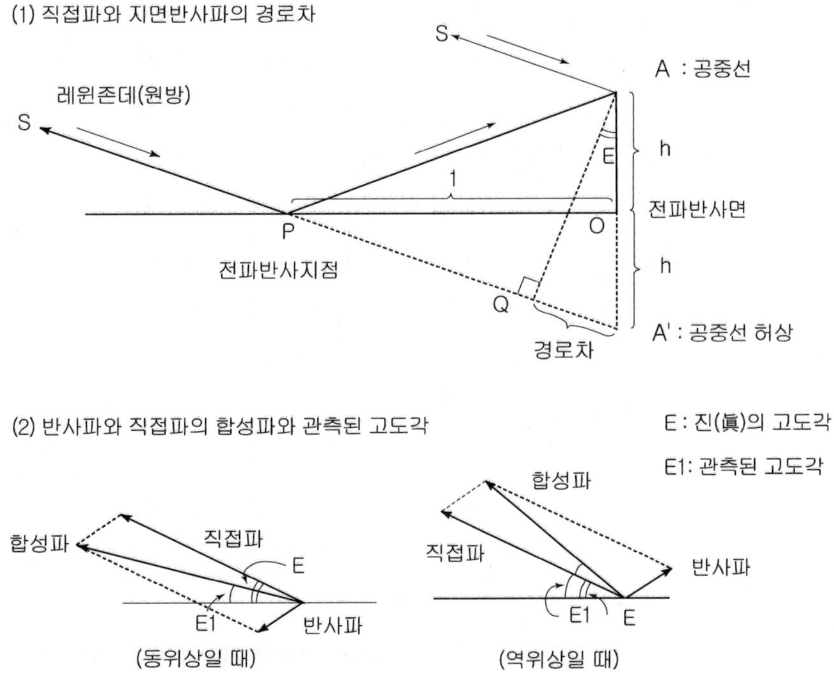

그림 3.7. 지면 반사파에 의한 간섭의 모식도

으로 구할 수 있다. 주기는 공중선의 설치고도에 반비례하기 때문에 설치고도가 낮은 관서에서는 주기가 길어져서 영향을 받기 쉽다. 더욱이 간섭을 받은 상태에서 고도각의 시간변화율이 작아지면 간섭의 주기는 대단히 길어져 제거가 어려워진다.

ㅁ. 장주기의 불규칙 변동

지면 반사파의 간섭이 나오기 쉬운 관서에서는 분명히 지면 반사파의 간섭이라고 판단할 수 있는 외에도 주기가 가장 긴 각도의 교란이 혼입되는 일이 있다. 지면 반사파와의 관계는 부정할 수 없지만, 이것만으로는 합리적인 설명을 덧붙일 수가 없다. 0.5~수분 정도의 주기를 갖고, 진폭은 0.5° 에 이르는 일이 있어, 큰 영향을 준다.

그림 3.8 의 상단에 ①~⑤의 각 소음(騷音, 노이즈)의 주기의 범위를 평행사변형으로 나타내고 있다.

3.2.3. 각도치의 오차제거를 위한 평활화

「3.1.1. ㄴ. 각도 평활 처리」에서 언급했듯이, 방구(放球) 후 10 분 이후에 있어서 고도각이 17° 이하가 되었을 때에는 고도각치에 혼입된 오차를 제거하기 위해서 비양(飛揚)으

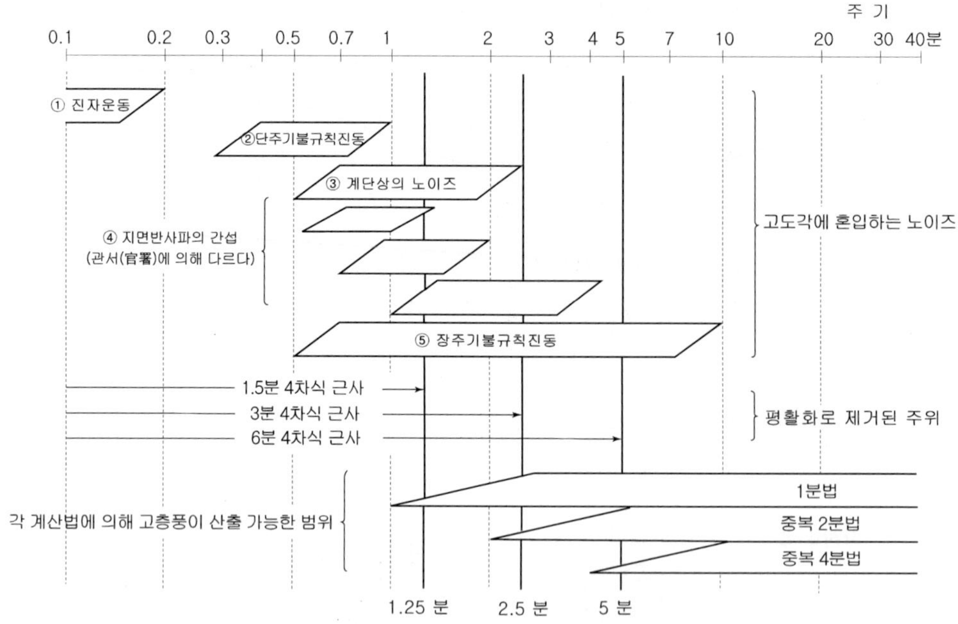

그림 3.8. 고도각의 노이즈, 평활화, 고층풍 계산의 주기 특성

로부터의 경과시간에 따라서 ±1.5 분간, ±3 분간, ±6 분간의 4 차식 근사에 의한 평활처리(平滑處理)를 행한다.

이 처리에서는 기본적으로는 주기가 짧은 변동을 제거하는 저통과 여과기(低通過 濾過器, 로패스 필터 = low-pass filter)로서 작용한다. 그림 3.9 에 시간폭을 ±3 분 또는 ±6 분

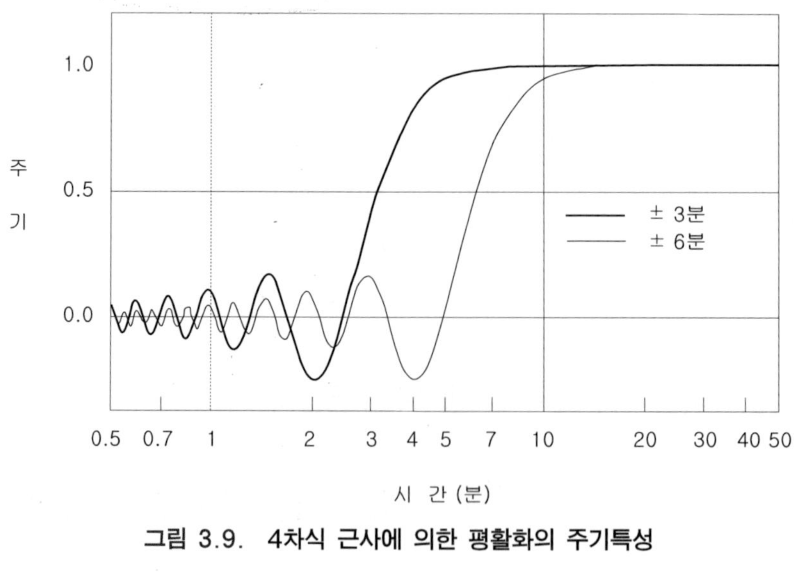

그림 3.9. 4차식 근사에 의한 평활화의 주기특성

으로 했을 때의 평활화(平滑化)의 주기특성을 나타낸다. 이 그림에서 ±3 분일 때는 약 2.5 분 이하, ±6 분일 때는 약 5 분 이하의 주기의 신호는 제거되는 것을 알았다. 그림 3.8 의 중단에서는 평활화로 제거된 주기범위가 파선(波線, 물결모양)과 화살표〔야인(矢印)〕에 의해 표시되어 있다. 이 그림에서 ①~③의 노이즈와 ④의 노이즈는 거의 제거되지만, ④와 ⑤의 일부는 제거할 수 없는 것을 알 수 있다. ④의 완전 제거 불가능의 대책으로 고층풍 관측의 처리에 있어서는 고도각의 변화속도에 근거한 식 (3.16) 에서 간섭의 주기를 계산하고, 이 주기에서 짧은 주기의 변동이 제거되도록 평활화 시간폭을 연장한다.

3.2.4. 고층풍 계산의 주기특성

여기서는 고층풍(高層風)를 산출할 때의 주기특성(週期特性)에 대해서 언급한다. 관측소의 직상(直上, 바로 위)의 점에서 존데까지의 고도면을 따른 호거리(弧距離)를 r 로 하고, 지금부터 고층풍의 관측소에서 존데를 향한 방향의 성분 V_r 을 산출하는 경우를 생각한다. 수평거리 r 로서 진폭이 $1m$ 로 주기를 T 초로 하는 정현파(正弦波)

$$r = \sin\frac{2\pi t}{T} \tag{3.17}$$

로 주어졌다고 하자. 바람은 존데의 위치의 시간미분이므로,

$$V_r = \frac{2\pi}{T\cos\frac{2\pi t}{T}} \tag{3.18}$$

로 되고 그 진폭은 $2\pi/T$ 가 된다.

T 를 0.5 분~50 분으로 했을 때의 V_r 의 진폭을 그림 3.10(1) 의 태선(太線 = 굵은 선 = solid line, 진(眞)의 속도)으로 나타낸다.

실제의 고층풍은 1 분간, 2 분간, 4 분간의 시간간격의 차분(差分)으로 계산한다. 이 경우에 산출되는 V_r 의 진폭을 같은 그림의 세선(細線, 가는 선, thin line)으로 나타낸다. 또 각 세선(細線)의 값을 태선(太線)의 값으로 나눈 것을 같은 그림 (2)에 나타낸다〔보기 쉽게 하기 위해서 3 개의 그래프를 세로방향(縱方向)으로 엇갈려서 그려져 있다〕. 이들의 그림으로부터 3 개의 계산방식으로 얻어지는 V_r 의 진폭은 수평거리의 주기가 충분히 긴 때는 진(眞)의 속도와 같지만, 주기가 짧아짐에 따라서 이로부터 점차로 떨어져 1 분, 2

분, 4분일 때에는 0이 되고, 주기가 이것 이상 짧아지면 진동(振動)하는 것을 알 수 있다. 이 진동은 진폭이 짧지만은 바람 계산결과에 거짓을 혼입시키는 일이 되므로 바람직한 일이 아니다. 이 때문에도 r에 포함되는 주기가 짧은 변동은 바람 계산의 앞 단계에서 제거해 둘 필요가 있다.

그림 3.8의 하단에는 이와 같이 해서 정해진 1분법, 2분법, 4분법에 의해 고층풍으로

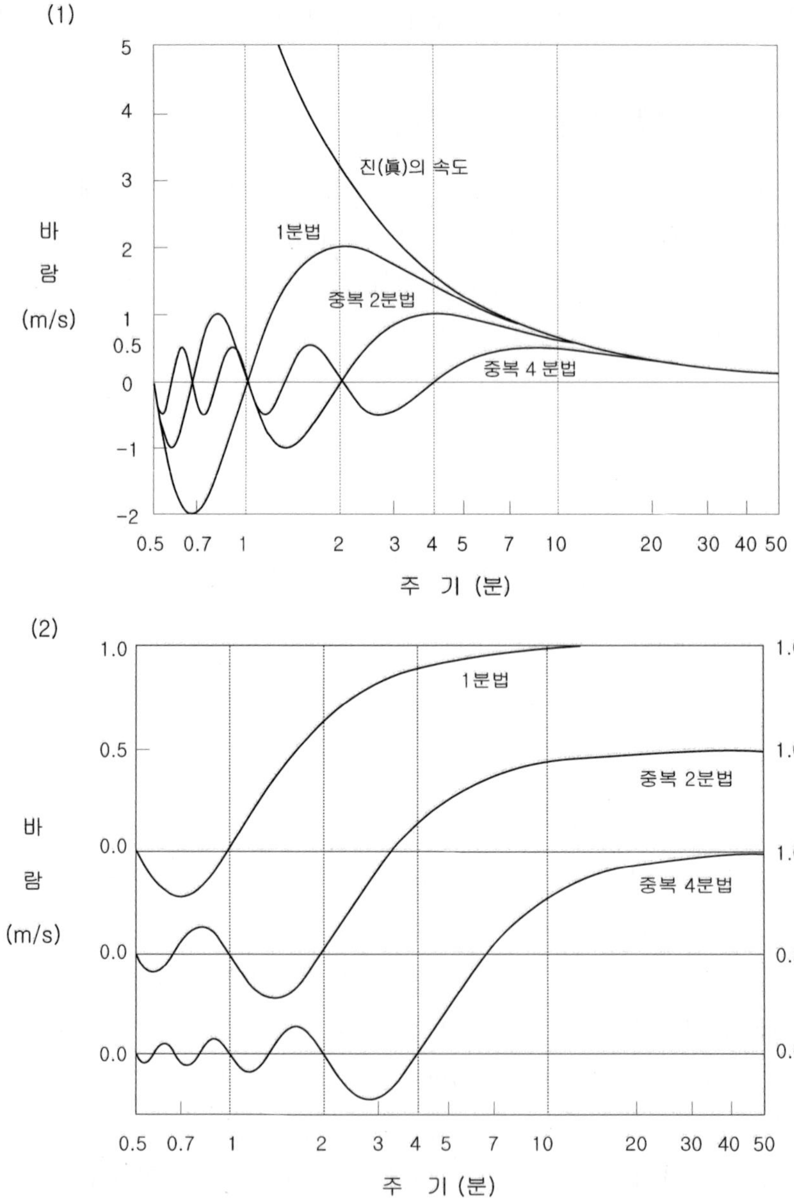

그림 3.10. 1분법, 중복 2분법, 중복 4분법의 고층풍 계산의 특성.

써 계산된 주기범위가 가로막대〔횡봉(横棒)〕 그래프모양으로 표시되어 있다. 이들의 그래프의 좌단(左端, 왼쪽 끝)은 위에서 언급한 파선과 거의 일치하고 있다. ±1.5분, ±3분, ±6분이라고 하는 평활화 시간폭은 1분법, 중복 2분법, 중복 4분법의 주기특성과 정합(整合)이 취해질 수 있도록 설정되어 있는 것이다.

고도각치, 그림 3.8의 중단의 ⑤에 표시했듯이 고도각의 평활화에서도 제거되지 않은 대단히 긴 주기의 노이즈가 포함되어 있을 때에는 바람의 계산결과에 오차가 발생한다. 이와 같은 오차는 진(眞)의 각도변화와 구별이 가지 않기 때문에 제거할 수 없다. 고층풍 관측의 처리에 있어서는 이런 때의 대책으로써, 바람의 전단〔剪斷, 층밀림, 시어 = shear, 전(剪)은 전(翦, 자를 전, 깃을 붙인 화살)의 약자〕의 고도변화율에 상한을 설정하고 있다. 즉 상승 중의 존데의 고도와 수평거리에서 바람의 전단(剪斷)의 고도변화율을 계산하고, 이것이 일정치를 넘지 않도록 고도각치를 조정하고 있다. 이 처리에 의해서 장주기의 노이즈에 기인하는 오차를 완전히 제거하지는 못하지만, 일정 수준 이하로 제압하고 있다.

Chapter 4

오존존데

4.1. 오존존데의 개요

오존존데는 자유기구에 의해 측기(測器)가 고층 대기 중을 상승하는 사이, 주위의 공기에 포함되어 있는 오존(ozone, O_3)의 농도(濃度)를 연속적으로 관측하는 것으로 오존의 수직분포(垂直分布)를 관측하는 것이다. 오존 관측은 기상연구소, 고층기상대 및 관련 기관에서 광학식(光學式) 오존존데의 개발이 진행되어 이후 관측이 진행되어 왔다. 그러나 산란광(散亂光)의 영향의 보정이 어렵고, 정밀도에 약간의 어려움이 있었다. 한편 전기화학적으로 오존을 관측하는 방법이 1960 년대가 되어 A. W. Brewer and J. R. Milford 에 의해 개발되었다. 일본 기상연구소에서도 RS2-KC65 형 오존존데가 개발되었다. 그 후 약간의 개량(改良)이 첨가되어 KC 68 형 오존존데에 의한 관측도 개시되었다. 개속해서 오존 측정부는 소형·경량화(小型·輕量化)되고 전기계통에 개량이 이루어져 RS2-KC79 형 오존존데도 나왔다. 그후 기압, 기온의 측정부를 RS2-91 형 레윈존데(이하 91 형존데)와 동등한 것으로 변경되어 자료 수집의 성능향상을 꾀한 RS2-KC96 형 오존존데(이하 KC96 형 오존존데)가 사용되고 있다.

전기화학식 오존존데란 존데에 끌려 들어온 공기 중의 오존과의 화학적 반응에 의해 생기는 미약한 전기를 측정함으로써 공기 중에 포함되어 있는 오존의 양을 측정하는 것이다.

KC96 형 오존존데의 관측 원리는 다음과 같다. 오존 농도를 검출하기 위한 반응관(反應管)에는 탄소전극(炭素電極)과 백금망전극(白金網電極)이 부착되어 있어, 거기에 취화칼륨(臭化 Kalium, potassium bromide, 브롬화칼륨, KBr)을 주성분으로 한 반응액이 채워져 있다. 오존존데가 대기 중을 상승하고 있는 동안, 내장의 소형 펌프에 의해 흡입된 공기는 반응액 내에서 기포(氣泡)로 방출된다. 기포 중에 포함되는 오존은 반응액 중의 취소(臭素)이온과 반응에 의해 취소분자(臭素分子, Br_2)와 OH^-이온을 만든다.

$$O_3 + 2Br^- + H_2O \rightarrow O_2 + Br_2 + 2OH^- \quad (4.1)$$

OH^- 이온은 탄소전극과 반응해서 전자(電子)를 방출한다.

$$C + 2OH^- \rightarrow CO + H_2O + 2e^- \quad (4.2)$$

한편 취소분자(臭素分子)는 백금망전극(白金網電極)에서 전자를 받아들여 원래의 취소(臭素)이온으로 되돌아간다.

$$Br_2 + 2e^- \rightarrow 2Br^- \quad (4.3)$$

결국 이 일련의 반응에 의해 1개의 오존분자에 대해서 2개의 전자가 백금망전극(白金網電極)에서 탄소전극으로 반응액 속에서 운반된다. 따라서 이 생기는 전류를 측정하는 것으로 대기 중의 오존의 양을 측정할 수가 있다. 반응에 관계한 취소이온은 원래로 되돌아감으로써 대기 중의 오존의 농도(濃度)를 연속적으로 관측하는 일이 가능한 것이다.

4.2. 측정장치의 구성

오존존데에 의한 관측요소는 오존 농도, 기압, 기온, 및 오존 반응액온(反應液溫)으로, 이들의 관측 자료 등을 존데에서 신호로 발신하고, 지상에서 이들을 수신해서 처리한다. 또 레윈존데와 같이 존데의 이동을 방향탐지기로 추적함으로써 풍향 및 풍속도 관측한다.

비양 시에는 2,000 g 고무기구의 밑에 오존존데의 본체 외에 낙하시의 사고를 막기 위해서의 낙하산[落下傘, 파라슈트(parachute)], 50 m의 매달기 위한 끈을 감은 오존존데용 권하기(卷下器)를 연결해서 비양한다. 본체는 오존측정부, 기압・기온측정부 및 발신기부로 구성되어 있다. 또한 수신장치 등의 지상 시설은 레윈존데 관측에서 이용하고 있는 장치를 사용하고 있다.

KC96형 오존존데의 외관(外觀)은 그림 4.1과 같다. 본체는 크기 170 mm × 230 mm × 260 mm의 백색 발포 스티렌(發泡 styrene = 스티롤)제의 상자에 수용되어 있고, 고무기구를 제외한 비양기재를 합한 중량은 약 1,500 g이다.

그림 4.1. KC96형 오존존데의 외관

4.2.1. 오존측정부

그림 4.2에 오존측정부(測定部)의 구조를 나타낸다. 오존측정부는 반응액을 넣은 반응관(反應管), 반응액에 공기를 주입하기 위한 펌프계, 반응관내에서 생긴 반응전류를 신호로써 꺼내기 위한 전극〔탄소전극(炭素電極) 및 백금망전극(白金網電極)〕으로 이루어진다.

반응관는 아크릴 수지(樹脂)의 단관(單管)이고, 반응액을 주입해서 사용한다. 저부(低部,

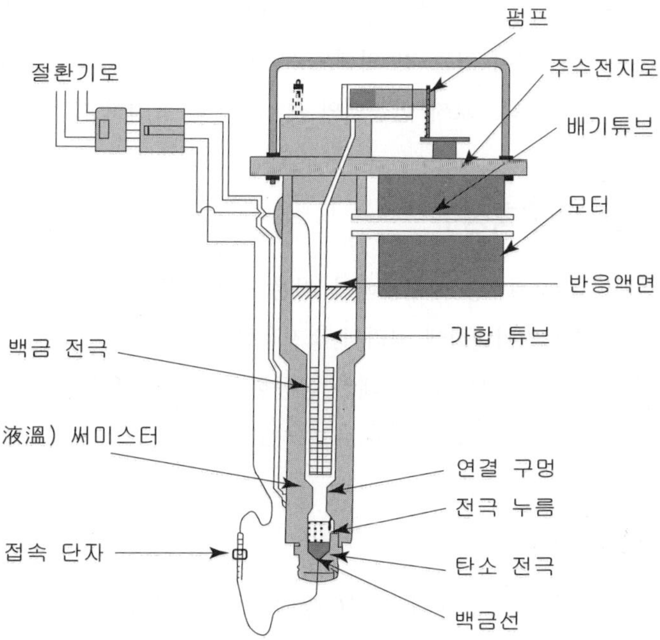

그림 4.2. 오존측정부의 구조

표 4.1. 반응액의 조성

성 분	질량 또는 부피
$Na_2HPO_4 \cdot 12H_2O$	17.65 g
KH_2PO_4	7.0 g
KBr	170.0 g
KI	0.2 g
H_2O	480 ㎤

밑바닥)에는 탄소전극이 부착되어 있고, 반응관 내부에는 백금망을 긴 자루 모양을 한 전극이 있다. 저부의 탄소전극부 쪽을 좁게 해놓았고, 그 부분에 액온감지부(液溫感知部, 써미스터 온도계)가 붙어있다. 상부에는 펌프로 주입된 공기의 배기(排氣)튜브(tube, 管 또는 통)가 부착되어 있다.

공기 주입펌프는 직류(12 V) 모터로 구동(驅動)하는 피스톤 펌프이다. 모터의 회전수는 기압・온도의 변동에도 관계하지 않고 일정하게 유지되는 성능의 것을 사용하고 있다. 펌프에서는 공기의 반응관으로 가급(加給)튜브가 뻗어 있고, 이 가급튜브를 백금망전극 속에 꽂아서 사용한다. 외기(外氣, 바깥공기)가 들어오면서부터 반응액과의 오존의 반응까지의 회로의 소재(素材)는 오존과 반응하지 않는 성질의 것이다.

또 반응액의 조성은 표 4.1 과 같다. 1 회의 관측에는 이 반응액 약 10cm을 사용한다. 반응액 속의 취화칼륨(KBr)이 오존과의 반응에 관계되고, 이 반응을 촉진하기 위해 요드화칼륨(KI)이 소량 첨가되어 있는 것 외에도 $Na_2HPO_4 \cdot 12H_2O$ 와 KH_2PO_4 가 몰비 1 : 1 로 조합되어 있고, 완충용액으로써 반응액의 pH 를 7 로 유지하고 있다.

4.2.2. 기압・기온측정부

기압의 측정에는 RS 2-91 형 레윈존데와 같은 공합(空盒)기압계를 이용하고 있다. 니켈합금을 사용한 기압계로 기압변화에 따라서 정전용량(靜電容量)의 변화를 이용해서 측정한다.

기온의 측정에는 RS 2-91 형 레윈존데와 동등한 써미스터 온도계를 짜 넣어서 이용하고 있고, 일사보정(日射補正)도 같은 방법으로 행하고 있다.

4.2.3. 발신기부

그림 4.3 에 KC96 형 오존존데의 회로(回路)의 블록 다이어그램(block diagram)을, 그림 4.4 에 그 관측 예를 나타냈다.

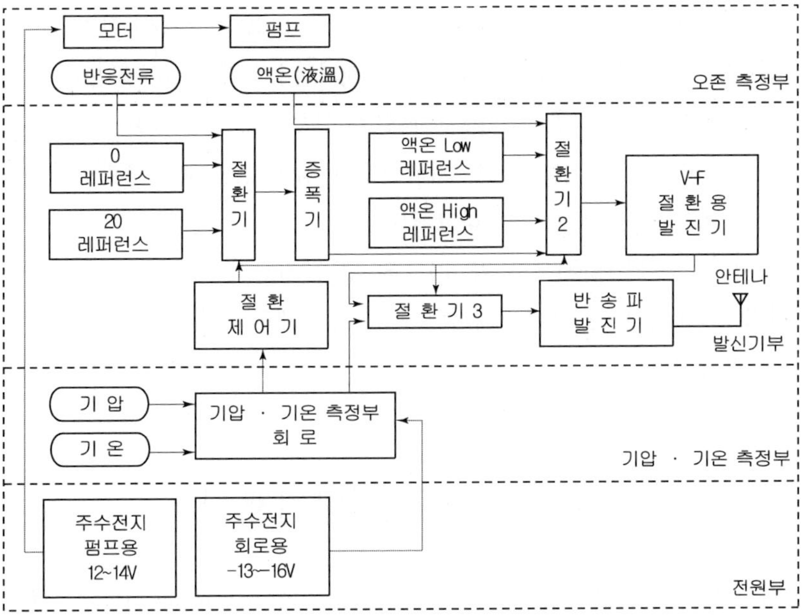

그림 4.3. KC96 형 오존존데의 회로의 블록 다이어그램

발신기부(發信器部)에서는 각종 감지부(感知部, 센서)에서 얻어진 관측치 및 레퍼런스 신호를 결정된 포맷(format)으로 순차샘플링을 해서 주파수로 변환한 후 반송파(搬送波)에 실어서 송신한다.

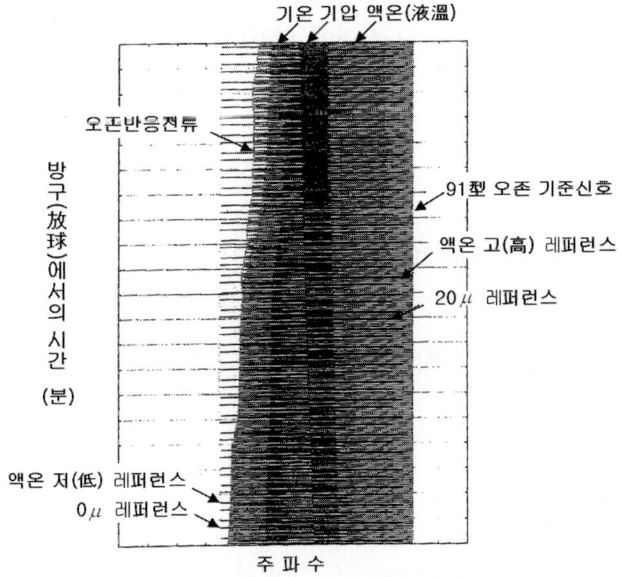

그림 4.4. KC96 형 오존존데 관측의 예

기본적으로 송신되는 요소는 기압, 기온, 오존의 각 요소와 그 레퍼런스 신호로 이들을 4초마다 송신한다. 그러나 그 외의 반응전류의 레퍼런스로써 0 μA 및 20 μA 신호, 액온(液溫)과 그 저(low)레퍼런스 및 고(high)레퍼런스 신호라고 하는 5요소를 송신하기 위해서 기압신호는 8초마다 송신되고 있고, 기압신호의 남아있는 채널(주파수대, channel)를 이용해서 이들 5요소를 순번으로 송신하고 있다.

따라서 1초마다의 전환(轉換)으로 약 40초의 관측 자료가 1사이클(cycle)을 형성하고, 그 사이에 각각 10개의 오존, 기온, 레퍼런스 신호, 5개의 기압신호, 그리고 각각 1개의 그 외의 5요소의 신호가 보내진다.

4.3. 그 외 비양기재

그 외의 비양기재〔飛揚器材, launching instruments & materials, 비양 = 發射, 방구(放球), 기재(器材) = 기구(器具, instruments)와 재료(材料, materials)〕들은 다음과 같다.

4.3.1. 주수전지

이 주수전지(注水電池)는 양극(陽極, + 극)에 염화제일동(鹽化第一銅, CuCl), 음극(陰極, − 극)에 마그네슘(Mg)를 이용한 것으로 주수(注水 : 물을 부음)함으로써 기전력(起電力)을 발생시킨다. 공기의 샘플링용 펌프 등을 시작으로 한 존데의 모두의 전원(電源)으로 사용하고 있는 것으로부터, 120분 이상의 사이에 안전한 전압을 공급할 수 있는 성능을 가지고 있다.

4.3.2. 고무기구

약 1,500 g의 중량의 비양기재(發射器材)를 고도 약 35 km까지 상승시킬 필요가 있는 것으로부터 중량 2,000 g의 기구(氣球)에 수소가스를 충전(充塡 : 메워서 채움)해서 관측에 사용하고 있다. 천연고무〔순(純) latex(고무나무 등에서 분비되는 유액)〕를 주재료로 해서 만들어져 있다.

4.3.3. 오존존데용 낙하산

낙하산〔(落下傘, 파라슈트(parachute)〕은 기구(氣球)가 파열한 후 속도를 늦추어서 지상에 낙하한 비양기재(發射器材)의 격돌(激突)에 의한 지물(地物)에 피해를 주지 않도록 하기 위함이다.

4.3.4. 오존존데용 권하기

기구와 오존존데와의 거리가 너무 짧으면 기온이나 오존의 측정치에 오차가 생기기 때문에 약 50 m의 매놓은 끈으로 기구에 오존존데를 묶어 놓았다. 권하기(卷下器)에 이 매놓은 끈을 감아 붙여, 기구와 오존존데의 거리를 짧게 함으로써 비양 작업을 용이하게 할 수가 있다. 기구가 비양되면 감아 붙여 있던 매놓은 끈은 천천히 풀린다.

4.4. 자료의 특성, 문제점

관측 자료의 정밀도를 논하는 데는 그 정밀도에 영향을 주는 요인(要因)에 대해서 이해해 둘 필요가 있다. 존데로 관측을 행하고 있는 항목은 기온, 기압, 반응전류(反應電流), 반응액온도(反應液溫度)이고, 이들의 자료를 주파수로 변환해서 수신하는 것으로부터 이 주파수에의 변환계수(變換係數) 및 그 기준이 되는 레퍼런스신호 주파수도 관측할 필요가 있다. 이들 자료의 측정 정밀도가 각각 오존의 관측 정밀도에 영향을 주는 요인이 된다. 이들의 요인이 어느 정도 또 어떠한 특성(特性)을 가지고 관측 정밀도에 영향을 줄 것인가 라고 하는 점에 대해서 충분히 이해하여 자료를 취급할 필요가 있다.

기온 및 주파수변환, 또 고도계산에 관한 정밀도에 대해서는 91 형존데 관측에 준한다. 여기서는 오존분압(分壓) 계산에 있어서의 정밀도에 대해서 언급한다. 기압계도 레윈존데 관측에 사용되고 있는 것과 같은 성능을 갖고 있지만, 오존분압의 계산 과정에 있어서 펌프로 집어넣는 대기의 유량(流量)는 기압의 함수가 되고 있다. 기압 p(hPa)에 있어서 유량 V_p 는

$$V_p = V\left\{1 - K\left(\frac{1}{p} - \frac{1}{1{,}000}\right)\right\} \tag{4.4}$$

로 표시된다. 여기서 V는 지상기압에 있어서의 유량(流量), K는 공기의 흐름이 정지하는 기압의 값(hPa)으로, 이론적으로는 펌프의 압축비와 반응액의 부하(負荷)에서 구해진 값이다. $K=2$로 한 경우, 예를 들면 기압의 1(hPa)의 측정오차에 의한 유량의 오차는 20(hPa)에서는 약 0.5 %이지만 10 (hPa)에서는 약 2 %, 5 (hPa)에서는 약 10 %가 된

다. 이 오차는 그대로 반응전류의 오차로 나타나고, 특히 저압부(低壓部)에 있어서 관측 정밀도에 큰 영향을 준다.

또 반응전류(反應電流)의 관측 정밀도에 영향을 주는 것으로는

① 오존이 들어오지 않는 상태에서 상시(常時 : 항상 언제나) 흐르는 약간의 반응전류인 암전류(暗電流)
② 반응액 속으로 관측 중의 불순물(不純物)의 혼입
③ 펌프에 의한 삽입 공기유량의 안정성

들이 고려된다.

이론상으로는 오존분자가 반응액 속으로 들어오지 않으면 반응전류는 생기지 않을 것이지만, 실제로는 약간의 반응전류가 흐르고 있고, 이것을 암전류(暗電流, background current)라고 부르고 있다. 암전류는 많은 경우 그 원인을 특정(特定)할 수 없는 것이고, 그 원인에 따라 기압에 비례해서 변화하는 것과 그렇지 않은 것이 있는 것 같다. 비양 전에 지상에서 암전류가 관측되는 경우, 그것이 관측에 어떠한 영향을 주어질까를 규명하는 일은 어렵다. 그러기 위해서 부(負, －)의 암전류나 큰 값의 암전류가 흐르는 측기(測器)는 관측에 사용하지 않는다고 하는 주의가 필요하다. 또 오존존데를 비양하기 전에 반응액에 오존을 주입해서 오존과 반응함으로써 관측에 영향을 주는 불순물을 제거하고, 그후에 또 흐르는 전류를 암전류로써 자료 처리에 사용하고 있다.

관측 중의 불순물의 흡입에 대해서는 불순물이 반응관 내에서 반응해서 전류를 생기게 하기도 하고, 오존을 파괴해 버리는 등 화학반응에 영향을 주어지는 경우에는 관측에 오차를 생기게 한다. 이 불순물이 대기오염(大氣汚染) 등과 같이 저층(低層)에서 고층(高層)까지 넓은 범위에 걸쳐서 공기 중에 있는 물질인 경우에는 관측 정밀도에 큰 영향을 미치는 것이 된다.

관측 중의 펌프의 안정성(安定性)에 대해서는 펌프를 구동(驅動)하는 모터의 성능저하, 펌프계의 기밀성(氣密性)의 열화(劣化), 피스톤의 부하의 변화 등에 수반되는 유량변화를 생각할 수 있다. 이것들에 기인하는 유량(流量) 저하는 그대로 적은 오존량으로 관측되어 버리는 일이 된다.

더욱이 오존 반응전류 외에 오존에 반응한 전류에 비례해서 흐르는 시상수(時常數)가 긴 미전류(微電流, memory effect = 記憶效果)가 있는 것도 알고 있다. 전류는 극히 적지만, 측정 정밀도에 영향을 미치고 있다고 생각하고 있다.

기온 및 액온(液温 : 액체의 온도)도 오존 농도 계산에 이용되고 있지만, 절대온도로 사용되고 있는 것으로부터 관측 정밀도에 큰 영향을 주는 일은 드물다. 그러나 반응액의 온도는 다른 면에서 관측 정밀도에 영향을 준다. 반응액의 증발(蒸發)과 빙결(凍結)이라고 하는 문제이다. 대기압이 저하하면 반응액의 비점온도(沸点温度 : 끓는 온도)도 저하한다. 그러기 때문에 액온이 높으면 증발(蒸發)이 촉진되어 액량(液量)이 감소하는 것이 된다. 크게 액량이 감소하면 반응액이 기포 중의 오존을 충분히 포착할 수 없게 된다는 것도 생각할 수가 있다. 또 역으로 액온이 너무 낮으면 반응액이 동결(氷結)해 관측 불능이 되어 버린다. 실제의 관측에 있어서 반응액의 동결온도는 액의 증발에 수반되는 농도변화나 기압이 영향을 주어, -10~-15℃ 정도라고 생각된다. 그러기 때문에 관측에 있어서는 오존의 주수전지의 증발을 이용해서 반응액온이 상온에서 차차로 빙결하지 않는 정도로 저하하도록 배려된다.

또 각종 관측치를 반송파(搬送波)에 실려서 발신하고, 지상에서 수신하는 것으로부터, 오존존데에서의 반송파로의 변환으로 생기는 오차는 오존만이 아니고 기압, 기온을 제외하고 모든 관측치의 오차에 연결된다. 그래서 오존존데에 있어서 어떤 일정한 간격을 두고 레퍼런스 주파수 신호를 발신하고, 수신된 전파의 교정(校正)에 이용하고 있다.

이들의 각 관측항목에 있어서 생긴 오차에 적산된 것으로서 각 고도에 있어서의 오존량은 관측되고 있다. 또 저압부에 있어서의 기압계의 관측오차에 동반된 유량(流量)의 계산오차는 관측 정밀도에 큰 영향을 미친다.

4.5. 도브슨비

이들의 오차 중 원인 불명의 것을 어떻게 평가할 것인가 하는 문제이다. 이 문제점의 하나의 해결 방법으로서 도브슨비(Dobson比) 또는 수집요소(收集要素, 컬렉션 팩터 = collection factor)라고 불리는 보정(補正)을 관측치에 대해서 행하고 있다.

태양에서 오는 빛(光, light)을 사용해서 지상에서 관측된 대기 중에 포함된 오존의 양(오존전량)은 오존존데에서 관측된 오존량의 적산치(積算値)와 같아야 한다. 단, 오존존데에 의한 오존전량은 관측된 오존량을 지상에서 적산하고, 더욱이 오존존데의 최종 관측점에서 높은 고도의 오존량을 추정해서 구한 것을 적산(積算)한다. 그렇지만 이 값은 분광광도계(分光光度計)에 의해 구한 오존전량과는 일반적으로 다른 것으로부터 오존존데에 의해 관측된 오존량에 이 비를 곱한 후 더해, 합계치가 오존전량 관측치와 같은 것이 되도록 보정을 행하는 것으로 오존존데에 의한 오존전량치를 분광광도계에 의한 것과 같아진다.

이 보정계수(校正係數)가 도브슨비이다.

여기서 주의하지 않으면 안 되는 일은 만일 오존존데에 의한 관측치의 일부만이 큰 관측오차가 포함되어 있어, 그것이 원인으로 도브슨비가 크게 1.0에서 떨어져 있는 경우가 있다. 이와 같은 경우에는 이 보정을 실시하는 것은 역으로 올바르게 되어 있을 값에 오차를 부여하는 일이 된다. 그러기 때문에 충분한 고도까지의 자료가 얻어지지 않고, 최종 관측점보다 높은 고도의 오존량을 추정하는 일이 곤란한 경우에는 도브슨비를 구하는 일은 하지 않는다. 또 높은 고도에서의 오존량을 추정할 수 있는 경우에는 이론적으로는 도브슨비는 1.0에 가까운 값일 것이라고 하는 일로부터, 도브슨비가 0.7~1.4의 범위에서 벗어나는 경우에는 도브슨비를 보정하지 않고, 관측치도 통계계산에는 이용하지 않는 것으로 하고 있다.

이 보정방법은 각각의 측기의 산재(散在 : 흐트러짐)라고 하는 1960년대의 관측개시 당초 이래의 문제점을 해결하기 위해 전세계에서 이용해왔던 하나의 방책이었다. 그렇지만 보다 높은 정밀도의 관측을 추진해오고 있는 데에는 금후 추가로 검토할 필요가 있다.

Chapter 5

로켓존데

5.1. 대기로켓 관측의 개요

대기로켓 관측〔atmospherics rocket observation(sounding)〕은 로켓을 이용해서 대기권 상부나 우주공간의 현상을 관측하는 일이다. 대기(기상)관측에는 주로 소형의 고체연료 로켓이 이용되고 있다. 자세히는 로켓존데(rocketsonde)를 MT-135P형이라고 불리는 일단식 고체 로켓에 실어서 고도 60 km 부근까지 쏘아 올려 파라슈트에 의해 강하하는 로켓존데에 의해 기온 및 풍향·풍속의 관측을 행하는 것이다(그림 5.1 참고).

로켓은 방위각 135°, 발사 고도각 약 80°로 쏘아 올린다. 발사 후 11초로 추진약(推進藥)의 연소가 끝나고, 고도 약 8 km, 속도 1,200 m/s에 도달한다. 그 후 로켓은 관성에 의해 상승을 계속해서 발사에서 약 95초 후에 로켓존데가 들어 있는 두동부(頭胴部)와 엔진부가 분리되고, 엔진부(타고 남은 재 약 30 kg)는 파라슈트에 의해 천천히 내려와서 약

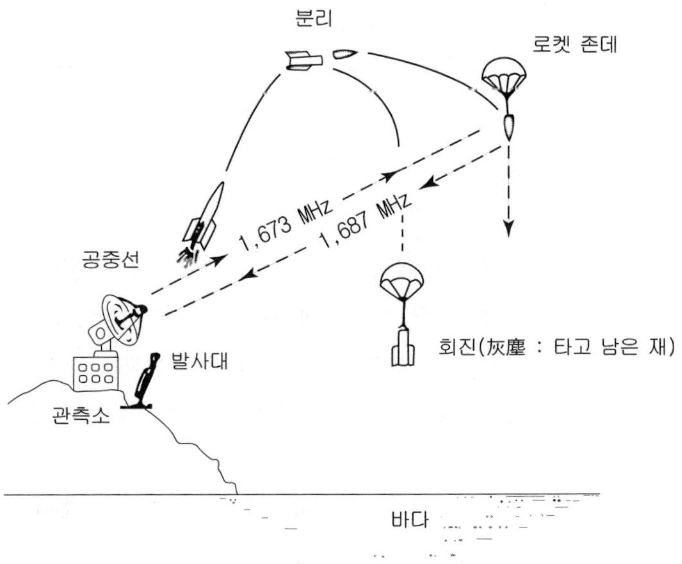

그림 5.1. 대기로켓의 관측

1시간 후에 해면에 착수(着水 : 물에 도착)한다. 착수시의 속도는 약 5~6 m/s이다. 분리된 로켓존데는 그 후도 비상(飛翔 : 공중을 날아다님)을 계속하여, 분리 후 약 17초(최고 고도가 되는 높이 약 60 km 부근)로 존데용 파라슈트를 방출하고, 더욱이 5초 후에 온도 감지부를 전개한다. 시간차를 갖게 한 것은 분리 직후에 파라슈트를 방출하면 로켓존데와 엔진부가 충돌하기도 하고 얽힐 염려가 있는 것과 파라슈트의 효과가 나타나고 나서 온도 감지부를 전개시키기 위함이다. 이들의 동작은 분리 시 작동을 시작하는 전기타이머에 의해 행해진다.

로켓존데는 파라슈트에 의해 고도 60 km 부근에서 약 130 m/s, 지표 부근에서 2~3 m/s의 속도로 강하(降下)하고, 약 2시간 걸려서 착수한다. 이 사이 각 고도의 기온을 측정하고, 전파에 의해 송신한다. 이 전파를 지상의 로켓존데 관측장치로 수신해서 기온을 관측함과 동시에 로켓존데까지의 직거리(直距離)를 측정해서 로켓존데의 고도각(高度角), 방위각(方位角)에서 풍향풍속(風向風速)을 관측한다.

5.2. 로켓용 대기관측기

대기로켓 관측에는 로켓, 로켓존데 외에 지상장착(地上裝着)으로서 로켓존데와의 송수신(送受信), 추적 및 측거(測距) 등을 행하는 로켓존데 관측장치, 로켓을 쏘아 올리는 데 필요한 발사대(發射臺), 발사관제장치(發射官制裝置) 등을 사용한다. 여기서는 주로 로켓존데와 로켓존데 관측 장치에 대해서 언급한다.

5.2.1. 로켓존데

로켓존데는 송수신(送受信)안테나, 수신부(受信部), 펄스발생부(發生部) 및 송신부(送信部)와 온도측정을 행하는 온도 감지부 및 온도변환회로를 포함하는 펄스위치변조부(變調部) 등으로 구성되어 있다. 에코방식에 의한 로켓존데까지의 직거리를 측정하기 위해서 수신부를 가지고 있다. 에코방식이란 로켓존데 관측장치에서 송신된 전파를 수신한 로켓존데가 이것에 응답한 신호를 다시 보내서 로켓존데 관측장치로 송신에서 수신까지의 시간에서 로켓존데까지의 직거리(直距離)를 산출해 내는 방식이다. 이 동작이 메아리(산울림)와 유사하여 에코방식(echo method)이라 부르고 있다. 측정한 온도는 응답신호에서 온도에 비례한 시간만큼 늦어져서 온도신호를 송신하고, 로켓존데 관측장치로 응답신호에서 온도신호까지의 시간차를 계측함으로써 전송된다.

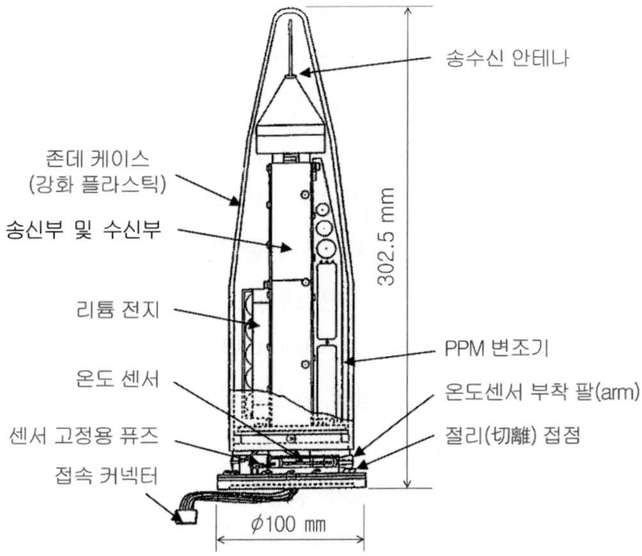

그림 5.2. 로켓존데의 외관과 구조

그림 5.2는 로켓존데의 외관과 구조로 케이스는 강화플라스틱(FRP)제이다. 그림 5.3은 로켓존데의 계통을 나타낸다. 다음의 계통도(系統圖)에 의해 동작의 개요를 언급한다.

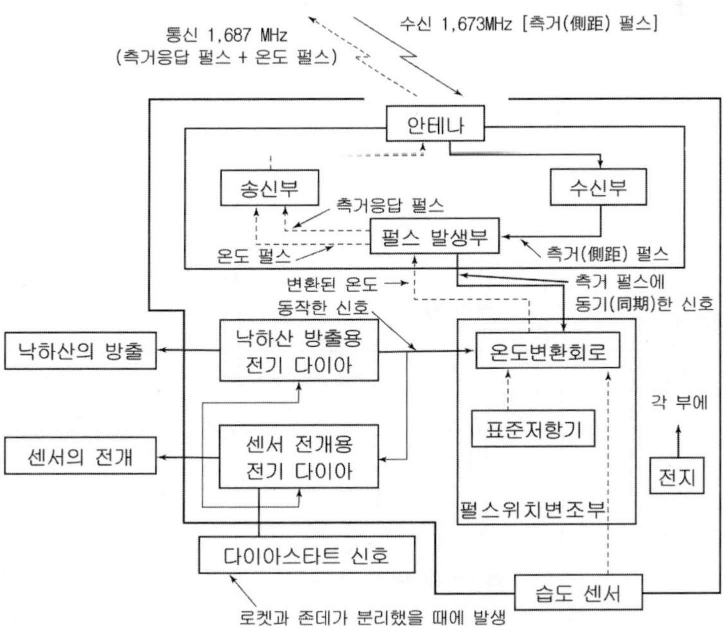

그림 5.3. 로켓존데(ES89P형)의 계통

지상의 로켓존데 관측장치에서 4 ms 마다(250 PPS, pulses per second) 송신되는 측거(測距) 펄스(1,673 MHz)를 로켓존데의 수신부로 수신해서 펄스발생부에 출력한다. 펄스발생부에서는 이것과 동기인 펄스(측거응답 펄스)를 발생해서 송신부로 출력한다. 송신부는 측거응답(測距應答) 펄스를 1,687 MHz 의 전파에 실어서 로켓존데 관측장치로 반송(返送)한다. 로켓존데 관측장치에서는 측거펄스의 송신에서 측거응답 펄스 수신까지의 시간을 측정해서 로켓존데까지의 직거리(直距離)를 산출한다.

한편 펄스발생기의 펄스는 펄스위치변조부로도 출력된다. PPM 변조부의 온도변환회로에서는 이 신호에서 온도 감지부의 저항치에 대응하는 시간(300 μs～1 ms 로 PPM 치라고 칭하고 있다)만큼 늦어진 펄스를 생성해 펄스발생기로 반송한다. 펄스발생기는 이것과 동기(同期)한 펄스를 송신부로 출력한다. 이 신호를 온도펄스라고 한다. 결국 측거응답 펄스에서 온도펄스까지의 시간차로서 온도가 전송되는 것이 된다. 변환회로의 특성의 변화에 의한 오차를 막기 위해 약 30 초에 1 회 의 비율로 4 초간만큼 온도 감지부에서 표준정항기(標準抵抗器)로 전환한다. 이것에 의해 레퍼런스 신호가 생성된다. 그림 5.4 에 로켓존데의 온도전송원리(溫度傳送原理)를 나타낸다.

온도감지부는 직경 0.02 mm(20 μ), 길이 약 180 mm의 벌크와이어(Ni-Fe 합금)로, 0 C 일 때의 정항치(抵抗値)가 약 125 Ω, -70～+30 C의 기온변화에 대해서 100～150 Ω의 저항변화를 한다(감지부의 외관 및 구조를 그림 5.5 에 나타낸다). 이 온도 감지부는 사전에 온도와 저항의 실측치(5 점)를 이용해서 눈금매기기를 하고, 다음에 나타나는 근사식 (5.1)의 계수를 구해 둔다.

구한 계수에서 식 (5.2)를 이용해 저항치에서 온도를 역산(逆算)하고, 실측치와 ±0.2 C 이내로 일치하는 것을 사용하고 있다.

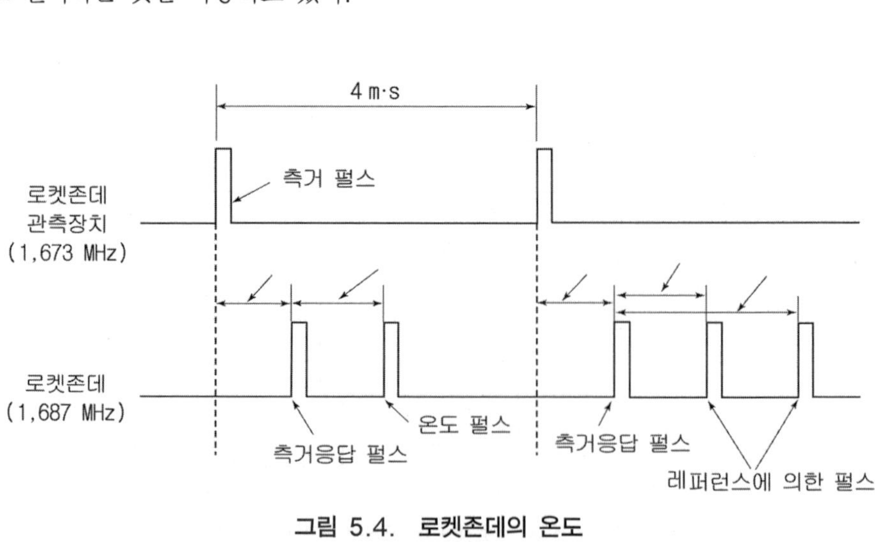

그림 5.4. 로켓존데의 온도

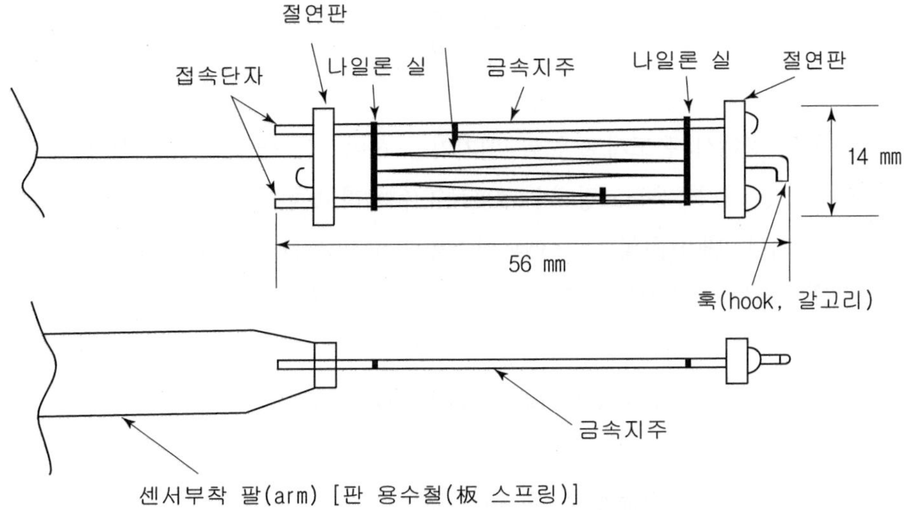

그림 5.5. 온도 감지부의 외관과 구조

$$R_t = R_0(1 + \alpha t + \beta t^2) \tag{5.1}$$

위 식에서

$$t = \frac{-\alpha + \sqrt{\alpha^2 - 4\beta(1 - \frac{R_t}{R_0})}}{2\beta} \tag{5.2}$$

단, 여기서 R_t : 온도 T(C) 에 있어서의 저항치(Ω)
R_0 : 0 C에 있어서의 저항치(Ω)
α, β : 계수(係數)
t : 측정온도(C)

온도변환회로(溫度變換回路)는 감지부(센서) 저항 100~150 Ω을 350~850 μs(PPM 치)로 변환한다. 이 변환회로의 저항치(抵抗値) 대(對) PPM 치의 관계는 감지부 대신에 100~150 Ω 사이에서 10 Ω마다의 저항기를 접속해서 얻은 PPM치(b)와 2 개의 표준저항기(標準抵抗器)에 의한 PPM치(a : 350 μs, +30 C 상당, c : 850 μs, -70 C 상당)에서 식 (5.3)의 의한 비(x)로 구해진다.

$$x = \frac{c-b}{c-a} \tag{5.3}$$

이 x를 이용해서 온도계로 눈금 매기기를 하여, 식 (5.4)의 근사식의 계수 A~D를 구해둔다. 이 A~D를 온도교정계수(溫度校正係數)라고 한다. 온도계로서의 최종적인 정밀도는 ±0.5 C이다. 내장(內藏)하는 레퍼런스용 표준저항기는 온도계수가 작은 금속피막저항기(金屬皮膜抵抗器)로 100Ω과 150Ω을 사용하고 있다.

$$t = A + Bx + Cx^{2} + Dx^{3} \text{ (C)} \tag{5.4}$$

로켓존데의 주요 제원(諸元)은 다음과 같다.

명 칭 (名稱)	: ES89P 형 에코존데
치 수〔척수(尺數)〕	: 직경 100 mm × 높이 302.5 mm
중 량(重量)	: 1,180 g
송신주파수(送信周波數)	: 1,687 MHz ± 2 MHz
공중선전력(空中線電力)	: 6 W ±50 %〔첨두치(尖頭値)〕
전파형식(電波形式)	: V 3 D
수신주파수(受信周波數)	: 1,673 MHz ±2 MHz
수신감도(受信感度)	: -60 dBm 이하
온도측정범위(溫度測定範圍)	: -70 C ~ +30 C
온도변환특성(溫度 變換特性)	: 850 μs ± 40 μs(100Ω에서) ~ 350 μs ± 40 μs(150Ω에서)
내장표준저항치(內藏標準抵抗値)	: 100Ω 및 150Ω
온도전송시간(溫度傳送時間)	: 30 초 ± 10 초
레퍼런스전송시간(傳送時間)	: 각각 2 초

5.5.2. 낙하산

낙하산〔落下傘, 파라슈트(parachute)〕는 로켓존데용과 엔진부용의 2개가 있고, 같은 규격의 것이다. 로켓존데용의 파라슈트는 개산(開傘 : 낙하산을 폄)해서 로켓존데와 평형을 이루어 강하(降下)하면 바람에 의해 흘러가므로 바람의 감지부로서의 기능을 갖는다. 엔진

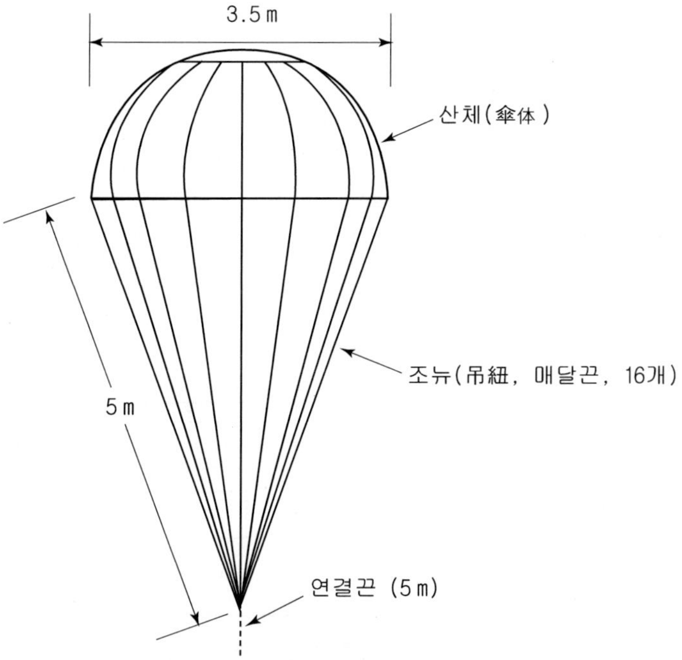

그림 5.6. 파라슈트(낙하산)의 외관

부용은 회신(灰燼 : 타고 남은 재)이 되어 로켓을 해면까지 안전하게 낙하시킨다.

파라슈트의 형상·치수는 그림 5.6에 나타난 것같이 산체(傘体 : 낙하산의 몸체)와 조삭[(弔索 : 매달끈, 조뉴(吊紐)]으로 이루어져 있고, 별도로 5 m의 연결끈이 있다. 산체의 소재는 견포(絹布 : 비단)로 항공안정상에서 알아보기 쉬운 황색으로 염색되어 있다. 산체는 개산 시에 직경 약 3.5 m의 반구형이 된다. 조삭은 폭 13 mm의 비단 테이프로 길이 5 m의 점에서 집합 결속(結束)하고, 더욱이 연결끈에 묶여 있다. 연결끈의 다른 쪽 끈은 로켓존데 또는 엔진부에 연결되어 있다.

5.2.3. 로켓존데 관측장치

로켓존데 관측장치는 로켓존데와의 송수신, 측거 등을 행하는 공중선부, 송신부, 수신부, 측거장치, PPM 복조[(변조되어 있는 반송파 가운데서 본디의 신호를 가려냄, 검파(檢波)]기 및 출력인터페이스부 등과 관측에 필요한 처리를 행하는 데이터 처리장치로 구성되어 있다(그림 5.7에 계통을 나타낸다). 본 장치의 동작의 개요를 다음에 언급한다.

공중선부(空中線部)는 로켓존데를 자동추적해서 그 고도각·방위각을 매초 출력한다. 송신부(送信部)는 측거장치(測距裝置)의 신호에 따라서 4 ms 마다 1,673 MHz 의 측거펄스를

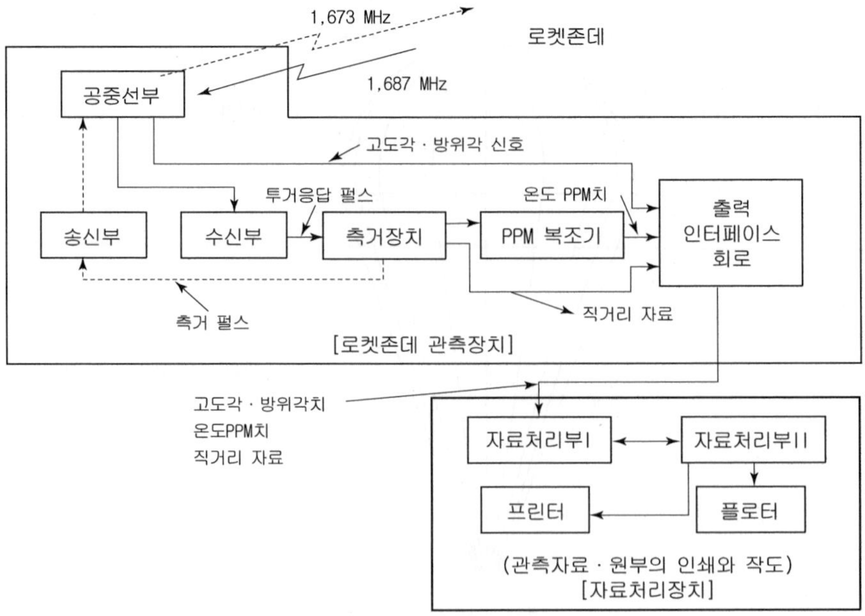

그림 5.7. 로켓존데의 관측장치의 계통

송신한다. 수신부(受信部)는 로켓존데가 송신하는 1,683 MHz의 측거응답(測距應答) 펄스를 수신해서 측거장치와 PPM복조기(復調器)로 출력한다. 측거장치는 측거펄스에서 측거응답펄스까지의 시간에서 직거리(直距離)를 산출해서 1초마다 출력한다. PPM부조기는 측거응답펄스에서 온도펄스까지의 시간(PPM치)을 0.1초마다 측정해서 출력한다. 방위각, 고도각, 직거리 및 PPM치의 자료는 출력인터페이스부에서 자료처리장치로 송출되어, 관측에 필요한 자료처리와 비상상태(飛翔狀態)의 감시를 행한다.

5.2.4. 대기로켓

로켓 관측에 사용하는 MT-135P형 로켓의 규격 · 구조에 대해서 간단히 언급한다(그림 5.8).

ㄱ. 규격〔規格, 발췌(拔萃 : 뽑아냄)〕

전장 (全長)	: 3,329.5 mm
두동부장(頭胴部長)	: 987 mm
미익스팬〔尾翼 span(꼬리날개의 길이)〕	: 480 mm
엔진부 외경〔外徑(바깥지름)〕	: 135 mm

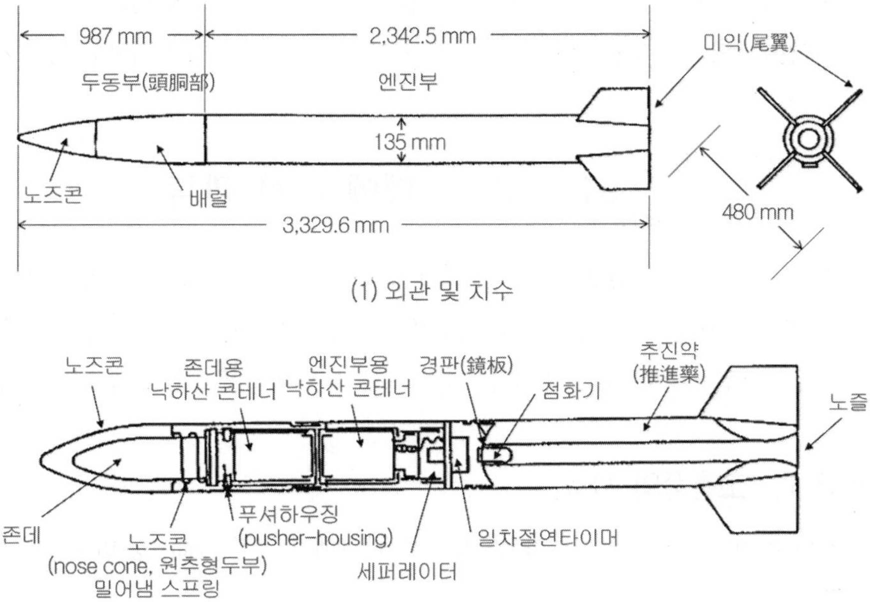

(1) 외관 및 치수

(2) 내부구조

그림 5.8. 대기로켓(M T-135P형)의 외관(外觀)과 구조(構造)

중량(重量)	: 66.0 kg
탑재중량(塔載重量)	: 2.8 kg
총중량(總重量)	: 68.5 kg
추진약(推進藥)	: 37.5 kg〔폴리우레탄(polyurethane : 합성섬유, 합성고무 등의 원료)계, 콤퍼지트(composite : 합성) 화약〕
최고도달고도(最高到達高度)	: 55 km 이상

ㄴ. 구조(構造)

로켓은 엔진부와 두동부(頭胴部)로 구성(構成)되고, 엔진부에는 추진약(推進藥) 등이, 두동부에는 로켓존데, 파라슈트 등이 수용(收容)된다.

엔진부에는 크로뮴(chromium, Cr) 몰리브덴(molybdenum, Mo)강(鋼)을 사용하고, 표면은 내열도장(耐熱塗裝)을 하고 있다. 또 미익(尾翼 : 꼬리날개)에는 내열성에 우수한 티탄(titan, 티타늄, Ti)을 이용하고, 내열도장을 하고 있다.

두동부(頭胴部)의 선단부(先端部)는 노즈콘(nose corn, 옥수수콘)이라고 불리고, 내부에 로켓존데가 안치되어 있고, 로켓존데의 송수신파가 투과하도록 강화 프라스틱으로 합성되어 있다. 엔진부와의 접합부분(배럴, barrel)은 크로뮴 몰리브덴강으로 내열도장을 하고 있다.

5.3. 로켓존데에 의한 관측

관측 장치에서 자료 처리장치로, 기온의 PPM 치는 0.1 초마다 고도각과 방위각은 1 초마다 출력된다. 이들의 자료는 자료 처리장치로 평활화(平滑化) 등의 처리를 행하고, 1 초값으로써 시계열(時系列)로 보존된다. 이 자료를 사용해서 필요한 관측 자료를 산출한다.

5.3.1. 고층풍의 관측

측정된 직거리(直距離), 고도각 및 방위각 자료에서 풍향(風向)·풍속(風速)의 관측을 행한다(그림 5.9 참조).

직거리와 고도각에서 식 (5.5)에 의해 로켓존데의 해발고도(海拔高度) h(m)를 산출하고, 더욱이 고도 h 와 고도각에서 식 (5.6)에 의해 고도 h에 있어서의 로켓존데까지의 수평거리 D_h (m)를 산출한다. 이 D_h 와 방위각의 단위시간당의 변화량을 컴퓨터에 의해 처리해 풍향·풍속의 관측을 행하고 있다.

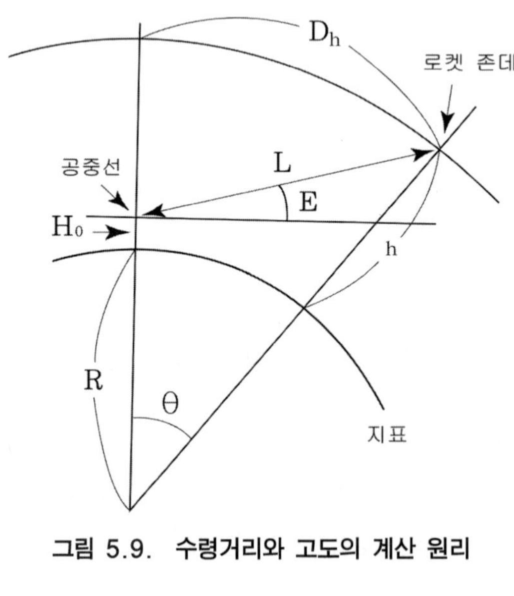

그림 5.9. 수령거리와 고도의 계산 원리

$$h = \sqrt{(R+h_0)^2 + L^2 + 2L(R+h_0)\sin E} - R \tag{5.5}$$

$$D_h = \frac{180}{\pi}(R+h)\left\{\sin^2\left(\frac{R+h_0}{R+h} sin E + L\right) - E\right\} \tag{5.6}$$

단, R : 지구의 반경

h_0 : 공중선의 해발고도

L : 로켓존데까지의 직거리

E : 고도각

5.3.2. 기온의 관측

로켓존데 관측장치에서의 온도 펄스에 의한 PPM치(측정치)와 2개의 레퍼런스 신호에 의한 PPM치가 출력된다. 이 2개의 PPM치에서 식 (5.3)에 의해 구한 비(x)와 식 (5.4)에서 구한 온도교정계수(溫度校正係數)를 이용해서 온도 감지부가 측정한 기온 T (K, 절대온도)을 다음 식에 의해 구한다.

$$T = A + Bx + Cx^2 + Dx^3 + 273.15 \ (K) \tag{5.7}$$

이 기온 T에 공기와의 마찰에 의한 온도상승〔空力加熱〕, 태양방사(太陽放射), 장파장방사(長波長放射) 등의 보정을 행해 기온의 관측을 한다.

5.3.3. 기타의 관측

직거리, 고도각, 방위각 및 기온의 자료에서 기압, 공기밀도 및 음속(音速)을 각각 다음과 같은 방법으로 산출하고 있다.

ㄱ. 기압 p(hPa)

통상의 존데관측에서는 기온과 기압을 측정해서 양자에서 지정기압면(指定氣壓面)의 gpm 고도를 계산하지만, 로켓관측에서는 직거리와 고도각에서 기하학(幾何學)고도를 구하고, 더욱이 gpm고도로 환산(換算)한다. 기압은 이 gpm 고도와 기온에서 아래에 표시한 식에 의해 기준기압면(基準氣壓面)에서의 적산(積算)으로 산출한다. 기준기압면은 인근의 고층관측소에서 대기로켓 발사시각에 가장 가까운 시각의 레윈존데 관측에서 얻어진 70 hPa 면의 값을 사용한다.

$$p = p_0 \exp\left(-\frac{h - h_0}{R_d} \cdot \frac{g + g_0}{2} \cdot \frac{\frac{1}{T} + \frac{1}{T_0}}{2}\right) \tag{5.8}$$

단, $p(p_0)$: 기층상(하)면의 기압(hPa)

$g(g_0)$: 기층상(하)면의 중력가속도(m/s^2)

$h(h_0)$: 기층상(하)면의 고도(m)

$T(T_0)$: 기층상(하)면의 온도(K)

R_d : 건조공기의 기체상수(氣體常數, 287.05 J/kg · K)

ㄴ. 공기밀도, ρ(kg/m³)

그 고도에 있어서의 공기밀도(空氣密度) 기압 p (hPa)과 기온 $T(K)$에서 다음의 상태 방정식에서 의해 산출한다. R_d 은 건조공기의 기체상수(287.05 J/kg · K)이다.

$$\rho = \frac{p}{R_d T} \times 10^2 \tag{5.9}$$

ㄷ. 음속 V_s(m/s)

음속(音速, velocity of sound)은 기온 $T(K)$에서 다음 식에 의해 산출된다.

$$V_s = 20.05\sqrt{T} \tag{5.10}$$

Chapter 6

계류존데

6.1. 개 요

계류기구관측(係留氣球觀測)은 계류기구관측장치(계류존데)를 매달 기구(氣球)를 계류(係留, 繫留, moor : 일정한 곳을 벗어나지 못하도록 밧줄 같은 것으로 붙잡아 매어 놓음)하여 상하로 늘어뜨려 기압·기온·상대습도·풍향·풍속의 연직분포를 측정하고, 이들의 자료를 무선테리미터(telemeter, 원격지로부터 측정 자료의 통신 장치) 방식에 의해 지상으로 전송하는 것으로 관측결과는 대기경계층(大氣境界層)의 연구나 환경영향평가의 조사 등에 이용되고 있다.

계류기구측정장치(係留氣球測定裝置)는 계류기구(係留氣球)·승강기(昇降機)·계류존데의 옥외(屋外) 시설과 수신장치·자료처리장치의 옥내(屋內) 시설로 구성된다. 계류기구(captive balloon, tethered balloon)는 계류색(係留索: 계류하기 위한 줄)과 승강기(昇降機)에 의해 관측자가 조작하고, 지상에서 최대 고도 약 1,500 m까지의 범위로 관측목적에 따른 고도를 부유(浮遊: 공기 중에 떠다님)한다.

이 계류기구는 기압·기온·상대습도·풍향·풍속의 센서를 갖춘 주파수 1,680 MHz 대의 계류존데를 달아 늘어뜨려, 계측 자료를 전파로 지상에 송신한다. 지상에서 수신된 자료는 아날로그〔analog(ue)〕 처리장치(處理裝置, 퍼스널 컴퓨터= personal computer)로 리얼타임〔real time: 동시처리(同時處理), 즉시처리(卽時處理)〕 계산처리가 행하여진다. 관측종료 후 수정·재 계산처리를 하고, 관측결과의 표나 그림으로 처리를 하여, 정규관측 자료로 보존된다.

6.2. 장 치

6.2.1. 계류기구

계류기구의 치수·재질 및 승강기의 외관(外觀)을 그림 6.1 에 나타낸다. 계류기구는 기

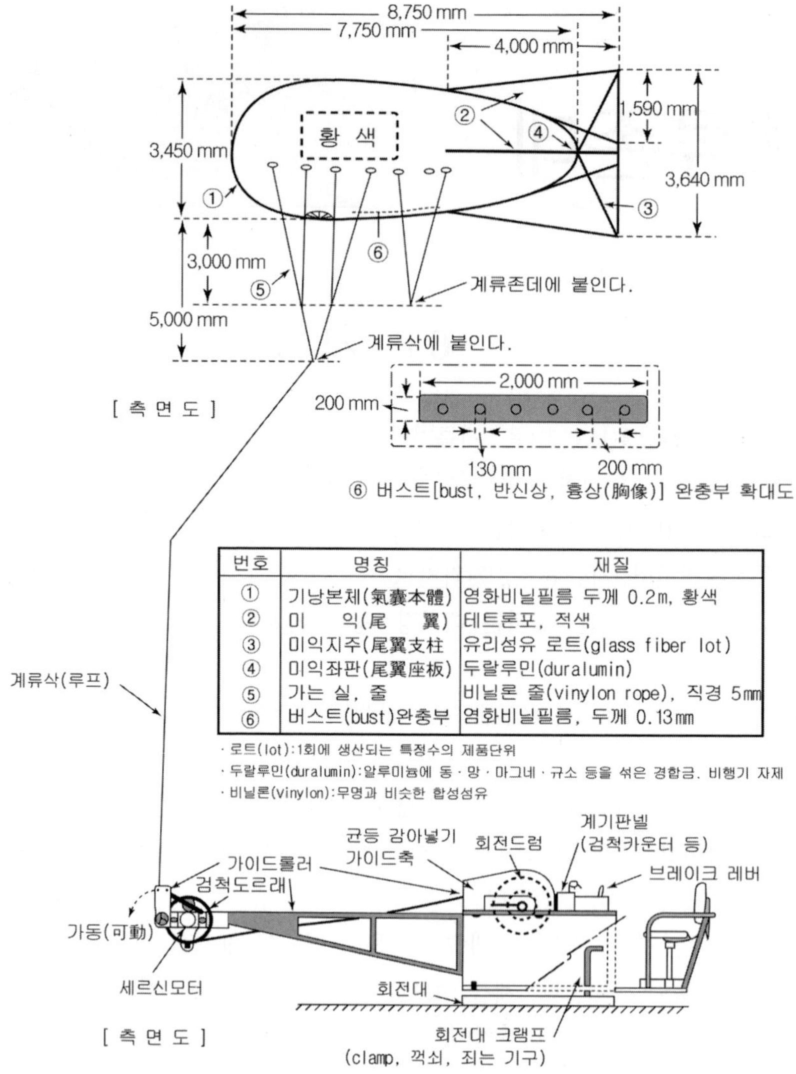

번호	명칭	재질
①	기낭본체(氣囊本體)	염화비닐필름 두께 0.2m, 황색
②	미 익(尾 翼)	테트론포, 적색
③	미익지주(尾翼支柱	유리섬유 로트(glass fiber lot)
④	미익좌판(尾翼座板)	두랄루민(duralumin)
⑤	가는 실, 줄	비닐론 줄(vinylon rope), 직경 5mm
⑥	버스트(bust)완충부	염화비닐필름, 두께 0.13mm

· 로트(lot):1회에 생산되는 특정수의 제품단위
· 두랄루민(duralumin):알루미늄에 동 · 망 · 마그네 · 규소 등을 섞은 경합금. 비행기 자재
· 비닐론(vinylon):무명과 비슷한 합성섬유

그림 6.1. 기구의 치수 · 재질 및 각부의 외관

낭〔氣囊 = 공기 주머니(囊; 주머니, 고환 낭)〕 본체·수평 및 수직 미익(尾翼: 꼬리날개)·가는 실로 되어 있다. 기낭(氣囊)은 두께 0.2 mm의 염화(塩化) 비닐제로 안정성을 고려해서 헬륨(He) 가스를 충전(充塡: 메워서 채움)하고 있다. 계류기구관측에 이용되는 부력(浮力)은 43 kg으로, 이것에서 계류기구 총중량 23 kg, 계류색(係留索) 총중량 9 kg 및 계류존데 5 kg을 빼면, 6 kg이 계류색를 가득 조출(繰出: 고치를 삶아 실을 뽑아냄)했을 때의 부력이 된다.

6.2.2. 계류존데

계류기구관측장치는 하층대기의 관측용으로 설계된 라디오존데이고, 각 감지부(센서)에서 측정된 기상요소의 변화에 따른 신호를 주파수 분할(分割)에 의해 5 채널 다중 FM-FM 변조(變調)방식으로 송신하고 있다.

계류존데는 계류기구의 아래 약 3 m 떨어진 위치에 계류기구의 방향을 추종(追從)하도록 알루미늄 틀(aluminum frame)을 끼워서 2 점에서 매달고 있다. 이 틀에는 온도·풍속 및 풍향 계측부와 기압계측부·변환부·송신부 및 전원부를 수납한 발포(發泡) 스티롤제 수납상(收納箱)이 부착되어 있다. 계류존데의 외관을 그림 6.2 에, 계통도(系統圖)를 그림 6.3 에, 주된 사양(仕樣)을 표 6.1 에 나타낸다.

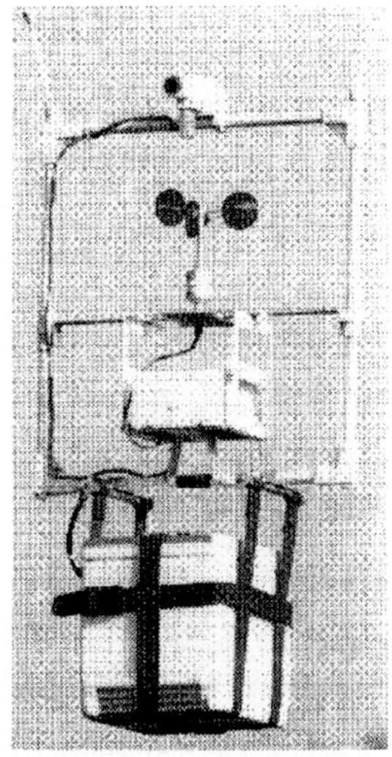

그림 6.2. 계류존데의 외관

ㄱ. 온도계측부

온도계측부(溫道計測部)는 소형의 통풍통(通風筒, 차광

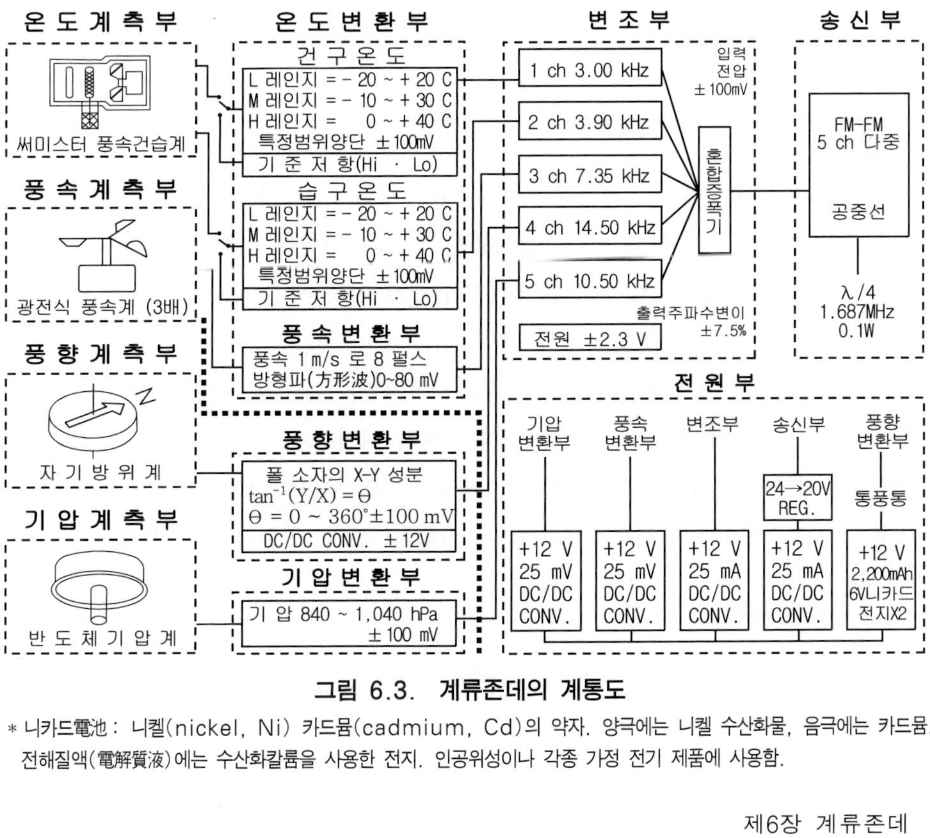

그림 6.3. 계류존데의 계통도

* 니카드電池 : 니켈(nickel, Ni) 카드뮴(cadmium, Cd)의 약자. 양극에는 니켈 수산화물, 음극에는 카드뮴, 전해질액(電解質液)에는 수산화칼륨을 사용한 전지. 인공위성이나 각종 가정 전기 제품에 사용함.

표 6.1. 계류존데의 주된 사양

종류	측기	형식	측정범위	변환출력	측정 정밀도
계측부·변환부	온 도	서미스터 온도계 (RS2-80 형 레윈존데)	−20～+40 C (L,M,H 3 range)	−100～+100 V(각레인지)	±0.2 C
	풍 속	소형 3배 광전식 풍속계	0～15 m/s	0, +80 mV(펄스)	±2 %
	풍 향	AC-2형 자기방위계	0～360°	−100～+100 mV	±2°
	기 압	SPN-78형 반도체 압력센서	840～1,040 hPa	−100～+100 mV	±0.2 hPa
변조부·송신부	반송주파수(搬送周波數)		1,687 MHz		
	공중선형식·이득 (空中線型式·利得)		단일형(V) λ/4·2.14 dB		
	공중선 전력(空中線 電力)		0.1 W		
	전파형식(電波形式)		F8D		
	변조방식(變調方式)		FM-FM변조(5 채널 다중)		
	부반송파(副搬送波) 중심 주파수		3.0 3.9 7.35 10.5 14.5 kHz		
	부반송파 주파수 편위(偏位)		최대 ±7.5 %		
	총합(總合) S/N		35 dB 이상		
	전원(電源)		12V·220 mAh 니카드전지＊(6V×2 시리즈)		
	총중량(總重量)		5.0 kg		

통, shelter)에 RS2-80 형 레윈존데용의 서미스터를 건구(乾球)와 습구(濕球)용의 감지부로써 조합한 것을 사용하고 있다. 통풍통은 일사의 영향을 심하게 받기 때문에 외면과 내면을 각각 백색과 흑색으로 도장한 알루미늄제의 이중통(二重筒)을 사용해서 전동팬(휀)으로 약 5 m/s의 강제통풍을 한다.

온도의 측정범위는 분해능을 높이기 위해서 L 레인지(range, 범위)(-20～+20 C), M 레인지(-10～+30 C), H 레인지(0～+40 C)의 3개의 레인지가 있고, 각 범위(레인지)에는 검사용의 기준저항이 설치되어 있다. 온도의 변화에 따라서 서미스터 저항은 온도변환부로 전압(電壓 : 각 측정범위 양단에서 대략 -100 ～100 mV)으로 변환되어 출력된다.

ㄴ. 풍속계측부

풍속(風速) 센서는 풍배경(風杯徑 : 풍배의 지름) 50 mm 3배(杯 = 盃)의 소형 광전식 풍속발신기(小型 光電式 風速發信器)를 사용하고 있다.

이 발신기는 풍속 10 m/s에 있어서 80 Hz의 펄스신호를 발신하며, 이때의 풍배축 회전수는 500 rpm ± 2 %의 범위에 있다. 시동풍속(始動風速)는 약 0.2 m/s, 내풍강도(耐風强度)는 약 25 m/s 이다. 이 풍속펄스는 풍속변환부에서 파형조형(波形整形)되어, 0~80 mV의 방형파(方形波)로써 출력된다.

ㄷ. 풍향계측부

풍향(風向)은 계류기구가 항상 풍상(風上 : 바람이 불어오는 쪽)을 향하는 것을 이용해서 자기방위검출기(磁氣方位檢出器)를 사용하여 계류기구의 방향에 의해 측정한다. 자기방위검출기는 진방위(眞方位)가 얻어지도록 지자기(地磁氣)의 편각(偏角)을 고려해서 부착되어 있다.

이 감지부(센서)는 폴(pole) 효과를 이용한 것이다. 항상 자극(磁極, N)을 향하는 원반자석의 $X \cdot Y$의 직교축상에 폴 소자(素子)를 배치해 정전위(定電流)를 흘려 두면, 각각의 폴 소자에는 원반자석의 $X \cdot Y$성분에 상당하는 자계(磁界)가 첨가되어, 이 자계에 비례하는 전압이 발생하는 것을 이용하고 있다.

이 때의 방위 θ°는 $\tan^{-1}(X/Y)$로 표현되고, 출력전압은 풍향변환부로 방위(θ = 0~360°)에 상당하는 전압(-100 ~ +100 mV)으로 출력된다.

ㄹ. 기압계측부

기압계측부(氣壓計測部)에는 반도체 기압계를 사용하고 있다. 이 기압계는 실리콘 웨이퍼(silicon wafer, IC의 기판) 위에 4개의 저항소자를 갖고, 표면 쪽을 진공(眞空)으로 유지하고, 안쪽은 대기에 해방시켜서 패키지(package, 포장, 짐꾸리기)되어 있는 것으로, 대기압이 변화하면 실리콘 웨이퍼[기판(基板)]가 휘어져 저항소자의 값이 변화하는 것을 이용하고 있다. 이 저항소자는 실리콘 기판(웨이퍼)이 휘어지면 값이 증가하는 것과, 감소하는 것이 상반(相反)된 특성을 갖는 것이 있어 같은 작용을 하는 저항은 브리지(bridge)회로의 대변(對邊 : 다각형에서 한 변이나 한 각과 마주 대하고 있는 변, 맞변)이 되도록 접속되고 있다.

이 브리지의 한 편의 대각(對角)에 정전류를 흘려두면, 다른 쪽의 대각에는 압력에 비례한 전위차(電位差)가 생긴다. 이 전위차는 기압변환부에서 온도보상(溫度補償)되어 기압(840~1,040 hPa)에 대응하는 전압(-100~+100 mV)으로 출력된다.

ㅁ. 오존농도의 계측

계류기구에 오존농도 측정기를 탑재(搭載)함으로써 하층대기 중의 오존농도가 관측된다.

오존농도의 센서로써는 KC-79 형 오존존데의 오존측정부(전기화학식 반응관)를 이용하고, 측정 자료의 기록에는 데이터로가(data logger)가 이용되고, 부양(浮揚 : 가라앉은 것이 떠오름) 종료 후에 자료 처리를 한다.

6.2.3. 수신장치

각 부의 신호 및 처리의 흐름을 그림 6.4에 나타낸다. 계류존데의 전파는 공중선(空中線)에서 수신되어 전치증폭기(前置增幅器, 1,680 MHz 대의 증폭기)로 증폭(增幅)된 후에 수신기(受信機)로 건너간다.

수신기는 동조증폭(同調增幅) 후, FM 검파해서 원래의 부반송파(副搬送波)가 재현된다. 이 부반송파는 5채널로 혼합된 것으로 복조부〔復調部 : 변조되어 있는 반송파 가운데서 본디(원래)의 신호를 가려냄, 검파(檢波)〕에 출력된다.

복조부는 5개의 주파수 변별부(辨別部)를 갖고, 수신기에서 입력된 혼합부반송파(混合副搬送波)를 각 채널의 주파수통과여과기(周波數通過濾過器, band-pass-filter, 밴드패스필터)를 통해서 채널마다의 주파수신호로 분리된다. 더욱이 풍속을 제외하고 4요소의 주파수신호는 주파수변이(周波數變移, 각 중심주파수의 ±7.5 %)가 ±5 V의 전압신호로 복조(復調)되어 하이브리드(hybrid : 전기 신호를 서로 간섭 없이 결합・분리하는 장치) 리코더(recorder, 記錄計)로 출력된다. 또 풍속의 주파수 신호는 0 V와 4 V의 펄스신호로 복조되

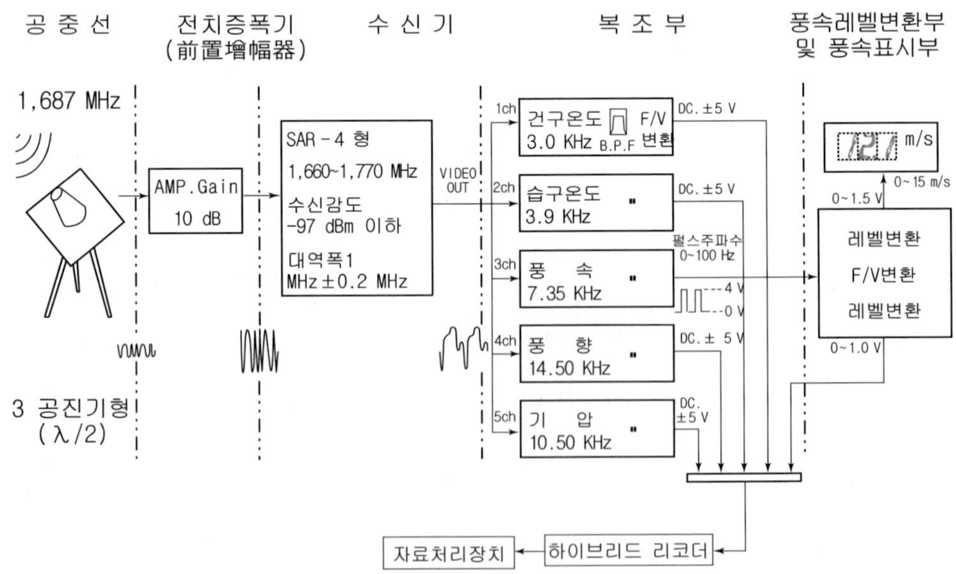

그림 6.4. 수신장치 계통도

어, 레벨변환부(變換部)로 출력된다.

레벨변환부에서는 풍속의 전압 펄스주파수(0~100 Hz)를 2계통의 직류전압으로 F/V 변환하고, 하이브리드 리코더, 풍속 표시기에 각각 0~1.0 V, 0~1.5 V의 전압치를 출력한다.

6.3. 자료처리

기상요소의 변화에 따른 각 감지부에서의 신호는 센서마다로 배당된 채널을 통해, A/D 변환부에서 전압치로 출력된다. 기상요소 대(對) 전압치의 변환특성은 각 요소마다 고유의 값을 갖기 때문에 미래 각각의 변환계수를 구해 둔다. 계산처리에서는 이 계수를 사용해서 전압 자료를 기상요소의 값으로 변환하고 있다.

전압치에서의 계산처리는 3초마다의 기압・기온・습구온도・풍향・풍속을 각각 p_n (hPa), t_n(C), t_{un}(C), d_n(°), f_n(m/s)로 하고, 측고공식(測高公式)에서 구한 높이를 H_n(m)으로 하면, 다음과 같다.

(1) 기온 t_n(C) 및 습구온도 t_{un}(C)

서미스터(thermistor)의 저항치 Rs_n은 전압치 V_{tn}에서 식 (6.1)에 의해 구해진다. A_1, B_1, C_1, D_1은 계류존데・수신기 등을 포함하는 장치의 교정(校正)에 근거하는 변환계수(變換係數)이다.

$$Rs_n = A_1 V_{tn}^3 + B_1 V_{tn}^2 + C_1 V_{tn} + D_1 \tag{6.1}$$

기온(氣溫, air temperature) 및 습구온도(濕球溫度, wet-bulb temperature)는 이 저항치 Rs_n에서 식 (6.2)에 의해 구해진다. A_s, B_s, C_s는 서미스터의 상수이다.

$$t_n = \frac{1}{A_s(\log Rs_n)^3 + B_s(\log Rs_n) + C_s} - 273.15 \tag{6.2}$$

(2) 풍속 f_n(m/s)

풍속(風速, wind speed)는 펄스 주파수를 F/V 변환한 전압치 V_{fn} 에서 식 (6.3)에 의해 구해진다. A_f, B_f, C_f, D_f 는 변환계수이다.

$$f_n = A_f V_{fn}^3 + B_f V_{fn}^2 + C_f V_{fn} + D_f \tag{6.3}$$

(3) 풍향 d_n (°)

풍향(風向, wind direction) d_n은 출력전압치 V_{dn}에서 식 (6.4)으로 구할 수 있다. A_d 및 B_d 는 변환계수이다.

$$d_n = A_d V_{dn} + B_d \tag{6.4}$$

(4) 기압 p_n (hPa)

기압(氣壓, air pressure) p_n은 출력전압치 V_{pn}에서 식 (6.5)으로 구할 수 있다. A_p, B_p, C_p, D_p는 변환계수이다.

$$p_n = A_p V_{pn}^3 + B_p V_{pn}^2 + C_p V_{pn} + D_p \tag{6.5}$$

(5) 수증기압 e (hPa)

우선 식 (6.6)에 의해 습구온도(濕球溫度)에 있어서의 포화수증기압(飽和水蒸氣壓, saturation vapor pressure) E 를 산출한다.

$$\begin{aligned}\log_{10} E &= +10.79574\left(1-\frac{T_1}{T_w}\right) - 5.02800\log_{10}\frac{T_w}{T_1} \\ &\quad +1.50475 \times 10^{-4}\left\{1-10^{-8.2969(T_w/T_1-1)}\right\} \\ &\quad +0.42873\times 10^{-3}\left\{10^{4.76955(1-T_1/T_w)}-1\right\}+0.78614\end{aligned} \tag{6.6}$$

T_w 는 습구온도의 절대온도, $T_1 = 273.16\ K$이다. 다음에 Spurng의 식 (6.7)로 수증기압(水蒸氣壓, water vapour pressure) e를 산출한다. t_d 는 건구온도, T_w 는 습구온도, 그 때의 기압이 p (hPa)이다.

$$e = E - \frac{1}{2}(t_d - t_w)\ \frac{p}{755} \tag{6.7}$$

(6) 상대습도 RH (%)

우선 식 (6.6)의 T_w 에 t_d 를 대입해서 건구온도에 있어서의 포화증기압 $E(T_d)$을 산출한다. 다음에 식 (6.8)에 의해 수증기압과 포화증기압에서 상대습도(相對濕度, relative humidity)를 산출한다.

$$RH = \frac{e}{E(T_d)} \times 100 \tag{6.8}$$

(7) 혼합비 x (g/kg)

수증기압과 기압에서 식 (6.9)에 의해 혼합비(混合比, mixing ratio)를 산출한다.

$$x = 0.622 \frac{e}{p-e} 1{,}000 \tag{6.9}$$

(8) 가온도 T_v (K)

계류존데의 관측고도를 산출하기 위해서 식 (6.10)에 의해 관측층(觀測層)의 가온도(仮溫度, virtual temperature)를 계산한다.

$$T_v = T(1 + 0.608\,x) \tag{6.10}$$

(9) 고도 h (m)

측고공식(測高公式)을 이용해서 관측고도의 지오퍼텐셜고도를 식 (6.11)에 의해 고도(高度, height)를 산출한다.

$$h_n = h_{n-1} + \frac{R}{g} T_v \log \frac{p_{n-1}}{p_n} \tag{6.11}$$

g 는 표준중력 가속도, R 은 건조공기의 기체상수이다.

(10) 온위 θ (K)

식 (6.12)에 의해 각 층의 온위(溫位, potential temperature)를 산출한다.

$$\theta = T_d(\frac{p_0}{p})^K \tag{6.12}$$

T_d 는 건구온도의 절대온도, p_0 는 1,000 hPa, $K=(C_p - C_v)/C_p$, 여기서 C_p 는 정압비열(定壓比熱), C_v 는 정적비열(定積比熱) 또는 정용비열(定容比熱)이고, K 는 온위지수(溫位指數)이다.

6.4. 관측 및 관측결과

6.4.1. 관측 전(前)의 처리

관측장치 전체의 각 관측요소별의 정밀도를 표 6.2 에 나타내었다. 각 요소마다 출력 자료의 비교점검을 행한다. 건습구온도(乾濕球溫度)는 아스만 통풍건습계, 기압은 아네로이드(空盒)기압계, 풍향은 컴퍼스와 각각 비교해서 그 차가 표 6.2 의 정밀도 이내라면 합격(合格)으로 하고, 풍속에 대해서는 동작 확인만을 행해 관측을 실시한다.

6.4.2. 관측 중 및 관측 후의 처리

관측은 통상 분속 40 m/min〔100 m/min 까지 가변(可變)〕으로의 기구의 상승·하강왕복운동의 반복의 관측이다. 또 복수의 고도에 있어서 어떤 관측시간을 유지한 정고도관측(定高度觀測)을 부가한 반복관측도 행하여진다.

한 번의 왕복의 관측시간치 1 시간 이상이 되고, 기압변화가 클 때에는 측고공식에 의한 고도계산의 오차도 커지기 때문에 관측 종료 시의 고도차에서 전체의 고도를 수정한다. 이들의 수정을 행한 후, 재계산처리를 행한 자료를 정규관측자료(定規觀測資料)로 보존한다.

표 6.2. 관측장치 전체의 각 요소의 관측 정밀도

요소	건구온도	습구온도	풍속	풍향	기압
관측 정밀도	±0.3 C	±0.5 C	±0.2 m/s	±5°	±0.5 hPa

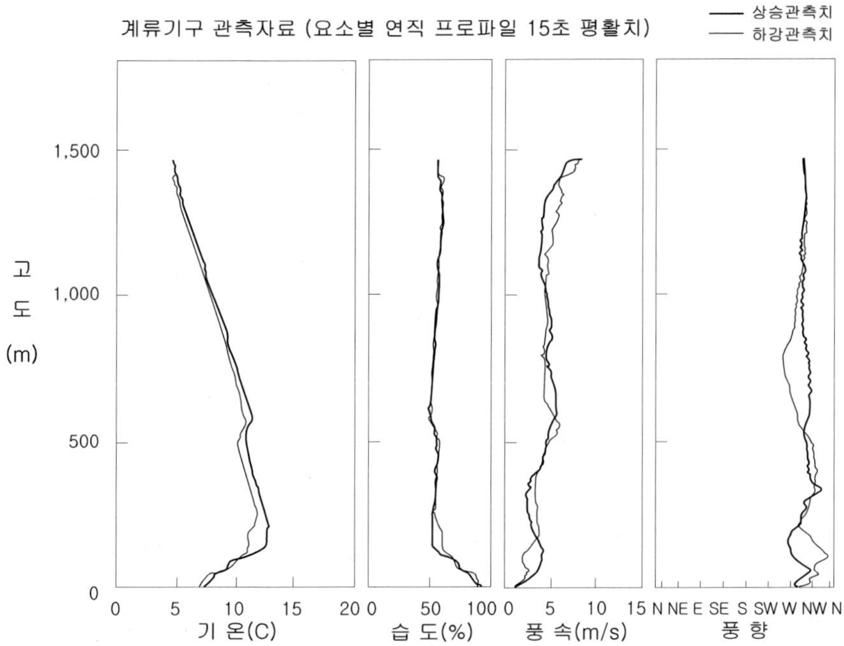

그림 6.5. 요소별 연직분포의 관측 예

6.4.3. 관측결과

관측결과의 예로써 그림 6.5 와 그림 6.6 에 표시했다. 그림 6.5 는 1 왕복의 기상요소마다의 연직분포(鉛直分布)의 작도 예(作圖 例)로 대기의 성층상태를 볼 수가 있다. 그림 6.6 은 시계열도(時系列圖)로 접지역전층(接地逆轉層)의 해소・혼합층(混合層)의 발달・접지역전층의 형성의 각 단계에 있어서의 오존농도의 연직분포를 관측한 예를 나타내고 있다.

6.5. 자료의 특성, 문제점

표 6.2 에 표시한 관측장치 전체로써의 각 관측요소별의 정밀도는 각각의 센서 단체의 정밀도와 변환계통의 정밀도 및 안정도를 가미(加味)한 값이다. 그러나 실제의 관측에 있어서는 항상 이 정밀도로 자료가 얻어진다고는 한정할 수 없다. 특히 풍속은 기구가 상승(上昇)할 때에 풍하측(風下側 : 바람이 불어 나가는 쪽)을 흘러가고, 하강(下降)할 때에는 풍상측(風上側 : 바람이 불어 들어오는 쪽)으로 끌어당겨지기 때문에 상승과 하강으로 풍속의 차가 생긴다. 그때의 정도는 그 밑의 바람에 의한 계류삭(係留索 : 달아나지 못하도록 붙잡아 묶어두는 밧줄 따위)의 변형(變形 : 휘는 정도)이나 계류삭의 계속 내보내는 양

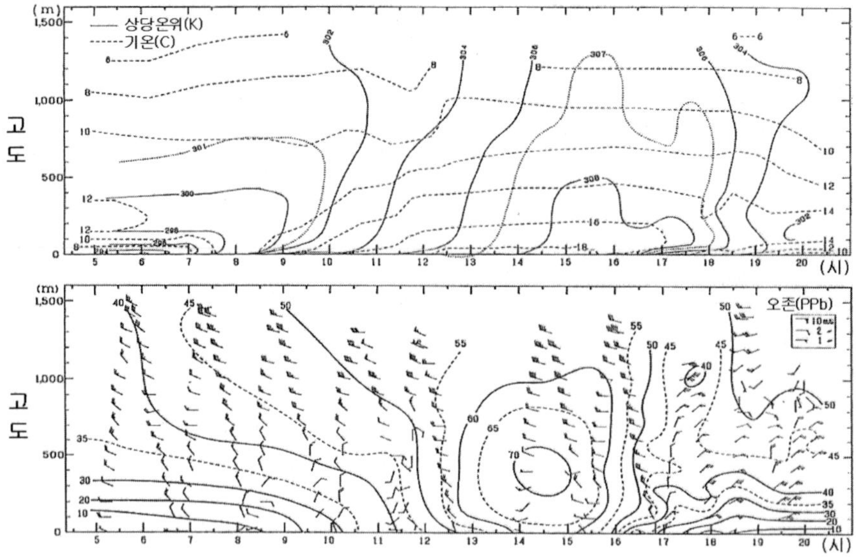

그림 6.6. 시계열 관측 예

에 의해 변화하고, 그 효과를 일괄해서 보정할 수가 없다. 또 표본(샘플링) 간격이 3초인 것으로부터 풍향·풍속의 관측으로 돌풍(突風, gust)이 강한 경우에는 관측치가 진 값을 나타내지 않을 가능성이 높아진다.

한편 온도에 관해서는 응답속도나 통풍통(通風筒, 차광통) 등에 해당하는 태양의 직사광의 영향도 고려하지 않으면 안 된다. 현대의 기온센서의 각종의 오차는 RS2-80형 레윈존데의 기온센서의 오차의 견적에 의하면, 지상 부근에서 일사에 의한 것으로 최대 약 0.35 C이다. 그러나 그 입사각의 다름에 따라서 영향의 정도가 다른 등 단순한 보정이 불가능하므로 현상(現狀)에서는 보정하지 않는다.

6.6. 관측 실시 조건

고층기상대(高層氣象臺)에서는 연간 많은 회수의 관측을 계획하고 있다. 안전성을 확보하기 위해서 아래의 조건일 때에는 관측을 피하고 있다.

(1) 강수(降水)가 있을 때

(2) 지상에서 약 5 m/s 이상의 풍속이 예상될 때

(3) 천둥번개(雷電), 또는 발달한 뇌운(雷雲)이 발생하고 있을 때

(4) 상공에서 12 m/s 이상의 풍속이 예상될 때

(5) 일기도(日氣圖) 등에 의한 천후(天候, 日侯)를 미리 조사해서, 특히 돌풍(突風)과 같은 강한 기상현상이 예상될 때

Chapter 7

운입자존데

7.1. 소 개

자유기구(自由氣球)는 손쉽게 높은 고도까지 대기의 연직분포를 관측할 수 있는 대기승강장(大氣乘降場, 플랫폼, platform)인 동시에 비행성능의 제한이나 안정성의 관점에서 항공기로 관측할 수가 없는 대기상태를 계측(計測)하기 위해 대단히 중요한 대기승강장이기도하다. 이와 같은 자유기구의 대기승강장으로서의 특징을 활용한 각종의 연구용 측기(測器)가 개발되어 사용되고 있다.

여기서 소개하는 운립자존데(雲粒子—, cloud particle sonde) 외에도 방사존데, 에어러솔존데, 대기전장(大氣電場)이나 강수입자(降水粒子)의 전하(電荷)를 측정하는 존데나 미량기체성분을 재는 존데, 노점(露点)존데 등이 많은 연구자에 의해 개발되었다. 이들의 존데는 관측 종료 후 지상에 낙하한 것을 회수하는 형태와 기구(氣球)가 상승 중에 실시간(實時間, 리얼타임, real time)으로 자료를 전송하는 형태로 대별할 수가 있다. 전자의 예로서는 설정존데(雪晶—, snow crystal sonde, 눈결정존데)나 에어러솔〔회수 : 回收〕존데, 미량기체회수(微量氣体回收)존데 등을 들 수 있다. 후자의 예로서는 운립자(雲粒子)존데, 에어러솔존데, 방사존데, 대기전기존데 등이 거론될 수 있다. 종래는 몇 채널의 아날로그(analog) 신호를 수 KHz 의 변조를 걸어서 시분할(時分割, time sharing : 한 대의 전자계산기를 동시에 여러 사람이 사용하기로)로 전송하는 정도였으나, 현재에는 1 MHz 의 광대역반송파(廣帶域搬送波)를 이용해서 고주파의 영상신호를 전송하는 기술도 실용화되어 있다.

한편 계류(係留, 繫留)기구는 반복해서 연속적으로 대기 하층의 관측을 행할 수 있는 손쉬운 대기승강장이다. 계류기구용의 측기도 일반대기요소 측정용의 것 외에도 대기전기계측(大氣電氣計測)이나 에어러솔계측, 안개〔霧〕, 층운관측용의 것도 개발되어 있다.

구름의 미대기구조(微大氣構造)에 관한 지견〔知見〕은 강수형성기구(降水形成機構)의 연구, 구름의 방사특성에 관한 연구, 구름의 물〔水〕, 에너지순환에 관한 연구, 더욱이 현재 널리 이용되고 있는 각종 원격탐사(遠隔探査, remote sensing, 리모트 센싱)기술의 연구 등이 대단히 중요하다.

구름이나 강수의 공간분포를 조사하기 위해서 각종의 원격탐사기술(遠隔探査技術)이 개발되어 실용화되어 왔다. 기상레이더, 도플러레이더는 원래보다 강수입자의 형태를 추정하는 데에 유력한 이중편파(二重偏波)레이더나 운립자의 상(相)을 추정하는 데에 유효한 편광해소도(偏光解消度)를 측정할 수 있는 타입, 더욱이는 적분운수량(積分雲水量)·적분수증기량(積分水蒸氣量)을 측정할 수 있는 마이크로파 방사계 등이 개발되어 널리 사용되고 있다. 이들의 리모트 센싱 기술은 순간에 큰 공간을 측정하고, 구름·강수의 거시적(巨視的, 마크로 = micro -, 大規模)인 구조가 얻어지는 반면, 구름·강수의 미시적(微視的, micro = 마이크로, 미크로)인 구조에 관한 정보에는 결여되어 있다.

구름·강수의 미시적인 구조를 조사하기 위해서 열선운수량계(熱線雲水量計) 등을 탑재한 연구관측용 항공기가 사용되게끔 되었다. 이들의 자동화된 측기는 간편하지만, 분해능이 불충분하기 때문에 100 ㎛ 이하의 입자의 상(相)이나 형상을 구별하는 일이 곤란하다. 더욱이 항공기 관측 자신의 제약으로써 연직방향으로 빈틈없는 측정이 불가능한 일이나 항공기 성능이나 안전비행의 관점에서 관측할 수 있는 구름이 한정되어 있는 문제가 남아 있었다.

항공기 관측이 떠맡고 있는 이들의 문제점을 극복하기 위해서 소형 비디오카메라를 탑재한 기구탑재용 특수존데〔운립자(雲粒子)존데, 대기수상(大氣水象) 비디오존데(hydrometeor videosonde, HYVIS)〕의 개발에 착수했다. 이 존데는 실시간으로 운립자(雲粒子), 강수입자(降水粒子)의 영상을 지상으로 전송해 오기 때문에 이미 개발되어 있던 설정(雪晶)존데(snow crystal sonde)와는 달리, 자료의 취득률이 비약적으로 향상되고, 관측에서 회수까지의 사이에 자료의 변질〔變質, 열화(劣化)〕도 일어나지 않기 때문에 자료의 신뢰성도 높다. 운립자존데는 그 뒤에도 개량(改良)이 지속되어 현재는 용도별로 몇 개의 버전〔version, 판(版) : 어떤 소프트웨어가 몇 번 개정되었는가를 나타내는 번호〕이 사용되고 있다.

7.2. 측정원리

HYVIS〔대기수상(大氣水象) 비디오존데, hydrometeors videosonde〕의 측정원리를 그림 7.1 에 표시한다. HYVIS는 기구에 탑재되어 5~6 m/s 로 상승하면서 관성충돌(慣性衝突)로 운립자·강수입자를 투명한 필름면상에 포집(捕集 : 붙잡아 모음)한다.

포집된 입자는 필름 아래쪽에 위치하는 배율이 다른 광학계(光學系)를 갖는 2 대의 소형 CCD 비디오카메라에 의해 촬영된다. 최초의 4 초간은 현미경카메라(A)가 작은 입자를 촬

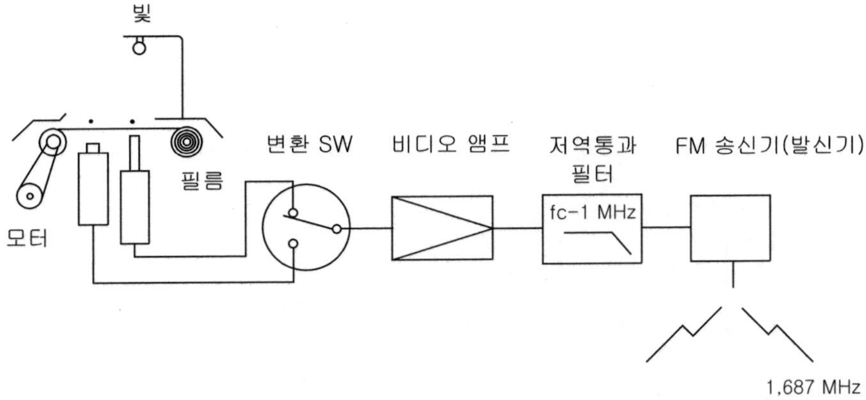

그림 7.1. 운립자존데의 동작원리

영하고, 다음의 6초간에 접사(接寫)카메라(B)로 큰 입자를 촬영한다. 이 6초간의 최후의 1초간으로 새로운 필름 면을 끌어낸다. 2대의 비디오카메라로 취득한 입자의 영상신호(映像信號, 비디오신호)는 전송에 필요한 수준까지 증폭(增幅)한 후, 필터에 의해 1 MHz까지의 저감(低減)스팩트럼 범위로 송신전파의 대역(帶域)을 제한한다. 이 대역 제한 후의 비디오 신호는 FM변조되어, 1,687 MHz의 마이크로파로 지상에 실시간 전송된다.

7.3. HYVIS의 구성

HYVIS는 크게 분류하면, 입자포착부(粒子捕捉部), 촬영부(撮影部), 제어회로부(制御回路部), 송신부(送信部), 전원부(電源部)로 이루어져 있다(그림 7.2 참고).

입자는 알루미늄제 후드 상면의 25 mm × 50 mm의 취입구(取入口)를 통해서 필름상에 충돌한다. 후드 상부에 핀(fin)을 부가해, 취입구에 있어서 ~2.5 m/s의 자연통풍량을 확보하고, 입자포착률의 향상을 꾀하고 있다. 정확하게 신뢰성이 높은 필름감기를 실현하기 위해, 기어(gear, 톱니바퀴) 내장(內藏)의 DC모터를 사용하고, 스프로켓〔sprocket, 사슬물개, = sprocket wheel, 쇠사슬 톱니바퀴, (카메라의) 필름톱니바퀴〕의 회전각 제어방식에 의한 필름감기 기구(機構)를 채용하고 있다. 수적(水滴 : 물방울)에 대한 접촉각을 크게 유지하고, 충돌 시에 빙립자(氷粒子)가 필름에서 튕겨 날아가는(포착률의 저하) 것을 방지하기 위해서, 필름 면상에 얇은 실리콘오일을 바른다. 연속적으로 실리콘오일(silicone oil)을 바르는 방법은 기압저하에 따라서 팽창하는 공기에 의해 레플리카(replica, 복사)액을 짜내는 설정(雪晶)존데와 같은 방식을 채용하고 있다.

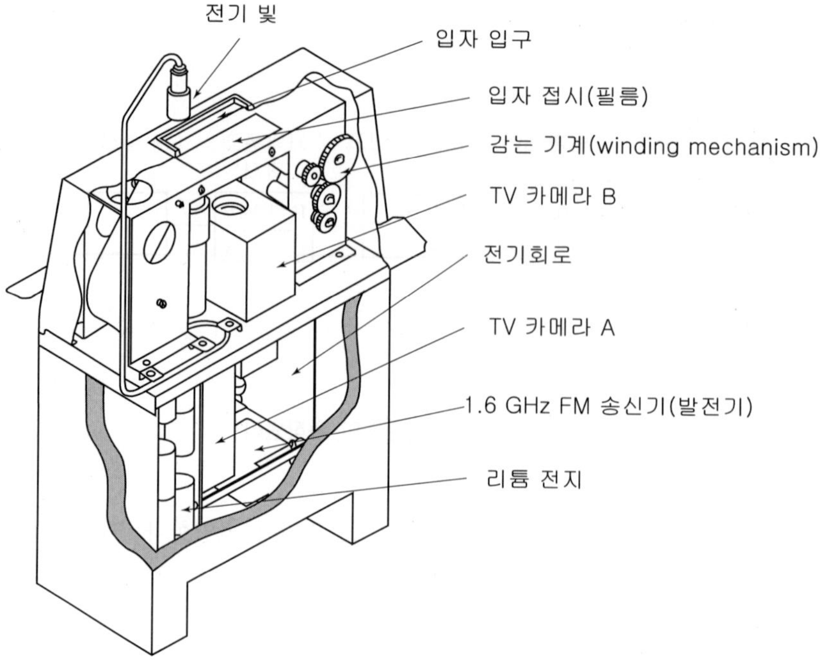

그림 7.2. 운립자존데의 외관

촬영부(撮影部)는 2대의 소형 CCD 비디오카메라와 현미경용 조명(照明)으로 이루어진다. 접사(接寫)카메라의 조명에는 운립자에 의한 산란(散亂)된 자연광을 이용하고 있다. 현미경 카메라에는 ×4 ~ ×10의 대물렌즈가 장착 가능하다(이후는 ×5의 대물렌즈 사용 시의 사양을 설명한다). 조명에는 간이 집광렌즈가 붙은 니플〔nipple, 젖꼭지, 밸브 접합에 쓰이는 접관(接管)〕구를 이용하고, 필름상에서 빙립자가 융촉(融觸 : 닿아서 녹는 것)하는 것을 피하기 위해서 방열(防熱 : 열을 막음) 필터를 부가하고 있다. 자연광의 미광(迷光 : 불필요한 빛)에 의한 영상콘트라스트〔contrast, 대비(對比)〕의 저하를 최소한으로 유지하기 위해 대물렌즈 쪽에 적색 필터(저주파역통과형 필터)를 붙이고 있다. 접사카메라의 시야는 중간링의 두께를 바꾸어 줌으로써 3 mm×4 mm에서 15 mm×20 mm까지의 사이에서 바꿀 수 있다(이후는 12 mm×16 mm에 설정 시의 사양에 대해서 기술한다). 조명에 자연광을 이용하고 있기 때문에 주위의 밝기의 변화에 대응하도록 오토아이리스(auto-iris, 자동조리개)와 오토게인 컨트롤〔auto-gain control, 자동취득조절(自動取得調節)〕을 병용하고 있다.

전자회로부(電子回路部)는 2개의 부분으로 이루어져 있다. 그 하나는 필름감기를 제어하기 위한 것이고, 또 하나는 2대의 카메라 영상의 시분할·비디오신호 증폭기·필터·FM변조기로 형성되는 영상처리부(映像處理部)이다. 필름감기와 영상 시분할의 적시(適時, 타이밍, timing)를 동기(同期)시켜 놓았다.

송신부(送信部)는 트랜지스터(transistor, 소형 증폭관)를 이용한 자려(自勵 : 스스로 힘씀)식 발신기와 이극안테나(二極—, dipole antenna)로 구성되어 있다. 전원에는 소형으로 저온특성(低溫特性)에 우수한 리튬(lithium, Li)전지를 사용하고 있다. 비디오카메라·회로부·송신부·전원부는 발포(發泡)스티롤 수지제(樹脂製)의 케이스 속에 수납(受納)하고, 보온(保溫)과 경량화(輕量化)를 꾀하고 있다.

7.4. 시스템의 구성

그림 7.3 에 표시했듯이 HYVIS는 레윈존데와 같이 동일의 기구(氣球)에 탑재되어 비양(飛揚)된다. 기구의 상승속도는 5~6 m/s 로 설정하고 있다. HYVIS의 송신전파의 주파수는 기상원조용(氣象援助用) 주파수대로 하고, 레윈존데와의 간섭(干涉)을 피하기 위해서 14 MHz 떨어진 1,687 MHz 로 하고, 더욱 양 존데간의 거리를 20 cm 이상으로 했다.

HYVIS와 레윈존데에서 보내진 신호는 하나의 파라볼라 안테나{parabola antenna, 극초단파 중계용 안테나 : 파라볼라〔포물면(抛物面)〕형의 반사면을 가진 지향성(指向性) 안테

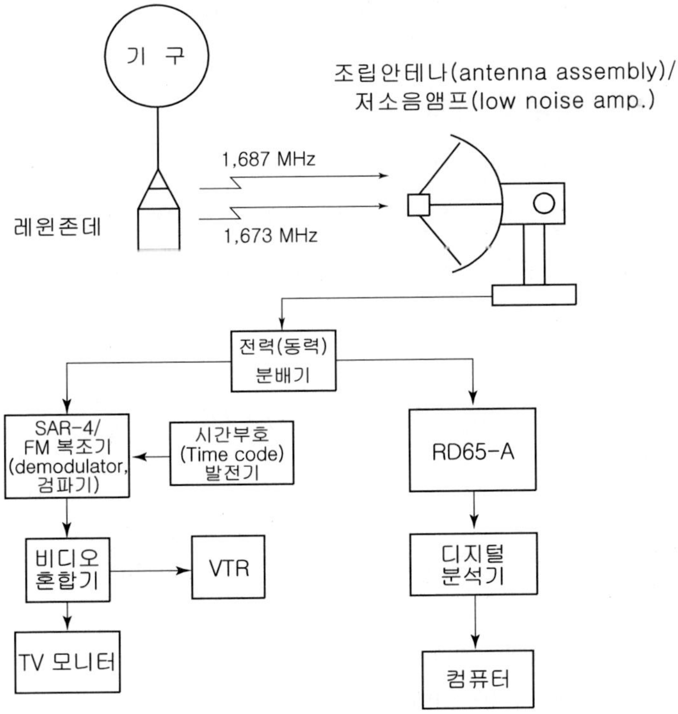

그림 7.3. 운립자존데 관측 시스템

나로 우주 통신이나 레이더 등에 이용}로 수신되어, 프리앰프(preamp : 튜너나 레코드 플레이어로부터의 신호 전압을 메인 앰프에 보낼 때, 증폭·조정하는 장치)를 통해서 분파기(分波器)로 보내져 영상용의 수신기와 기상신호용의 수신기에 보내진다. 파라볼라 안테나는 고정수신국(固定受信局)의 경우는 직경 2 m, 이동수신국(移動受信局)의 경우에는 직경 1 m의 것을 사용한다.

영상용(映像用)의 수신기는 통상의 레윈존데 수신에 이용되고 있는 간이형(簡易型)의 설비(SAR-4)에 화상복조용(畵像復調用)의 광대역(廣帶域) FM 복조기능을 부가한 것이다. 수신된 영상자료는 비디오 혼합기(video mixer)로 시간부호(time code)를 부가한 후, 모니터상에 실시간으로 표시되고, 동시에 VTR에 수록된다. 화상(畵像)은 NTSC(National Television System Committee : 프레임 당 525개의 수평 주사선을 갖는 방식)으로 1초간에 30코마(coma, 場面) 전송되고, 5 m/s의 기구상승속도의 경우의 고도분해능(高度分解能)은 약 17 cm가 된다. 레윈존데에서의 대기신호는 통상의 수신기로 수신되고, 디지타이저(digitizer, 좌표판독장치 : 컴퓨터에 도형 정보를 입력하기 위한 장치)를 통해서 기상요소 해석용의 PC로 보내진다.

7.5. 시스템 성능

7.5.1. 전파전반특성과 화질

HYVIS에 의해 관측을 할 때, 자동추미형(自動追尾型) 파라볼라 안테나의 고도각은 충분히 크고, HYVIS와 지상국과의 통신은 예측 거리 내 통신으로 간주할 수가 있다. 따라서 지상국의 수신전력(受信電力) Wr은 식 (7.1)에 표시하는 자유공간 전파전반식(自由空間 電波傳搬式)을 이용해서 계산된다.

$$Wr = Gt + Gr + Pt - (Lt + Lr) - Ld \quad (dBm) \tag{7.1}$$

여기서,

- Wr : 지상에 있어서의 전파수신전력(電波受信電力, dBm)
- Gt : 송신(送信) 안테나 이득(利得) (dB)
- Gr : 수신(受信) 안테나 이득(利得) (dB)
- Pt : 송신전력(送信電力) (dBm)

표 7.1. 계산에 이용한 시스템 파라미터

$Gt+Lt$	0 dB
Gr	26 dB(파라볼라 안테나 DIA. 2 m)
Gr	18 dB(파라볼라 안테나 DIA. 1 m)
Lr	-1.2 dB(케이블 손실 1 m)
Pt	27.8 dBm(0.6 W)

Lt : 송신급전손실(送信給電損失) (dB)

Ld : 자유공간손실(自由空間損失) (dB), $Ld = 20\log(4\pi D/\lambda)$

단,

D : 전파전반거리(電波傳搬距離, 直距離) (m)

λ : 전파의 파장(m)

표 7.1 에 표시한 값을 이용해서 계산한 결과를 그림 7.4 에 나타낸다. 종축(縱軸 : 세로축)은 수신전력, 횡축(横軸 : 가로축)은 HYVIS까지의 직거리(直距離)를 나타내고 있다. 직선 A, B 는 각각 직경 2 m, 1 m 의 파라볼라 안테나를 이용했을 때의 계산결과이다. 절선

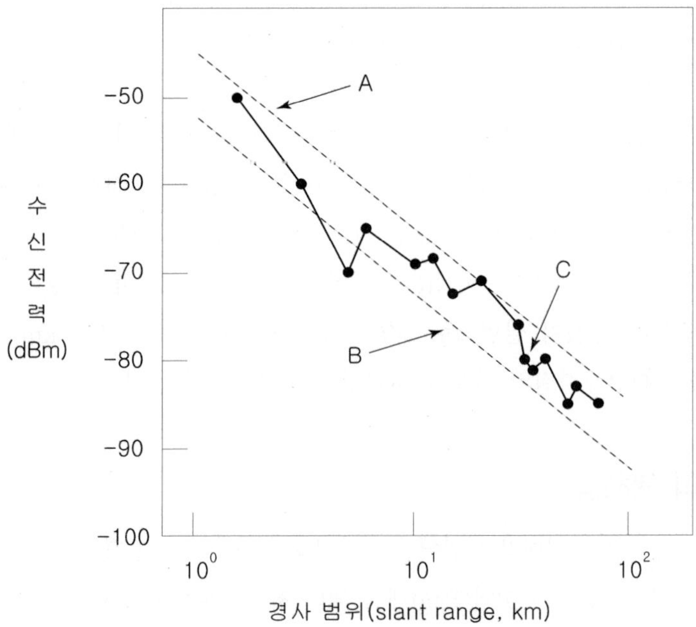

그림 7.4. 존데까지의 거리와 수신 전력의 관계

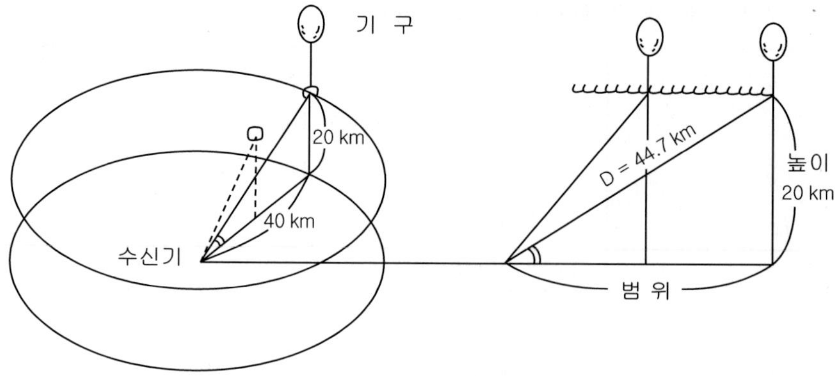

그림 7.5. 관측대상역(觀測對象域)

(折線 : 꺾은선) C는 직경 2 m의 파라볼라 안테나를 이용했을 때의 실측치(實測値)이다.

HYVIS는 대류권에 출현하는 구름을 측정 대상으로 하고 있고, 대류권의 평균 수평속도를 15 m/s로 했을 때 40 분간의 관측으로 수평방향으로 36 km 흘러가는 것이 된다. 관측대상영역을 그림 7.5에 나타내듯이 대략 고도 20 km, 반경 40 km 이내로 하면, 전파전반(電波傳搬)의 직거리의 최대치는 44.7 km가 된다.

계산에 의해 구해진 관측대상영역(觀測對象領域)에 있어서의 전파전반거리의 최대치 44.7 km에 있어서의 수신전력은 직경 2 m의 파라볼라 안테나의 경우 $Wr = -78.5$ dBm, 직경 1 m의 파라볼라 안테나의 경우 $Wr = 86$ dBm이 된다. 2 m의 파라볼라 안테나를 이용한 실측치는 계산치 A, B의 사이에 위치하고, 전파전반거리(電波傳搬距離) 44.7 km에서는 -83 dBm이 되었다.

이상의 결과에서 관측대상영역 내에 있어서는 자유공간에 있어서의 전파전반식(電波傳搬式)이 적용될 수 있고, 수신기의 잡음(雜音) 수준이 -102 dBm인 것을 고려해 넣으면, 관측 영역 내에서는 19 dB 이상의 CNR(carrier to noise ratio)이 확보될 수 있다는 것을 확인할 수 있었다. 수신화상의 화질은 CNR에 따라 변화하지만, 15 dB 이상의 CNR에서는 양호한 화질이 얻어지는 것이 실험으로 확인되어 있으므로 직거리 44.7 km 이내의 관측대상영역 내에서는 양호한 화질의 영상이 수신될 수 있는 것이 된다.

7.5.2. 화상의 분해능

본 시스템에서는 소형 비디오카메라로 얻어진 화상신호를 반송파로 변조해서 송신하기 전에 비디오신호의 스펙트럼을 제한하는 고역(高域)제거 필터〔저역통과형(低域通過型) 필터〕를 통하고 있다. 이 필터는 화상(畵像)의 고주파성분(高周波成分)을 저하시키므로 입자화상의 가장자리의 선예(鮮銳 : 선명하고 날카로움)함이 상실된다. 본 시스템에서는 TNSC〔Tanegashima(種子島) Space Center〕방식의 비디오카메라를 사용하고 있으므로 수직방향의 유효주사선(有效走査線)의 수는 약 450 개다.

마이크로파로 전송되어 오는 입자화상의 수평분해능은 비디오카메라의 광학렌즈의 개구수(開口數)와 빛〔光〕의 주파수로 결정되는 분해능이나 CCD 카메라의 유효수평화소수 외에

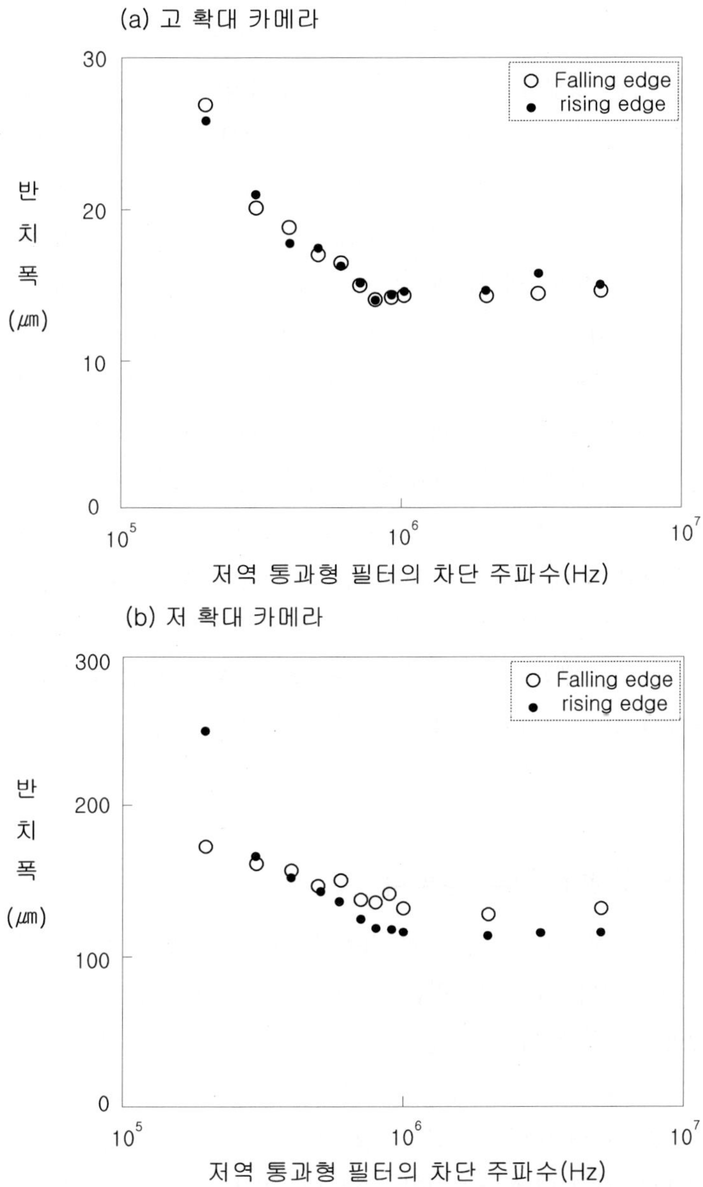

그림 7.6. 비디오 주파수대역과 분해능의 관계

화상신호의 주파수 특성이나 필터의 차단(遮斷, cutoff) 주파수에 의존한다. 한편 수직분해능은 광학렌즈의 분해능과 수직방향의 유효주사선(有效走査線)의 수로 결정된다. 그러나 실질적으로 수평분해능에 관해서는 필터의 차단(cut-off, 컷오프)주파수가 수직분해능에서는 유효주사선의 수가 난관(難關, bottleneck, 보틀넥)으로 되어 있다.

따라서 현미경카메라와 접사(接寫)카메라에서 보내오는 화상(畵像)의 수직분해능은 각각 약 3 ㎛과 30 ㎛으로 생각된다.

한편 수평분해능은 화상신호의 주파수 특성에도 의존하므로 실험적으로 분해능을 구했다. 실험은 필터를 건 입자화상의 신호를 A/D 변환을 통해서 취해 넣고, 화상신호의 디지털적 양자화(量子化)를 행했다. 그 입자화상의 가장자리의 시작과 끝 부분의 미분곡선의 반치폭(半値幅)을 구해 화상으로 판별의 한계를 생각해서 분해능으로 했다. 양자화의 1 픽셀(pixel = picture element : 화상을 구성하는 최소 단위, 화소)은 수평스케일을 256 픽셀로 나눈 값이 되고, 현미경카메라에서는 6.4 ㎛, 접사카메라에서는 70 ㎛이다.

그림 7.6 (a), (b)에 현미경카메라와 접사카메라에서의 화상을 이용해서 측정했다. 가장자리 부분의 일차미분의 반치폭과 저역통과형 필터의 차단주파수의 함수를 나타낸다. 그림에서 알 수 있듯이 컷오프(cut-off, 차단 = 遮斷)주파수를 800 kHz 이상으로 취하면, 현미경카메라의 수평분해능은 14～15 ㎛이고, 접사카메라의 수평분해능은 110～120 ㎛으로 일정하게 되고, 이것이 한계인 것을 나타내고 있다. 본 시스템에서는 1 MHz의 차단주파수로 화상신호의 대역(帶域)압축을 행했고 있고, 화상신호를 양자화해서 입자측정을 행하는 경우의 수평방향의 분해능은 상기(上記)의 값이 된다. 단, 모니터상에서 직접 화상을 아날로그적으로 연속해서 보는 경우는 상기의 값의 약 반절(현미경카메라에서 7 ㎛, 접사카메라에서 60 ㎛)까지 해상(解像)할 수 있는 것을 TV 화상조절용의 테스트 패턴(test pattern : 방송에서 방송 개시 전에 화상을 검사・조정하기 위해 방영되는 기하학적인 도형)을 이용해서 확인하고 있다.

7.5.3. 미수적(微水滴)의 접촉각

필름상에 포착된 수적(水滴, 물방울)의 접촉각(接觸角)은 필름 표면의 발수(撥水 : 물의 튀김)성능에 따라 다르다. 또 같은 필름면상에서도 수적경(水滴徑 : 물방울의 직경)이 커짐에 따라서 중력의 영향에 의해 그 형상이 편평(扁平)으로 되는 것을 생각할 수 있다. 따라서 필름의 아래쪽에서 촬영한 화상 자료에서 운립(雲粒 : 구름입자)이나 우적(雨滴 : 빗방울)의 입경분포를 정량적으로 조사하기 위해서 수적형상(水滴形狀)의 보정이 필요하다.

수적(水滴 : 물방울)의 모양을 조사하기 위해서는 필름 면에 평행하게 수적을 직횡(直橫 :

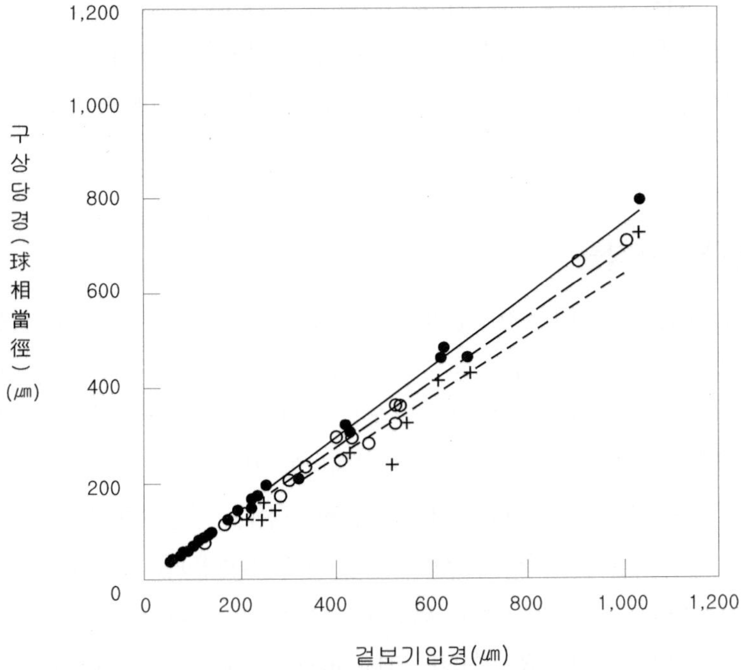

그림 7.7. 필름상의 입자경과 구상당경의 관계

실리콘 수지계 발수제 도포(樹脂系 撥水劑 塗布, ●와 실선), 실리콘오일 도포(+와 점선). 미처리〔未處理, ○와 파선(破線)〕

정면 가로)에서 촬영했다. 필름 면에 평행한 수적의 수평단면이 원형인 것을 가정해서 구한 필름상의 수적경(水滴徑)과 그것과 같은 체적을 갖는 구상당경(球相當徑 : 구에 상당하는 직경)을 그림 7.7 에 표시한다.

필름 표면을 (a) 실리콘 수지계(樹脂系) 발수제(撥水劑 : 물이 튀기는 성질의 약품, 실리콘 분중량 농도 10 %)를 톨루엔(toluene, toluol, 염료·화약원료)으로 1 %로 희식해서 도포(塗布 : 칠함), 건조시킨 것, (b) 실리콘오일을 엷게 도포한 것, (c) 미처리(未處理 : 아직 처리하지 않은 것)한 것, 들에 대해서 수적의 측정경(測定徑)과 구상당경(球相當徑)의 관계는 다음과 같다.

$$y = 0.74x \tag{7.2a}$$

$$y = 0.64x \tag{7.2b}$$

$$y = 0.69x \tag{7.2c}$$

이상의 결과에서 수적만을 대상으로 한 관측에서는 실리콘 수지계 발수제로 처리한 필름을 이용함으로써 거의 반구상의 수적이 얻어지는 것을 알 수가 있다. 또 수적과 빙립자를 동시에 관측할 경우에는 실리콘오일을 엷게 도포함으로써 빙립자의 필름 면에서의 재비산(再飛散 : 다시 날아 흩어짐)을 방지하고, 반구보다 다소 편평한 수적이 얻어지는 것을 알 수가 있다.

7.5.4. 입자의 포착률

필름상에 포집(捕集)된 운립자・강수립자의 수에서 대기 중의 수농도(數濃度)을 산출하기 위해서는 HYVIS 이들의 입자에 대한 포착률(捕捉率)을 알 필요가 있다. 실제 기구(氣球)에 매달아 늘어뜨려 상승하는 HYVIS의 운동은 복잡해서 포착률에 영향을 미친다. 그러나 여기서는 단순화해서 상승하는 HYVIS에 상대적인 기류는 항상 필름 면에 수직으로 닿는다고 가정해서 풍동실험(風洞實驗)에서 포착률을 구한다. 풍동 내에서 HYVIS와 레퍼런스(reference) 3 mm 폭의 리본을 미수적(微水滴 : 작은 물방울)을 포함하는 기류에 일정시간, 동시에 노출하고, HYVIS의 필름과 리본에 포착된 미수적의 크기와 수를 계측했다. 필름과 리본에 MgO법(May, K. R., 1950 : The measurement of airborne droplets by the magnesium oxide method. *J. Sci. Instrum.*, 27, 128-130.)을 적용했다. 폭 3 mm의 리본에 의한 입자 포착률은 이론, 실험에 의해 잘 알려져 있으므로, 리본상의 수적수(數滴數)보다 공간수(空間數) 농도를 구해 HYVIS의 포착 필름상의 수적수(數滴數)와 비교해서 HYVIS의 미수적(微水滴)에 대한 포착률을 결정했다.

그림 7.8 에 나타내듯이 입자직경이 12 ㎛에서 70 ㎛으로 증대함에 따라서 포착률은 증가하고 있다. 또 현저한 풍속 의존성은 보이지 않고 있다. 분무(噴霧)장치의 능력의 제한과 중력의 효과가 무시할 수가 없기 때문에 70 ㎛ 이상의 수적에 대해서의 신뢰할 수 있는 포착률이 구해지지 않지만, 그림 7.8 의 자료의 회귀직선(回歸直線)

$$E = 0.0067D + 0.14 \qquad (7.3)$$

을 130 ㎛까지 외삽(外插)해서 사용하고 있다. 130 ㎛ 이상의 수적에 대한 포착률은 1 로 하고 있다.

빙정(氷晶)이나 설편(雪片)에 대한 포착률을 실험적으로 결정하는 것은 수적과 비교하면 한층 곤란하다. 옥외에 있어서 Magono and Tazawa(1966)와 유사한 실험에서 0.77 이라고 하는 포착률을 구했으나. 흩어짐이 크고 신뢰성이 낮기 때문에 현재 수적에 대한 포착률과 같은 값을 사용하고 있다.

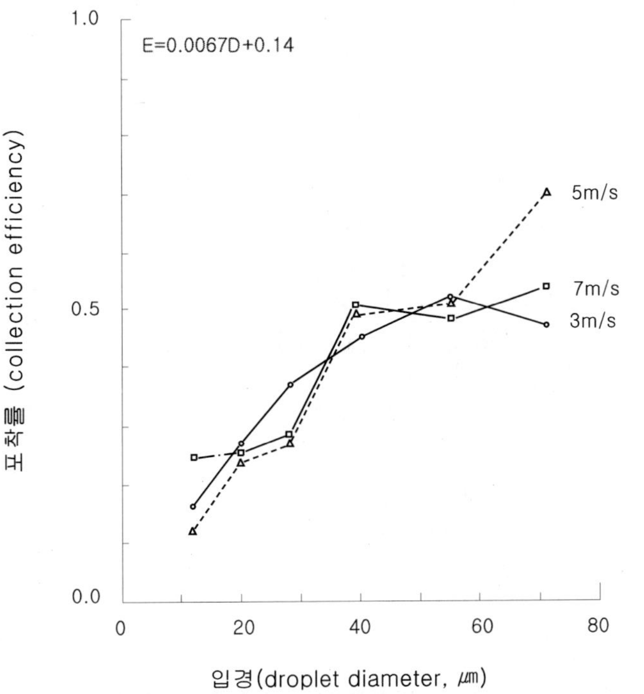

그림 7.8. 입자포착률의 입경 의존성

7.6. 용도별의 운입자존데

이제까지 설명해 온 운입자(雲粒子)존데는 표준형(標準型)이라 불리며 주로 주간(晝間 : 낮)에 강수운(降水雲) 관측에 이용할 목적으로 개발된 것이지만, 접사카메라용에 확산판(擴散版) 부착 LED 조명을 장착한 야간형(夜間型) 운립자존데와 권운(卷雲) 관측용으로 개량된 강제흡인식(强制吸引式) 운립자존데가 있다. 후자는 비교적 저농도의 빙정으로 이루어지는 권운(卷雲)을 관측하기 위해서 그림 7.9 에 나타내듯이 표본체적을 증가시키기 위한 강제흡인 펜을 장비(裝備)하고 있고, 접사카메라의 광학계도 표준형보다 고배율〔시야(視野), 4 mm × 5.3 mm〕로 되어 있다. 임팩터(impacter, 충돌자) 저부(底部)에서의 유속은 12 m/s 로 10 ㎛ 이상의 입자에 대해서의 포착률은 1 이다.

위에서 언급한 3 개의 운립자존데는 어느 쪽도 기구탑재용으로 수평방향으로 퍼짐을 갖는 층상성(層狀性)의 구름의 관측에는 적당하지만, 수평스케일이 작은 대류성(對流性)의 구름의 관측에서는 타겟팅(targeting, 標的化)이 용이하지 않다. 우연히 머리 위를 통과하는 구름밖에는 관측할 수 없고 기동성(機動性)이 결여되어 있다. 이들의 결점을 보충하기 위해서 항공기를 이용해서 구름 정상(頂上)에서 겨냥한 구름에 투하하는 운입자 투하(雲粒

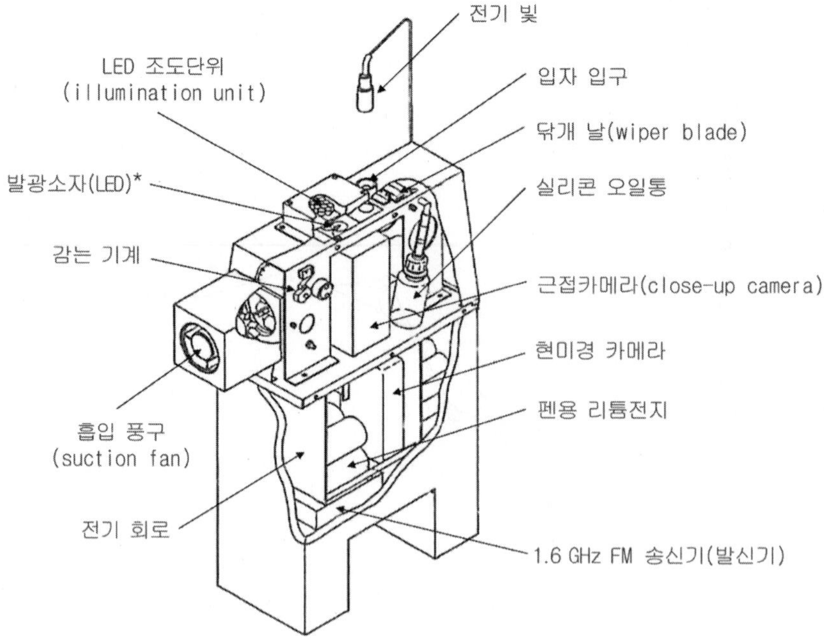

그림 7.9. 강제흡인식 운입자존데의 외관

* LED(light-emitting diode, 발광소자(發光素子))

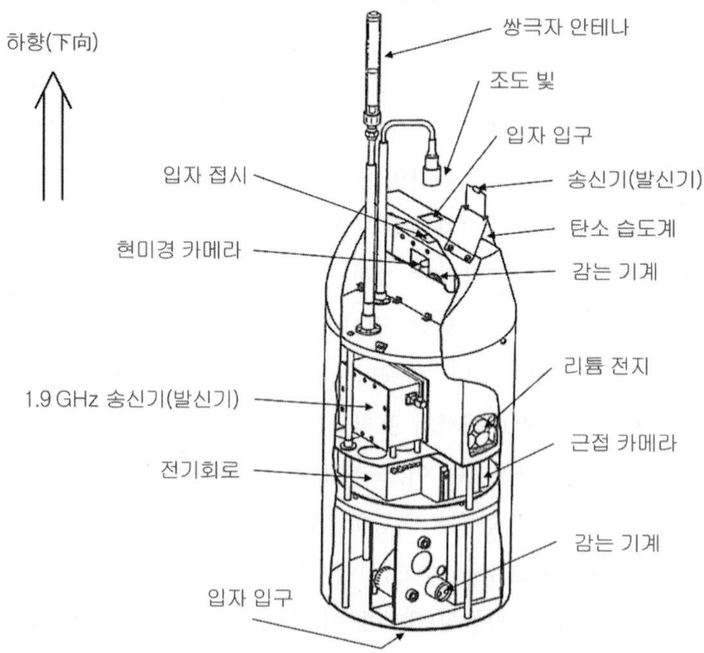

그림 7.10. 운립자 투하존데의 외관

子 投下)존데(dropsonde)가 개발되었다(그림 7.10 참고). 기상탑재형 운립자존데와의 주된 상위점(相違点 : 서로 틀리거나 어긋나는 점)은 다음의 두 가지이다. 하나는 입경(粒徑)이 작은 운립자는 존데 아래(下方)의 16 mm 필름상에 관성충돌로 포착되고, 큰 강수입자는 존데 위(上方, 後方)에 생기는 꼬리흐름〔wake, 후류(後流) : 정지유체 속을 운동하는 물체를 따라 뒤따르는 흐름〕 내을 자유낙하시켜 35 mm 필름상에 포착하는 방식을 채용하고 있는 것이다.

두번째는 개개의 존데가 사용하는 전파의 대역을 좁혀서 기상관측용의 주파수대(1,660~1,690 MHz) 내에서 동시에 복수의 존데를 이용해서 관측할 수 있도록 영상신호대역에 보조운반자(subcarrier)를 세워서 대기신호를 전송함으로써 개개의 도플러존데가 사용하는 전파의 대역(帶域)을 좁히고 있는 점이다. 도플러존데의 강하(降下) 자세를 안정화시키기 위해서 20 m 이상의 코드와 십자산(十字傘)을 사용하고 있다.

7.7. 관측 예

대기 연구자들은 이제까지 HYVIS를 이용해서 온난전선(溫暖前線), 장마전선, 한랭전선(寒冷前線)에 수반되는 강수운(降水雲), 한기취출(寒氣吹出)에 수반되는 대류성 강설운(降雪雲), 고층운(高層雲), 권층운(卷層雲) 등 각종 구름의 관측을 실시해 왔다. 여기서는 관측 예로써 장마전선에 수반되는 강수운과 권층운의 관측결과를 보도록 한다.

7.7.1. 장마전선에 수반된 구름의 미대기구조

장마전선에 수반되는 층상성 강수운의 미대기구조(微大氣構造)를 나타낸다. 그림 7.11은 기온, 상대습도, 바람, 탁월결정형(卓越結晶形) 및 운수량(雲水量), 우수량(雨水量), 설수량(雪水量)의 연직분포이다. 설수량(雪水量)은 각 결정형에 대해서의 크기와 질량의 관계식(Davis, 1974), 설편(雪片)에 대해서는 Magono and Nakamura(1965)가 구한 관계식을 이용해서 HYVIS 관측에서 얻어진 입자경(粒子徑)에서 계산했다.

그림 7.12에 2.75 km에서 6.50 km까지의 강수입자의 입경분포(粒徑分布)의 고도변화를 나타낸다. 4.5 ~ 6.0 km까지는 층상성(層狀性) 강수운 속에 묻혀 들어간 강수 코어의 부분을 통과하고 있는 것이 레이더에 의한 동시 관측으로 알고 있다. 고도 6.0 km에서 4.5 km에 걸쳐서 입경분포(粒徑分布)가 현저하게 퍼져 있지만, 이것은 이 영역에서 seeder-feeder 메커니즘〔씨뿌리는자-공급자 기구(供給者 機構)〕에 의한 침상결정(針狀結晶)의 급속한 성장을 나타내고 있다. 그림 7.11에서 알 수 있듯이 이 대류셀의 상부에는

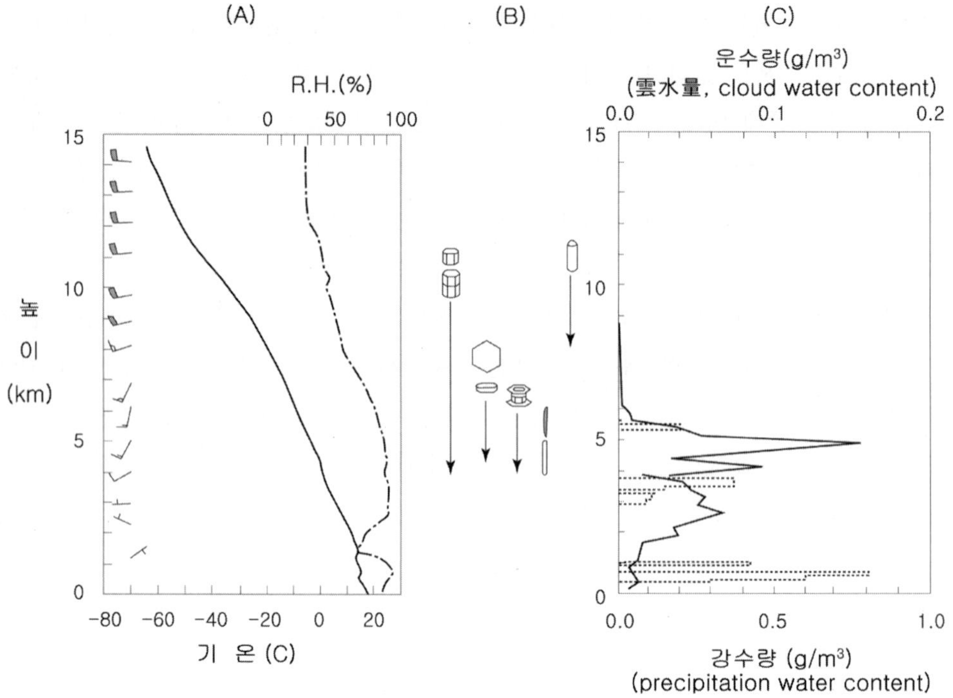

그림 7.11. 장마전선에 수반되는 층상강수운 내의 기상요소와 운립자 · 강수입자의 연직분포

(A) 기온, 상대습도, 풍향 · 풍속 ; (B) 상공에서 관측된 대표적인 결정형 ; (C) 운수량, 우수량, 설수량

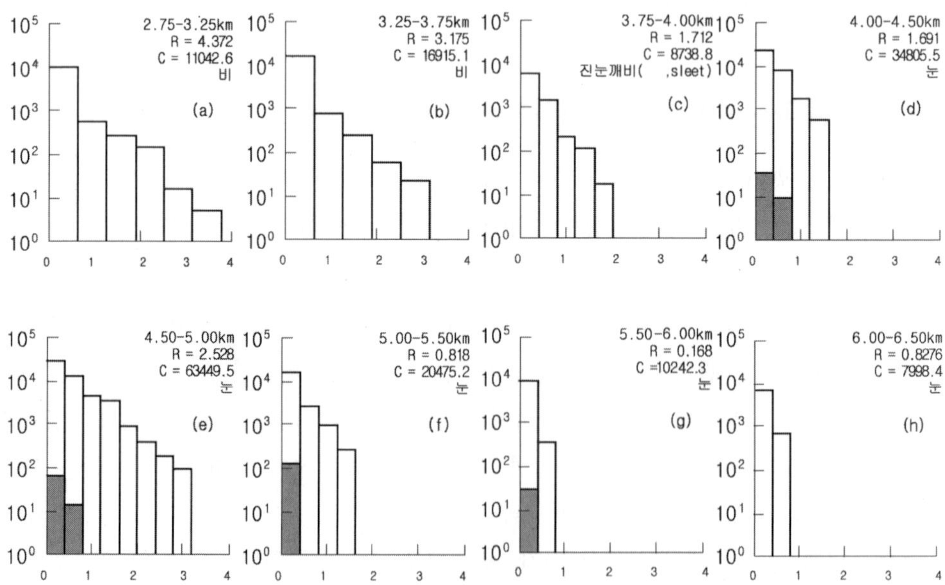

그림 7.12. 강수입자의 입경(粒徑, mm)

음영부(陰影部 : 그림자 부분)는 과냉각 수적의 수농도(數濃度)

과냉각 운립이 존재하고, 0 C 고도보다 상방 1.5 km 까지는 저농도의 무우층(霧雨層)이 존재하고, 수포화(水飽和) 조건하에서 침상결정이 급속하게 성장한 것으로 생각할 수 있다. 2.75 ~ 3.75 km 의 운립층(雲粒層)에 대응해서 운립 포착에 의한 우적(雨滴 : 빗방울)의 성장도 보인다.

그림 7.13 에는 하층의 층적운(層積雲), 중층의 전면 부근의 구름, 그리고 대류셀 내의 운립(雲粒)의 입경(粒徑)분포를 나타낸다. 중층에서는 최대경(最大徑)이 50 ㎛를 넘는 폭(幅)의 넓은 분포를 하고 있는 것을 알 수 있다.

그림 7.14 는 HYVIS에 의해 촬영된 전형적인 구름·강수입자의 화상을 나타내고 있다. 그림 7.14(b), (c), (d)에서 알 수 있듯이 운립(雲粒)붙임의 육각판(六角板)도 보이는데, 급속히 성장한 칼집상결정이나 침상결정(針狀結晶)의 대부분은 라이밍(riming : 과냉각된 미수적(微水滴)이 지물 등에 부착해서 순간적으로 동결하는 현상)되어 있지 않고, 이들의 결정은 feeder cloud〔공급자(供給者) 구름〕 내에서 주로 승화응결(昇華凝結)에 의해 성장한 것을 안다.

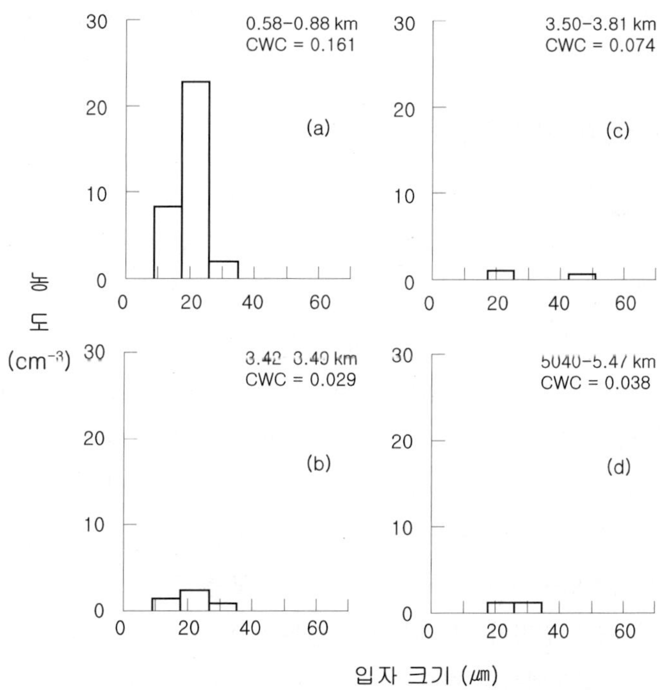

그림 7.13. 운립의 입경분포

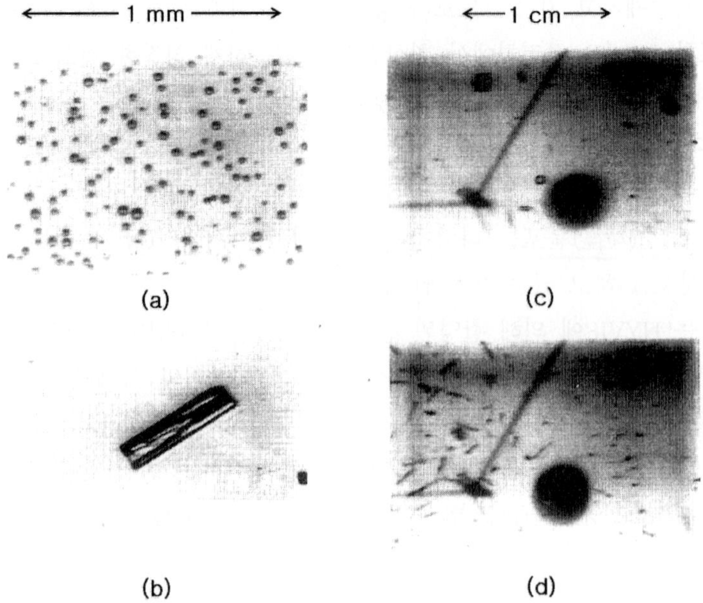

그림 7.14. 장마전선에 수반되는 층상강수운 내에서 관측된 운립자 · 강수입자상의 예

(a) 운립(고도 0.6 km, 기온 14.3 C), (b) 칼집상결정(고도 4.9 km, 기온 -3.4 C)
(c) 운립붙임 육각판(고도 4.5 km, 기온 -1.2 C), (d) 침상결정(고도 4.9 km, 기온 -2.4 C)

7.7.2. 권층운의 미대기구조

대기 관련 연구소에서는 권(층)운〔卷(層)雲〕의 미대기구조(微大氣構造)와 방사(放射)특성의 관계를 조사하기 위해서 강제흡인식(强制吸引式) 운립자존데와 방사존데「제 8 장」 참조)를 조합한 관측을 실시하고 있다. 여기서는 강제흡인식 운립자존데로 관측된 장마전선의 북쪽으로 퍼진 비교적 두꺼운 권층운의 미대기구조를 나타낸다.

그림 7.15 는 기온, 상대습도, 바람의 연직분포를 나타낸다. 고도 약 8 km 에 전선면에 대응하는 기온의 역전(逆轉)과 풍향의 급변이 보인다. 그림 7.16 (a), (b)에 빙수량(氷水量)과 빙정수농도(氷晶數濃度)의 연직분포를 나타낸다. 그림 중의 파선(波線, ‒ ‒ ‒)과 점선(點線, ---)은 각각 접사카메라로 측정된 50 ㎛ 이상의 빙정, 현미경카메라로 측정된 200 ㎛ 이하의 빙정농도를 나타낸다. 운정(雲頂 : 구름 꼭대기) 부근(~13 km)의 두께 300 m의 층에 고농도의 빙정이 보인다. 빙수량은 0.04 g/m³, 수농도는 200 개/ℓ 에 달하고 있다. 구름의 중 · 하층에서는 빙수량, 수농도는 각각 0.01 g/m³ 이하, 수 10개/ℓ 정도였다. 운정(雲頂) 부근의 고농도역은 레이더의 동시 관측에서 발생세포(發生細胞, generating cell)를 관측한 것으로 추측된다.

운정(雲頂) 부근, 중층, 하층에 있어서의 빙정의 입경분포(粒徑分布)를 그림 7.17 에 나

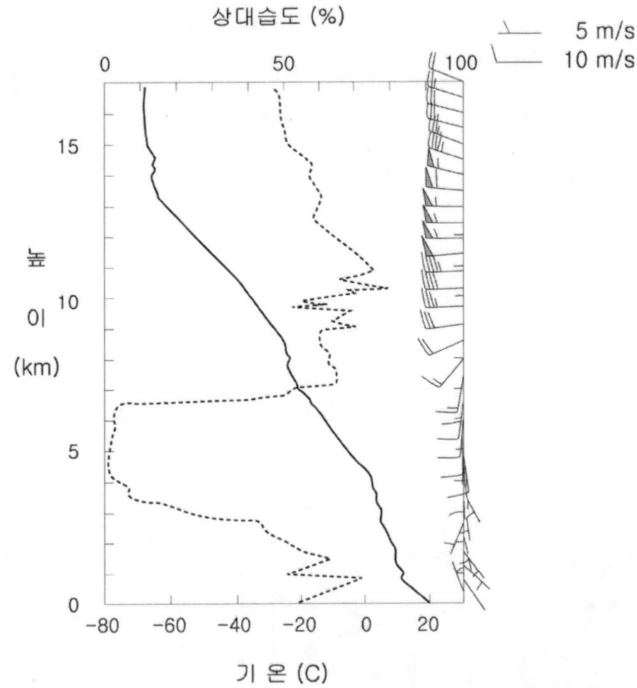

그림 7.15. 권층운 관측 시의 대기(기상)요소의 연직분포

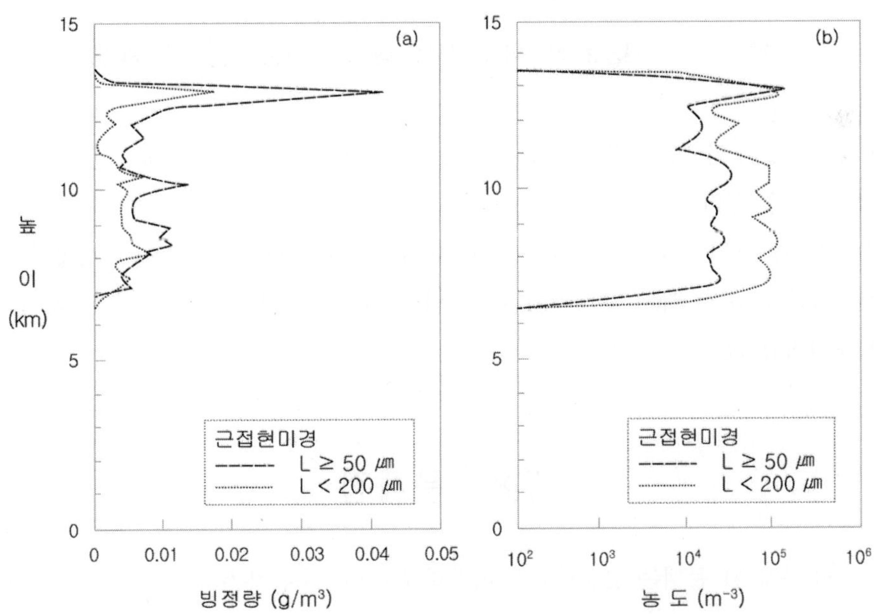

그림 7.16. 빙수의 질량농도(a)와 수농도(b)의 연직분포

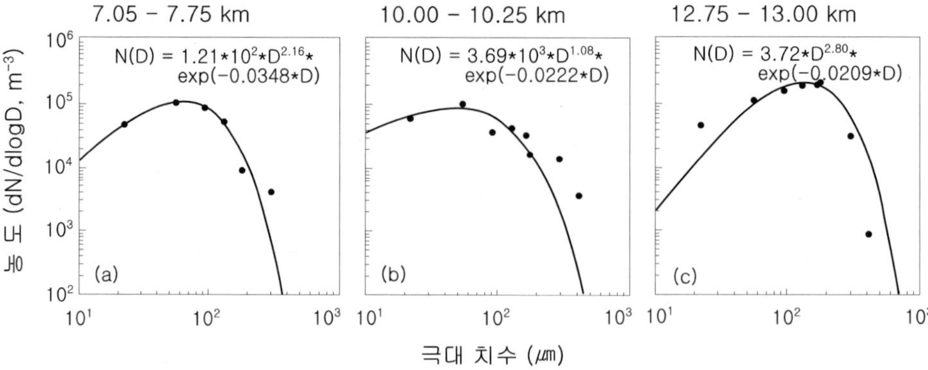

그림 7.17. 빙정의 입경분포의 고도변화

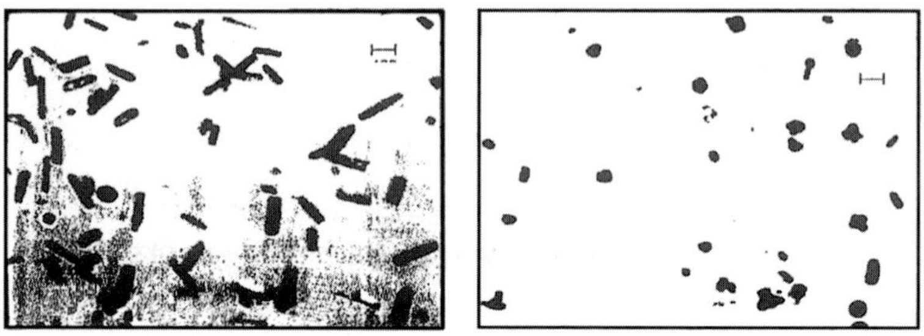

(T = −59 C, H = 12.8 km) (T = −57 C, H = 12.8 km)

그림 7.18. 권층운 상부의 발생세포 내에서 관측된 빙정 영상의 예

타낸다. 10~20㎛의 작은 빙정도 관측되지만, 빙정의 대부분은 100㎛ 전후로 존재하고 있는 것을 알 수 있다.

그림 7.18은 운정 부근(12.8 km, -59 C)에서 관측된 100㎛ 이상으로 성장한 포탄(砲彈), 포탄집합의 화상(畵像)(左)과, 수 10㎛의 다결정(多結晶) 빙정(右)이다. 후자는 발생 초기의 포탄집합(砲彈集合)으로 생각된다.

7.8. 문제점

최근 분명하게 된 문제는 표준형, 및 야간형(夜間型) 운립자존데의 포착률의 과대평가이다. 기구(氣球)에 매달려 늘여 뜨려진 운립자존데가 안정된 자세(포착면을 기류에 수직으로 유지)로 상승하는 경우, 풍동실험에서 얻어진 포착률을 적용해 왔는데, 실제로는 매달려 늘여 뜨려진 운립자존데는 불규칙한 원추진자운동(圓錐振子運動)을 하면서 상승한다.

그동안 이 영향은 작다고 생각되었으나, 최근 운립자존데와 마이크로파 방사계에서 구한 적분운수량(積分雲水量)을 비교함으로써 불규칙한 운동이 격렬한 경우에는 작은 입자[주로 운립(雲粒)]의 온도를 수분의 1로 과소평가하고 있을 가능성이 높은 것을 시사하고 있다. 현재 이 불규칙한 원추진자운동을 억제하는 방법의 개발과 불규칙한 운동 하에서의 포착률를 측정하는 방향으로 검토되고 있다. 더욱 마이크로펜을 이용한 강제흡인식 운립자존데와 십자산(十字傘)을 이용해서 자세의 안정화를 꾀한 운립자 낙하존데(落下--, 投下--, dropsonde)에서는 그 영향은 작다는 것을 알고 있다.

7.9. 정 리

이제까지 언급해 온 것같이, 운립자존데는 레윈존데와 조합해서 사용함으로써 7 ㎛~2 ㎝의 운립자·강수입자의 선명한 화상과 기상요소를 실시간으로 지상에 전송할 수가 있고, 지상에 있으면서 구름의 미대기구조를 손에 잡히도록 조사할 수가 있는 측기이다. 또 1/30 초에 1 장의 화상(畵像)이 얻어져 연직공간 분해능으로 환산하면 20 ㎝가 되어, 이 높은 연직분해능에서 수평방향으로 균일한 층상(層狀)의 구름의 관측에는 최적한 측기라고 말 할 수 있다.

수평스케일이 비교적 작은 대류성 구름의 관측의 경우, 운립자존데의 공간적 대표성이 문제가 되지만, 레이더 등의 리모센(리모트 센싱, 遠隔探査, remote sensing)의 정보를 참고해서 방구(放球)타이밍(適時)을 결정하기도 하고, 기상신호의 전송에 400 MHz 대의 마이크로파를 이용해서 1,660~1,690 MHz 대의 마이크로파를 유효하게 이용해서 동시에 복수대의 운립자존데를 관측함으로써 공간적 대표성의 문제도 극복될 수 있을 것이다. 또 항공기 탑재용의 운립자낙하존데를 이용함으로써 구름의 시간변화를 조사할 수도 있을 것이다.

현재 세계적으로 구름의 미대기구조의 관측을 보면, 항공기를 이용한 구름 속의 직접 측정이 일반적으로 되어 있으나, 항공기의 성능이나 안전성의 면에서 보면 항공기 관측이 곤란한 구름도 다수 있다. 관측의 간편성이나 항공기 관측을 실시할 수 없는 구름도 관측할 수 있는 것으로부터 금후 점점 운립자존데 관측은 중요성을 가져 올 것이라고 생각된다.

Chapter 8

방사존데

8.1. 소 개

대기 중에 있어서 방사(放射)의 수렴·발산은 비단열가열항(非斷熱加熱項, 放射加熱項)으로 대기의 운동이나 에너지수지(收支)에 큰 영향을 미치고 있으므로, 그 고도분포를 정확하게 아는 일이 중요하다. 방사가열률(放射加熱率)의 고도분포는 방사에 관여하는 대기 파라미터〔기온, 습도(수증기), 이산화탄소, 구름, 에어러솔 따위〕의 고도분포가 이미 알고 있는 것이라면 방사전달(放射傳達)의 계산에 의해서도 구할 수가 있지만 실제로는 많은 경우 이들의 파라미터의 고도분포의 정보는 간단히는 얻어지지 않는다. 대기 중에 있어서의 방사에너지의 수렴·발산의 고도분포를 직접 측정하는 데에는 항공기로 일사계나 적외방사계 등을 탑재해서 고도를 바꾸어가면서 비행해서 측정하는 방법이 있다. 그러나 항공기에 의한 관측은 경제적으로 장기관측이나 다점(多点)에서의 동시관측, 또는 수시 즉응(卽應)의 관측 등에는 경제효율이나 계획성 등의 점에서 대응이 어려워, 보통은 어떤 특정한 목적을 갖은 연구관측에 한정된다. 직접관측의 다른 수단으로서 기구(氣球)에 일사계나 적외방사계를 조합해 넣은 방사존데를 닿아 내려뜨려서 비양(飛揚)하는 방법이 있다.

방사존데에는 지구방사(地球放射 = 지표면방사 + 대기방사)의 고도분포를 측정하는 장파방사존데(長波放射, 또는 복사존데), 태양방사(太陽放射)의 고도분포를 측정하는 단파방사(短波放射존데, 또는 일사존데)의 두 종류가 있다. 최근 태양방사와 지구방사를 독립적으로 동시 측정하는 새로운 타입의 방사존데(단파·장파방사존데)가 개발되고 있다.

여기서는 방사의 측정신호를 주파수로 변환해서 전파신호로 전송하는 사용버림형의 방사존데에 대해서 그 발달의 경과를 더듬어가면서 방사존데 관측의 문제점을 찾는다. 따라서 회수형(回收型)의 대형기구나 계류기구를 이용한 방사의 관측(예를 들면, Kondratyev et al., 1964 ; Slingo, 1982)에 대해서는 언급하지 않는다. 또 현재 개발 중의 단파·장파방사존데의 현황을 소개한다. 사용버림형의 방사존데 개발의 초점은 기구에 현수(懸垂 : 아래로 꼿꼿하게 달려 드리워짐)된 불안정한 대기승강장(大氣乘降場, 플랫폼, platform)의 위에서 수평면방사를 정밀하게 측정하는 일과, 가능한 한 간단하고 싼 가격이라고 하는 서로 용납되지 않는 요구를 어떻게 만족시킬까에 있다. 특히 방사존데의 상승에 수반된 환경온도(따라서 방사센서의 온도)가 급격히 변함에 따라서의 영향, 하향의 수평면 일사량의 측정에 대한 존데의 흔들림의 영향 등은 방사존데 관측에 특유의 어려운 문제이다.

8.2. 복사존데

8.2.1. 위스콘신대학의 방사존데

장파방사존데(輻射존데)는 약 50여 년 전에 아메리카의 위스콘신(Wisconsin)대학의 단체에 의해 개발되었다. 원조가 되어 있는 방사계는 Suomi and Kuhn(1958)이 개발한 「경제적 정미방사계(經濟的 正味放射計, an economical net radiometer)」라 칭하였다. 정밀도보다 경제성을 더 중시한 단순한 구조의 방사계였다. 이것을 그림 8.1에 나타낸 것 같이, 방사의 수광(受光)센서로서 글라스 파이버(glass fiber, 유리섬유)의 단열대(斷熱臺)에 붙인 검게 칠한 알루미늄박(箔 : 금속의 얇은 조각)을 이용해 그 온도를 서미스터로 측정한다. 알루미늄박 수광면은 바람과 대류(방사계 내의)에 의한 열의 손실을 피하기 위해

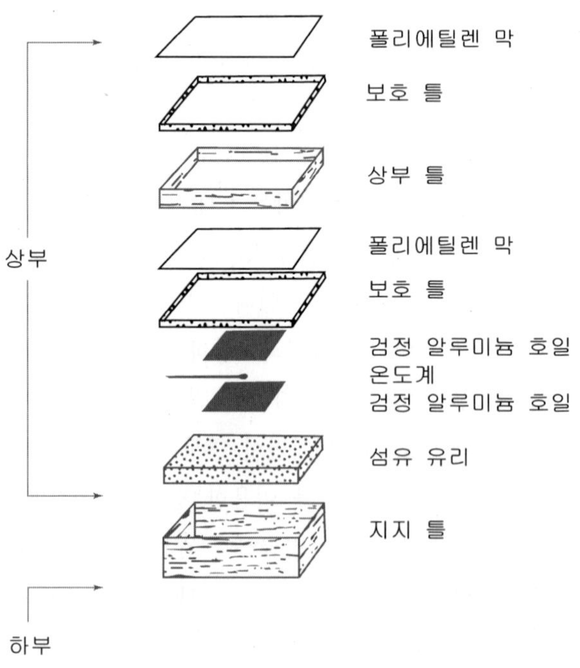

그림 8.1. Suomi & Kuhn(1958)에 의한 경제적 정미방사계의 구조

서 장파방사의 주요 파장역에 걸쳐서 투과성이 좋은 폴리에틸렌(polyethylene)막(膜 : 얇은 꺼풀)에 의해 이중으로 덮여 있다. 하향방사 및 상향방사를 측정하는 방사계의 구조는 완전히 같고, 각각 상향(天空, 천공) 및 하향(地表, 지표)으로 부착되어 있다. 상(上)과 하(下)의 방사계의 수광면(受光面)은 각각 열평형(熱平衡)의 상태에 있고, 또 내부 대류에 의한 열수송의 효과는 작아 무시 가능(한 것과 같은 구조로 한다)하다고 하면, 수광면의 열수지(熱收支)는 방사와 전도(傳導)로 결정된다. 이 경우 정미방사〔正味放射(상향방사와 하향방사의 차)의 플럭스(放射束, flux) $Rnet$ 는 다음 근사식(近似式)으로 나타낸다.

$$Rnet = A\,\sigma\,(Tt^4 - Tb^4) + \kappa\,(Tt - Tb) \tag{8.1}$$

여기서 σ 는 스테판・볼츠만상수(Stefan-Boltzmann constant)이고, Tt 및 Tb 는 각각 상향 및 하향으로 부착한 방사계의 수광면의 절대온도(絶對溫度)를 나타낸다. A 및 k 는 방사계의 구조에 의존하는 상수(常數)이고, 검정시험 등에 의해 결정된다. 그런데 폴리에틸렌막은 태양방사에 대해서도 투명하므로 이 방사계는 단파방사와 장파방사의 양면을 합친 전방사(全放射)에 감도(感度)가 있다. 따라서 장파방사만을 측정하는 것은 일사(日射)가 없는 야간(夜間 : 밤)에 한정된다.

Suomi et al.(1958)는 상기의 경제적 정미방사계(正味放射計)를 기구에 붙여서 방사존데를 개발했다. 최근의 방사존데(그림 8.2 참고)는 통상의 고층관측용의 라디오존데와 그 측면에 붙인 한 변이의 길이가 30 cm, 두께 5.6 cm 의 삼각형의 방사계로 구성되었다. 라

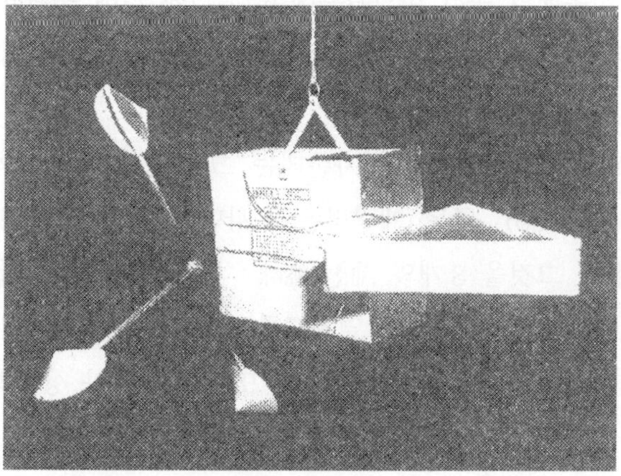

그림 8.2. 위스콘신대학의 초기의 복사존데

미국 기상국형 라디오존데를 개조(改造)한 것(Suomi et al., 1958)

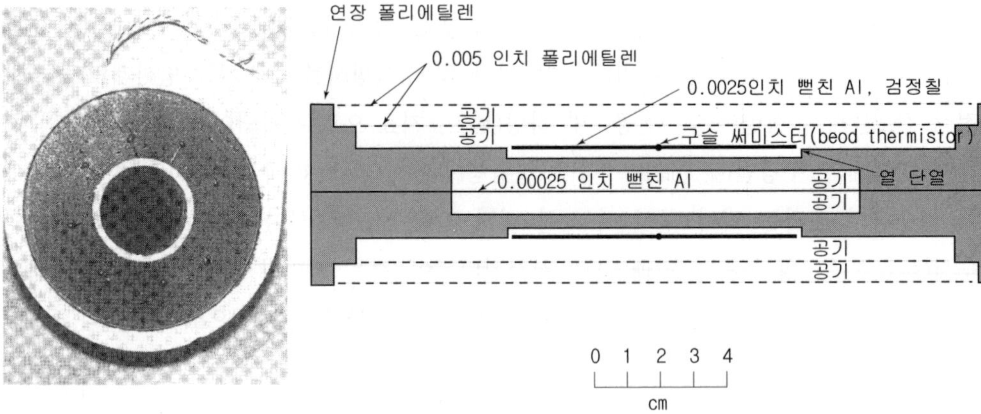

그림 8.3. 개량된 위스콘신대학 복사존데용의 방사계와 그 단면도(Kuhn and Johnson, 1966)

디오존데 요소와 서미스터 온도계로 측정되는 방사계의 수광면(受光面) 온도(*Tt* 및 *Tb*)를 시계열(時系列)로 측정하기 위해서의 순차전환(順次轉換, switching)에는 수직으로 향해진 풍력계 컵〔cup, 배(杯 = 盃)〕의 회전을 이용했다(후에 이것은 모터를 이용한 전기적 스위치로 바꾸었다). 그들은 이 방사존데로 야간의 청천(晴天)대기 중의 장파방사의 정미(正味)플럭스와 가열률의 고도분포를 약 160 hPa 의 고도까지 직접 측정하는 데에 성공했다.

계속해서 Suomi 와 Kuhn 을 중심으로 한 위스콘신대학의 단체는 정미방사(正味放射)플럭스만이 아니고 하향플럭스(flux) 및 상향플럭스도 분리해서 측정하도록 개조(改造)했다(Kuhn et al., 1959). 다른 타입의 방사계와의 비교 관측에 의한 특성실험(Businger and Kuhn, 1960)을 행하기도 해서 개량을 지속했다. 한편으로는 미국 15 곳의 기상관서(氣象官署)에 있어서의 방사존데의 동시 비양관측(飛揚觀測)에 의해 종관규모의 대기장(大氣場)의 방사가열률의 직접측정(Kuhn and Suomi, 1960)을 실시하기도 해서, 방사존데의 실용성을 나타냈다.

개량(改良)된 위스콘신대학 단체의 방사존데는 그림 8.3 의 사진의 형태로 되어 있다(Kuhn and Johnson, 1966). 주된 개량점은 수광면의 검정칠 알루미늄박(箔)의 크기를 직경 9 cm 로 축소하고, 그것을 8 개의 세선(細線 : 가는 선)으로 매달아 놓음으로써 수광면(受光面)과 방사계 프레임과의 사이의 열전도를 억제함과 동시에 지금까지 약 50 초였던 시상수(時常數)를 15 초로 감소시키는 것이었다. 또 하향방사와 상향방사를 분리해서 측정하기 위해서 상·하향으로 서로 붙여진 2 장의 방사센서 사이에 알루미늄박를 삽입해서 장파방사의 흡수나 서로 이웃하는 센서에서의 장파방사의 침입을 작게 하고 있다. 이 개념은 그 후 일본에서 제조, 사용된 복사존데에 있어서도 답습되고 있다.

8.2.2. 일본의 복사존데

일본(日本)에서 제조된 기상청 사양의 RS69 형 복사존데 및 방사 수감부(受感部)의 구조를 그림 8.4 에 나타낸다(Sekihara, 1975). 이 복사존데는 중앙에 기온측정 센서를 붙인 송신부, 그 양쪽에 상향 및 하향의 장파방사플럭스를 측정하는 방사센서가 배치되어 있다. 방사 수감부는 최상부에 장파방사를 투과하는 폴리에틸렌막, 내부에는 방사를 흡수하도록 표면을 흑색으로 도장한 직경 10 cm 의 원형마일러〔Mylar 는 상품명, poly(ethylene terephthalate), 자기

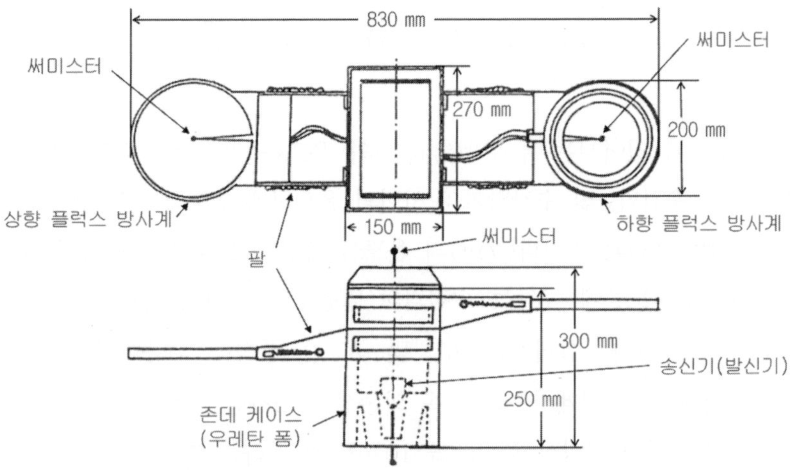

(a) 방사계 존데의 수평과 연직의 모식도

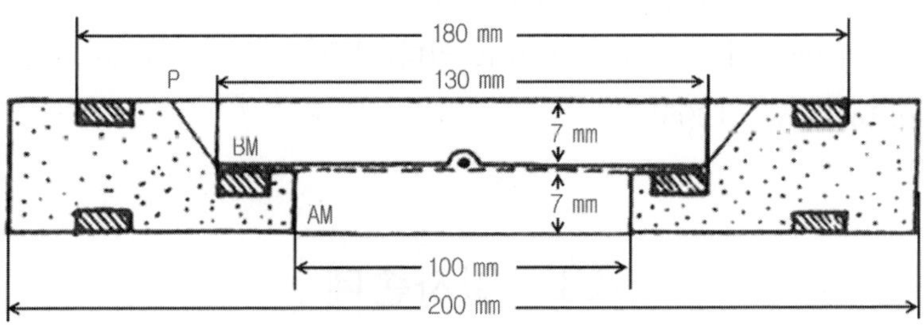

R69 방사계

P : 20μ 두께의 폴리에틸렌 필름

BM : 80 miliμ 두께의 검정 마일라(mylar) 필름 (Tc)

AM : 80 miliμ 두께의 알루미늄 마일라 필름 (Ts)

• 구슬형 유리 써미스터

▨ 베켈라이트(bakelite) 합성수지의 일종

▭ 우레탄 폼

(b) 방사계 감지부의 연직 단면. Tc와 Ts는 각 부분의 온도를 뜻함

그림 8.4. 일본의 복사존데(RS69형)와 그 방사계 수감부의 구조(Sekihara, 1975)

테이프 사진필름 포장재료 등에 이용)막〔膜(안쪽에는 알루미늄이 증착되어 있다)〕, 및 밑면에서 침입하는 방사를 반사하도록 바깥쪽을 알루미늄 증착한 마일러막의 반사막(反射膜)으로 구성되어 있고, 내부의 수감막(受感膜) 및 반사막의 중심부에는 서미스터가 부착되어 있고, 그들의 온도가 측정된다. 투과막과 수감막, 및 수감막과 반사막 사이의 간격을 작게 하면, 수감면의 온도변화는 방사의 수지(收支)와 센서 내부의 공기의 분자열전도에 의해 결정된다.

이때 입사하는 방사량 F는 수감막온도(受感膜溫度) Ts 및 반사막온도(反射膜溫度) Tm 을 이용해서 다음의 식으로 나타낼 수가 있다.

$$F = \sigma Ts^4 + K_1(Ts^2 - Tm^2) + K_2\frac{dTs}{dt} \tag{8.2}$$

이 관계식의 도출에 있어서는 투과막(透過膜)의 온도는 반사막의 온도 Tm 과 같다고 인정하고, 투과막과 수감막, 및 수감막과의 사이의 온도구배(溫度勾配)는 같다고 가정한다. 이것으로부터 수감막(Ts)와 반사막(Tm)의 온도를 측정하면 방사량 F가 알려지게 된다. K_1 은 공기의 분자열전도율에, K_2 는 수감막의 열용량에 관계한 기계상수(器械常數)이고 검정실험에 의해 결정된다. 실제에는 K_1 및 K_2 는 풍속에 의존한다. 가납(嘉納) 외(1986)는 풍동실험에 의해 기계상수의 풍속 의존성을 조사함과 동시에 같은 형의 복사존데를 사용해서 겨울철의 적외방사 플럭스를 10 hPa 에 달하는 고도까지 측정했다. 일본의 RS 형 복사존데는 때때로 약간 개량(예를 들면, 초기 모델에서는 반사막의 외면에 설치되어 있던 Tm 의 측정점을 내면으로 변경)을 했으나, 기본적인 구조에는 변경이 없고, 현재도 남극(昭和基地)에서의 관측에 사용되고 있다(예를 들면, Miyauchi and Ohkawara, 1992; Yamamoto et al., 1995).

8.3. 일사존데

하향의 전천일사량 및 상향의 반사일사량의 고도분포를 측정하는 목적으로 가노오・미네끼(嘉納・嶺木, 1973)에 의해 일사(日射)존데가 개발되었다. 일본 기상연구소에서 개발된 일사존데의 개관(槪觀)을 그림 8.5 에 나타내었다. 알루미늄제 앵글의 가대(架臺, 발판 : 밑받침하는 가구물)의 한쪽 끝에는 2 개의 수평면 일사계가 등은 맞대고 하늘(上向)과 땅(下向)으로 붙여져 있고, 다른 쪽 끝에는 기온, 습도, 기압을 측정하는 센서를 조합해 넣은 전파발신기가 부착되어 있다. 중량은 약 2.8 kg 이다. 일사량은 지상용으로서 일반적

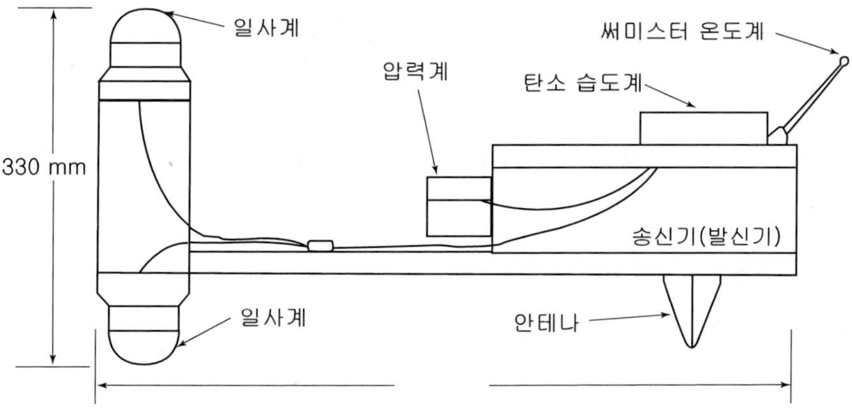

그림 8.5. 일사계존데의 개관도(嘉納 · 鈴木, 1973)

으로 사용되고 있는 수평면 일사계 중 수광면이 흑백 교대로 방사상(放射狀 : 중앙의 한 점에서 사방으로 거미줄이나 바퀴살처럼 뻗어 나간 모양)으로 분리 칠한 열전퇴형(熱電堆型)의 일사계를 경량화해서 사용했다. 이 형의 일사계는 환경온도의 변화의 영향을 받기 어려운 것으로 되어 있다.

일사존데에 의한 하향 수평면 일사량의 측정에 있어서 최대 문제는 존데의 흔들림에 의한 수광면의 경사이다. 일사계의 수광면 경사를 정확히 아는 것은 경사계 등의 장치를 부가할 필요가 있지만, 중량이나 경비가 많아지는 어려움이 있다.

가노오(嘉納) 외(1986)는 기구에 매달려 내려뜨린 일사센서는 수평면 내를 등속으로 원(圓)을 그리면서 상승한다고 가정하여 측정 자료의 해석처리에 있어서 수광면의 경사 효과를 보정하는 방법을 고안했다. 그 요점은 일사센서 수광면과 태양과의 위치관계에서 일사센서가 일주기(一週期) 회전하는 사이의 출력의 최대치와 최소치를 사용해서 센서 수광면의 경사각을 추정해서 그 각을 사용해서 보정한다(바람의 쉬어가 있는 경우 등 실제로는 일사센서는 기구에 끌려가면서 나선상으로 회전한다). 이 방법을 일사존데관측(嘉納 외, 1986)에 적용해서 해석하고, 하향일사 플럭스는 고도가 증가함에 따라서 증가하지만, 일반적으로는 증가의 비율은 대기하층일수록 크고, 고도와 함께 감소하고 있는 것을 확인했다.

한편 상향일사 플럭스는 존데의 흔들림에는 거의 영향을 받지 않고 측정할 수 있는 것, 또 상향일사 플럭스는 하향 플럭스에 비교해서 고도에 의한 변화가 대체로 작은 것을 나타냈다. 단 상향일사 플럭스는 지표면에 의해 반사된 태양방사를 포함하므로 경우에 따라서는 존데 상승 중에 일사센서의 시야(視野) 내의 지표면의 반사특성이 변화하기도 하는 일의 영향이 첨가된다. 이와 같은 경우 상향플럭스 분포의 측정자료의 해석(解釋)에는 주의가 필요하다(같은 사정은 상향 장파방사 플럭스의 측정자료의 해석에도 적용된다).

8.4. 단파 · 장파방사존데

8.4.1. 구조

구름이 지구온난화에 미치는 영향의 해명에 관한 연구에 있어서, 대류권 상부에 출현하는 권층운 등의 빙정운(氷晶雲)의 운대기(雲大氣)특성과 방사특성을 여러 가지 측기를 조합해서 지상에서의 관측에 의해 조사하고 있다(Asano 외, 1994). 그 중에 현시점에서는 항공기에 의해 직접측정이 곤란한 고고도(高高度)의 빙정운(氷晶雲)을 측정하기 위해서 단파・장파방사(短波・長波放射)존데와 앞장의 운립자존데〔구름텔레비전(TV, television)존데〕가 개발되었다. 양자는 동일한 기구에 직렬로 현수(懸垂: 아래로 꼿꼿하게 달려 드리워짐)되어 빙정운의 미대기특성과 방사플럭스의 고도분포의 동시관측에 비양(飛揚)된다. 운립자존데에 의한 화상신호와 단파・장파방사존데의 측정신호는 다른 주파수의 반송파(搬送波)에 실어 전송된다.

단파・장파방사존데는 단파방사(일사) 및 장파방사(지구방사)의 상향과 하향의 플럭스의 고도분포를 각각 독립적으로 측정하도록 설계되어 있다(그림 8.6 참고). 따라서 앞의 복사존데의 경우와는 달리, 낮 동안도 장파방사의 측정이 가능하다. 단, 하향의 수평면 일사플럭스의 측정에 대해서는 존데의 흔들림을 검지(檢知), 또는 억제하기 위한 센서류는 아무것도 부가되어 있지 않으므로 직달일사(直達日射)가 탁월한 경우의 하향일사 플럭스의 정밀한 측정은 기대할 수 없다. 또 단파・장파방사존데에는 RS2-91 형 라디오존데가 조합되어 있고 기온, 습도 및 바람의 고도분포가 동시에 측정된다.

단파・장파방사존데용에 각각의 방사센서가 신규로 개발되었다. 단파방사 센서 및 장파방사 센서의 기본구조는 각각 지상용의 전천일사계(全天日射計) 및 실리콘 돔형 적외방사계〔赤外放射計(志村, 1996)〕와 유사하다. 단 방사센서의 동체(胴體)를 알루미늄제로 해서 소형 경량화했다(각 방사센서의 중량은 약 110 g). 사용버림존데로서 소비되므로 수광소자(受光素子), 온도센서, 광학돔 등에 가능한 한 규격제품을 사용해서 저가격화(低價格化)를 도모했다. 방사의 수광소자(受光素子)로서 열전대(熱電對)의 온접점(溫接点)과 냉접점(冷接点)이 각각 원형필름의 중심부와 연변부에 방사상으로 배치되어 있는 레이디얼(radial, 放射狀)형의 열전퇴(熱電堆)를 채용하고 있다. 수광면인 열전퇴를 방사센서 동체(胴體)와 열적으로 격리된 상태로 붙여, 흑칠한 중심부와 연변부와의 온도차를 기전력(起

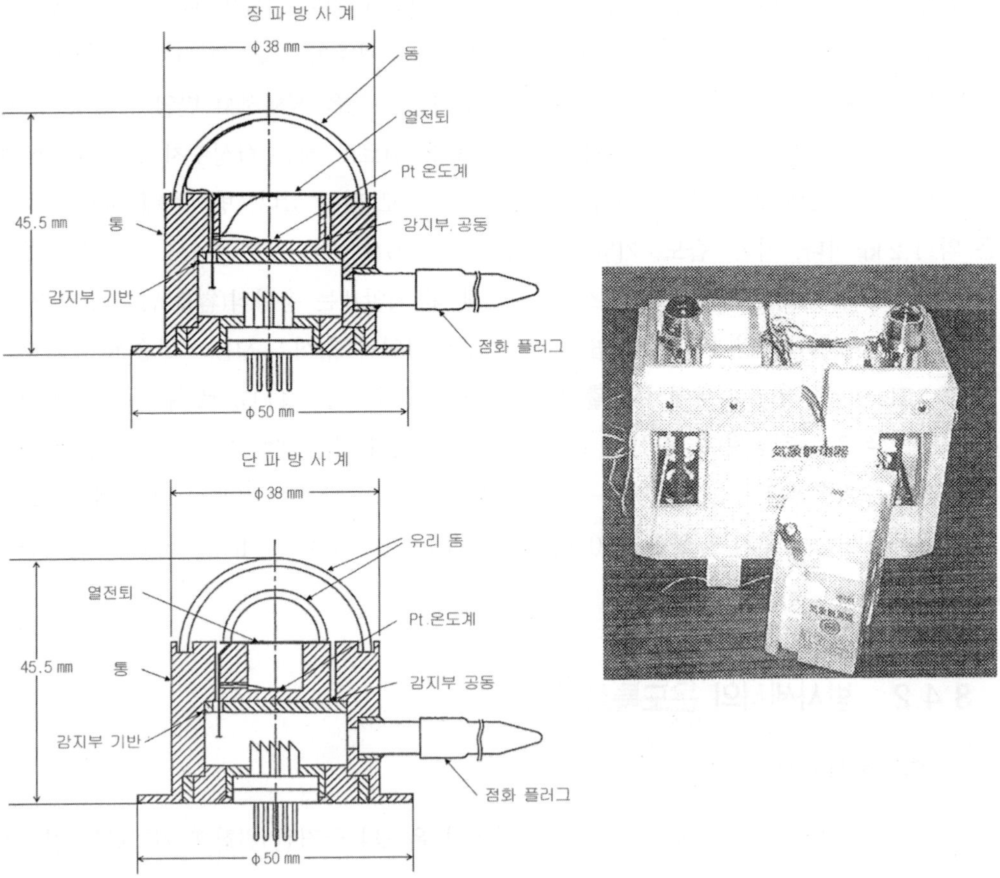

그림 8.6. 단파 · 장파방사존데의 감지부와 사진

위의 위쪽은 장파방사센서, 아래쪽은 단파방사센서 및 오른쪽 사진은 외관

電力)으로 변환해서 측정함으로써 방사 이외에 의한 열교환의 영향을 적게 하고 있다. 단, 그 영향을 완전히 제거하는 것은 불가능하므로 박막(薄膜)의 백금저항온도(白金抵抗溫度) 감지부에 의한 방사감지부 내부의 온도를 계측(計測)해서 보정에 이용한다. 또 장파방사 감지부에 대해서는 실리콘 돔의 온도를 돔 내벽에 부착된 박막(薄膜)의 백금저항온도 감지부로 측정한다. 실리콘 돔의 내칙에는 파장 3㎛ 이하의 단파방사를 반사하는 간섭막(干涉膜)이 증착(蒸着)되어 있다. 더욱이 상공의 저온하(低溫下)에서의 방사센서 내부의 결로(結露)를 막기 위해 감지부 내부에 질소(窒素)가스를 밀봉하는 궁리에 몰두했다. 존데용 센서로서 요구되는 응답속도(應答速度)의 빠르기에 대해서는 $(1-e^{-1}) = 63\,\%$, 시작시간은 단파방사센서가 약 3.5초, 장파방사센서가 약 6초이고, 후술의 단파 · 장파방사존데의 측정주기(8초)에 비교해서 충분히 빠르다.

단파·장파방사존데는 방사센서부, 기온·습도·기압센서부, 신호변환부, 반송파발신기, 및 전원부로 구성되고, 이들을 일체화해서 광체(筐体 : 광주리 같은 그릇)에 수납했다. 각 방사센서는 채광(採光 : 햇빛을 비롯한 광선을 받아들임)돔을 제외하고 단열재〔{斷熱材, 發泡스티롤〔Styrol(독), styrene(영) : 에틸렌과 벤졸을 원료로 하는 합성수지로 스푼, 빵 케이스 등에 쓰이는데 떨어뜨리면 깨지는 결점이 있음}〕로 덮여 있다. 방사존데 전체의 중량은 약 1.2 kg 이다. 기온, 습도, 기압의 감지부는 RS-91형 라디오존데에서 사용되고 있는 센서와 같은 것이고, 온도계는 서미스터, 습도계 및 기압계는 용량식(容量式)이다. 방사존데 발진기(發振器)의 정격출력(定格出力)은 0.6 W(전원의 형식 : AID), 반송파 주파수는 1,680 MHz 이다. 각 감지부에서의 출력신호는 변조주파수 1 ~4 kHz 로 주파수 변환되어, 시간분할방식으로 전송된다. 송신은 1 요소 0.5 초의 절환시간(切換時間)으로, 기준신호 4 요소(전압-주파수변환용 2, 및 저항-주파수변환용 2)를 포함하는 전체 16 요소를 8 초 주기로 반복한다. 이 주기는 분속 300 m 의 상승속도에 대해서 약 40 m 의 고도 분해능에 상당한다.

8.4.2. 방사센서의 온도특성

ㄱ. 단파방사센서

단파·장파방사센서는 존데 상승 중의 방사센서 온도의 급격한 변화에 기인하는 겉보기

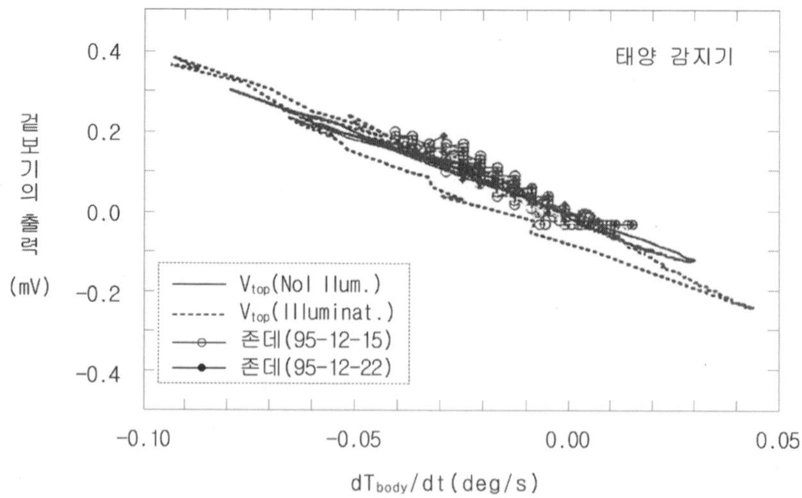

그림 8.7. 단파방사센서의 과도(過度) 온도특성

빛의 조사(照射)가 있는 경우와 없는 경우의 실내실험, 및 단파방사센서의 유리돔을 알루미늄박으로 덮어 비양한 존데실험일 때의 단파방사센서의 겉보기의 출력을 센서 내부 온도(T_{body})의 변화율의 함수로써 나타낸다.

의 출력이 생긴다. 이와 같은 과도적인 온도변화에 대한 방사센서의 응답특성(應答特性)을 실내실험 및 방사존데의 비양(飛揚)실험에 의해 조사했다. 단파방사센서에 대한 실내실험은 일정한 빛의 조사(照射)가 있는 경우와 없는 경우에 대해서 방사센사를 급속히 가열, 또는 냉각해서 그 온도와 출력의 변화를 조사한다. 존데 실험에서는 단파방사센서의 유리돔을 알루미늄박으로 덮고, 일사의 입력이 없는 상태로 해서 비양한다.

그림 8.7 은 실내실험 및 2 회의 존데비양 실험에 의한 결과의 예이고, 단파방사센서의 겉보기의 출력을 센서 내부 온도의 시간변화율의 함수로써 도시(圖示)했다. 종축(縱軸 : 세로축)의 0.1 mV 의 출력은 약 10 W/㎡ 의 일사량에 상당한다. 단파방사센서의 온도변화에 수반되는 겉보기의 출력은 온도의 시간변화율과 거의 비례관계에 있는 것을 알 수 있다. 실제의 존데관측에서는 이 만큼의 출력이 많아졌다고 생각해서 보정(補正)한다. 이 보정을 실시한 후의 단파방사센서의 온도변화에 기인하는 측정오차는 ±5 W/㎡ 이하로 추정된다.

ㄴ. 장파방사센서

장파방사센서에 대해서는 방사에 의한 출력과 그것 이외 효과에 의한 출력을 분리해서 검출하는 것은 어렵다. 이것은 장파방사센서의 기계상수의 검정단계에 있어서 방사 이외의 열 교환의 영향이 기계상수나 돔 계수 속에 일부 포함되어 버리는 것이 된다. 열전퇴를 수광소자로 하는 실리콘 돔형의 적외방사계로 측정되는 장파방사량 F 는 다음식에 의해 구해진다(志村, 1996 ; 塩原・淺野, 1992) ;

$$F = \frac{V}{C} + \sigma Tc^4 + K\sigma(Tc^4 - Td^4) \tag{8.3}$$

여기서, V 는 수광부 열선퇴의 출력전압, C 는 열전퇴의 감도상수(感度常數)이다. Tc 및 Td 는 각각 방사센서 내부(정확히는 열전퇴 냉각점) 및 실리콘돔의 절대온도이고, K 는 방사센서 본체와 실리콘 돔과의 사이에 온도차가 있는 경우의 방사교환의 효과를 나타내는 계수이다. 식 (8.3)은 수광면이 열평형의 상태에 있는 것을 전제로 한 관계식이고, 방사존데의 상승 시와 같은 과도(過渡 : 한 상태에서 다른 새로운 상태로 옮아가거나 바뀌어 가는 도중)상태에 대해서는 방사센서에서 주위로의 열전도, 또는 방사센서 온도의 시간변화를 나타내는 항이 부가된다. 감도상수 C 와 돔계수 K 는 시오하라・아사노(塩原・淺野, 1992)에 의해 개발된 흑체조검정장치(黑体槽檢定裝置) 등의 흑체로(黑体爐)를 이용해서, 흑체와 돔의 온도를 완만하게 변화시키는 검정실험에 의해 결정되어진다.

한편, 장파반사센서의 과도온도특성(過渡溫度特性)을 조사하기 위해서, 일정 온도의 흑

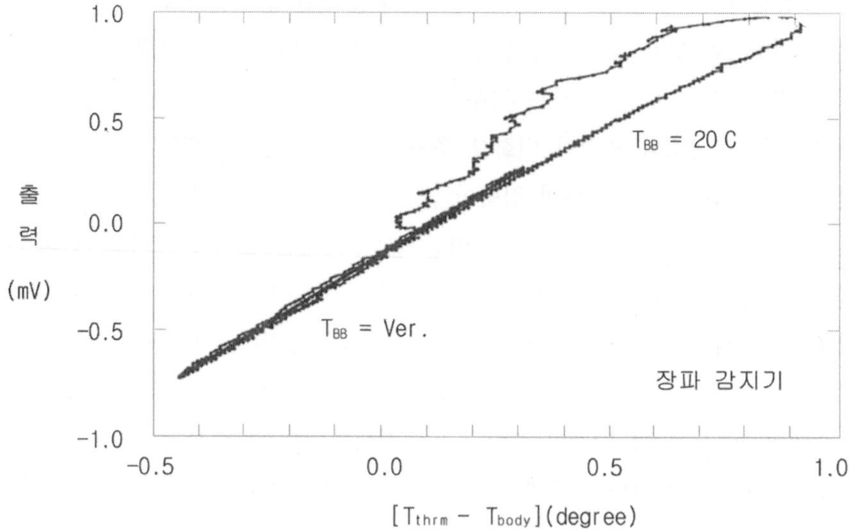

그림 8.8. 장파방사센서의 수감부 열전퇴의 온도(T_{thrm})와 센서내부온도(T_{body})와의 차에 대한 열전퇴 출력의 관계

검정용 흑체조의 온도를 완만하게 바꾸었을 경우($T_{BB}= var$)와 흑체조 온도를 일정하게 유지하면서 장파방사센서의 온도를 급속하게 변화시킨 경우($T_{BB}= 20\ C$)의 실내 실험 결과

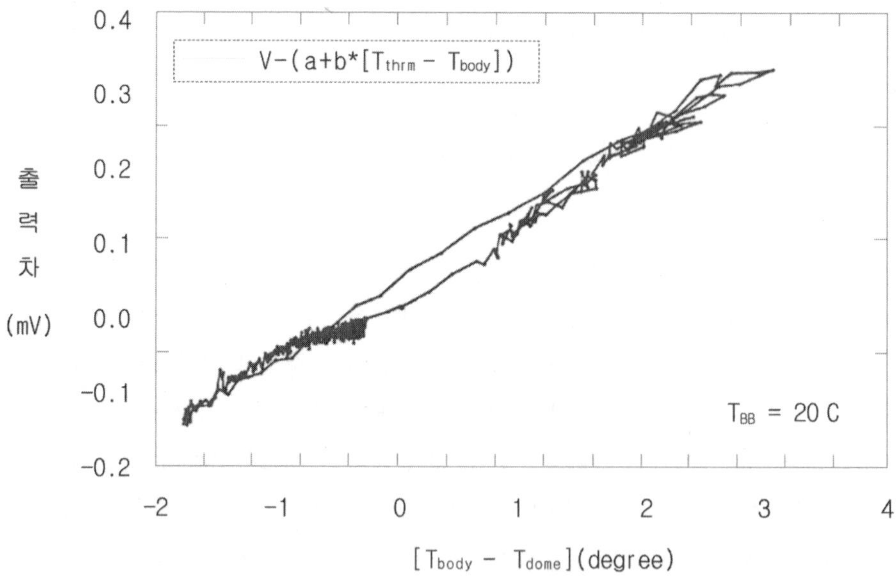

그림 8.9. 장파방사센서의 내부온도(T_{body})와 실리콘돔의 온도(T_{dome})와의 차의 함수

그림 8.8의 온도급변의 경우($T_{BB}= 20\ C$)의 출력치와 $T_{BB}= var$ 의 검정실험에 의한 외삽치와의 차

체조(黑体槽)에서의 방사를 측정하면서 장파센서의 온도를 급속하게 변화시키는 실내실험, 및 실리콘 돔의 외측을 검게 칠해서 의사(擬似 : 닮은 것)흑체로 한 존데의 비양 실험을 행했다(그림 8.8 참고). 어떤 장파방사센서에 대해서, 식 (8.3)의 C와 K를 결정하기 위한 검정실험($T_{BB}= var$), 및 흑체온도를 일정하게 유지하면서 장파방사센서를 급속히 냉각시키고, 다음에 따뜻하게 하는 실험($T_{BB}= 20\,C$)에 있어서 열전퇴의 출력을 열전퇴의 온도와 센서 내부온도와의 차의 함수로써 나타낸다. 센서온도를 급속하게 변화시킨 실험에서는 강온시(降溫時)와 승온시(昇溫時)의 경로에 차이〔히스테리시스(hysteresis, 이력현상(履歷現象)〕가 보인다. 이때의 출력치와 검정실험에 의한 상수(C와 K)를 기초로 한 외삽치(外揷値)와의 차는 그림 8.9 에 나타내듯이 장파방사센서의 내부온도와 돔 온도와의 차에 거의 비례한다.

같은 일이 실리콘 돔을 의사흑체(擬似黑体)로 한 방사존데의 비양(飛揚)실험에서도 확인된다(그림 8.10 참고). 즉 검정상수를 기본으로 한 측정방사량과 돔 온도에서의 흑체방사량과의 차는 장파방사센서의 내부온도와 돔 온도의 차에 거의 비례하고 있고, 그러나 구배(句配)는 실내 실험에 의한 것과 동등했다(온도차 1 C 에 대해서 약 10 W/㎡의 차이). 장파방사센서의 온도의 시간변화율은 방사센서의 내부와 실리콘 돔과의 온도차에 비례하고 있는 것으로부터 돔을 통해서의 외기(外氣 : 바깥 공기)와의 열교환에 기인하고 있는 것으로 생각된다.

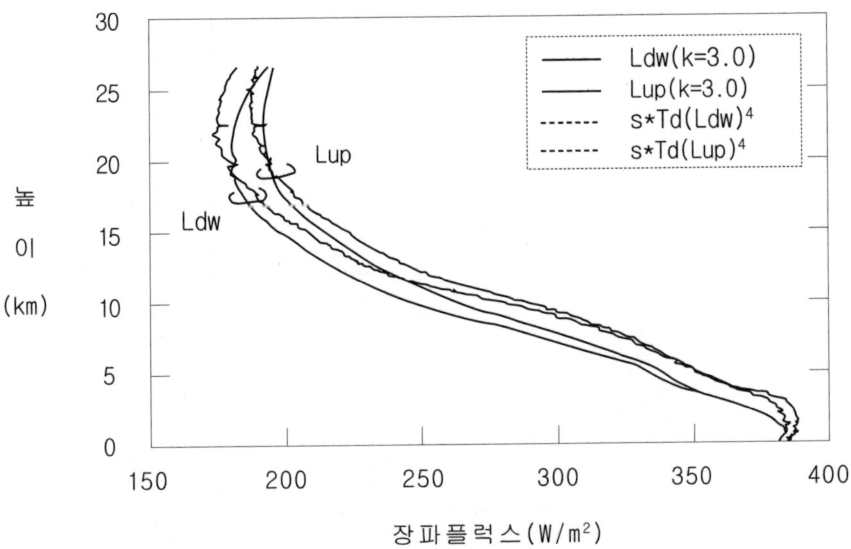

그림 8.10. 장파방사센서의 실리콘 돔의 외측을 검게 칠해서 의사흑체로 한 존데 비양실험에 의한 장파방사 플럭스의 고도분포

실선(實線)은 실측치, 파선(破線)은 돔온도에서의 흑체방사량을 나타낸다.

8.4.3. 단 · 장파 방사존데에 의한 관측 예

상공이 권층운(卷層雲)으로 덮인 날에 단파 · 장파방사존데에 의해 측정된 방사 플럭스 고도분포의 예를 나타낸다(Asano 외, 1997). 그림 8.11 은 단 · 장파방사존데에 조합되어 있는 RS-91 형 레윈존데에 의해 측정된 기온, 습도, 풍속의 고도분포를 나타낸다. 이때 장마전선에 동반되는 거의 균일한 권층운에 덮여 있고, 22° 무리〔훈(暈), halo〕의 광학현상이 관찰되었다. 권층운은 운저(雲底)고도가 7 km 이고, 운정(雲頂)은 권계면(圈界面)의 13 km 의 고도에 달하고 있다. 구름의 고도는 동시에 연결 비양된 운립자존데(前節의 구름 텔레비전 존데) 및 라이더에 의한 관측에 의해 확인되었다.

그림 8.12 는 단파방사 및 장파반사의 상향과 하향플럭스의 고도분포를 나타낸다. 단파 · 장파방사존데는 방사장(放射場)에 미치는 구름의 효과를 정확하게 파악하고 있고, 적어도 대류권 고도 내에 있어서는 방사플럭스의 고도분포를 정당(正當)하게 측정하고 있다. 단, 단파방사에 대해서는 운정상(雲頂上)에 있어서 존데의 흔들림에 의한 하향플럭스의 측정치의 흩어짐이 크다. 또 장파방사에 대해서도 운정보다 상공에서 흩어짐이 다소 큰데다, 하향플럭스(Fdw)가 이론적으로 기대되는 양보다도 20～30 W/㎡ 정도 과대평가되어 있는

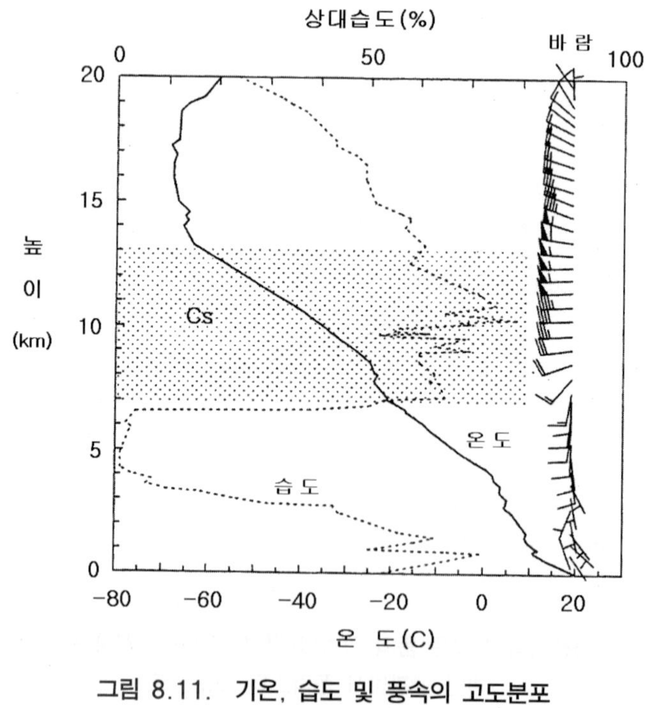

그림 8.11. 기온, 습도 및 풍속의 고도분포

권층운으로 덮인 날에 비양된 단 · 장파방사존데로 조합된 라디오존데에 의해 측정

등의 문제가 남아 있다(같은 과대평가의 경향의 「8.2 복사존데에 의한 측정」에 있어서도 공통으로 보인다). 이것은 전항의 과도온도특성에 대한 보정만으로는 충분하지 않음을 뜻한다. 저온의 상공에 있어서는 (특히 하향) 장파방사용 센서의 열수지(熱收支)에서는 방사보다도 열전도의 기여가 커지는 것(Kuhn et al., 1959), 또 방사센서 각부의 온도변화에 시간차가 생기는 일, 등이 원인으로 생각되므로, 보다 정밀도가 높은 측정에서는 장파방사 센서 각부의 온도계측을 늘리는 등의 개량(改良)이 필요하다. 또 수광검지기(受光檢知器)도 스파이랄〔나선(螺線)〕형 열전퇴(Foot, 1986) 등과 같은 방사 이외의 열 영향을 더욱

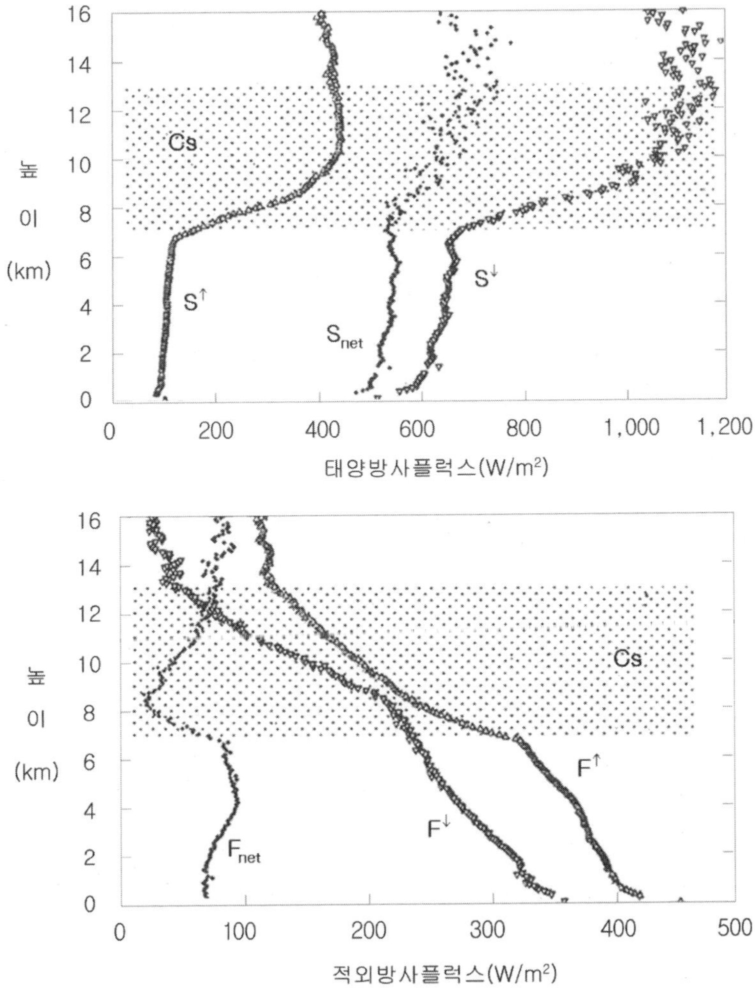

그림 8.12. 그림 8.11에 대응하는 단파방사(위) 및 장파방사(아래)의 상향플럭스(△)와 하향플럭스(▽)의 고도분포

상향플럭스와 하향플럭스의 차(정대치)로써 정의되는 정미(正味, net)플럭스도 기입되어 있다.

받기 어려운 타입의 것으로 변경하는 것도 개선으로 연결될 것이다.

그림 8.12에는 정미〔正味(순)〕플럭스의 고도분포도 표시되어 있다. 정미방사(正味放射) 플럭스의 수렴·발산에서 방사에 의한 기층의 방사가열·냉각의 분포가 산출된다. 이 권층운의 경우 운층(雲層) 전체가 태양방사의 흡수에 의해 데워져 있다. 한편, 장파방사에 의해서는 두께 약 1 km의 운저층(雲底層)은 지표면이나 하층대기에서의 적외방사(赤外放射)를 흡수해서 가열되어 있지만, 그것보다 상부는 적외방사의 사출(射出)에 의해 냉각되어 있다. 운층 전체로는 가열 효과 쪽이 우세하고, 방사는 운층을 데우고 있는 것을 알 수 있다.

Chapter 9

에어러솔존데

9.1. 소 개

성층권(成層圈)에 주입되는 화산기원의 에어러솔은 수년에 걸쳐서 지구대기의 열수지(熱收支)에 영향을 미치고, 기상・기후의 변동에 깊이 관여하는 것으로 알려져 있다. 이 때문에 라이더, 위성 등을 이용한 원격측정에 의해 성층권 에어러솔의 양과 그 공간분포에 대해서 많은 연구가 행하여지고 있다. 한편 성층권에 있어서 에어러솔입자를 직접 계측하는 일, 더욱이는 조성・성질을 조사하기 위해서 직접 채집하는 일도 1958 년 이후 행하여지고 있고, 입자의 기후에의 영향평가에 의해 중요한 자료가 얻어지고 있다. 특히 성층권 에어러솔입자의 농도・입경분포나 조성을 조사하기 위해서는 기구(氣球)에 장치를 탑재해서 측정・채집하는 일은 중요하다.

대기 중에 부유(浮遊)하는 에어러솔입자의 반경은 1 nm~10 ㎛로 폭이 넓기 때문에 그 농도측정에는 반경 범위에 따라서 측정장치가 개발되어 있다. 대기구(大氣球)에 탑재할 수 있는 중량이 큰 장치만이 아니고, 소형의 고무기구에 탑재할 수 있는 경량(輕量)의 장치가 요즘 개발되고 있다. 여기서는 반경 0.1 ㎛ 미만의 에이트켄입자(에이트켄핵, Aitken nucleus)와 0.1 ㎛ 이상의 대입자(大粒子)용존데 및 직접채집용의 존데에 관해서 그들의 원리・기능의 개요를 약간의 측정 예를 포함해서 소개한다. 최후에 대기과학 관련의 연구소에서 개발되는 입자채집용의 경량형 에어러솔존데에 대해서 약간 상세하게 소개하겠다.

또한 기구(氣球)만이 아니고 항공기를 이용한 성층권 에어러솔의 관측도 지금까지 행해지고 있지만, 거기에 이용되는 각종 측정기에 대해서는 기술하는 범위 밖이라 여기서는 생략한다.

9.2. 에이트켄입자용 존데

9.2.1. 무상존데

ㄱ. 사진기록 · 무상(霧箱)존데

Junge et al.(1961), Junge(1961)에 의해 개발된 에이트켄입자(에이트켄핵, Aitken nucleus)의 농도를 측정하는 존데의 단면도를 그림 9.1 에 나타내었다. 본 장치에 요구되는 기능은 10 hPa 까지의 기압에 대해서 1~500 cm^3의 낮은 농도가 자동적으로 측정 · 기록 가능한 것이다. 장치는 에어트켄입자를 핵(核)으로써 무립(霧粒 : 안개 입자)을 형성시키는 원통형 쳄버(직경 2.8 cm, 길이 12.6 cm)를 중심으로 해서 구성되어 있다. 측정의 순서는 다음과 같다.

① *W*에 의한 쳄버 내에 물(水)을 공급한다.
② 외기입구(外氣入口, I)와 출구(O) 가 열려 있는 쳄버를 경유해서, 외기(外氣)를 펌프를 이용해서 50 cm^3/s의 유량률로 20 초간 쳄버 내를 통과시킨다.
③ 밸브(I 와 O)를 닫는다. 이때 피스톤(P)의 위치는 쳄버의 가장 가까운 곳에 있다.
④ 탱크에서 미리포아필터(MF)를 통과시킨 청정(淸淨)한 공기를 4 초간 쳄버에 도입(導入)하고, 쳄버 내의 공기압을 외기압 보다 50 % 높게 한다.
⑤ 쳄버 내의 공기를 혼합 · 가습시키기 위해 5 초간 방치한다.
⑥ 에어러솔을 핵으로써 운립을 형성시키기 위해 피스톤(P)을 그림 속의 화살표 위로

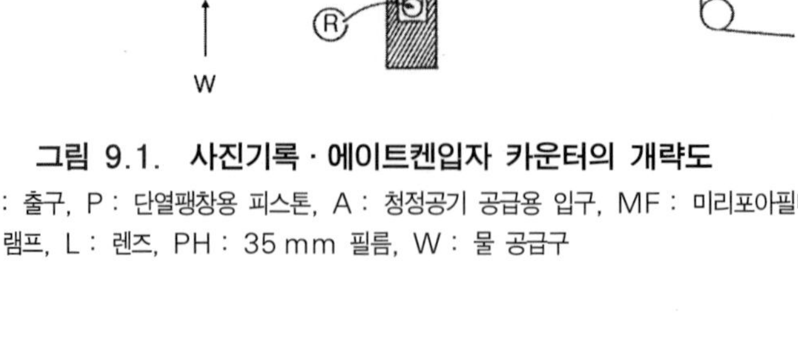

그림 9.1. 사진기록 · 에이트켄입자 카운터의 개략도

I : 외기입구, O : 출구, P : 단열팽창용 피스톤, A : 청정공기 공급용 입구, MF : 미리포아필터, N : 혼합용 노즐, R : 원형의 후레쉬 램프, L : 렌즈, PH : 35 mm 필름, W : 물 공급구

이동시켜 단열팽창(斷熱膨脹)을 일으킨다. 0.2~0.3 초 후, 원형의 후레쉬 램프(R)에 의해 빛을 운립(雲粒)에 조사(照射)하고, 개개의 운립에 의해 산란(散亂)된 빛을 렌즈(L)을 끼워서 35 mm 필름(PH)으로 촬영한다.

⑦ 이 측정 사이클을 반복한다.

또한 기구의 상승속도를 600~1,000 ft/min (180-300 m/min) 로 하면, 90~150 m마다 농도측정을 할 수 있다. Junge et al.(1961)은 이 측기에서는 입자크기별의 농도는 측정할 수 없지만, 반경 0.01~0.1 ㎛의 입자개수농도(粒子個數濃度)가 주로 측정된다고 평가했다. 필름상에 촬영된 운립의 화상(畵像)은 측기를 지상에서 회수한 후 필름을 현상하고, 12 배의 배율로 리더(reader, 讀取機)를 통해 읽어 들였다. 입자개수농도가 500 cm^3/s 이상의 상태에서는 개개의 운립화상의 식별이 곤란하기 때문에 측정은 고도 5 km 이상에서 실시했다. Junge 등은 이 측기(測器)를 미국과 인도에서 대기구(大氣球)에 탑재해서 관측했다. 그림 9.2 는 이 장치를 대기구에 탑재한 때의 모습을 보여준 것이다.

Junge et al.(1961)과 거의 같은 사양(仕樣)의 존데가 Käselau et al.(1974)에 의해서도 개발되어 독일 상공의 성층권에서 에이트케입자의 개수농도가 고도 5~27 km 에서 측

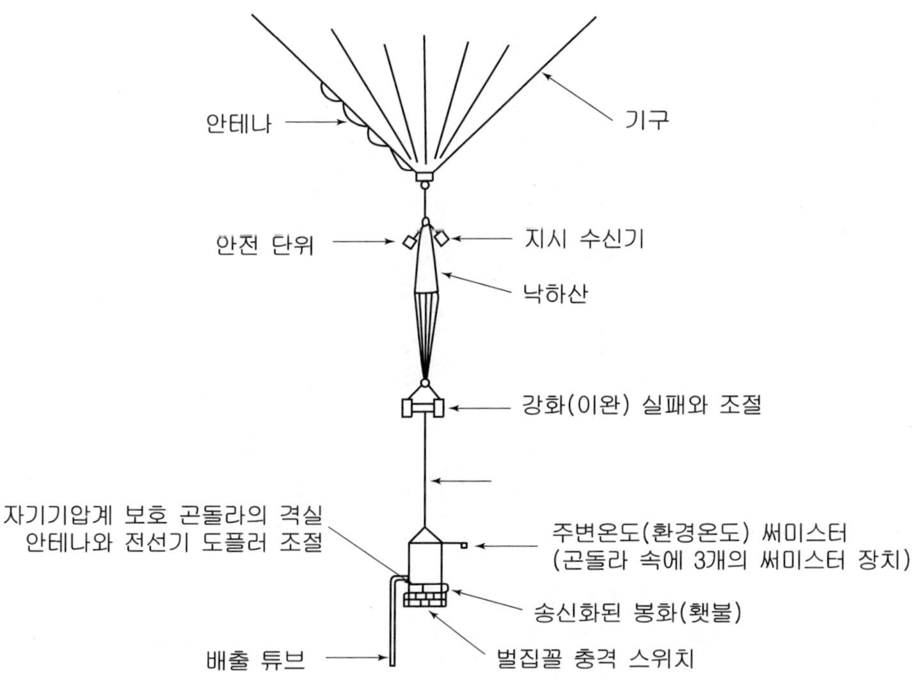

그림 9.2. 대기구에 탑재된 사진기록 · 에이트켄입자 카운터(Changnon, 1962)

정되었다. 이 관측의 경우도 지상에서 존데를 회수하고, 입자농도는 필름에서 읽어 들임으로써 행해졌다. 또한 공기팽창비(空氣膨脹比)는 Junge et al.(1961)에서는 1.23, Käselau, et al.(1974)에서는 1.21 이다.

ㄴ. 기압차 무상(霧箱)존데

삼기(三崎, 1978; 1982) 등은 피스톤이나 펌프를 사용하지 않고 기구의 상승에 의한 기압차를 단열팽창에 활용하는 것을 생각하여, 측기의 저중량화를 시험했다. 개발된 존데 본체의 중량은 3.0 kg, 주수전지(注水電池, 물을 포함) 약 3.0 kg, 레윈·존데 0.35 kg, 끈·낙하산 등 약 1.0 kg 으로 합계 7.5 kg 이다. 이 존데의 외관(外觀)과 존데의 기본구조와 동작에 대해서 각각 그림 9.3 과 그림 9.4 에 나타낸다.

쳄버(霧箱)의 입구, 출구에는 전자판〔電磁弁, 판(弁=瓣, 날름쇠판) = 밸브: 액체나 기체의 출입을 조절하는 기구〕 V_1, V_2가 준비되고, 쳄버 내의 시료공기가 가습(加濕)되어 포화(飽和)에 도달할 때까지의 대기시간(待機時間: 측기가 기다리는 시간, 4 분간)에 있어서 V_1, V_2 모두 닫혀있다. 대기시간 중에 실현하는 기압차에 의한 쳄버 내에 단열팽창이 일어난다. 0.3 초 후에 스트로보(stroboscopic lamp: 방전관이 방전할 때의 섬광을 이용한

그림 9.3. 기압차 무상존데의 외관(三崎 외, 1978)

A: 스토로보·플래시, B: 무상(霧箱), C: 광전관(光電管), D: 세정용(洗淨用) 펌프,
E: 라이트·트랩(light trap), F: 쵸파(chopper, 直交變換器),
G: 라이트·라인(light line), H: 밸브(valve, 판=弁=瓣)

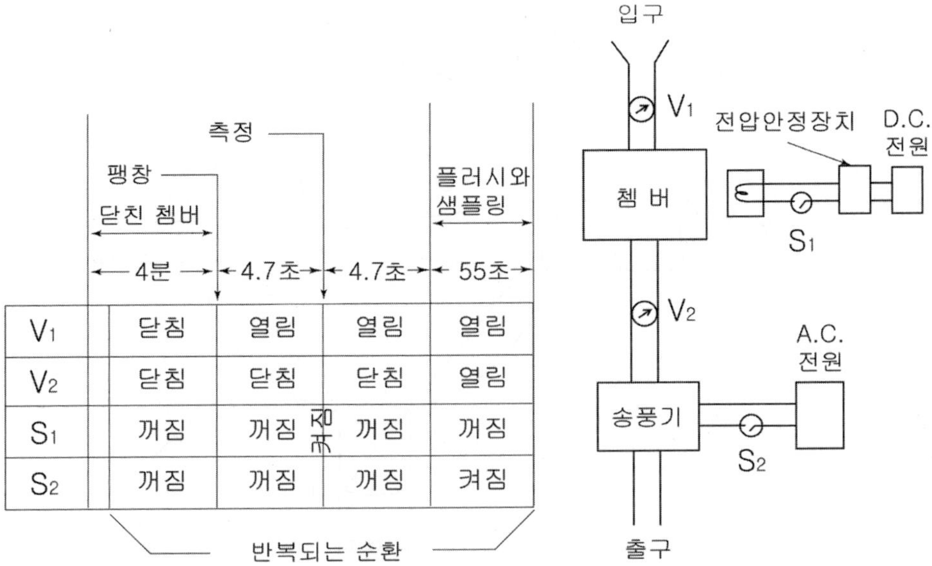

그림 9.4. 기압차 무상존데의 기초적 구성 및 동작(三崎 외, 1978)

보조 광원용의 장치, 플래시 = flash, 섬광장치)가 점화되고 에어러솔입자 농도를 측방산란광량(側方散亂光量)의 측정으로 행한다. 또한 공기팽창비는 약 1.2이다. 약 5초 후에 V_2도 열려, 펌프가 작동해서 쳄버 내의 공기 교체가 시작된다. 5분의 사이클로 반복해서 측정을 행한다.

기구(氣球)의 상승속도를 400 m/min로 하면 지상에서 고도 30 km까지 존데를 상승시키는 사이에 고도 2 km마다 계측(計測)을 15회 정도 할 수가 있다. 측정자료는 텔레메트리(원격측정법, telemetry : 계기(計器)의 측정치를 원격지에 전파 등으로 보내어 관측함)에 의해 지상으로 송신된다. 존데의 비양(飛揚)에는 3 kg의 고무기구 2개를 이용했다. 실제의 관측에는 고도 9 km 이상에서는 저농도 때문에 측정이 불가능했다.

ㄷ. 고무 격벽(隔壁) 무상존데

Ito et al.(1983)은 에이트켄입자 측정용의 존데로서 단열팽창(斷熱膨脹)을 고무필름의 이동을 이용해서 행하는 것을 개발했다. 그림 9.5는 쳄버를 위에서 본 모식도(模式圖)이다. 할로겐램프에서 형성된 빛의 운립(雲粒)에 의해 옆으로 산란되는 광량(光量)을 계측하는 방법에 의해 개수농도를 구했다. 쳄버의 내벽에는 물[水]을 포함시킨 흑색의 다공질 합성혁(多孔質 合成革)을 붙였다. 이 쳄버의 천정부(天井部)에 고무필름이 있고, 그 위의 공간과 부속의 고압 및 저압탱크와의 접촉에 의한 고무필름의 이동을 행해 단열팽창을 실현시켰다.

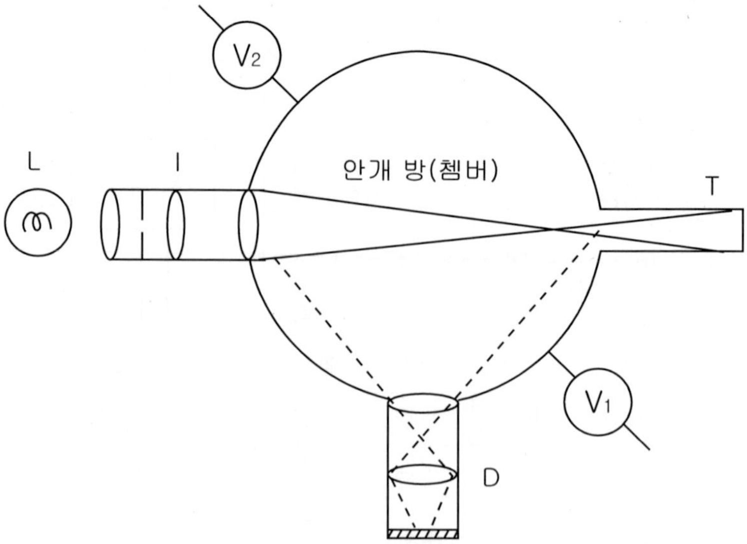

그림 9.5. 고무격벽 무상존데의 광학계(상면도)(Ito et al., 1983)

L : 할로겐램프, I : 집광렌즈, D : 광검지부(光檢知部), T : 라이트 · 트랩(trap)

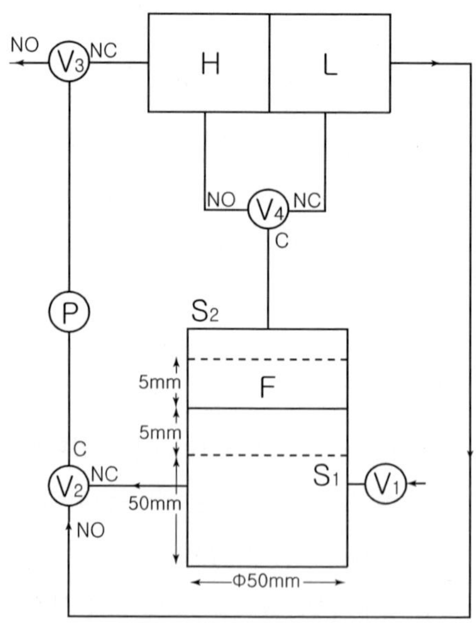

그림 9.6. 고무격벽 무상존데의 단면과 空氣系(Ito et al., 1983)

F : 고무필름, H : 고압탱크, L : 저압탱크, P : 펌프, S_1, S_2 : 메시, V_1: 이방전자판(二方電磁弁), V_2, V_3, V_4 : 삼방전자판(三方電磁弁)

그림 9.6 에 이 존데를 옆에서 본 모식도(模式圖)를 나타낸다. 또 여기서 알 수 있듯이 전자판(電磁瓣, 밸브)이 4 개〔V_1 은 이방변(二方弁), V_2, V_3, V_4 는 삼방변(三方弁)〕 사용되고, 그것들에 부기(附記)되어 있는 NC, NO 는 전원을 공급하면 각각 개(開, open)와 폐(閉, close)가 되는 것을 의미한다. 우선 제 1 단계(reset)에서 고무필름(F)은 고압탱크(H)에서의 공기압에 눌려서 쳄버의 천정에 붙어 있는 메시〔mesh, 그물코, 구획(區劃)〕 (S_1)의 위치에 접촉하고 있다. 이 단계에서는 펌프에 의해 저압탱크(L)의 공기를 감압(減壓)하고, 고압(高壓)탱크(H)의 공기를 가압(加壓)하고 있다. 제 2 단계(sampling)에서는 쳄버에 외기(外氣)를 30 초간 펌프에 의해 도입시킨다. 또 펌프에서의 배기(排氣)는 밖으로 보낸다. 제 3 단계(humidification)에서는 V_1과 V_2에서 쳄버를 밀폐하고, 20 초간 방치해 시료공기를 가습(加濕)한다. 제 4 단계(expansion)에서는 전자변(電磁弁) V_4 에 전원을 공급하고, 저압(低壓)탱크와 시료공기압의 차에 의해 고무필름을 메시 S_1 에서 S_2 의 위치에 순시(瞬時)로 이동시켜 단열팽창을 일으킨다. 공기팽창비는 1.20 이고, 수증기 과포화도는 약 230 %가 된다. 측정 사이클은 1 분이고, 측정 가능한 입자농도는 약 30/cm^{3}이상이다. 또한 존데 본체의 중량은 5 kg, 전지 3.5 kg, 레윈 · 존데 0.5 kg 으로 합계 5 kg 이다.

이 존데는 부력(浮力) 3 kg 의 고무기구 2~3 개로 비양(飛揚)시킬 수가 있어 에이트켄입자농도의 연직분포의 측정에 사용되고 있다.

9.2.2. 열확산운 쳄버존데

와이오밍〔Wyoming, Wy(o)〕대학의 Rosen and Hofmann(1977)은 열확산운(熱擴散雲) 쳄버〔thermal gradient diffusion cloud chamber(TGDCC)〕를 이용해서 에이트켄입자를 성장시켜, 더스트카운터(dust counter, 後述)로 개수농도(個數濃度)를 계측하고, 텔레메트리(원격측정법, telemetry) 방식으로 지상에 자료를 송신하는 존데를 개발해서 성층권의 관측에 이용했다. 그림 9.7 에 그 블럭(block)그림을 나타낸다. 쳄버(TGDCC)는 원통형이고, 연직으로 설치하고, 그 외측을 얼음에 의해 0 C 로 하고 있다. 또 원통형의 중심부에 블록을 설치, 그 표면온도를 15 C 로 한다. 쳄버의 내벽과 블록에는 글리콜(glycol : 자동차의 부동제으로 쓰임)이 묻어 있다. 통상 사용되고 있는 물로 바꾸어서 글리콜을 이용한 것은 성층권 고도에서의 비등(沸騰)을 억제하기 위함이다. 대기 중의 에이트켄입자는 글리콜 증기를 응결시키고, 광산란(光散亂)을 일으키는 크기까지 성장되어 계측된다. 또한 글리콜에 대한 평균과포화도는 10 % 이다. 그림 9.8 는 이 측기로 얻어진 농도의 연직분포를 Junge et al.(1961), KäËselau et al.(1974)의 결과와 합한 것이다. 다른 분포는 항공기 관측에 의해 얻어진 것이다.

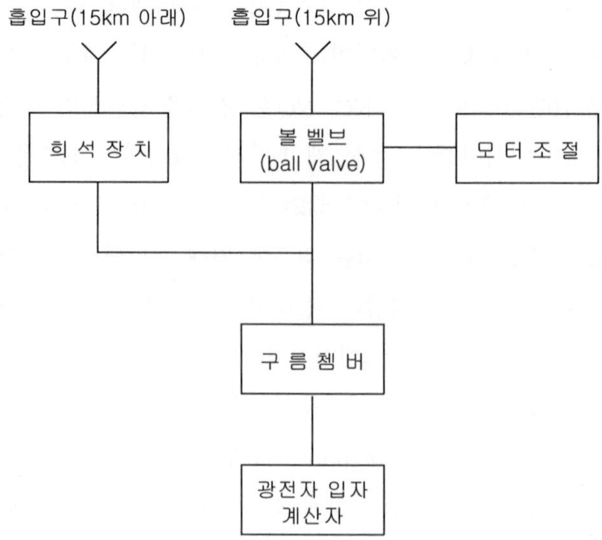

그림 9.7. 열확산운 쳄버존데의 측기배치(Rosen et al., 1977)

고도 15 km 이상에서는 볼 밸브를 열어서 외기(外氣)를 열확산운 쳄버(TGDCC)에 직접 공급한다. 그 이하의 고도에서는 외기를 희석한다.

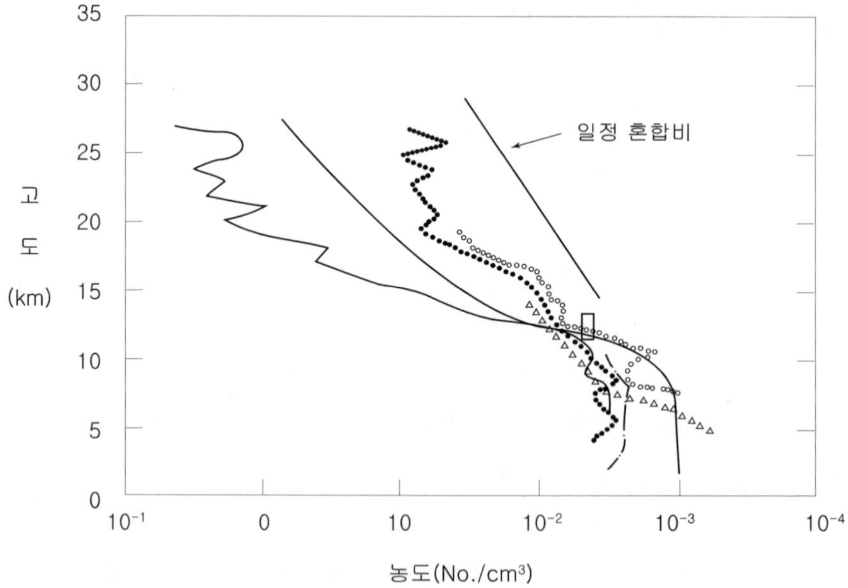

그림 9.8. 상부 대류권과 성층권에서 관측된 에이트켄입자의 농도의 연직분포(Rosen et al.,1977)

자료는 평균화와 평활화된 것이다.

Rosen et al.(1978)은 그들이 개발한 열확산운(熱擴散雲) 쳄버를 이용한 측기와 Kaselau et al.(1974)에 의해 개발된 단열팽창법에 의한 측기를 같은 기구에 탑재해 미국 라라미(41°N) 상공에서 상호 비교 관측을 3회 실시했다. 고도 15 km 보다 하층(下層)에서는 양자의 농도는 팩터〔factor, 인수(因數)〕 2의 범위에서 일치한 것에 대해서, 고도 15 km 보다 상층(上層)에서는 차가 크다는 것을 알았다. 단열팽창에 의한 방법에서는 입자농도가 낮아지면 계수(計數)되는 입자수가 작아져서 오차가 커지는 것에 기인하고 있다고 생각되어진다. 아직 공간적으로 적산해서 평균한 값에서는 양자의 차는 인수(因數, 팩터) 2 미만이라는 것이 표시되어 있다.

9.3. 대입자용 존데

반경 0.1～1 ㎛의 대입자(大粒子)는 가시광의 산란을 일으키기 때문에 그 농도와 조성의 측정은 대기의 열수지(熱收支)를 평가하는 데 중요하다. 여기서는 대입자의 농도를 측정하는 존데에 대해서 알아보자.

9.3.1. 광학현미경 계측용 존데

처음으로 고도 20 km 부근에 대입자(大粒子)를 주체로 하는 에어러솔 층이 존재하는 것을 직접적으로 분명하게 한 것은 Junge et al.(1961)과 Changnon and Junge(1961)이다. 그들은 대기구(大氣球)에 "General Mills"의 관성 제트 임팩터〔jet impactor{충돌식 채집기(衝突式 採集器)}, konimeter〕를 탑재하고, 유리판에 반경 0.15 ㎛의 성층권 에어러솔입자를 주로 채집하고, 존데를 회수한 후에 광학현미경을 이용해서 입자를 계측했다. 이 존데에 대해서는 다음 절(節)에서 취급하는 것이 적절할지 모르나, 주로 대입자(大粒子)농도를 광학현미경으로 계측해 구하기 위해서 여기서 기술한다. 이 임팩터의 도면(Changnon and Junge, 1961)을 그림 9.9에 나타내었다.

존데가 상승하면 기압이 저하(低下)하기 때문에 공기의 체적유량률(体積流量率)을 일정하게 설정해도 채집되는 입자의 반경은 작아진다. 이 때문에 제트경이 다른 임팩터를 표 9.1과 같이 준비하고, 각 고도 영역마다 사용하는 임팩터를 바꾸어서 반경 0.15 ㎛의 입자를 주로 채집했다. 채집에 사용한 공기의 체적유량률(体積流量率)은 12.5 l/min 이다.

그림 9.10은 미국(43° N) 상공에서 측정된 예(Junge et al., 1961)이다. 하부성층권의 고도 15～23 km에 있어서 폭이 넓은 농도의 극대(極大)가 인정되어, 앞 절에서 나타낸

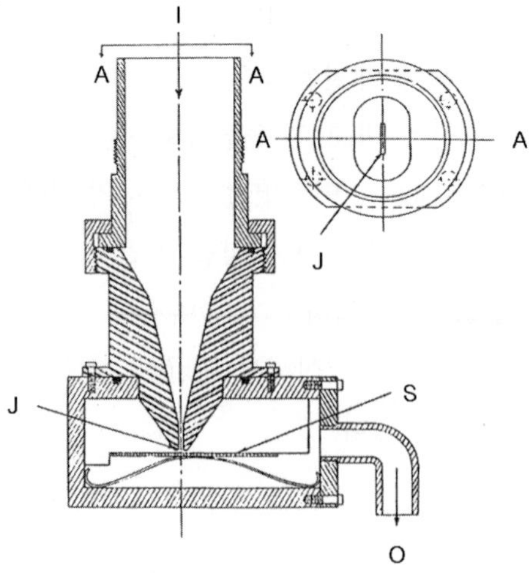

그림 9.9. "General Mills"의 관성 젯트 임팩터의 단면도 (Changnon and Junge, 1961)

I : 공기입구, J : 젯트, S : 스라이드 그래스, O : 공기출구, A-A 에서 본 제트의 상면도도 표시되어 있다.

에이트켄입자 농도가 성층권에서 고도와 함께 감소(減少)하는 것과 크게 달아있다. Changnon and Junge(1961)의 관측에서 이 에어러솔 층은 연간(年間)을 통해서 같은 고도에 존재하고 있는 것이 분명하게 되어 있다. 더욱이 열대지역인 인도(17.5° N) 상공에서의 관측에서 에어러솔 층의 모습은 대단히 유사한 것의 극대의 출현 영역은 높은 대류권계면으로 대응되고 있는 23.5 km와 미국의 경우와를 비교해서 높은 것이 확실하게 되었다.

표 9.1. "General Mills"의 관성 제트 임팩터의 노즐폭, 길이 및 노즐과 채집면의 거리

Altitude(ft)	Length(mm)	Width(mm)	Clearance * (mm)
30,000	4.27	0.61	0.30
40,000	5.77	0.81	0.38
50,000	6.58	0.94	0.43
60,000	7.54	1.09	0.51
70,000	8.74	1.24	0.51
80,000	10.29	1.47	0.51
90,000	11.96	1.70	0.56
100,000	13.79	1.96	0.61
110,000	16.03	2.29	0.66

이들의 임팩터는 반경 0.15 ㎛의 입자(밀도 : 2 g/cm^3)를 채집하도록 설계되었다(Changnon and Junge, 1961).

* Distance from jet orifice to slide

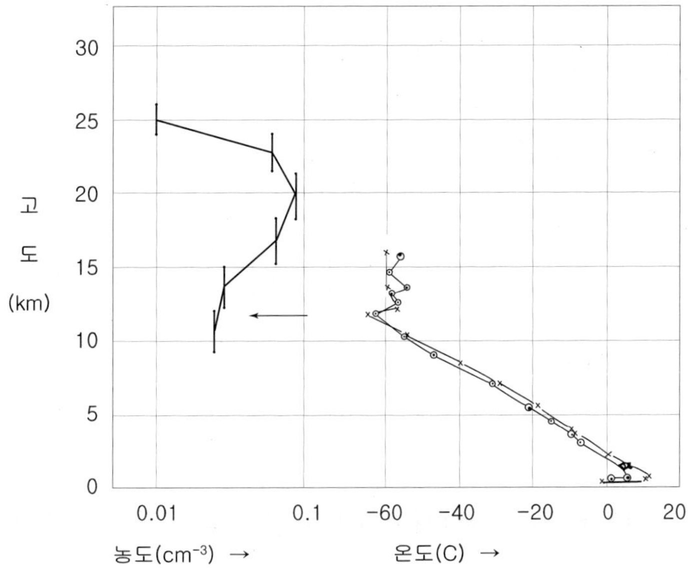

그림 9.10. "General Mills"의 임팩터로 채집된 에어러솔입자의 광학현미경 계수에서 구한 대입자(반경 0.15 ㎛ 중심)의 개수농도의 연직분포

이 결과는 1959년 11월 21일에 미국(43°N) 상공에서 측정되 예(Junge et al., 1961)이다.

9.3.2. 광산란법 존데

ㄱ. Rosen형 존데

Junge 등에 의한 임팩터을 이용한 관측에서는 존데를 회수할 필요가 있었다. Rosen(1964)은 에어러솔입자에 광조사(光照射)해서 생긴 산란광(散亂光)을 직접 계측해 자료를 텔레메트리(원격측정법, telemetry)에 의해 지상으로 송신할 수 있는 존데를 처음으로 개발했다. 그림 9.11은 그의 광학계(光學系)의 모식도이다. 에어러솔을 포함하는 야외의 공기는 쳄버 내의 빛의 초점을 안정한 흐름을 유지하면서 통과한다. 개개의 에어러솔입자에 의한 산란광은 광학현미경을 개입해서 광전자배증관(光電子倍增管)으로 검출되어 2채널의 파고분석기(波高分析器)에 의해 계측된다.

그림 9.12는 미국(미네아폴리스, Minneapolis 근교)에서 10 hPa 고도까지의 영역에 있어서 측정된 반경 0.275 ㎛ 이상(Ⅰ)과 반경 0.375 ㎛ 이상(Ⅱ)의 입자개수농도(粒子個數濃度)의 연직분포로, 성층권에서의 에어러솔 층을 명료하게 포착하고 있다. 이 존데는 Rosen(1971)에 의해 성층권 에어러솔입자의 비점(沸點)을 측정할 때에 활용되고, 성층권 에어러솔이 75% 황산(黃酸)에 의해 구성되어 있는 것을 나타낸다. 후에 이 존데는

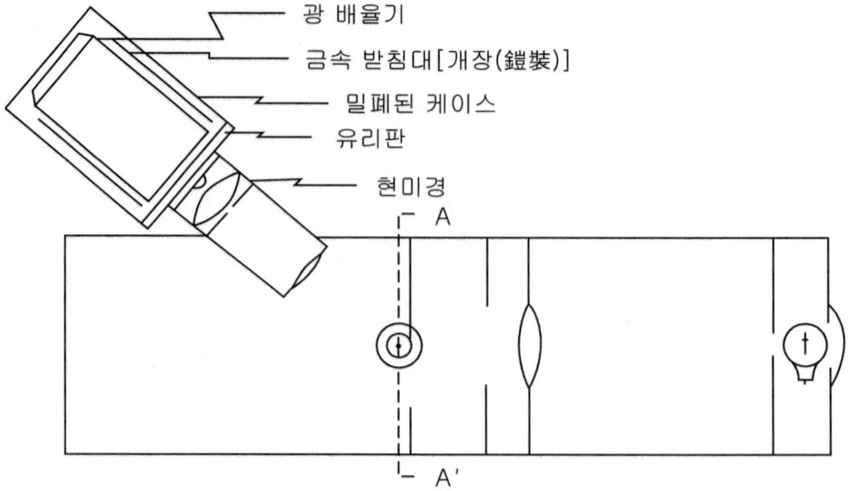

그림 9.11. Rosen형 존데의 광학계의 모식도(Rosen, 1964)

Rosen, Hofmann 등에 의해 개량되고, 더욱 활용되게 된다.

그림 9.13은 와이오밍대학의 존데 모식도(Hofmann et al., 1975)이다. Rosen이 개발한 존데에 비교해서 경량이고, 중량은 약 9 kg이다. 야외의 공기가 기아펌프(gear pump)로 존데의 첸버(체적 2,500 cm^3)에 약 0.751/min의 유량률로 도입된다. Rosen의 존데와 같

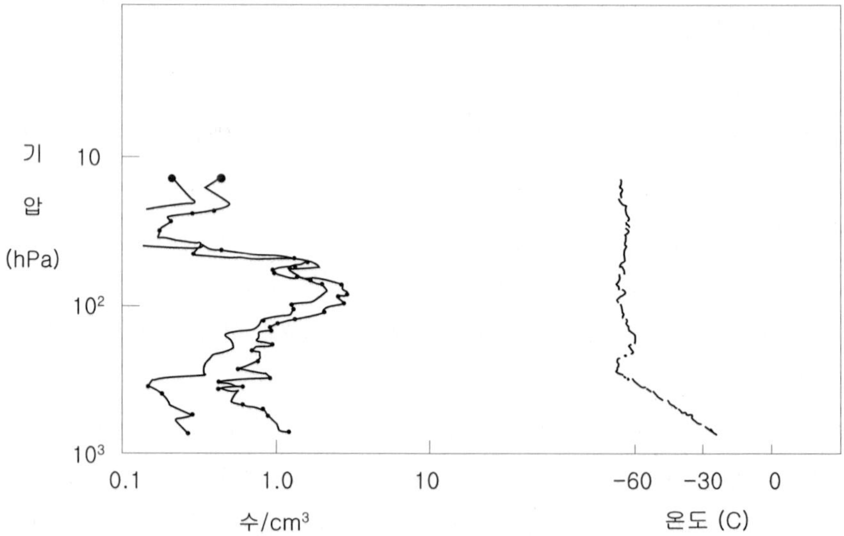

그림 9.12. 입자개수농도의 연직분포(Rosen, 1964)

미국 미네아폴리스 근교에서 10 hPa 고도까지의 영역에 있어서 측정된 반경 0.275 ㎛ 이상(I)과 반경 0.375 ㎛ 이상(II)

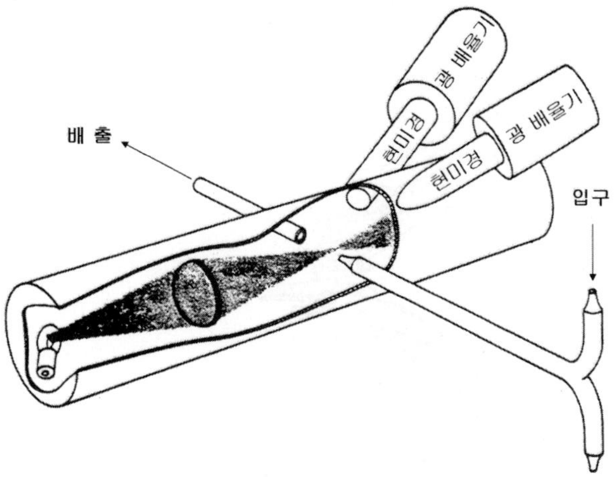

그림 9.13. 와이오밍대학의 존데의 모식도(Hofmann et al., 1975)

이 광학제로 만들어지는 초점을 에어러솔을 포함하는 공기가 통과하고, 산란된 빛을 2대의 광전자배증관(光電子倍增管)에 의해 산란각도 8-38°(중심은 약 25°)의 부분이 측정되어 파고분석기(波高分析器)에 걸린다. 2대의 광전자배증관을 사용한 이유는 S/N비를 증가시키는 일, 첌버의 벽으로부터의 산란광이나 우주선에 의한 신틸레이션〔scintillation, 섬광(閃光)〕 효과를 감속시키기 위함이다. 이 존데는 반경 0.15㎛ 이상과 0.25㎛ 이상의 2개의 반경영역(半徑領域)의 에어러솔 개수농도(個數濃度)를 계측한다.

또 입자반경(粒子半徑)과 개개의 입자에 의한 광산란강도(光散亂强度)와의 관계를 이론 계산 및 실험으로 구해 굴절률(屈折率) m = 1.40으로 상기의 2개의 반경에 대응하는 산란광의 펄스고(高)를 결정하고 있다. 또 반경 0.15㎛ 이상의 성층권 에어러솔농도가 약 1/cm^3으로 생각되기 때문에 본 존데에서는 공기유량률(空氣流量率)을 고려하면 약 10 counts/s의 계수율(計數率)이 된다. 기구의 상승속도를 5m/s로 하면, 약 100개의 입자계측에는 연직거리 50m가 필요하다. 계측오차를 작게 하는 데는 500개의 입자계수가 요구되기 때문에 연직분해능(鉛直分解能) 250m(50초간)로 했다. 직접 측정된 자료는 라디오존데의 송신기(1,680MHz)에 의해 지상으로 보내진다. 그들은 미국 라라미(41°N) 상공에 있어서 1972~1973년의 기간 중 1개월 거르고 관측을 실시했다. 한 예로써 여름철의 관측결과를 그림 9.14에 나타내었는데, 성층권 에어러솔 층이 명료하게 인정되는 것을 알 수 있다. 또 Rosen et al.(1975)는 이 존데를 남극점을 포함하는 세계 각지에서의 관측에 이용하고, 성층권 에어러솔의 지구규모의 구조를 구했다. 이 존데는 1974년부터 라라미(41°N) 상공에서 계속적으로 관측에 활용되고, 화산분화에 의한 대입자 농도(大粒

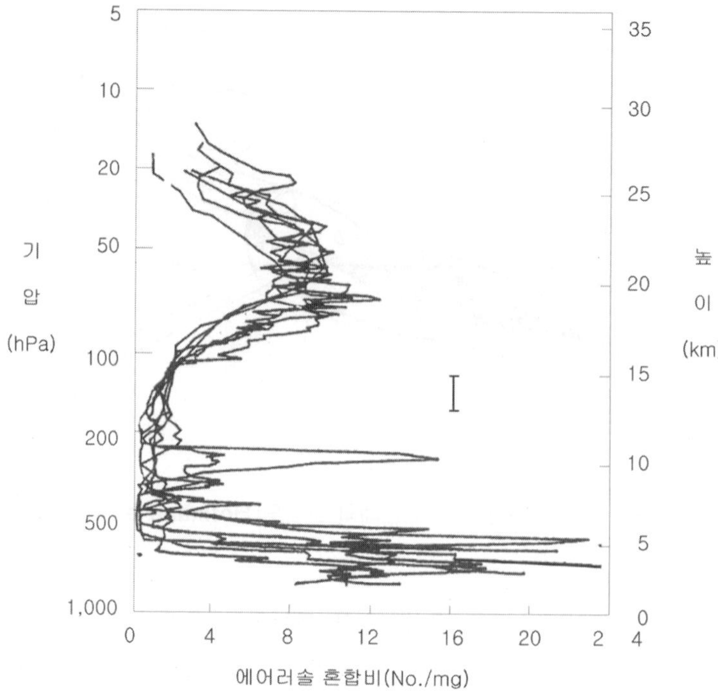

그림 9.14. 반경 0.15 ㎛ 이상의 에어러솔 혼합비

미국 라라미(Laramie, 41°N) 상공에서 와이오밍대학의 존데에 의해 1972～1973년의 여름철의 관측(Hofmann et al., 1975), 대류권계면의 위치를 종봉(縱棒)으로 표시함

子 濃度)의 변동과 인위원(人爲源)일까 자연원(自然源)에 의한 것일까는 불확실하지만, 배경수준(背景水準, background level)의 증가를 시사했다(Hofmann, 1990). 또 이 존데는 성층권에 있어서 대기전기전도도(大氣電氣傳導度)의 측정 때에도 동시에 비양되고 있다(Morita and Ishikawa, 1976).

그림 9.15는 와이오밍대학의 기구관측에 있어서의 기구(氣球)·측기(測器) 등의 배열을 표시한 것이다(Hofmann et al., 1972). 이 존데를 비양시키는 경우에는 두 가지의 방법이 채용된다. 존데, 수증기의 측정기, 라디오존데와 이 존데를 같이 비양시키는 표준적인 경우에는 총중량이 약 16 kg이 되기 때문에, 70,000ft^{3}의 플라스틱 기구〔氣球, balloon, 가스 충전(充塡)시의 직경이 50 ft〕가 이용되었다. 또 이 존데와 라디오존데만을 비양시킬 때에는 총중량이 9 kg이기 때문에 7 kg의 기구(氣球)를 사용하고 있다.

일본의 나고야(名古屋)대학(高木 외, 1975 ; 森田·高木, 1983) 및 기상연구소의 그룹(三崎 외, 1978)이 와이오밍대학과 같은 원리의 존데를 개발했다. 그러나 와이오밍대학의 존데가 에어러솔에 의한 산란광(散亂光)을 25° 부근의 산란각에서 측정하고 있기 때문에

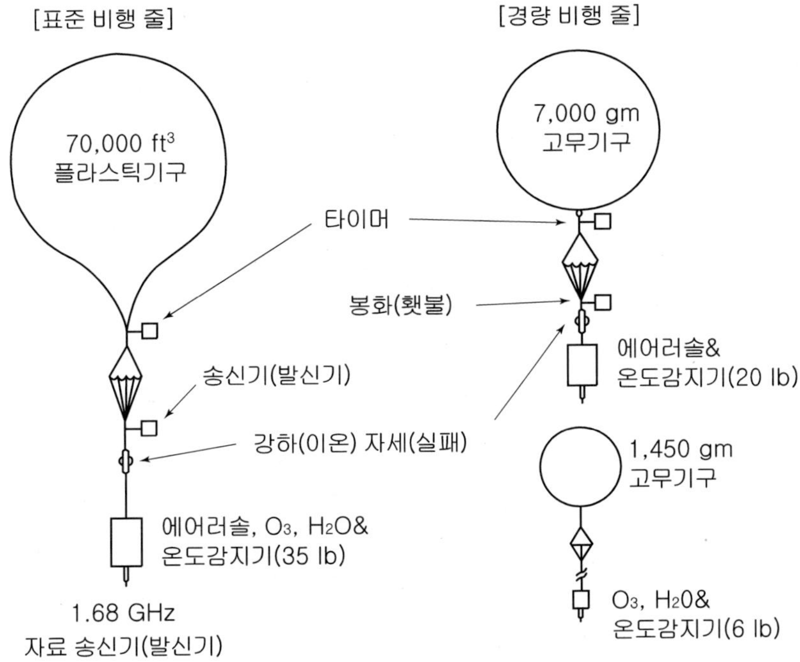

그림 9.15. 와이오밍대학의 기구관측에 있어서의 기구 · 측기 등의 배열(Hofmann et al., 1972)

입자 굴절률 m = 1.592와 m = 1.40의 어느 경우에 있어서도 입자반경과 측정된 광산란강도(光散亂强度)의 관계에 있어서 반경 약 0.5 ㎛ 부근에서 극소치가 존재한다. 이것에 대해서 일본에서 제조된 상기의 존데는 산란각으로 60° 를 이용하기 때문에 입자반경과 광산란강도의 사이에는 단조증가(單調增加)의 관계가 얻어지고 있다. 森田 · 高木(1983)은 1973~1982년의 기간 중에 있어서 5 회, 이 존데를 대기구(大氣球, 5,000 m^3의 플라스틱기구)에 탑재해 지상 부근에서 고도 25 km 까지의 영역에 있어서 반경 0.15 ㎛ 이상과 반경 0.25 ㎛ 이상의 농도를 측정했다.

그림 9.16 은 상공에 있어서의 반경 0.15 ㎛ 이상의 에어러솔입자의 연직분포이다. 다른 분포에서는 대류권계면에서 고도 20 km 에 에어러솔 층이 인정되는 데에 반해서, 특히 1982 년 10 월 19 일의 분포는 대류권계면에서 고도 24 km 부근까지 농도가 높고, 배경수준의 1973 년 10 월과 비교하면 약 10 배의 증가였다. 이 증가가 1982 년 3 ~4 월에 걸쳐서 대분화(大噴火)였던 El Chichón 화산의 영향을 받았던 것을 나타내고 있다. 또 森田 · 高木(1983)의 존데는 남극의 상공에서 에어러솔의 관측에 이용되었다(Ito et al., 1986). 남극에서의 관측에서 이용된 존데는 총중량이 12 kg인 것으로부터 3 kg의 고무기구를 2~3 개 이용해서 비양(飛揚)했다.

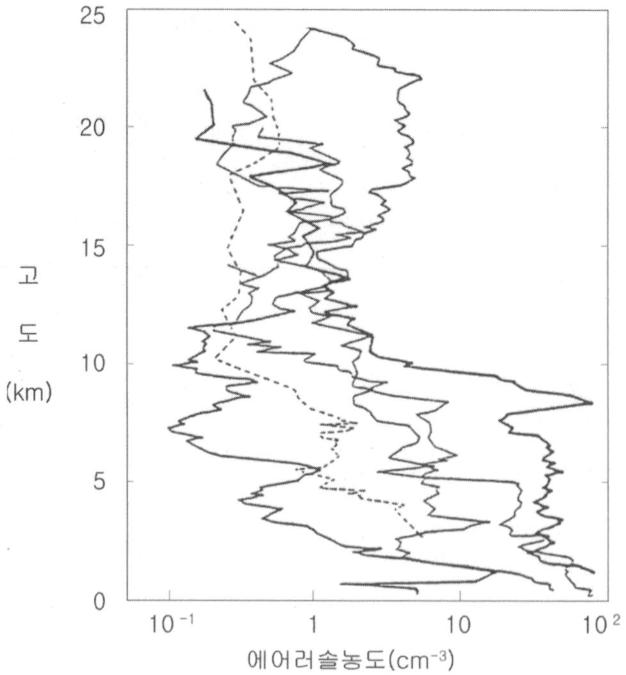

그림 9.16. 에어러솔입자(반경 0.15 ㎛ 이상)의 연직분포

1973～1982년에 걸쳐서 三陸 상공(森田・高木, 1983), 대류권계면의 위치는 횡봉(横棒)

ㄴ. 다(多)채널존데

호주(濠洲, 豪州, 오스트레일리아, Australia)의 CSIRO의 그룹(Gras and Michael, 1979)은 종래의 연구가 Hofmann et al.(1975)의 존데와 같이 반경 0.15 ㎛ 이상과 반경 0.25 ㎛ 이상의 2 영역만 측정이었던 것을 반경 0.15～1 ㎛의 범위를 8 구간으로 나누어 개수농도(個數濃度)를 측정하는 존데를 개발했다. 그들은 그림 9.17 에 표시한 광학계(光學系)를 채용했다. 이 사양(仕様)은 시판의 카운터(Climet-type No. 6118)를 기초로 한 것이다. 백색광을 에어러솔에 조사하고, 산란각 19-105°의 빛을 타원형의 거울로 반사시킴으로써 광전자증배관(光電子增倍管)에 집광(集光)해서 측정하는 시스템으로 되어 있다. 이 광학계를 채용한 것으로서 굴절률 m = 1.592〔폴리스티렌(polystyrene) = 스티롤(Styrol, 합성수지) 라텍스(latex, 천연고무)〕, m = 1.40 을 갖는 입자의 경우에 있어서는 광산란강도(光散亂强度)가 반경과 함께 단조(單調)로 증가를 나타내는 것을 얻었다.

Gras and Michael(1979)의 존데는 탄소익(炭素翼)의 로터리(rotary, 回轉機)펌프(carbon vane pump)에 의해 약 6.51/min 의 큰 공기유량률(空氣流量率)을 이용해서 기구상승 시에 있어 등속흡인에서 쳄버에 도입했다. 공기의 유량률(流量率)은 흡인구(吸引口)의 제트

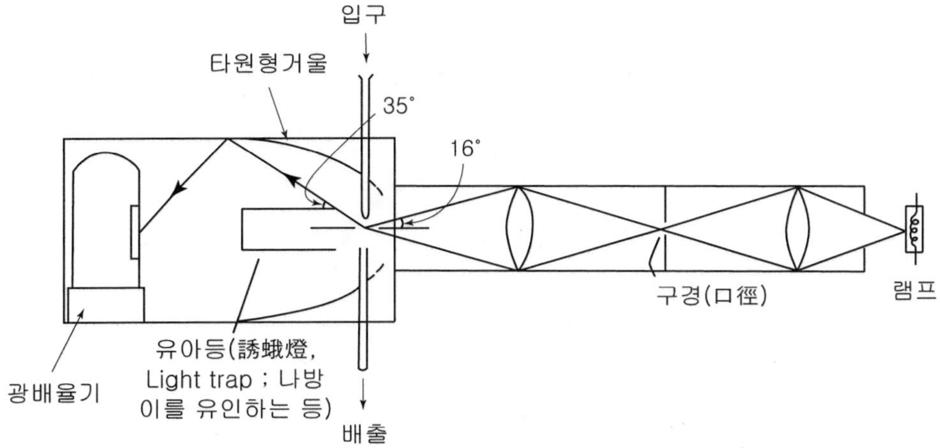

그림 9.17. CSIRO의 다(多)채널 광산란존데(Gras and Michael, 1979)

에 있어서의 압력손실과 외기의 공기밀도에서 평가한다. 유량률(流量率)은 지상에서 6.5 l/min이지만 고도 12 km에서 7.5 l/min, 고도 28 km에서 약 5 l/min가 되었다. 존데의 총중량은 약 20 kg이어서 경량이라고도 말하기 어렵다. 측정결과의 한 예로써, 오스트레일리아(Australia)의 밀두라(Mildura) 상공 고도 22~28 km의 영역에서 측정된 개수입경(個數粒徑) 분포(實線)를 그림 9.18에 나타냈다. 또한 이 그림 중의 파선으로 나타낸 입경분포는 1976년 11월에 밀두라 상공에서 얻어진 시료의 전자현미경에 의한 계측에서 얻어진 것이다. 전자현미경에 의한 해석에 관해서는 다음 절(節)에서 기술한다. 종축(縱軸, 세로축)의 개수농도(個數濃度, $dN/d\log r$; N은 입자농도, r은 입자반경)가 2.0과 0.002의 경우에서는 ±σ (σ : 표준편차)는 각각 0.064와 0.00082인 것으로부터 신뢰성이 있다고 말할 수 있다.

Hofmann and Deshler(1991)는 앞서 말한 Hofmann et al.(1975)의 존데를 개량하여 반경 0.5 μm 이상의 입자에 대해서도 농도 측정을 할 수 있는 존데를 개발했다. 개량의 주된 점은 검출하는 산란광의 각도를 25° ± 5°에서 40°로 변경한 것과 공기유량률(空氣流量率)을 약 0.75 l/min에서 12 l/min로 증가한 것이다. 산란광의 각도를 40°로 한 것으로 입자의 굴절률 m = 1.37(NAT solution)과 m = 1.45(75 % 황산)의 입자의 경우, 반경과 측정된 산란광강도와의 관계는 단조증가(單調增加)의 것이 얻어졌다. 한편 공기유량률(空氣流量率)을 증가시킴으로써 계측반경을 0.15, 0.25, 0.50, 1.0, 2.0, 3.0, 5.0 μm으로 많이 취할 수 있게 되었다. Hofmann and Deshler(1991)는 남극 상공의 성층권 에어러솔의 입경분포(粒徑分布)를 이 존데를 이용해서 측정했다. 더욱이 피나트보화산 분화 직후에 있어서의 미국 라라미 상공의 성층권 에어러솔의 입경분포의 관측에 활용되었다(Deshler et

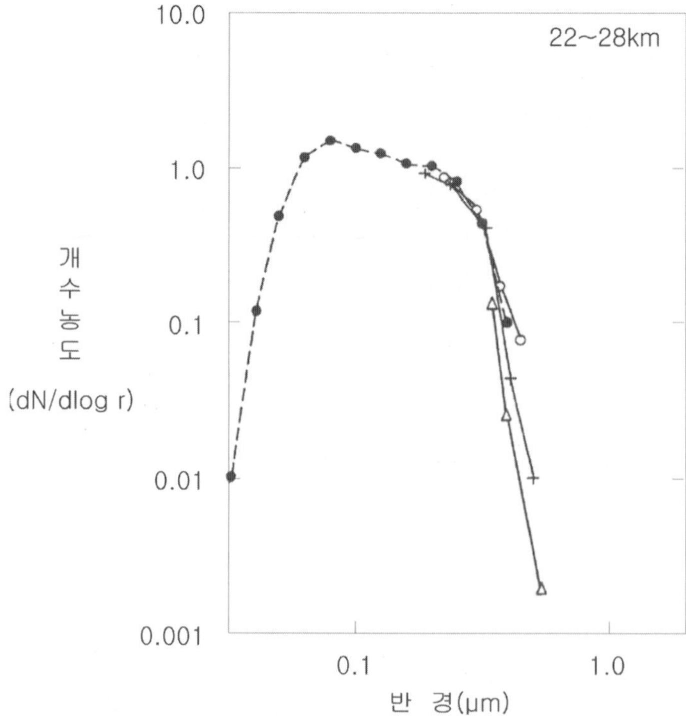

그림 9.18. 개수압입경(個數粒徑) 분포(Gras and Michael, 1979)

호주의 밀두라 상공 고도 22~28 km의 영역에서 측정, 파선(破線)의 입경분포는 1976년 11월에 밀두라 상공에서 얻어진 시료의 전자현미경에 의한 계측에서 얻어진 것임

al., 1992).

또 중국의 Zhou et al.(1994)은 백색광을 에어러솔에 조사하고, 산란각도 60°와 90°의 빛을 두 대의 광전자증배관(光電子增倍管)으로 측정할 수 있는 측정기를 대기구(大氣球)에 탑재해 북경(北京) 근교의 지상에서 고도 30 km까지의 에어러솔 농도를 측정했다. 이 측정기에는 17 반경구간(半徑區間)의 농도측정이 가능하고, 대류권에서는 반경 0.20에서 16.3 ㎛, 성층권에서는 반경 0.21에서 5.19 ㎛의 범위에서 관측이 가능하게 되어 있다. 공기유량률(空氣流量率)은 300 ml/min으로 작다.

ㄷ. 경량형 광산란존데

기존의 광산란법(光散亂法)에 의한 에어러솔존데에서는 광원으로 할로겐 램프가 사용되어 왔기 때문에 존데의 중량이 10~20 kg이 되어 있었다. 국제민간항공기관(國際民間航空機關, ICAO)의 항공규칙(國際民間航空條約)에 의해, 무인자유기구(無人自由氣球)로써 라이트(輕量, light, 합계하중 4 kg 미만), 미디엄(中量, medium, 4 kg 이상 6 kg 미만) 및 헤비(重量, heavy, 6 kg 이상)의 분류로 나누어지고, 특히 6 kg 이상의 하중(荷重)을 기구에 탑재시켜 비양하는 경우에는 각종의 운용(運用)한계 및 대규모의 설비가 필요하다. 그러기 때문에 존데의 경량화(輕量化)를 하는 것은 대규모의 시설을 필요로 하지 않고 방구(放球) 장소의 선택도 용이하게 되는 등의 이점이 있다.

하야시(林) 외(1994), 쓰찌야(土屋) 외(1996)는 광원으로 할로겐램프(백색광)가 아니고, 반도체(半導體) 레이저를 채용하는 것으로 중기구(中氣球)로써 비양할 수 있는 가능한 광산란법(光散亂法)에 의한 에어러솔존데를 개발했다. 쓰찌야(土屋) 외(1996)에 자세한 사양이 표시되어 있고 이하에서 그의 개략(概略)을 소개한다. 개발하는 존데를 만족하는 주된 조건으로는

① 경량・소형일 것

② 저압하(低壓下, 5 hPa, 고도 35 km 에 상당)에서 측정 가능할 것

③ 기계계(機械系) 및 광학계(光學系)가 강고(强固)일 것

을 들 수 있다. 이들 중 경량・소형화를 위해 광원으로 민생품(民生品)이 사용되고 있는 일반의 반도체 레이저(發振波長 810 nm)를 선택해 산란광의 검출에는 반도체광기전력형(半導体光起電力型) 포토다이오드(photodiode, 빛을 전기 신호로 변화하는 반도체 다이오드)를 채용했다. 산란광을 어느 산란각도로 검출하느냐는 광학계의 설계상 큰 문제이다. 종래의 존데의 대부분은 측방산란광(側方散亂光)을 같은 산란각으로 복수의 광전자증배관을 설치해서 S/N비를 개선함과 동시에 상공에서의 우주선의 영향을 제거하고 측광(測光)할 수 있는(예를 들면 Hofmann et al., 1975) 이점이 있다. 검출부로는 광전자증배관를 내신해서 포토나이오느를 이용함으로써 상공에서의 우수선의 영향을 제거할 수 있어, 그 결과 측방산란광을 검출하는 방법을 반듯이 선택할 필요가 없어졌다. 이 존데에서는 전방산란광(前方散亂光)을 주로 수광(受光)하는 방식을 선택하고, 광학계의 단순화, 진동에 강한 구조를 갖추는 것이 가능하다. 또 시료 공기의 흡인(吸引)에는 기어펌프을 이용하고, 기압계에 의한 주변 기압에 대응해서 펌프의 회전수를 제어하는 서보기구〔서보機構, 자동제어장치, servomechanism : 제어의 대상이 되는 장치의 기계적인 위치를 명령대로 자동 추종시키는 기구〕를 개발하고, 체적유량률(体積流量率)이 1,000 에서 5 hPa 의 압력상태에서 일정의 값을 얻는 것이 실현되었다.

그림 9.19 는 이 존데의 광학계 개략도를 나타낸 것이다. 에어러솔을 포함하는 시료공기는 노즐에 의한 편평(扁平, 폭 0.8 mm)의 에어러솔 빔으로 하고, 광빔과 직각 교호시켜

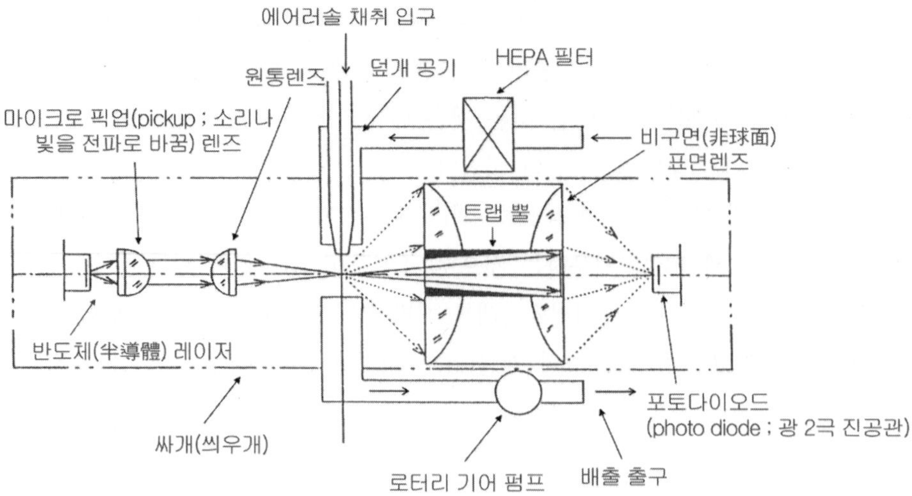

그림 9.19. 경량형 전방산란광 존데 광학계의 개략도(土屋 외, 1996)

전입자(全粒子)의 계수(計數)를 행했다. 편평의 에어러솔 빔을 채용한 이유의 하나는 노즐 단면적을 증대시켜서 공기흡인저항을 낮게 하기 위함이다. 에어러솔입자에 의한 산란광 중 산란각 0~3°의 빛을 트랩[trap, 취광기(取光器)]으로 제거하고, 산란각 44°까지의 빛을 렌즈에 끼워서 포토다이오드에 집광하여 검출한다. 존데 총중량은 5.5 kg 이고, 이 중에 Ni-Cd 건전지(1.2 V) 15 개의 중량 약 1.2 kg 이 포함된다. 장치 치수는 250 mm × 250 mm × 150 mm 이다. 반경계측구분(半徑計測區分)은 1.15, 0.25, 0.45, 0.6, 1.75 μm 이상의 5 채널로 하고, 계수치(計數値)는 레윈존데를 개입해서 반송주파수(搬送周波數) 1,.673 ± 4 MHz 로 지상으로 송신된다. 또 공기의 유량률(流量率)은 31/min 로 설정하고, 계수시간분해능은 24 s 이다. 이 존데는 3 kg 기구 2 개에 의해 고도 약 30 km 까지 비양할 수 있고, 100 m 정도의 연직분해능으로의 입자농도, 입경분포의 측정이 가능하다. 이 존데를 이용한 북극역(北極域)의 성층권 에어러솔에 관한 관측 결과가 Hayashi et al.(1998)에 표시되어 있다.

9.4. 직접 채집용 존데

9.4.1. 일고도(一高度) 시료채집용 존데

최초에 성층권 에어러솔입자를 직접 채집해서 광학 및 전자현미경으로 관찰한 것은

Junge et al.(1961)였다. 그들은 전 절(節)에서 나타낸 "General Mills"의 관성제트임팩터에 의한 입자채집(粒子採集)에 첨가된 4단계의 "Casella" 임팩터를 이용해서 채집을 하고, 입경분포(粒徑分布)를 구함과 동시에 입자의 조성을 조사했다. 시료의 광학현미경 관찰에서 많은 입자는 반경 0.1 ㎛ 부근에 존재하고 습도 40 %에 있어서도 액체인 것, 또 전자현미경 관찰에 있어서 전자선(電子線)의 조사에 의해 증발하기 쉬운 것, 입자 속에는 채집막면(採集膜面)에 있어서 세틀라이트 구조〔satellite 構造, 세틀라이트선 : 한 조의 다중선(多重線)의 성분선(成分線) 중 강도 최대의 주선(主線) 이외의 모든 선을 뜻함〕를 나타내는 것이 존재하는 등을 발견했다. 더욱이 그들은 X선 마이크로 애널라이저(micro-analyger, 微細分析裝置)를 이용해서 성층권 에어러솔입자에 유황(硫黃, 黃, S)이 주로 존재하는 것을 나타냈다.

에어러솔존데에 의한 입자의 직접 채집(採集)은 그 후 호주의 CSIRO의 그룹에 의해 정력적으로 행해졌다. Bigg et al.(1970) 등은 전자현미경 격자에 입자채집을 하는 장치를 개발해 1988년 이후 대기구(大氣球)를 이용해서 미루도라 상공에서 관측을 했다. 입자채집에 사용된 장치는 노즐경(徑) 1 mm의 임팩터로 공기유량률은 고도 20 km에서 약 111/min이고, Ranz and Wong(1952)의 포착률에 관한 실험결과를 활용해서 50 % 포착률(捕捉率)의 입자반경을 0.05 ㎛으로 평가했다. 장치전체의 중량은 약 20 kg으로 입자채집장치만이 아니고 35 mm 카메라를 탑재해서 기구 상승 시에 있어서 고도 500 m마다 수평방향의 촬영을 하고, 광산란(光散亂)을 일으키는 에어러솔 층의 양상을 조사했다. 입자채집은 성층권 내에서 기구(氣球)가 일정 고도에 머무를 때에 실시되었다. 채집고도는 20~37 km의 범위이고, 이 영역의 하부에서는 서브마이크론(submicron)입자를 구성하는 것으로서는 암모니아에 의한 중화를 어느 정도 받고 있는 황산입자인 것에 대해서, 상부에 있어서는 유성진(流星塵) 기원으로 생각되는 입자를 핵(核)으로 하는 흡습성(吸濕性) 입자도 인정되었다.

다자와(田澤) 외(1984)는 성층권에서의 우주진(宇宙塵)의 채집을 목적으로 하는 채집장치를 개발해서 1984년 9월에 대기구(大氣球, B5-112)를 이용하여 상공 고도 24 km에서의 관측을 행했다. 집진(集塵)장치와 기구구성 약도를 그림 9.20에 소개한다. 이 장치는 실리콘 오일을 칠한 크기 870 mm × 1,350 mm의 나이론제 메시(mesh, 그물코) 스크린〔선경(線徑) 125 ㎛, 개구경(開口徑) 250 ㎛〕을 이용하고, 직류 기어모터에 의해 전개(展開)·수납(受納)을 실행하여 말아 들이는 스크린방식을 채용하고 있다. 입자채집에는 본 장치를 기구에서 긴 철사로 매달아 기구와 장치의 고도차로 생기는 상대속도를 이용하고, 망목상(網目狀) 스크린으로 관성포착(慣性捕捉)하는 방법을 채용했다. 스크린 전면을 항상 풍상

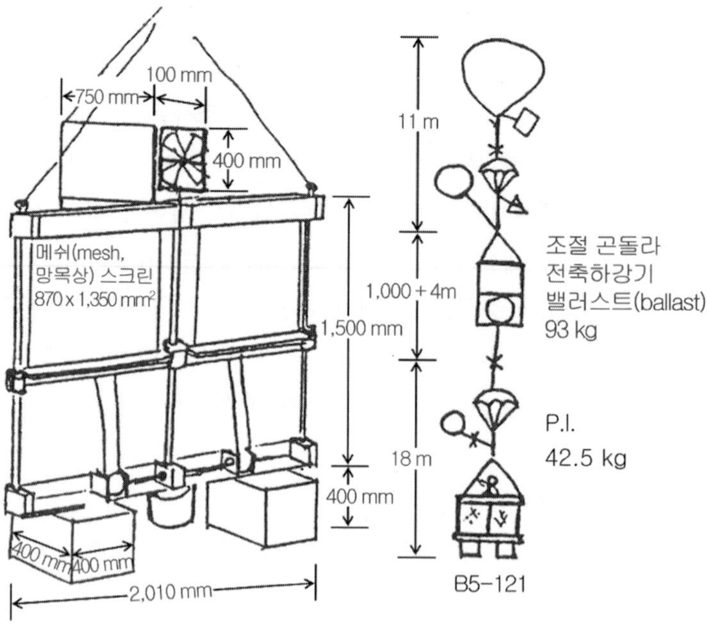

그림 9.20. 채집장치와 기구구성 약도(田澤 들, 1984)

기구와 장치의 고도차로 생기는 상대풍속을 이용하고, 망목상(網目狀) 스크린으로 입자를 관성 포착하는 방법에 의함.

(風上)으로 향하기 위해서 미익(尾翼, 꼬리날개)을 장치에 부가했다. 총중량은 42.5 kg 이다. 관측 후 스크린은 핵산(hexane, 파라핀탄화수소에 속하고 5 개의 이성체(異性体)가 있다. 용매로 잘 쓰인다. C_6H_{14}으로 초음파세정(超音波洗淨)하고, 그 액을 필터로 여과함으로써 분석용 입자시료를 얻을 수가 있었다. 이 관측결과의 일부는 Mouri et al.(1992) 에 나타나 있다.

9.4.2. 다고도(多高度) 시료채집용 존데

ㄱ. 채집면 연속회전형 존데

Bigg(1975) 은 1 회의 기구관측으로 에어러솔입자를 고도별로 채집하기 위해서 회전대에 있어서 2 cm 의 원주 상에 전자현미경 격자(格子, grid)를 나열해서 그들이 임팩터의 노즐(nozzle, 분사구) 직하(直下)를 연속적으로 회전해서 2 시간으로 일주하는 기구(機構)를 갖는 장치를 개발해서 관측에 이용했다. 노즐경(徑) 및 공기유량률은 Bigg et al.(1970) 과 같다. 고도 8 km 이하의 대류권에서 이 장치에 의한 입자채집을 하는 경우, 고농도(高農度) 때문에 임팩터의 노즐 직하(直下)에서 상당히 떨어진 전자현미경 격자 상

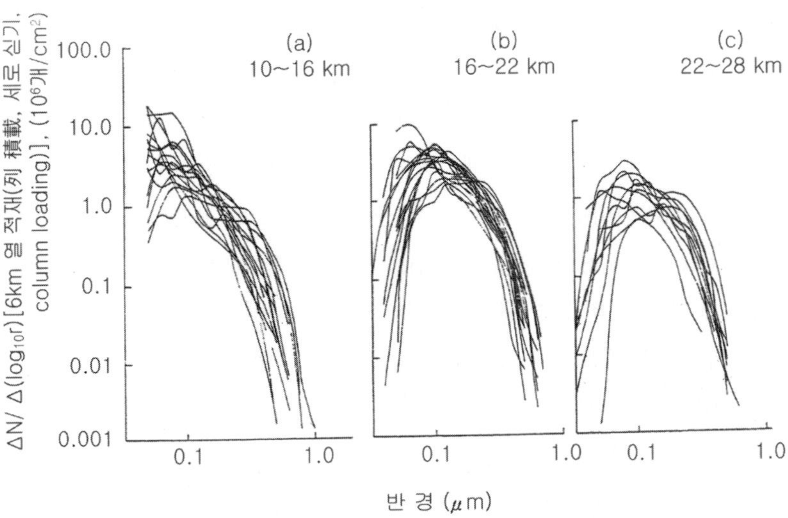

그림 9.21. 임팩터에 의한 직접 채집된 시료를 전자현미경으로 계측해서 얻은 상공 고도 10~16 km(a), 16~22 km(b) 및 22~28km(c)에 있어서 에어러솔입자의 개수입경분포

에서도 입자가 많이 채집되어, 그 결과 상이한 고도에 존재하고 있던 입자가 같은 막면(膜面)상에 채집되어 버릴 가능성이 높다. 그러기 때문에 입자채집은 기구가 고도 9.6 km 보다 높은 영역에 도달된 시점에서 실시되었다.

또, Bigg et al.(1970) 의 관측의 경우에는 채집면으로는 탄소보강(炭素補强)한 니트로셀룰로오스〔nitrocellulose, 셀룰로오스유도체(誘導体), 초산섬유소(硝酸纖維素), 초화면(硝化綿)〕막만을 사용했지만, 이 관측에서는 각종 시약박막(試藥薄膜, Bigg et al., 1974) 상에서도 입자채집을 했다. 관측은 1972 년 와이오밍 상공에서 6 회 실시했다. 대류권계면 부근에서는 서브마이크론 입자로 황산암모늄이, 또 성층권에서는 황산입자가 많이 존재하고 있었다. 또 전자현미경에 의한 입자계측(粒子計測)에서 구해진 농도와 와이오밍대학의 존데에 의한 농도와의 비교가 행해졌다. 임팩터 시료에 의한 농도의 연직분포의 경향은 Rosen(1964)의 존데에 의한 것과 유사하지만, 농도의 절대치에 대해서는 큰 차가 인정되는 경우가 있었다. 단 임팩터 시료의 전자현미경에 의한 농도계측에서는 이미 기술한 광산란(光散亂)을 이용한 존데나 단열팽창 등을 이용한 에이트켄입자용 존데에서는 곤란한 반경 0.1 μm 미만의 입자를 포함해서 입경분포(粒徑分布)를 구할 수 있는 이점이 있다. 이 시기까지의 CSIRO에 있어서 성층권 에어러솔입자의 연구와 그 성과에 대해서는 오노(小野, 1977)에 의해 소개되고 있다.

그후 CSIRO의 그룹은 채집된 황산입자의 반경을 전자현미경에 의한 계측에 의해 정확하게 평가하는 방법을 개발하고(Gras and Ayers, 1979), 반경 0.03 ㎛ 이상의 성층권 에어러솔의 입경분포(粒徑分布)를 구했다. Gras and laby(1981)는 1 mm 경(徑)의 노즐을 갖고 제트와 채집면(採集面)과의 거리를 2 mm로 설정한 임팩터를 이용해 공기유량률(空氣流量率) 약 81/min으로 입자채집을 상공 고도 10~28 km에서 행했다. 또 임팩터에 의한 시료에서 전자현미경으로 계측해서 구한 반경별의 농도(濃度)와 광산란법(光散亂法)에 의한 CSIRO(Gras and Michael, 1979) 및 와이오밍대학(Hofmann et al., 1975)의 측정기에 의한 농도와의 비교를 행하고, 서로 잘 일치하고 있는 것을 알았다. 그림 9.21은 임팩터에 의해 직접 채집된 시료를 전자현미경으로 계측해서 얻은 1974~1977년에 걸쳐서 고도 10~16 km(a), 16~22 km(b) 및 22~28 km에 있어서 반경 0.03 ㎛ 이상의 에어러솔입자의 개수입경분포〔個數粒徑分布, (c)〕이다. 고도 10~16 km에서는 명료한 농도의 피크〔정점(頂点)〕는 존재하고 있지 않지만, 그 이상의 고도에 있어서는 반경 0.1 ㎛ 부근에 농도의 피크가 인정되었다. 성층권에 있어서 이와 같이 넓은 반경영역으로 입자분포가 얻어진 것은 가치 있는 일이다.

오노(小野, 1984)는 1983년 8월 일본의 삼육대기구관측소에 있어서 대기구(大氣球) B5-117에 장치를 탑재해서, 성층권 에어러솔입자의 직접 채집을 실시했다. 관측장치의 주요부분은 임팩터로, 외기(外氣, 바깥 공기)를 소형진공 펌프로 6~71/min 흡인하고, 에어러솔입자를 직경 1 mm의 노즐을 통과해서 전자현미경 격자상에 채집했다. 전자현미경 격자는 Bigg et al.(1975)와 같이 노즐 직하에 있는 회전하는 원반(圓盤)상에 직경 2 cm의 원주상에 나열했다. 이 원반(圓盤)은 4시간을 일주(一周)하도록 하고, 이 사이에 에어러솔입자가 연속적으로 채집되도록 설계되었다. 임팩터 일부는 전원부(電源部) 및 제어회로부(制御回路部)와 함께 직경 370 mm, 높이 590 mm의 원통상의 알루미늄 제 밀폐 용기 내로 해서 기구탑재용으로 하고, 텔레미터(telemeter, 원격지로부터의 측정 데이터의 통신장치)로 작업상황을 모니터할 수 있도록 설계되었다. 해상 회수의 경우를 산정해서 용기 내를 건조 질소로 1.6기압으로 가압(加壓)하여 방구(放球)했다. 총중량은 34 kg이다. 고도 5 km에 도달한 곳에서 입자채집을 개시했다. 기구(氣球)를 고도 27.9 km에 도달한 후 레벨비행을 행해 4시간 연속으로 입자채집을 하고 회수했다. 채집막(採集膜)으로서는 탄소박막(炭素薄膜)과 Ca박막(薄膜)을 이용해서 성층권 에어러솔입자가 황산입자인 것을 나타냈다.

레닌그라드대학의 Ivlev et al.(1989)은 2단 임팩터를 기구(氣球)와 로켓트에 탑재해서 포른벌막(膜)을 붙인 전자현미경 격자상에 성층권에서의 입자채집을 하는 전자현미경으로 입자계측을 행했다. 전자현미경 격자는 임팩터의 노즐의 직하(直下)를 연속적으로 이동하는 방식을 채용했다. 노즐의 크기, 공기유량률 등의 상세한 것은 모른다.

ㄴ. 채집면간 결회전형(缺回轉型) 존데

이와사까(岩坂, 1989) 등은 임팩터〔노즐경(徑) ; 2 mm〕를 이용한 기구탑재용 에어러솔 입자 채집 장치를 제작했다. 그림 9.22는 그 장치의 개략도(槪略圖)이다. 노즐 직하에 있는 회전하는 원반상에 16장의 전자현미경 격자가 나열되어 있어 스텝핑모터를 이용해서 원반(圓盤)의 회전을 제어하는 방식이다. 노즐 직하(直下)에 전자현미경 격자를 임의의 시간에 정지시켜서 입자채집을 행하고, 채집(採集) 후 모터를 구동(驅動)시켜 다음의 격자를 노즐 직하에 이동시켜서 다른 고도 구간의 입자를 채집할 수가 있다. 이 방식을 채용하는 이점은 각 격자에 채집되는 입자가 존재하고 있던 고도구간을 특별히 정할 수가 있다. Iwasaka et al.(1992)은 이 장치를 스웨덴의 기루나에서 대기구(大氣球)에 비양(飛揚)시켜, 북극의 겨울철 성층권 에어러솔입자의 직접 채집을 1990년 1월에 2회 실시했다.

이용된 공기유량률(空氣流量率)은 10 ℓ/min으로 약 0.7 km의 고도구분으로 입자채집이 이루어졌다. 탄소박막(炭素薄膜)과 초산(硝酸)이온을 검출하는 것이 가능한 니트론박막(薄膜)상에 채집되는 입자의 전자현미경에 의한 관찰에서 성층권 에어러솔 층의 상부에

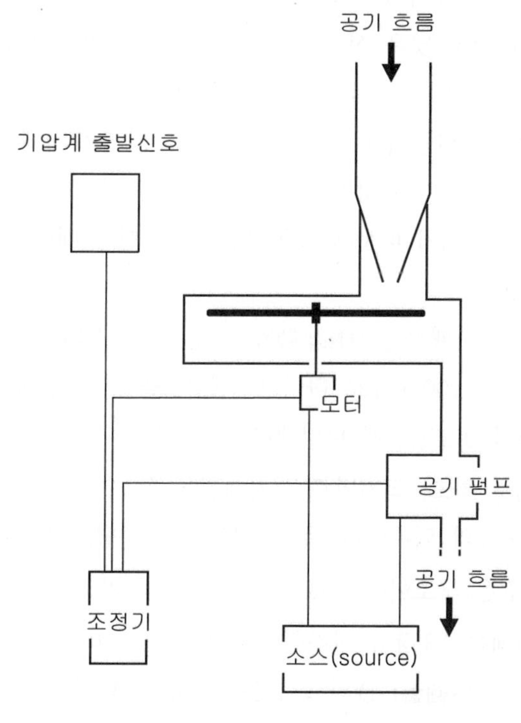

그림 9.22. 채집면간 결회전형 직접 채집용존데(岩坂 외, 1989)

있는 고도 18.8~19.6 km에 초산(硝酸)이온을 함유하는 에어러솔입자를 검출했다. 또 이 장치는 중국의 북경(北京) 근교에서 대기구(大氣球)로 고도 35 km까지 비양시켜, 대류권 중부에서 성층권의 에어러솔입자의 채집에 사용했다(Iwasaka et al., 1997). 채집면간 결회전방식(採集面間 缺回轉方式)은 Wu et al.(1994) 및 Okada et al.(1997)의 경량형존데에서도 채용되었다.

9.4.3 경량형 채집용존데

대기구(大氣球) 관측에서는 큰 중량의 측정기(測定器)를 경우에 따라서는 복수 탑재할 수 있는 이점이 있지만, 그 비양(飛揚)에서는 많은 경비가 필요함과 동시에 각종의 운용(運用) 한계 및 큰 설비가 필요하게 된다. 또 비교적 인구밀도가 큰 전원지역에서도 존데가 안전하게 회수될 수 있는 관측을 행하는 일은 뜻이 있고, 지상 부근에서 성층권 고도까지의 에어러솔입자를 채집할 수 있는 경량(輕量, 가벼움) 샘플의 개발이 필요하게 된다. 그러기 때문에 채집장치에 갖추어 주어야 할 기능으로는 그 중량(重量, 무게)을 아주 가볍게 해 주어야 함과 동시에 에어러솔입자의 고도구분을 특정(特定 : 특별히 정함)해서 채집하는 일이 필요하다. 더욱이 성층권에서 채집을 모두 종료한 후, 전자판(電磁瓣)를 이용해서 시료를 밀폐해서 실험실에서 분석하기 직전까지 외기의 혼입을 피할 필요가 있다. 채집방법으로는 농도가 대단히 낮은 성층권 에어러솔입자를 채집면에 개수밀도(個數密度)를 높게 모으기 위해서 단1경(單一徑)의 노즐로 이루어지는 임팩터를 제작해서 관측에 이용했는데(Wu et al., 1994), 나중에 나타내듯이 1단(一段) 임팩터에서는 황산입자를 대상으로 한 경우, 채집막상에서의 입자 상호의 간섭이 일어나 개개의 입자의 특정(特定)이 곤란한 일이 종종 발생했다. 그러기 때문에 최종적으로는 2단 임팩터를 개발해 관측에 이용했다(Okada et al., 1997).

그림 9.23(a)는 개발된 채집장치(採集裝置, 2단 임팩터)의 사진이다. 크기는 폭 151 mm, 깊이 107 mm, 높이 100 mm로 다이아후램펌프를 포함한 중량은 917 g이다. 본 채집장치의 측면도를 그림 9.23(b)에 나타낸다. 임팩터 I_1과 I_2는 각각 노즐경(徑) 1 mm와 0.5 mm의 2단계로 하고, 크기별로 입자채집을 할 수 있도록 했다. 그림 9.23(b)에는 노즐경(徑)이 1.0 mm의 임팩터(I_1)부의 구조를 나타냈는데, 제트와 채집면과의 거리 이외는 임팩터(I_2)도 같은 구조이다. 제트와 채집면과의 거리는 제트경(徑)과 같게 설정했다. 노즐J 직하(直下)에는 16장의 전자현미경 격자 G(홀더 H의 상부에 설치)가 원반상에 설치되어 있다. 이 원반(圓盤) D의 회전은 그 하면보다 나온 가는 봉(棒) ST(각 격자의 위치에 대응하고 있다)가 LED광 센서 LS의 부분에 오면, 빛을 차단한 것으로부터 타

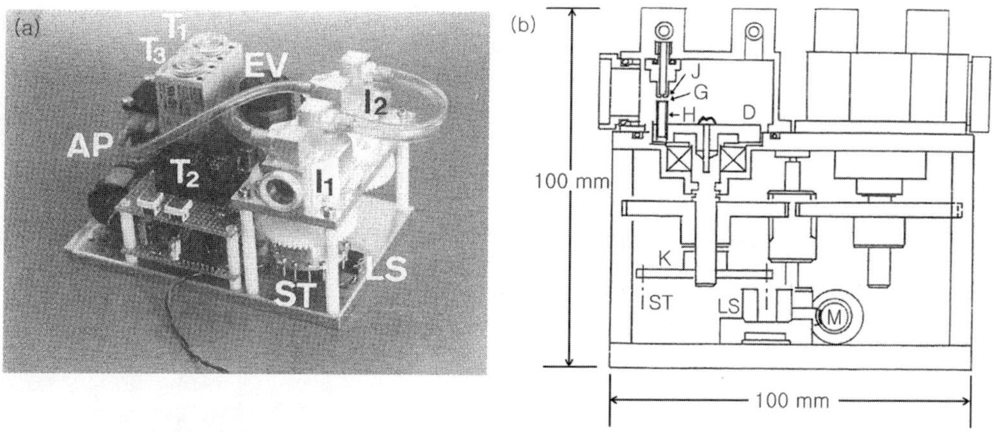

그림 9.23. 경량형 채집장치(2 단 임팩터)의 사진(a)과 측면도(b)(Okada et al., 1997)

I_1 : 노즐경이 1.0 mm 의 임팩터, I_2 : 노즐경이 0.5 mm 의 임팩터, AP : 펌프, EV : 전자판(電磁瓣), T_1, T_2, T_3 : 타이머, J : 임팩터 젯트, G : 전자현미경 격자, H : 홀더, D : 홀더(16 개)를 설치한 원반(圓盤), ST : 봉(棒), K : 봉(16 개)을 설치한 원반, LS : LED 광센서, M : 모터

이며 T_1이 동작하고, 미리 설치했던 시간 내(샘플링 시간)에서는 원반을 구동시키는 모터 M이 정지한다. 설정시간이 종료되면 모터가 작동해서 다음의 가는 봉(棒)이 빛센서의 위치에 즉시 이동해서 원반은 정지하고, 그 격자 상에 입자채집이 행해진다. 채집은 탄소 보강한 코로디온(collodion) 막(膜) 상에 6 분간 행했다.

또 채집 종료 시간을 타이머 T_3로 100 분으로 설정했다. 따라서 이 설정시간이 종료되면 우선 펌프가 정지하고, 타이머 T_2를 이용해서 그 1 초 후에 전자판 EV로 외기(外氣)를 차단한다. 본 채집장치의 전원은 연축전지(鉛蓄電池 직류 12 V)이다. 실제의 관측 중에서의 유량(流量)의 측정은 하지 않고 있지만, 공기의 체적유량률(体積流量率)은 챔버를 이용한 실험실에서의 측정에서 고도 20 km 에서는 3.11/min 으로 평가되고, 계산에서 노즐경(徑) 0.5 mm 와 1.0 mm 의 임팩터의 50 % 포착률(捕捉率)의 입자반경은 각각 0.007 ㎛과 0.05 ㎛으로 평가되었다.

그림 9.24 는 1994 년 8 월의 관측에서 이용한 기구(氣球)와 존데의 배치를 나타낸 것이다. 고무기구의 중량은 3 kg 이다. 이 기구에 낙하산(中型), 조뉴(弔紐, 매달기 위해 매놓은 끈, 매단끈)커터〔cutter, 재단기(裁斷機)〕, 낙하산(落下傘, 大型), 레이더반사기, 존데(레윈존데, 에어러솔 샘플러)를 접속하고 있다. 기구의 하단에서 존데까지의 거리는 68 m 이다. 또 현수물(縣垂物 : 수직으로 늘어뜨린 물건) 중량은 3.28 kg 이다. 조뉴(弔紐, 매단끈)카터는 아네로이드(공합)기압계가 설정기압에 도달하면 전지의 전원이 들어가고, 히터

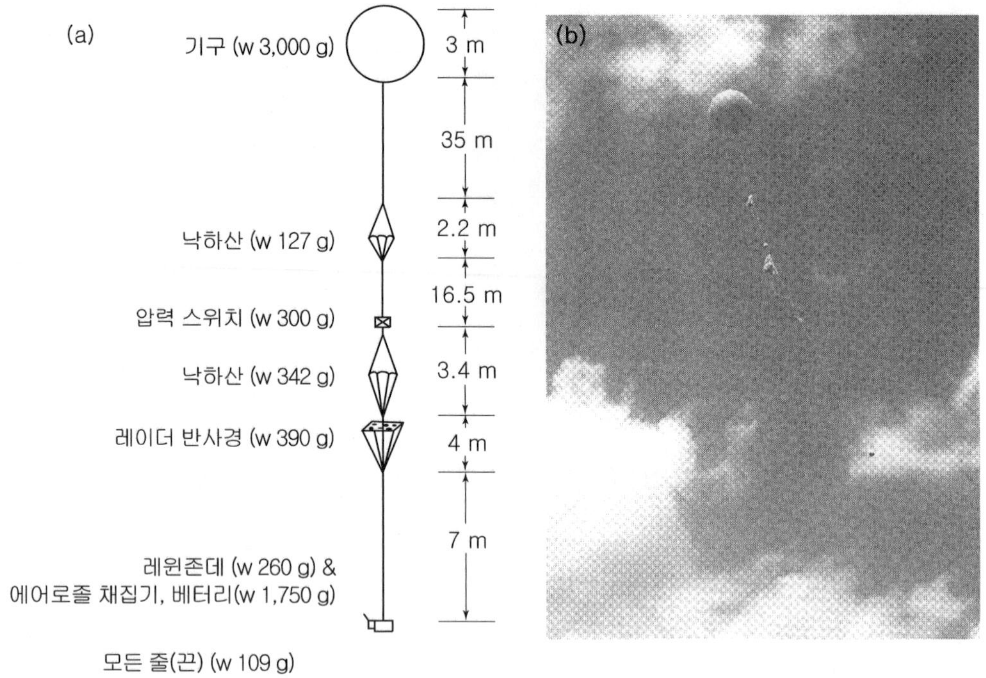

그림 9.24. 기구 · 경량형 채집존데의 배치도와 비양 직후의 기구 · 존데의 사진

가 가열되어 매단 끈(弔紐)이 타서 끊어진다. 끊어지고 나면 존데는 열린 낙하산(대형)에 의해, 항공기에 대한 안전성을 고려해서 부착한 레이더 반사기(反射器)와 함께 낙하한다. 또 낙하지점의 예상은 비양 전 및 관측 중의 고층자료를 기초로 해서 좌좌목(佐佐木, 1990)의 방법에 의해 행했다.

관측에서는 고층기상대에서 기구를 비양시켜 지상에서 고도 28 km 까지 2 km 영역마다 입자채집을 했다. 존데의 회수지점은 고층기상대에서 10 km 의 동쪽이었다. 고도 17.2~19.4 km 에 있어서 1 mm 노즐경(徑)의 임팩터[그림 9.25(a)]와 0.5 mm 노즐경(徑)의 임팩터에 의해 채집된 에어러솔입자의 전자현미경 사진[그림 9.25(b)]이다. 이들의 사진은 어느 쪽도 노즐 직하(直下)의 큰 입자가 존재하고 있던 채집면(採集面)을 촬영한 것이다. 채집면상을 노즐 직하에서 주변으로 감에 따라서 채집된 입자의 반경이 작아진다. 입자로 위성(衛星, satellite)구조가 명료하게 인정된다. 입자의 형태와 개개의 입자의 특성 X선 분석에서 채집된 반경 0.03~1 ㎛의 성층권 에어러솔입자는 황산인 것을 알았다. 1 단 임팩터에 의한 관측에 있어서도 성층권에 황산입자가 주로 존재하고 있는 것이 분명하게 되었다(Wu et al., 1994). 2 단의 임팩터를 이용함으로써 큰 황산입자에 기인해서 채집면상에 방사상(放射上)으로 형성되는 액적(液滴)링(satellite droplet rings)의 겹침을 억제할

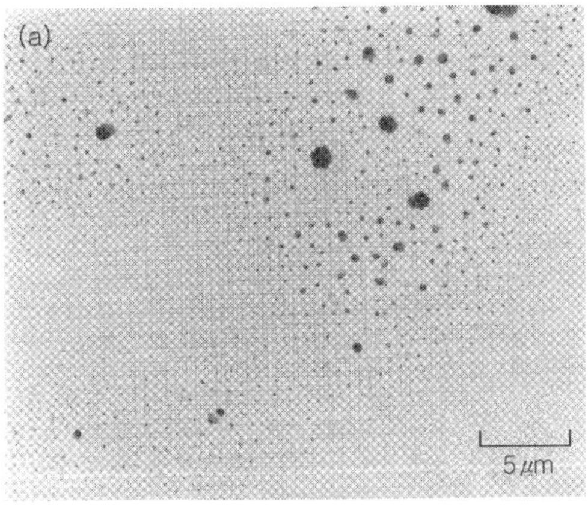

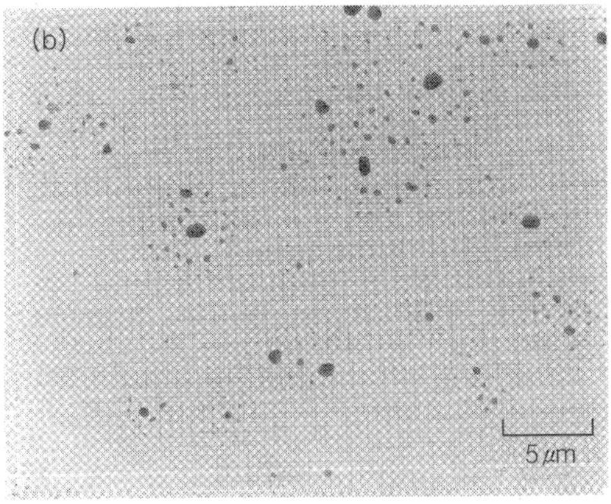

그림 9.25. 에어러솔입자의 전자현미경 사진

고도 17.2~19.4 km에 있어서 1 mm 노즐경의 임팩터(a)와 0.5 mm 노즐경의 임팩터(b)에 의해 채집됨

수가 있었다. 그 결과 2단 째의 임팩터로 채집된 반경 0.03~1 ㎛의 미소입자가 식별될 수 있도록 채집이 행해졌다. 또 여기서는 나타내지 않았지만 이 존데에 의한 대류권 에어러솔입자의 시료도 채집되었다. 단 고도 21 km보다 상공에서는 다이아후램펌프 능력의 저하가 고려되어 이후 경량으로 보다 성능이 좋은 펌프를 사용할 필요가 있다.

9.5. 맺는말

요즘의 에어러솔존데는 일렉트로닉스(electronics, 電子工學)의 진보에 의해 경량화할 수 있게 되었고, 최근 존데 비양(飛揚)이 더욱이 용이하게 되었음을 생각할 수가 있다. 성층권 에어러솔의 관측만이 아니고, 그의 형성에 관여할 대류권 상부에 있어서의 에어러솔의 동태(動態)를 아는 것도 주요한 과제이다. 항공기 관측이 역시 어려운 대류권 상부에 있어서의 관측에도 에어러솔존데는 유효하게 활용될 것이 기대된다.

또 라이더에 의한 에어러솔의 측정, 위성에 의한 그의 광학적 두께의 측정(추정)이 행해지고 있지만, 그의 상호 검사로도 존데에 의한 에어러솔입자의 입경분포(粒徑分布), 더욱이는 조성(組成)의 연직분포의 측정이 중요하게 될 것이라고 생각된다.

각종 에어러솔존데의 개요와 그 측정 예에 대해서 역사적인 변천도 인식하면서 기술했지만, 보다 상세한 사항에 대해서는 각각의 문헌들을 참고해 주기 바란다.

제Ⅱ부 레이더와 인공위성

Chapter 10

기상레이더

10.1. 소 개

대기과학(기상학)의 분야에서 사용되고 있는 도플러 레이더(도플러 기상레이더)를 설명함에 있어서 이 장에서는 우선 기상레이더 전반의 기초지식(基礎知識)을 개설(槪說)하고 난 다음 도플러 기상레이더의 원리와 구조, 자료(데이터)처리에 대해서 설명하기로 한다.

기상레이더란 안테나에서 전파(電磁波)를 발사해서 목표물체에 의해 산란된 전파가 다시 안테나로 수신(受信)되어 그 신호(信號)에 포함되는 정보를 근거로 해서 기상관측을 행하는 기기(器機)이다. 그림 10.1 은 전파를 파장별로 분류했을 때의 각주파수대(角周波數帶)의 호칭이다. 표 10.1 은 기상레이더를 주파수대별로 분류했을 때의 주파수대별의 호칭이다. 기상레이더는 관측대상에 따라 주로 다음의 두 종류로 분류한다. 운립(雲粒)이나 빙정(氷晶)으로 이루어지는 비강수성(非降水性)의 구름(雲)이나 안개(霧)를 관측 대상으로 하는 파장 3~9 mm의 전파를 사용하는 '미리파레이더'와 강수입자[우적(雨滴) · 설편(雪片) · 우박(雨雹) · 싸락눈]로 이루어지는 구름(降水雲)을 대상으로 하는 파장 3~10 cm의 전파를 사용하는 '강수레이더'가 있다.

더욱이 파장 75 cm~ 6 m의 UHF · VHF 파를 사용하는 '대기(大氣)레이더'는 처음에는 주로 성층권보나 상층(上層)의 대기를 관측대상으로 하고 있었지만, 1980 년대에는 대류권을 대상으로 해서 대기과학 분야에서도 이용하게끔 되고 근년에 와서는 파장 22~33 cm 대(帶)의 대기레이더도 첨가되었다. 대류권을 대상으로 했던 대기(大氣)레이더는 청천시(晴天時)에도 상공의 바람의 연직분포를 측정하므로 '윈드 프로파일러(wind profiler)' 라고

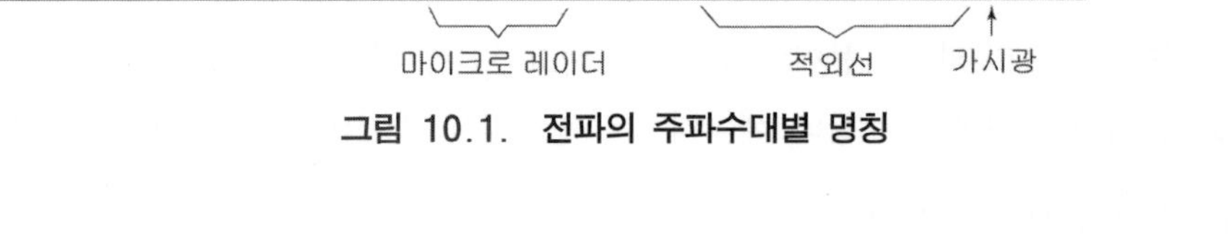

그림 10.1. 전파의 주파수대별 명칭

표 10.1. 마이크로파 레이더의 주파수별 명칭

명 칭		주 파 수		파 장	
L	밴드	1,000 ~ 2,000	MHz	30 ~ 15	cm
S	〃	2,000 ~ 4,000	〃	15 ~ 7.5	〃
C	〃	4,000 ~ 8,000	〃	7.5 ~ 3.8	〃
X	〃	8 ~ 12.5	GHz	3.8 ~ 2.4	〃
Ku	〃	12.5 ~ 18	〃	2.4 ~ 1.7	〃
K	〃	18 ~ 26.5	〃	1.7 ~ 1.1	〃
Ka	〃	26.5 ~ 40	〃	1.1 ~ 0.75	〃
w	〃	75 ~ 110	〃	4.0 ~ 2.7	〃

일컬어지고 있다. 이러한 각종의 기상레이더 중에서도 연구에서 업무까지의 넓은 범위에 걸쳐서 이용되고 있는 강수레이더가 운용 대수(臺數)의 점에서는 다른 기상레이더를 압도하고 있다. 여기에서는 오로지 이 강수레이더를 취급하기로 하겠다.

기상(氣象)레이더는 신호처리의 기능에 따라 '재래형(在來型)레이더'와 '도플러레이더'의 두 종류로 분류된다. 레이더가 수신하는 신호에는 전파의 발사에서 수신까지의 시간(대상물과의 거리)·신호의 강도(强度)·위상(位相)이라고 하는 3개의 정보가 포함되어 있다(이외에도 편파면(偏波面)에 관한 정보도 취급하는 일도 가능하지만, 여기서는 논의하지 않기로 한다). 재래형레이더에서는 이 신호의 강도와 거리만을 주목하는 레이더이다. 이것은 위상정보(位相情報)를 처리하지 않는 레이더이기 때문에 넌코히렌트 레이더(non-coherent radar: 위상(位相)이 갖추어 있지 않는 전파를 사용하는 레이더)라고도 말한다. 한편 도플러 레이더는 재래형레이더의 기능에 첨가해서 수신신호의 위상정보에도 주목함으로써 목표물체의 이동속도에 관한 정보를 얻을 수가 있는 레이더이다. 이런 일로부터 코히렌트 레이더(coherent radar : 위상이 갖추어진 전파를 사용하는 레이더)라고도 불린다. 앞으로는 기상레이더, 도플러 기상레이더를 각각 간단히 레이더, 도플러레이더라고 부르기도 한다.

10.2. 도플러레이더의 진보

도플러레이더는 사회의 각 분야에서도 이용하고 있다. 야구공의 속도를 측정하는 스피드건(speed gun)은 가까운 주위의 예이다. 또 항공기를 관제(管制)하기 위한 레이더는 이동하는 항공기의 에코(echo)만을 출력해서 지형에코를 소거하기 위해서 도플러레이더가 사용되고 있다.

기상분야에서는 1950년대 초 영국이나 미국에서 도플러레이더가 이용되기 시작했다(Brantley and Braczy, 1957; Atlas, 1964 ; Lhermitte, 1966). 1960년대에 일본을 비롯하여 몇 개의 나라에서 연구적으로 이용이 진행되었는데, 1970년대 전반까지는 도플러레이더의 신호를 리얼 타임[real time, 실시간(實時間)]으로 대량 처리하는 것이 곤란하였다. 그러기 때문에 레이더의 안테나를 연직상방(鉛直上方)으로 고정하고 강수운(降水雲) 내의 연직류의 분포나 강수입자의 입경분포(粒徑分布) 등의 측정에 사용했다(Probert-Jones and Harper, 1961; Battan, 1964 ; Rogers, 1964 ; 小平 외, 1967 ; du Toit, 1967). 이들을 제 1세대의 도플러레이더라고 말할 수 있을 것이다.

전자기술의 진보와 더불어 1970년대 중반부터 안테나를 주사(走査)하면서도 자료를 디지털 처리해 출력을 컬러 디스플레이로 표시하는 제 2세대의 도플러레이더가 출현했다(Gray et al., 1975 ; Wilson et al., 1980). 이와 같은 도플러 레이더는 1970년 후반부터 1980년대 전반에 걸쳐서 미국(Ray et al., 1980), 프랑스(Testude et al., 1980), 일본(Aoyagi, 1983 ; Yanagisawa and Ishihara, 1983), 독일(Schnabl et al., 1986), 핀란드(Puhakka and Saarikivi, 1986) 등 여러 나라들의 연구기관에서 활발하게 이용되게끔 되었다.

제 2세대의 도플러레이더는 미국 중서부에서 발생하는 토네이도[대형 용권(大型 龍卷)]를 연구하는 데에 중요한 관측 시스템이 되었다(Brown et al., 1978). 토네이도는 대형으로 장수하는 적란운(super-cell storm)의 운저(雲底) 아래에 나타나 국소적으로는 풍속 100 m/s를 넘는 것과 같은 연직와(鉛直渦)이다. 토네이도 자체의 와(渦)는 그 직경이 100 m 정도 또는 이하이기 때문에 공간 분해능상 통상의 도플러레이더에서는 그것을 직접 관측하는 것은 불가능하다. 그러나 토네이도의 친운(親雲) 속에 포함되어 있는 메소-사이클론(meso-cyclone)이라고 일컬어지는 반경 수 km의 연직와(鉛直渦)를 측정함으로써 토네이도의 위치를 추정(推定)해 그 동향을 감시할 수가 있었다(Brandes, 1978). 한편 복수의 도플러레이더를 사용하는 관측수법은 1970년대 전반부터 주목받고 있고(Miller and Strauch, 1974), 특히 super-cell storm의 내부구조를 연구하는 수단으로 발전했다. 2대의 도플러레이더를 수 km의 간격으로 배치해 동일의 super-cell storm을 동시에 관측함으로써 그 내부의 흐름을 3차원적으로 해석할 수가 있게 되어서, 그 결과 이제까지의 간접적인 관측이나 수치모델의 결과를 실증할 수 있게 되었다(Ray et al., 1981).

이렇게 해서 도플러레이더를 특히 meso-scale의 강수 시스템을 관측하기 위한 유력한 수단으로 확립되어 적란운을 비롯하여 저기압 내의 강수 시스템, 허리케인이나 태풍, 중위도나 열대의 스콜라인, MCC(Mesoscale Cloud Complex) 등 여러 종류의 대기현상의 구조를 해명하는 데 큰 공헌을 했다. 이러한 결과와 응용기술의 진보를 배경으로 해서 1990 년대 전반에는 미국 본토와 그 주변을 덮는 약 150 대의 실용 도플러레이더인 NEXRAD (Next Generation Weather Radar : 차세대 기상레이더)가 탄생했다(Crum and Alberty, 1993).

한편 1980년대의 미국에서는 대류운의 운저하에 발생하는 강한 발산류(發散流)가 항공사고의 원인으로 주목되어 down-burst나 micro-burst라고 불리게 되고, 이 방면의 연구에도 도플러레이더가 활약했다(Fujita, 1980, 1985 ; Wilson et al., 1984). 이들의 성과를 근거로 1990 년대에 들어오면, 공항 주변에 발생하는 micro-burst 등의 저층 wind shear를 감시하기 위해 TDWR(Terminal Doppler weather Radar : 공항 도플러 기상레이더)이 미국 주요 공항에 전개되게 되었다(Turnbell et al., 1989). 도플러레이더의 실용화에 선편〔先鞭 = 선착편(先着鞭) : 남보다 먼저 시작하거나 자리를 잡음〕을 붙인 NEXRAD와 TDWR은 제 3 세대의 도플러 레이더라고 말할 수 있을 것이다.

일본에서는 1965년에 고정형(固定型) 안테나를 갖는 X 밴드 도플러레이더가 기상연구소에서 개발되어 강우나 강설 등의 연구에 이용되었다. 동(同) 연구소에서는 1980 년대 초기에 C 밴드와 X 밴드의 2 대의 도플러레이더가 정비되어 신호처리나 저층 wind shear 〔전단(剪斷)〕의 검출기술의 개발과 병행해서, 1 대 또는 2 대의 도플러레이더에 의해 메소 스케일 강수 시스템이나 태풍의 관측이 행하여졌다. 이러한 실적과 함께 1995 년에는 일본 최초의 업무용 도플러레이더인 공항기상 도플러레이더가 관서국제공항에 설치되었다. 이것과 병행해서 1980 년대 중기에서 북해도대학(北海道大學), 명고옥대학(名古屋大學) 등의 대학기관이나 방재과학기술연구소 등의 연구기관에 도플러레이더가 도입되고, 메소 스케일 기상학(氣象學)이나 운대기(雲大氣學)의 관측적 연구에 활발하게 이용되고 있다.

대기분야에 있어서 도플러레이더의 교과서・해설서로서는 다음과 같은 것을 들 수 있다. Battan(1973)은 전파전파이론(電波傳播理論)에서 청천(晴天) 에코까지 기상레이더에 관한 거의 모든 분야를 망라한 고전적 명저이다. 단 발행 후 세월이 흘러 최근의 정보를 얻는 데에는 최근의 책이 필요하다. Doviak and Zrnic(1993)는 1984년 초판의 개정판이고, 도플러레이더의 이론에서 응용까지를 엄밀하게 해설하고 있다. Saouvageot(1992)는 레이더에서 윈드 프로파일러(wind profiler) 까지를 밸런스 좋게 망라(網羅)한 호저(好著)이다. 대학의 학부학생 방향의 이론서와 매뉴얼의 틈을 메우기 위해 쓰여 졌다고 말하는 Rinehart(1997)는 유모어와 칼라 페이지가 넘쳐흐르는 참고서이다. Houze(1993), Rogers and Yau(1996), 水野(2000, 미즈노)는 기상레이더의 이해에는 없어서는 안 될 운대기학

(雲大氣學)・운역학(雲力學)을 간결하게 해설하고 있다. 또 L. J. Battan의 현창(顯彰 : 밝게 나타나거나 나타냄)과 레이더 기상회의 40주년을 기념해서 편집한 Atlas(1990)는 기상레이더의 역사에서 이용기술에 이르기까지를 각 분야의 전문가가 분담해서 쓴 해설서이다. 일본에서는 기상연구노트의 3부작(小平 외, 1967; 小平・立平, 1972; 小平 외, 1980)이 각 시대의 최신 정보를 자세하게 해설하고 있다. 일본기상청(1968)의 레이더 기상관측지침는 재래형레이더가 대상으로 되어 있지만, 레이더의 관측현장에서 오래 사용되고 있었던 우수한 매뉴얼이다. 레이더의 공학적 취급에 관해서는 Skolnik(1962, 1970)이나 요시다(吉田, 1996)에 자세히 나와 있다.

10.3. 레이더의 기초

도플러레이더의 설명에 앞서서 기초지식으로서 기상레이더에 의한 강수의 측정원리를 개설(槪說)한다.

10.3.1. 레이더 방정식

재래형레이더가 강수를 관측해서 얻은 정보는 목표물체인 강수입자의 위치나 퍼짐(공간분포), 더욱이 강수입자의 집합체로서의 물〔水分〕의 양(雨水量) 또는 강수의 연직플럭스(flux, 束)인 강수강도이다. 펄스상의 전파를 레이더 안테나에서 공간으로 발사해서, 목표물체에 의해 산란되어서 안테나에 되돌아올 때까지의 시간을 t라고 하면, 레이더와 목표물체까지의 거리 r은

$$r = \frac{ct}{2} \tag{10.1}$$

이 된다. 여기서 c는 전파의 전반(傳搬 : 전기에너지를 전파함)속도(광속도 ; 2.998×10^8 m/s이다.

다음에는 레이더 방정식을 이끌어내자. 레이더의 수신신호의 강도와 목표물체의 양과의 관계를 결정하는 레이더의 측정에 있어서의 기본식이다. 우선 단일목표에 관한 식에서부터 시작하자. 무지향성(無指向性)의 안테나〔공중선(空中線)〕를 사용해서 전파를 공중으로 방사하면 전력은 주위의 공간에 구면상으로 퍼지고, 거리 r에 있어서의 이 구면(球面)의 면적은 $4\pi r^2$이 된다. 안테나에서 발사된 전력을 P_t로 하면, 이 구면상에서의 전력밀도

(단위면적당의 전력) S는

$$S = \frac{P_t}{4\pi r^2} \tag{10.2}$$

이다.

실제의 레이더에서는 어떤 방향에 전력이 집중하는 것과 같은 지향성(指向性) 안테나가 사용된다. 이 때 방사된 전파는 안테나 면에 수직방향으로 집중해서 빔(beam, 전파의 속)이 되고, 그 전력밀도는 무지향성 안테나가 발사하는 전력밀도의 G배(무차원량)가 된다. 이 G를 안테나이득(利得)이라고 하고 그 값은 안테나의 형상이나 크기에 의해 결정된다. 이때 빔의 전력밀도 S는

$$S = \frac{P_t G}{4\pi r^2} \tag{10.3}$$

이 된다.

ㄱ. 큰 단일목표

우선 레이더가 거리(距離) r에 있어서 빔 내에 면적 A_s의 단일(單一)의 목표물체가 존재할 때를 생각한다. 그것에 의해 차단되는 전력 P_r은

$$P_r = \frac{P_t G A_s}{4\pi r^2} \tag{10.4}$$

이다. 이 목표물체가 가로막은 전력을 흡수하는 일 없이 모두 재방사(再放射)하면, 안테나에 되돌아오는 전력은

$$P_r = \frac{P_t G A_s}{4\pi r^2} \frac{A_e}{4\pi r^2} = \frac{P_t G A_s A_e}{(4\pi)^2 r^4} \tag{10.5}$$

이다. A_e를 안테나의 유효면적(有效面積)이라고 부르고, λ를 전파의 파장으로 하면 이론적으로 $G = 4\pi Ae/\lambda^2$ 이다. 이 Ae를 식 (10.5)에 대입하면

$$P_r = \frac{P_t G^2 \lambda^2 A_s}{(4\pi)^3 r^4} \tag{10.6}$$

이 된다.

실제에는 목표물체에 입사하는 전력을 모두 재방사하는 것은 아니므로 목표물체의 단면적이 단순히 A_s 로는 되지 않는다. 여기서 A_s 를 대신해서 후방산란(後方散亂) 단면적 σ 라고 하는 양을 도입한다. σ 는 단면적의 차원을 갖고 그 값은 목표물체의 크기와 목표물체가 전파를 재방사하는 능률(能率)로 결정된다. 이것에 의해 식 (10.6)은

$$P_r = \frac{P_t G^2 \lambda^2}{(4\pi)^3 r^4} \sigma \tag{10.7}$$

이 되다. 이것이 레이더가 철탑이나 항공기 등의 단일의 목표물체를 포착한 경우의 레이더 방정식이다. 레이더의 전파의 파장에 비교해서 충분히 큰 목표물체에서는 기하학적으로 σ를 구할 수가 있다. 예를 들면 목표물체가 금속구(金屬球)일 때는 구(球)의 직경을 D 라 하고, $D/\lambda > 10$이라면 σ 는 그 단면적 $\pi(D/2)^2$ 이다.

ㄴ. 작은 단일목표

목표물체로서 우적(雨滴)을 상정(想定)하고 직경 D 의 단일(單一)의 구(球)를 생각한다. D 가 전파의 파장 λ에 비교해서 충분히 작을 경우, 구의 후방산란 단면적(후방이라 함은 구에서 레이더를 향하는 방향)은

$$\sigma = \frac{\pi^5 |K|^2 D^6}{\lambda^4} \tag{10.8}$$

로 주어진다. 이 관계를 레일리산란(Rayleigh scattering)이라고 하여, 영국의 J. W. Rayleigh 가 1870 년대에 유도했다. 대략 $D/\lambda < 1/16$일 때에 설립한다(Doviak and Zrnic, 1993). 파장 5.6 cm 의 C 밴드 레이더에서는 레일리산란은 대략 D 가 4 mm 이상의 우적(雨滴)에 적용될 수 있다. 여기서

$$|K|^2 = \left| \frac{m^2 - 1}{m^2 + 2} \right|^2 \tag{10.9}$$

는 유도계수(誘電係數)라고 부르고, 구(球)가 어느 정도 전파를 산란시킬까를 나타내는 파라미터(parameter)이다. $m = n - ik$ 는 복소굴절률(複素屈折率, complex refractive index)이고, n 은 구의 굴절률, k 는 흡수율, i 는 허수단위이다. m 은 복소수(複素數)에 의해 굴절과 흡수의 양 효과를 표현하고 있고, m^2 을 복소유전율(複素誘電率, complex dielectric constant)이라고 한다. $|K|^2$ 은 전파의 파장, 기온, 강수입자의 조성을 변수로 하는 함수이다. 파장 3~10 cm의 레이더파로 기온이 0~20 C의 하에서는 雨滴(水滴)에서는 $|K|^2 = 0.930$, 빙구(氷球)에서는 온도에 관계없이 $|K|^2 = 0.197$로 하는 일이 많다(Battan, 1973; 小平・立平, 1972). 크기가 같다면 수적(水滴)은 빙구(氷球)의 약 5배 정도 전파를 산란시키기 쉽다고 말할 수 있다.

D 가 더욱 커지면 레일리산란이 아니고, 구체(球体)에 의한 산란을 보다 엄밀하게 표현하는 미(Mie)산란을 적용할 필요가 있다. 미산란에서는 D 가 증가해도 σ 는 단순히는 증가하지 않고, 산란량이 최대가 되는 방향도 후방에서는 아니다(Battan, 1973; Sauvageot, 1992). C밴드 레이더에서는 강수강도가 100 mm/h 이하의 비〔雨〕라면 실용상 문제없이 레일리산란이 적용될 수 있다. 한편 파장 약 3 cm의 전파를 사용하는 X밴드 레이더에서는 강수강도가 10 mm/h보다 커지며 레일리산란과 미산란과의 차는 무시할 수 없게 된다(小平・立平, 1972).

ㄷ. 공간에 분포하는 목표물체

레일리산란이 적용될 수 있는 목표물체가 공간 내에 많은 수가 분포할 때의 레이더 방정식은 대상을 강수입자로 하여 이끌어 낸다. 레이더에서 발사되는 전파는 나중에 정의하는 샘플링 체적에 포함되는 강수입자 하나하나에 산란되어 레이더에 돌아온다. 수신전력은 각각의 강수입자로부터 돌아오는 전력의 총합이기 때문에

$$P_r = \frac{P_t G^2 \lambda^2}{(4\pi)^3 r^4} V_{ol} \sum \sigma_i \tag{10.10}$$

이다. 여기서 σ_i 는 각 강수입자의 후방산란 면적이고, $\sum \sigma_i$는 단위면적당 후방산란 면적의 총합이다〔$\eta = \Sigma \sigma_i$ 를 레이더 반사계수(radar reflectivity)라고 한다〕. V_{ol} 은 샘플링

체적의 크기이다. 샘플링 체적은 그림 10.2 와 같이 빔과 직교하는 방향으로의 전력의 퍼짐의 정도를 나타내는 빔폭 θ(라디안)과 레이더 펄스의 공간적인 길이를 나타내는 펄스장 h 에 의해 결정되는 다음과 같은 원통형의 공간이다.

$$V_{ol} = (\pi \frac{r\theta}{2})^2 \frac{h}{2} \tag{10.11}$$

이후로, 안테나는 일반적으로 회전포물면경(回轉放物面鏡)이고, 방위방향의 빔 폭과 앙각(仰角) 방향의 빔 폭이 같다고 가정한다.

식 (10.11)에서는 V_{ol}을 구할 때 빔 방향(動徑方向)의 공간적인 길이를 $h/2$로 하고 있다. 이 $h/2$를 레이더의 거리분해능(距離分解能)이라고 하는데, 이것은 다음과 같이 생각된다. 전파가 펄스로서 발사되고 있는 시간을 펄스폭이라고 말하고, 이것을 τ(초)로 하면, $h = c\tau$이다. 레이더는 1회에 τ의 시간만큼 전파를 계속 낸다. 그림 10.3에 표시했듯이 목표물체가 빔 방향으로 안쪽 깊이를 갖는 강수역(降水域)과 같은 경우, 펄스의 선두가 목표물체의 선두에서 산란되어서 안테나에 되돌아오는 시각과 펄스의 최후미(最後尾)가 목표물체의 최후미에서 산란되어 돌아오는 시각과 일치한다.

그래서 어떤 시각에 수신신호에는 $h/2$의 안쪽깊이를 갖는 공간 전체에서의 산란 정보가 포함되어 있다. 그러기 때문에 펄스폭이 τ인 레이더는 $h/2 = c\tau/2$이하의 거리를 인

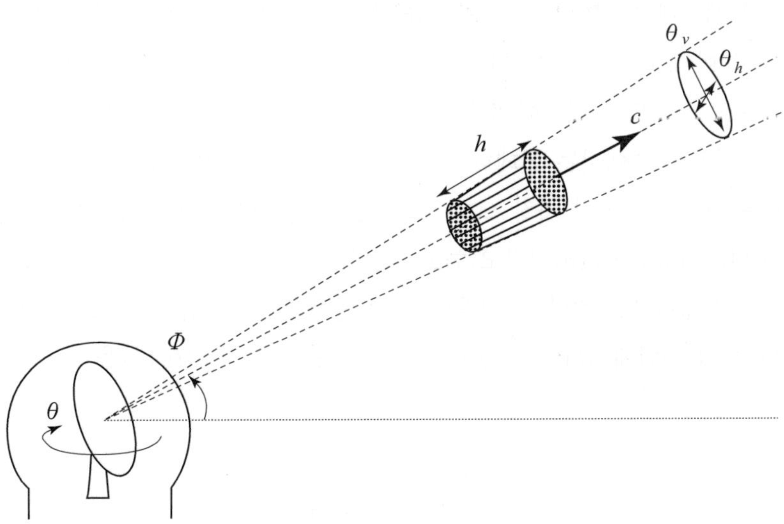

그림 10.2. 레이더가 발사하는 펄스의 모식도

길이 h의 펄스가 방위각 θ, 앙각 ϕ의 방향에 광속 c로 발사된다. θ_v와 θ_h는 각각 수평과 연직방향의 빔 폭

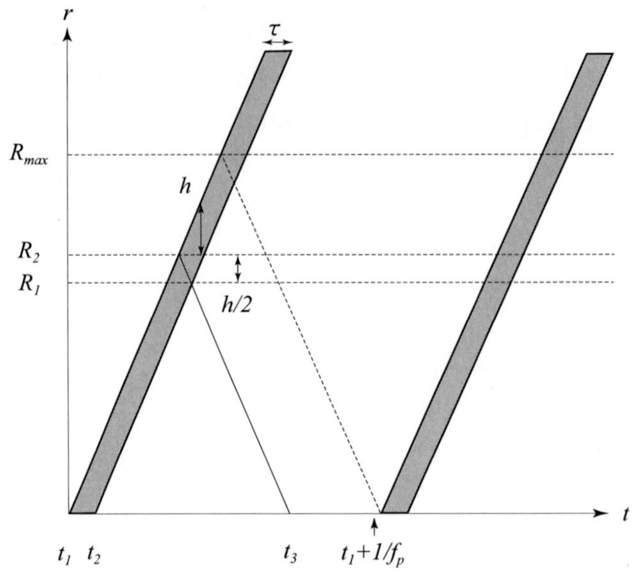

그림 10.3. 펄스폭과 거리분해능의 관계

펄스폭 τ로 시각 t_1에서 t_2의 사이에 레이더에서 발사된 길이 h의 펄스는 거리 R_1과 R_2의 목표물체에 산란되어서 시각 t_3에 레이더에 돌아온다. 이때 거리분해능은 $h/2$이다. f_p를 펄스반복 주파수로 하면, 시각 t_1+1/f_p에는 다음의 펄스가 발사되기 때문에, $R_{\max}$보다 멀리를 식별할 수가 없다. $R_{\max}$는 최대탐지거리이다.

식할 수가 없어, 이것이 레이더의 거리분해능이 된다. 한편 목표물체가 1장의 반사판(反射板)인 것 같은 경우에는 수신기(受信機)에는 $\tau/2$에 상당하는 시간만큼 반사판에서의 신호가 입력되기 때문에 이 경우도 $h/2$가 거리분해능이 된다. 기상레이더의 경우 τ는 일반적으로 0.5~수 마이크로 초이고, 거리분해능은 75 m~수 백 m 이다. 또 빔폭은 일반적으로 1도~수 도로 설정되어 이것이 방위각 및 앙각(仰角)의 분해능(分解能)이 된다.

이제까지는 빔폭의 속에서는 안테나에서 전력이 같이 발사된다고 가정했으나, 실제로는 발사된 전력은 빔의 중심에서 가장 크고, 그 주변을 향해서 감소한다. 이때의 전력의 강도분포를 빔 패턴(beam pattern)이라고 하고, 전력이 중심의 전력의 절반이 되는 각도를 전력반치폭(電力半値幅)이라고 한다. 일반적으로 이 전력반치폭을 빔폭이라고도 한다. Probert-Jones(1962)는 빔 패턴에 정규분포(正規分布)를 적용해서 식 (10.11)을

$$V_{ol}=(\pi\frac{r\theta}{2})^2\frac{h}{2^2\log_e 2} \tag{10.12}$$

로 했다. 즉 빔폭 내의 어디에도 균등하게 전력이 공급되는 이상적인 안테나의 이득(利得)을 기준으로 하면, 회전포물면경(回轉拋物面鏡)의 안테나 이득은 그 $1/(2\log_e 2)$배가 된다.

다음에는 단위체적 내의 강수입자가 수많이 분포하는 것과 같은 레일리산란에 의한 후방산란 단면적은 식 (10.8)에 있어서 D^6를 ΣD^6로 치환해서

$$\sum \sigma_i = \frac{\pi^5 |K|^2 \sum D^6}{\lambda^4} \tag{10.13}$$

으로 된다. ΣD^6는 단위 체적 내에 포함되는 모든 강수입자에 대해서의 D^6의 총합이다.

식 (10.12)와 식 (10.13)을 식 (10.10)에 대입하면

$$P_r = \frac{P_t G^2 h \theta^2 |K|^2 \pi^3 \sum D^6}{2^{10} \log_e 2 \lambda^2 r^2} \tag{10.14}$$

가 되고, 이것이 강수입자에 관한 레이더 방정식이다.

이 식을 실제의 기상레이더에 적용할 경우, 식 (10.14) 중

$$C_r = \frac{P_t \; G^2 \; h \; \theta^2 \; \pi^3}{2^{10} (\log_e 2) \lambda^2} \tag{10.15}$$

는 개개의 레이더에 있어서 그 구조에서 결정되는 상수이기 때문에 이것을 "레이더 상수"라고 한다. 더욱이 $Z = \Sigma D^6$이라고 하는 파라미터를 도입해서 이것을 "레이더 반사인자(反射因子) : radar reflectivity factor"라고 한다. Z의 단위는 본래 m^3이지만, 관습상으로는 강수입자의 직경의 단위인 mm와 공간의 단위인 m^3을 이용해서 mm^6/m^3이 사용된다. 더욱이 이 단위를 사용해서 $10 \log Z$를 취해서 이 단위를 dBZ(디비 Z)라고 칭하고 있다. C_r을 사용하면 식 (10.14)는

$$P_r = \frac{C_r |K|^2 Z}{r^2} \tag{10.16}$$

이라고 하는 단순한 형의 표현이 된다. 즉 강수입자에 의해 산란되어 레이더에 돌아오는

전력은 강수입자의 조성에서 결정되는 $|K|^2$과 강수입자의 직경의 6승(乘)의 총합에 비례한다. 더욱이 단일목표에 관한 레이더 방정식 (1.7) 에서는 수신전력은 거리의 4승에 반비례하지만, 빔 속에 목표물체가 충만하고 있을 경우에는 식 (10.16) 과 같이 수신전력은 거리의 2승에 반비례하는 것을 알 수 있다.

실제로 강수입자는 각각 상이한 낙하속도를 갖는 일이나, 목표체적내의 대기의 난류를 포함하기 때문에 강수입자 상호간의 거리가 펄스마다 변동하는 일 등으로부터 동일공간에서 돌아오는 신호라도 시간적으로 보면 변동하고 있다(小平・立平, 1972). 그러기 때문에 변동하는 신호를 시간적으로 평균화해서 평균신호전력(平均信號電力) $\overline{\mathrm{Pr}}$ 를 얻는 것으로 강수강도의 측정이 가능하게 된다. 레이더에서 강수의 강함을 측정하는 데에는 강수입자가 물인가 얼음인가를 고려해서 $|K|^2$을 선택해, r 과 $\overline{\mathrm{Pr}}$ 를 측정해서 Z 를 구한다.

이렇게 해서 구한 Z 그대로는 강수의 강도는 모른다. 강수강도(단위시간당의 강수량) R 은 강수입자의 입경분포와 그 낙하속도로 결정되다. 일반적으로 Z 와 R 은 다음의 $Z-R$ 관계에서 맺어진다.

$$Z = BR^{\beta} \tag{10.17}$$

단. 본래 Z 는 강수입자의 입경분포와 낙하속도를 측정해서 얻어지는 양이다. 한편 식 (1.16) 을 근거로 레이더의 수신전력에서 측정된 Z 를 '등가(等價)레이더 반사인자(反射因子) : equivalent radar reflectivity factor' 라고 하고, 일반적으로는 '반사강도(reflectivity : Ze)' 라고 약칭하고 있다. 우적(雨滴)의 입경분포는 비의 종류 등에 따라서 다르므로 $Z-R$ 관계의 계수 B 와 β 는 강수강도의 측정정밀도에 직접적으로 영향을 받는다. 그러기 때문에 $Z-R$ 관계에 있어서 B 와 β 를 결정하는 작업은 레이더 기상학에 있어서 오랜 연구테마이다. 비〔雨〕에서는 Marshall and Palmer(1948)가 나타낸 $B=200$, $\beta=1.6$ 이 대표적인 값이다. 그림 10.4는 각종 비에 대해서 B 와 β 를 분류한 결과이다(Fujiwara. 1965). 눈〔雪〕에 대해서는 Gunn and Marshall(1958)의 $B=2{,}000$, $\beta=2.0$ 이 대표적인 값이다. Battan(1973)에는 각종의 강수나 눈〔雪〕에 관한 $Z-R$ 관계가 정리되어 있다.

10.3.2. 레이더의 기타 기초지식

기상레이더에 관한 그 외의 기초적인 사항을 열거하면 다음과 같다.

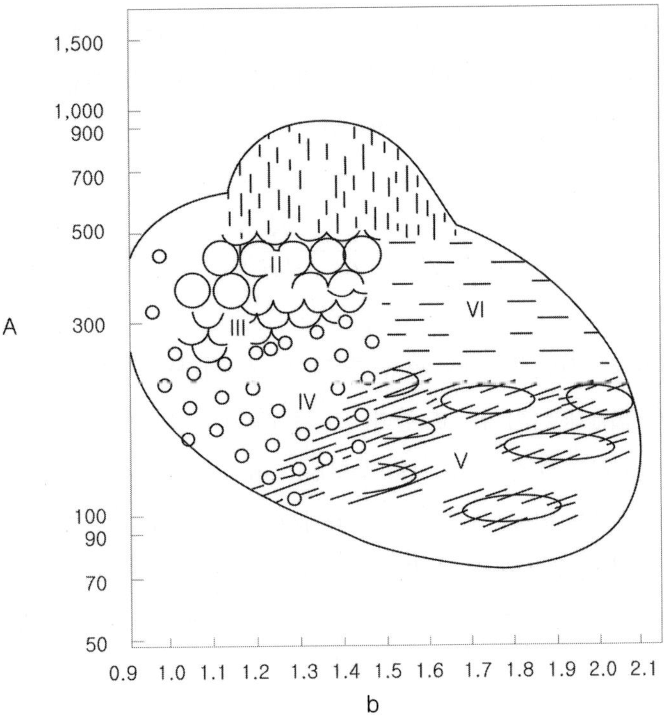

그림 10.4. 강우(降雨) 타입별로 분류한 $Z-R$관계에 있어서 계수 B와 β

Fujiwara(1965)에 의함. 그림에서는 식 (10.17)의 B가 A에, β가 b에 대응한다.

ㄱ. 대기 중에 레이더파의 전파

대기가 등밀도(等密度)이라면 전파는 대기 중을 직진하지만, 지구를 둘러싼 실제의 대기에는 하층일수록 공기의 밀도가 크므로 전파는 직진하지 않고 굴절(屈折)한다. 레이더파의 굴절률 n은 진공 중에 있어서 레이더파의 전반속도(傳搬速度)와 수증기를 포함한 공기 중에 있어서의 전반속도(傳搬速度)와의 비이고, 기압 P (hPa), 기온 T (K), 수증기압 e (hPa)에서 다음과 같이 표현된다.

$$n = 1 + \frac{77.6}{T}\left(P + \frac{4,810}{T}e\right) \times 10^{-6} \tag{10.18}$$

n은 지표부근에서 1.0003 정도이지만, 그 값의 근소한 변화가 레이더파의 전파에 영향을 준다.

대기는 상공일수록 밀도가 작아지므로 상공을 향하여 발사된 레이더파의 전반경로(傳搬經路)는 직선일 때에 비교하여 지표 쪽으로 만곡(彎曲)한다. 그러나 지구가 구체(球体)인 것을 고려하면, 레이더가 어떤 仰角(앙각)으로 전파가 발사되었을 때 어떤 거리에 있어서 레이더 빔이 통과하는 고도는 단순히는 계산되지 않는다. 이 때 다음과 같은 지구반경을 실제의 지구반경 R보다 큰 반경 R_e로 바꾸면

$$\frac{1}{R_e} = \frac{1}{R} + \frac{dn}{dH} \tag{10.19}$$

가 된다. 레이더파의 전반경로(傳搬經路)를 직선으로 나타낼 수가 있어 실용적이다. R_e를 등가지구반경(等價地球半徑)이라고 한다. H는 레이더 빔의 고도이다. 중위도 대기 하층에서는 거의 $dn/dH = -4 \times 10^{-8}(\mathrm{m}^{-1})$이므로(Battan, 1973), $R_e = 4/3R$로 근사할 수가 있다. 단, 열대지역에서는 이 계수는 3/2, 극역에서는 6/5 정도가 된다.

반경 R_e의 지구를 생각해서 레이더파의 전반경로는 직선으로 나타내므로 고도 H_o의 공중선(空中線)에서 앙각(仰角) ϕ로 발사되어 레이더파가 거리 r을 나아간 곳에서의 H는 다음과 같이 된다.

$$H = \sqrt{(R_e + H_0)^2 + r^2 + 2r(R_e + H_0)\sin\phi} - R_e \tag{10.20}$$

높이 H의 목표물체를 레이더에서 점차로 멀어져갈 때 지평선을 차단해서 목표물체가 보이지 않게 되는 거리를 최대견통거리(最大見通距離) $r_{\max}$라고 하여,

$$r_{\max} = \sqrt{2R_e}\,(\sqrt{H_0} + \sqrt{H}) \tag{10.21}$$

이 된다. 실제로 레이더 빔은 주변의 산 등의 지형이나 건물에 의해 차단된다. 이러한 효과를 고려해서 어떤 높이의 목표물체가 관측될 수 있는 최대거리를 방위별로 플로트해서 그들을 연결한 곡선을 등(等)빔고도선(高度線)이라고 한다(日本氣象廳, 1968).

이동성 고기압내의 침강성승온(沈降性昇溫), 해륙풍(海陸風)의 진입, 야간의 방사냉각(放射冷却) 등에 의해 지표 부근의 온도의 역전(逆轉)이나 습도의 연직경도가 극단적으로 변화하는 것과 같은 층이 출현하면 dn/dH의 절대값이 커져서 전파의 만곡(彎曲)이 커져서 본래는 탐지할 수 없는 원방(遠方)의 목표물체가 탐지되는 일이 있다. 이것을 레이더파의 이상전파(異常傳播)라고 한다. 더욱이 지표와 역전면과의 사이에서 레이더파가 반사(反射)를 반복하는 것과 같은 상태를 전파덕트[덕트(duct)는 송풍관(送風管)을 뜻함]라고 부르

고, 상당히 원방(遠方)에 있는 어떤 지형 등에서의 산란파가 수신되는 일이 있다.

ㄴ. 안테나의 이득과 빔폭

기상레이더에서는 원형의 회전포물면경(回轉拋物面鏡)을 안테나로써 이용하고 있는 일이 많다. 송신빔의 전력이 반감(-3 dB)하면 빔폭 θ 는 원형안테나의 직경을 d, 레이더파의 파장을 λ로 했을 때, 단위를 라디안으로

$$\theta = \frac{1.27\,\lambda}{d} \tag{10.22}$$

로 근사된다(Doviak and Zrnic, 1993).

안테나의 이득(利得) G는 A를 무지향성(無指向性) 안테나에서 발사되는 전력 B의 실제 지향성(指向性) 안테나에서 발사되는 전력으로 할 때, $G = 10\log(A/B)$ 〔dB〕이다. 수평과 수직의 빔폭이 각각 θ_H, θ_V 로 할 때 안테나의 이득 G 는

$$G = \frac{\pi^2\,K_g^{\,2}}{\theta_H\,\theta_V} \tag{10.23}$$

이다(Battan, 1973). K_g 는 공중선(空中線)의 종류와 형상으로 결정되는 계수이고, 원형의 반사경에서는 $K_g = 1$이다. 단, K_g의 값은 안테나의 피더〔feeder, 방사기(放射器) : 전력이나 전자파 등을 유도해서 장치에 공급하는 선, 일반적으로 텔레비전이나 안테나를 잇는 평행선 케이블 신을 가리킴〕의 위치나 면경(面鏡)의 공작 정밀도에 의존하기 때문에 실제적으로는

$$G \approx \frac{7.6}{\theta_H\,\theta_V} \tag{10.24}$$

정도이다(吉田, 1996).

ㄷ. 강수에 의한 전파의 감쇠

레이더파는 그 전반경로(傳搬經路)상에 존재하는 대기나 강수입자 등에 의해 감쇠(減衰)를 받는다. 대기에 의한 감쇠는 주로 산소(酸素)나 수증기에 의해 흡수로 일어나고, 레이

더파의 파장, 대기압, 수증기량에 의존한다. 파장 5.7 cm 의 기상청의 표준레이더에서는 1 기압 하에서 편도(片道)로 0.01 dB / km 의 감쇠량을 채용하고 있다.

강수를 통과하는 레이더파는 강수입자에 의해 산란과 흡수에 의해 감쇠(減衰)를 받는다. 감쇠량은 레이더파의 파장, 강수의 종류, 강수의 입경분포, 강수강도, 고체입자의 경우는 그 표면의 수막(水膜)의 유무 등에 따라 크게 다르고, 강우의 경우에 한해서도 표 10.2 (小平, 1980)와 같이 다양하다. 근사식을 나타내는 시도로서 Battan(1973)은 파장 5.5 cm 의 레이더의 경우, 우적(雨滴)의 입경(粒徑)에 Marshall and Palmer 분포를 가정해서 R(mm/h)를 Z(mm^6/m^3)로 치환하면, 감쇠량 K_a(dB/km) 를

$$K_a = \frac{1.12}{10,000} Z^{0.62} \tag{10.25}$$

로 근사했다. 더욱이 마른 눈〔雪〕의 경우 감쇠량을

$$K_a = \frac{3.5}{100} \frac{R^2}{\lambda^4} + \frac{2.2}{1,000} \frac{R}{\lambda} \tag{10.26}$$

으로 했다.

ㄹ. 레돔에 의한 전파의 감쇠

레이더 안테나를 바람〔風〕이나 우설(雨雪)로부터 보호하기 위하여 안테나를 덮는 것과 같은 레돔(redome : 2 장의 둥근 지붕)을 설치하는 일이 많다. 2 장의 FRP〔유리섬유강화 폴리에스테르(polyester) 수지〕를 표면판으로 하고 그 사이에 폴리우레탄-폼(polyureth ane-form) 등의 내부재(內部材)를 채워 표면에서의 반사파의 전력이 상쇄되도록 레이더파의 1/4 파장을 두께로 샌드위치 형 이나 FRP 등을 재료로 하는 얇게 강인한 패널(panel : 판자)을 다각형의 금속제 지지틀에 붙인 '금속 프레임 형' 이 주류이다. 레이더파는 레돔의 부재나 지지틀에 의해 그 전력의 5~10 % 정도(0.2~0.5 dB)가 감쇠된다. 또 산란에 의해 빔폭이 약간 퍼져 싸이드 로브 레벨〔(side robe level, 옆덮개수준, 측개준(側蓋準)〕도 증가한다. 레이더의 사양(仕樣)을 결정할 때에는 레돔의 영향을 미리 고려해 둘 필요가 있다.

강우에 의해 레돔상에는 물〔水分〕의 박막(薄膜)이 만들어지기 때문에 이것에 의해 강우시(降雨時)에는 무시할 수 없는 정도로 레이더파에 감쇠(減衰)가 생긴다. 기상청의 조사에서는 직경 7 m 의 샌드위치형 레돔을 사용하고 있는 파장 5.7 cm 의 레이더의 경우 기온

표 10.2. 강우에 의한 전자파의 감쇠

파장 (cm)	(1) M-P	(2) Modified M-P	(3) Mueller-Jones	(4) Gunn-East	(5) Kodaira	(06) Imai
0.86	0.27	0.31	0.39	-	0.15~0.25	-
1.24	$0.117\times R^{0.07}$	$0.13\times R^{0.07}$	0.18	$0.12\times R^{0.05}$	-	-
1.87	$0.045\times R^{0.1}$	$0.05\times R^{0.1}$	0.065	$0.045\times R^{0.11}$	-	-
3.2	$0.011\times R^{0.15}$	$0.013\times R^{0.15}$	0.018	$0.0074\times R^{0.31}$	$0.005\times R^{0.5}\sim 0.0013\times R^{0.3}$	$0.007\times R^{0.3}$
5.5	0.003~0.004	0.0031	0.0033	$0.0022\times R^{0.17}$	$0.0013\sim 0.0015\times R^{0.3}$	$0.0013\times R^{0.1}$
10.0	0.0009~0.0007	0.00082	0.00092	0.0003	0.0003~0.0005	0.0003

단위는 dB/km/mm/hr. 小平(1980)의 표 1.4 에 의함. (1), (2), (3), (4)는 Wexler and (1963), (5) 는 Kodaira(1963), (6) 은 Imai(1957) 에서 인용

20 C 에서 강수강도가 10 mm/h 의 비에서 전파는 편도(片道) 2.2 dB, 100 mm/h 에서는 편도 5.2 dB 의 감쇠를 받는 것을 알았다(坂尻 외, 1992). 따라서 레이더 사이드(side)에 강한 비가 내리고 있을 때는 레이더 관측에 의해 얻어지는 강수강도는 탐지범위 내 전체에서 실제보다 약하게 측정되고 있는 것을 인식해 둘 필요가 있다.

ㅁ. 재래형레이더의 지형에코 제거

목표물체 이외에서의 불요(不要) 반사파를 일반적으로 클러터(clutter, 산란된 것)라고 한다. 해면(海面), 새, 곤충 등이 클러터의 원인이 된다. 기상레이더 이외의 레이더에 의해서 강수에코는 클러터이다. 이중 특히 지면, 산, 건물 등에서의 산란파는 그라운드(ground) 클러터 또는 지형에코라 불러 기상관측에 영향을 미치는 클러터이다. 다음 장에서 언급하는 것과 같이, 도플러레이더에서는 지형(地形)에코가 거의 0 (零)의 도플러 속도를 갖는 것을 이용해서 지형에코를 제거할 수가 있다. 도플러 기능이 없는 재래형레이더에서는 지형에코와 강수에코의 시간적 변동특성의 상위(相違)를 이용해서 지형에코를 제거한다. 이것을 기상레이더에 있어서 MTI(Moving Target Indicator) 방식이라고 한다(淸水 외, 1977; 立平 외, 1976; Aoyagi, 1978).

일본기상청의 일반기상 레이더망에서는 신호처리의 디지털화가 1982년의 명고옥(名古屋) 레이더에서 개시되어(迫田, 1990), 1994 년에 이시가끼지마(石垣島) 레이더의 디지털화가 종료됨으로써 전국 19 대의 레이더의 온라인화가 완성되었다(横山, 1994) 〔단, 1999년

에는 후지산(富士山) 레이더가 폐지되고, 대신해서 2대의 레이더가 추가되어서 20대가 되었다]. 이러한 온라인화를 가능하게 한 배경에는 MTI 방식에 의한 지형에코 제거 회로의 개발이 있었다. MTI 방식에 대해서 여기서는 그 개략(槪略)을 언급하는 것으로 멈추기로 한다.

레이더의 수신하는 시계열 신호의 진폭(振幅)을 $X(t)$ 로 할 때, 이 신호의 직류성분(直流成分) $\overline{X(t)}$, 평균전력 $\overline{X(t)^2}$, 신호에서 직류성분을 뺀 교류성분의 전력(진폭의 분산) $\sigma^2 X$ 은 각각

$$\overline{X(t)} = \lim_{T\to\infty}\frac{1}{T}\int_0^T X(t)\,dt \tag{10.27}$$

$$\overline{X(t)^2} = \lim_{T\to\infty}\frac{1}{T}\int_0^T X(t)^2\,dt \tag{10.28}$$

$$\sigma_X^2 = \lim_{T\to\infty}\frac{1}{T}\int_0^T \{X(t) - \overline{X(t)}\}^2\,dtX \tag{10.29}$$

$$= \overline{\{X(t) - \overline{X(t)}\}^2} = \overline{X(t)^2} - \overline{X(t)}^2$$

이다.

그림 10.5와 같이 지연시간(遲延時間) T_d 를 갖는 지연회로(遲延回路)와 감산회로(減算回路)로 구성되는 단일소거형(單一消去型) 필터에 $Z(t)$를 입력했을 때의 출력을 $Y(t)$ 로 한다. 이때 $Y(t)$의 직류성분은

$$\overline{Y(t)} = \overline{X(t)} - \overline{X(t - T_d)} \tag{10.30}$$

이다. 평균시간을 충분히 길게 잡으면 위 식의 우변 2개의 항은 같아져서 $Y(t) = 0$ 이 되기 때문에 입력신호의 직류성분은 이 필터에 의해 제거된다. 또 필터출력의 교류전력 σ_Y^2 은 $Y(t) = 0$이 되어 있는 것으로부터

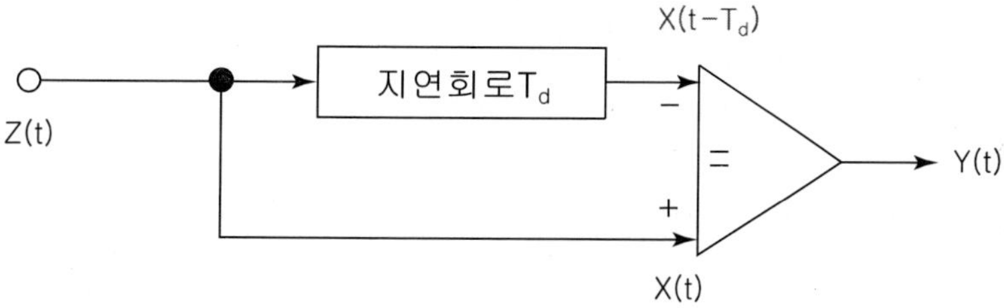

그림 10.5. MTI 필터의 기초가 되는 단일소거필터의 구성

$$\sigma_Y{}^2 = \overline{\{Y(t) - \overline{Y(t)}\}^2} \tag{10.31}$$

$$= \overline{Y(t)^2} - \overline{2Y(t) \times \overline{Y(t)}} - \overline{\overline{Y(t)}^2}$$

$$= \overline{Y(t)^2}$$

이 되고, 필터의 출력에 있어서는 그 교류전력과 평균전력이 같아진다. 더욱이 입력신호와 출력신호 각각의 평균전력은

$$\overline{Y(t)^2} = \overline{\{X(t) - X(t - T_d)\}^2} \tag{10.32}$$

$$= \overline{X(t)^2 - 2X(t) \times X(t - T_d) + X(t - T_d)^2}$$

$$= \overline{2X(t)^2} - \overline{2X(t)X(t - T_d)}$$

로 관계가 맺어진다. 그런데 $X(t)$의 T_d 에 있어서 자기상관계수(自己相關係數) ρ_X 는

$$\rho_X = \frac{\overline{\{X(t) - \overline{X(t)}\}\{X(t - T_d) - \overline{X(t - T_d)}\}}}{\overline{\{X(t) - \overline{X(t)}\}^2}} \tag{10.33}$$

이다.

$$\overline{\overline{X(t)}X(t - T_d)} + \overline{X(t)\overline{X(t - T_d)}} = 2\overline{X(t)}^2 \tag{10.34}$$

및 식 (10.29)에서

$$\rho_X = \frac{\overline{X(t)\,X(t-T_d)} - \overline{X(t)}^2}{\sigma_X^2} \tag{10.35}$$

가 된다. 더욱이 식 (10.35) 을 식 (10.32) 에 대입해서 식 (10.29) 를 사용하면

$$\begin{aligned}\overline{Y(t)^2} &= \sigma_Y{}^2 \\ &= 2\sigma_X{}^2 - 2\sigma_X{}^2 \times \rho_X \\ &= 2\sigma_X{}^2(1-\rho_X)\end{aligned} \tag{10.36}$$

이 얻어진다. 따라서 입력신호의 직류성분 $\overline{X(t)}$ 는 이 필터에 의해 제거되고, 입력신호의 교류전력 $\sigma_X{}^2$ 은 필터출력의 교류전류 $\sigma_Y{}^2$과 입력신호의 자기상관계수 ρ_X 와의 함수이다. 강수와 지형이 겹친 영역에서의 수신신호에서는 지형으로부터의 신호는 거의 직류성분이고, 한편 강수로부터의 신호는 시간변동이 큰 교류성분 $\sigma_X{}^2$ 에 상당한다. 자기상관계수 $\rho_X=0$이 되도록 T_d가 필터에 주어지면, 식 (10.36) 에 의한 필터출력의 교류전류 $\sigma_Y{}^2$ 에서 강수에코의 수신전력 $\sigma_X{}^2$ 이 구해진다.

레이더의 기초적 지식으로 이들 외에 빔 패턴, 우량측정을 위한 레이더의 교정(校正)이나 측정오차, 편파(偏波)의 이용, 펄스 압축기술, 안개나 구름 등의 측정, 비강수(非降水) 에코의 취급 등이 거론되지만, 이들에 대해서는 앞에서 소개한 문헌을 참고해 주기 바란다.

Chapter 11

도플러레이더

11.1. 원 리

여기서부터는 도플러레이더(Doppler radar)에 대해서 설명을 하기로 한다. 우선 도플러 속도의 개념에서 도플러레이더의 원리까지 설명한다.

11.1.1. 속도

강수를 관측대상으로 하는 도플러레이더는 강수입자를 트레이서〔tracer, 추적자(追跡子)〕로써 대기의 흐름, 즉 바람〔風〕을 측정한다. 도플러 속도는 레이더와 목표물체와의 사이의 거리가 시간적으로 변화함으로써 생긴다.

우선 단일목표에 대해서 생각하자. 도플러레이더가 공간으로 보내는 신호의 파형(波形)은

$$E_t(t) = A_0 \sin(2\pi f_0 t + \phi_0) \tag{11.1}$$

로 나타낸다. 여기서 t 는 시간, A_0 는 진폭(振幅), f_0 는 송신주파수(送信周波數), ϕ_0 는 송신펄스가 안테나에서 발사되었을 때의 위상(位相)이다. r_0 의 거리에 있는 목표물체가 속도 v 로 레이더에서 멀어져갈 때 t 시간 후의 거리는 $r_0 + vt$ 이다. 송신펄스는 레이더와 목표물체 사이를 왕복해서 안테나에 도달하므로 송신신호는

$$E_r(t) = A_r \sin\left\{2\pi f_0 t + \frac{4\pi}{\lambda}(r_0 + vt) + \phi_0 + \phi_r\right\} \tag{11.2}$$

이다. A_r 은 목표물체의 후방산란 단면적(後方散亂 斷面積)에 의해 결정되는 진폭, λ는 레이더의 파장, ϕ_r 은 산란일 때 생기는 위상의 편이(偏移)로 목표물체의 형상이나 조직에 의해 결정되는 일정치로 한다. 위 식 우변 괄호 내의 $4\pi \cdot \lambda^{-1}(r_0 + vt)$는 레이더와 목

표물체 사이를 레이더파가 왕복하는 사이에 생기는 위상의 편이〔偏移, 전파위상차(傳播位相差)〕이고, 이것을 ϕ 로 한다. ϕ 를 시간에 대해서 미분하면

$$\frac{d\phi}{dt} = \frac{4\pi v}{\lambda} \tag{11.3}$$

이다. $d\phi/dt$ 는 수신신호에 있어서 단위시간당의 위상의 변화량이고, 각 주파수에 상당한다. 목표물체의 이동에 의해 수신신호에 생기는 주파수의 변동을 도플러 주파수 f_d 라고 한다. 목표물체가 레이더에서 멀어져 가서 ϕ 가 증가할 때 f_d 가 부〔負, 음(陰), −〕가 되는 것을 고려하면 $d\phi/dt = -2\pi \cdot f_d$ 라는 관계가 된다. 이 관계를 식 (11.3) 에 대입하면

$$v = -\frac{\lambda f_d}{2} \tag{11.4}$$

이고, 이 v 를 도플러속도(Doppler velocity)라고 한다. 식 (11.4) 을 식 (11.2) 에 대입하면

$$E_r(t) = A_r \sin\{2\pi(f_0 - f_d)t + \psi + \phi_0 + \phi_r\} \tag{11.5}$$

를 얻는다. 여기서 $\psi = 4\pi r_0 \lambda^{-1}$ 은 목표물체가 고정되어 있을 때 레이더파가 목표물체까지를 왕복함으로써 수신신호에 더해지는 위상(位相)이다. f_0 및 $\psi + \phi_0 + \phi_r$ 은 일정하다. 목표물체가 이동하고 있으면 f_d 는 0(零)이 아닌 값을 갖는 것이 되고, f_d 를 측정하면 식 (11.4) 에서 목표물체가 이동속도의 레이더의 빔 방향의 성분을 구할 수가 있다. 예를 들어 f_d=-1 (Hz) 이라면, 목표물체는 $\lambda/2$의 속도로 레이더에서 멀어져갈 때 도플러 속도는 정〔正, 양(陽). +), 가까워질 때 부〔負, 음(陰), −〕이다.

11.1.2. 스펙트럼

앞 장(章)에서 언급했듯이 펄스 장(長)의 절반의 거리와 빔폭으로 둘러싸인 원통상의 공간을 샘플링체적(體積)이라고 한다. 예를 들면 펄스폭이 1 μ초〔펄스 장(長) 300 m〕, 빔폭이 1° 일 때 거리 10 km 에서는 길이 150 m, 직경 175 m 의 원통형의 공간이 샘플링체적이다. 샘플링체적 내에 다수의 강수입자가 포함되는 경우의 도플러속도에 대해서 생각

하자.

하나의 송신펄스에 의해 하나의 샘플링체적에서 얻어지는 도플러 주파수는 하나이다. 한편 시간적으로 연속해서 발사된 복수의 펄스에 대응하는 도플러 주파수는 어떤 퍼짐을 갖는 분포를 나타낸다. 이것은 샘플링체적 내에 다수 포함되는 강수입자 등의 목표물체가 평균적인 바람에 눌려 흘려짐과 동시에 난류(亂流) 등에 의하여 어느 정도 제각기 다르게 운동하고 있기 때문이다. 이러한 분포는 도플러 주파수를 독립변수, 수신전력(受信電力)을 종속변수로 하는 도플러스펙트럼(스펙트럴)이라고 일컬어지는 함수 $S(f)$ 로 표현된다. df 를 미소한 도플러 주파수폭(周波數幅)으로 할 때 f 와 $f+df$ 사이의 주파수 성분에 포함되는 수신전력을 $S(f)df$ 로 표시하는 것으로 한다. v 와 f 사이를 식 (11.4) 의 관계가 있기 때문에 v 와 $v+dv$ 사이에 포함되는 수신전력 $S(v)dv$ 에 의해서도 도플러스펙트럼은 정의할 수 있다. 도플러스펙트럼을 적분하면 다음과 같은 평균수신전력 $\overline{P_r}$ 이 얻어진다.

$$\overline{P_r} = \int_{-\infty}^{+\infty} S(f)\,df = \int_{-\infty}^{+\infty} S(v)\,dv \tag{11.6}$$

여기서 말하는 '평균'이란 시간적 평균을 뜻하지만, 복수의 펄스를 발사하는 시간이 아주 짧으면 공간평균으로 대치할 수도 있다. 다음과 같이 규격화된 도플러스펙트럼 $S_n(f)$ 를 정의할 수도 있다.

$$S_n(f) = \frac{S(f)}{\overline{P_r}} \tag{11.7}$$

도플러스펙트럼은 목표물체의 종류나 형태에 따라서 다양한 분포를 나타내고 있다. 철탑(鐵塔)과 같은 고정목표의 경우, 펄스의 발사마다 얻어지는 수신신호의 강도는 시간적으로는 거의 변동하지 않는다. 같은 모양으로 도플러 주파수를 측정하면 0 의 도플러 주파수를 중앙값으로 하는 아주 폭이 좁은 스펙트럼을 나타낸다. 고정목표의 경우 본래 도플러 주파수는 0 이어야 할 이치이지만, 실제로는 전파가 대기 중을 전파할 때의 흔들림이나 레이더의 신호처리에 있어서의 흔들림, 더욱이 산악 등의 지형에서는 나뭇잎의 흔들림 등이 원인이 되어 도플러 주파수에는 어떤 폭이 생긴다.

강수입자를 대상으로 한 경우, 수신신호는 샘플링체적 내에 포함되는 많은 강수입자에 의한 산란파의 총합이다. 전술한 대로 각 강수입자는 대기의 평균적인 바람에 의해 눌려 흘려짐과 함께 그 움직임은 흐름에 포함되는 난류에 의해 흐트러지고 있다. 안테나가 회전하고 있으면 각 펄스에 대응하는 샘플링체적은 조금씩 변화해간다. 강수입자는 그 질량과 주변의 공기밀도로 결정되는 종단낙하속도(終端落下速度)에 의해 하방을 향해서 낙하하고 있다. 강수입자의 크기에는 분포를 갖고 있기 때문에 종단낙하속도도 폭을 갖는다. 또 샘플링체적 내에는 많든 적든 바람〔風〕의 수평시어〔shear, 전단(剪斷)〕나 연직시어가 존재한다. 더욱이 강수입자의 방향의 시간변화나 진동에 의한 위상(位相)의 변화 등이 첨가되고, 폭을 갖는 도플러스펙트럼이 생긴다(Doviak and Zrnic, 1993).

11.1.3. 스펙트럼의 평균과 분산

도플러레이더에서 발사된 복수의 송신펄스에 대응하는 수신파의 샘플링 신호열를 다음 절(節)에 표시하듯이 처리하면, 도플러스펙트럼 $S(v)$가 얻어진다. 도플러스펙트럼으로부터 다음과 같은 평균 도플러속도 $\bar{v}$가 얻어진다(평균을 구하는 방법에 대해서는 소선섭 저의『역학대기과학』제 1 장「평균을 구하는 방법」을 참조).

$$\bar{v} = \frac{\int_{-\infty}^{+\infty} v\, S(v)\, dv}{\int_{-\infty}^{+\infty} S(v)\, dv} \tag{11.8}$$

식 (11.8) 의 분모는 식 (11.6) 에 나타낸 것과 같은 평균수신전력이기 때문에 $\bar{v}$ 를 각 송신펄스에 대응하는 도플러속도에 수신전력의 무게를 주어서 평균한 값이다. 이후 '도플러속도' 라고 할 때에는 이 평균 도플러속도를 가리키는 것으로 한다.

더욱 도플러스펙트럼의 퍼짐을 나타내는 양으로서 도플러속도의 분산 $\sigma_v{}^2$ 을 다음과 같이 정의한다.

$$\sigma_v^2 = \frac{\int_{-\infty}^{+\infty} (v-\bar{v})^2 S(v)\, dv}{\int_{-\infty}^{+\infty} S(v)\, dv} \tag{11.9}$$

σ_v의 평방근, 즉 표준편차(標準偏差) σ_v를 스펙트럼폭이라고 한다. 일반적으로 강수(降水)에 관한 도플러스펙트럼은 거의 정규분포(正規分布)를 나타내고, 그 형상은 $\bar{v}$ 와 $\sigma_v{}^2$

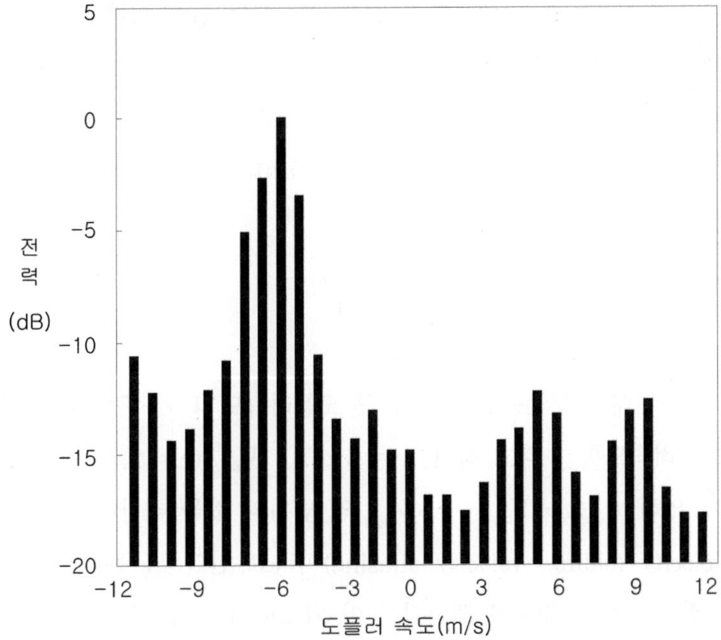

그림 11.1. 강수에 관한 도플러스펙트럼의 세로축은 스펙트럼 밀도함수로 피크(頂点)값에서의 상대값을 dB로 표시

에 의해 나타낸다. 통계용어에 근거해서 $\overline{P_r}$, $\bar{v}$, ${\sigma_v}^2$ 을 각각 도플러 스펙트럼의 0차, 1차, 2차 모멘트라고 불리는 일도 있다(Doviak and Zrnic, 1993). 그림 11.1은 도플러 레이더에 의해 측정된 도플러스펙트럼의 예이다.

11.1.4. 불확정성

도플러레이더에는 원리상 다음과 같은 불확정성(不確定性)이 있어 자료를 이용할 때에는 주의를 요한다.

ㄱ. 도플러 속도의 꺾음

펄스 도플러레이더에 의해 도플러속도를 산출한다고 하는 것은 가상적으로는 연속파인 수신신호의 위상(位相)을 펄스 발사에 동기(同期: 같은 시기)로 해서 이산적인 샘플링을 해서 그 시계열 데이터에서 주파수 편차를 추정하는 작업이다. 원래 신호가 파인 것을 인식하기 위해서는 파의 1주기분을 2점 이상에서 샘플링 하지 않으면 안 된다. 레이더가 1초간에 발사하는 펄스의 수를 펄스 반복주파수(反復周波數) f_p (Pulse Repetition Frequency :

PRF로 약하는 일이 많다. 본 장에서도 PRF로 기록하는 일이 있다)라고 한다. 수신신호의 샘플링 주파수도 f_p이기 때문에 $f_p/2$보다 높은 주파수를 인식할 수는 없다. 바꾸어 말하면 측정 가능한 도플러 주파수는 $f_p/2$보다 작다고 하는 것이다. 이것을 식 (11.4)의 f_p에 대입하면 측정 가능한 도플러속도의 최대치(最大值) V_{nyq}는

$$V_{nyq} = \frac{\lambda f_p}{4} \tag{11.10}$$

이 얻어진다. 현실의 대기에서는 V_{nyq}보다 큰 도플러속도 V가 존재한다. 이때 측정치로서 나타나는 도플러속도를 v라고 하면, $v = V \pm n \cdot V_{nyq}$ (n = 2, 4, 6, … 중의 하나)라고 하는 관계에 의해 v는 $-V_{nyq} \sim +V_{nyq}$의 범위의 값을 취한다. 이것을 도플러속도의 꺾음현상(velocity folding, velocity aliasing)이라고 한다. V는 겉보기상 $\pm V_{nyq}$를 경계로 해서 측정범위 내의 값으로 꺾어진 것이 되므로 V_{nyq}를 '꺾음속도' 또는 '나이키스트속도(Nyquist velocity)'라고 한다. N. Nyquist는 자동제어이론 등의 분야에서 활약했던 20세기 초두의 미국의 전기기술자이다.

그림 11.2는 레이더에서 관측되는 겉보기 상의 도플러속도와 본래의 도플러속도와의 관계를 나타내고 있다. 예를 들면, λ가 5.7 cm, f_d가 1,000 Hz의 경우, V_{nyq}는 14 m/s이다. 실제의 풍속이 20 m/s일 때 이 도플러레이더가 측정하는 도플러속도는 20 - (2 × 14) = -8 (m/s)이다. 도플러속도의 꺾음현상을 극복하는 것은 도플러레이더를 이용하는 데의 중요한 테마의 하나이다.

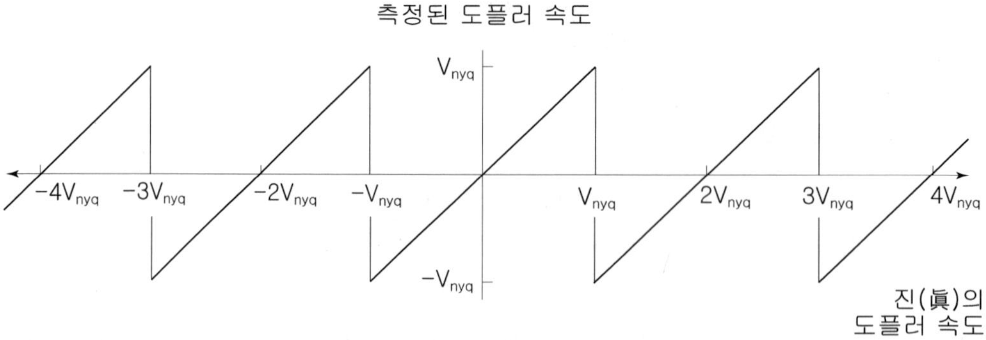

그림 11.2. 도플러 속도의 꺾음현상

진(眞)의 도플러속도 V의 절대치가 V_{nyq}를 넘으면, $V+2nV_{nyq}$와 같은 정부(正負)가 꺾여서 측정된다(n = ±1, 2, 3, …). V_{nyq} 이상의 값을 직접 측정할 수는 없다.

ㄴ. 최대탐지거리의 2차 에코

전파의 전파속도를 c 라 하면 레이더의 최대탐지거리(最大探知距離) $R_{\max}$ 는 $c/(2f_p)$ 이다. 이것과 식 (11.10)에서 V_{nyq} 와 $R_{\max}$ 사이에는

$$V_{nyq} \times R_{max} = \frac{c\lambda}{8} \tag{11.11}$$

이라고 하는 관계가 생긴다. 이 관계식은 V_{nyq} 와 $R_{\max}$ 의 양자를 동시에 크게 설정할 수가 없다고 하는 딜레마〔dilemma : 궁지, 진퇴양난(進退兩難), 진퇴유곡(進退維谷)〕를 나타내고 있다. 그림 11.3은 파장별로 V_{nyq} 와 $R_{\max}$ 의 관계를 표시한 것이다. V_{nyq} 와 $R_{\max}$ 를 동시에 크게 하는 데에는 긴 파장를 채용하는 것이 유리하지만, 앞 장(章)의 식 (10.22)에 표시한 것 같이 같은 각도분해능(角度分解能)을 얻기 위해서는 긴 파장의 레이더일수록 큰 안테나를 사용할 필요가 있는 등 다른 면에서의 과제가 생긴다.

결정된 파장 하에서 도플러속도의 꺾음을 가능한 한 피하기 위해서는 V_{nyq} 를 크게 취하는 것이 바람직하다. 그러기 위해서 도플러레이더는 재래형(在來型)레이더보다도 f_p 를

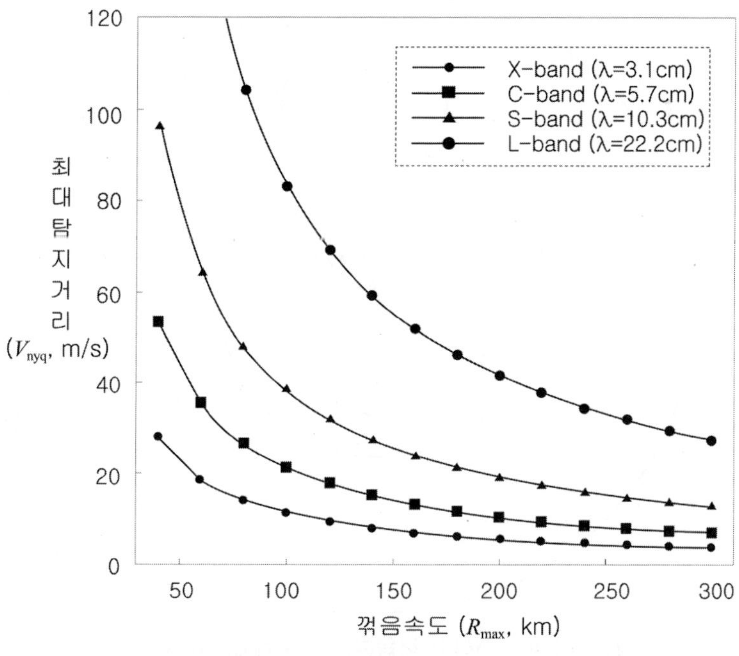

그림 11.3. 주파수대별의 최대탐지거리 V_{nyq} 와 꺾음속도 $R_{\max}$ 의 관계

크게 설정하는 경향이 있다. 그 결과 같은 파장을 사용해도 도플러레이더의 R_{max} 는 재래형 레이더의 R_{max} 보다도 일반적으로 작다. 예를 들면, 파장 5.7 cm 의 기상청의 일반기상 레이더에는 $f_p = 260$ Hz, $R_{max} = 577$ km 이지만, 같은 기상청의 공항기상(空港氣象) 도플러레이더에서는 $f_p = 1{,}120$ Hz, $R_{max} = 134$ km 이다.

당연한 일이지만, 레이더는 R_{max} 속에 존재하는 목표물체를 관측대상으로 하고 있다. 그러나 지금 처리하고 있는 수신신호의 근원이 된 펄스보다 시간적으로 앞에 발사된 펄스가 R_{max} 보다 이원(以遠 : 어느 지점보다 더 멂)에 있는 물체에 의해 산란되어, 레이더에 돌아오는 일이 있다. 수신신호에는 발사된 펄스의 시각(時刻)이나 순서 등의 정보는 포함되어 있지 않기 때문에, 레이더는 그림 11.4 와 같이 $R_{max} + \Delta R$ 의 거리에 있어야 할 물체를 R_{max} 내의 ΔR 의 위치에 있는가와 같이 잘못해서 측정하는 일이 된다. 이것을 거리의 꺾음현상(range folding, range aliasing)이라고 하고, 이 때 관측된 레이더에코를 '다차(多次)에코(multi-trip echo)' 라고 한다. 통상은 하나 앞의 펄스에 의해 생기는 일이 많기 때문에 '2 차에코(second-trip echo)' 라고 말한다.

2 차에코의 발생원은 R_{max} 은 외측에 존재하는 적란운(積亂雲) 등의 강한 강수운(降水

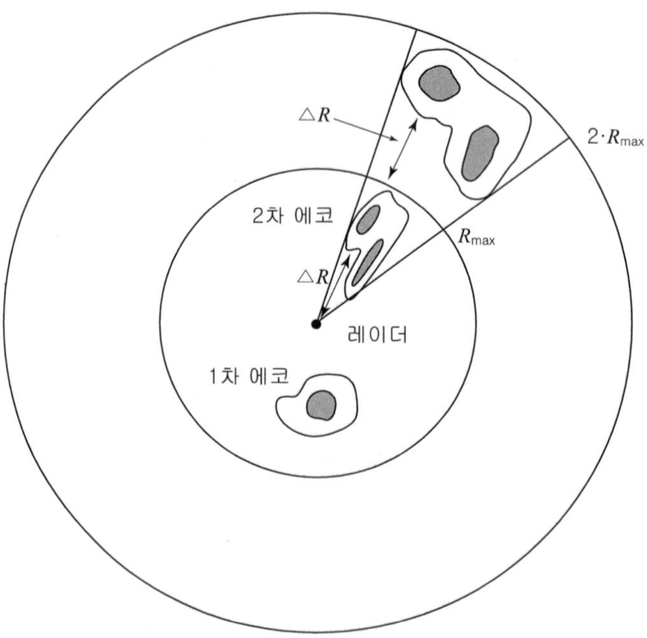

그림 11.4. 거리의 꺾음현상과 이차에코의 모식도

최대탐지거리 R_{max} 보다 외측에 있는 대상물로부터의 에코는 방위방향으로 압축되어서 R_{max} 의 내측에 2차에코로 나타난다.

雲)이나 키가 큰 산악 등에 있다. 통상의 레이더의 신호처리에서는 최대탐지거리 내에 있는 에코(1차에코)와 2차에코를 구별할 수가 없다. 공항기상 도플러레이더를 예로 들면 그 최대탐지거리는 134 km이기 때문에, 예를 들면 레이더에서 154 km의 거리에 있는 강수를 2차에코로서 측정하면, 154 - 134 = 20 (km)의 거리에 목표물체가 있는 것과 같이 인식한다. 그림 11.4와 같이 2차에코와 빔 방향에는 길이가 변하지 않지만, 방위방향으로는 압축(壓縮)된다. 디스플레이상에서 보면 2차에코는 쐐기와 같은 모양을 갖는 일이 많고, 사람의 눈에도 어느 정도 구별할 수가 있다.

재래형(在來型)레이더에서는 R_{max} 는 크므로 이차에코가 문제가 되는 일은 거의 없다. 그것에 대해서 도플러레이더에서는 R_{max} 가 작으므로 이차에코의 영향은 때로는 심각하다. 1차에코와 2차에코가 같은 위치에 섞여 있으면, 도플러스펙트럼상에는 양 에코에 대응하는 2개의 피크(頂点)이 나타나, 단순한 처리에서는 1차에코의 도플러속도만을 꺼낼 수가 없다.

ㄷ. 지형에코

기상레이더에 있어서 지형(地形)은 강력한 신호를 반사해서 오는 귀찮은 목표물체이다. 지형에코는 안테나가 발사하는 전파의 주(主)빔(main robe)에서 생기는 일도 있고, 주빔의 옆의 부차적(副次的)인 빔(side robe)에서 발생하는 일도 있다. 부차빔(side robe)의 이득은 주빔의 그것보다 훨씬 작으므로 레이더의 가까이에서는 부차빔에 의해 포착된 지형에코에서도 신호강도가 강하기 때문에 주빔에 의한 에코가 아닌가 하고 착오하는 일이 있다. 지형에코를 나타내는 도플러속도는 지형 위를 부는 바람의 강함에 따라서 변화하고, 바람에 따라서 나뭇잎 등이 흔들리는 것 등이 그 원인이라고 알려져 있다(Doviak and Zrnic, 1993). Groginski and Glover(1980)는 지상 부근의 풍속을 v로 할 때 지형에코의 스펙트럼 폭 σ_g 를

$$\sigma_g = \frac{8}{1,000} v^{1.2} \text{ (m/s)} \tag{11.12}$$

라고 보고했다. 예를 들면 풍속 10 m/s의 아래에서는 σ_g = 0.12 m/s이다. 실제로는 안테나의 회전이나 전반경로(傳搬經路)상의 전파의 흔들림, 신호처리 회로에 있어서의 위상신호의 흔들림, 더욱이 도플러스펙트럼 산출시의 데이터 수가 유한인 것 등에 기인해서, σ_g 는 1 m/s를 넘는 일도 적지 않다.

2차에코의 경우와 같이 샘플링체적 내에 지형과 강수가 섞여 있으면, 도플러스펙트럼상

에는 강수와 지형에 대응하는 2개의 피크가 나타난다. 이것은 우량측정(雨量測定)을 하는 데의 장해가 됨과 동시에 도플러속도의 산출에도 장해가 된다. 앞 장(章)에서 나타냈듯이 지형에코를 제외하기 위해서는 재래형레이더에서는 신호의 시간변동의 다름에 착안한 MTI 방식이 사용되고 있다. 도플러레이더의 경우에는 신호전력과 함께 도플러속도에 대해서도 지형에코 성분을 제외할 필요가 있다. 이렇게 한 도플러속도의 꺾음이나 2차에코나 지형에코 등은 자료를 이용하기 전에 보정(補正)이나 제거를 행해 둘 필요가 있다. 뒤에서 이것에 필요한 신호나 자료의 품질관리에 대해서 해설한다.

11.2. 구성과 신호처리

이 절에서는 도플러레이더의 구성과 신호처리에 대해서 설명한다. 레이더 전반의 구조나 각 부의 기능 등은 吉田(1996)에 상세하다. 도플러레이더의 기본적인 원리나 구성은 小平・立平(1972), 小平(1980)에 해설되어 있다. 여기서는 디지털 기술을 주체로 발달해 온 제 2세대의 도플러레이더를 중심으로 해서 해설한다.

11.2.1. 기본구성

펄스에서는 없는 연속파(連續波)를 발사하는 도플러레이더에서는 송신파와 수신파의 주파수차〔周波數差, 도플러 주파수〕를 직접 측정하는 일이 원리적으로는 가능하다. 단 연속파를 무한장(無限長)의 펄스이므로 거리분해능을 갖지 않고, 이러한 타입의 도플러레이더에서는 목표물체까지의 거리를 측정할 수가 없다. 한편 펄스형 도플러레이더에서는 앞 절에서 언급했듯이 도플러 주파수에 대응하는 연속파를 간헐적으로 밖에는 샘플링하지 않으므로 도플러 주파수를 직접적으로 구할 수는 없다. 대신 송신파와 수신파의 위상차(位相

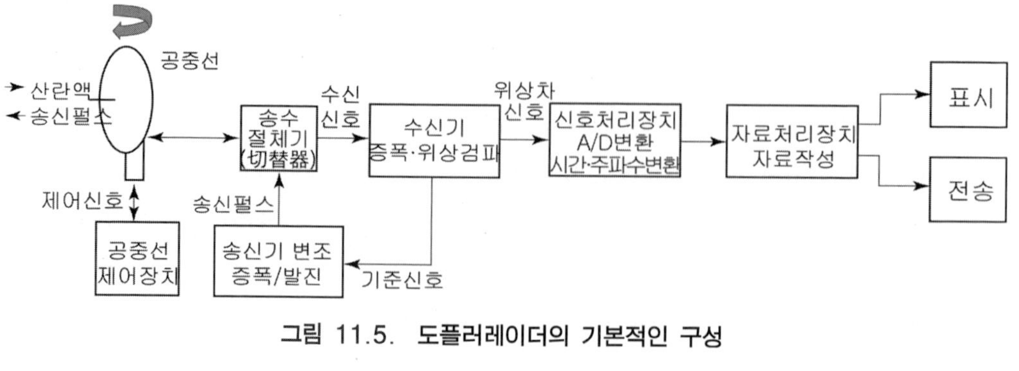

그림 11.5. 도플러레이더의 기본적인 구성

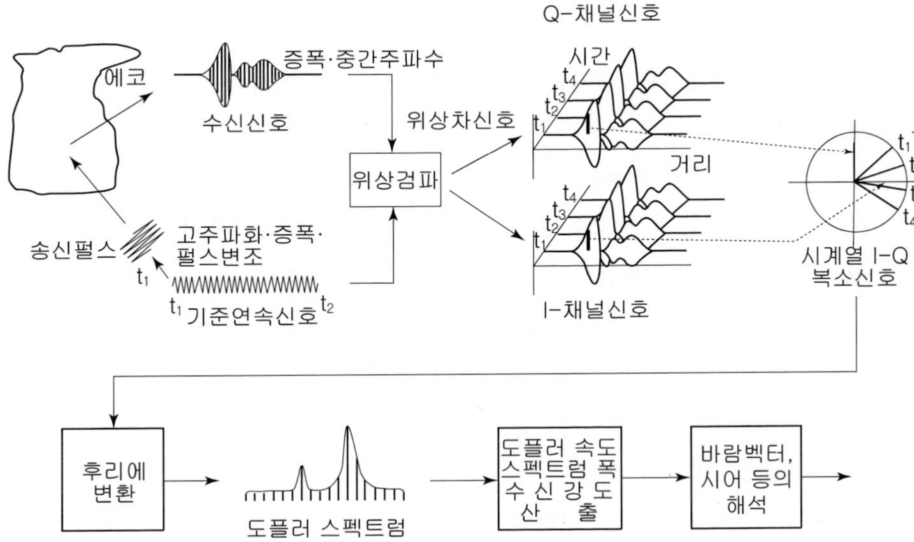

그림 11.6. 도플러레이더에 있어서 신호의 흐름

差)의 시간변화에서 도플러 주파수를 구한다.

우선 수정발신기(水晶發信器)에 의해 기준의 중간주파신호가 되는 연속파를 발진시킨다. 이것을 고주파발신기의 신호와 혼합하고, 더욱 이것을 펄스폭에 상당하는 시간분만큼 송신관에 의해 증폭해서 안테나에서 발사한다. 그 직후부터 다음의 펄스를 발사할 때까지의 사이 목표물체에서 돌아오는 전파를 고주파신호로서 수신하고, 증폭해서 중간주파신호로 변환한다. 다음에 이 중간주파신호의 위상과를 비교해서 양자의 차를 위상차신호로서 꺼낸다. 이것을 위상검파(位相檢波)라고 한다. 위상차신호를 거리분해능에 상당하는 시간간격으로 샘플링해서 A/D 변환하는 것으로서 하나의 송신 펄스에 대응한 거리축상의 디지털 위상차 데이터열을 만든다. 복수의 송신 펄스에 관한 같은 조작을 반복해, 동일거리상에서 복수개의 위상차 데이터를 모아서 시간축 상의 위상차 데이터열로 한다. 이 시간축 데이터를 후리에 변환함으로써 주파수축 데이터(도플러스펙트럼)를 구해, 이것을 근거로 도플러속도나 스펙트럼폭을 구한다. 그림 11.5는 도플러레이더의 기본적인 회로구성을 나타낸다. 그림 11.6은 도플러레이더에 있어서 신호와 자료의 흐름이다.

11.2.2. 송수신 회로

도플러레이더는 전파를 만들어 내기 위해서 사용하는 송신관(送信管)의 종류에 따라 코히렌트형(coherent type)과 넌코히렌트형(non-coherent type)의 두 가지로 분류된다.

ㄱ. 코히렌트 도플러레이더

고주파발진기(高周波發振器)를 준비해서 기초신호로서의 연속파를 발생시킨다. 송신관인 크라이스트론〔klystron : 원래는 1939년 미국에서 발명한 상품명 Klystron에서 유래함. 극초단파의 발생·증폭 등에 이용되는 진공관의 일종, 속도변조관(速度變調管)〕에 펄스폭에 알맞은 시간만큼 고전압을 가해줌으로써 이 연속파를 증폭하고 송신펄스로서 안테나에서 발사한다. 속도변조관(速度變調管, 크라이스트론)은 미약한 마이크로파를 대전력(大電力)으로 증폭하는 전자관이다. 강한 자장(磁場)을 부여한 진공공동 내에 전자빔을 만들어 놓고, 빔의 발사 측에 미약한 고주파신호를 부가함으로써 빔의 전반속도(傳搬速度)를 변화시켜 빔의 집적(集積)작용에 의해 빔의 끝 쪽에 대전력의 고주파신호를 발생시킨다. 송신파는 기준신호를 펄스폭에 맞는 시간만큼 잘라낸 것이고, 각 펄스의 위상 사이에는 상관이 있으므로 이 형(型)의 레이더를 '코히렌트(coherent) 도플러레이더'라고 한다. 코히렌트란 위상이 갖추어져 있다고 하는 의미이다. 수신신호는 기준신호와 함께 위상검파회로에 입력되어 여기서부터 양자의 위상차의 여현(餘弦, 余弦, 코사인)함수가 출력된다.

실제로는 그림 11.7(a)와 같이, 고주파발진기(高周波發振器)에서 나오는 신호 f_0의 중간주파발진기의 신호 f_i를 부가해(또는 감해), f_0+f_i의 신호를 크라이스트론으로 증폭해서 송신한다. 일반적으로 f_i는 수십 MHz이다. 도플러 변이(變移)를 받아서 수신되는 신호되는 신호 $f_0+f_i+f_d$(도플러주파수)는 우선 중간주파신호 f_i+f_d로 변환되고, 이것을 중간주파발진기에서의 f_i와의 사이에서 위상검파(位相檢波)함으로써 위상차 신호를 얻는다.

ㄴ. 넌코히렌트 도플러레이더

재래형레이더에서 사용하고 있는 마그네트론〔magnetron : 이극 진공관의 하나로, 마이크로파를 발생시키는 것, 자자(磁子)〕라고 불리는 마이크로파 발진관(發振管)을 사용해서 도플러 레이더를 실현하는 것도 가능하다. 마그네트론에서는 강력한 자장(磁場) 속에 진공공동(眞空空洞)을 설치해 그 내부의 양극에 펄스폭에 상당하는 시간만큼 고전압을 부가한다. 공동(空洞) 내부에는 전자의 나선운동이 발생해, 그 결과 생기는 대전력의 고주파 신호를 송신 펄스로서 꺼낸다. 이 타입의 레이더에서는 각 펄스는 매회 독립한 초기위상을 갖고 만들어진다. 각 펄스의 위상 사이에는 상관이 없으므로 이 형의 레이더를 '넌코히렌트(non-coherent) 도플러레이더'라고 말한다. 이대로는 수신신호와 비교해야 할 기준신호가 존재하지 않으므로 수신기로 위상검파가 되지 않는다. 그러기 때문에 마그네트론에서 만들어진 송신파의 일부를 트리거(방아쇠, trigger)로 해서, 송신파의 위상에 동기(同期)한 연속파를 다음의 펄스 발사까지 발진시키는 발진기(코히렌트 발진기, coherent oscillator : COHO)를 설치해, 이 연속파를 기준신호로 해서 위상검파를 행한다. 실제로는 그림 11.7.(b) 와 같이, 마그네트론의 출력신호를 본기(分岐)해, 이것과 고주파 발진기의 출력

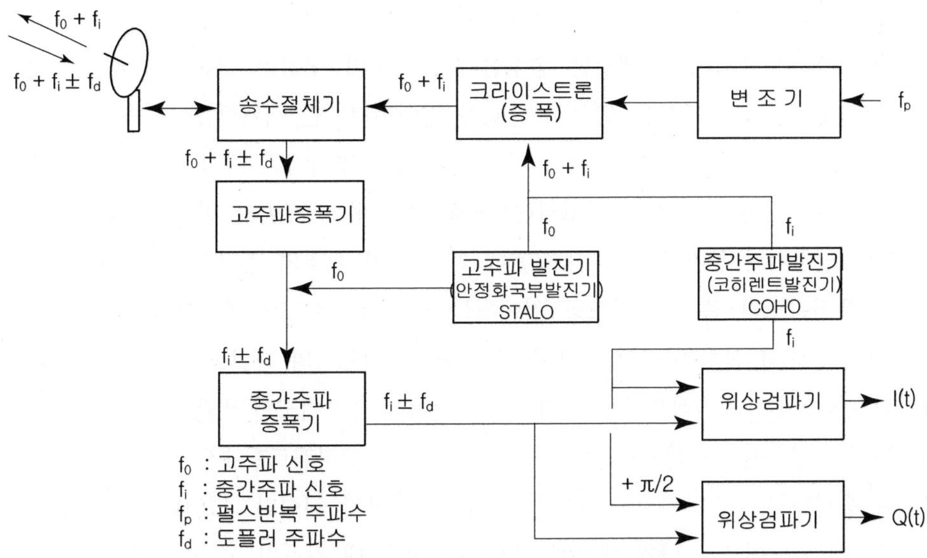

(a). 속도변조관(速度變調管, 크라이스트론형)

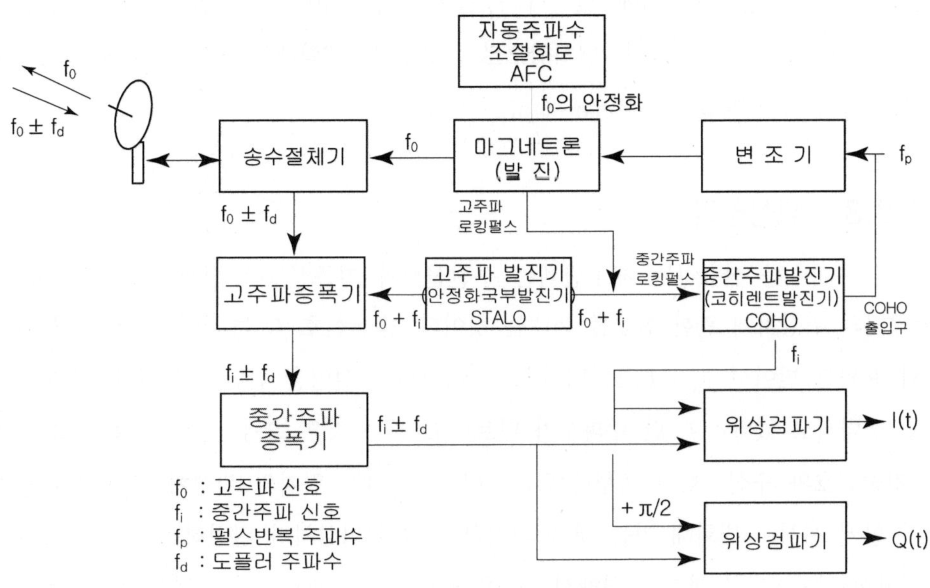

(b). 전자(電子, 마그네트론형)

그림 11.7. 도플러레이더의 회로구성

f_0+f_i 와 혼합함으로써 중간주파 로킹(rocking : 전후 또는 좌우로 흔들림) 펄스를 만든다. 이것을 트리거로 해서 중간주파 발진기에 입력해 마그네트론의 초기위상(初期位相)과 동기(同期)한 신호 f_i 를 만들고, 이것을 수신 중간주파 신호 f_i+f_d와 위상검파해 위상차 신호를 얻는다. 송신기에서는 자동주파수 조절회로(自動周波數 調節回路, AFC)에 의해 마그네트론이 항상 주파수 f_0 를 발진하도록 조절해 놓는다.

코히렌트형의 도플러레이더에서는 송수신기의 회로의 구성이 단순하기 때문에 신호의 안정도가 높고, 정밀도가 높은 위상차 신호가 얻어진다. 단, 일반적으로 속도변조관(速度變調管, 크라이스트론)은 마그네트론에 비교해서 긴 수명이지만 가격이 비싼 것이나 소비전력이 큰 것이 난점이다. 한편 넌코히렌트형에서는 마그네트론의 발진주파수의 안정도와 코히렌트형 발진기의 동기정밀도(同期精密度)가 위상차 신호의 정밀도를 결정한다. 그렇기 때문에 도플러속도의 측정 정밀도의 점에서는 일반적으로 코히렌트형이 넌코히렌트형을 상회하지만, 근년의 신호 처리의 진보에 의해 넌코히렌트형의 정밀도도 상향되고 있다.

코히렌트형에서는 원리적으로 도플러레이더 특유의 2 차에코가 발생하기 쉽고, 무엇인가의 제거회로(除去回路)를 설치할 필요가 있다. 한편 넌코히렌트형에서는 각 펄스가 독립된 위상으로 송신되므로 2 차에코는 표면적으로는 출현하기 어렵다. 그러나 2 차에코는 도플러스펙트럼에는 노이즈로 남기 때문에 실제로는 신호 대 잡음비(S/N) 를 저하시켜 도플러속도의 측정 정밀도를 저하시키는 원인의 하나가 된다.

넌코히렌트형 도플러레이더에 있어서 f_i 를 디지털 데이터로서 보존하고, 수신신호의 f_i+f_d 도 직접 A/D 변환해 디지털화함으로 COHO 를 생략해서 정밀도 좋게 위상검파를 행하는 기술이 근년 개발되었다(Joe et al., 1997).

11.2.3. 위상검파

도플러 주파수를 산출하는 제 1 단계는 수신신호와 기준신호를 위상검파(位相檢波)함으로써 양자의 위상차에 관한 신호를 꺼내는 것이다. 송신신호 f_0 는 이동목표에서 돌아오면 도플러 효과를 받아서 f_0+f_d 로 되어 있다(여기서는 설명을 간단히 하기 위해 중간주파 신호를 생략하고 있다). f_d 만 주파수가 다르다고 하는 것은 그림 11.8 과 같이 펄스 발사마다 기준신호와 수신시호의 파형(波形)을 비교했을 때, 양자의 위상차가 f_d에 대응해서 시간과 함께 서서히 변화해 가는 것을 의미하고 있다(위상차가 일정하다면 f_d 는 0 이다). 위상검파회로는 2 개의 파를 입력해서 그 곱을 출력하는 회로이고, 제 1 펄스와 같이 양파(兩波)가 동상(同相)일 때는 f_d는 정〔正, 양(陽), ＋)쪽으로 흔들리고, 제 2・제 3 펄스와

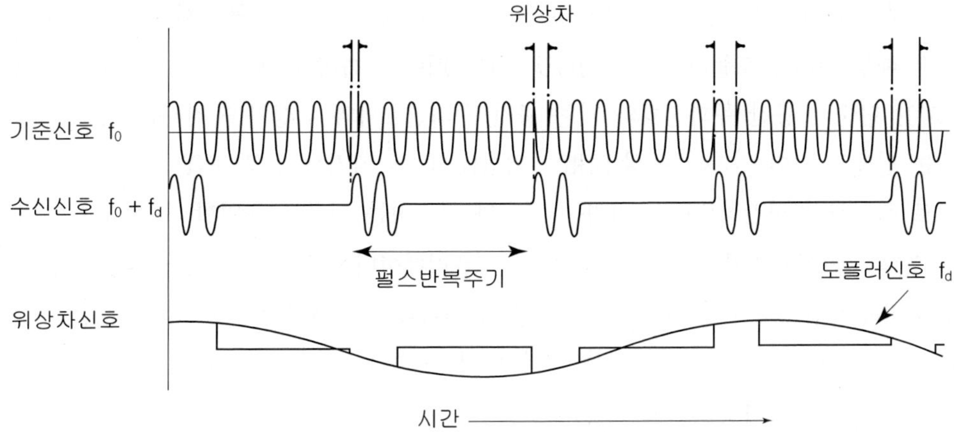

그림 11.8. 수신 위상차신호에서 도플러주파수를 검출하는 모식도

立平(1972)의 그림 10.2 에 의함.

같이 역상(逆相)일 때에는 f_d 는 부〔負, 음(陰), －)쪽으로 흔들린다. 즉 f_0의 파와 f_0+f_d 의 파와의 곱을 취함으로서 f_d 에 관한 위상신호를 꺼낸다(小平・立平, 1972).

11.2.4. I · Q 채널신호

목표물체에서 산란되어 레이더에 돌아온 수신신호는 식 (11.5) 로 표현되었다. 이것을 다시 나타내면

$$E_r(t) = A_r \sin\{2\pi(f_0+f_d)t+\psi+\phi_0+\phi_r\} \quad (11.5)'$$

이다. 여기서 $\psi+\phi_0+\phi_r$ 은 일정하므로 이것을 Φ로 바꾸어 놓으면

$$E_r(t) = A_r\sin\{2\pi(f_0+f_d)t+\Phi\} \quad (11.13)$$

으로 된다. 이 신호는 고주파 증폭기를 토해서 증폭된 후 중간주파신호로 변환되어 직선특성(直線特性)의 증폭이 행해진다. 중간 주파수를 f_i 로 하는 중간 주파수 신호는 다음과 같다.

$$E_i(t) = A_i\sin\{2\pi(f_i+f_d)t+\Phi\} \quad (11.14)$$

그런데 도플러주파수 f_d 에는 정(正)과 부(負)의 값이 있다. 목표물체가 레이더에서 멀어져갈 때를 부〔負, 도플러속도는 정(正)〕, 레이더에 가까워올 때는 정(正)으로 한다〔같이 부(負)〕. 단순히 중간 주파신호와 기준 중간 주파신호와의 위상차를 취하는 위상검파회로에서는 전술과 같이 양자의 동상(同相)・역상(逆相)에 따라서 정부(正負)를 출력하는 것뿐이므로 위상차가 시간적으로 증가하는 경우와 감소하는 경우를 구별할 수 없고, f_d 의 정부(正負)를 판단할 수가 없다. 1960년대의 도플러레이더에서는 기준신호의 주파수를 규정량만큼 변동시킴으로서 도플러주파수의 정부(正負)를 판단했지만(小平・立平(1972), 1970년대에는 다음에 표시하는 직교위상 검파 방정식直交位相 檢波 方程式이 등장했다(Theiss et al., 1963; 青柳, 1986).

그림 11.9와 같이 직교 위상검파 방식에서는 수신신호 E_i 를 우선 2개로 분기(分岐)하고, 2개의 위상 검파기로 보낸다. 기준신호도 2개로 분기(分岐)하고, 그 한편은 그대로 위상 검파기 1에 입력한다. 또 하나의 기준신호는 그 위상을 90° 진전시켜서(늦추어서) 위성 검파기 2에 입력한다. 전술한 것과 같이 위상 검파기는 2개의 입력신호의 곱을 취하고, 양방의 신호의 위상의 차의 여현함수(餘弦函數, cosine)를 출력하는 회로이다. 위상검파기 1의 출력을 I〔in-phase, 동상(同相)〕 채널신호, 위상 검파기 2의 출력을 Q〔quadrature, 직각위상(直角位相)〕 채널신호라고 하고, 양자를 정리해서 직교위상신호(直交位相信號)라고 한다. 青柳(1986)를 참고하면 정(正) 및 부(負)의 도플러주파수에 대응하는 중간 주파신호의 성분을 각각

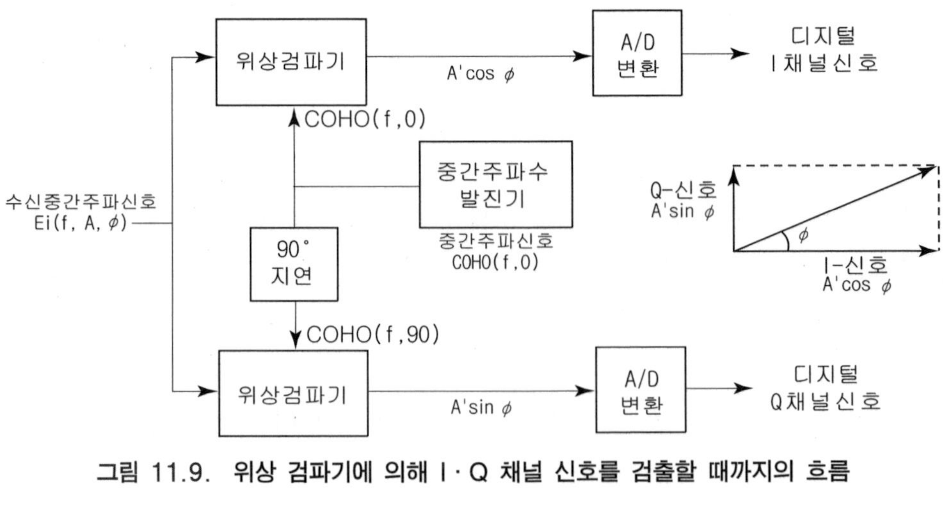

그림 11.9. 위상 검파기에 의해 I・Q 채널 신호를 검출할 때까지의 흐름

$$E_i^{+} = A\sin(2\pi(f_i + f_a)t + \Phi_a)i$$
$$E_i^{-} = B\sin(2\pi(f_i - f_b)t + \Phi_b)i \tag{11.15}$$

로 하고[f_a 와 f_d 는 각각 정(正)], 각각을 위상 검파기 1과 위상 검파기 2에 입력한다. 위상 검파기 1과 위상 검파기 2에 입력하는 기준신호를 각각

$$S_1 = C\sin(2\pi f_i\, t + \Phi_i)$$
$$S_2 = C\sin(2\pi f_i\, t + \Phi_i + \frac{\pi}{2}) \tag{11.16}$$

으로 한다. 정(正)의 도플러주파수에 대응하는 I 채널 신호는

$$\begin{aligned} I_+(t) &= E_i^{+} \times S_1 \\ &= \frac{AC}{2}cos(2\pi f_a t + \Phi_a - \Phi_i) - \frac{AC}{2}cos(4\pi f_i t + 2\pi f_a t + \Phi_a + \Phi_i) \end{aligned} \tag{11.17}$$

이다. 부(負)의 도플러주파수에 대응하는 I 채널 신호는

$$\begin{aligned} I_-(t) &= E_i^{-} \times S_1 \\ &= \frac{BC}{2}cos(2\pi f_b t - \Phi_b + \Phi_i) - \frac{BC}{2}cos(4\pi f_i t - 2\pi f_b t + \Phi_b + \Phi_i) \end{aligned} \tag{11.18}$$

이다. 식 (11.17), 식 (11.18)의 우변 제2항에는 f_i 가 포함되지만, $f_i \gg f_a$, $f_i \gg f_b$ 이기 때문에 고주파 여과(濾過 : 액체를 걸러서 불순물을 제거함) 필터에 의해 이 항을 제거한다. 남은 우변 제1항의 합을 취하면, I 채널 신호는

$$\begin{aligned} I(t) &= I_+(t) + I_-(t) \\ &= \frac{AC}{2}cos(2\pi f_a t + \Phi_a - \Phi_i) + \frac{BC}{2}cos(2\pi f_b t - \Phi_b + \Phi_i) \end{aligned} \tag{11.19}$$

가 된다.

같은 방법으로 Q 채널 신호에 대해서도

$$Q_+(t) = \frac{AC}{2} sin(2\pi f_a t + \Phi_a - \Phi_i)$$

$$- \frac{AC}{2} sin(4\pi f_i t - 2\pi f_a t + \Phi_a + \Phi_i) \quad (11.20)$$

$$Q_-(t) = -\frac{BC}{2} sin(2\pi f_b t - \Phi_b + \Phi_i)$$

$$- \frac{BC}{2} sin(4\pi f_i t - 2\pi f_b t + \Phi_b + \Phi_i) \quad (11.21)$$

이고, 같은 방법으로 해서 양식의 우변 제 2 항을 제거하면

$$Q(t) = Q_+(t) + Q_-(t)$$

$$= \frac{AC}{2} sin(2\pi f_a t + \Phi_a - \Phi_i) - \frac{BC}{2} sin(2\pi f_b t - \Phi_b + \Phi_i) \quad (11.22)$$

이 된다.

식 (11.19)와 식 (11.22)에서 도플러주파수의 정부(正負)를 알 수가 있다. 예를 들면 수신신호가 정(正)의 도플러주파수만을 포함하는 경우에는

$$I(t) = \frac{AC}{2} cos(2\pi f_a t + \Phi_a - \Phi_i)$$

$$Q(t) = \frac{AC}{2} sin(2\pi f_a t + \Phi_a - \Phi_i) \quad (11.23)$$

이다. 한편 수신신호가 부(負)의 도플러주파수만을 포함하는 경우는 식 (11.23), $Q(t)$의 우변 선두에 부(負)의 부호를 붙인다.

이상의 일은 그림 11.10 과 같이 복소평면(複素平面) 상에서 I 채널 신호를 실수부(實數部), Q 채널 신호를 허수부(虛數部)로 하는 복소벡터를 생각하면 이해하기 쉽다. 이 복소벡터의 시간변화를 생각하면, 도플러주파수를 복소벡터의 회전속도로 주어져, 그 정부(正

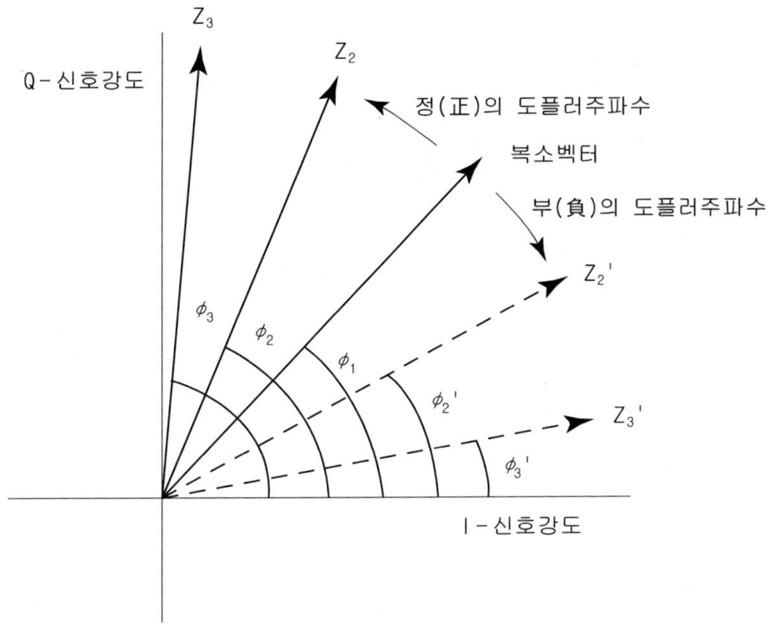

그림 11.10. I·Q 채널 신호에 의해 만들어진 복소벡터와 도플러주파수의 개념도

Z_1, Z_2, Z_3은 정(正)의 도플러주파수에 대응해서 회전하는 복소벡터 Z_1', Z_2, Z_3'은 부(負)의 도플러주파수에 대응하는 복소벡터를 나타낸다. ϕ는 복소벡터의 편각(偏角)을 나타낸다.

負)의 복소벡터의 회전방향으로 나타난다. 더욱이 수신신호의 강도는 복소벡터의 절대치(絶對値, 길이)인 것을 안다. 즉 긴 복소벡터가 고속으로 반시계방향으로 회전하는 것은 강한 반사강도와 큰 정(正)의 도플러주파수를 나타내고 있다. 실제의 회로에서는 I·Q 채널신호를 각각 오시로스코프〔oscilloscope, 역전류검출관(逆電流檢出管)〕의 수평축과 수직축에 입력하면, 복소벡터의 회전을 리사쥬 도형으로서 눈으로 볼 수가 있다.

11.2.5. 도플러속도와 스펙트럼폭의 산출

위상검파기에서 출력된 직교위상차신호를 레인지 게이트(range gate)마다 샘플링되어 A/D 변환된다. 일반적으로 레인지 게이트의 시간간격은 거리 분해능에 대응하도록 펄스 반복주기로 설정되었다. 디지털화된 I·Q 채널신호를 시간·주파수 변환하면, 도플러속도, 스펙트럼폭, 수신강도가 계산된다. 지금, I·Q 채널 신호를 복소수 $Z(t)=A(t)\times e^{-i\psi(t)}$ 로 표현하면, $Z(t)$의 후리에 변환은

$$F(f) = \int_{-\infty}^{+\infty} Z(t) \times e^{-i2\pi ft} dt \qquad (11.24)$$

이다. 여기서 i 는 허수단위이다. 도플러스펙트럼 $S(f)$는 $|F(f)|^2$으로 주어진다. 실제로 이 변환을 해서 도플러속도를 구하는 데는 FFT 방식과 펄스 페어방식의 2개의 방법이 있다.

ㄱ. FFT 방식

도플러스펙트럼은 I·Q 채널 신호를 후리에 변환하는 것으로 얻어진다. T의 측정 시간 내에 $M = 2^N$ 조[組, N은 정수치(整數値)]의 I·Q 채널 신호를 샘플링해서 디지털화하고 I 채널 신호를 실수부, Q 채널 신호를 허수부로 하는 이산복소신호(離散複素信號) Z_m(m = 0~M − 1) 으로 하면, 복소 후리에 계수 C_k 는 다음과 같이 된다.

$$C_k = \frac{1}{M} \sum_{m=0}^{M-1} Z_m \times \exp(-i \times 2\pi k\, m/M) \qquad (k = 0, 1, \cdots, M-1) \qquad (11.25)$$

이것으로부터 다음과 같은 후리에 스펙트럼 F_k 가 구해진다.

$$F_k = T\,|C_k| \qquad (11.26)$$

여기서 $T = M \triangle T = M/f_p$ 이다(f_p 는 펄스 반복 주파수). 실제로는 F_k 의 계산에는 FFT(고속 후리에 변환)가 사용된다. 더욱이 도플러스펙트럼 S_k 는 후리에 스펙트럼을 근본으로 하는 파워 스펙트럼이기 때문에

$$S_k = \frac{N}{T}[F_k]^2 \qquad \begin{pmatrix} k=0,\ M- & \rightarrow N=1 \\ k=2,\ M-2 & \rightarrow N=2 \end{pmatrix} \qquad (11.27)$$

이다. S_k 는 자료의 주기성을 찾아내기 위해서 사용되어 왔던 일로부터 습관적으로 피어리오도그램(periodogram)이라 불린다.

이렇게 해서 구한 도플러 스펙트럼에 식 (11.6), (11.8), (11.9)를 적용해서 각각 평균 수신강도, 평균 도플러속도, 스펙트럼 폭을 구한다. 또 위에서는 I·Q 채널 신호를 이산복

소신호로 간주해서 후리에변환을 행했지만, 이것은 양 신호를 벡터 시계열 자료로 간주하고, 회전 스펙트럼을 구하는 것과 같은 뜻이다(日野, 1977).

실제의 신호의 처리에서는 자료가 유한 개인 것에 의해서 발생하는 스펙트럼의 비뚤어짐의 발생을 억제하기 위하여 미리 Z_m에 Hamming window 등의 적당한 자료 창(窓)을 설치하는 일이 많다. 더욱 얻어진 도플러스펙트럼에는 강수에 관한 신호만이 아니고, 지형 · 2차에코 · 노이즈 등의 신호가 혼입되어 있다. 강수에 관한 도플러속도를 정밀도 좋게 구하기 위해서는 각종의 수법에 의해 이들을 제거하는 일이 필요하다. 이것에 대해서는 다음 항(項)에서 언급한다.

ㄴ. 펄스 페어(켤레) 방식(자기상관방식)

FFT 법은 도플러스펙트럼을 직접 얻는 일이 가능하므로, 지형이나 노이즈의 제거, 더욱이 2차에코의 제거를 직접적으로 행할 수 있는 점에서 우수하다. 그 한편에서 다수의 레인지 게이트에 있어서 FFT를 실시간(實時間, real time)으로 실행할 필요가 있기 때문에 고속의 신호 연산회로가 필요하다. 예를 들면 기상 도플러레이더의 경우, 공중선(空中線)의 회전속도가 매분 4회전, 150 m의 레인지 게이트 폭, 방위분해능이 0.7°, 측정범위가 120 km이고, 고속의 디지털 신호 처리기(digital signal processor : DSP)에 의해 1초간에 27,000지점의 각 게이트에서 각각 32점의 FFT를 행하고 있다. 1980년대에 만들어진 도플러레이더에서는 계산시간을 절약하기 위해 거의가 펄스 페어(켤레) 방식(Pulse Pair Processor)을 채용하고 있다(Rummler, 1968 ; 青柳, 1986).

펄스페어방식에서는 도플러스펙트럼을 거치는 일 없이 직교 위상차신호의 자기상관함수(自己相關函數)를 경유해서 평균 도플러속도와 스펙트럼 폭을 계산한다. ㄱ과 같이 I 채널 신호를 실성분(實成分), Q 채널 신호를 복소성분으로 하는 이산복소신호(離散複素信號) Z를 생각해, 펄스 반복주기 T_s를 시간연장(時間遲延, time lag)으로 했을 때의 자기상관함수는

$$R(T_s) = \frac{1}{N}\sum_{m=1}^{N} Z_m^{*}\cdot Z_{m+1} \tag{11.28}$$

이다. 여기서 *는 켤레복소수를 나타낸다. 즉 전회의 복소신호의 켤레복소수와 금회의 복소신호의 곱을 취해, 이것에 대해서 N회의 평균치를 구한다.

그림 11.8에 표시한 복소평면 상에서 생각하면 Z는 원점을 중심으로 해서 시간과 함께 회전하는 복소벡터이다. 앞에서 언급한 것같이 도플러주파수 f_d는 Z의 회전속도에 대

응한다. Z의 편각의 시간변화인 각속도를 ω로 하면, $f_d = \omega/2\pi$ 이므로 $Z(t) = A(t) \times e^{i\theta(t)}$ 로서 m 에 대해서 1과 2를 생각하면, $\omega = (\theta_2 - \theta_1)/T_s$이기 때문에

$$f_d = \frac{\theta_2 - \theta_1}{2\pi T_s} \tag{11.29}$$

가 얻어진다. $Z_1 = A_1(\cos\theta_1 + i\sin\theta_1)$, $Z_2 = A_2(\cos\theta_2 + i\sin\theta_2)$ 로 하면, Z_1 의 켤레복소수는 $Z_1^* = A_1(\cos\theta_1 - i\sin\theta_1)$ 이기 때문에

$$Z_1^* \cdot Z_2 = A_1 A_2 \{\cos(\theta_2 - \theta_1) + i\sin(\theta_2 - \theta_1)\} \tag{11.30}$$

이 된다. 이것으로부터

$$f_d = \frac{1}{2\pi T_s} \arg(Z_1^* \cdot Z_2) \tag{11.31}$$

이 된다. 여기서 arg는 복소수의 편각(偏角)을 나타낸다.

실제의 연산에서는 $Z = x + iy$로 하면

$$f_d = \frac{1}{2\pi T_s} tan^{-1} \frac{x_1 y_2 - x_2 y_1}{x_1 x_2 + y_1 y_2} \tag{11.32}$$

가 된다. 이 조작을 N회 반복해서 다음과 같이 그 평균치를 취하면 평균 도플러 주파수 f_d 가 얻어진다.

$$\overline{f_d} = \frac{1}{N} \sum_{m=1}^{N} f_d \tag{11.33}$$

식 (11.28)과 식 (11.31)을 사용하면

$$\overline{f_d} = \frac{1}{2\pi T_s} arg(R(T_s)) \tag{11.34}$$

$$= \frac{1}{2\pi T_s} tan^{-1} \frac{I_m(R(T_s))}{R_e(R(T_s))}$$

로 표현된다. I_m과 R_m은 각각 허수부와 실수부를 나타낸다.

한편 스펙트럼 폭은

$$\sigma^2 = \frac{1}{2\pi^2 {T_S}^2} \times \frac{1 - | R(T_s) |}{R(0)} \tag{11.35}$$

로 주어진다(Miller and Rochwarger, 1972; Sauvageot, 1992).

식 (11.31)에서 알 수 있듯이, 이 방식은 서로 인접한 켤레의 펄스에 대응하는 I·Q채널신호를 사용하는 것으로부터 펄스페어처리(pulse pair processor : PPP)라고 불리고, 도플러속도와 스펙트럼 폭을 단시간으로 계산할 수가 있다. 단, 이 방식에서는 수신강도를 구할 수가 없다. 위상신호 처리계와는 별도로 재래형레이더와 같은 대수증폭기(對數增幅器)를 설치해서 강도 신호를 출력한다. 또 스펙트럼으로 지형에코의 제거를 행할 수가 없으므로 저주파 여과(濾過)필터를 사용해서 지형에코를 제거한다. 또 같은 이유에서 이차에코를 제거할 수는 없다.

11.2.6. 자료의 품질관리

이제까지의 해설에서 수신신호에서 도플러속도·스펙트럼 폭을 산출하기까지의 흐름을 설명했다. 더욱이 앞 절에서 말했듯이 도플러속도의 측정에는 몇 개의 불확정성이 동반되는 것을 알았다. 도플러레이더를 이용해서 실제의 대기현상을 관측할 경우에는 불요한 정보를 제거해서 진실로 얻고 싶은 정보만을 추출하는 것이 필요하다. 특히 공항기상 도플러레이더와 같이 현업적으로 운용되고 있는 레이더에서는 신호나 자료의 품질관리를 실시간(real time)으로 행하는 것이 요구된다. 도플러레이더에 있어서의 품질관리는 이득의 조정, 지형에코의 제거, 2차에코의 제거, 노이즈 제거와 같이 도플러속도를 산출할 때까지의 신호처리의 관리와 도플러속도의 꺾음 보정에 대표되는 자료처리의 관리로 나눌 수 있다.

ㄱ. 감도조정

재래형레이더의 수신기에서는 수신된 고주파 신호를 중간 주파신호로 변환한 뒤 신호의 포화를 막기 위해 입력과 출력이 대수(對數)관계에 있는 대수증폭기(對數增幅器)로 신호를 증폭하고, 더욱 검파를 행해서 영상용의 직류신호(直流信號, 비디오 신호)를 얻고 있다. 그러나 대수증폭기를 통과한 신호는 위상 정보가 파손되므로 도플러레이더에서는 대수증폭 대신에 직선특성(直線特性)을 갖는 증폭기(直線增幅)가 사용되고 있다. 대수증폭기는 70~80 dB의 다이나믹 레인지를 갖는데, 직선증폭기의 다이나믹 레인지는 50~60 dB 정도이다. 한편 강수의 반사강도는 대략 0~60 dBZ의 범위에 있고, 식 (10.15)의 레이더 방정식에 있어서 거리의 보정항(補正項)은 대략 0~30 dB이므로 기상레이더의 수신기에는 적어도 80~90 dB의 다이나믹 레인지가 요구된다. 그러기 때문에 도플러레이더에서는 강한 신호를 입력했을 때에는 직선증폭기의 출력이 포화되지 않도록 감도를 제어할 필요가 있다. 이것을 행하는 데에는 다음에 언급하는 근거리감도 제어회로(近距離感度 制御回路, sensitivity time control circuit : STC)나 이득 제어회로(利得 制御回路, automatic gain ontrol circuit : AGC)가 사용된다.

STC는 펄스를 송신한 직후부터 단시간만 수신기의 감도를 낮게 억제하는 것으로 레이더 근방에서 돌아오는 레벨의 높은 신호에 의해 수신기가 포화하는 것을 막는 회로이다. 일반적으로, 레이더 방정식을 고려해서 r을 거리, K를 상수로 해서, $20 \log_{10} (K/r)$의 감쇠(減衰)를 주어진다.

AGC는 수신신호의 감도에 따라서 수신기의 감도를 그 때마다 변화시켜 수신기의 포화를 막는 회로이다. 엄밀하게 이것을 행하는 데에는 직선증폭기와 병렬로 대수증폭기를 준비해서 직선증폭기에는 1펄스분 지연해서 신호를 입력한다. 미리 대수증폭기로 수신강도를 측정하고 그 강도에 따른 최적의 감쇠량을 직선증폭기에 주어 직선증폭기의 포화(飽和)를 막는다. 이것에 의해 각 펄스마다 AGC를 작동시킬 수가 있다. 보다 간편한 방법으로는 1스웹(sweep) 단위 또는 공중선(空中線)의 1회전단위 AGC를 작동시키는 일도 있다. STC, AGC 모두 처음에 출력신호에 주어진 감쇠량를 첨가함으로서 본래의 신호강도를 얻는다.

위상검파회로에서 출력된 위상차 신호에 대해서 코히렌트 적분이라 불리는 조작을 행하는 일이 있다. 위상차 신호에는 목표물체에 관련하는 위상차 신호 외에 가지각색의 노이즈가 포함되어 있다. N개의 위상차 신호를 적분하면 위상에 시간상관이 있는 신호에 관해서는 그 강도가 N^2 배되지만, 위상에 상관이 없는 노이즈의 강도는 N배 밖에는 되지 않는다. 이 결과 S/N비는 N배로 개선되어 이때까지 노이즈에 파묻히어서 인식할 수 없었던 신호를 추출(抽出)할 수 있는 일이 있다. 이 조작을 코히렌트 적분이라고 한다. 단, 이 적분을 행하면 f_p 가 실질적으로 f_p/N 이 되므로 식 (11.10) 에서 V_{nyq} 는 V_{nyq}/N 으로 감소하는 일에 주의하지 않으면 안 된다. 윈드 프로파일러(wind profiler, 30~1,200 MHz로 작동하는 연직방향 지향의 도플러레이더) 에서는 사용하고 있는 전파의 파장이 기상레이더의 경우보다도 긴 일이나 진상(眞上 : 똑바로 위)만이 관측대상이기 때문에 최대 탐지거리가 적어도 좋으므로 V_{nyq} 를 크게 설정할 수가 있다. 적절한 N 을 선택하면 코히렌트 적분의 결과 V_{nyq}/N이 되어도 실용상 지장이 없다. 대기를 목표물체로 하고 S/N 비의 작은 신호를 취급하는 윈드 프로파일러에 있어서는 코히렌트 적분은 필수의 기술이다.

ㄴ. 2 차에코 제거

11.1.4 항에서 언급했듯이 도플러레이더에 있어서 2 차에코는 원하지 않는 신호이다. 2 차에코를 제거하기 위해 다음과 같은 몇 개의 방법이 고안되어 있다.

i) 이중펄스 반복주파수(PRF) 방식

2 차에코는 거리의 꺾음에코라고도 일컬어지는 것과 같이 레이더의 최대 탐지거리 R_{max} 의 외측에 있는 물체에서의 에코가 탐지 범위 내에 허상(虛像)으로서 출현하는 현상이다. R_{max} 의 외측에 존재하는 목표물체까지의 거리가 R 일 때, 2 차에코는 $R-R_{max}$ 의 거리에 출현한다. C 를 광속(光速)으로 할 때 $R_{max}=C/(2 \cdot PRF)$이므로 레이더에서 같은 거리에 있는 목표물체에서도 PRF 가 다르면 2차에코는 다른 거리에 출현하는 것이 된다.

2 종류의 PRF 로 펄스를 송신할 수 있도록 송신기를 설정해 놓고, 어떤 방위 폭 (1° 정도)마다 PRF 를 교체한다. 방위방향으로 서로 인접한 빈(bin : 샘플링 체적에 상당하는 공간의 상자)의 에코의 수신강도를 비교하고, 양자의 수신강도가 거의 같다면 그들은 동일 거리에서 도래(到來)한 에코, 즉 2 차에코라고 간주한다. 한편 양자의 수신강도가 어느 정도 다를 때에는 한쪽 편을 1 차에코, 또 다른 한쪽을 2 차에코라고 생각한다. 1 차에코와 2 차에코가 섞여 있을 때 2 차에코가 출현한다고 하는 것은 일차에코에 비교해서 2 차에코의 수신강도가 우월할 것이므로 수신강도가 큰 쪽의 빈의 에코를 2 차에코라고 판단해서 파기(破棄 : 버림)한다. 한편 수신강도의 작은 쪽의 빈의 에코를 1 차에코로 해서 채용하고, 2 차에코가 파기된 옆의 빈을 이 1 차에코로 치환한다. 이 방법은 비교적 간단하지만 1 차에코와 2 차에코의 수신강도가 거의 같을 때에는 기능(機能)하지 않는다. 도플러속도나 스

펙트럼 폭의 차이에 착안하는 방법도 생각할 수 있으나 그것도 결정적이지는 않다.

ii) 아답티브 PRF방식

관측에 앞서 통상 사용하는 PRF 보다 낮은 PRF 에 의해 주사(走査)를 행한다. 낮은 PRF 의 R_{max} 는 크므로 통상의 PRF 에서는 탐지범위 외에 있어 2 차에코가 될 가능성이 있는 목표물체의 존재가 인식될 수 있다. 이것에 의해 2 차에코가 탐지범위 내에 출현한다고 판단된 경우에는 2 차에코가 출현하지 않는 PRF 를 선택하고 2 차에코를 가지고 들어가지 않도록 한다. 여러 방위에 2 차에코가 출현하는 경우에는 전 방위에 걸쳐서 적절한 PRF 를 선택하는 일은 곤란하지만, 섹터(sector) 주사(走査)에 의해 한정된 방위 폭의 목표물체를 관측할 때는 유효한 방법이다. 미국의 TDWR 에서 채용하고 있다.

iii) 위상 변조방식

앞의 11.2.2 항에서 말했듯이, 코히렌트 레이더인 크라이스트론형 도플러레이더에서는 계속해서 발사되는 펄스가 연속파의 일부이고, 각각의 위상이 상관을 가지고 있는 일이 이차에코를 출현시키는 이유였다. 따라서 송신 펄스의 초기위상을 작위적(作爲的)으로 무작위로 변동(변조)시켜 준다면 펄스 사이의 위상의 상관계수가 없어도 이차에코에 관한 위상 신호는 노이즈화 된다.

n 번째에 발사되는 송신 펄스에 대응하는 수신 복소신호(複素信號)를 Z_n으로 하면 그 속에 1 차에코와 2 차에코가 섞여있을 경우

$$Z_n = \ z_n + \ z_{n-1} + \ N_n \tag{11.36}$$

으로 표현된다. Z_n은 1 차에코, Z_{n-1} 은 2 차에코, N_n 은 노이즈 성분). 여기서 n 번째의 펄스를 발신할 때, 그 초기위상을 본래의 값에서 위상 ϕ_n 만큼 시프트〔shift, 옮김, 이전(移轉)〕시켜 둔다. 이 Z_n 에 대해서 ϕ_n 을 상쇄되도록 위상을 보정하면

$$Z_n e^{-i\phi_n} = z_n e^{-i\phi_n} + z_{n-1} e^{-i\phi_n} + N_n e^{-i\phi_n} \tag{11.37}$$

이 된다. Z_{n-1} 은 (n-1)번째에 송신된 펄스에 기인하는 수신신호이기 때문에, 송신 시에는 위상 ϕ_{n-1}만 이전(移轉, 옮김, shift)되고 있다. 한편 송신 시에 위성을 이전하지 않은 경우의 수신신호를 첨자〔0〕을 붙여서 나타내면

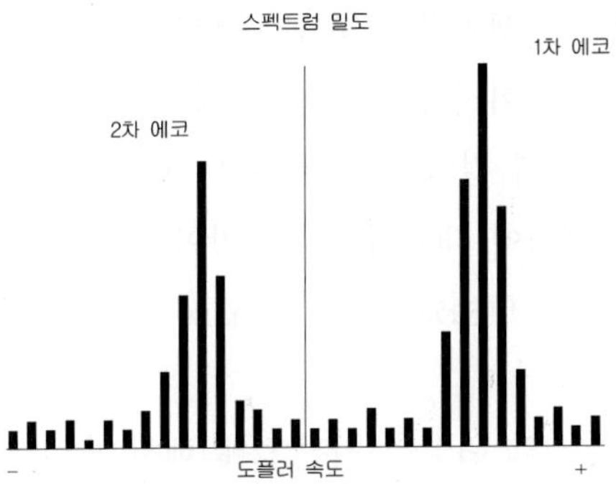

(a). 일차 에코와 이차 에코의 혼합(보정 없음).

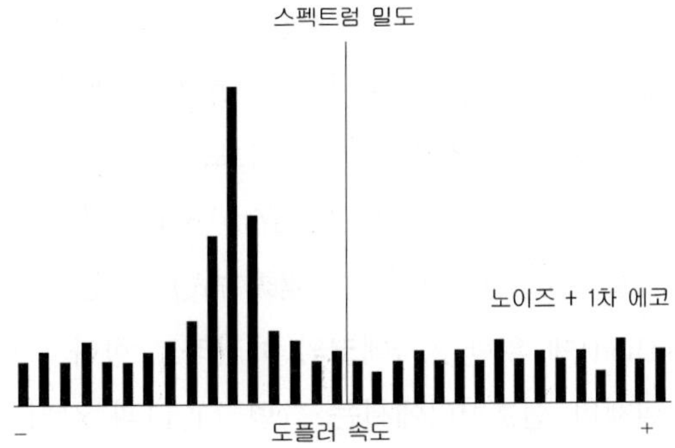

(b). 이차 에코에 맞추어서 위상보정을 행하고, 이차에코를 추출한다.

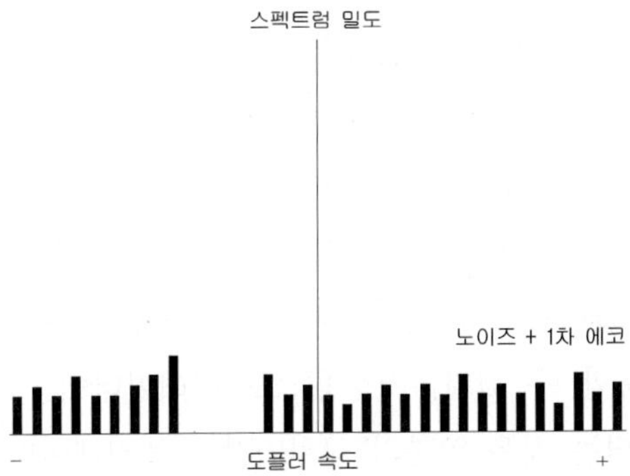

(c). 이차 에코를 제거한다.

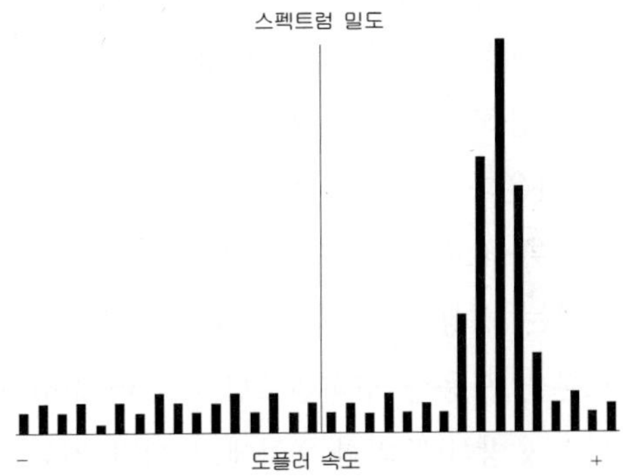

(d). 일차 에코에 맞추어서 위상보정을 행하고, 일차에코를 제거한다.

그림 11.11. 위상 변조 방식에 의한 이차에코 제거의 모식도

도플러스펙트럼 상에 있어서의 신호의 흐름을 나타낸다.

$$z_{n-1} = z_n^0 e^{i\psi_n},\ z_1 = z_{n-1}^0 e^{i\psi_{n-1}} \tag{11.38}$$

이다. 각각을 식 (11.37)에 대입하면

$$Z_n e^{-i\phi_n} = z_n^0 + z_{n-1}^0 e^{i(\varphi_{n-1}-\varphi_n)} + N_n e^{-i\varphi_n} \tag{11.39}$$

가 된다. 위 식 우변 제 1 항에는 $-\phi_n$의 위상보정(位相補正)을 해줌으로써 1 차에코에 관해서는 송신 시에 위상을 옮기지 않은 상태로 돌아온다. 한편 우변 제 2 항에서는 2 차에코에 관해서는 $-\phi_n$의 위상보정에 의해 송신 시에 위상을 이전하지 않은 상태보다 $(\phi_{n-1} - \phi_n)$만큼 위상이 이전한 것이 된다. 여기서 $(\phi_{n-1} - \phi_n)$ 이 $0 \sim 2\pi$의 사이에 무작위가 되도록 ϕ_n의 시계열을 설정하면 2 차에코에 대응하는 시계열 신호의 위상은 무작위(랜덤)

로 교란된다. 즉 송신 펄스열에 대해 시간적으로 상관이 생기지 않도록 위상량(位相量)을 이전시켜 송신하고, 각 송신 신호에 대해서는 송신 시의 이전량(移轉量)을 서로 상쇄하도록 위상을 보정해서 시계열 자료를 만들고 그것을 FFT에 걸면 도플러스펙트럼 상에서는 2차에코는 화이트 노이즈(white noise)가 되고, 1차에코에 대응하는 피크만이 나타난다. 이것을 위상변조방식(位相變調方式) 또는 위상분산방식〔位相分散方式, phase diversity method)에 의한 2차에코의 제거라고 한다.

실제의 신호처리에서는 그림 11.11과 같이 송신 펄스의 위상을 이전(移轉)해서 송신함과 동시에 그 이전량을 보존해 둔다. 우선 수신신호 열에 대해 2차에코가 재현될 수 있도록 위상보정을 행하고, FFT를 설치한다. 이것에 의해서 1차에코는 노이즈가 되고, 2차에코에 대응하는 피크〔정상(頂上)〕만을 갖는 도플러스펙트럼이 얻어진다. 이것에서 2차에코에 대응하는 성분을 제거하고, 이것에 역(逆) FFT를 설치함으로서 다시 한 번 위상신호에 돌아온다(실제로는 후리에 스펙트럼에 역FFT를 설치한다). 다음에 이 위상신호에 대해서 1차에코가 재현될 수 있도록 위상보정을 행해 도플러스펙트럼을 구하면, 1차에코에 대응하는 정상(피크)가 나타나고, 구하고 싶은 도플러속도가 얻어진다. 이 방식은 트라이스트론을 사용한 코히렌트형 도플러레이더에 적용할 수 있다. 기상용 도플러레이더에 위상변조 x 방식에 의한 2차에코 제거 기능이 사용되는 것은 일본의 공항기상 도플러레이더가 처음이다(Ishihara and Hata, 1995 ; 浜津 외, 2000). 단, 이 방식에서는 2차에코의 신호강도가 작을 때에는 2차에코와 노이즈의 판별이 곤란하게 되고, 2차에코가 남는 일도 있다. 이 때문에 공항기상 도플러레이더에서는 위상변조에 의한 2차에코 제거를 행한 뒤에 ⅰ)에서 언급한 이중(二重) PRF 방식에 의한 제거도 병행해서 행하고 있다.

한편 마그네트론을 사용한 넌코히렌트 도플러레이더에서는 마그네트론 자신이 발진(發振)해서 펄스를 생성하므로 송신 펄스는 처음부터 무작위로 변조(變調)되어 있다고 간주할 수도 있다. 단, 위상의 변조량을 알 수가 없으므로 2차에코의 제거는 가능하지 않고, 이 차에코는 노이즈 레벨의 증가가 되어 나타난다.

ㄷ. 지형에코 제거

레이더의 안테나를 수평에 가까운 앙각(仰角)으로 회전시키면 많든 적든 지형에코가 수신된다. 또 안테나 앙각이 어느 정도 큰 경우에도 안테나에서 방사(放射)되는 사이드 로프(side rope)가 근거리의 지형에 잡히는 일이 있다. 지형에코가 섞여 들어오게 되면 도플러스펙트럼 상에는 지형과 강수에 의한 2개의 피크가 출연하고, 강수에코의 도플러속도를 겉보기상 0 방향으로 이전(移轉)시키고 만다. 도플러레이더에 있어서 지형에코 제거의 방식은 다음의 2개로 나누어진다.

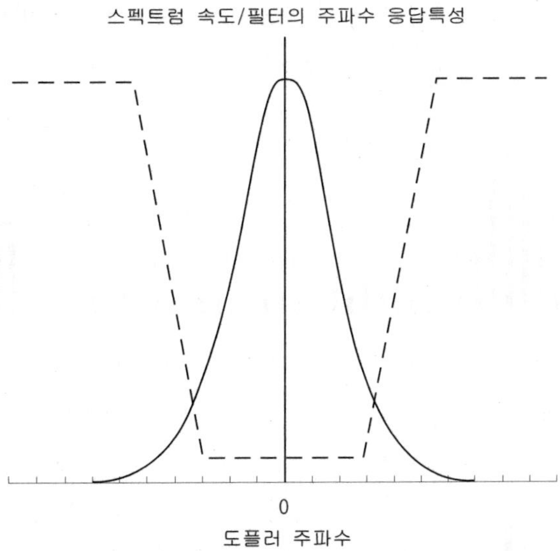

그림 11.12. 지형에코의 도플러스펙트럼〔실선(實線)〕과 이상적인 저주파 여과필터〔파선(破線)〕에 의한 지형에코 제거의 모식도

i) 필터방식

지형에코의 신호는 도플러속도가 0 부근의 저주파역(低周波域)에 집중하고 있기 때문에 시계열 위상차 신호의 저주파 성분을 여과하는 것과 같은 필터를 통과하는 것으로 어느 정도 제거가 가능하다. 일반적으로 작은 차수로 억압비(抑壓比)를 좁게 잡을 수가 있는 비회귀(非回歸, Infinite Impulse Response : IIR)형의 저주파 여과타원(低周波 濾過楕圓) 필터를 사용한다. 그림 11.12 는 지형에코와 저주파 여과필터의 모식도이다. 이 방식에서는 강수에코 등의 기상에코의 도플러속도가 0 부근에 있는 경우, 강수의 신호도 동시에 제거되어 버린다고 하는 단점이 있다. 그러나 이 방식은 처리시간이 짧으므로 비교적 신호의 처리속도가 늦은 도플러레이더에서는 펄스 페어방식의 도플러속도 연산회로와 조합해서 사용하면 유효하다.

ii) FFT방식

FFT 에 의한 도플러스펙트럼을 산출하는 레이더는 스펙트럼상에서 지형에코의 제거가 가능하다. 그림 11.13 의 모식도에서는 스펙트럼상에 지형에코와 강수에코에 대응하는 2 개의 피크가 나타나고 있다. 0 부근의 속도성분을 제거하면 지형에코가 제거된다. 단, 지형에코의 성분과 강수에코의 성분이 겹치는 일이 있으므로, 이 그림과 같이 지형에코에 대응하는 성분을 제거한 후에 제거되는 성분의 양단을 접속해서 파워를 회복시켜 준다면,

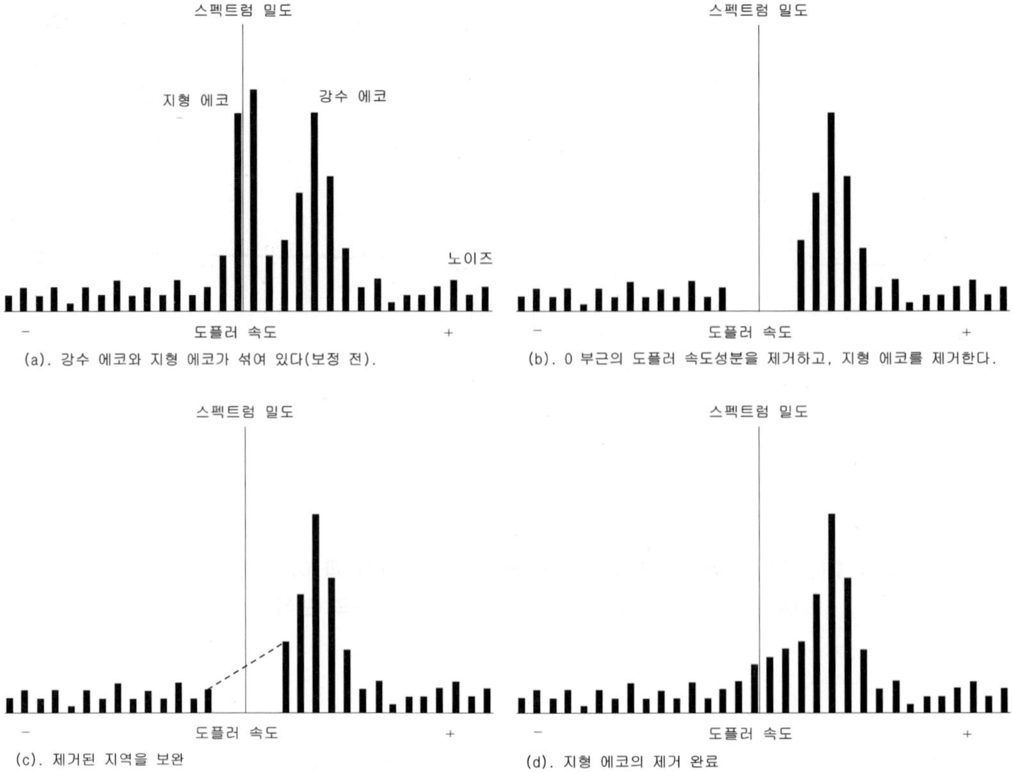

그림 11.13. FFT 방식에 의한 지형에코의 제거의 모식도

지형에코의 제거가 기상 에코의 스펙트럼에 주어지는 영향을 완화할 수가 있다. 그림 11.14는 일본 나리타(成田) 공항의 공항기상 도플러레이더에 있어서, 이 방식에 의해 송전선 등에 의한 지형에코를 제거한 예이다.

ㄹ. 노이즈 제거

수신 신호에는 강수나 지형에서의 산란파에 합세하여 수신기나 송수 전환기 등의 레이더 기기(機器) 내부에서 발생하는 노이즈(熱雜音)나 더욱이 주파수에 따라서는 태양이 방사하는 전파가 노이즈되어 들어간다. 도플러속도를 구할 때에는 사전에 이들의 노이즈를 제거해 둘 필요가 있다. 노이즈와 유효한 신호를 분리하는 데에는 다음과 같은 수법이 있다.

i) S/N 비에 의한 판정

도플러스펙트럼상에서 *S/N*비를 구해, 이것을 판단기준으로 한다. 실제의 알고리즘에서는 그림 11.15 와 같이, 우선 도플러스펙트럼상의 피크와 그 주변 성분을 임시 유효신호

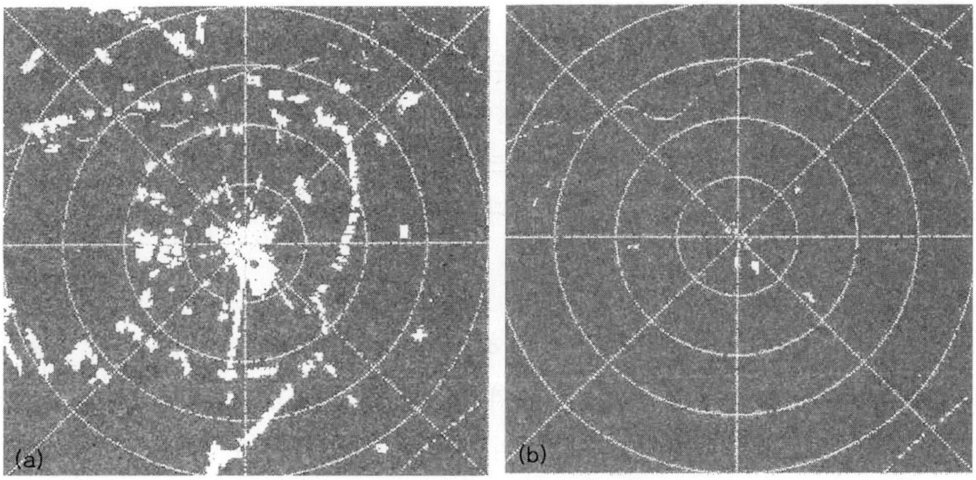

그림 11.14. FFT에 의한 지형에코 제거를 행한 실 예

(a). 제거 기능이 없는 경우. 주변의 송전선 등이 지형에코로써 나타나고 있다.
(b). 제거 기능이 있는 경우, 대부분의 지형에코가 제거되었다. 플러레이더의 예 레이더를 중심으로 하는 반경 20 km를 표시한다.

(有效信號), 그 외의 영역을 노이즈로 하고, 각각의 전력을 적산해서 양자의 비를 *S/N*비로 해서 계산한다. 신호의 유효를 판단하는 *S/N*비의 부거치(敷居値, threshold : 어떤 현상을 일으키기 위해 계에 주어져야 할 최소한의 값)는 일반적으로 -5 ~ -10 dB이다.

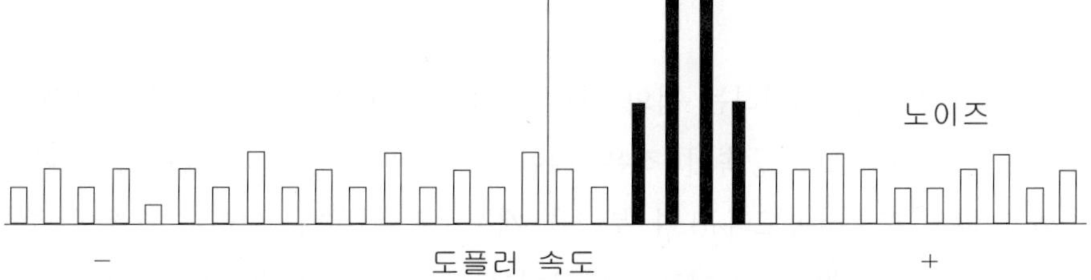

그림 11.15. *S/N*비에 의한 노이즈 판정 모식도

도플러스펙트럼을 나타낸다. 검은 막대은 에코 영역을, 하얀 막대는 노이즈 영역을 나타내고, 양자의 면적(파워)의 비(*S/N*비)에서 신호와 노이즈를 판별한다.

ii) 스펙트럼 폭에 의한 판정

기상에코에 지형 등의 기상을 기원(起源)으로 하지 않는 에코가 섞이면 스펙트럼 폭이 통상의 기상에코의 경우보다 커지는 일이 많다. 식 (11.9)에 의해 스펙트럼 폭을 계산하고, 이 값이 부거치(數居値)보다 큰 경우에는 이 도플러속도는 채용하지 않는 것으로 하면, 어느 정도 노이즈의 제거가 가능하게 된다.

ㅁ. 도플러속도의 꺾음보정

도플러속도의 꺾음현상은 도플러레이더의 이용자가 항상 머리에서 고민하는 것 중의 하나이다. 데이터를 사용하는 데에 있어서는 꺾음이 생기고 있는 도플러속도에 꺾음보정(補正)을 실시해서, 본래의 도플러속도로 되돌리는 것이 우선 필요하다. 그러기 위해서 다음과 같은 방법이 고안되어 있다.

i) 연속법

도플러속도의 꺾음이 발생하면, 본래의 도플러속도에 꺾음 속도 V_{nqs} 의 2배 또는 4배 등의 값이 가산(加算) 또는 감산(減算)된다. 예를 들면 빔 방향에 도플러속도가 연속적으로 증가해 어떤 지점에서 꺾음이 발생하면 그 전후에서 도플러속도의 부호가 역전한다. 도플러속도의 평면분포를 보면 꺾음이 생기지 않은 영역과 꺾음이 생기고 있는 영역의 경계에는 도플러속도의 불연속대(不連續帶)가 발생한다. 이러한 성질을 이용해서 PPI 또는 RHI 주사(走査)로 얻어지는 도플러속도장에 대해서 빔 방향 또는 방위방향에 서로 인접한 2점의 도플러속도의 값을 순차적으로 비교해 간다. 양자의 차가 부거치(數居値, 예를 들면 2・V_{nqy}) 이상이라면 양자를 경계로 해서 꺾음이 발생하고 있다고 판정하고, 측정치에 2・V_{nqy}나 4・V_{nqy} 등을 가산・감산하고, 그들 중 불연속이 최소로 되는 값을 보정치(補正値)로 해서 채용한다. 이 방식은 알고리즘이 비교적 단순하고, 연구용 도플러레이더 등에서 많이 사용되어(Bargan and Brown, 1980) 개량이 첨가되어 현업용 도플러레이더인 미국의 NEXRAD (Hondl and Brown, 1993) 나 TDWR(Wieler, 1991) 에 채용되고 있다.

이 방식에서는 비교를 개시하는 점의 자료에 꺾음이 생겨있지 않는 것이 필수조건이다. 그러기 위해서 일반적으로 풍속이 작은 레이더 사이트 근방이나 레이더 사이트(radar site)를 끼고 앉은 도플러속도의 0역 부근을 개시점으로 한다. 그러나 태풍의 중심 부근 등에서는 강풍에 의해 레이더 사이트의 부근에서 도플러속도의 꺾음이 생기는 일이 있고, 레이더에서 떨어진 곳에 있는 고립에코에 있어서는 보정(補正)의 개시점에서 꺾음이 생기고 있지 않다고 하는 보증이 없고, 또 이러한 사례에서는 이 방식이 충분한 기능을 하지 않는다. 또 노이즈 등에 의한 도플러속도의 이상치(異常値)에 반응해서 꺾음의 잘못을 일으키는 일이 많다.

ii) 비교법

도플러레이더의 가까이에 있는 라디오존데(radiosonde) 나 윈드 프로파일러 등 다른 관측 수단에 의해 얻어진 바람의 연직분포를 기본으로 거리와 방위에 따른 도플러속도의 추정치를 계산한다. 추정치를 도플러레이더의 측정치와 비교해서, 연속법과 같은 조작으로 양자의 차가 최소가 되도록 측정치를 수정한다. 이 방법은 연속법과 비교해서 이상치(異常値)가 광범위하게 전파하는 일은 적고, 바람 장이 비교적 균일한 경우에는 안정되게 기능한다(石原, 1986). 그러나 적란운이나 전선 등의 바람 장이 국소적으로 크게 변화하는 현상에 대해서는 유효하지 않은 일이 있다.

iii) 다수결법

관측영역을 국소적인 영역으로 분할하고, 각 영역에서 도플러속도의 히스토그램을 만든다. 2개의 피크가 나타나는 경우, 그 중 수가 적은 쪽의 피크의 주변에는 꺾음이 생기고 있다고 판단해서 꺾음보정을 실시한다. 레이더 사이트 근방에서 이 처리를 행하면 어느 정도 유효하게 하고, 처리시간이 짧다고 하는 이점이 있다. 그러나 정밀도는 다수결을 행하는 영역의 넓이에 크게 의존하기 때문에 신뢰성이 충분하다고는 말할 수 없어, 현재에는 그다지 이용되고 있지 않다.

iv) 이중 PRF법

이중(二重) PRF법에 의한 이차에코의 제거의 항에서 언급했듯이 2종류의 PRF를 준비해 놓고 어떤 방위폭(1° 정도)마다 PRF를 바꾸어서 펄스를 발사한다. 방위 방향으로 인접하는 2개의 점에서는 같은 값의 바람이 불고 있다고 가정하면, 양 지점의 도플러속도도 거의 같은 것이 된다. 각각의 PRF에 대응하는 꺾음 속도에 어느 정도의 차가 있을 때에는 어느 쪽인가에서 도플러속도의 꺾음이 생기고 있다고 판단한다. 양 지점의 도플러속도의 차에서 다음과 같이 해서 꺾음의 유무와 꺾음의 회수를 판단해서, 이것을 근거로 참〔眞〕의 도플러속도를 수정한다. 이것을 이중 PRF방식〔또는 스태거드(staggered) PRF방식〕에 의한 꺾음보정이라고 말한다.

2개의 PRF에 대응하는 도플러속도를 각각 V_1 과 V_2, 꺾음 속도를 V_{nyq1}, V_{nyq2},

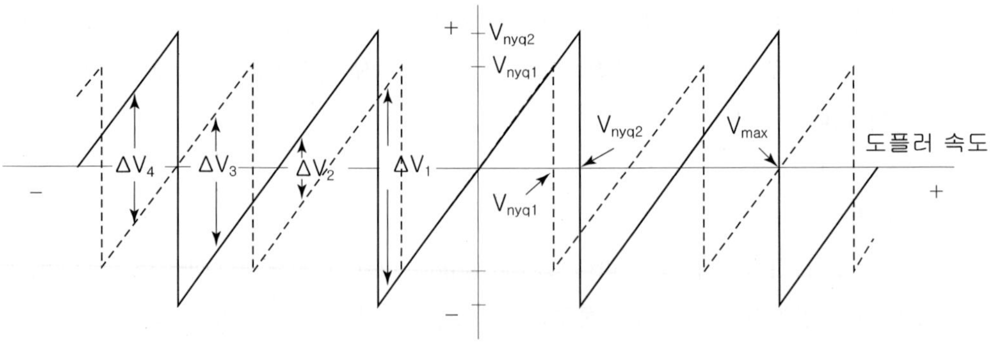

그림 11.16. 이중펄스 반복주파수(PRF) 방식에 의한 도플러속도의 꺾음보정의 원리

파선(破線)은 저(低) PRF에서의 꺾음의 상황, 굵은 실선은 고(高) PRF에서의 꺾음의 상황을 나타낸다. V_{nyq1}, V_{nyq2}는 각각 저(低) PRF, 고(高) PRF에 대응하는 꺾음 속도 V_{max}는 꺾음보정에 의해 얻어진 최대 도플러속도. $\triangle V_1$, $\triangle V_2$, $\triangle V_3$는 각각 2개의 PRF에 의해 측정된 2개의 도플러속도의 차이다. 이것을 근거로 꺾음 회수를 판정해서 보정을 행한다. $\triangle V_3 = \triangle V_4$ 이므로 V_{max} 보다 큰 속도에 대해서는 보정을 할 수 없다. 이 예로서 저(低) PRF : 고(高) PRF = 3 : 4 이고, $V_{max} = 4V_{nyq1} = 3V_{nyq2}$ 이다.

양자의 차를 $\triangle V$, 더욱이 2개의 PRF의 비를 $N_1 : N_2$ 로 한다. 그림 11.16에 표시한 데로 꺾음의 회수에 대응해서 $\triangle V$를 다음에 나타내는 $\triangle V_0$ 의 정수배(整數倍)로 된다.

$$\Delta V_0 = 2\frac{V_{nyq1}}{N_1} = 2\frac{V_{nyq2}}{N_2} \tag{11.40}$$

미리 신호 처리장치 내에 $\triangle V$와 꺾음 회수의 관계를 나타내는 표를 준비해 두고. $\triangle V$에서 꺾음 회수를 추정해서 보정(補正)을 행한다. 이 방식에는

$$V_{max} = \frac{V_{nyq1}}{N_2} = \frac{V_{nyq2}}{N_1} \tag{11.41}$$

로 주어지는 도플러속도까지가 보정 가능하게 된다.

예를 들면 $V_{nyq1} = 12$ m/s, $V_{nyq2} = 16$ m/s에서는 $N_1 : N_2 = 3 : 4$이므로 $\triangle V_0$는 8.0 m/s가 되고, V_{max}는 48 m/s가 된다. V_{nyq1}과 V_{nyq2}를 적절하게 선택한다면, 도플러속도의 꺾음보정을 실시간으로 효율 좋게 행할 수가 있다(Dazhang, 1984; Suzuki et al., 1993; Ishihara and Hata, 1995).

v) 하이브리드법(이중 PRF 법 + 연속법)

이중(二重) PRF 방식은 비교적 성적이 좋은 방법이지만, 다음에 열거하는 3개 영역에서는 꺾음보정이 원리상 불가능하다.

① 원거리(遠距離)나 강한 바람의 전단(剪斷, 시어 = shear)에 의해 인접하는 점의 도플러속도가 $\Delta V_0/2$ 보다 큰 경우

② 인접하는 점에 자료가 존재하지 않는 경우

③ 비교하는 2점 중 어느 쪽인가의 자료가 노이즈 등에 의해 이상치(異常値)인 경우

구스노끼(楠) 외(1996)는 이중 PRF 법과 연속법을 조합한 하이브리드법을 고안하여, 이러한 영역을 효과적으로 꺾음보정하는 방식을 제안했다. 우선 연속법에 의해 통상의 꺾음보정을 행한다. 다음에 위의 조건에 알맞은 영역을 불량영역(不良領域)으로 한다. 불량영역 이외에는 꺾음보정이 올바르게 마친 것으로 해서 정상영역(正常領域)으로 한다. 불량영역을 둘러싸는 듯한 정상영역에서 도플러속도의 평균치를 계산해서 이것을 불량영역의 각 자료와 비교해 둔다. 평균치와 불량역 자료와의 차가 $2 \cdot V_{nyq}$ 의 거의 정수배(整數倍)라면, 이 불량역에서는 꺾음이 일어나고 있다고 판단하여, 평균치에 가장 가까워지는 불량역 자료를 수정한다. 이 처리를 몇 번이고 반복함으로써 불량역을 순차보정(順次補正)해 축소시켜간다.

이 방법은 기상청의 공항기상 도플러레이더에 채용되어 있다. 실측에 의하면 이중(二重) PRF 방식만은 관측영역 전체에 대해서 10% 정도의 불량영역이 남지만, 그 후 연속법에 의한 꺾음을 2~6회 반복함으로써 불량영역은 1% 이하로 감소하여, 실용상 충분한 꺾음보정률을 달성하고 있다.

11.2.7. 도플러속도의 측정 정밀도

도플러레이더를 이용하는 데에 있어서는 측정된 도플러속도의 정밀도를 알아둘 필요가 있다. 이것에는 풍향풍속계 등 바람을 실측(實測)하는 관측측기와 비교하는 것을 생각할 수 있다. 그러나 양자를 샘플링 체적 등 측정상의 모든 조건이 다른 경우가 많고, 도플러속도의 절대적인 정밀도를 견적하는 것은 반드시 쉽지는 않다.

일본의 기상연구소에서는 1988년에 각종 기상 측정측기(氣象 測定測器)의 비교관측을 실시했다(上田 외, 1994). 그림 11.17은 라디오존데와 C밴드 도플러레이더의 앙각 23.6°에 있어서 VAD 법에 의해 얻어진 층상성 강수운(層狀性 降水雲) 내의 평균적인 풍속・풍

향의 차가 있다. 그 결과 양자의 풍속차는 평균 1~2 m/s 정도였다.

그림 11.18 은 공항기상 도플러레이더의 자료평가 작업 중에서 행하여진 민간 항공기가 탑재하는 기상측정기(氣象測定器, Aircraft Communications, Addressing and Reporting System : ACARS) 와의 비교시험의 결과이다. 항공기가 측정한 바람 벡터를 레이더 빔 방향의 성분으로 변환하여, 도플러속도와 비교한다. 이것에 의하면 양자는 상관계수 0.97, 양자의 차의 이승〔二乘, 자승(自乘) 평균근(平均根), RMSE〕은 2.6~2.8 m/s , 평균 바이어스 0.7~0.9 m/s 라고 하는 높은 일치를 보였다.

이러한 시험이나 이제까지의 각 방면에서의 이용 실적에서 도플러레이더에 의한 도플러속도의 측정 정밀도는 1 m/s 정도이라고 추정된다. 빔 폭, 펄스 폭, 반복 주파수 등 하드웨어(hard ware : 전자계산기의 기계 부품)면에서의 사양을 관측대상으로 적용해서 선택하고, 지형에코・2 차에코의 제거나 도플러속도의 꺾음보정 등에 충분하게 배려한다면 도플러레이더를 실용상 충분한 정밀도로 바람을 관측하는 관측 시스템이라고 말할 수 있다.

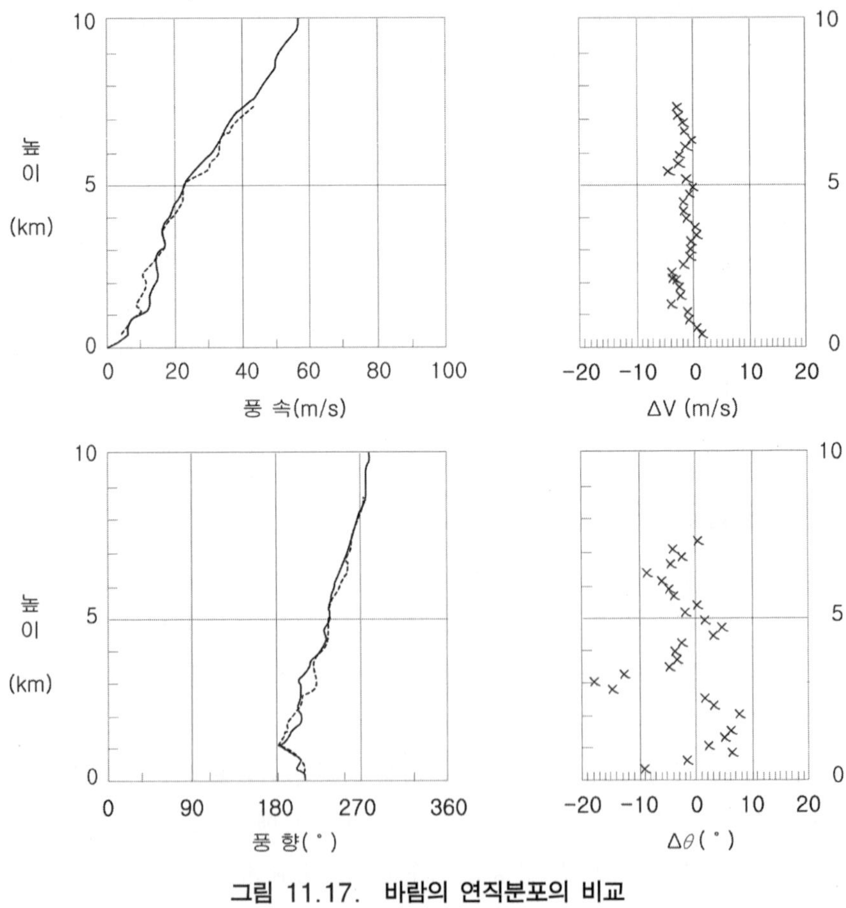

그림 11.17. 바람의 연직분포의 비교

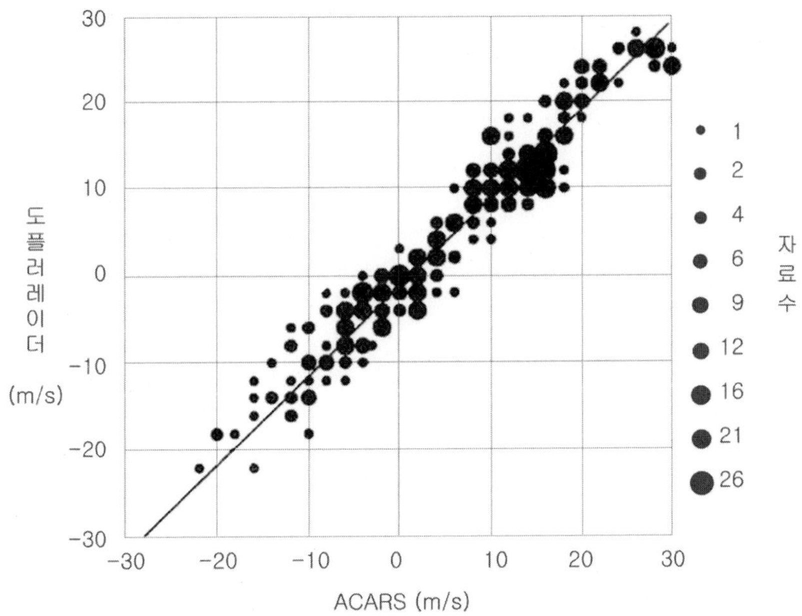

그림 11.18. 도플러속도와 항공기가 측정한 바람의 비교

1995 년 9～11 월. 일본의 관서(關西) 항공 지방기상대의 공항기상 도플러레이더의 자료와 민간항공기의 ACARS 자료를 사용. ACARS 자료는 바람 벡터에서 레이더의 빔에 따르는 성분으로 전환하고 있다. 자료 수는 435, RMSE 는 2.6 m/s , 상관계수는 0.97 이다. 검은 원의 크기는 자료수를 나타낸다.

Chapter 12

위성기상학의 발달

12.1. 서 론

토리첼리가 1664년에 최초로 기압계를 발명한 이후 인류는 3차원의 대기현상을 정량적으로 관측하기 위하여 다양한 측기들을 개발하여 왔다. 그 결과 기압계, 풍향 풍속계, 온도계 등 다양한 측기들을 이용하여 지상에서의 기상상태에 대한 관측 값은 비교적 용이하게 수집할 수 있게 되었다. 기상현상의 이해 및 예보에 있어서 대기 상층의 정보가 중요하다는 인식이 확대되면서, 이에 대한 관측이 집중적으로 시도되었다. 초기의 고층관측 또는 대기탐측(고도별 자료의 관측)은 주로 사람이 직접 기구를 타고 상층의 바람, 온도 등을 관측하였으나 관측 소요시간, 위험성 등 때문에 정규적인 관측은 이루어지지 않았다. 그 후 온도와 습도를 측정하는 장비와 관측된 값들을 기록하는 매개체를 연에 달아서 정규적으로 연직 온·습도 관측을 수행하였다. 특히, 벤자민 프랭클린(Benjamin Franklin)에 의해 소개된 연을 이용한 고층대기 관측은 초기 기상관측실험 중에서 가장 잘 알려진 것이다. 미국기상국(Weather Bureau)은 20세기 초에 연을 이용하여 정규적인 관측을 수행하는 관측망을 구성하였으며, 최대 7개 관측소에서 정규적인 관측이 이루어졌다. 이때의 정규관측에서는 4~5시간에 걸쳐 최대 4.5 km에서 6 km 높이까지 관측을 수행하였다. 이 방법은 상대적으로 많은 관측 자료를 정규적으로 생산한다는 장점은 있었지만, 이 당시에는 무선통신 기술이 없었기 때문에 연을 되감을 때 항상 문제가 발생하였다고 한다. 연을 이용한 대기탐측은 사람이 기구를 타고 직접 관측하는 것보다는 매우 실용적이었으므로 1933년 비행기에 의한 관측으로 대체되기 전까지는 계속해서 사용되었다.

1차 세계대전 중에 급속하게 발달한 비행기 제작기술은 고층대기의 관측방법에도 새로운 변화를 가져왔다. 미국기상국은 1925년부터 비행기 날개에 기상센서를 장착하여 매일의 고층기상관측을 실험적으로 시작하였다. 상대적으로 쉽고 안전한 비행기 관측이 자연스럽게 연을 이용한 고층관측을 대체하게 되었으며, 연에 비해 보다 넓은 지역에서 고층관측 자료가 생산되면서 종관규모의 대기운동을 예측하려는 시도가 시작되었다.

한편, 미항공우주국(NASA)의 로버트 고다드(Robert Goddard)는 1929년에 기압계, 온도계, 그리고 카메라를 장착한 최초의 로켓을 발사하였다. 2차 세계대전 중에 급속히 발달된 로켓 제작기술이 로켓에 카메라를 탑재하여 지구대기의 실험관측을 가능하게 했다. 이 로켓 기술은 수백에서 수천 kg에 달하는 기상위성을 지구상공 800 km 또는 35,800 km 상공으로 운반하는 데 결정적인 기술이다. 로켓에 탑재된 카메라를 이용하여 대기권 밖에서 최초로 촬영한 대기상부의 합성사진은 우주에서의 기상관측에 대한 가능성과 발전성을 인식할 수 있게 하였다. 또한 로켓 기술의 개발과 함께 TV 카메라 및 무선통신기술의 발달이 인류 최초의 기상위성의 성공적인 제작, 발사, 및 활용을 가능하게 하였다.

온도계나 기압계처럼 현장에서 대기의 온도나 기압을 직접 측정하여 정보를 취득하는 방법을 직접관측(直接觀測, observation)이라 하고 로켓이나 위성에 탑재된 카메라처럼 물체와 떨어져서 물체에 대한 정보를 취득하는 방법을 원격탐사(遠隔探査, remote sensing)라 한다. 원격탐사에서 가장 대표적인 것이 기상위성과 레이더이고 그 외에도 라이더, 윈드 프로파일러(wind profiler) 등이 기상현상에 대해 다양한 정보를 취득하고 있다. 원격탐사에는 정보를 얻는 방법에 따라 능동형 원격탐사와 수동형 원격탐사가 있다. 능동형 원격탐사(active remote sensing)란 레이더와 같이 정보수집매개체(전자기파)를 직접 송신하여 돌아오는 전자기파로부터 정보를 취득하는 방법이며, 수동형원격탐사(passive remote sensing)란 우리의 눈처럼 센서에 도달하는 방사(복사)에너지로부터 사물에 대한 정보를 취득하는 방법으로 대부분의 기상위성에 탑재된 센서에서는 이 방법을 이용한다.

원격탐사에 사용되는 도구(매체)가 전자기파이기 때문에 원격탐사에서는 일차적으로 전자기파가 전달할 수 있는 정보를 측정할 수가 있다. 다양한 파장대의 전자기파 중에서 원격탐사에 이용되는 파장역은 주로 태양방사(단파방사), 지구방사(장파방사 또는 적외방사) 그리고 마이크로파이며 다음은 각 파장대별 에너지원과 측정되는 정보를 간단히 설명한 것이다.

ⅰ) 가시-근적외 원격탐사

관측하는 전자기파의 근원은 태양이며 태양은 약 0.5 ㎛를 정점으로 하는 전자기파를 방출한다. 가시-근적외 파장대를 이용한 원격탐사에서는 주로 파장에 따라 물체가 갖는 고유한 반사율을 이용하여 대상물에 관한 정보(반사도)를 측정한다.

ⅱ) 열적외 원격탐사

관측하는 전자기파의 방출원은 대상물 자체이며 일반적으로 지구상의 물체들은 약 10

㎛를 정점으로 하는 전자기파를 방출한다. 열적외 원격탐사에서는 대상물에서 방출되는 열적외 파장대의 에너지(E)를 측정하는 데 이 방사에너지는 물체의 온도와 방출률의 영향을 받는다.

iii) 마이크로파 원격탐사

관측하는 전자기파의 방출원이 대상물 자체인 경우(수동형)와 센서에서 직접 방출하는 유형(능동형)이 있다. 수동형에서는 대상물에서 방출한 마이크로파의 에너지를 측정하고, 능동형에서는 센서로부터 송신된 마이크로파가 대상물로부터 반사되어 온 에너지, 즉 후방 산란의 강도를 측정한다.

기상위성은 위성(衛星)이 지구를 공전하는 방법에 따라 극궤도기상위성과 정지궤도기상위성으로 구분한다. 극궤도 기상위성이란 위성이 지표면으로부터 약 800 km 상공에서 지구의 남극과 북극을 잇는 자오면을 따라 지구주위를 공전하는 위성으로 위성이 공전하는 동안 지구가 자전을 하기 때문에 전 지구를 관측할 수 있다. 정지궤도기상위성이란 적도 상공 35,800 km에서 지구의 자전속도와 동일하게 지구를 공전하는 위성으로 이 위성은 지구의 약 반 정도만 상시 관측이 가능하다.

12.2. 극궤도 기상위성의 발달

1957년 10월 4일 러시아(구 소련)가 인류 최초의 인공위성인 스푸트니크(Sputnik) 1호를 성공적으로 발사함으로써 본격적인 인공위성 시대가 시작되었다. 한편, 스푸트니크(Sputnik) 1호의 성공적인 발사에 자극을 받은 미국은 인공위성의 지구궤도 진입을 위한 노력에 박차를 가하여, 약 4개월 후인 1958년 1월 31일 익스플로러(Explorer) 1호의 발사에 성공하였다. 1959년 10월에는 기상센서를 탑재한 첫 번째 인공위성인 익스플로러(Explorer) 7호를 성공적으로 발사하여 기상분야에서 인공위성의 활용 가능성을 입증하였다. 그후 1960년 4월 1일, 첫 번째 기상 전용위성인 TIROS-1호(Television and IR Operational Satellite)를 성공적으로 발사하였다(그림 12.1). TIROS-1호의 발사로 인류는 처음으로 우주에서 종관규모의 기상현상과 관련된 구름을 완전하게 촬영한 사진(그림 12.2)을 얻을 수 있었다. 또한 기상위성을 이용하면 전지구적 규모의 기상관측이 가능하다는 확신을 가지게 되었고, 이후 실용적 기상위성을 개발하기 위한 프로그램을 구체적으로 수행하였다.

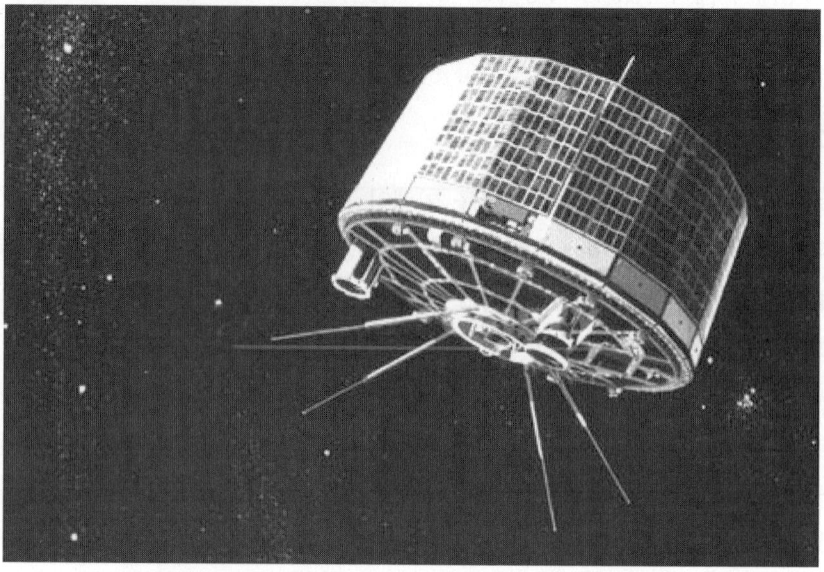

그림 12.1. 최초의 기상위성인 TIROS-1의 사진

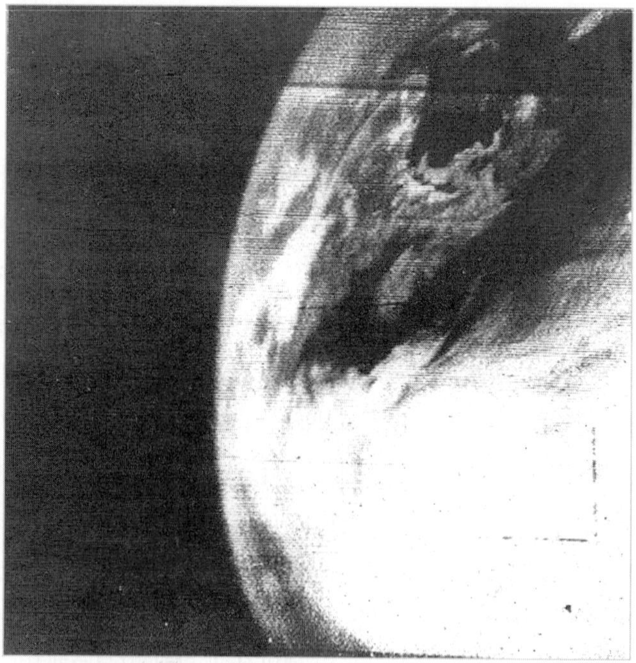

그림 12.2. TIROS위성에 의한 첫 TV 화상

초기의 기상위성들은 지구의 남극과 북극을 잇는 자오면을 따라 지구주위를 공전하도록 개발되었으며 이들은 매 궤도(공전)마다 극에서 2~3도 내의 지점을 통과하므로 그 이름을 극궤도기상위성(極軌道氣象衛星, polar orbital meteorological satellite)이라 하였다. 또한 이들 극궤도 위성의 공전궤도면이 적도면과 일정한 각도(궤도경사각 : inclination angle, 대개 98°)를 유지하도록 개발함에 따라 위성은 지구상의 임의지역을 항상 거의 일정한 지방시에 통과하게 되었다. 이러한 위성궤도를 태양동기궤도(sun synchronous orbit)라 하며 일반적으로 위성이 오전이나 오후에 특정지역을 지나게 된다. 여기서, 기상위성이 특정지역을 정해진 시간대에 통과한다는 것은 정해진 시간대에 규칙적으로 그 지역을 관측한다는 것을 의미하기 때문에 위성 관측자료의 활용면에서 매우 중요한 발전이다. 기상위성이 어느 한 지점을 남쪽에서 북쪽으로 지나는 경우를 상승궤도(ascending pass)라 하고, 북에서 남으로 지나게 되는 경우를 하강궤도(descending pass)라 한다. 극궤도 기상위성의 공전 주기는 약 100여 분으로 극 지역에서는 약 100여 분마다 관측이 이루어지지만, 적도를 포함한 그 외 지역에서는 12시간 주기로 관측이 이루어진다.

TIROS 위성은 1965년 7월 2일에 마지막으로 발사된 위성을 포함하여, 총 10개가 발사되었으며 이 위성에는 주간만 사용이 가능한 가시화상용 카메라와 주·야간 모두 사용할 수 있는 수동적외방사계(passive IR radiometer)가 탑재되었다. TIROS 위성 프로그램을 통해 개발된 중요한 기술은 다음과 같다.

① 자동사진전송(Automatic Picture Transmission, APT) : 이 방법은 TIROS-8호부터 이용되기 시작하였으며, 간단한 지상수신기만 갖추면 누구든지 기상위성화상을 실시간에 수신하여 활용할 수 있게 한 기술이다. 태풍이 접근하는 망망대해를 항해하는 배에서 APT를 통해 태풍정보를 실시간으로 받는 경우와 태풍에 대한 정보를 전혀 받지 못하는 경우를 상상해보자. 이러한 이유로 APT는 미국의 가장 위대한 친선대사의 하나로 꼽힌다.

② TIROS-9호부터 '회전축' 방식으로 위성의 자세를 제어함에 따라 카메라가 지표면을 향할 때만 관측을 수행하여 화상자료의 질을 크게 향상시켰다.

③ 극궤도위성의 개발을 통해 동일한 지점을 같은 지방시에 통과할 수 있게 되어, 매일의 전구화상(全球畵像)을 얻을 수 있게 되었다. 전구관측이 가능함에 따라, WCRP(World Climate Research Program)와 같은 과학적으로 중요한 연구 프로젝트를 시작할 수 있게 되었다.

TIROS 위성 프로그램의 발전과 더불어 새로운 관측기기를 시험하기 위한 NIMBUS 위성 프로그램에서는 1963년에 그 첫 번째 위성이 발사된 후 1978년에 7호까지 발사되었다. NIMBUS 프로그램을 통해 이룩한 중요한 발전은 위성체의 3축 안정화 방식, 첨단 가시(vidicon) 카메라 개발, 적외화상기(infrared imager), 마이크로파 방사계(microwave radiometers), 그리고 적외탐측계(infrared sounder) 등이 있다. 또한 NIMBUS 프로그램을 통해 많은 '과학적으로 최초인 자료'를 생산하였고 '지구응용과학'에 위성자료를 이용할 수 있는 기반을 구축하였다.

한편, 또 다른 현업용 위성 프로그램에서는 지상에 수신소가 없는 지역의 관측자료를 위성에 탑재된 기록계(onboard recorder)를 이용하여 전구자료의 획득기반을 구축하였다. 즉, 이 기술은 사람이 살지 않거나 접근이 어려워 위성 자료를 직접 수신할 수 없는 지역(예 : 태평양 바다, 시베리아 벌판 등)의 관측자료를 이 기록계에 저장하였다가 위성이 수신소가 있는 지역의 상공에 왔을 때 저장된 자료를 송신하여 전 지구에 대한 감시 및 관측을 가능하게 한 기술이다. 당시의 컴퓨터 저장 성능에는 한계가 있었기 때문에 실제로는 관측된 자료를 모두 기록할 수는 없었지만, 기록계를 이용하면 신뢰도가 높은 전구 자료를 획득할 수 있다는 가능성을 확인하게 되었다. 또한, 다양한 위성자료가 지속적으로 관측됨에 따라 위성자료의 활용기술도 개발되었는데 Oliver et al.(1964)은 위성자료를 이용한 제트기류, 기압골 및 기압능, 와도중심 등의 위치를 파악하는 기술을 개발하였으며, Sadler(1962)는 위성자료를 이용하여 열대저압부의 위치 및 경로를 추적할 수 있음을 보였다. Dvorak(1972)은 위성화상 자료만을 이용하여 태풍의 강도를 산출할 수 있는 알고리즘을 개발하였는데, 이 방법은 지속적인 개선을 통해 현재도 태풍정보를 생산하는 중요한 방법으로 이용되고 있다.

NIMBUS 프로그램에서 개발된 3축의 위성자세 제어 방식은 카메라가 회전하면서 관측을 수행하는 주사방식(scanning)의 방사계를 현업 위성에서 활용할 수 있는 길을 열었다. 이를 처음으로 현업에 응용한 위성인 ITS-1은 1970년 1월에 발사되었으며, 이 방식을 통해 주·야 구별 없이 지구를 감시할 수 있는 회전주사방사계를 탑재할 수 있게 되었다. ITS-1호에 이어, 1972년 10월 15일에는 NOAA-2호가 발사되었는데, 이는 현업위성의 새로운 시대를 열었다. 지금까지의 비디콘(vidicon) 카메라 방식대신에 고해상도방사계(VHRR : Very High Resolution Radiometer)를 탑재하여 가시 및 적외 화상(畵像)을 생산하기 시작하였다. 즉, 화상자료만이 아닌, 디지털자료(수치 값)를 획득함에 따라 원시자료를 이용한 새로운 디지털 자료의 생산이 가능하게 되었다. 또 다른 중요한 발전이 1978년에 발사된 TIROS-N에서 완성되었는데 여기에는 4개의 채널을 가진 AVHRR(Advanced VHRR)이 VHRR을 대체하였다. Rao et al.(1990)에 의하면 AVHRR은 주·야의 가시 및 적외 화상자료뿐 아니라, 처음으로 해수면온도 산출, 열수지 계산, 눈 및 해빙 탐지를 가능하게 하였다. AVHRR은 그 후 각 채널이 위성의 직하점(nadir point)에서 1.1 km의 공간 해상도를 가지는 5개 채널시스템으로 발전하였다. 그 5개의 채널의 파장역은, 각각 0.58-0.68 μm, 0.72-1.1 μm, 3.55-3.93 μm, 10.3-11.3 μm, 그리고 11.5-12.5 μm이다.

기상위성으로부터 지표면 및 대기의 전지구 화상자료가 성공적으로 생산되면서, 위성기상학의 주요 관심사가 전구 수치예보모델에 더 나은 초기 자료 제공에 필요한 대기의 연직온도와 수증기 분포의 탐측 가능성으로 이동하였다. King(1958)과 Kaplan(1959)은 위성관측을 통한 대기의 온도 및 습도의 연직구조 산출 가능성을 제시하였다. Kaplan은 몇 개의 좁은 폭(band)을 가지는 파장대에서 지구-대기에서의 방출방사를 측정하여 대기방사전달방정식을 역변환하면 연직 온습도 자료를 산출할 수 있음을 보였다. 즉, 대기온도의 연직구조는 이산화탄소에 의한 흡수/방출 파장대의 방사량 관측을 통해 구할 수 있으며, 수증기의 연직구조는 수증기의 흡수/방출 파장대의 관측을 통해 구해진다. 또한, 지표면 온도는 대기의 흡수가 최소인 대기창 영역에서의 방사 관측을 통해 구할 수 있다.

적외역(赤外域)에서 측정된 자료로부터 다양한 기상변수들을 산출하기 위해서는 대기 및 지표면에서 방출되는 방사에너지의 측정을 통하여 이루어진다. 지구에서 우주로 방출되는 적외 방사에너지는 기본적으로 다음 두 가지 이유 때문에 파장에 따라 그 강도가 변한다.

① 방출되는 방사의 세기는 파장에 따라 다르다(플랑크 함수, 방출률).
② 대기 중의 기체들(CO_2, H_2O, O_3, …)은 파장별로 선택적인 흡수를 한다.

그림 12.3은 우주로 방출되는 파장별 적외 방사휘도(放射輝度, radiance)를 NIMBUS-4호에 탑재된 적외간섭분광계(IRIS : InfraRed Interferometer Spectrometer)에서 관측한 것이다. 점선(이론적 계산 값)과 달리 실선(측정 값)에서는 파장에 따라 방사휘도가 큰 변화를 보이고 있는데 이로부터 주요 흡수 기체들의 흡수 파장대를 확인할 수 있다. 즉, 15 μm 및 4.3 μm의 이산화탄소 흡수대, 9.6 μm 부근의 오존 흡수대, 그리고 6.3 μm 부근의 수증기 흡수대가 잘 나타나고 있다. 또한 그 외 파장역에서는 주요 흡수 기체는 없으나 수증기의 회전에너지 전이(轉移)에 의한 연속적인 흡수 효과가 나타나고 있다. 특히, 10 μm에서 13 μm까지는 잘 알려진 적외대기창(atmospheric window) 영역으로 지표면이나 구름 등의 온도나 방출특성을 산출하는 데 활용된다.

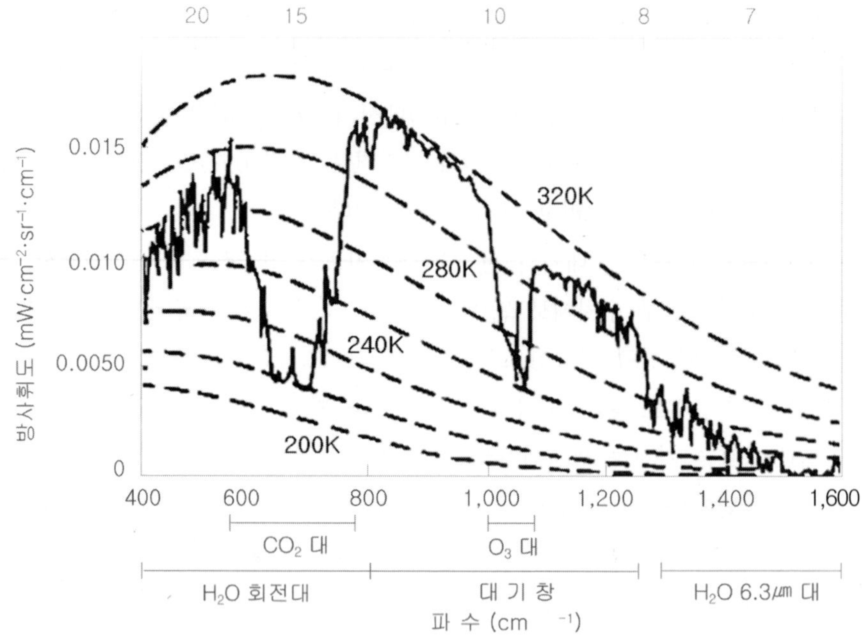

그림 12.3. 파장별 지구-대기 방출 방사휘도(실선)

파선은 플랑크 함수로 계산된 방사휘도, 숫자는 흑체의 온도.

또한, 대기의 연직구조는 흡수기체들의 흡수대 부근에서 관측된 방사휘도를 이용하여 구할 수 있다. 흡수대 중심부의 파장대에서 측정된 방사에너지에서는 대기 상층의 정보를, 중심부에서 떨어진 파장대에서는 대기 하층의 정보를 얻을 수 있다. 즉, 흡수대의 중심부에서는 대기 하층에서 방출된 방사가 그 상부의 기체들에 의해 연속적으로 흡수되므로 대기 하층에 대한 정보를 제공할 수 없는 반면, 상층에서 방출된 방사는 대기에 의한 흡수가 없기 때문에 위성까지 전달된다. 흡수대의 중심에서 멀어지면 대기에 의한 영향을 적게 받게 되어 대기하부나 지표면에서 방출된 방사가 위성까지 전달되어 대기하층의 정보를 제공할 수 있다. 그림 12.3에 보인 적외간섭분광계의 11 ㎛ 대기창 파장역에서 관측된 지표면 온도는 320 K, 15 ㎛ 흡수대 중심에서 관측된 대류권 온도는 210 K 정도이다. 파장역이 CO_2 흡수대 중심에서 멀어짐에 따라 위성에서 관측되는 방사는 대기하층의 영향을 많이 받으므로, 방사온도는 증가한다(고도가 낮아지면 온도가 상승하므로).

그러나 실제 연직온도의 산출은 주어진 파장대에서 관측된 상향방사가 하나의 층에서 방출된 값이 아니라, 일정한 두께를 가지는 여러 층에서의 값에 의해 결정되기 때문에 간단한 문제가 아니다. 즉, 방사전달방정식의 가중함수는 주어진 파장역에서 하나의 얇은 공기층에 의해 결정되는 것이 아니라, 여러 공기층의 복합적인 작용에 의해 결정된다. 이러한 이유로, 관측된 방사량은 하나의 층에 독립적인 값이 아니며, 여러 층에 종속적이어서 연직온도 분포를 구하기 위한 방사전달방정식의 역변환 해가 유일하지 않다. 따라서 오차가 적은 기온의 연직 분포를 구하기 위해서는 직접적인 역변환이 아닌 다른 간접적인 통계적인 접근이나 근사적인 방법을 이용하게 된다. 또한 유일 해를 구할 수 없다는 한계를 극복하기 위해 기후 값이나 수치모델 결과와 같은 여러 형태의 보충 자료들이 동시에 사용되어야 한다.

위성자료를 이용한 연직온도산출은 1969년 NIMBUS-3에 탑재된 위성적외분광계(SIRS ; Satellite InfraRed Spectrometer)에 의해 처음으로 이루어졌다(Wack et al., 1970). 라디오존데의 측정결과와 비교할 때, 위성에서 산출된 연직온도[$T(p)$]는 대기의 상세한 연직구조를 나타내지는 못하지만, 전체적인 구조는 나타낼 수 있음이 밝혀졌다. 초기의 SIRS를 이용한 연직온도 산출에서 가장 큰 문제점으로 드러난 것은, 지상에서의 화소(畵素, Field of View ; FOV)의 공간크기가 250 km에 달해, 거의 모든 경우에 구름의 영향을 받는 것이었다. 구름이 존재할 경우 구름에 의한 영향을 제거하여야 하지만 위성자체의 관측만으로는 완전한 제거가 불가능하다. 또 다른 초기 위성적외분광계의 문제점은 주사방식이 아니었기 때문에 위성의 직하점(直下点, nadir point)에서만 관측이 가능하여 관측영역이 제한되어 많은 결측 지점이 발생하였다.

이러한 문제점에도 불구하고 위성적외분광계(SIRS) 자료는 관측과 동시에 현업에서의 기상분석 및 예보에 이용될 수 있음이 확인되었으며, 위성발사 한 달 후인 1969년 5월 24일부터 현업사용에 들어갔다(Smith et al., 1970). 특히 이 자료는 라디오존데 자료가 거의 없는 해양지역에서 매우 유용한 것으로 밝혀졌다. 1972년 NIMBUS-5호에 탑재된 적외온도 연직방사계(ITPR ; Infrared Temperature Profile Radiometer)는 7개의 파장대(波長帶)에서 관측이 가능하였으며 주사 관측이 가능하도록 설계되었다(즉, 위성의 진행방향 직각으로 좌우 방향의 지역에 대한 관측이 가능하게 됨). 그 결과 더 넓은 지역을 연속적이고 더 좋은 분해능(30 km)으로 관측하여 구름에 의한 영향을 감소시킬 수 있었다(Smith et al., 1974). 또한, NIMBUS-5에는 대기탐측을 위한 첫 번째 마이크로파 센서인 NEMS (NIMBUS Experimental Microwave Spectrometer) 센서가 탑재되었다. NEMS는 모두 5개의 마이크로파 파장대에서 직하점 지역을 관측하였다. 마이크로파 방사의 특성을 이용하여 두꺼운 구름이 덮인 지역도 구름을 투과하여 구름 하부대기를 탐측할 수 있음을 보였다.

ITPR 및 NEMS에서 산출한 기온의 연직구조는 라디오존데 관측 결과와 상당히 근접한다. 하지만, 최적의 연직온도 역변환 결과는 적외영역의 자료와 마이크로파 자료를 함께 활용할 경우에 얻어짐을 보였다(Smith et al., 1974b). 즉, 최적 연직온도값은 적외파장대에서 이산화탄소 흡수역인 4.3 ㎛ 및 15 ㎛와 마이크로파의 산소 흡수역인 0.5 cm 영역의 결합을 통해 구해질 수 있는 것으로 판단되었다. 따라서 NIMBUS-6 호에는 4.3 ㎛와 15 ㎛ 영역의 방사를 관측할 수 있는 고분해적외탐측계(HIRS ; High Resolution Infrared Sounder)와 산소의 흡수대인 0.5 cm 부근의 마이크로파 방사량(放射量)을 관측하는 주사(走査) 마이크로파분광계(SCAMS ; SCAnning Microwave Spectrometer)를 탑재하게 되었다. HIRS는 완전한 주사관측(scanning observation)이 가능한 공냉식 감지기를 갖도록, 또한 SCAMS는 저분해능의 주사 관측이 가능하도록 설계되었다. HIRS에서 4.3 ㎛ 파장대 관측으로 하층 대류권 관측이 성공적으로 개선되었다.

이들 센서(감지기)의 성공적인 실용화는 1978년 HIRS와 마이크로파탐측계(MSU ; Microwave Sounding Unit)를 탑재한 TIROS-N/NOAA 위성에 의해 이루어졌다. 이들 센서의 관측 파장대는 대기하부에서 상부까지의 전 대기층에 대한 정보를 산출할 수 있도록 세밀하게 선택되었으며, 구름이 존재하는 HIRS 자료는 MSU 자료로 보완되었다. 이를 이용하여, 전구의 연직 온도 및 수증기 분포를 매 12시간마다 250 km 간격으로 구할 수 있었다 (HIRS의 수평해상도는 30 km, MSU의 수평해상도는 150 km, Smith et al., 1981a). 그

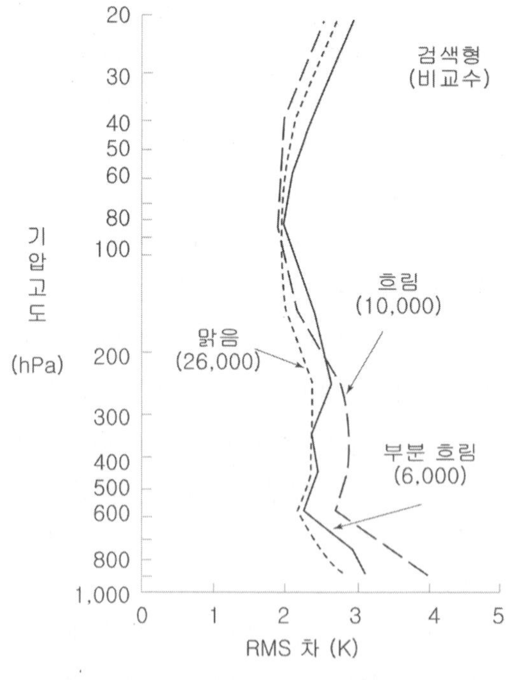

그림 12.4. 위성에서 산출된 연직온도와 라디오존데 산출 온도의 RMS 차 예

림 12.4는 1980년 4월 동안에 TIROS와 라디오존데에서 관측한 연직온도 값의 전지구 평균제곱근오차(RMSE ; Root Mean Square Error) 값을 보인 것이다. 두 자료의 비교에서, 관측 시간 차 및 공간 대표성의 차이에 의한 오차도 무시할 수 없으므로, 그림에서 보이는 2.5 C의 오차는 위성에서 관측된 온도값의 오차만을 의미하는 것이 아니다.

TIROS-N 위성은 2호부터 그 이름이 NOAA-2로 바뀌었으며, 지속적인 발전을 통하여 현재 가장 널리 이용되는 현업위성인 NOAA-#가 되었다. 이들 위성에 탑재된 중요한 센서들과 주요 산출물들은 다음과 같다.

① 운량과 기상상태 식별, 해수면온도 산출, 도시 열섬효과 및 화재 감지, 식생지수 산출 등의 기능을 가지는 AVHRR
② 전 지구 온・습도 연직구조 산출을 위한 개선된 HIRS/2
③ 구름이 덮인 지역의 온도 연직구조 산출을 위한 저해상도 MSU
④ 자료수집시스템
⑤ 재난구조 활동 보조를 위한 탐색구조(SAR; Search And Rescue) 장비들

현재의 극궤도 NOAA 위성들은 모두 3개의 기상관측용 센서를 탑재하고 있다. 구름, 얼음, 그리고 눈을 구분하기 위해 1.6 ㎛ 채널을 첨가하여 모두 6개의 채널을 가진 개선된 AVHRR, 수평해상도가 개선된 HIRS/3, 그리고 기능이 월등히 향상된 마이크로파 탐측기(AMSU ; Advanced Microwave Sounding Unit) 등이다. NOAA-15호부터 시작된 차세대 NOAA 위성에서는 AMSU에서 가장 많은 개선이 이루어졌는데, 이 센서는 AMSU-A와 AMSU-B 두 개로 구성되어 온도분포와 수증기분포 자료를 각각 수평해상도 50 km와 15 km로 제공한다. 총 20개의 채널로 구성된 이 마이크로파 센서는 HIRS/3 자료와의 결합 없이도 대기의 연직구조를 산출할 수 있도록 구성되어 있다.

현재 NOAA 극궤도위성에서 산출되어 전 세계적으로 이용되는 자료는 다음과 같다.

① 악기상 감시 및 예측을 위한 아종관(亞縱觀, subsynoptic)규모의 온・습도장 산출
② 아종관규모의 표면온도 분석
③ 아종관규모의 대기안정도 산출
④ 아종관규모 항공격자점 온도 및 바람자료
⑤ 운량 및 운고 산출
⑥ 태풍의 위치, 강도, 최대 풍속 자료 산출

⑦ 총오존량 산출

현재는 민간용인 NOAA-# 위성과 군사위성으로 분류된 DMSP(Defense Meteorological Satellite Program) 위성의 결합을 통한 효율적인 극궤도위성 프로그램이 추진 중이다. NPOESS(National Polar Orbiting Environmental Satellite System ; 2012 년 1 호기 발사 예정) 프로그램으로 불리는 이 위성에는 AVHRR 센서를 획기적으로 개선한 VIIRS(Visible Infrared Imaging Radiometer), HIRS 를 개선한 CRIS(Cross Track Infrared Sounder), 그리고 AMSU 를 대신할 ATMS(Advanced Technology Microwave Sounder) 등의 센서들이 탑재될 예정이다. VIIRS 는 400 m 해상도로 모두 22 개의 채널관측이 이루어지며 검보정(檢補正 ; 검정과 보정)의 정확도가 향상된 센서로, 해수면온도, 에어러솔, 적설, 운량, 표면알베도, 식생지수, 해빙, 그리고 해색 자료 등의 생산이 가능하다. CRIS 는 마이켈손간섭계로 ATMS 센서 자료와 함께 활용되어 온도자료는 정확도 1 C와 수직해상도 1 km 로, 수증기 정보는 정확도 15 % 오차와 수직해상도 2 km 로 생산할 수 있도록 설계되었다. 이와 비슷한 연직탐측 기능을 가지는 유럽 위성인 Metop 은 2006 년에 발사되었으며, 여기에는 IASI (Infrared Atmospheric Sounding Interferometer), AMSU-A, 그리고 MHS/HSB(Microwave Humidity Sounder)가 탑재되어 있다.

12.3. 정지궤도 기상위성의 발달

기상분야 응용을 위한 위성의 궤도에는 크게 두 가지 종류가 있다. 하나는 12.2 에서 설명한 바와 같이 남극과 북극을 잇는 자오면을 공전하면서 지구를 관측하는 극궤도위성(極軌道衛星)이고, 또 하나는 적도 상공에서 지구의 자전속도와 같은 속도로 지구주위를 공전하는 정지궤도위성(靜止軌道衛星)이다. 이 위성은 지구의 자전속도와 같은 속도로 공전하기 때문에 관측 지역이 언제나 같은 지역이다. 따라서 극궤도위성과 달리 연속적인 기상현상에 대해 짧은 주기의 감시가 가능하다. 극궤도의 고도는 지상에서 600 ~ 1,600 km인 반면, 정지궤도의 고도는 약 36,000 km 로 고정되어 있다. 그 이유는 위성의 공전주기가 지구의 자전주기와 같아야 하기 때문에, 즉, 지구와 위성사이의 만유인력과 위성의 공전에 의한 운동에너지가 정확히 같은 고도가 36,000 km 이기 때문이다. 위성의 직하점이 지구상의 같은 지점에 계속 머물기 위해서는 위성의 회전축이 지구의 자전축과 평행하여야 하며, 이를 가능하게 하는 것은 적도상공을 공전하게 하는 방법 밖에 없다.

정지궤도기상위성은 이론적으로는 지구 표면의 약 50 % 정도를 항상 관측할 수 있다. 하지만 위성의 직하점에서 멀어질수록(예 : 극지방 및 고위도 지역) 관측각(viewing angle)이 매우 작아서 대기 통과길이[광행로(光行路)]가 길어질 뿐만 아니라 상대적으로 수평해상도도 직하점에 비해 낮아지는 문제가 발생한다. 따라서 유효 관측범위는 직하점을 중심으로 지름이 120° 정도의 원형으로 지표면의 약 25% 정도 지역이 유효관측 범위가 된다. 예를 들어 일본의 정지궤도기상위성의 경우 위도 0° 동경 130°에 위치하고 있기 때문에 유효관측 범위는 남북 60°, 동경 70°, 서경 10°이다. 이러한 이유로 세계기상기구(WMO)의 지구관측 프로그램에서는 적도 상공에 적어도 5개 이상의 정지궤도기상위성을 유지하고 있다. 재미있는 것은 아무리 정지궤도기상위성이 많아도 극지방은 극궤도위성에 의해서만 관측된다는 사실이다.

최초의 정지궤도기상위성은 1966년 12월 6일에 발사된 ATS(Application Technology Satellites)-1로, 위성기상 분야에서 기억할 만한 날이다(위성사진 : 그림 12.5). ATS-1에는 매 20분마다 전구화상(全球畵像)을 제공할 수 있는(그림 12.6) 회전주사카메라(回轉走査카메라, spin scan camera ; Suomi and Parent, 1968)가 탑재되어 우주에서 연속적인 기상장(氣象場) 의 관측시대를 열었다. 회전주사카메라는 Suomi와 Newell의 헌신적인 노력에 의해 ATS-1 위성이 거의 완성된 단계에서 추가된 것이다. 기상학자들은 전지구의 25% 지역에서 다양한 형태의 구름과 종관현상에 의해 발생하는 구름시스템의 동영상을 처음으로 접하면서 흥분하였다.

NASA의 Moris Teper가 예상하였듯이, 정지기상위성 자료로부터 구름의 연속적인 감시가 가능해졌고, 이를 통해 바람장 산출도 가능해졌다. ATS의 화상은 1970년 초반부터 현업예보에 직접 활용되었는데, 미국의 국가악기상예보센터(國家惡氣象豫報센터, NSSFC : National Severe Storm Forecasting Center)에서는 1972년 봄부터 최초로 동화상(動畵像)을 활용하였다. 이후 10년간 SMS(Synchronous Meteorological Satellite)와 GOES(Geostationary Operational Environmental Satellite) 위성에 회전주사카메라를 탑재하여 일반인들에게 가장 잘 알려진 가시 및 적외화상을 생산하게 된다.

극궤도위성의 개발에서와 같이, 정지궤도기상위성의 발전에도 NASA의 연구개발 프로그램이 절대적인 역할을 하였다. ATS는 주로 위성통신을 실험하기 위한 위성이었으나 기상분야에서의 성공적인 활용에 힘입어 NASA는 기상분야 활용을 주목적으로 하는 SMS를 개발하게 된다. 1974년 5월과 1975년 2월에 발사된 SMS-1과 SMS-2호는 각각 적도 상공의 75W와 135W에 위치하였는데, 이들 위성이 현재의 현업용 정지궤도기상위성인 GOES의 전신이다. NASA에서 개발한 SMS-1/2 위성과 그 뒤를 이은 NOAA의 GOES 위성들이 현재의 정지궤도위성에 탑재된 다음의 핵심적인 세 가지 기능들을 제공하였다.

그림 12.5. 최초의 정지궤도위성인 ATS-1호 사진

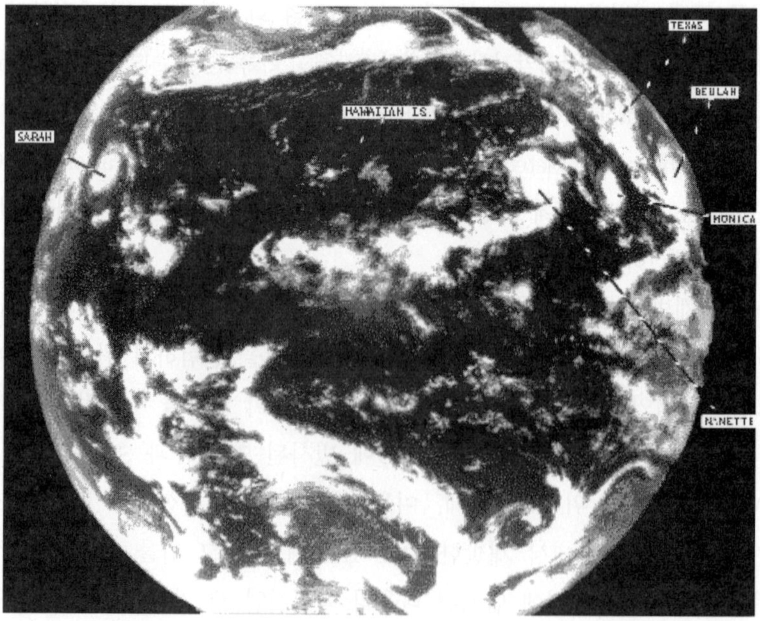

그림 12.6. 정지궤도기상위성 ATS-1에서 촬영한 화상

① 가시(可視) 및 적외창(赤外窓)역에서 지구와 구름의 상시 감시를 가능하게 하는 가시적외회전주사방사계(VISSR, Visible and Infrared Spin Scan Radiometer). VISSR는 다중채널의 가시 및 적외창 화상을 제공하며 수평해상도는 각각 1 km 와 7 km 이다.

② 저가의 수신기를 보유한 사용자를 위한 저해상도 위성화상 및 일기도를 전송하는 기상전송기(WEFAX, Weather Facsimile)

③ 외딴 지역에서 관측된 자료를 위성을 통해 기상자료 종합수집국으로 전달하는 자료취득시스템(DCS, Data Collection System)

한편, 유럽 우주국(ESA, Europe Space Agency)에서는 1977 년에 정지궤도 위성인 Meteosat 을 발사하였는데, 이 위성에는 수평해상도가 2.5 km, 5 km, 그리고 5 km 인 가시(可視), 적외(赤外) 및 수증기(水蒸氣) 채널 화상기가 탑재되었다. 수증기 화상은 지금까지의 화상과는 전혀 다른 지구의 모습을 보여 주었으며, 특히 구름이 없는 상태에서도 상층의 습도와 대기의 흐름을 파악하는데 결정적인 정보를 제공하였다.

1980 년 9 월에는 GOES-4 위성에 기존의 VISSR 에 몇 개의 파장대를 추가한 가시적외회전주사 방사 대기탐측기(VAS ; Visible Infrared Spin Scan Radiometer Atmospheric Sounder)를 탑재함으로써 정지궤도 위성에서 대기의 연직구조 탐측시대를 개척하였다. VAS 에는 12 개의 적외채널이 있는데 이들은 2 개의 대기창역(大氣窓域, 4.0 ㎛ 과 11 ㎛), 3 개의 수증기 채널, 그리고 4.3 ㎛ 과 15 ㎛ 파장역에서의 7 개의 CO_2 흡수채널이다. GOES 위성에 장착된 VAS 는 주사거울(scanner)이 북쪽에서 남쪽으로 움직이는 동안, 1 분에 서쪽에서 동쪽으로 100 번 회전하면서 가시영역에서는 1 km 분해능으로, 적외영역에서는 7 km 또는 14 km 의(채택한 탐지기에 좌우됨) 분해능으로 전구를 관측한다(그림 12.5 참고).

GOES/VAS는 극궤도위성의 적외탐측기에서 산출된 대기의 연직구조와 같은 정확성과 함께 소규모의 기상 현상은 물론 대기온도와 수증기의 시간적 변화를 감지하는 탁월한 성능을 보여주었다. 하지만, 정지궤도위성에 탐측기능을 추가하면서 위성의 활용가능성을 극대화하였지만, 화상자료와 탐측자료를 동시에 얻을 수 없는 문제점이 발생하였다. 또한, 이때에는 위성이 중심을 잡기 위하여 위성자체가 회전을 하였기 때문에, 지구를 관측하는 시간은 전체의 5 %에 불과하여 고품질의 탐측자료나 고분해능의 적외화상을 얻기 위한 신호대 잡음비를 확보하기 어려웠다. 이러한 문제를 해결하기 위해 NOAA 는 차세대 GOES I-M 을 개발하였으며, GOES-8 로 명명된 GOES-I 는 1994 년 4 월 13 일, GOES-9 은 1995 년 5 월에 발사되었다. 이들 위성들은 위성체의 자세제어를 회전이 아닌 3 축 제어방식으로 하게 됨에 따라 전체적으로 관측 효율이 높아지게 되었다.

극궤도위성의 화상자료가 종관규모 운동의 이해를 돕는 데 많은 기여를 하였다면, 정지궤도기상위성의 화상자료는 중간규모 운동의 이해를 증진하는 데 기여하였다. 정지궤도기상위성이 발사되기 전에는 중간규모 운동은 적절한 자료가 없었기 때문에 기상학자들은 더 큰 규모의 관측으로부터 중간규모 운동을 해석하여야만 하였다. 오늘날에는 정지궤도기상위성에서 가시 및 적외화상 자료를 각각 지상관측소가 매 1 km 및 매 4 km 간격으로 존재하는 것과 같이 관측자료를 제공하기 때문에 지상관측소에서 잘 관측되지 않는 현상들을 식별하는데 많은 정보를 제공한다. 위성화상에서 나타나는 구름과 구름패턴은 중간규모 기상현상의 발달과정을 잘 보여주는데, 특히 이들 자료들을 동화상으로 분석하면 중요한 중간규모현상들의 발생위치, 이동 및 발달단계 등을 해석할 수 있는 새로운 정보를 제공한다. 정지궤도기상위성으로부터 새로운 현상에 대한 많은 발견은 중간규모 기상현상의 이해에 많은 도움을 주었고 이는 단시간 예보 및 경보에 많은 기여를 하였다. 정지위성 자료에서 발견된 현상으로는

① 기상위성화상의 활용에서 가장 성공적인 분야가 바로 태풍의 위치, 경로추적, 그리고 연속적인 감시이다. 또한 위성자료를 이용한 태풍강도 산출(Dvorak, 1972, 1984)은 미국의 국가허리케인센터(National Hurricane Center)를 비롯한 많은 국가들에서 현업적으로 이용하는 기술이 되었다.

② 위성화상을 통해, 스콜라인이 발달되기 전에는 지상의 수렴대에서 조직화된 대류운(對流雲)이 발생한다는 사실을 발견하였다. 위성화상으로부터 스콜라인 발달을 조기에 탐지할 수 있다는 것은 악기상의 발달위치, 이동방향, 그리고 도달시간을 예측하는데 많은 도움을 준다.

③ 동화상자료를 통해 모든 형태의 적란운(積亂雲) 발달에 적란운의 유출경계(arc cloud line 이라고도 불림)가 중요하다는 사실이 처음으로 밝혀졌다.

④ 중규모대류집단(MCC, Mesoscale Convective Complexes)의 크기, 지속시간, 조직의 정도 등이 위성의 적외화상을 통해 처음으로 밝혀졌다. 그 후 여름철 집중호우를 유발하는 MCC에 대한 집중적인 연구가 이루어졌다.

⑤ 정지궤도기상위성이 이용되기 전에는 이른 아침의 구름이 오후의 대류운 발달에 미치는 영향에 대해 전혀 인식되지 않았다. 이 현상에 대한 이해는 후의 정밀한 중간규모 모델 실험에 의해서 이루어 졌다.

⑥ 극궤도위성의 다중채널을 이용한 주·야간 안개 탐지기술의 수준 향상 등 위성화상

을 이용하면서 안개의 탐지 및 예보 능력이 급격히 높아졌다.

⑦ 수증기 채널(6.7 ㎛)에서 제공하는 상층의 수증기 분포와 구름이 없는 상태에서의 대기 흐름에 대한 정보는 기상학자들이 이전에 보지 못한 다양한 형태의 자료를 제공하였으며, 이 화상은 중간 및 종관규모 기상현상의 이해에 다양하게 이용되고 있다.

정지기상위성 자료는 이미 각국의 기상청의 현업운영에서 없어서는 안 되는 중요한 자료가 되었다. 각국의 기상청(氣象廳)에서는 위성에서 직접 수신한 디지털자료로부터 다양한 화상자료는 물론이고, 구름이동벡터, 연직온습도 자료, 안정도지수, 강우강도, 해수면온도, 황사지수 등의 수치자료를 실시간으로 산출하여 활용하고 있다.

현재의 GOES 화상기(Imager)는 5개 채널 화상자료를 생산하며, 적외 5 km, 가시 1 km의 해상도로 전구(full disk) 영역을 30분 이내에 관측할 수 있는 능력을 가지고 있다. 유럽에서는 2002년에 발사된 Meteosat-8호에 12채널(가시 1 km, 적외 3 km 해상도)의 화상을 전구를 15분에 관측할 수 있는 화상기를 탑재하였다. GOES-R 이후부터는 (2012년 발사 예정) 모두 16개의 채널(가시 0.5 km, 적외 2 km)에서 전구를 5분 이내

그림 12.7. 일본기상위성센터에서 운용중인 MTSAT-1R 에서 촬영한 지구의 모습 (2005년 2월 26일 발사)

에 관측할 수 있는 화상기를 개발 중이다. 정지궤도 탐측기의 경우에는 간섭계기술, 초점면 탐지기배열(detector array)기술, 위성체 자료처리기술 등을 이용하여 3.7㎛에서 15.4㎛ 파장역을 2,000개 이상의 채널로 관측하는 센서(감지기)가 개발 중이다. 앞으로의 위성 탑재 센서는 공간, 분광해상도의 증가 및 관측시간의 단축이라는 방향으로 발전되고 있다.

아시아 지역에서는 1977년부터 일본기상위성센터(日本氣象衛星center)에서 최초의 정지기상위성인 GMS-1을 운용하기 시작한 이후 1995년 GMS-5호까지 운용하여 아시아 및 태평양 지역에서 구름, 태풍 등 다양한 기상정보를 제공하였다. GMS-5는 그 수명이 다하여 현재는 후속위성인 다목적정지궤도위성인 MTAT-1R이 2005년 6월부터 아시아 및 태평양 지역의 기상현황을 관측하여 제공하고 있다(그림 12.7 참고). MTSAT-1R에는 5개의 채널(가시 : 0.55 ~ 0.80㎛, 적외1, 2 : 10.3 ~ 11.3, 11.5 ~ 12.5㎛, 수증기 : 6.5 ~ 7.0㎛ 및 근적외 : 3.5 ~ 4.0㎛) 탑재되어 있으며 GMS-5와 비교할 때 공간해상도(적외 : 5 km→4 km)와 방사분해능(8 bits→10 bits)이 크게 향상되었다. GMS-5에는 탑재되지 않았던 근적외(近赤外) 채널이 탑재되어 산불이나 황사와 같은 대기환경감시는 물론이고 해수면온도의 산출수준도 향상될 것으로 기대된다. 또한 중국에서도 가시, 수증기 및 적외 3개 채널을 탑재한 정지궤도 위성인 FY-2A를 1997년에 발사하여 운용(運用)하다가 통신에 문제가 발생하여 운용을 중단한 후 2004년 10월에 FY-2C를 발사하여 운용 중이다. 우리나라에서도 우리나라 최초의 통신해양기상위성인 COMS(Communication Oceanic and Meteorological Satellite)을 2008년 12월 발사를 목표로 항공우주연구원, 기상연구소, 해양연구원 및 전자통신연구원에서 개발 중이다. 이 위성에는 MTSAT-1R과 같이 5개의 채널의 기상센서, 해양센서 및 통신기능이 동시에 탑재될 예정이다.

12.4. 기상위성자료 수신 및 처리 시스템

기상위성자료(氣象衛星資料)는 그 양이 방대할 뿐만 아니라 사용자가 필요로 하는 구름 화상이나 태풍 위치와 같은 다양한 기상변수들을 산출하기 위해서는 복잡한 처리과정을 거쳐야 한다. 또한 이러한 처리과정을 각 사용자가 직접 하기 위해서는 고가의 컴퓨터를 비롯한 다양한 화상처리 소프트웨어가 필요하다. 대부분의 기상청에서는 지구상공에 위치한 기상위성들이 송신하는 다양한 관측 및 위성에 대한 정보를 수신하여 데이터베이스를 구축하고, 검정 및 기하학적 보정, 사용자가 원하는 기상정보의 분석 및 표출을 수행하는 기상위성자료 수신(受信) 및 처리(處理) 시스템을 구축하여 운용하고 있다. 즉, 기상위성자료 수신 및 처리 시스템의 주요 기능은 다음과 같다.

① 위성에서 수신한 자료에서 센서자료, 위성궤도정보, 그리고 위성체 환경에 관한 정보를 구할 수 있어야 한다.
② 전처리, 보정, 그리고 관측지점 지정(earth location)을 통해 수신자료를 정량적(대기과학적)인 값으로 변환하여야 한다.
③ 대기과학적인 값(온도, 습도 등)을 구하기 위한 알고리즘이 있어야 한다.
④ 검증 및 오차 분석이 자료처리 과정의 하나로 항상 수행되어야 한다.

이를 위한 상당한 노력 중 하나가 컴퓨터와 인간의 상호작용을 통한 위성자료의 처리 능력을 증가시킬 수 있는 기술개발에 투자되어 많은 시스템이 개발되었는데, 1970년대 개발된 인간-컴퓨터 상호자료처리 능력을 가진 인간-컴퓨터 상호자료접근시스템(相互資料接近시스템, McIDAS : Man Computer Interactive Data Access System)이 하나의 예이다. 인간-컴퓨터 상호자료처리기의 개발, 예를 들면 위스콘신 대학교의 McIDAS는 인간에 의한 위성자료의 편집과 개선을 통해 컴퓨터를 통해 얻어진 탐측 자료의 정확도와 분해능을 증가시킬 수 있음을 보여 주었다.

한편, 우리나라의 기상청(氣象廳)에서는 1998년에 도입된 위성자료수신 시스템에 미국의 Seaspace라는 회사에서 개발된 Terascan 소프트웨어를 활용하여 위에서 제시한 모든 필요 기능들을 확보하여 실시간 자료수신·처리·분배를 자동으로 수행하고 있다. 새로운 수신시스템의 확보를 통해 중국의 FY-2, 일본의 GMS-5, 그리고 유럽의 EUMETSAT 정지궤도 위성자료를 실시간으로 수신하여 활용하고 있으며, 미국의 극궤도기상위성인 NOAA-12, -14, -15, -16호 위성을 직접 수신하여 활용하고 있다. 2001년부터는 NASA의 지구관측시스템(EOS : Earth Observing System)의 첫 번째 위성인 Terra에 탑재된 MODIS (Moderate Resoultion Spectroradiometer) 자료를 직접 수신하고 있다. 특히, MODIS 자료는 자료의 양이 기존의 기상위성에 비해 방대하여 S-밴드 자료수신이 아닌 X-밴드 자료수신 주파수를 활용하고 있다. 이러한 X-밴드 방식은 앞으로 개발될 차세대 기상위성에서도 활용될 것으로 기대된다.

12.5. 요 약

과거 40년 동안 NOAA는 NASA의 도움을 받아 여러 방면에서 유용하게 활용되고 있는 정지 및 극궤도위성 프로그램을 개발하고 발전시켜 왔다. 위성자료는 단시간 현상인 토네이도 발생, 태풍, 홍수 등은 물론이고 장시간 현상인 해수면 온도, 화재, 전지구 운량 변화 등에서 나타나는 기후변화의 감시와 예측에 중요하게 이용되고 있다. 이와 같은 성과는 1970년대의 적외 및 가시화상 자료에서 시작되어 1980년대의 대기연직 구조 산출을 통해서 가능해졌다. 정지위성에서 생산되는 연속적인 화상자료는 구름의 운동을 이해하고 적란운 발생에 대한 예측능력을 크게 향상시켜 현업에 즉시 이용되었다. 현업에서의 대기탐측자료 이용은 최근의 일로써 극궤도위성의 탐측자료는 관측자료에서 공백지역을 메우는데 많은 기여를 하였다. 대기탐측자료를 이용하는 분야는 일기예보를 위한 대기 온·습도 분석, 대기 안정도 분석, 대류의 위치 파악 및 강도 산출, 그리고 전지구 구름정보 생산 등이 있다. 적외 및 마이크로파 탐측기를 포함하고 있는 TOVS(TIROS Operational Vertical Sounder)에서 마이크로파 탐측기는 구름의 영향을 감소시키는 데 중요한 역할을 하였다. GOES-VAS를 이용한 북반구의 매시간 온·습도 구조와 바람장 산출을 통해 악기상(惡氣象) 예측에 많은 기여를 하였으며, 구름이동 벡터, 수증기 이동 벡터, 그리고 온도풍 산출을 통해 태풍경로 예보에 많은 도움을 주었다. 1994년의 GOES-8은 화상(畵像) 및 대기 탐측분야에서 현격한 개선을 이루었으며, 장기간의 자료를 통해 온실효과 및 에어로졸의 효과를 탐지하는 등의 기후변화 연구에도 많은 기여를 하였다.

가까운 장래에는 위성과 레이더를 결합한 관측시스템을 통하여 구름구조 및 발달에 대한 지식 축적으로 초단시간 예보(豫報) 및 경보(警報) 능력을 배가시킬 수 있을 것이다. 기단성 뇌우(氣團性 雷雨, airmass thunderstorm)와 1시간 이내의 생애를 가진 대류 시스템과 MCC와 같이 보다 긴 생애를 가진 시스템을 모두 고려한다면, 위성과 레이더를 결합한 자료에서 얻을 수 있는 정보는 각각의 자료에서 독립적으로 얻을 수 있는 정보에 비해 월등히 많을 것이다. 예를 들어 MCC와 관련되어 나타나는 적란운과 단기간에 발생했다가 사라지는 기단성 적란운을 구별할 수 있다면, 예보자(豫報者)들에게 큰 도움을 줄 수 있을 것이다. 고해상도의 중규모 예보모델이 개발되면서 관측자료(觀測資料)를 통한 모델결과의 신뢰성 분석 및 상세한 규모에 대한 정확한 초기자료 제공이라는 측면에서 레이더와 위성자료의 중요성은 지금보다도 강조될 것이다.

관측주기, 공간 분해능, 채널 수 및 방사 분해능 등에서 위성관측 기술은 계속해서 향상되어야 하며, 이를 위한 많은 프로그램들이 진행 중이다. 또한 대기 탐측자료의 연직 해상도와 정확도를 높이기 위한 노력도 필요하다. 위성에 탑재되는 감지기(센서)의 채널 수 증가, 공간분해능 향상 및 방사분해능 향상으로 엄청난 양의 자료를 수신할 수 있는 수신 시스템, 자료처리를 위한 고성능 컴퓨터, 이들 자료를 분배하기 위한 통신시스템, 그리고 대용량자료의 저장을 위한 저장시스템의 획기적인 개선이 이루어질 것으로 기대된다. 또한 전천후 관측을 위해서는 마이크로파 방사계(放射計)의 탑재가 필수적이다. 현재, NOAA-15 호부터 시작된 2 세대 NOAA 위성에는 좀 더 개선된 마이크로파 센서(AMSU)를 탑재하여 온도와 습도의 연직구조를 산출할 수 있으며, 정지궤도 위성에 탑재할 수 있는 센서 개발이 진행되고 있다.

지난 수십 년 동안 위성자료의 이용은 지구환경시스템의 이해에 절대적인 역할을 수행하였다. 앞으로의 위성분야 발전은 지금까지의 이해를 더욱 증진시키고 새로운 기술의 개발, 다양한 수요자의 광범위한 요구 만족, 그리고 통합관측시스템(統合觀測 system)의 개발 등에 많은 노력을 기울일 것으로 예상된다.

Chapter 13

기상위성 화상해석

지금부터는 영상과 화상을 잘 구분해서 올바르게 사용하도록 하자. 영상(映像, image)을 사진에 비유한다면 화상(畵像, whasang)은 초상화나 그림에 비유가 된다. 사진은 전파장의 빛으로 촬영한 것이고, 초상화나 그림은 화가(畵家)가 목적의식을 갖고 본인이 의도대로 그린 것이다. 예를 들면, 구름 사진 중 적외화상(赤外畵像)은 온도에 따라 다른 색을 칠해 마치 화가가 그림을 그리듯이 색 분포를 만든 것이다. 이것은 원래 구름에 색이 있었던 것이 아니다. 따라서 화상(畵像, 畵는 그림 그릴 화, 像에 빛에 의한 촬영의 의미가 있음)이어야 한다. 또 수증기의 화상도 육안으로는 보이지 않는다. 따라서 특수한 파장으로 촬영한 것이다. 따라서 앞으로는 화상이라고 하는 정확한 용어를 사용하도록 하자.

13.1. 측정원리

기상(대기)위성에서 지구를 관측하는 원리와 과정은 매우 복잡하기 때문에 여기서는 간단하게 개념 차원에서만 설명한다. 1차적으로 기상위성에 탑재된 센서에서 지구 및 대기로부터 반사 또는 방출된 방사휘도를 관측하는 과정은 그림 13.1 및 13.2와 같다. 극궤도 기상위성은 위성이 지구 상공을 공전하는 동안 주사거울〔scan mirror, 주사경(走査鏡)〕이 위성궤도에 직각으로 주사(走査)하면서 주사거울이 지향하는 각 화소(畵素)에서 방출되는 상향방사를 탐지기(detector)로 보내 지구 및 대기에 대한 관측을 한다. NOAA-#에 탑재된 AVHRR (Advanced Very High Resolution Radiometer)의 경우 약 1/6초에 1회 주사를 하는 동안 5개의 채널에서 각각 2,048개의 화소(관측점 : pixel)를 관측한다. 정지궤도 위성에서는 위성에 탑재된 센서가 지구의 북서쪽 끝에서부터 남동쪽 끝까지 주사하는데 일차적으로 서에서 동으로 주사한 다음 센서가 북에서 남으로 각도를 이동하는 등 3차원 상(像)으로 회전하면서 지구 및 대기에 대한 관측을 한다.

각 채널별 탐지기에서는 채널별로 정의된 파장역($\lambda_1 \sim \lambda_2$)에서 단위시간당 센서에 도달하는 에너지에 비례하는 전압(연속적인 값)을 측정한 후 총 에너지는 아래 식과 같이

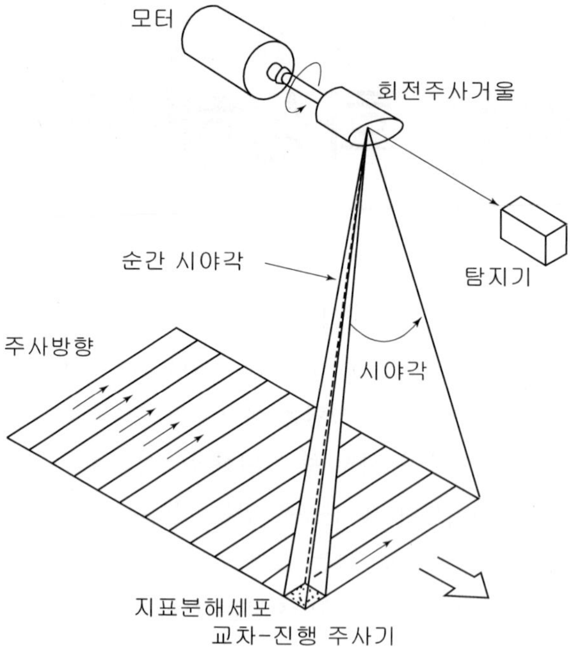

그림 13.1. 극궤도기상위성의 지구관측 개념도

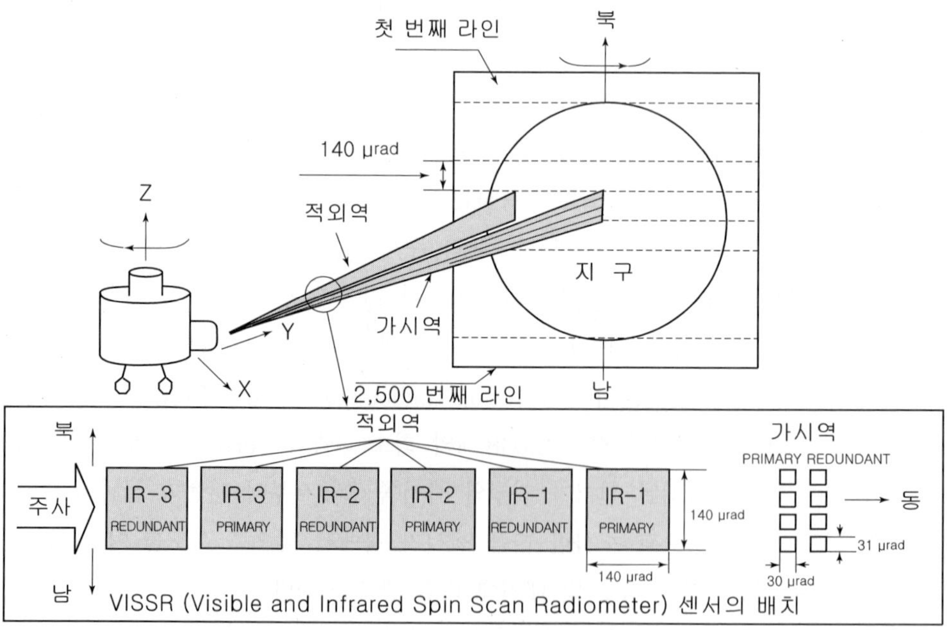

그림 13.2. 정지궤도 기상위성의 지구관측 개념도

분광반응함수〔分光反應函數, spectral response function : $f(\lambda)$〕를 이용하여 가중평균(加重平均)하여 구한다.

이를 정량적인 값으로 디지털화(예; 10 bits : 0 ~1,023 사이의 값)한 후 위성의 고도, 자세 등 위성정보와 함께 지상으로 송신한다.

$$L_m = \frac{\int_{\lambda_1}^{\lambda_2} L_\lambda f(\lambda)\, d\lambda}{\int_{\lambda_1}^{\lambda_2} f(\lambda)\, d\lambda} \tag{13.1}$$

위 식에서 L_λ 와 L_m 은 각 파장에서 측정된 방사휘도(放射輝度)와 정의된 파장역에서 가중평균된 방사휘도를 의미하며 λ_1, λ_2 는 각 채널별 파장대의 양단의 파장(예 ; 채널 1 : $\lambda_1 = 0.58\,\mu m$, $\lambda_2 = 0.68\,\mu m$)을 의미한다.

13.2. 수신 및 처리 시스템

지상에서는 그림 13.3 과 같은 기상위성 자료 수신 및 화상처리 시스템을 이용하여 위성에서 송신한 자료를 수신하고 처리하여 사용자가 활용할 수 있게 한다. 방대한 양의 기상위성자료를 연구 및 현업차원에서 준 실시간으로 활용하기 위해서는 다음과 같은 기능을 갖춘 자료처리 시스템이 구축되어 있어야 한다.

① 기상위성에서 송신하는 자료의 수신 및 자료의 처리
② 수신한 자료로부터 센서자료, 위성궤도정보, 그리고 위성체 환경에 관한 정보의 산출
③ 전처리(preprocessing), 즉 검정(calibration)과 각 화소(pixel)의 지구상 위치산출(earth location : navigation)을 통해 수신 자료를 대기과학적인 값(온도, 알베도 등)으로 변환
④ 초기 대기과학적인 값(온도, 알베도 등)으로부터 해수면온도, 운량, 바람장 등과 같은 다양한 기상정보(氣象情報)를 산출하기 위한 알고리즘
⑤ 검증 및 오차 분석 기능

우리는 이미 위성관련 교재, TV 또는 인터넷에서 다양한 종류의 위성영상들을 접하였으며 그로부터 다양한 정보들을 획득하고 있다. 그러면 다른 관측자료들은 대부분 숫자나 등

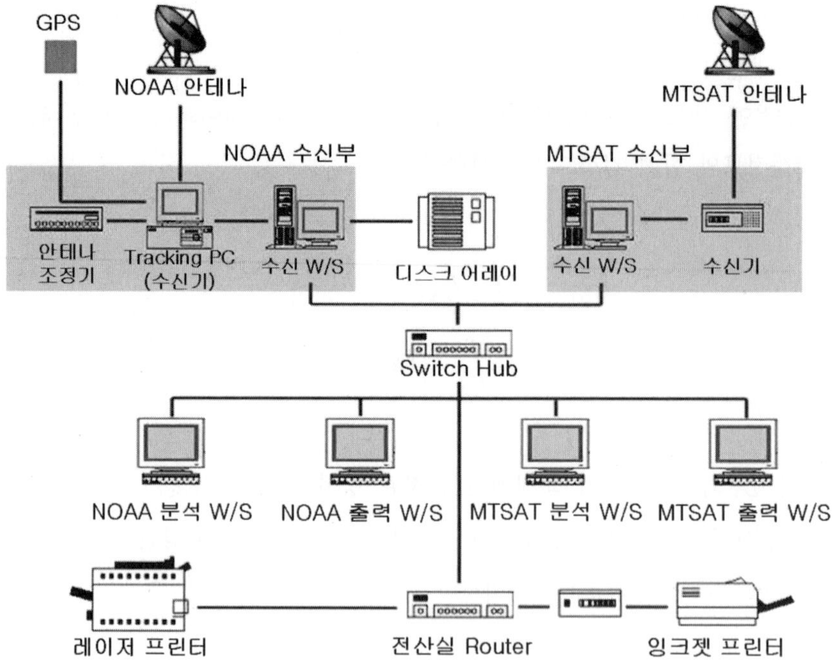

그림 13.3. 기상위성자료 수신 및 처리 시스템 예

치선과 같은 그래픽으로 정보를 제공하는데 왜 위성자료는 영상으로 이용할까? 가장 큰 이유는 위성에 탑재된 화상기(예 : S/VISSR, AVHRR)로부터 원격탐사된 자료의 양이 매우 방대하기 때문이다. 즉, 한반도 또는 아시아 지역에서 다른 종관자료들은 많아야 수백에서 수천 개 수준이지만, 위성자료는 적어도 100만 개 이상이기 때문이다. 따라서 이들 자료로부터 구름, 황사, 안개와 같은 현상들을 탐지하고 그러한 현상들을 일으키는 물리적 메커니즘을 이해하기 위해서는 컴퓨터를 이용한 자동영상처리가 필요하다. 위성자료를 화면에 표출하는 과정에서 일반적으로 단일채널인 경우에는 주로 흑백으로 나타내고 두 개 이상의 채널을 조합한 경우에는 칼라로 표시한다. 예를 들어 가시채널인 경우에는 반사율이 높은 구름은 희게, 반사율이 낮은 물이나 토양은 검게 하여 시각적으로 화상해석을 쉽게 한다. 또한 단일 채널이라도 특정의 크기 값을 강조(칼라 또는 흑백대조를 크게)하여 사용자가 원하는 정보(예 : 황사, 안개, 집중호우, 눈)를 보다 빨리 획득할 수 있도록 한다.

기상위성자료 처리 시스템 중 대표적인 것은 1970년대 미국 위스콘신대학교에서 개발한 McIDAS(Man Computer Interactive Data Access System : 인간-컴퓨터 상호 접근 시스템)으로 기상위성자료의 전처리, 다양한 화상처리 및 응용정보 산출 기능이 한 시스템에서 이루어지도록 개발되었다. 현재는 컴퓨터의 처리속도, 메모리, 통신 및 화상처리 성능의 급격한 발달로 대부분의 개인용 컴퓨터(PC)에서도 기상위성자료를 신속하게 화상처리 하여 분석이 가능하다.

우리나라 기상청에서는 1998년에 도입된 기상위성자료 수신 시스템에 미국의 Seaspace에서 개발한 Terascan 소프트웨어를 활용하여 실시간으로 위성자료의 수신·처리·분배를 자동으로 수행하고 있다. 현재 기상청에서 수신하여 활용중인 기상위성은

① 정지궤도 기상위성 : MTSAT-1R(일본), EUMETSAT(유럽), FY-2(중국)
② 극궤도기상위성 : NOAA-14, -15, -16호, 지구관측시스템(EOS : Earth Observing System) 위성인 Terra/Aqua에 탑재된 MODIS(Moderate Resolution Spectroradiometer) 등이다.

13.2.1. 전처리

위성자료는 자료의 특성상 화상을 통한 정성적 활용이나 정량적 자료로 활용하기 전에 반드시 적어도 2단계의 전처리(前處理, preprocessing)를 하여야 한다.

ㄱ. 지구상의 위치 결정

위성 화상은 위성에서 자료를 측정한 순서를 의미하는 동서방향과 남북방향의 화소의 배열(예 : 1,000 x 1,000 pixels)로 표현된다. 이들 자료를 활용하기 위해서는 각 화소(畵素)가 지구상의 어느 위치(위도, 경도)에 해당되는지를 계산하여야 하며, 이러한 과정을 기하학적 보정(補正, geo-location 또는 navigation)이라 한다. 이 과정은 특히 정량적 활용이나 다른 종관관측 자료와의 동시 활용에 있어 매우 중요한 단계이나 이 부분은 이 교재의 범위를 넘기 때문에 여기서는 생략한다.

ㄴ. 검정

위성에서 측정되는 값은 상대적 크기의 숫자(count value : CV)이다. 이 값을 대기과학적으로 의미가 있는 알베도(albedo)나 휘도온도(radiance)로 변환하는 과정을 검정(檢正, calibration)이라 한다. 즉, 상대적 크기의 숫자를 다음과 같은 형태의 회귀식(回歸式)을 이용하여 방사휘도로 변환한 후 플랑크 방정식을 역으로 이용하면 휘도온도가 계산되어 진다.

$$\begin{aligned}&\text{가시채널 :}\quad \text{albedo} = S(Vis) \times CV(Vis) + IV(Vis)\\&\text{적외채널 :}\quad \text{radiance} = S(IR) \times CV(IR) + IV(IR)\end{aligned} \tag{13.2}$$

가시채널의 경우 대부분의 위성에 검정을 위한 장치가 탑재되어 있지 않기 때문에 위성 발사전 지상에서 실험을 통하여 결정된 값을 이용하여 수치값을 직접 알베도로 변환한다. 적외채널의 경우에는 검정을 위한 장치가 위성에 탑재되어 있기 때문에 위성에서 보내주는 검정자료를 이용하여 매번 검정계수를 산출한다. 산출된 검정계수를 수치 값에 적용하여 방사휘도(放射輝度, B_λ)를 구하고 산출된 방사휘도와 중심파장(λ_c)을 온도에 대한 플랑크(Planck) 방정식에 대입하여 휘도온도를 산출한다. 여기서 산출된 온도를 휘도온도(輝度溫度, T_b : brightness temperature)라 하는 이유는 방사에너지 방출 물체를 흑체(黑體)로 가정하였기 때문이다.

$$T_b = \frac{C_2}{\lambda_c \, \ell n \left(\frac{C_1}{\lambda_c^5 \, B_\lambda} + 1 \right)} \tag{13.3}$$

여기서 C_1, C_2는 상수이고, λ_c, B_λ는 각각 중심 파장과 방사휘도이다.

13.2.2. 화상강조기법

기상위성 화상(畵像)에는 구름, 육지 및 바다에 대한 다양한 정보가 혼합되어 있어 우리가 원하는 정보를 빠르고 정확하게 분석하기가 쉽지 않다. 이러한 문제점을 최소화하기 위하여 다양한 화상강조기법(畵像强調技法, image enhancement technique)이 이용되는데 주로 이용되는 화상강조기법은 다음과 같다.

① 계조표(lookup table)를 이용하여 기상현상 중 특정 현상 또는 부분을 강조하는 방법으로 주목적은 항상 특정 값(온도 또는 알베도)을 특정 밝기 또는 색으로 표현하여 사용자가 빠르고 쉽게 원하는 정보를 분석할 수 있게 하는 것이다.

② 기상위성에서는 일반적으로 3원색의 파장대(波長帶)를 모두 측정하지 않기 때문에 컬러 화상을 표출할 수가 없는데, 바다는 푸른색 계열, 육지는 초록색, 구름은 하얀색, 온도가 높은 지역은 붉은 색 등으로 표시하여 다양한 정보를 용이하게 얻도록 하는 강조를 위색상(僞色相, pseudocolor)을 이용한 강조라 한다.

③ 구름의 구조나 해안선과 같은 경계 지역을 상세히 보고자 할 때 사용하는 기법이 확대(zooming)기법이다.

④ 두 개 이상의 채널 자료를 다양한 방법으로 조합(더하기/빼기, 비율, 가중 합 등)하

여 우리가 원하는 정보를 보다 효율적으로 얻기 위해 사용하는 기법이 다중채널 조합법이다.

⑤ 태풍의 이동이나 스톰의 발달에 대한 정보를 효율적으로 분석하도록 하기 위하여 주기적으로 관측한 두 개 이상의 화상을 연속적으로 표출하는 것을 화상동화(畵像動畵)라 한다.

⑥ 육지와 바다 경계, 안개영역 구분 등을 위하여 특정 경계값을 강조하는 것을 경계 강조기법이라 한다.

13.3. 기상센서

13.3.1. AVHRR

AVHRR(Advanced Very High Resolution Radiometer)은 1981년 6월에 NOAA-7 위성에 탑재된 이후 현재의 NOAA-16까지 탑재되어 현업적으로 활용되는 대표적인 화상기로 이 센서(감지기, sensor)로부터 산출된 정보는 전 지구적 해수면온도, 식생지수, 적설면적, 구름 탐지 등으로 다양하다. 이 센서는 위성궤도와 교차하게 주사하면서 지구상 화소로부터의 상향방사(上向放射)를 측정하는 주사 방사계이다. AVHRR 주사거울의 회전속도는 분당 360회전이고 지상에서 위성의 이동속도가 392 km / min로 연속적인 두 주사

표 13.1. AVHRR/3의 채널 특성과 주요 응용분야

AVHRR/3 채널 특성				주요 응용분야
채널 번호	직하점에서의 해상도 (km)	파장역(μm)	복사분해능 (bits)	
1	1.09	0.58 ~ 0.68	10	주간구름, 지표면 특성
2	1.09	0.725 ~ 1.00	10	주간구름, 육지-바다경계탐지, 식생
3A	1.09	1.58 ~ 1.64	10	눈과 적빙 탐지
3B	1.09	3.55 ~ 3.93	10	야간구름, 해수면온도, 산불 (주간에는 잡음)
4	1.09	10.30 ~ 11.30	10	구름, 해수면/지표면 온도, 양수분
5	1.09	11.50 ~ 12.50	10	구름, 해수면/지표면 온도, 양수분

선 사이의 거리는 (392 km / min)/(360 회전 / min) = 392 km / 360 회전 = 1.1 km / 회전이다. 주사거울은 1 회전 하면서 위성 직하점을 중심으로 좌우로 약 1,500 km(± 55.3 °)씩 주사하여(총 3,000 km) 2,048 개의 화소(畵素)에 대해 관측을 수행한다. 즉, 1/6 초마다 1 개 채널에서 2,048 개의 관측이 이루어지므로 AVHRR은 1/6 초 동안에 10,240 개(2,048 화소 x 5 채널) 관측 자료를 생산한다.

표 13.1 은 AVHRR 센서 중 가장 최근 감지기(感知器)인 AVHRR/3 채널의 특성과 주요 응용분야를 간단히 요약한 것이다(기존의 AVHRR에서는 채널 3A가 없고 3B가 주/야로 측정). AVHRR의 공간해상도는 직하점에서 약 1.1 km이며 직하점에서 멀어질수록 지구곡률효과와 위성으로부터의 거리 영향으로 화소의 크기가 커진다(직하점 : 1.1 x 0.8 km ; 최대가장자리 : 2.3 x 6.4 km). 방사분해능(放射分解能)은 10 bits(0 ~ 1,023)로 정밀도(精密度, precision)가 우수한 감지기이다. 일반적으로 적외센서의 정확도(正確度, accuracy)는 온도가 높을수록 높고 낮을수록 낮으며, 단파 적외채널보다는 장파 적외채널에서 정확도가 높다.

13.3.2. GMS/MTSAT-1R의 화상기

표 13.2 는 일본의 정지기상위성(靜止氣象衛星), GMS/MTSAT에 탑재된 화상기의 특성을 간단하게 나타낸 것이다. GMS-5 에서 MTSAT-1R로 위성이 교체되면서 화상기에서도 많은 변화가 있음을 알 수 있다. 1 차적으로 3.7 ㎛ 채널이 추가되어 채널 수가 5 개로 증가되었으며 공간해상도도 가시채널의 경우 1.25 km에서 1 km로, 적외채널의 경우 5 km에서 4 km로 향상되었다. 또한 방사분해능도 가시채널에서는 6 bits 에서 10 bits 로, 적외채널은 8 bits 에서 10 bits 로 향상되었다. 이러한 센서의 성능 향상은 산출자료의 정밀도

표 13.2. GMS/MTSAT-1R의 화상기의 특성과 주요 응용분야

	GMS-5		MTSAT (Multi-Functional Transport Satellite)	
	가시역	적외역	가시역	적외역
파장특성 (㎛)	0.55-0.90	10.5 ~ 11.5(적외1) 11.5 ~ 12.5(적외2) 6.5 ~ 7.05(수증기)	0.55-0.90	10.5 ~ 11.5(적외 1) 11.5 ~ 12.5(적외 2) 6.5 ~ 7.05(수증기) 3.5 ~ 4.0(3.7㎛)
공간분해능	1.25 km	5.0 km	1 km	4 km
방사분해능	64	256	1,024	1,024
응용분야	주간 구름, 눈, 안개	구름, 해수면온도, 수증기 등	주간 구름, 눈, 안개	구름, 해수면온도, 수증기, 산불 등

(방사분해능) 향상과 함께 3.7 ㎛ 채널을 이용하면 안개, 하층운 및 산불과 같은 대기현상(大氣現象)의 분석을 보다 정확히 할 수 있게 되었다.

13.4. 기상위성 화상해석

13.4.1. 가시화상

가시화상(可視畵像)이란 주로 태양방사 중 가시파장역(可視波長域, 0.52 × 0.90 ㎛: 감지기에 따라 파장역이 다름)을 탐지하는 센서에서 획득된 화상을 의미한다. 가시 채널은 태양이 에너지를 가장 많이 방출하는 방사 스펙트럼의 한 부분으로 지구대기에 들어오는 에너지의 약 30 % 정도는 지구시스템(공기분자, 구름, 에어러솔, 지표면)에 의해 반사되어 우주로 돌아간다. 가시채널에 대한 지표면의 반사율(反射率)은 지표면의 물체 및 입사각도에 따라 다양하다(표 13.3 참조). 따라서 가시채널에 대한 반사율 차를 이용하면 구름, 눈, 물, 토양, 식생 등의 현상 또는 물체를 확인할 수가 있다. 가시화상은 일반적으로 우리 눈으로 사물을 보는 것과 유사하게 화상처리를 한다. 즉, 구름이나 눈 같이 반사율이 높은 물체는 밝게(하얗게), 젖은 토양이나 물과 같이 반사율이 낮은 물체는 검게 나타낸다. 따라서 가시화상(可視畵像)에서는 상대적으로 어두운 부분들은 구름이 없는 지표면이고 매우 희거나 밝게 나타나는 부분들은 구름 또는 눈이다. 그림 13.4는 동북아시아 지역의 가시화상을 나타낸 것으로 영역 남부를 가로지르는 동서방향의 띠 모양의 구름대, 즉

표 13.3. 태양방사에 대한 지표면 물체들의 반사율

지표 유형	반사율 (%)
젖은 토양	10 ~ 30
마른 모래	35 ~ 45
마른 토양	25 ~ 45
잔디	15 ~ 25
숲	10 ~ 20
눈(깨끗하고 건조)	75 ~ 95
눈(더럽고 젖은)	25 ~ 75
수면(입사각이 25°보다 클 때)	10 보다 작다.
수면(입사각이 작을 때)	10 ~ 70

그림 13.4. 동북아 지역에서의 GMS 가시화상 예

장마전선을 볼 수가 있다. 구름대를 경계로 남쪽과 북쪽에는 상대적으로 맑은 지역(검은 부분)이 보이고 있으며 우리나라 북동쪽에도 다양한 형태의 구름들이 있음을 알 수 있다. 또한 서해바다에 남북방향으로 비교적 균질하게 가시광선을 반사하는 안개(해무 = 海霧)가 분포하고 있음을 볼 수 있다.

가시화상(可視畵像)에서 가장 눈에 띄는 것이 구름이기 때문에 구름화상이라고도 한다. 가시채널에서 구름의 반사도(反射度)는 구름의 광학두께 및 기하학적 두께가 클수록 커진다. 또한 구름입자의 밀도가 높을수록, 입자의 크기가 작을수록 그리고 수적운(水滴雲)에서 빙정운(氷晶雲)보다 반사율이 높다. 따라서 일반적으로 하층운이 입자의 밀도가 높고 수적(水滴, 물방울)으로 되어 있기 때문에 상층운보다 반사도가 높다.

ㄱ. 파상운

구름을 형성하기에 충분한 수증기가 대기 하층에 존재하고 산맥의 방향과 직교하는 방향의 강한 바람이 불 때(〉10 m/s) 산맥과 나란한 방향으로 줄지어 늘어선 운역(雲域, 구름 지역)을 파상운(波狀雲, undulatus)이라 한다(그림 13.5). 이 구름은 주로 적운과 층적운 등의 하층운에서 나타난다. 풍향은 상층까지 두꺼운 층에 걸쳐 거의 일정하며, 장애물이 기류의 진행 방향에 거의 직교한다.

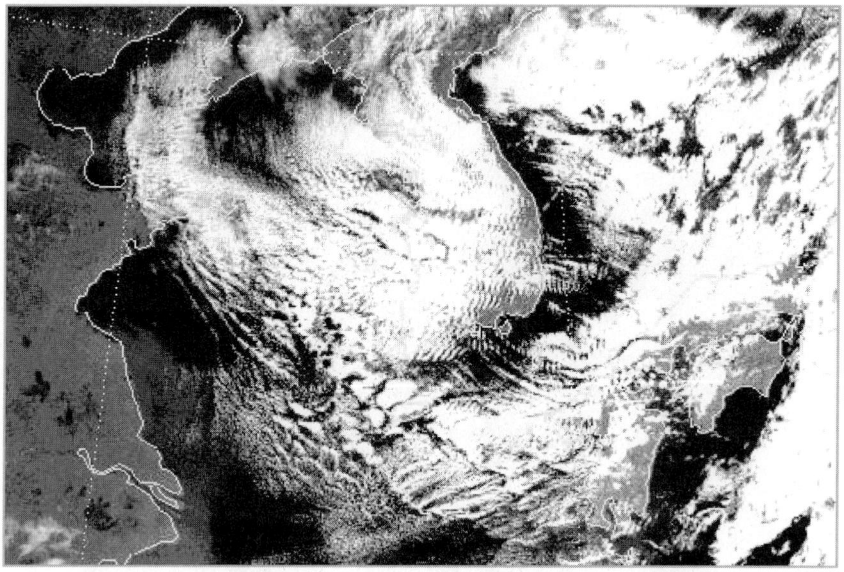

그림 13.5. 한반도 남부지역의 파상운의 GMS 가시화상 예

ㄴ. 시베리아 고기압 장출시 해상에서 형성되는 구름

겨울철 대륙에서 발달한 시베리아 고기압이 장출(張出)하게 되면 풍속, 해기차(海氣差 : 바다와 기온과의 차) 등에 따라 해상에서 다양한 형태의 구름이 발달하게 된다. 그림 13.6은 시베리아 고기압이 장출(張出)하였던 2006년 12월 3일의 한반도 주변의 MTSAT-1R 가시화상이다. 그림에서 보는 바와 같이 한반도 주변 해역에서는 다양한 종류의 구름들이 발달하고 있다. 서해에서는 구름이 없는 영역을 에워싼 도넛 모양 혹은 U자형 구름 패턴(open cell : 열린 세포)이 나타나고 있는데, 이러한 형태는 해수면 온도와 기온 차(海氣差)가 클 때 발생하며 저기압성 순환장 내에 존재한다. 한기(寒氣)를 나타내는 지표가 되며 주로 적운(積雲, Cu)의 구름대에서 나타난다. 제주도 남쪽 해역에서는 다각형을 이루는 층적운(層積雲, Sc)으로 구성된 구름패턴(closed cell : 닫힌 세포)이 나타나고 있는데, 이것은 고기압의 남동쪽에서 발생하며 열린 세포와 비교하면 기온과 해수면 온도의 차이가 작을 때 발생한다. 한기의 유입이 약하거나 유입된 한기가 약해진 경우에 열린 세포에서 닫힌 세포로 변하는 경우도 있으며 주로 층적운(Sc)의 구름대에서 볼 수 있다. 오호츠크해와 동해에서는 운열(雲列, cloud street)이 발달하고 있는 데 이 구름대는 하층 풍향에 평행하게 적운(Cu)과 웅대적운(雄大積雲, cumulus congestus, Cg) 등으로 이루어진 운열로서 운정고도는 거의 일정하다. 풍향의 연직 시어〔전단(剪斷), 층밀림, shear〕는 작으나, 열린세포와 닫힌세포에 비해 풍속의 연직 시어는 크다.

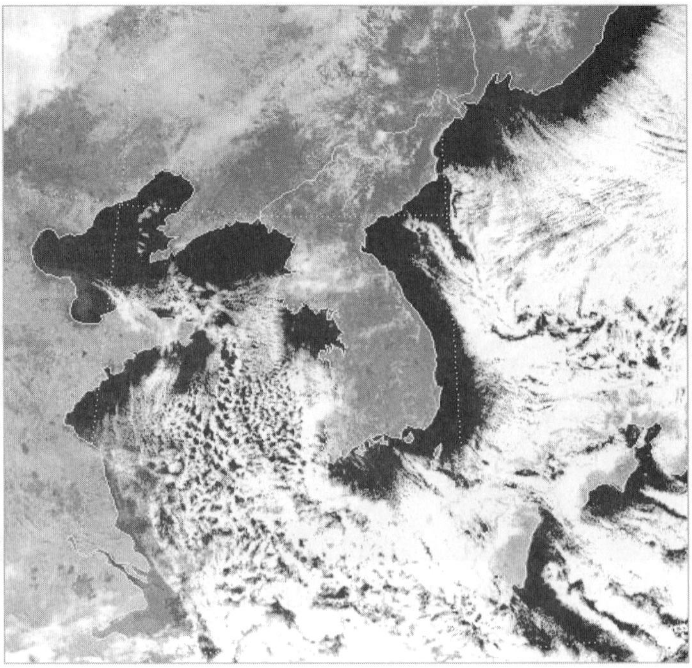

그림 13.6. 시베리아 고기압 장출(張出)시의 한반도 주변 해상에서 다양한 구름 형태

ㄷ. 태양 반짝임

다른 물체와 달리 물에서의 반사율은 가시광선의 입사각과 수면의 거칠기〔바람의 함수, 조도(組度), roughness〕에 따라 다양하게 나타난다. 이 중 가장 대표적인 것이 수면에서의 태양 반짝임(sun glint)이다. 즉, 수면이 잔잔하고 태양과 위성이 적당하게 위치할 때 반사율은 70％까지 커질 수 있다. 그림 13.7에서 화상의 중앙동쪽 해양이 밝게 나타나고 있는데 이것이 태양 반짝임이며, 태양 반짝임은 3.9㎛ 채널에서 더 확연하다. 따라서 가시화상을 해석할 때는 반드시 이 태양 반짝임을 고려하여야 한다.

ㄹ. 황사 등 에어러솔

가시 채널은 태양 고도각(高度角)이 낮아져서 더 많은 에너지가 위성에 탑재된 센서로 전방 산란되는 하루 중 이른 아침이나 늦은 오후에 황사(黃砂, yellow sand), 연무(煙霧, haze), 연기(煙氣) 및 먼지를 탐지하는데 사용될 수 있다. 그림 13.8은 우리나라에 기록적인 황사가 발생하였던 2001년의 3월 20일의 Terra/MODIS의 가시화상을 나타낸 것이다. 3월 20일에는 산둥반도에서 우리나라 중부지역 ~ 동해에 이르는 매우 강한 황사 띠를 볼 수가 있다. 이 외에도 화산재나 산불연기 등을 탐지하는 데도 이용된다.

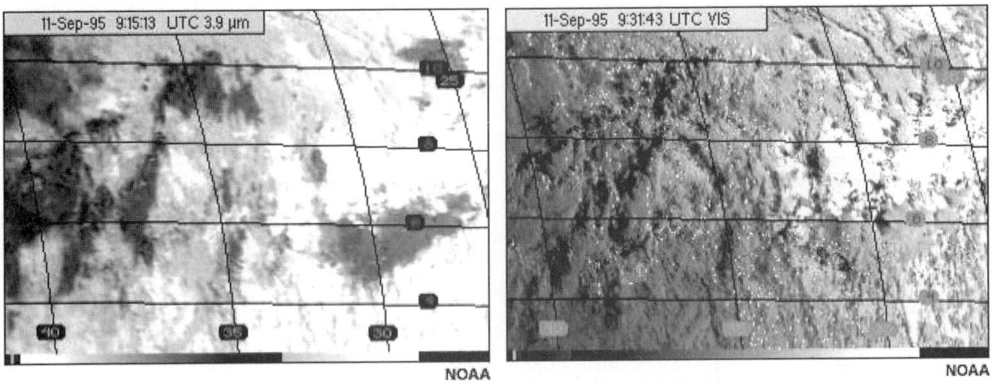

그림 13.7. 가시 및 단파적외 채널화상에서의 태양 반짝임의 예

그림 13.8. Terra/MODIS 가시화상에서의 황사 예

13.4.2. 단파적외 대기창 채널의 특성

이 채널은 파장역이 3.78 ~ 4.03 μm로 그림 13.9 에서 보는 바와 같이 태양방사(하얀색)와 지구방사(회색)가 중첩되어 주간에는 태양방사의 반사에 의한 것과 자체 방출방사에 의한 것이 혼합되기 때문에 주간에는 해석하기가 곤란하여 주로 야간에만 이용된다. 예를 들어, 주간에 하층운의 경우에는 태양단파에 대한 반사도가 높고 동시에 상대적으로

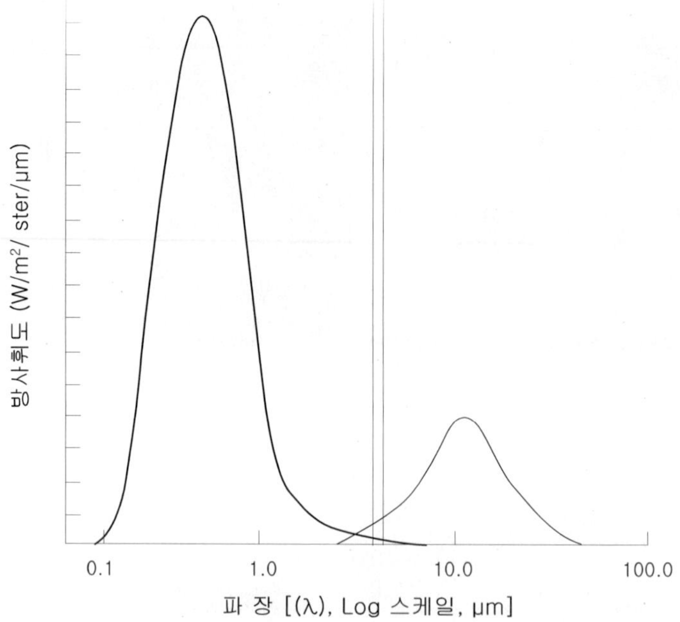

그림 13.9. 단파적외 대기창 채널의 파장역

운정(雲頂)온도도 높기 때문에 위성에서 탐지되는 온도는 층운역이 주변의 청천역(晴天域)보다 높게 나타난다. 이 채널은 적외대기창(赤外大氣窓)보다도 지구대기에 의한 감쇄가 일어나지 않기 때문에 야간에 해수면온도나 지표면온도 산출에도 이용된다. 또한 수적 및 빙정에 따라 적외 창 채널과의 방출률 및 투과율에 차가 커서 주로 적외 채널과의 조합을 통해 하층운, 안개, 산불 등을 탐지하는 데 이용된다.

이 3.9 μm 채널은 10.7 μm 채널과 비교했을 때, 온도가 높아짐에 따라 방사휘도는 급격히 증가하고 불확실성은 감소하는 반면, 온도가 낮아지면 반대로 방사휘도는 감소하고 불확실성은 급격히 커진다. 즉, 3.9 μm 채널의 불확실성은 300 K에서 0.23 K이나 230 K에서는 5.9 K나 된다. 이러한 연유로 10.7 ㎛ 채널의 경우와 달리, 운정온도가 낮을 때, 3.9 ㎛ 채널의 화상에서는 잡음이 나타나게 된다(그림 13.10).

빙정운(氷晶雲)과 수적운(水滴雲)에서 3.9 ㎛와 10.7 ㎛ 채널의 방출률 차를 이용하면 야간에 수적운과 빙정운을 탐지할 수가 있다. 즉, 수적운에서 3.9 ㎛와 10.7 ㎛ 채널의 방출률(放出率)은 각각 0.75와 1.0이기 때문에 그림과 같이 온도 차가 크게 나므로 휘도온도차를 이용하면 수적운과 빙정운을 구분할 수 있게 된다. 또한 3.9 ㎛와 10.7 ㎛ 채널의 방출률 차를 이용하면 야간에 안개를 탐지할 수 있다(그림 13.11). 즉, 안개가 있을 경우에는 휘도온도는 3.9 ㎛ 채널에서 10.7 ㎛ 채널보다 약 3 ~10° 정도 낮게 나타난다. 서해

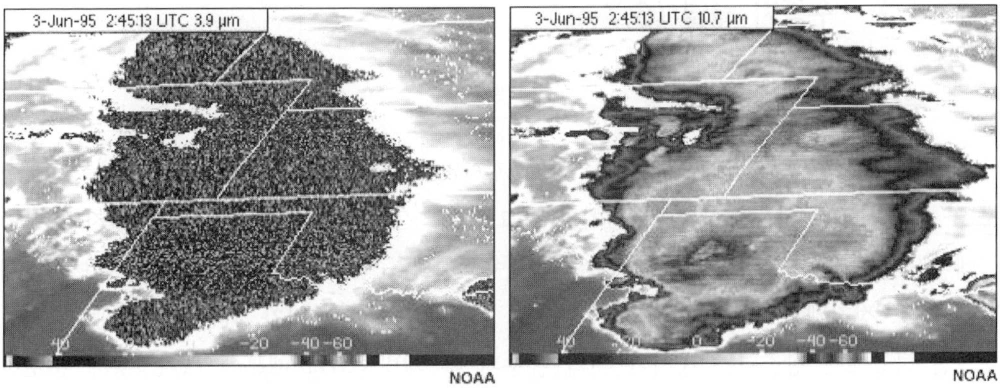

그림 13.10. 적운대류가 두껍게 발달했을 때의 3.9 채널과 10.7㎛ 채널의 화상 예

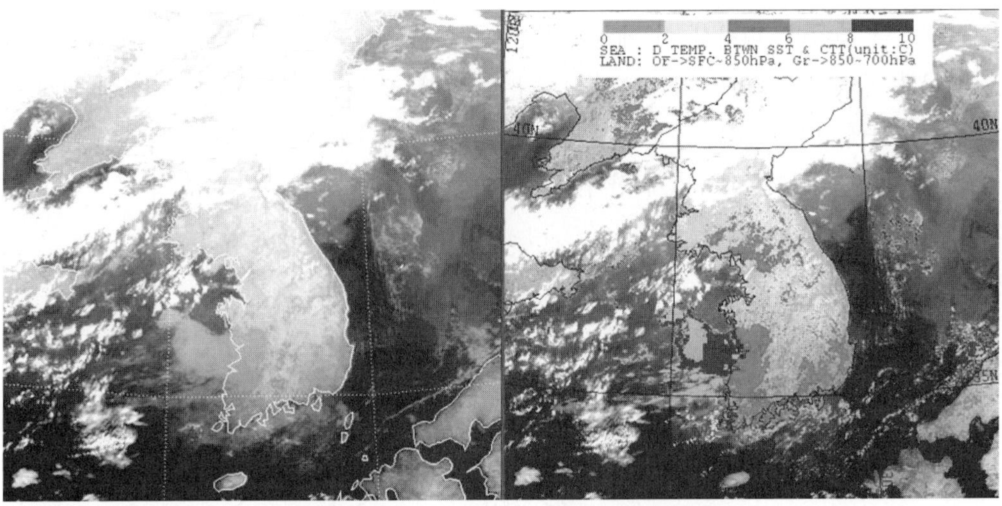

그림 13.11. 서해상 및 전·남북, 경남 해안지역에 안개 발생 시의 적외 화상과 적외 채널 차(10.7 ㎛ ~ 3.9 ㎛) 화상

상, 전남북 및 경남 해안지역에 안개 발생 시의 적외 화상과 적외 채널 차 화상에서 적외 화상에서도 안개지역이 비교적 잘 나타나고 있지만, 두 채널 차 화상에서 더욱 뚜렷하게 탐지가 되고 있다. 안개탐지에서 문제가 되는 것은 고도가 낮은 층운과 구분이 어렵다는 점이다.

13.4.3. 수증기 채널 (6.7 ㎛)

ㄱ. 수증기 채널의 특성

수증기 채널은 지구가 방출하는 적외방사(赤外放射) 중 물 분자(수증기)에 의해 감쇄(흡수)가 강하게 일어나는 6.7 ㎛에 위치한다(그림 13.12). 따라서 이 채널에서 탐지되는 방사에너지는 주로 대기의 중·상층에 위치한 수증기와 구름으로부터 방출된 것이다. 이 채널은 주로 정지궤도위성에 탑재되고 있으며 중·상층에 수증기가 많은 경우에는 지표면 대류권 하층에서 방출되는 방사가 거의 흡수된 후 재방출되기 때문에 대기상층에 분포한 구름이나 수증기 자체의 온도에 해당되는 방사를 탐지한다. 대류권계면 부근에 수증기가 많다면 위성에서는 이층의 방사를 관측하게 되어 매우 낮은 온도로 나타나게 된다. 역으로 상층이 건조하면 위성에서는 하층이나 표면에서 방출된 방사를 측정하게 되어 온도가 높게 나타날 것이다. 따라서 이 채널에서 온도가 높은 지역은 상층이 건조(乾燥)하고, 온도가 낮은 지역은 상층이 습윤(濕潤)함을 알 수 있다. 또한 수증기는 대기 순환에 의해 수송되기 때문에, 이 채널의 화상은 반구(半球)규모의 패턴뿐만 아니라 중규모 흐름에서의 상세 패턴까지도 탐지할 수 있게 한다.

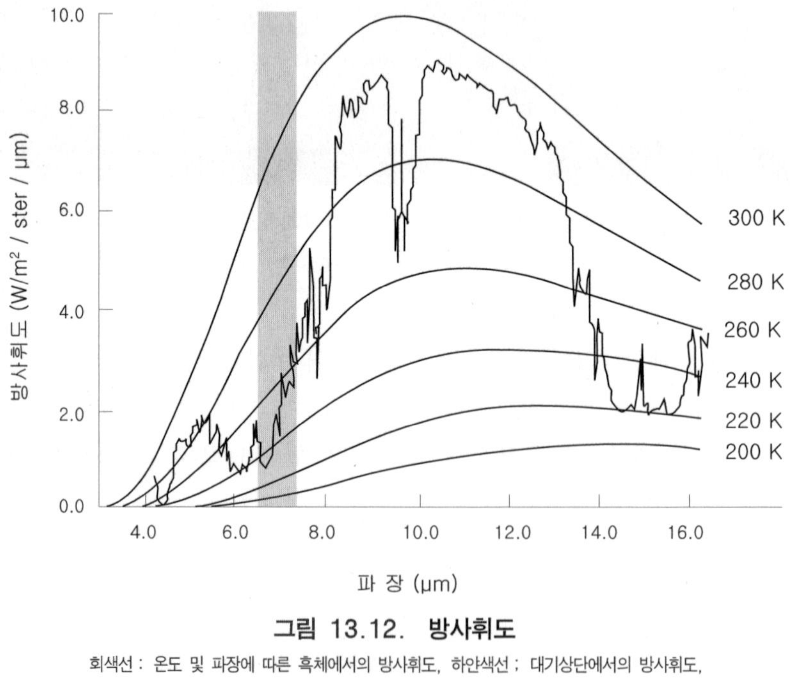

그림 13.12. 방사휘도

회색선 : 온도 및 파장에 따른 흑체에서의 방사휘도, 하얀색선 : 대기상단에서의 방사휘도,
6.7㎛ 에 중심을 둔 회색의 막대그래프가 수증기 채널

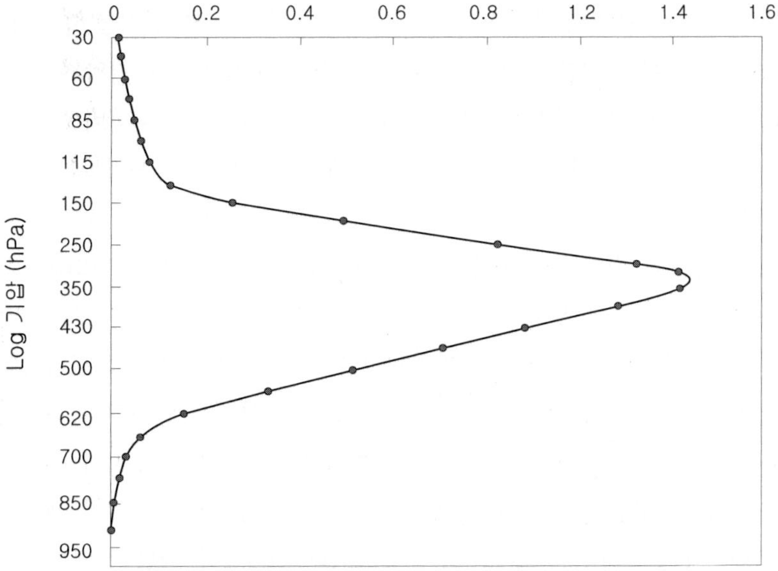

그림 13.13. 표준대기에서 수증기 채널의 가중함수

수증기 채널은 방사 민감도가 높고 잡음비(雜音比, SNR : signal to noise ratio)가 낮은 것이 특징(화상의 건조, 습윤 또는 구름 영역 어디에서도 잡음이 없음)이다. 화상에서는 검을수록 건조하고 따뜻한 반면 회색빛으로 갈수록 대기 상층이 점차 습윤한 지역임을 나타낸다. 이 채널은 뇌우 구름꼭대기의 감시뿐만 아니라 구름이 없는 지역에서 대기현상의 추적에도 사용된다. 이 채널의 단점은 공간해상도가 8 km(MTSAT 은 5 km)로 4 km인 적외대기창 채널(10.7 ㎛) 보다 낮은 점이다. 표준대기에서의 수증기 채널의 가중함수가 보여주듯이 위성이 탐지하는 에너지의 대부분은 500 ~200 hPa 층에서 방출된 에너지이므로 위성에서 탐지된 휘도온도는 이 대기층에 대한 가중평균 온도이다. 다른 기체에 비해 수증기량은 시・공간적으로 변동이 크기 때문에 수증기 채널의 가중함수 또한 수증기의 연직분포에 매우 민감하게 변화한다. 수증기 채널은 대기기둥에서 상층 약 3 mm 수증기에 민감하기 때문에 가중함수는 그 만큼의 수증기가 존재하는 층에서 최대가 된다. 즉, 대기 상층의 수증기가 증가하면 가중함수는 그에 비례해서 높아지는데, 이것은 탐지된 방사휘도의 대부분이 대기상층으로부터 방출되었음을 의미하며 결과적으로 휘도(輝度)온도가 낮아진다(그림 13.13).

ㄴ. 수증기 채널 화상해석

수증기화상(水蒸氣畵像)은 구름이 없을 때에도 수증기 분포를 이용해서 중·상층 대기의 흐름을 가시화(可視化)할 수 있다. 수증기화상에서 나타나는 밝은 영역과 어두운 영역의 패턴으로부터 중·상층의 기압골, 소용돌이, 기압능, 제트기류의 위치를 추정하는 것이 가능하다. 수증기 화상에서 밝은 영역과 어두운 영역이 시간에 따라 각각 어떻게 변화되었는지에 따라 중·상층 기압골의 여부를 알 수 있다. 또한 기온, 혼합비 그리고 상대습도 등의 연직구조를 이용하면 수증기 채널 화상이 제공하는 다양한 특징들의 3차원 구조를 해석할 수 있다.

그림 13.14는 2006년 11월 12일의 MTSAT-1R의 수증기화상을 나타낸 것이다. 그림에서 한반도 남쪽의 바다와 일본 북동쪽 지역은 대조적으로 어둡고 밝게 나타나고 있는데 어둡게 나타난 지역은 온도가 높은 지역이고 밝게 나타난 지역은 온도가 매우 낮은 지역이다. 즉, 제주도 남쪽 해역은 상층이 매우 건조한 상태이고 일본의 북동쪽해역은 중·상층이 매우 습윤하거나 구름이 상층까지 발달한 지역이다. 그밖의 지역에서는 상층의 수증기량에 따라 명암(明暗)의 농도가 다르게 나타나고 있다. 또한 수증기 채널에서 어둡거나 밝은 지역의 시간에 따른 변화로부터 기압골이나 기압능의 발달 상태를 분석할 수 있다. 특히 어두운 영역이 시간에 따라 더 어두워지는 현상을 암화(暗化)라 하며, 암화가 발생하는 지역에서는 침강이 활발해져 고기압이 강화된다(그림 13.15). 이 화상에서는 산둥반도에서 남해상에 이르는 해역에서 암화가 일어나고 있다.

수증기채널의 연속 화상은 상층의 바람장[풍장(風場)]을 도출하는데 사용될 수 있으며,

그림 13.14. MTSAT-1R의 동북아시아역의 수증기 화상 예

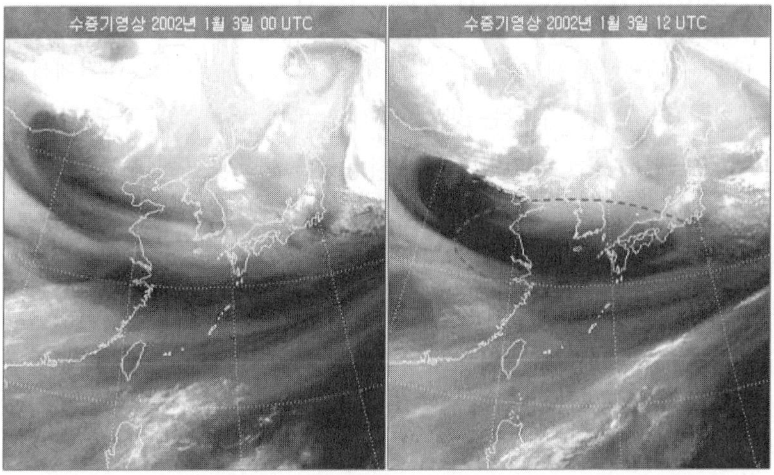

그림 13.15. 산둥반도와 남해상의 암화현상의 수증기화상 예

풍향과 풍속은 수증기 화상으로부터 도출하나 고도는 수치모델의 예보자료를 이용한다. 그림 13.16은 1998년 8월 28일 hurricane Bonnie 주변의 바람장을 나타낸 것으로 구름이 없는 지역에서도 바람장이 산출되고 있으며 고도 및 기상현상에 따른 바람 패턴을 잘 보이고 있다. 예를 들어, 흰 구름과 함께 표시된 지역들의 고도는 약 100 ~ 250 hPa 정도이며 권운(卷雲)들이 hurricane Bonnie의 유출패턴에서 명확히 보인다.

그림 13.16. 수증기화상으로부터 산출한 바람장 화상

13.4.4. 적외대기창 채널(10.7 ㎛, 12.0 ㎛)

파장역이 주로 10.7 ㎛인 채널은 적외대기창(赤外大氣窓) 채널로 대기에서 기체들에 의한 감쇄(減殺)가 거의 일어나지 않는 반면 12.0 ㎛ 채널은 하층의 수분에 의해 방사의 일부가 흡수되는 오염된(dirty) 대기창 채널이다. 또한 반투과성 권운과 같이 얇은 구름을 제외하고는 지표와 구름들의 방출률이 거의 1.0에 가깝다. 이 채널의 방출률과 투과율이 거의 1.0에 가깝기 때문에 이 채널에서 탐지되는 밝기온도는 지표나 구름의 꼭대기(운정) 실제온도와 유사하다. 이러한 이유로 이 채널들은 주/야 및 지리적 위치에 관계없이 가장 광범위하게 활용되고 있으며 해수면온도, 지표면온도, 운정(雲頂)온도, 구름운동벡터, 강수강도 및 황사탐지 등에 이용된다. 청천(晴天)의 경우, 이 파장대에서 관측된 방사휘도는 주로 표면의 온도에 의해 결정된다. 이는 지구상의 물체 대부분이 이 파장대에서는 방출률이 1에 가깝기 때문이며 대기의 투과도가 매우 높기 때문이다. 구름은 이 파장대에서 거의 1에 가까운 흡수/방출률을 가지기 때문에 흑체(黑體)로 간주될 수 있다. 따라서 구름이 존재하는 경우에는 아주 얇은 구름의 경우를 제외하고는 관측된 방사휘도는 운정온도에 의해 결정된다. 이 경우 대기의 연직온도분포를 안다면 구름의 운정고도(기압)도 산출할 수 있다. 반면, 얇은 구름의 경우에는 대기하층의 방사가 투과되기 때문에 구름에서 방출되는 값보다 높은 값이 관측되므로 운정고도가 실제보다 낮게 산출되어 오차를 유발한다. 이런 상황에서는 다른 채널자료와의 조합으로 그 오차를 보정해 준다. 일반적으로 적외대기창 채널의 공간 해상도(解像度, resolution)는 극궤도 기상위성에서는 1 km, 정지궤도기상위성에서는 4 km이다.

한편, 정확한 지표면온도를 산출하기 위해서는 미약하지만 대기효과를 제거하여야 한다. 다양한 방법이 사용되고 있으나 수증기의 흡수율이 다른 2개의 적외창 채널차이를 이용하는 방법이 가장 일반적으로 사용된다. 적외창에서 구름의 광학두께는 가시역에서와 비슷한 인자에 의해 결정되지만 대기과학적으로는 다른 의미를 가진다. 가시역에서 높은 광학두께는 높은 반사도를 의미하나, 적외역에서는 강한 흡수체를 의미한다. 얇은 권운은 대부분의 하향 태양방사를 투과시키지만, 많은 상향적외방사를 흡수한다. 반투과성 권운은 이와 같은 선택적인 투과와 흡수를 통해 온실효과(溫室效果)를 유발하게 된다.

10.7 ㎛과 12 ㎛에서의 수증기에 의한 흡수차를 이용하면 대기 중의 수증기 양을 산출할 수 있다. 즉, 대기가 건조할 때는 10.7 ㎛과 12 ㎛에서 관측된 휘도온도 차가 작게 나타나지만, 대기가 습윤해지면 두 채널사이의 휘도온도 차가 커지게 된다. 하지만 두 채널사이의 온도차는 수증기의 양뿐 아니라, 대기의 온도와 수증기의 연직분포, 에어로솔 및 지표면의 특성(예 : 온도)에도 영향을 받기 때문에 정확한 수증기양을 구하기 위해서는 이들에

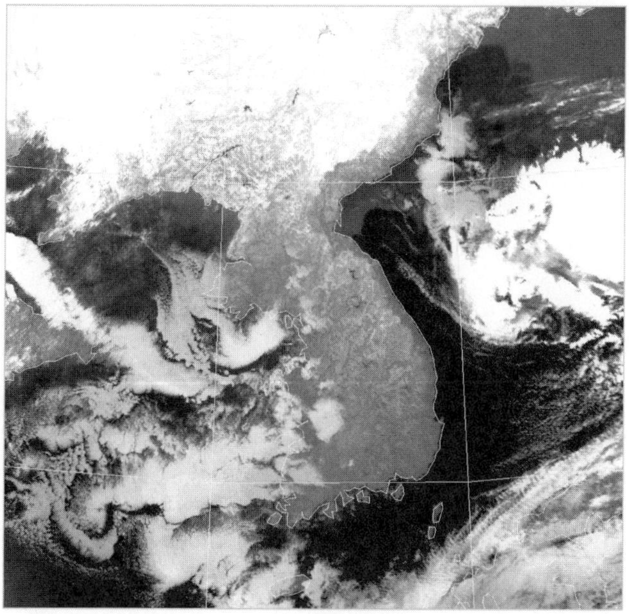

그림 13.17. NOAA-16/AVHRR의 적외 채널 화상 예

대한 정보가 필요하다. 적외채널 화상정보는 구름정보(운정온도, 구름 분류 등), 대기운동벡터, 해수면(지표면)온도 산출, 황사탐지, 하층 수증기 양 분석 및 안개탐지에 활용된다.

그림 13.17은 NOAA-16에 탑재된 AVHRR의 채널 4(적외대기창)의 2001년 12월 23일의 화상을 나타낸 것이다. 그림에서 검을수록 온도가 높고 밝을수록 온도가 낮다. 계절이 겨울이기 때문에 육지보다는 바다에서 온도가 높게 나타나고 있다. 울릉도 북동쪽에 가장 밝은 구름(온도가 가장 낮은)과 가장 어두운 동해사이에 큰 대조를 보이고 있다. 해양에서는 온도가 낮은 지역이 흐리게 나타나고 있으며 대체적으로 회색으로 보이는 구름들은 두꺼운 하층운 또는 안개에 해당한다. 또한 계절이 겨울이기 때문에 해수면온도가 지표면온도 보다 높게 나타나고 있다.

Chapter 14

기상자료 산출

14.1. 구름 탐지

14.1.1. 개요

위성에서 관측된 방사휘도에는 파장에 따라 차이는 있으나 지표면에서의 방사에너지와 구름을 포함한 대기에서의 상향방사에너지가 혼합되어 있다. 따라서 위성자료의 활용 목적에 따라 혼합된 정보로부터 지표면 또는 대기로부터의 방사에너지를 분리하여야 한다. 이때 구름의 존재 여부에 따라 위성자료로부터 산출되는 자료가 달라질 뿐만 아니라 구름탐지의 정확도에 따라 산출 기상요소들의 정확도가 영향을 받기 때문에 구름탐지는 매우 중요하다. 마이크로파의 경우 구름의 존재유무에 관계없이 지표면 또는 대기의 온도 등을 산출할 수 있다고 하지만, 구름에 의한 간섭을 완전히 제거하지는 못하므로, 구름에 대한 정보는 광학탐사뿐만 아니라 마이크로파 탐사에도 아주 필요하며, 유용한 정보이다.

기상위성자료로부터 구름탐지의 목적은 크게 4가지로 나눌 수가 있다. 첫째는 순수하게 대기 중에 분포하는 운량(雲量)이나 운형(雲形)을 알기 위한 구름탐지이고, 둘째는 제트류, 전선(前線), 태풍 등과 같은 기상현상의 해석을 위한 구름탐지이고, 셋째는 해수면온도 산출에서와 같이 구름이 없는 조건에서의 지표면 자료 산출을 위한 구름탐지이며, 넷째는 지구방사수지(收支)와 같은 기후변화에 대한 배경자료 구축을 위한 구름탐지로 볼 수 있다. 따라서 구름탐지 결과 맑은 화소(畵素)로 판단되면 해수면온도, 지표면온도, 총가강수량(可降水量), 식생지수, 안개 등 주로 지표면 상태자료 산출의 근거가 된다. 또한 구름으로 판정된 화소에서는 운량, 운형, 운정고도, 운상(雲上) 등 구름의 속성을 산출하며, 이때 운정온도와 고도 정보는 대기운동벡터 산출의 기초 자료로 활용된다. 또한 운형자료는 제트류, 전선, 태풍과 같은 기상현상의 해석 시 또는 강우강도 산출 시 기초자료로 활용된다. 이밖에도 구름탐지 결과는 수치모델에서 구름 자료의 자료동화나 수치모의결과의 검증자료로 활용되기도 하고 전 지구수준의 방사수지 산출시 기본자료로도 활용된다.

구름정보 산출에 있어서 기상위성이 갖는 장점은 30분 이내의 적절한 관측주기, 수백

m에서 수 km의 공간해상도, 사막이나 바다와 같이 접근이 어려운 지역에 대한 정보 제공, 다양한 채널 및 향상된 방사분해능(放射分解能)이다. 최근에는 기상위성이 갖는 이러한 장점을 활용하여 전 지구적 구름정보를 산출하기 위한 연구 및 현업활동이 이루어지고 있다[예: ISCCP(International Satellite Cloud Climatology Project), GPCP(The Global Precipitation Climatology Project)].

기상위성자료로부터 구름을 탐지할 수 있는 근거는 구름의 광학적 속성이 대기중에 떠 있는 다른 물체들(공기분자, 에어러솔 등) 및 지상의 물체들과 다르기 때문이다. 예를 들어 구름의 알베도(반사도)는 지구상의 대부분 물체보다 크며, 운정온도는 지표면보다 낮다. 또한 파장 및 운상에 따라 다른 구름의 투과율과 방출률을 이용하면 다양한 구름의 속성을 분석할 수가 있다. 즉, 구름이 맑은 지표면보다 반사율은 높고 온도가 낮다는 속성을 가시 채널과 적외창 채널로부터 산출한 반사도와 휘도온도에 적용하면 대부분의 구름을 쉽게 탐지할 수가 있다. 하지만 이처럼 간단한 방법이 적용될 수 없는 지표면(특히 눈이나 얼음이 덮여 있는 경우처럼 반사도는 높고 휘도온도는 낮은 경우) 및 구름형상은 다음과 같이 많다.

① 지표면 상태

- 구름과 유사한 속성을 갖은 안개, 적설 등이 지표면에 있을 때
- 사막과 같이 반사도가 큰 지역에서 야간에 지표면온도가 내려갈 때

② 구름 형상

- 얇은 권운 등 반사도는 높지 않고 투과도는 높아서 반사도와 운정온도가 지표면과 구름의 중간상태인 구름
- 운정온도는 지표면과 유사하고 반사도는 큰 하층운을 야간에 탐지할 때
- 화소보다 작은 규모의 구름이 존재할 경우

이와 같이 간단한 방법만으로는 탐지가 어려운 상황들이 위성에서 산출한 구름탐지 및 기상요소에 오차를 유발하는 가장 주요한 요인이다. 즉, 간단한 방법으로 구름을 탐지할 수 있을 만큼 구름과 맑은 지역사이에 충분한 방사휘도 차이가 나지 않기 때문에 다른 방법을 강구하여야 한다. 가시(可視) 및 적외(赤外) 등 다중채널 자료를 이용하는 방법도 이러한 문제를 최소화할 수 있는 대안 중의 하나이며 시·공간적인 균질성 검사도 구름의 존재여부를 확인하는데 효과적이다. 기상위성자료로부터 구름을 탐지하는 방법은 매우 다

양하게 있으나 여기서는 가장 대표적인 경계값(threshold) 방법과 균질성 검사법에 대해서 알아본다.

14.1.2. 경계값 방법

경계값(또는 境界値, 임계치 = 臨界値) 방법이란 휘도온도나 반사도의 경계값을 기준으로 구름 또는 맑음을 정하는 방법으로 임의의 화소에 대해 위성에서 측정된 가시 및 적외 채널의 반사도와 휘도온도(밝기온도)를 각각 γ , BT 라 하면

- 맑음 : $\gamma \le \gamma_{thv}$ 또는 / 그리고 $BT \ge BT_{thv}$
- 구름 : $\gamma > \gamma_{thv}$ 또는 / 그리고 $BT < BT_{thv}$

이 된다. 여기서 γ_{thv} , BT_{thv} 는 각각 반사도와 휘도온도의 경계값으로, 이 방법의 산출 정확도는 경계값의 크기에 좌우된다. 경계값을 결정하기 위한 방법은 사용 채널 수 및 조합방법에 따라 다양한 방법이 이용되고 있으며 일반적으로 경계값은 대상 지역의 환경 및 계절, 즉 지표면 방출도, 대기중 수증기량, 에어러솔 양, 태양천정각(solar zenith angle) 그리고 관측각(scan angle)에 따라 변한다.

ㄱ. 적외창 경계값 방법

적외창에서 관측된 휘도온도와 미리 정해진 휘도온도 경계값과의 차이를 이용하는 방법으로 적용하기가 쉽고 주야(晝夜 : 밤과 낮)로 연속성이 있기 때문에 많이 이용되는 방법이다. 즉, 임의의 화소의 휘도온도(BT)가 경계값(BT_{thv})보다 낮으면 구름으로 탐지한다. 이 방법은 지표면의 방출율과 온도가 알려져 있을 때 얇은 권운도 탐지가 가능하다. 특히 이 방법은 방출률이 시·공간적으로 거의 일정하고 해수면 온도가 대부분 273 K보다 높은 바다에서 적용이 용이하고 결과도 우수하다. 반면에 육지에서는 방출율이 토양, 식생(植生) 및 토양수분의 비율에 따라 변할 뿐만 아니라 온도가 시·공간적으로 다양하게 분포하기 때문에 경계값 결정이 어려우며 결과적으로 구름탐지 결과의 수준도 낮다.

ㄴ. 적외대기창 채널 차 방법

이 방법(dual channel difference method)은 적외대기창(赤外大氣窓)에서 10.7(또는 10.8) ㎛(BT_{11})과 12㎛(BT_{12})와 같이 대기 중의 수증기에 의한 흡수율이 다른 두 채널사이의 차를 이용하여 구름을 탐지하는 방법이다. 적외대기창 파장역은 수증기에 의한 흡수가

약한 영역으로 11㎛ 부근에서 최소이고 12㎛에서는 조금 더 일어난다. 즉, 두 채널 사이의 수증기 흡수 차를 이용하면 수증기 흡수에 대한 영향을 보정할 수 있다. 대기중의 수증기(水蒸氣)에 의한 흡수가 다른 대기창 역에서 두 채널의 휘도온도와 지표면온도(LST) 사이에는 다음과 같은 관계가 성립한다. 이것은 다음 절에서 다룰 해수면온도 산출의 기본이 되는 방법이다.

$$LST = BT_{11} + a_{pw}(BT_{11} - BT_{12}) \quad (14.1)$$

여기서 a_{pw}는 파장과 총 가강수량(可降水量)의 함수로 미리 준비한 표에 의해서 구해진다. 따라서 LST 값과 총 가강수량 값이 주어지면, 구름의 존재 여부는

$$BT_{11} < 270\ K \quad (14.2)$$

$$BT_{11} + a_{pw}(BT_{11} - BT_{12}) < LST$$

에 의해 결정된다.

그림 14.1은 적외대기창 휘도온도차와 총 가강수량의 관계에 대해 보여준다. 이 그림은 지표면상의 같은 위치를 관측한 AVHRR 11과 12㎛ 채널, 그리고 HIRS의 8.6과 11㎛ 채널의 전지구 자료와 전구모델에서 구한 동일한 위치의 총 가강수량 값을 이용하여 작성

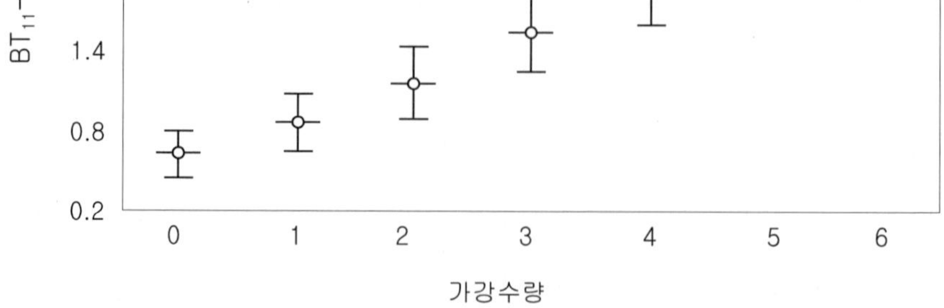

그림 14.1. 맑은 해양에서의 휘도온도차($BT_{11} - BT_{12}$)와 가강수량의 관계

한 것이다. 총 가강수량과 채널차 경계값 사이의 직선회귀(直線回歸, linear regression)를 통해 a_{pw} 값을 구할 수 있게 된다. 즉, 구름이 없다면 지표면온도(LST)와 분리대기창 방법으로 산출한 온도가 거의 유사해야 하나 구름이 있을 경우에는 위성으로부터 산출한 온도가 지표면온도보다 낮게 된다.

채널 차 방법을 적용할 경우 고려해야 할 점은 11과 12㎛ 채널에서 관측된 휘도온도의 차이가 청천역(晴天域, 晴日域)일 경우에도 양의 값을 보이지만, 얇은 권운이 존재할 경우에도 양의 값을 보인다는 점과 적외창 채널에서 수증기에 의한 방사휘도의 감쇠가 총 가강수량에 선형적으로 변하는 것이 아니라는 사실이다.

얇은 권운의 경우에는 채널 차 방법을 적용하기 전에 경계값 검사를 통하여 극복할 수 있으나, 수증기에 의한 간섭은 다른 방법을 사용하여 해결하여야 한다. 사용할 수 있는 다른 방법으로는 선형관계식 대신 2차 관계식을 이용하는 방법과 3개의 채널차를 이용하는 방법이 있다. 3개의 적외창(8.6, 11 그리고 12㎛)을 동시에 관측하여, 이들의 차를 이용하면 수증기 흡수에 의한 간섭은 쉽게 해결될 수 있는데, 이는 이들 채널 범위에서 물, 얼음, 에어러솔의 소산계수(消散係數, extinction coefficient)가 뚜렷하게 다르기 때문이다. 소산계수의 차이는 각 채널에서 휘도온도에 대한 효과가 화소에 존재하는 흡수물질에 따라 다르며 그림 14.2는 대기의 조건에 따라 변하는 경계값의 특성을 종합적으로 보여준다.

경계값 방법에서 가장 중요하면서도 어려운 과정이 경계값을 설정하는 것인데 주로 경

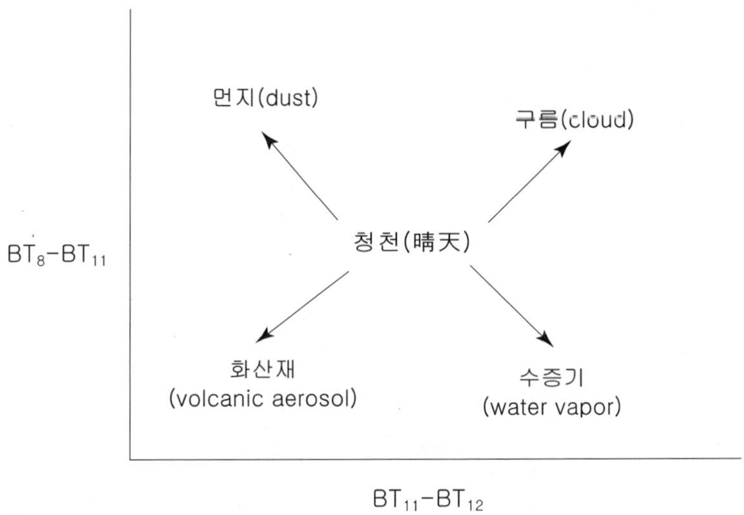

그림 14.2. 대기조성 성분들의 파장에 따른 흡수 차에 근거한 구름, 먼지, 수증기, 화산재 등을 동시에 분류하는 다중채널 차 방법

험적인 방법과 이론적인 방법이 이용된다. 경험적 방법이란 가능한 많은 수의 화상(畵像)을 이용하여 경험적으로 경계값을 결정하는 것으로 주어진 화상자료에서는 정확도를 높일 수 있는 장점이 있으나 시간이 많이 소요되고 주관적인 단점이 있다. 이론적인 방법이란 알려진 대기조건과 방사전달 방정식을 이용하여 경계값을 결정하는 것이다. 실제로는 이론적인 경계값을 경험적으로 조정하여 사용한다.

14.1.3. 균질성 검사법

하나의 화소(畵素)를 이용한 방법으로 구름 존재 유무의 판단이 어려울 경우에는 시·공간적 균질성 검사법(均質性 檢査法)을 이용한다. 즉, 지표면의 광학적 속성과 상이한 구름이 분포하게 되면 시·공간적으로 균질성이 낮아지는 원리를 이용하는 방법이다.

여기서 시간(時間) 균질성 검사란 지표면의 광학적 속성이 시간에 따라 변동성이 작다는 가정하에 구름이 불연속적으로 존재하게 되면 시간적 균질성이 낮아지는 특성을 이용하는 방법이다. 또한 공간(空間) 균질성 검사란 지표면의 광학적 속성이 공간에 따라 변동성이 작다는 가정하에 구름이 불연속적으로 존재하게 되면 공간적 균질성이 낮아지는 특성을 이용하는 방법이다. 이 방법은 대기과학적 성질이 시·공간에 따라 변동성이 적은 바다에서는 적용이 용이하나 해안가, 산악지역 등 육지에서는 지면온도/알베도의 시/공간적 변동성이 크기 때문에 주의가 필요하다.

그림 14.3은 AVHRR 채널 4의 평균휘도온도와 국지공간표준편차(3×3 또는 5×5 화소)의 산포도(散布度)를 나타낸 것이다. 일반적으로 좁은 지역에서 관측한 휘도온도/반사

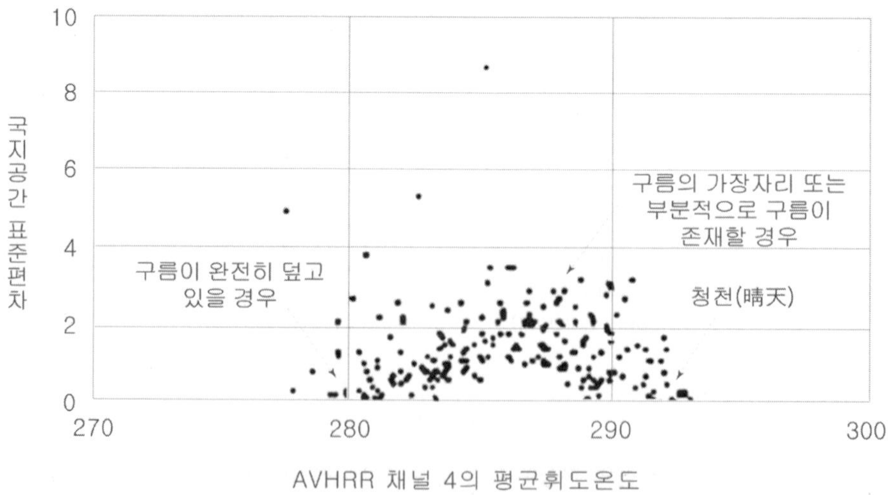

그림 14.3. 좁은 영역에서의 표준편차와 평균휘도온도를 이용하여 만든 산포도

도의 평균과 표준편차는 구름이 있을 경우와 맑을 경우에 다른 특성을 보인다. 즉, 청천의 경우에는 평균 반사도는 낮고 휘도온도는 높게 나타나며, 표준편차는 모두 낮게 나타난다. 반면에 구름이 완전히 덮고 있을 경우에는 반사도는 높고, 휘도온도는 낮으며 구름의 유형에 따라 표준편차는 낮거나 높게 나타난다. 예를 들어 층운의 경우는 표준편차가 낮게 나타날 것이나, 적운형의 경우에는 높게 나타날 것이다. 구름의 가장자리 또는 부분적으로 구름이 존재할 경우 반사도와 휘도온도 모두가 청천(晴天)과 구름 사이의 값을 가지고, 동시에 표준편차는 두 채널에서 모두 높게 나타날 것이다. 위의 3가지 경우를 이용하여 구름의 존재 유무(有無)를 판단하는 방법이 균질성 검사법이다.

14.2. 해수면 온도

14.2.1. 개 요

해양은 육지에 비해 열용량이 현저히 크기 때문에 해수면온도(SST : Sea Surface Temperature)는 기후변동과 기후예측, 날씨변화(예 : 태풍발생)에 중요한 요소일 뿐만 아니라 해양과 대기의 상호작용에도 중요한 요소이다. 또한 해수면 온도는 기후 및 수치모델의 입력자료, 해양 분야에서의 어장 및 적조탐지 등 여러 분야에 활용된다. 대기와 해양 사이의 상호작용이란 대기와 해양사이의 현열(顯熱), 잠열(潛熱), 운동량 및 온실기체 등의 교환을 의미한다. 이때 에너지 교환의 방향 및 크기는 대기와 해양의 상태에 따라 조절되며, 또 해양의 상태는 주로 해수면온도와 거칠기 길이 등에 의해 결정된다. 과거에는 주로 부이나 선박 등을 이용하여 해수면 온도를 관측하였다. 부이의 경우 해수면온도를 비교적 정확하게 측정하지만 공간해상도가 제한적일 뿐만 아니라 운영상에 많은 비용이 소요되는 문제점이 있다(그림 14.4). 선박 관측의 경우 센서 검정을 주기적으로 하지 않기 때문에 정확도가 낮을 뿐만 아니라 배가 항해를 할 때만 관측하기 때문에 자료의 공간분포, 공간해상도 및 관측 주기 등이 불규칙적인 문제점이 있다.

부이나 선박과 비교할 때 기상위성은 ① 공간해상도가 ~수 km로 고해상도이고, ② 관측주기가 ~수 시간 정도로 양호하며, ③ 관측영역이 전 해양이고, 또한 ④ 관측방법에 일관성이 있는 등 많은 장점을 갖고 있다. 또한 계속해서 기상위성 센서의 성능이 향상되고 있고 해수면온도 산출 알고리즘도 정교화되어 산출 해수면온도의 정확도도 크게 개선되고 있다. 기상위성자료로부터 해수면온도를 산출할 때 가장 큰 문제점은 구름이 있을 경우 연속적으로 관측이 이루어지지 못하는 점이다. 최근에는 구름에 의한 문제점을 해소

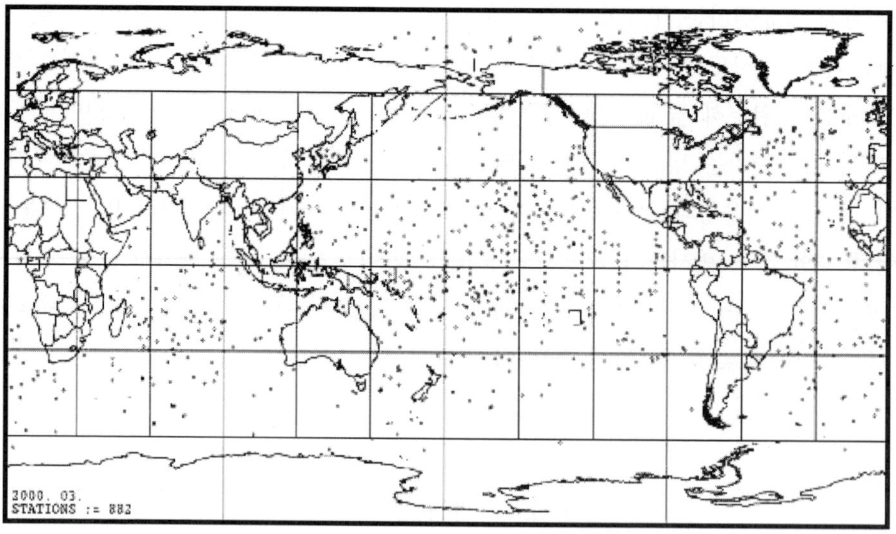

그림 14.4. 전 세계 해양에 위치한 부이 관측 지점

하기 위하여 구름의 유무에 관계없이 해수면온도를 관측할 수 있는 마이크로파를 탐지하는 센서〔感知器(감지기)〕들이 개발 운용되고 있다.

해양과 육지표면에서 대기창 영역의 적외파장대 방출률은 거의 1.0에 가깝기 때문에 대기창 영역에서 관측된 휘도온도는 구름 또는 대기에 의한 영향이 없을 때는 표면온도(skin temperature)와 일치하여야 한다. 하지만, 실제대기에서는 항상 구름과 수증기에 의한 흡수 때문에 대기창 채널에서 관측한 휘도온도는 표면온도와 일치하지 않는다. 수증기의 흡수와 같은 대기효과를 보정하기 위하여 센서 자체의 성능 향상과 산출 알고리즘의 개발 및 개선을 위한 노력들이 이루어져 왔다. 특히 위성에 탑재된 채널수의 증가로 다양한 해수면온도 산출 알고리즘들이 개발 및 개선되고 있다.

극궤도기상위성인 NOAA로부터 현업차원에서의 전지구 규모의 해수면온도 산출은 미국의 국립환경위성자료정보국(NESDIS)에서 1970년대부터 시작되었다. NOAA 7호가 발사되기 이전까지 해수면온도 알고리즘은 11㎛ 휘도온도를 기반으로 생산되었다. 1981년에 발사된 NOAA 7호에는 11㎛ 채널 외에도 12㎛와 3.7㎛ 채널이 추가되었다. 이들 다중 대기창 채널을 활용하는 알고리즘이 개발되면서 산출 해수면온도의 정확도가 크게 향상되었다. 현재 운용되고 있는 대부분의 해수면온도 산출 알고리즘은 McClain et al(1985)의 방법이 바탕이 되고 있다.

14.2.2. 위성자료에서 해수면온도 산출 원리

방사전달 방정식(放射傳達 方程式)에서 구름이 없는 대기에서의 임의의 파장 λ에서 상향 방사휘도(上向 放射輝度)를 L_λ 라 하면,

$$L_\lambda = \epsilon_\lambda B_\lambda(T(p_s))\tau_\lambda(p_s) + \sum_p \epsilon_\lambda(p) B_\lambda(T(p))\tau_\lambda(p) + (1-\epsilon_\lambda) B_{a\lambda}\tau_\lambda(p_s) \quad (14.3)$$

이 된다. 위식에서 B는 플랑크함수, T는 절대온도, p는 기압, τ는 투과도, ε는 방출률을 나타내며 첨자(添字, 下添字) λ는 파장을, s는 지표면을 의미한다. 따라서 식 (14.3)에서 우변의 첫째 항은 지표면에서 방출된 상향 방사휘도〔$B_\lambda(T(p_s))$〕가 대기를 투과한〔$\tau_\lambda(p_s)$〕 후 대기 상단에 도달하여 L_λ에 대해 기여한 값이고, 두 번째 항은 대기 각층에서의 상향 방사휘도가 남은 대기층을 투과한 후 대기 상단에 도달하여 L_λ에 대해 기여한 값이며 셋째 항은 대기권에서 하향 방출된 에너지 중 지표면에서 반사된 에너지가 대기를 투과한 후 대기 상단에 도달하여 L_λ에 대해 기여한 값이다. 위성에 탑재된 센서는 특정파장(λ)만의 방사휘도를 측정하는 것이 아니라 파장역($\lambda_1 \sim \lambda_2$)의 방사휘도를 측정한다. 따라서 식 (14.3)의 해를 구하기 위해서는 특정 파장이 아닌 각 채널(밴드)의 평균 해수면 및 대기권에서의 파장별 방출률, 파장별 투과율, 기온 및 수증기의 연직구조 자료가 필요하다.

여기서 해수면의 방출률은 적외대기창역에서 거의 1.0에 가까운 값이기 때문에 대기권에서의 하향방사 반사 값의 영향은 무시가 가능하다. 하지만 파장별 투과율과 대기의 기여 항을 계산하기 위해서는 기온과 수증기의 연직구조 자료가 필요한데 현실적으로 이들 자료의 확보가 용이하지 않다. 이러한 문제점을 해결하기 위한 대안으로 수증기에 의한 흡수효과가 다른 2개 이상의 채널을 이용하여 수증기의 흡수효과를 보정하는 다중채널 해수면온도(MCSST : Multi-Channel Sea Surface Temperature) 산출 알고리즘이 개발되어 이용되고 있다. 다중채널 해수면온도 산출 알고리즘은 대부분 해수면온도와 위성에서 측정한 온도로부터 산출된 선형(線型) 또는 비선형의 회귀(回歸)식을 사용한다. 이때 회귀식 산출에 필요한 해수면온도는 다양한 대기 조건하에서 방사전달모델로 계산하거나 부이와 같은 현장 관측 자료를 이용하는 데 해수면온도의 경우 주로 후자를 이용한다.

14.2.3. 해수면온도 산출

해수면온도(海水面溫度)의 산출은, 먼저 구름의 영향을 받은 화소를 제거하고, 수증기

등 대기에 의한 영향을 최소화 시킨 후 산출 자료의 품질을 검증하는 절차에 의하여 이루어진다. 또한 대부분의 해양에서 구름이 지속적으로 있어 시·공간적으로 연속적인 해수면온도를 산출하지 못하는데 이러한 문제점은 해수면온도가 시간적으로 변동성이 크지 않은 특성을 이용하여 7일, 10일, 15일 또는 1개월에 대해 최대치 합성법을 적용하여 대표 해수면온도를 산출한다.

ㄱ. 구름탐지

구름탐지에 대해서는 앞 절에서 설명을 하였으므로 여기서는 생략한다. 산출 해수면온도의 정확도(正確度)가 구름탐지결과에 매우 민감하기 때문에 구름의 탐지에서는 반투과성 권운이나 아화소(亞畵素) 크기의 조각구름 및 하층운(안개 포함) 등의 탐지가 정확히 이루어져야 한다.

ㄴ. 대기효과의 보정

대기의 흡수가 거의 없는 적외대기창 영역에서도 약하지만 수증기의 흡수가 일어난다. 일반적으로 적외대기창 영역에서 수증기의 흡수효과는 수증기의 흡수계수가 다른 두 개 이상의 파장대 자료를 사용하면 비교적 쉽게 제거된다. 이때, 다양한 대기조건을 고려하기 위해 두 채널사이의 차(差)와 수증기 양, 그리고 그 효과의 제거를 위해서 다중회귀식(多

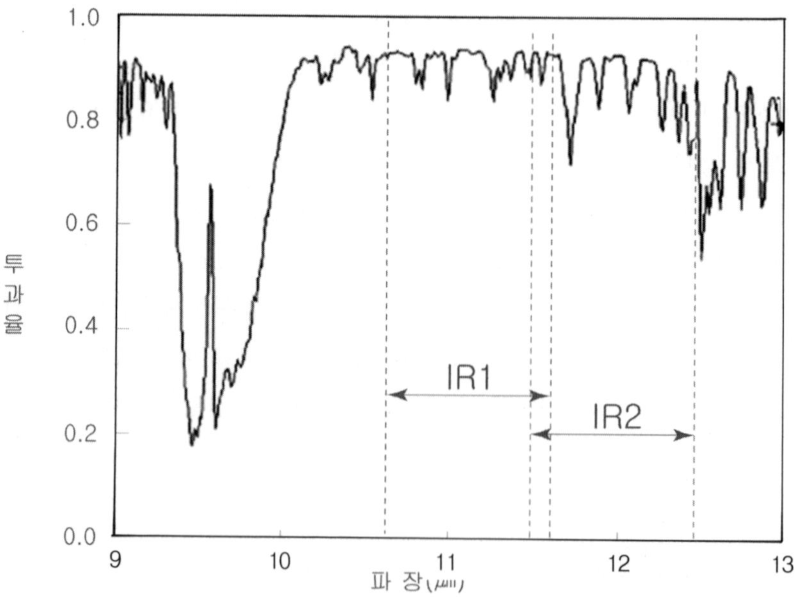

그림 14.5. 적외대기창 영역에서의 파장별 투과율

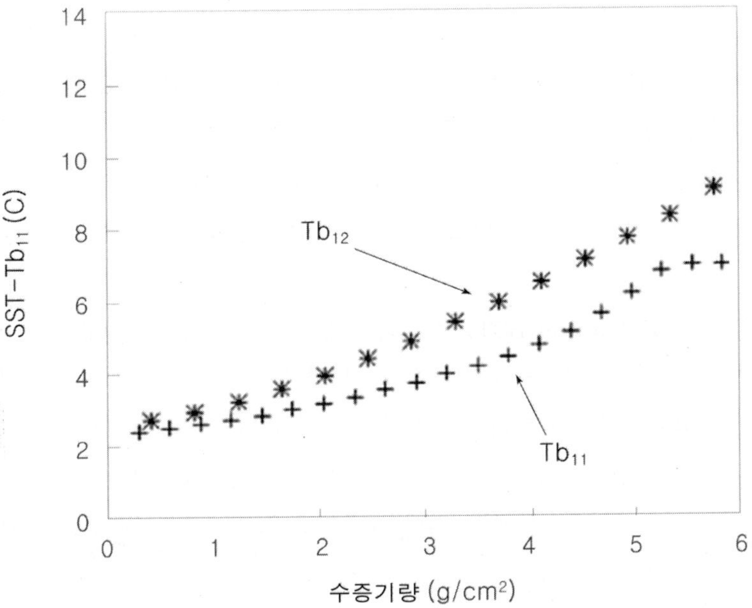

그림 14.6. 대기 중 수증기양에 따른 실제 해수면온도와 적외대기창 채널에서의 휘도온도 차

重回歸式)을 사용한다. 앞에서도 설명한 바와 같이 회귀식을 구하기 위해서는 시・공간적으로 일치하는 위성자료와 실제 부이에서 관측된 해수면온도를 사용하거나(경험적인 방법), 이론적으로 계산한 채널별 휘도온도와 경계점에서의 해수면온도 값이 필요하다(이론적인 방법). 또한 주사각(走査角, scanning angle) 또는 관측각(觀測角)에 따라 광행로가 영향을 받으므로 위성의 센서와 해수면사이의 기하학적 관계를 고려해야 한다. 대기중에는 수증기에도 적외대기창의 투과도에 영향을 주는 요인이 있는데(예를 들어, 황사 등의 에어러솔) 산출 해수면온도의 수준 향상을 위해서는 이들의 영향도 고려할 필요가 있다.

그림 14.5는 표준대기에서 현재 대부분의 기상위성에 탑재된 적외대기창 채널의 투과도를 나타낸 것이다. 두 채널 모두 투과율이 0.9 이상으로 높지만 IR 1의 투과율이 IR 2보다 조금 높은데, 이것은 수증기의 흡수계수가 IR 2에서 보다 강하기 때문이다. 즉, 두 채널의 투과율은 수증기량에 반비례하고, 두 채널 사이의 투과도 차는 수증기량에 비례한다. 수증기양에 반비례한 투과율의 영향으로 수증기량이 증가함에 따라 실제 해수면온도와 위성측정온도사이의 차가 증가한다. 두 채널사이의 투과율 차로 같은 양의 수증기에서도 두 채널에서 탐지된 휘도온도와 실제 해수면온도와의 차가 다르게 나타난다. 또한 수증기량에 비례하는 투과율의 차로 인하여 수증기량이 증가할수록 두 채널사이의 온도차도 증가한다(그림 14.6 참고).

ㄷ. 품질검사

구름의 탐지가 완벽하지 않을 뿐만 아니라 대기효과의 보정(補正)도 완벽하지 않기 때문에 산출된 해수면온도를 현업에서 활용하기 전에 산출 해수면온도의 품질검사가 필요하다. 품질검사 결과는 해수면온도 산출식의 개선 자료로 활용된다.

현재 현업 또는 연구차원에서 운용되고 있는 해수면온도 산출 알고리즘들은 다음과 같다.

i) MCSST(Multi-Channel SST) 알고리즘(McClain et al., 1985)

대기에 의한 흡수는 관측된 두 채널의 휘도온도차와 선형적인 관계가 있다고 가정하는 알고리즘이다. 센서의 주사각에 따라서 센서와 목표물(바다표면) 사이의 광행로(光行路)가 달라지기 때문에 주사각(θ)을 고려하며, 회귀계수는 실제 관측된 해수면온도와 두 채널에서의 휘도온도(10.8 ㎛, 12.0 ㎛) 및 sec θ를 이용하여 구하거나 이론적으로 계산한 휘도온도 값을 이용하여 구할 수 있다.

$$\mathrm{SST} = A \times Tb_{10.8} + B \times (Tb_{10.8} - Tb_{12.0}) + C \times (Tb_{10.8} - Tb_{12.0})(\sec\theta - 1) + D \qquad (14.4)$$

위 식에서 Tb_{11}, Tb_{12}는 각각 11 ㎛ 및 12 ㎛ 채널의 휘도온도(輝度溫度)이고, θ 는 위성주사각을, 그리고 A, B, C, D는 회귀계수(回歸係數)이다. 이 알고리즘의 이론상 편차는 0.3~0.4 C, 제곱근오차(RMSE)는 0.5 - 0.6 C 이다.

ii) CPSST(Cross-Product SST) 알고리즘

대기가 매우 습한 조건일 경우 고도에 따라 기온감률(氣溫減率, γ)이 일정하지 않게 된다. 이러한 문제를 고려한 알고리즘으로 수증기와 온도차의 비선형으로 발생하는 문제를 해결한 알고리즘이다.

$$\mathrm{SST} = Tb_{10.8} + \frac{SST_{10.8} - Tb_{10.8}}{\mathrm{SST}_{12.0} - Tb_{12.0} + Tb_{10.8} - \mathrm{SST}_{10.8}}(Tb_{10.8} - Tb_{12.0}) \qquad (14.5)$$

이 알고리즘의 이론상 편차는 0.1 C, 제곱근오차(RMSE)는 0.6 C이다.

iii) NLSST 알고리즘(None linear SST, Walton et al., 1998)

그림 14.6에서 보는 바와 같이 수증기 양과 두 채널의 온도차 사이의 비선형 관계를 포함하여 선형의 MCSST 알고리즘을 개선한 알고리즘이다. 이 경우 해수면온도 값에 따라 다른 회귀계수를 사용하여 비선형성을 고려한다.

$$\mathrm{SST} = A + BTb_{10.8} + CT_s(Tb_{10.8} - Tb_{12.0}) + D(Tb_{10.8} - Tb_{12.0})(\sec\theta - 1) \quad (14.6)$$

이 알고리즘의 이론상 편차는 0.05 C, 제곱근오차(RMSE)는 0.6 C이다.

iv) PFSST(Pathfinder SST) 알고리즘(Kilpatrick et al., 2001)

이 알고리즘은 시·공간적인 온도차 및 수증기의 관계를 고려하기 위해 대기조건이 다

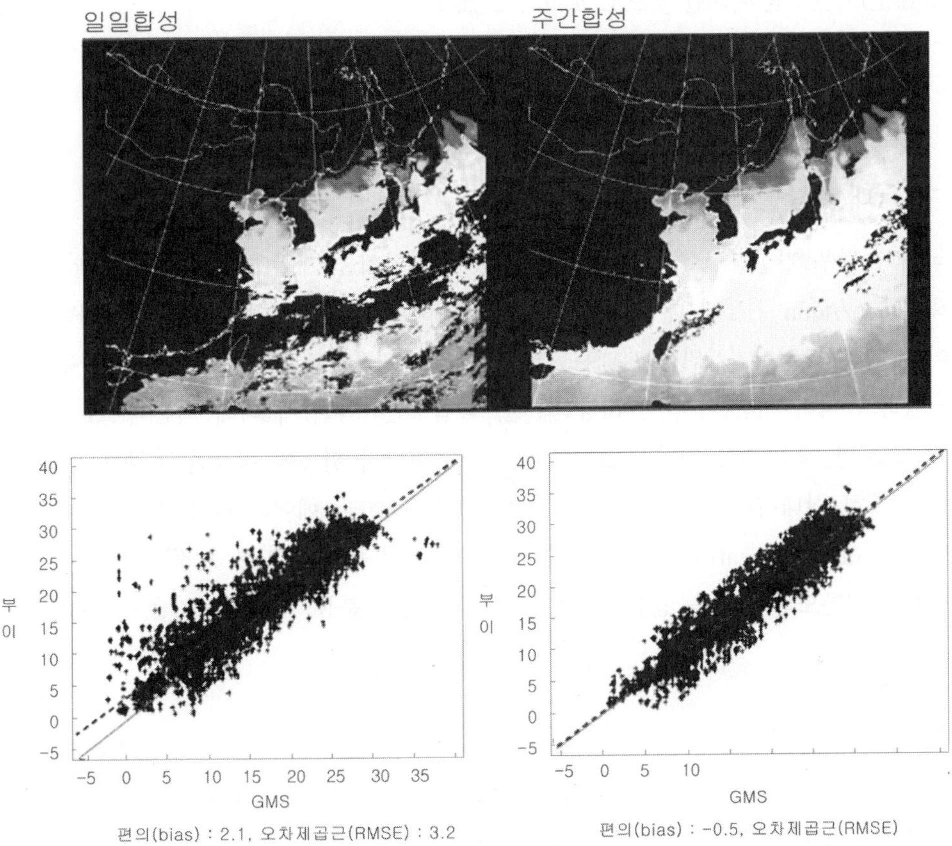

그림 14.7. 해수면온도의 공간분포(위)와 GMS-5/NOAA/AVHRR 자료로부터 산출한 부이자료와의 관계(아래, 출처 : 박경애/서울대학교)

른 경우에는 다른 회귀식을 사용하는 알고리즘이다. 즉, 대기상태를 건조(乾燥)한 대기(Tb_{11}, Tb_{12}〈 0.7), 습(濕)한 대기(Tb_{11}, $Tb_{12} \geq$ 0.7)로 구분하여 각각 회귀식을 적용한다. 이 방법의 이론상 편차는 0.02 C, 제곱근오차(RMSE) 0.53 C이다.

우리나라 주변 해수면온도 산출을 위해 사용되는 주 기상위성(氣象衛星)자료들은 MODIS (Moderate resolution Imaging and Spectroradiometer), AVHRR, GMS-5, MTSAT-1R, GOES-9 등이 있으며 극궤도기상위성은 공간해상도는 우수하나 관측주기가 길고, 정지궤도 자료는 관측주기는 우수하나 공간해상도와 센서의 성능이 낮은 단점이 있다. 그림 14.7은 GMS-5 자료로부터 산출한 동아시아 지역의 해수면온도로 1일 합성의 경우 구름의 영향으로 해수면온도가 산출되지 못한 해역이 많음을 볼 수 있다. 또한 주간합성에서는 대부분의 해역에서 해수면온도가 산출되었으나 일본열도 동쪽 끝과 대만 주변에서는 지속적인 구름의 영향으로 해수면온도가 산출되지 못하였음을 볼 수 있다. 현재 기상위성자료로부터 현업적으로 산출되는 해수면온도의 정확도는 대부분의 알고리즘들에서 편차가 ∓0.5 K, 제곱근오차(RMSE)가 1.5 K 이내인 것으로 보고되고 있다.

14.2.4. 국내외 현황

ㄱ. 국내 현황

국내의 경우 기상연구소 기본사업인 '위성자료처리기술 개발(衛星資料處理技術 開發)'을 통해 Terra/Aqua 위성에 대한 해수면온도 산출 기술이 확보되어 있다. 또한 다년간 운영되어온 일본의 정지기상위성 GMS-5 및 미국의 AVHRR로부터 해수면온도 산출 기술은 우리나라의 여러 기관(기상청, 해양연구원, 국립수산과학원)에 의해 기본적으로 확보되어 있다. 하지만 해수면온도의 정확도 향상을 통한 정량적 활용에 필요한 다양한 보정기술은 아직 미흡한 상태이다. 특히 봄철에 나타나는 황사(黃砂, 에어러솔)의 영향, 대기의 영향(수증기, Rayleigh scattering) 및 해수면온도의 계절 변화에 따른 보정 기술이 미흡하다. 또한 해수면온도의 정확도 향상을 위한 해면과 구름의 분류, 센서보정기술도 미흡하다.

ㄴ. 국외현황

미국은 NOAA (National Oceanic and Atmospheric Administration), JPL(Jet Propulsion Laboratory), NCDC(National Climatic Data Center)에서 NOAA AVHRR 위성 및 정지기상위성인 GOES 위성자료로부터 해수면온도에 대한 정보를 제공하고 전문적인 기술과 경험을 발전시켜오고 있다. 미국의 정지기상위성인 GOES, 일본의 정지기상위성인

GMS-5와 극궤도 위성인 NOAA AVHRR, Terra / MODIS Level-1B 자료로부터 해수면온도를 현업적으로 산출하고 있다. 현재 운용중인 Terra/Aqua 위성자료에서 해수면온도는 Terra/Aqua의 해양개발팀에 의해서 개발되었고, 위스콘신 위성센터에서 개발된 IMAPP (International MODIS/AIRS Processing Package)에서도 해수면온도가 산출되고 있다. IMAPP 알고리즘은 크게 주간과 야간으로 분리되어 해수면온도가 산출되며, 계절적인 요인과 대기의 특성이 고려되어 보다 정확한 해수면온도 산출을 위한 노력이 계속되고 있다.

일본은 일본기상청(日本氣象廳, JMA) 내의 기상위성센터가 GMS-5 위성에 대해서 해수면온도 알고리즘을 개발하여 현업에 이용하고 있다. 해수면온도 알고리즘은 멀티채널방법인 McClain의 방법을 개량하여 3시간 주기로 해수면온도를 생산하고 있으며 이 해수면온도 자료는 다시 5일, 10일, 1개월 합성 해수면온도 자료를 재생산하고 있다. 일본 GMS-5 위성에서 생산된 해수면온도는 부이자료와 비교·검증되는데, 결과값 중 RMSE는 1.0 ~ 1.2 K이며 bias는 - 0.5 K 정도이다.

유럽은 1997년부터 기상위성국(氣象衛星局 EUMETSAT)과 공동연구를 하는 SAF (Satellite Application Facility) 내에서 해면 자료 처리를 하고 있으며, 해수면온도를 산출하는 주 알고리즘은 11, 12, 3.7 ㎛ 채널을 이용하는데, 11, 12 ㎛ 채널은 주·야간에 다 적용되며, 3.7 ㎛ 채널은 밤 시간에만 적용되어 해수면온도가 산출되고 있다.

14.3. 지표면온도 산출

14.3.1. 개 요

시표넌 상태는 알베도, 방출률, 지표면온도 및 거칠기 길이 등 다양한 생대기과학(生大氣科學)적 요소들로 나타낼 수 있다.

여기서 지표면온도(地表面溫度, land surface temperature, LST)란 주어진 영역(면적)을 구성하는 토양, 식생(植生) 등의 가중평균(加重平均) 온도로 정의할 수 있다. 이러한 지표면온도는 주로 지면과 대기사이의 현열(顯熱), 잠열(潛熱)의 교환을 조절하며, 수치모델이나 기후모델의 초기 및 검증자료로 활용될 뿐만 아니라 농업기상, 임업 등에 활용되는 기상요소이다. 그림 14.8은 서울지역에서 하루 4회 관측하는 지표면온도와 그에 대응되는 시간대의 기온을 계절별로 나타낸 것이다. 그림에서 보는 바와 같이 지표면온도의 시간변동성은 전체적으로 기온보다 현저히 클 뿐만 아니라 기상조건 및 계절에 따라서도 변동특성이 상이함을 볼 수 있다. 또한 육지는 바다와 달리 지표면 상태가 공간적으로 매

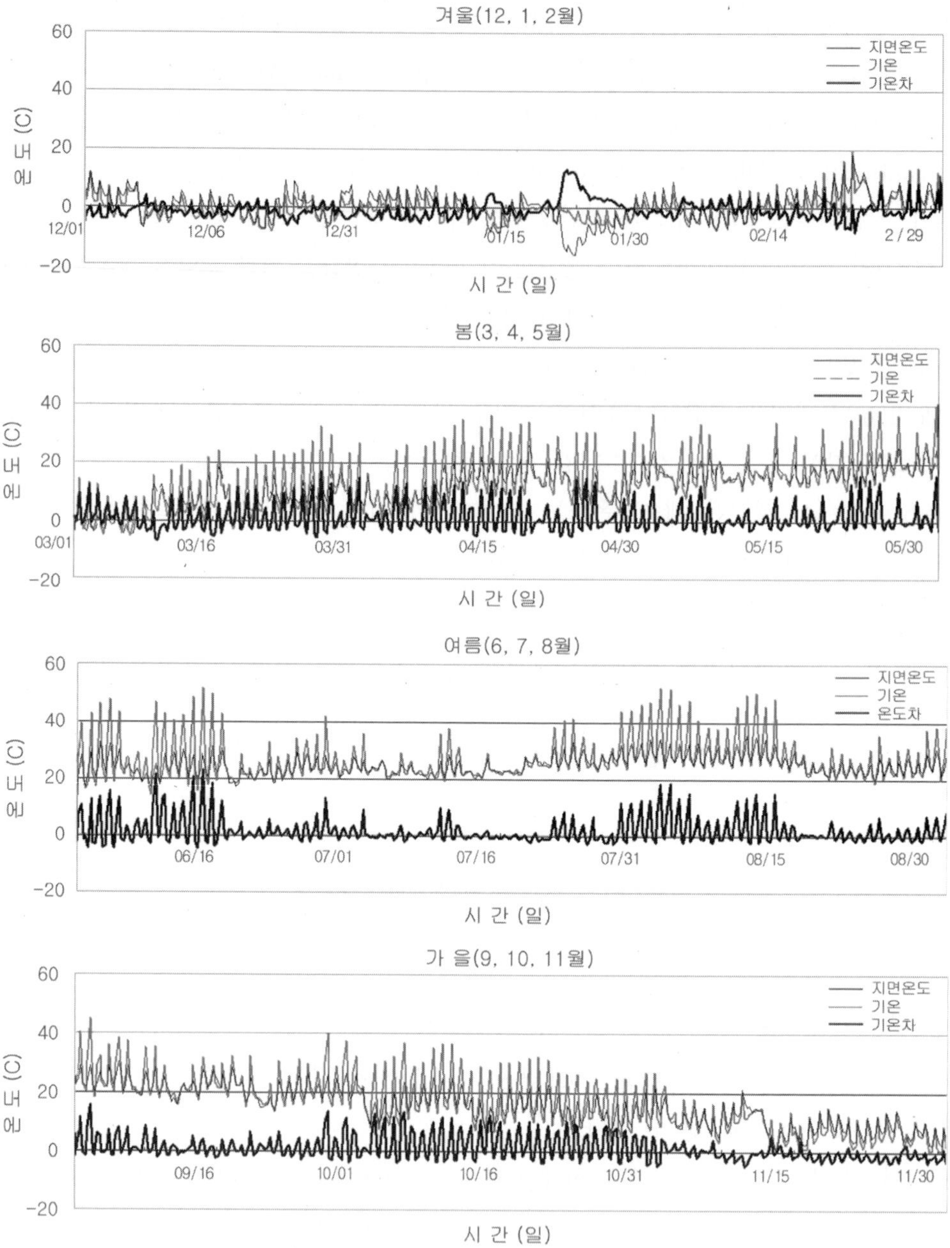

그림 14.8. 계절별 기온과 지표면온도의 변동경향(서울)

우 복잡하기 때문에 시·공간적으로 대표성 있는 지표면온도의 정규적 관측이 거의 이루어지지 못하고 있다. 현재 관측 지표면온도 자료 부재의 해결책으로 지표면에서의 방사수지(放射收支) 방정식을 이용하는 모수화(某數化, 매개변수화, 파라미터화, parameterization) 기법과 기상위성자료로부터 지표면온도를 추정하는 기법이 이용되고 있다. 여기서 기상위성은 공간분해능이 수km 이내로 고해상도이고, 관측주기가 30분 이내이며 접근이 어려운 지역을 관측할 수 있기 때문에 현재는 기상위성의 적외화상(赤外畵像)을 이용하여 지표면온도를 산출하는 기법이 개발 중이다.

적외화상 자료로부터 지표면온도를 산출할 때 문제점은 구름이 있을 경우 지표면온도를 산출할 수 없는 점, 지표면온도 산출과정에서 필요한 방출률 자료가 부재한 점, 산출 지표면온도의 검증자료가 거의 없는 관계로 산출 지표면온도의 정확도가 높지 않다는 점이다.

14.3.2. 위성자료에서 지표면온도 산출원리

기상위성자료로부터 지표면온도(LST)의 산출 원리는 해수면온도(SST) 산출 원리와 동일하게 대기창(大氣窓) 채널을 이용하는 것이다. 해수면온도 산출과 가장 큰 차이점은 앞에서도 설명한 바와 같이 지표면의 상태가 시·공간적으로 변동성이 커서 채널에 따른 방출율 차와 이들의 시·공간적 변동성을 고려해야 한다는 점이다. 또한 토양의 비열(比熱)이 작은 관계로 지표면온도가 시·공간적으로 변동성이 큰 점도 고려해야 한다. 그 결과 지표면온도 산출은 해수면온도 산출에 비해 매우 복잡할 뿐만 아니라 기본적으로 준비되어야 할 자료는 많으나 현재까지 그 자료들이 충분하지 않은 관계로 산출 지표면온도의 정확도가 해수면온도에 비해 현저히 낮다.

해수면온도에서와 같이 위성에 도달하는 적외대기창 채널의 방사휘도(L_i)는

$$L_i = \left[\epsilon_i B_i(T_s) + (1-\epsilon_i)\cdot L_i^d\right]\tau_i + (1-\tau_i)L_i^a \tag{14.7}$$

이 된다. 위 식에서 하첨자(下添字) i는 채널을 의미하고 상첨자(上添字) d와 a는 대기의 하향 및 상향방사를 나타낸다. 또한 ϵ_i와 τ_i는 채널별 방출율과 투과율을 나타낸다. 여기서 우측의 첫 항은 온도 T_s를 갖는 지표면에서 방출되는 채널별 흑체 방사휘도에 방출률을 곱한 것이고, 두 번째 항은 대기에서의 하향방사가 지표면에서 상방으로 반사된 것을 의미하며 이 두 방사에너지는 대기 전층(全層)을 통과하여야 위성에 도달할 수 있으므로 대기의 투과율을 곱해 준 것이다. 또한 우측의 세 번째 항은 대기 각층에서 방출된 방사에너지가 남은 대기층을 투과하여 위성에 도달한 것이다. 이 때 채널별 대기의 상향/하향방사 L_i^a와 L_i^d는 대기의 온도 T_a를 이용하면 계산할 수가 있다. 식 (14.7) 에서 지표면의 채널별 방출률(放出率)을 알고 있다고 가정하면, 위성에 도달하는 방사휘도는 지표면온도, 대기의 온도 및 대기의 투과율만의 함수가 되며 이 때 대기의 투과율(주로 수증기

에 의한 흡수효과)은 다음과 같이 수증기의 흡수효과가 다른 두 채널사이의 휘도온도차의 함수로 나타낼 수 있다.

$$\mathrm{LST} = a + bT_{11} + c\Delta T + d\Delta T^2 + \Delta T(1 - \sec\theta) \qquad (14.8)$$

위 식에서 a, b, c, d는 회귀식의 계수이고, ΔT는 두 채널의 온도 차이며 θ는 위성의 천정각을 나타낸다. 해수면온도에서는 주로 부이(buoy)와 같은 현장 관측자료와 위성 관측자료를 이용하여 경험적으로 회귀식(回歸式)을 도출하는 반면, 지표면온도에서는 현장 관측자료가 거의 없기 때문에 방사전달모델로 모의한 자료를 이용하여 회귀식을 도출한다.

ㄱ. 방출률 자료 산출원리

대부분의 지표면온도 산출 알고리즘들이 해수면온도 산출 알고리즘에서와 같이 지표면의 채널별 방출률을 알고 있다고 가정한다. 따라서 채널별 방출률 자료가 필요한데, 전 지구상의 육지에 대해 채널별 방출률을 관측하여 데이터베이스를 구축하는 것은 현실적으로 불가능하다. 이에 대한 대안으로 다른 수집 가능한 자료들을 이용하여 간접적으로 추정하는 식이 개발되고 있다. 현재 가장 널리 이용되고 있는 방법은 지구상의 모든 육지(화소)는 각기 고유한 토양과 식생(지면피복 : land cover)으로 구성되어 있다고 보고 이 중 시간적으로 변동하는 식생비율을 고려하는 방법(vegetation coverage method : VCM)이다. 여기서는 임의의 화소에 대해 파장별 방출률을 계산하는 대표적 알고리즘인 Valor and Caselles(1996)의 VCM(Vegetation Cover Method)방법에 대해 소개한다.

$$\epsilon_i = \epsilon_{i,v} \times FVC + \epsilon_{i,g} \times (1 - FVC) \qquad (14.9)$$

이다.

위 식에서 ϵ_i, $\epsilon_{i,g}$, $\epsilon_{i,v}$는 각각 특정 채널 i에서의 토양(ground)과 식생(vegetation) 종류별 방출률을 나타낸다. FVC (fraction of vegetation Coverage)는 주어진 화소에서 식생이 차지하는 비율로 0 ~1 사이의 값을 갖으며, 이때 FVC는 이미 잘 알려진 식생지수(植生指數)를 이용하여 다음과 같이 산출한다.

$$\mathrm{FVC} = \frac{NDVI - NDVI_{\min}}{NDVI_{\max} - NDVI_{\min}} \qquad (14.10)$$

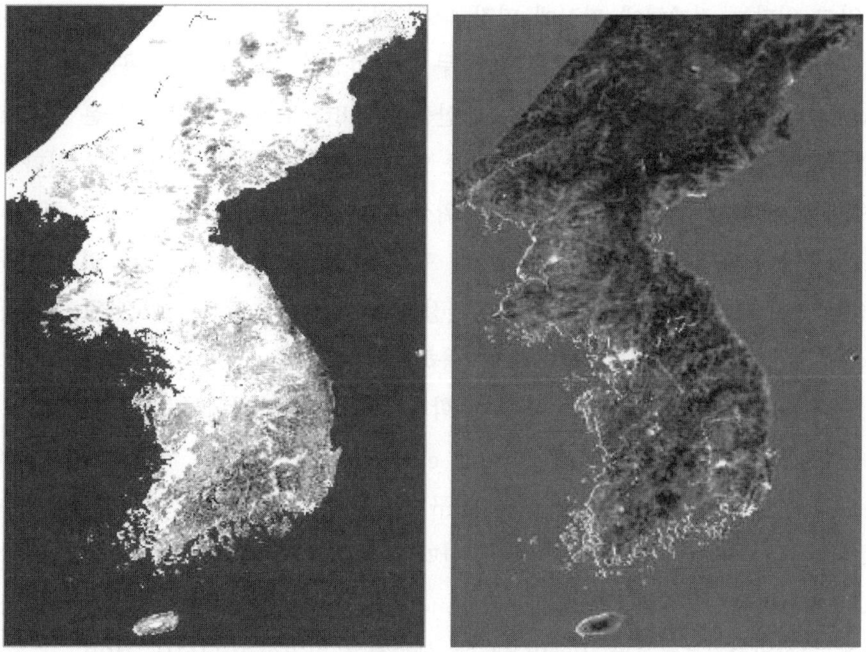

그림 14.9. 한반도 지역의 월별 식생비율

MODIS 로부터 계산한 것(FVC는 검을수록 1 에 가까운 값)

여기서 식생지수(NDVI)는 주어진 화소에서 식생의 양과 상태를 나타내는 지수로 주어진 화소에서 식생이 최대로 있을 경우($NDVI_{max}$)와 전혀 없을 때를 최소($NDVI_{min}$)로 정의한다(그림 14.9). 또한 ϵ_i, $\epsilon_{i,g}$, $\epsilon_{i,v}$ 는 각각 지면피복(地面被覆)의 함수로 정의한다.

ㄴ. 위성자료에서 지표면온도의 산출방법

기상위성자료로부터 지표면온도(LST)를 산출하기 위해서는 해수면온도 산출과 같이 대기(수증기)에 의한 감쇠효과 보정과 함께 시·공간적으로 변동성이 큰 채널별 방출률을 동시에 고려하여야 한다. 즉, 2 개 또는 3 개의 적외대기창 채널로부터 지표면온도를 산출하고자 할 경우 항상 우리가 알고 있는 값보다 미지수(지표면온도, 채널별 방출률, 기온 및 수증기의 연직구조) 가 더 많게 된다. 미지수(未知數)가 방정식보다 많은 문제점을 해결하기 위하여 사용하는 가정의 종류에 따라 지표면온도 산출 알고리즘은 크게 3 종류로 나눌 수가 있다.

i) 분리대기창법

분리대기창방법(分離大氣窓法, split window method)은, 지표상에서 각 채널의 방출률

(ϵ)을 알고 있다는 전제하에 파장에 따라 다른 대기의 영향(주로 수증기)을 보정하는 방법으로 대기에 의한 흡수효과가 상이한 두 개 이상의 파장역을 이용하는 방법(split-window technique)으로 계산이 간단하고 산출 지표면온도의 정확도도 높은 것으로 알려져 현업화를 위한 대부분의 지표면온도 산출 알고리즘이 이 방법을 이용하고 있다.

해수면온도에서는 주로 현장관측자료와 위성에서 관측된 온도를 이용하여 회귀식을 산출하고 있으나 지표면온도는 회귀식 산출에 필요한 현장관측자료가 거의 없기 때문에 주로 다양한 지표면온도, 대기조건 및 위성천정각의 조건에서 방사전달모델로 계산된 채널별 온도와 위성으로 측정된 온도를 이용하여 회귀식을 산출하고 있다. 이 기법은 Price(1984)가 최초로 개발한 이후 많은 학자들에 의해 개발되어 운용되고 있다. 그림 14.10은 MODIS 자료를 이용하여 Ulivieri et al.(1994) 방법으로 산출한 남한지역의 지표면온도의 분포를 보인 것이다. 서울, 대구 등 대도시지역에서는 도시열섬[都市熱島]의 영향으로 온도가 높게 나타난 반면, 태백산맥과 지리산 지역 등 산악지역에서는 지형의 영향으로 지표면온도가 낮게 나타나고 있다.

다음은 기상위성자료로부터 지표면온도를 산출하는 회귀식을 나타낸 것이다.

그림 14.10. 남한 지역의 지표면온도 분포
MODIS 자료로부터 산출(검은색일수록 온도가 높음)

- Price(1984) :

$$\text{LST} = \{T_{10.8} - 3.33(T_{10.8} - T_{12.0})\}\left(\frac{5.5 - \epsilon_{10.8}}{4.5}\right) + 0.75\,T_{12.0}\Delta\epsilon \qquad (14.11)$$

- Ulivieri et al.(1994) :

$$\text{LST} = T_{10.8} + 1.8(T_{10.8} - T_{12.0}) + 48(1-\epsilon) - 75\Delta\epsilon \qquad (14.12)$$

- Becker and Li(1990) :

$$\text{LST} = 1.274 + \left(1 + 0.15616\frac{1-\epsilon}{\epsilon} - 0.482\frac{\Delta\epsilon}{\epsilon^2}\right)\frac{T_{10.8} + T_{12.0}}{2} \qquad (14.13)$$

$$+ \left(6.26 + 3.98\frac{1-\epsilon}{\epsilon} + 38.33\frac{\Delta\epsilon}{\epsilon^2}\right)\frac{T_{10.8} - T_{12.0}}{2}$$

$$\epsilon = \frac{\epsilon_{10.8} + \epsilon_{12.0}}{2}, \quad \Delta\epsilon = \epsilon_{10.8} - \epsilon_{12.0}$$

ii) TTM

이 TTM(two temperature method) 방법은 각 화소(畵素)에서 채널별 방출률은 짧은 시간 내에 변함이 없으며, 대기(기온, 수증기)의 연직구조를 알고 있고, 지표면은 등방성(isotropic 또는 Lambertian) 방출체(放出体)-반사체(反射体)이며 대기의 산란(散亂)은 무시가 가능하다는 점을 가정한다. 따라서 이 방법은 정지궤도 기상위성과 같이 관측주기가 짧은 경우에 적용이 용이하며 상대적으로 정확도가 높은 것으로 알려져 있으나 상세한 대기의 연직구조 자료가 필요할 뿐만 아니라 방사전달모델을 모의하는데 계산량이 많아서 현업화는 어려운 기법이다.

$$L_i = [\epsilon_i B_i(T_s) + (1-\epsilon_i)\cdot L_i^d]\tau_i + (1-\tau_i)L_i^a \qquad (14.14)$$

$$f(X) = \sum(L_{sat\,n,i} - L_{\text{model},n,i})^2 \qquad (14.15)$$

L_i는 위성 채널 i에서 모의(模擬)된 방사휘도이며, n은 측정회수, ϵ_i는 채널 i에서의 방출률 τ_i는 채널 i에서의 투과율을 의미한다. 또한 $L_{sat,n,i}$, $L_{model,n,i}$는 각각 위성과 방사전달모델에서 계산한 관측시간(n) 및 채널별 방사휘도를 의미한다. 위 식에서 τ_i, L_a, L_d는 대기의 연직구조와 방사전달 모델을 이용하여 계산이 가능하다. 짧은 시간 간격으로 연속 2회의 관측된 자료로부터 각 채널의 방출률과 온도를 반복법(反復法, iteration)으로 산출, 즉 알려진 대기의 연직구조를 이용하여 방사전달모델로 계산된 값과 위성에서 관측된 값[$f(X)$]의 차이가 최소가 되도록 지표면온도와 방출률을 계산한다. 이 방법의 장점은 현실적으로 결정하기가 어려운 지표면의 방출률 정보가 필요 없는 점과 산출 지표면온도의 정확도가 높은 점이다. 하지만 이 방법은 정확한 대기의 연직구조 상태 정보가 필요할 뿐만 아니라 계산시간이 오래 걸리는 문제점이 있다. 또한 아시아지역과 같이 몬순기후의 영향을 받는 지역에서는 구름의 영향으로 실제 적용이 어려울 수 있다.

iii) 지면피복별 산출법

각 지면피복별(地面被覆別)로 방출률의 시간적 변동성이 없다는 가정하에 각 지면피복별로 해수면온도에서와 같이 대기보정(大氣補正) 알고리즘을 산출하는 방법으로 지면피복의 수만큼 지표면온도 산출식이 개발된다. 하지만 지면피복에서의 방출률이 시간에 따라 변함이 없는 종류도 있지만, 육지의 대부분을 차지하는 식생이 계절성을 갖는 농지와 낙엽성 숲, 그리고 눈이 내리거나 토양수분이 변할 때는 이 방법은 적용이 불가능하다. 다음 식에서 i는 지면피복을 의미한다.

$$T_s(i) = a_0(i) + T_{11} + a_2(i)(T_{11} - T_{12}) + a_3(i)(T_{11} - T_{12})^2 + a_4(i)(\sec\theta - 1) \qquad (14.16)$$

14.3.3. 국내외 현황

ㄱ. 국내현황

국내에서 지표면온도 산출은 주로 자원탐사위성(資源探査衛星, Landsat, SPOT) 자료를 이용하여 특정지역(예 : 대도시)의 도시열섬 효과를 분석하기 위하여 이루어져 왔다. 기상위성자료로부터 광역의 지표면온도를 산출한 것은 외국에서 개발한 분리대기창(分離大氣窓, split-window) 알고리즘을 적용하여 실험적으로 시도되었으나 기상위성자료로부터 지표면온도를 계산하는 과정에서 중요한 대기와 지면의 방출률(放出率, emissivity) 효과를 보정하는 체계적 기술은 확보되지 않은 상태이다. 특히 지면의 시·공간적 변동성을 반영할 수 있는 다양한 기초자료(예 : 상세 지면피복 분류자료, 각 지면피복별, 파장별 방출률 자료)와 산출 지표면온도의 정확성을 검증할 수 있는 특별관측 시스템의 구축이 시급히 필요하다.

ㄴ. 국외현황

국외에서 지표면온도 산출은 초기에는 NOAA/AVHRR 자료로부터 해수면 온도 산출과 같이 대기의 창 영역의 적외 채널(10.5, 11.5㎛) 자료를 이용하는 단순 분리대기창 식을 실험적으로 적용하였다. 하지만 최근에는 지표면온도의 정확도에 영향을 주는 대기의 영향(구름, 수증기, 에어러솔 등), 관측각(viewing angle)과 지면의 방출률 영향을 동시에 최소화하기 위한 다양한 시도가 MODIS LST 그룹과 EUMETSAT/LSA 그룹을 중심으로 이루어지고 있다. 현재는 실시간으로 지표면온도를 산출하여 최종사용자에 제공하는 수준으로 향상되었으며 최근에는 대기 중 에어러솔의 영향과 밤과 낮의 차를 보정하려는 시도가 이루어지고 있으며 산출 지표면온도의 정확도는 1 K 수준을 목표로 하고 있다.

14.4. 강수량

14.4.1. 개요

바다를 포함한 지표면에서는 계속해서 증발산이 일어나 대기권(大氣圈)으로 수증기를 공급하지만 대기권에 존재하는 수증기량은 거의 증가하지 않는다. 그 이유는 대기 중에 분포했던 수증기들이 비나 눈의 형태로 다시 지표면으로 돌아오기 때문이다. 즉, 그림 14.11에서 보는 바와 같이 물은 지표면에서 대기권으로, 대기권에서 다시 지표면으로 끊임 없이 순환하기 때문이다. 기상위성자료로부터 강수량 추정 원리를 알아보기 전에 대기 중의 수증기가 비나 눈이 되어 지표면으로 돌아오는 과정에 대해 알아보자.

대기중에 수증기(水蒸氣)가 존재할 수 있는 양은 온도에 따라 그 한계(포화)가 정해져 있으며, 그 한계를 초과하는 수증기(과포화)는 대기권에서 더 이상 기체로 존재할 수가 없게 된다. 즉, 대기의 용량을 초과한 수증기들은 액체나 고체형태로 상(相, phase)변화를 하게 되고(우리 눈에 보이는 구름이나 안개) 그 구름 속에 포함된 액체(수적)나 고체(빙정) 중 일부가 비나 눈이 되어 내리게 된다. 그럼 대기가 포함할 수 있는 수증기량은 어떻게 결정될까? 그림 14.12에서 보는 바와 같이 대기에 포함될 수 있는 수증기 양(포화혼합비, 포화수증기압)은 온도에 따라 달라지며 온도가 높을수록 그 양은 지수(指數)적으로 증가된다.

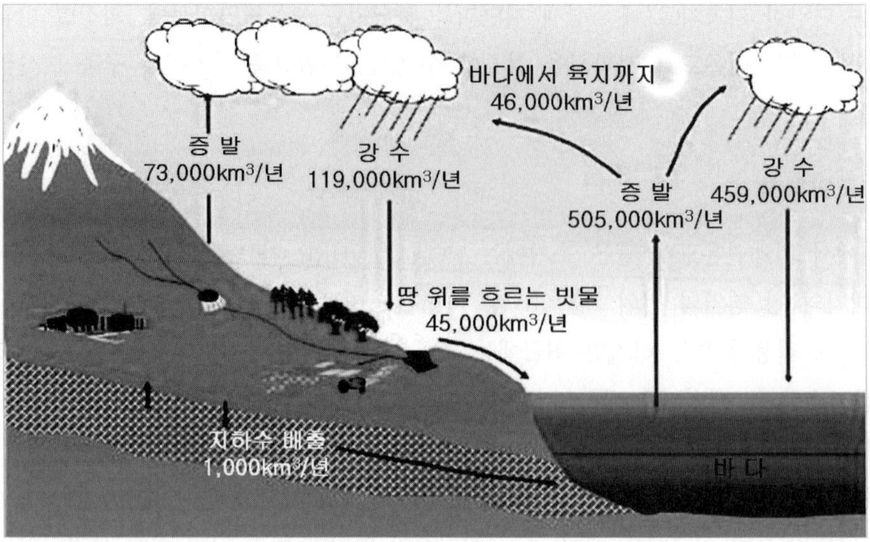

그림 14.11. 물의 순환 과정에서 육지와 바다에서의 증발산과 강수분포

강수가 발생하기 위해서는 일차적으로 과포화가 발생하여 구름이 형성되어야 하고 이차적으로는 그 구름속의 수적(水滴)이나 빙정(氷晶)이 충분히 커서 부력을 이기고 낙하운동을 시작해야 한다. 그림 14.12 에서 보는 바와 같이 과포화를 발생시키는 방법은 크게 세 가지로 요약될 수 있다.

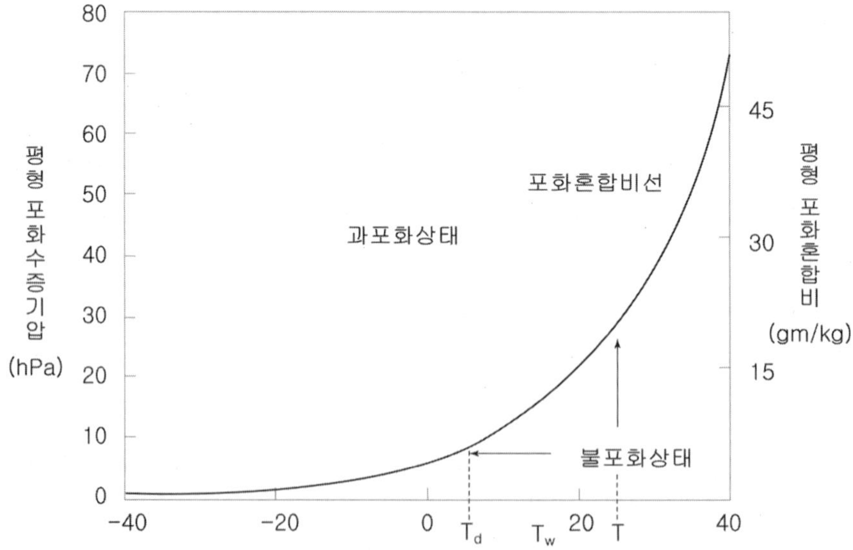

그림 14.12. 온도에 따른 평형 포화수증기압(포화혼합비)의 변화

표 14.1. 강수량 관측기구 및 장/단점

구 분	장 점	단 점
지상관측 (우량계)	· 정확도가 높음 · 관측주기가 짧음	· 공간분포가 불규칙적임 · 공간대표성에 한계가 있음 · 바다, 사막지역에서 관측 불가능
레이더 관측	· 관측반경이 수백 km로 넓을 뿐만 아니 라 정확도도 높음 · 공간해상도 및 관측주기가 우수 · 강수구역의 분포 및 강도, 이동방향 등도 관측 가능	· 산이나 높은 건물 등에 의한 간섭 (ground clutter) · 레이더시스템 및 강수시스템에 따라 Z-R관계가 달라지며 그에 따라 정확도가 낮아짐 · 바다나 산악지역에서 관측 불가
위성관측	· 사막이나 고지대, 바다 등 실측이 어려운 지역의 관측도 가능하여 관측영역이 광역임 · 공간분포가 규칙적이고 해상도가 양호함 * MW를 이용할 경우 직접관측이 가능하기 때문에 정확도가 높음	· 간접적인 관측으로 오차가 큼 · 특히, 강수를 유발하지 못하는 권적운, 중층운과 같이 운정온도가 낮은 구름에서 강수현상을 과대하게 추정하는 경향이 있음 * MW(Micro Wave) : 공간해상도가 낮고 관측 주기가 길음(극궤도위성에만 탑재)

① 증발산에 의한 수증기 공급 - 바다/호수, 식생 등에서의 증발산, 강수의 증발
② 공기덩이 온도 냉각 - 단열상승(지형, 전선, 상층발산, 차등가열), 접촉냉각
③ ① 과 ②의 과정이 동시에 발생하는 경우

과포화(過飽和) 상태란 그림에서 보는 바와 같이 포화혼합비선(飽和混合比線)의 좌측상단에 위치한 공기덩이를 의미한다. 과포화상태에서 만들어지는 구름의 형태, 고도 및 두께는 대기안정도, 과포화도 등 여러 가지 요인에 의해 결정된다. 즉, 그림 14.13에서 도식적으로 나타낸 바와 같이 다양한 종류의 구름이 다양한 고도에 형성되며 이들 구름 중에서 강수가 발생되는 구름은 극히 일부(積亂雲과 亂層雲)이다. 또한 구름의 형태에 따라 강수강도도 다르게 되는데 적란운과 같이 구름의 두께가 두껍게 발달하는 구름에서는 강수강도가 강한 반면, 난층운과 같이 구름의 두께가 얇은 구름에서는 강수강도가 약하다. 따라서 우리는 개념적으로 강수강도(降水强度)는 구름의 두께(운정고도, 운정온도)에 비례할 수 있다는 것을 알 수 있다.

여기서 구름의 꼭대기〔운정(雲頂)〕만을 관측하는 기상위성 자료로부터 강수현상을 추정하는 것에 대해 생각해보자. 기상위성자료로부터 강수강도를 추정하는 원리는 강수강도가 구름의 두께에 비례한다는, 즉 운정온도(雲頂溫度)에 반비례하다는 원리를 이용한다.

그림 14.13. 구름의 고도와 형태에 근거한 기본운형

정량적 측면에서의 기상관측은 정확도가 높을수록, 관측주기가 짧을수록, 공간해상도가 좋을수록(관측소가 조밀하게 분포할수록) 그리고 관측요소가 다양할수록 기상현상의 이해뿐만 아니라 예측분야에서 활용성이 높아진다. 특히, 우리일상생활과 밀접하게 관련된 강수현상(降水現狀)에 대해서는 더욱 그러하다. 강수현상은 다른 기상요소에 비해 시·공간적으로 변동성이 매우 크기 때문에 정확한 관측을 위해서는 공간적으로 고해상도, 시간적으로는 짧은 주기의 관측이 필요하다. 또한 강수현상은 관측소가 거의 없는 산악지역이나 바다에서도 발생한다. 따라서 공간적으로 연속성 있는 관측을 위해서는 지리적 위치에 관계없이 관측할 수 있는 측기(測器)가 필요하다. 현재 이러한 문제점을 해소할 수 있는 강수현상 관측측기는 레이더와 기상위성이 있다(표 14.1). 특히 기상위성의 경우 사람들이 거주하는 지역들뿐만이 아니라 위성관측영역(예 : 티벳고원, 바다 등)에 대해서도 거의 실시간(實時間, real time)으로 강수현상을 추정할 수 있는 장점이 있다. 하지만 이 방법은 운정온도가 낮으면 그에 비례해서 강수강도가 강해지기 때문에 운정온도는 낮지만 강수를 유발하지 못하는 구름들에 대해서는 강수현상을 과대하게 추정하는 문제점이 있다. 또한 이 방법은 주로 대류형(對流型) 강수에는 비교적 추정 수준이 높으나 혼합형(混合型)이나 층운형(層雲型) 강수에 대해서는 추정수준이 매우 낮다.

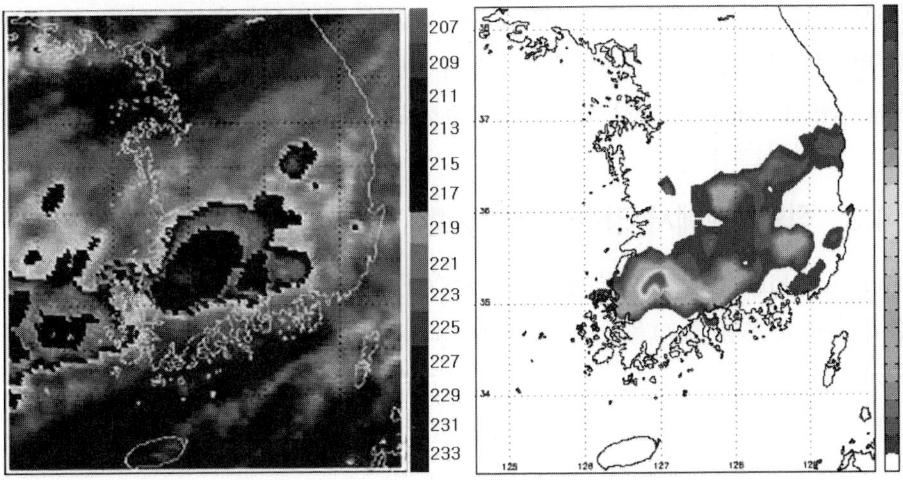

그림 14.14. 정지궤도 기상위성의 적외 강조화상과 지상관측 강수량의 분포

14.4.2. 운정온도와 강수강도와의 관계

그림 14.14는 2003년 8월 18일 남해안 지역에 집중호우가 발생했을 때의 GOES-9 적외 강조화상과 지상관측 강수량분포를 나타낸 것이다. 그림에서 보는 바와 같이 운정(雲頂)온도가 낮은 전남지역(구름의 두께가 두꺼운 지역)에서 강수강도가 강하게 나타나고 있다. 반면에 운정온도가 높은 지역에서는 강수가 없거나 강수강도가 약하게 나타나고 있다.

그림 14.15는 동일 사례에 대해 운정온도와 AWS 관측 시간별 강수량과의 관계를 나타낸 것이다. 운정온도와 AWS 강수량 사이에는 반비례관계가 나타나고 있는데 이는 운정온도가 낮아질수록(구름의 두께가 두꺼워질수록) 강수강도가 강해진다는 것을 의미한다. 기

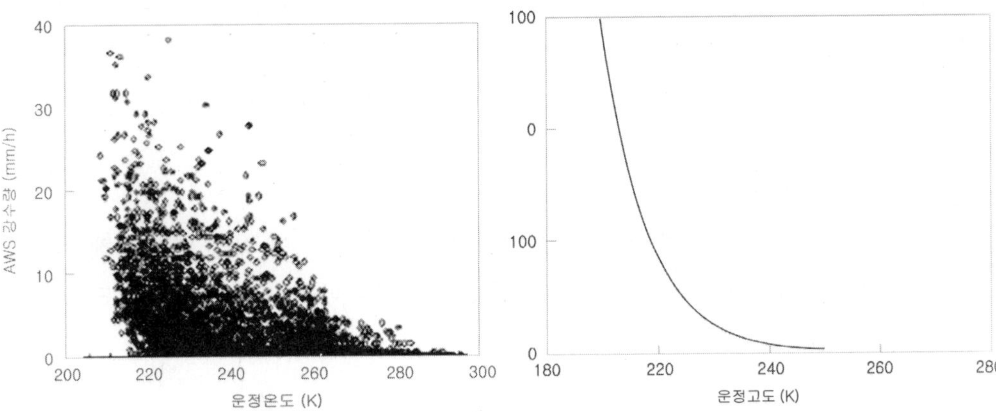

그림 14.15. 운정온도와 지상관측 강수량과의 관계

상위성자료로부터 강수강도를 추정하는 원리는 대부분 운정온도와 지상관측 강수량과의 관계로부터 경험적 회귀식을 산출하여 이용한다. 우측 그림은 미국 국립환경위성정보국(國立環境衛星情報局, NESDIS)에서 사용중인 강수강도 추정식을 나타낸 것이다.

14.4.3 적외화상에서 강수량 추정방법

Scherer and hudlow(1971)와 Scofield(1978)가 적외화상(赤外畵像)에서 찬 운정을 가진 구름이 따뜻한 운정(雲頂)을 가진 구름보다 더 많은 강수가 있다는 것을 밝힌 이후 적외화상 자료로부터 강수현상을 추정하는 많은 기법들이 개발되었다. 다음은 적외화상 자료로부터 강수강도를 추정하는 방법들이다.

ㄱ. ARKT (Arkin 방법)

가장 간단한 방법으로 운정온도(CTT) 235 K를 기준으로 강수의 유무를 다음과 같이 판단 후 강수강도(降水强度)를 추정하는 방법이다.

$$\text{CTT} \le 235\,\text{K} \qquad R = 3.0\,\text{mm/h}$$
$$\text{CTT} \ge 235\,\text{K} \qquad R = 0.0\,\text{mm/h}$$

이 방법은 바다를 포함한 전지구적 강수량 분포 추정을 목표로 개발된 것으로 집중호우에 대해서는 실제 강수량보다 적게 추정하는 문제점을 갖고 있다.

ㄴ. NAWT(Negri-Adler-Wetzel 방법)

이 방법은 구름의 발달단계를 고려하여 강수량(降水量)를 추정하는 방법으로 이 방법도 전구적 강수량 추정을 목표로 개발한 것이다. 강수강도를 결정하는 여러 인자 중 운정온도가 낮은 구름의 면적을 가장 중요한 요소로 고려한다. 강수량 추정 과정은

- CTT가 253 K보다 낮은 지역을 찾음
- CTT가 253 K보다 낮은 영역에서 온도가 가장 낮은 10 %, 50 %의 면적에 해당하는 온도를 산출하여 각각 T 10 %, T 50 % 라고 정한 후 아래와 같이 강수강도(降水强度)를 추정한다.

$$\text{CTT} \le \text{T}10\,\% \qquad R = 9\,\text{mm/h}$$

$$T\,10\,\% \le CTT \le T\,50\,\% \qquad R = 1.8\,mm/h$$

$$CTT \ge T\,50\,\% \qquad R = 0.0\,mm/h$$

ㄷ. 구름 발달단계 추적법 (life-history method)

일반적으로 대류운은 발생-성숙-소멸의 단계를 거치게 되는데, 이때 강수강도는 성숙단계(잘 구조화된 대류운)에서 가장 강하게 발생하는 특성을 이용하는 방법이다. 즉, 대류운은 위성영상에서 다른 구름과 구별된다는 특징을 이용하며 구름의 변화를 탐지하여 강수강도를 추정한다.

ㄹ. NOAA/NESDIS AE (auto-estimator : 일종의 power law) 방법

미국 전 지역에서 발생하는 많은 사례의 집중호우 사례에 대해 적외화상의 운정온도(CTT)와 지상관측 강수강도(또는 레이더 강수강도)를 이용하여 강수강도를 추정하는 회귀식(回歸式)을 산출한 방법으로 이 방법은 현재 미국 NESDIS에서 홍수예측에 현업적으로 이용되고 있다.

$$R = 1.1183 \times 1{,}011 \times \exp(-3.6382 \times 10^{-2} \times CTT1.2) \qquad (14.17)$$

이 방법의 장점은 수치모델, 수증기장 및 과거 위성자료 등 다양한 자료들을 이용하여 강수강도의 추정수준을 높인 점이다. 즉, 무(無)강수 화소의 제거(구름발달 상태 보정), 강수강도(주변수증기장, 대류활동 정도) 보정 등을 통하여 강수강도를 과대하게 추정하는 것을 보정(補正)하였다.

14.5. 바람장 산출

14.5.1. 개요

풍향(風向)과 풍속(風速)으로 대표되는 바람은 지구에 대한 상대적인 공기덩이의 이동으로 기상현상의 발달 및 이동에 매우 중요한 요소이다. 예를 들어 우리나라에서는 북풍 또는 북서풍이 불면 기온이 하강하고 건조(乾燥)해지는 반면 남풍 또는 남서풍이 불면 기온이 상승하며 습윤(濕潤)해진다. 또한 전선의 위치, 제트의 위치 및 강도, 태풍 중심 등 여러 가지 기상현상에서 바람은 매우 중요한 기상요소이다. 따라서 우리가 기상현상의 변화경향 및 이동을 이해하고 예측하기 위해서는 시·공간적으로 연속적인 풍향과 풍속(이하 바람) 자료가 절대적으로 필요하다. 하지만, 전 지구의 2/3를 점유하는 바다, 사막 및 산악지역과 같이 고층 관측망(觀測網)이 없는 지역들에서는 바람장(場)은 어떻게 구할 수가 있을까? 이러한 문제점을 해소할 수 있는 도구로 기상위성이 활용되고 있으며 여기서는 기상위성자료로부터 대기상층 및 해상에서의 바람장을 산출하는 원리와 방법에 대해 알아본다.

바람은 일차적으로 기압 차(기압경도력)에 의해 시작되며 공기덩이가 이동하는 고도 및 형태에 따라 다양한 형태의 부차적인 힘들의 영향을 받는다. 예를 들어 공기덩이가 지표면 근처에서 움직이면 마찰의 영향을 받게 되고, 공기덩이가 곡선으로 이동하면 원심력(遠心力)의 영향을 받는다. 또한 모든 움직이는 공기덩이는 지구자전 효과인 전향력(轉向力)의 영향을 받게 된다. 기상위성자료로부터 바람장을 산출하는 원리는 ① 바람을 일으키는 기압 차(差)를 의미하는 지위고도장의 분포로부터 바람장을 산출하는 것과, ② 바람의 영향으로 나타난 결과(구름이나 수증기장의 이동, 파도 높이)로부터 바람장을 산출하는 방법이 있다.

14.5.2. 대기탐측자료에서 바람장 산출

기상위성에 탑재된 탐측기(探測器, sounder : HIRS, VAS)로부터 도출된 대기의 온도프로파일 자료와 해면기압이 주어지면 측고공식(測高公式)을 이용하여 임의의 압력면의 고도를 구할 수 있다. 여기서 산출한 고도장(高度場)의 형태(직선 또는 곡선)에 따라 지균풍〔지형풍(地衡風), V_g〕 또는 경도풍(傾度風, V) 방정식에 고도장을 대입하면 바람장이 산출된다. 대기탐측자료는 주로 구름이 없는 지역에서 정확도가 높기 때문에 바람장도 구름이 없는 지역에서 산출되므로 구름이동벡터로 산출된 바람장을 보완해 줄 수 있다.

$$V_g = \frac{1}{f} \times \nabla \phi \tag{14.18}$$

$$V = \frac{2\,V_g}{1 + (1 + 4\dfrac{V_g}{f R_T})^{1/2}} \tag{14.19}$$

위 식에서 ϕ는 지위고도(地位高度), f는 전향력(轉向力)이며 R_T는 고도장의 곡률반경

(曲律半徑)을 의미한다. 대기탐측자료로부터 기온 및 수증기장의 연직구조를 산출하는 원리는 이 책의 범위를 넘기 때문에 여기서는 생략한다.

14.5.3. 구름 이동벡터에서 바람장 산출

구름의 이동현상으로부터 바람장을 산출하는 방법은 구름의 이동을 추적하는 방법에 따라 크게 수동추적법과 자동추적법이 있다. 이 방법은 구름이 이동하는 동안 구름의 형태나 고도에 변함이 없다는 점을 전제로 하기 때문에 관측주기가 30분 또는 1시간 이내로 짧은 정지궤도위성 자료에만 적용이 가능한 기법이다.

ㄱ. 수동추적

2장 또는 그 이상의 연속된 위성화상으로부터 구름의 위치 변화를 시각적으로 분석하여 바람 벡터를 산출하는 방법으로 그림 14.16은 수동추적으로 산출한 바람을 나타낸 것이다. 수동추적(受動追跡, manual tracking)의 최대 장점은 전문가가 바람추적에 적합한 구름을 선택적으로 추적하기 때문에 정확한 바람장을 산출한다는 점이다. 또한 구름 각각의 움직임을 추적할 수 있기 때문에 자동 추적보다 더 세밀한 바람장의 산출이 가능하다. 반면에 수동추적은 바람장 산출에 소요되는 작업 시간이 길어서 극히 제한적으로 사용할 수밖에 없으며 분석하는 전문가의 수준에 따라 결과가 달라지는 문제점이 있다.

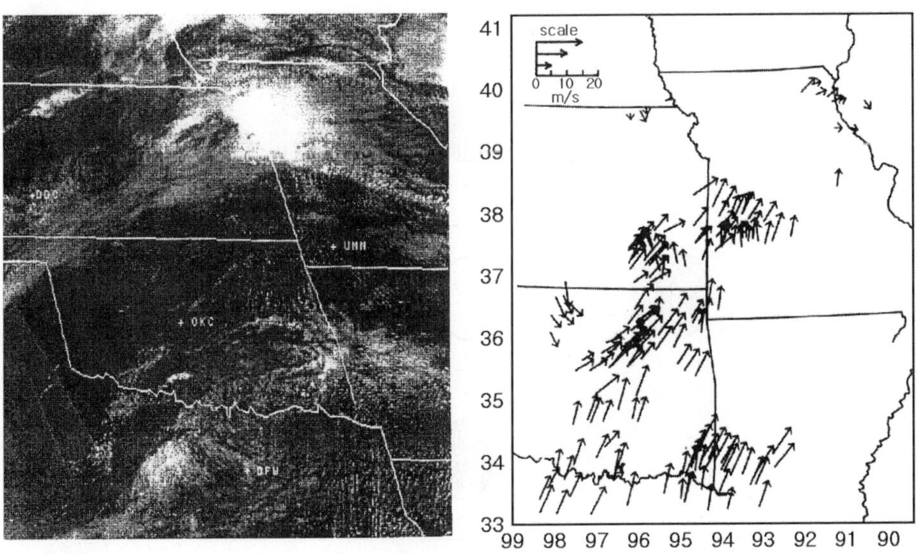

그림 14.16. 바람 벡터

가시화상(왼쪽), 수동추적 방법을 통해 구한 하층의 바람 벡터(오른쪽)

ㄴ. 자동추적

바람장을 산출하는 데 사용되는 구름을 자동추적(自動追跡, automatic tracking)하기 위하여 구름은 바람과 함께 이동하며 바람에 의해 이동하는 짧은 시간 동안 구름의 특성(온도 또는 반사도, 크기)변화가 작다는 가정을 한다. 구름이 짧은 시간(〈 30분 이내) 동안 이동하는 과정에서 구름 특성의 변화가 작으므로 교차상관분석을 하면 목표구름이 이동한 곳에서 상관계수가 가장 높게 나타나게 된다. 즉, 임의 시간 t 와 $t-\Delta t$ 사이에 상관계수가 가장 높은 구름이 위치한 지점을 찾아서 두 지점 사이의 거리와 방향을 계산한 후 Δt로 나누면 바람장이 산출된다. 일반적으로 구름의 자동추적으로부터 바람장을 산출하는 과정은 크게 3단계로 구성된다.

- 목표구름 선정을 용이하게 하기 위한 전처리(前處理) 단계
- 바람벡터를 산출하는 단계
- 산출된 바람벡터의 품질을 검사하는 후처리(後處理) 단계

i) 표적영역 선정을 용이하게 하기 위한 전처리 단계

전처리(前處理) 단계에서는 연속적으로 관측된 기상위성 화상자료(적어도 2~3개 화상(畵像 : t, $t-\Delta t$, $t-2\Delta t$)를 준비한다. 구름분석 정보(구름상, 운정온도/고도, 구름화소수 등)를 이용하여 표적영역의 선정을 최적화한다. 표적영역 및 탐색영역에 대해 화상강조

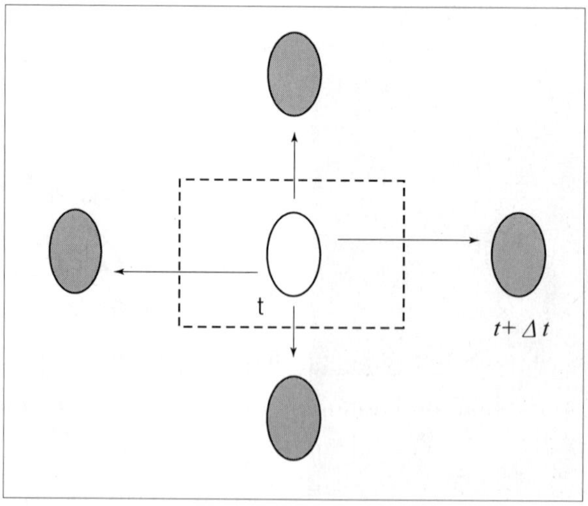

그림 14.17. 구름 이동벡터 산출을 위한 표적영역(점선)과 탐색영역(전체)의 개념도

기법(畵像强調技法)을 적용하여 표적영역 주위의 잡음요소를 최소화한다. 여기서 표적영역이란 바람장 산출을 위하여 추적구름을 결정할 영역을 의미하고(그림 14.17 에서 점선 영역), 탐색영역이란 선정된 구름이 이동할 것으로 예상되는 영역을 의미한다(전체 영역).

ii) 바람벡터를 산출하는 단계

바람장을 산출하는 과정은 다시 3단계로 이루어진다. 일차적으로 표적영역(標的領域)의 크기와 탐색(探索)영역의 크기를 결정하여야 한다. 이때 표적영역의 크기가 너무 크면 표적 내에 다양한 구름이 존재하게 되어 대표적 특성 도출이 어렵고, 너무 작으면 작은 현상도 탐지가 가능하나 작은 변화에도 민감하여 오차가 클 수가 있다. 또한 탐색영역의 크기가 너무 크면 계산시간이 많이 걸리고 너무 작으면 산출벡터에 오류가 포함될 수 있다. 일반적으로 그 지역의 바람 기후자료를 이용하여 탐색영역을 결정하거나 수치모델 등의 예측결과를 이용한다. 즉, 바람은 일반적으로 고도가 높아질수록 강해지므로 탐색영역도 고도에 따라 넓게 준다. 표적영역과 탐색영역이 정의되면 구름의 이동벡터를 계산하기 위하여 교차상관분석, FFT (Fast Fourier Transform), 최소거리 차 (SSD : Sum of Squared Distance) 등을 이용한다. 산출된 최대상관계수에 기초하여 화소의 함수로서 계산된 이동거리를 위 · 경도로 전환한다. 두 지점사이의 위 · 경도 거리가 계산되면 순간적인 풍속과

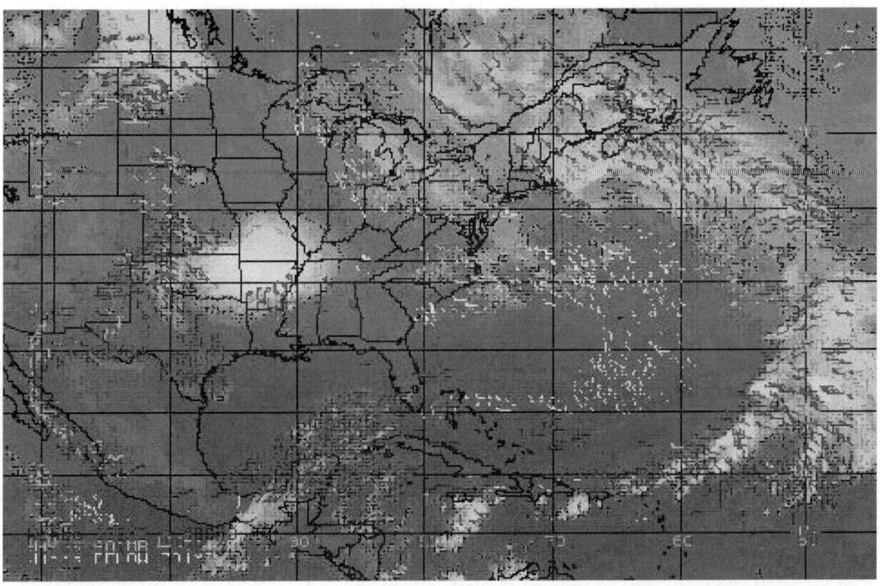

그림 14.18 GOES-EAST 적외화상과 이로부터 산출된 바람장의 분포 (2005. 5. 23. 11:45 GMT)

풍향이 산출되며 이것이 바람백터이다. 바람벡터 산출에서 중요한 것이 고도할당인데 구름의 그림자, 운정온도, 2개의 위성이 하나의 구름을 관측하여 입체적으로 추정하는 방법을 사용한다. 하지만, 구름의 유형이나 대기의 연직구조의 다양성으로 인해 오차(誤差)가 많이 발생한다.

두 영역사이의 위치지연상관계수는 다음 식(14.20)으로 구해진다. 즉, 연속적인 두 장의 이미지 중 기준시간(t)의 이미지에서 16×16 화소(畵素)의 표적 배열을 선택한다. 두 번째 이미지($t+\Delta t$)에서 목표 배열을 중앙에 두고 32×32 화소의 크기로 탐색 영역을 선택한다. 왼쪽상단부터 한 화소씩 연속적으로 이동하면서 상관계수를 계산한 후 상관계수가 가장 큰 지점이 표적구름이 이동한 지역이 되며 주 지점사이의 거리 및 방향을 계산하면 풍속 및 풍향이 산출된다. 연속적으로 관측된 3개의 화상자료로부터 2개의 바람벡터가 산출되는데 최종벡터는 이 두 벡터의 평균으로 산출한다. 그림 14.18은 이러한 과정을 거쳐서 산출된 바람장을 나타낸 것이다.

$$r_{m,n}=\frac{\sum_{i=1}^{16}\sum_{i=1}^{16}[S_{i+m+8,\,j+n+8}-\overline{S}(m,n)](T_{i,j}-\overline{T})}{\left\{\sum_{i=1}^{16}\sum_{i=1}^{16}[S_{i+m+8,\,j+n+8}-\overline{S}(m,n)]^2\sum_{i=1}^{16}\sum_{i=1}^{16}(T_{i,j}-\overline{T})^2\right\}^{1/2}} \tag{14.20}$$

$T_{i,j}$: target array ($1\le i,\ j\le 16$), $S_{k,l}$: search array ($1\le k,\ l\le 32$)

$$\overline{S}(m,n)=\frac{1}{256}\sum_{i=1}^{16}\sum_{i=1}^{16}S_{i+m+8,\,j+n+8}$$

iii) 산출된 바람벡터의 품질을 검사하는 후처리 단계

구름이동벡터 또는 대기이동벡터는 대기과학적 원리에 의해 산출된 것이 아니고 수학적 계산에 의해 산출된 것이기 때문에 실제 바람과 상이한 바람이 산출될 수가 있다. 후처리(後處理)에서는 산출된 바람장의 신뢰도를 높이기 위하여 2단계의 품질검사(QC)를 수행한다. 첫째는 레윈존데 자료나 수치모델자료를 이용한 품질검사이고, 두 번째는 산출바람장의 시·공간적 연속성 검사이다.

일반적으로 표적구름의 특성(운정온도, 크기, 운상 등)에 변동이 클 때, 또는 화상(畵像)의 기하학적 보정(補正, navigation)에 오류가 발생할 때 기상위성자료로부터 바람벡터를 산출하는 과정에서 오차가 크게 발생한다. 또한 대류운, 중력파에 의해 생성되는 구름, 국지적인 뇌우(雷雨)의 모루구름이나 전선(前線)부근의 구름은 바람에 의해 수동적으로 움

직이지 않기 때문에 오류가 클 수밖에 없다. 태풍의 중심이나 전선부근에서와 같이 짧은 시간동안 풍속과 풍향의 변화가 클 때도 산출 바람의 정확도가 낮아지게 되므로 산출 바람장 활용 시 주의하여야 한다.

제 Ⅲ 부 라 이 더

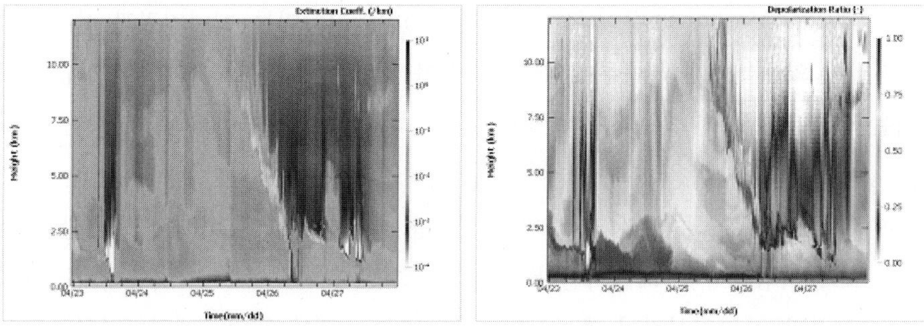

라이더 관측 예(군산) : 소산계수(좌), 비편광도(우)

라이더(lidar, Light Detection And Range)는 레이저를 이용한 레이더이기 때문에 레이저레이더(laser radar)라고도 한다. 원리는 기상레이더와 같으나, 마이크로파를 이용하는 대신 레이저광선을 이용하는 점이 다르다. 레이저광은 거의 완전하게 위상(位相)을 갖춘 응집성(凝集性, coherent)의 빛이기 때문에 단색광으로 간섭성(干涉性)이 현저하고 지향성(指向性)이 민감한 빔을 만들 수가 있으므로 일반의 빛보다 훨씬 원거리의 물체를 검출할 수가 있다. 레이저광을 짧은 펄스 상으로 대기 중으로 발사해서 거기에 있는 원자, 분자, 에어러솔, 구름, 빙정, 수적, 지표면 등과의 특유한 상호작용에 의해 후방산란광을 망원경을 이용해서 수신해서 원방의 물체나 상태의 검지(檢知)를 비롯해서 거리, 방향, 크기, 형태, 속도, 밀도, 조성, 기온 따위의 대기현상의 제정보를 높은 거리(공간) 분해능으로 광학적인 원격측정(遠隔測定)을 하는 장치이다. 레이저광으로써 파장 694.3 nm의 루비레이저, 532 nm의 야구레이저 등이 잘 이용되고 있다. 라이더는 레이저광과 물질과의 산란(散亂) 과정에 의해 몇 개의 종류로 분류할 수가 있는데, 레일리라이더(Rayleigh lidar)는 송신하는 레이저광의 파장보다도 상당히 작은 대기(空氣)분자에서의 소위 레일리산란(Rayleigh scattering)을 이용한 라이더이다. 산란된 파장은 송신된 파장과 같다. 고도 25~35 km 이상에서는 에어러솔에서의 소위 미산란은 레일리산란에 비해서 무시할 수 있기 때문에 이 고도 이상에서는 레일리산란만을 고려하면 된다. 이보다 하층에서는 미산란(Mie scattering)과 레일리산란이 혼재(混在)하고 있는 것이 된다. 레일리산란을 이용한 고층대기관측은 대기 밀도와 기온의 관측이다. 라이더에서 구한 대기 밀도나 기온의 변화에서 대기조석(潮汐), 행성파(行星波), 중력파(重力波) 등의 대기파동(大氣波動)의 연구가 행해져 오고 있다.

최근에는 용권(龍卷, spout) 중 미국 토네이도(tornado)의 풍속을 측정하기 위한 도플러레이더의 개발도 행해지고 있다. 편광(偏光)된 레이저광을 발사해서 후방산란광(後方散亂光)의 편광해소도(偏光解消度)를 조사함으로써 구형(球形) 및 비구형(非球形)입자의 형상구별에도 이용되고 있다. 또 대기성분 분자의 레일리산란을 이용해서 분자밀도 또는 기온을 측정할 수가 있고, 더욱이 수증기분자와 질소분자의 라마산란광 강도를 비교함으로써 습도(濕度)의 측정도 가능하다. 에어러솔입자에 의한 미산란을 이용해서 에어러솔농도 및 역전층고도・천이층(遷移層)의 구조 따위를 분명하게 할 수가 있다. 또 최근에는 야구레이저・에기시마레이저의 차분흡수(差分吸收)를 사용해서 오존관측도 행하고 있다. 레이저광은 강수나 구름에 의한 감쇠(減衰)가 크기 때문에 통상은 맑은 날씨에 관측을 행하고, 관측고도는 대류권에서 성층권에 이르는 고도 약 40 km까지이다.

Chapter 15

레일리라이더

15.1. 레일리라이더의 원리

고도 z_o 에 있는 라이더에서 광자수(光子數) P_0 의 레이저광을 연직 상공에 쏘아 올려 고도 $z \sim z + \Delta z$ 의 대기에서의 레일리 후방산란광(後方散亂光)을 면적 S 의 수신망원경으로 수신했을 때의 수신광〔광전자수(光電子數)〕 P_r 은

$$P_r = P_o S \eta_0 \eta_q [T_r(z_0, z)]^2 \times \frac{N(z)\beta_r \Delta z}{(z_0 - z)^2} \tag{15.1}$$

$$T_r(z) = \exp[-\int N(z)\sigma_R dz] \tag{15.2}$$

가 된다. 여기서 η_0 는 라이더의 송수신부의 광학적인 투과율(透過率), η_q 는 광전자증백관의 양자효율, $T_r(z_0, z)$ 는 $z_0 \sim z$ 사이의 대기의 투과율, $N(z)$ 는 고도 z 의 대기밀도, β_R, σ_R 은 각각 레이리 후방산란단면적(後方散亂斷面積)과 소산단면적(消散斷面積)이다. 식 (12.1)은 대기분자의 레일리산란만을 고려한 라이더방정식이다.

15.1.1. 대기밀도를 구하는 방법

경계층의 에어러솔의 변동 등에 의한 $T_r(z_0, z)$ 의 성격을 구하는 것은 일반적으로 곤란하기 때문에 대기밀도 $N(z)$ 를 구하기 위해서는 어떤 고도 z^*의 대기밀도 $N(z^*)$ 로 교정하면 $N(z)$는 다음의 식으로 구할 수가 있다.

$$N(z) = N(z^*)(\frac{z - z_0}{z^* - z_0})^2 \times \frac{P_r(z) P_r(z^*)}{[T_r(z^*, z)]^2} \tag{15.3}$$

지금 간단히 하기 위해서 $z_0 = 0$으로 한다. 또 $z^* = 30$km로 하면, 그 이상의 고도에서는 일반적으로 $T_r(z_0, z^*) = 1$로 놓으므로 결국 식 (15.3) 은

$$N(z) = N(z^*) \times \left(\frac{z}{z^*}\right)^2 \times \frac{P_r(z)}{P_r(z^*)} \tag{15.4}$$

가 된다. $N(z^*)$ 를 존데나 대기모델에서 구하면 고도 z^* 이상의 대기밀도 $N(z)$ 가 라이더의 수신광(受信光)에서 구해지는 것을 알 수 있다.

15.1.2. 기온을 구하는 방법

기온 $T(z)$ 는 대기의 상태방정식(狀態方程式)

$$P(z) = N(z)\ k\ T(z) \tag{15.5}$$

와 정역학(靜力學)의 식

$$P(z) = \Sigma\, N(z)\, M\, g(z)\, \Delta z + P(z_h) \tag{15.6}$$

에서

$$T(z) = \frac{P(z_h)\ k\ N(z_i)\ M\, g(z_i)\, \Delta z}{k\, N(z)} \tag{15.7}$$

또는

$$T(z) = \frac{T(z_h)\ N(z_h)}{N(z)} + \frac{\Sigma\ N(z_i)\ M\, g(z_i) \Delta\, z}{k\, N(z)} \tag{15.8}$$

이 된다. 여기서 $P(z)$, k, M, $g(z)$, z_h 는 각각 기압, 볼츠만상수(Boltzmann's constant), 공기분자의 질량, 중력가속도, 라이더로 측정하는 대기의 상단(上端)이다.

여기서

$$S(z) = P_r(z)z^* \tag{15.9}$$

로 거리이승보정(距離二乘補正)한 라이더 신호 $S(z)$ 를 이용하면,

$$T(z) = \frac{T(z_h)S(z_h)}{S(z)} + \frac{\Sigma S(z_i) M g(z_i) \Delta z}{k S(z)} \tag{15.10}$$

이 된다.

15.1.3. 경계조건의 영향

식 (15.8) 의 우변 제 1 항은, 예를 들면 $z_h = 100$km에서 기온 $T(z_h)$ 또는 $P(z_h)$ 를 모델에서 가정할 필요가 있다. 경계조건(境界條件)으로서 90 km 로 표준대기모델에서 +40

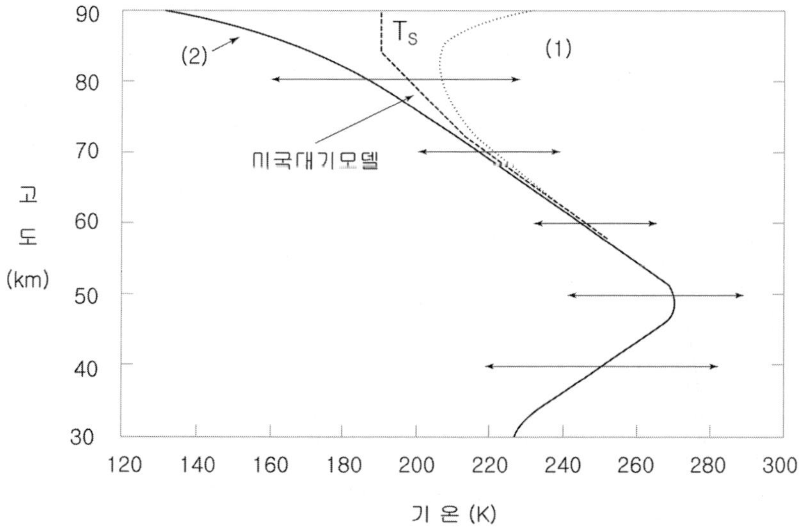

그림 15.1. 기온분포

90 km 의 고도에서 2개의 경계조건에 대해서 파장 359.8 nm 의 라이더 신호에서 계산.
(1) Ts + 40 K, (2) Ts + 60 K, 여기서 Ts 는 대기모델의 기온이다.

K, -60 K 어긋난 것을 넣어서 식 (15.8) 을 이용해서 계산한 시뮬레이션〔simulation, 모의(模擬)〕 결과를 그림 15.1 에 나타낸다. 이 결과에서 60 km 에서의 가정한 모델대기에서의 기온의 어긋남은 0.7 K 이하이다.

15.1.4. 측정오차

레일리라이더에 의한 대기밀도나 기온의 측정정밀도는 제 1 로 라이더 신호의

$$\frac{S}{N} = \frac{\sqrt{P_r(z) + 2P_b}}{P_r(z)^2} \tag{15.11}$$

에 의해 결정된다. 여기서 P_b 는 노이즈이다.

파장 532 nm, 레이저의 출력 195 mJ, 반복 20 Hz, 수신망원경의 구경 50 cm($S = 0.19\text{m}^2$), 광전자증배관(光電子增倍管, PMT)의 양자효율(量子效率) $\eta_b = 0.1$, 전광학계 (全光學系)의 투과율(透過率) $\eta_0 = 0.29$의 라이더를 이용해서 레이저의 발포(shot)수를 파라미터〔parameter, 매개변수(媒介變數)〕로 했을 때의 대기밀도, 기온의 측정오차(測定誤差)를 그림 15.2 에 나타낸다. 여기서 거리분해능은 1 km, $P_b = 0$으로 했다. 30 만 샷(shot, 20 Hz 의 레이저로 250 분의 관측)로 고도 약 65 km 까지는 대기밀도 1 % 이내이고, 기온은 2 K 이내로 측정

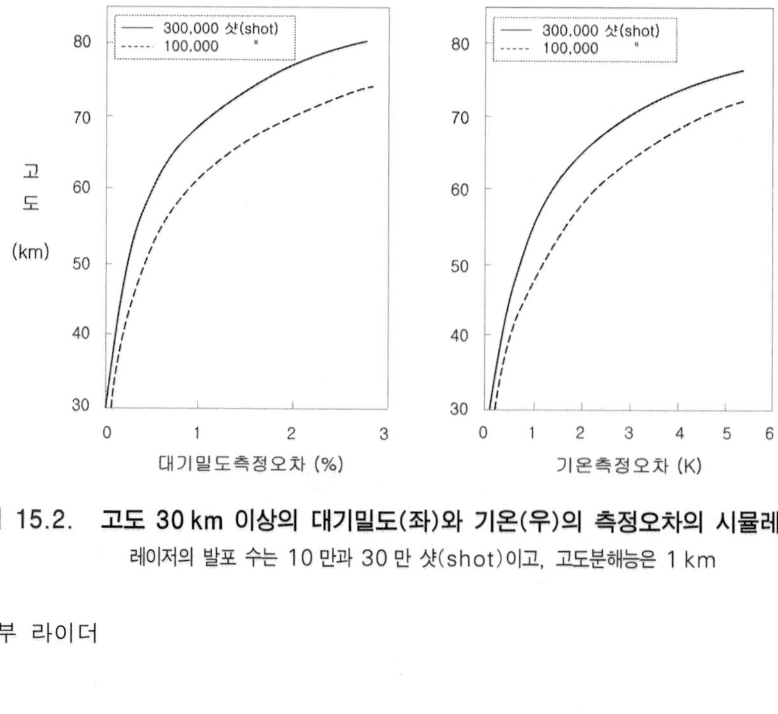

그림 15.2. 고도 30 km 이상의 대기밀도(좌)와 기온(우)의 측정오차의 시뮬레이션
레이저의 발포 수는 10 만과 30 만 샷(shot)이고, 고도분해능은 1 km

표 15.1. 그림 15.3에 표시한 레일리라이더의 특성

송신부 (送信部)	레이저의 종류	Nd : YAG	XeF
	파장(nm)	532	351
	펄스에너지(mJ)	350	125
	반복(Hz)	50	50
	펄스폭(ns)	5~10	10~20
	빔퍼짐(mrad)	0.04	0.5~1.0
수신부 (受信部)	검출된 파장(nm)	532	351, 385
	수신경(受信鏡)의 면적(m^2)	0.05/0.03	0.38
	시야(視野)조리개(mrad)	0.25/0.55	2.3
	송수신경(送受信鏡)과의 거리(m)	0.6/0.3	0.7
	간섭(干涉)필터의 폭(nm)	1	5

할 수 있는 것을 알 수 있다. 표 15.1에서 나타낸 Nd : YAG 레이저의 라이더를 이용하면 약 21분으로 관측할 수 있는 것이 된다.

15.2. 관측장치의 구성

레일리라이더에 의한 대기밀도나 기온의 측정 정밀도(精密度)는

$$K = P_0 S\eta_0\eta_q[T_r(0,\infty)]^2\beta_R \tag{15.12}$$

로 결정되는 K의 값이 클수록 높은 값이 된다. 이 P_0을 제외하고 최적파장영역은 360~410 nm이지만, 이 영역에는 P_0이 크게 반복의 빠른 레이저는 현재 없음으로 Nd : YAG 레이저의 제 2고조파(高調波, 532 nm), 제 3고조파(355 nm)나 XeF (351 nm)에 기사마레이저를 이용한 라이더가 개발 사용되고 있다.

그림 15.3에 관측장치(觀測裝置)의 예를 나타내고 있다. 그림의 오른쪽은 프랑스의 CNRS(국립과학연구센터)가 개발한 532 nm를 이용한 것이고, 왼쪽은 미국의 고다드우주비행센터(GSFC)가 개발한 XeF 레이저(laser : 분자나 원자의 고유진동수를 이용해서 빛을 방출시키는 장치, light amplification by stimulated emission of radiation)를 이용한

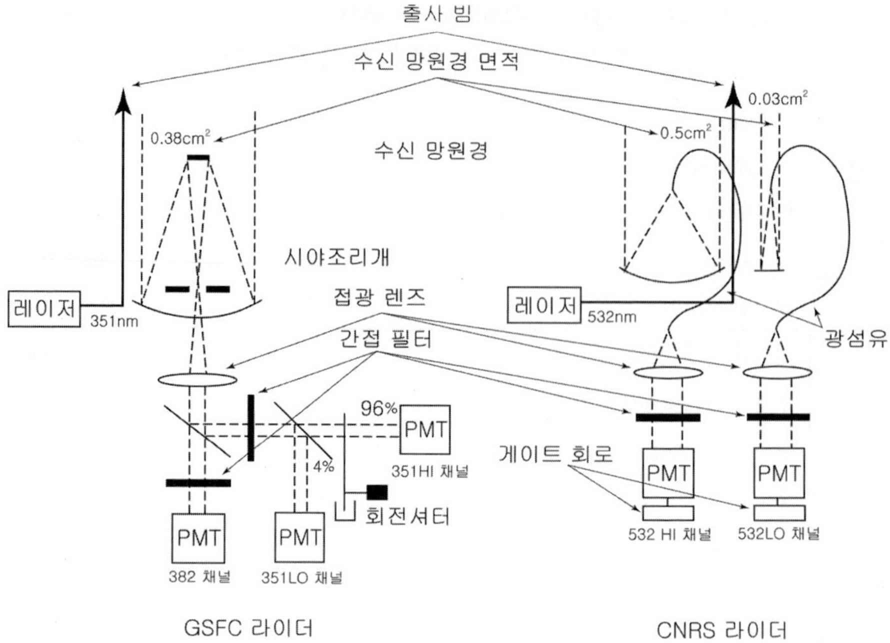

그림 15.3. 관측장치의 예

그림의 왼쪽의 라이더는 GSFC 의 XeF 라이더, 오른쪽은 CNRS 의 Nd : YAG 라이더이고, PMT 는 광자증배관(光子增倍管)을 나타낸다.

레일리라이더이다. 532 nm 라이더의 특징은 하층용과 상층용으로 두 개의 수신경(受信鏡)을 이용해서 다이나믹 레인지(dynamic range)를 크게 하고 있는 것과 광(光)섬유(fiber)로 집광(集光)한 빛을 검출부(檢出部)로 유도함으로써 수신부의 경량화(輕量化)와 레이저에서의 전기적인 노이즈를 차단하고 있는 것이 특징이다. GSFC 의 351 nm 의 라이더에서는 검출부의 다이나믹 레인지를 넓히기 위해서 광선분파기〔光線分波器, beam(방향지시전파) splinter〕로 4 %와 96 %의 두 개로 나누어져 있는 것과 382 nm 의 질소에서의 라만채널(channel)을 추가하고 있는 것이다. 이것은 라만라이더의 장(章)에서 언급하고 있는 라만라이더 장치의 모식도(模式圖)와 기본적으로 같다. 또 96 % 채널의 앞에서는 하층대기에서의 강한 산란광(散亂光)을 차단해서 유도(誘導) 노이즈를 막기 위해서 회전셔터(shutter, 개폐기)를 장치하고 있다. 이 회전셔터(開閉器)는 4 %의 채널에서도 유도 노이즈가 발생할 가능성이 있기 때문에 시야(視野)조리개의 뒤에 붙이는 것이 보통이다.

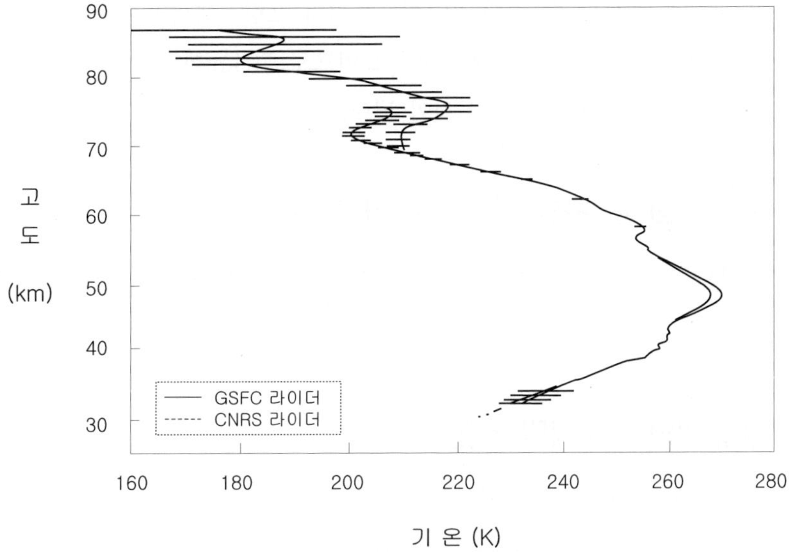

그림 15.4. 기온고도분포

그림 15.3 의 두 개의 라이더를 이용해서 관측된 것임. 비교하기 위한 수평봉(水平棒)은 오차(±1 σ)를 나타낸다.

15.3. 관측 예

그림 15.4 에, 그림 15.3 및 표 15.1에 표시한 라이더를 이용해서 프랑스의 오뜨-프로방스(Haute-Provence)에 있는 CNRS 관측소에서 동시 관측된 기온의 분포를 나타낸다. 35 km 에서 65 km 로 1~3 K 이내에서 잘 일치하고 있다. 30 ~35 km 에서는 피나트보 화산분화에 의한 에어러솔의 영향 때문에 CNRS의 자료는 GSFC의 값보다 작게 나오고 있다.

15.4. 관측 정밀도에 미치는 요인들

15.4.1. 대기성분의 균질성

평균의 대기의 분자량(分子量)은 80 km 까지는 일정하지만, 그 위에서는 산소분자의 해리(解離)를 고려할 필요가 있다. 100 km 에서는 2 %의 수정이 필요하다.

15.4.2. 대기상단에서 이용하는 모델에 의한 기온의 영향

라이더가 측정할 수 있는 대기의 상단(上端)에서의 기온모델을 이용한 가정은 20 km

이하까지 영향이 완전히 무시할 수 없다. 또 이제까지의 프랑스에서의 관측결과에 의하면, 70 km 부근에 간간이 기온의 역전층(逆轉層)이 보이므로 70 km까지밖에 관측할 수 없는 라이더에서는 50 km 까지 그 영향이 남는 것이 된다.

15.4.3. 측정기의 첫 작동의 시간 늦어짐

고도 결정에 계통적인 오차(誤差)가 생긴다. 통상 이것은 정확하게 설계하면 문제가 되지 않는다.

15.4.4. 검출기의 다이나믹 레인지

30~90 km 사이에서 대기밀도는 4 자리 작은 것과 또 $1/z^2$ 의 항이 약 1 자리 변하므로, 결국 이 구간에서 라이더의 수신신호는 5 자리 변한다. 이 5 자리의 다이나믹 레인지를 수용할 수 있는 검출기(檢出器)는 없다. 따라서 30 km 이상의 기온을 측정하기 위해서는 앞에서 언급했듯이 2 개의 수신경(受信鏡)이나 2 개 이상의 광전자증배관(光電子增倍管, PMT)이 필요하다.

15.4.5. 노이즈의 원인인 P_b 와 P_r 을 구하는 방법

노이즈로는 대기에서의 배경광(背景光), PMT 의 암전류(暗電流), 하층대기에서의 강한 산란광(散亂光)에 의한 PMT에 발생하는 유도(誘導)노이즈이다. PMT 의 암전류(暗電流)노이즈는 PMT 를 -30 C 이하로 전자냉각(電子冷却)하는 것으로 문제가 되지 않는다. 하층대기에서의 강한 산란광을 기계적인 회전셔터로 차단하고, PMT 에서의 유도노이즈를 막는 것이 중요하다. 전자냉각과 회전셔터에 의한 노이즈는 대기에서의 배경광만을 제어할 수가 있다.

이와 같이 해서, 대기에서의 신호가 무시될 수 있는 예를 들면 130~150 km의 광전자수(光電子數)를 노이즈로 해서 전체의 광전자수에서 노이즈를 뺀 것을 신호로 해서 식 (15.11) 을 이용해서 S/N 을 구한다.

15.5. 송수신계의 미스얼라이먼트

수신시야에 송신 레이저광은 확실하게 넣는 것이 중요하다. 또 배경광(背景光) 노이즈를 작게 하기 위해서는 수신시야를 가능한 한 좁게 하는 것이 바람직하다. 그렇지만 송수신계(送受信系)의 미스얼라이먼트〔misalignment, 불일열정렬(不一列整列)〕를 막기 위해서는 송신레이저의 빔 퍼짐을 작게 함과 동시에 2배 정도의 수신시야는 필요하다. 지진(地震)이 많은 나라에서는 지진발생에 동반하는 미스얼라이먼트를 막기 위해서 송수신계(送受信系)는 일체형(一体型)의 벤치 위에 붙이는 것이 중요하다.

15.6. 에어러솔의 영향

보통 고도 30 km 이상에서는 에어러솔의 산란은 무시할 수 있는 것으로 했지만, 1991년의 필리핀의 피나트보화산 분화 후는 35 km 부근까지 에어러솔이 존재했다. 또 유성진(流星塵) 등에 의한 대단히 드문 에어러솔 층의 출현 가능성도 부정할 수 없다. 1%의 에어러솔의 산란의 기여는 약 2 K의 기온오차가 된다. 이와 같은 에어러솔의 검사에는 355 nm와 532 nm의 2파장에 의한 측정이나 편광해소도(偏光解消度)의 측정을 생각할 수 있다. 또 진동(振動)라만을 이용한 라만라이더에 의한 기온의 측정은 에어러솔에 의한 소산(消散)이 무시될 수 있을 정도로 작을 때에 유효하다. 더욱이 에어러솔이 많아 미산란을 무시할 수 없는 영역(화산분화 후의 하부성층권이나 대류권)에서는 회전 라만라이더 등에 의한 기온의 측정의 개발도 행해지고 있지만, 라만산란 단면적(散亂 斷面積)은 레일리산란 단면적에 비해서 3자리 작으므로 아직 실용 단계는 아니다.

15.7. 정 리

레일리레이더에 의한 기온측정은 이론적으로는 거리분해능(距離分解能) 1~3 km이고, 고도 30~70 km로 1 K, 80 km에서 3 K 정도로 측정가능하다. 단, 이것을 증명할 수 있는 다른 측기와의 비교는 상당히 곤란하다. 따라서 아까 언급했듯이 거의 같은 능력을 갖는 라이더끼리의 비교가 행해지고 있다. 프랑스에 있어서 2대의 라이더는 동시 관측에서는 30~65 km로 1~3 K 이내로 잘 일치하고 있다. 또 고도 20~30 km의 존데의 21시의 자료와의 비교에서는 에어러솔이 백그라운드〔background, 배경(背景)〕에 가까울 경우,

355 nm의 라이더를 이용한 측정에서는 ±2 K 이내이다.

이상의 레일리라이더의 특징을 정리하면 다음과 같다.

① 기온의 절대 측정 정밀도는 측정시간 1~3시간, 거리분해능 1~3 km, 고도 30~60 km 사이에서는 1~2 K, 70 km에서 3 K 정도이다.

② 시간의 의한 드리프트〔drift, 표류(漂流)〕의 문제는 없다.

③ 다른 측기(測器)에 의한 교정(校正)은 필요로 하지 않는다.

④ 따라서 상부성층권(上部成層圈)에서 중간권(中間圈)의 장기(長期) 모니터(monitoring)에 적합하다.

⑤ 단주기의 대기파동(大氣波動) 연구에도 소용이 된다.

⑥ 위성(衛星)의 그라운드 트루스〔(ground truth, 지상진치(地上眞値)〕에 유효하다.

⑦ 관측은 야간의 청천(晴天)시로 현재까지는 한정된다.

Chapter 16

미라이더

16.1. 역사적인 배경

레이저 발진(發振)의 성공 후 머지않아 초고층 에어러솔의 처음 라이더 관측이 이루어진 이래(Fiocco and Smullin, 1963), 벌써 4 반세기 이상이 지났다. 이것은 빛〔光〕과 입자의 상호작용인 미산란(散亂, scattering)을 이용한 미라이더(Mie lidar)의 최초이다. 그리고 그후의 레이저의 기술, 컴퓨터 기술의 발전은 미라이더의 실용화를 진전시키는 일에 크게 기여하고 있다.

그러나 정상적인 대기관측의 측기(測器)로서의 이용까지는 이르고 있지 못하다. 그 이유 중의 하나는 미라이더의 측정대상이 구름〔雲〕, 또는 에어러솔 등의 입자물질이고 이들은 직접적으로 기상관측의 대성으로 되어 있지 않은 일, 지상에서의 구름 관측에서는 대부분의 경우, 저층운(低層雲 : 낮은 구름)의 운저고도밖에 측정할 수 없다는 것에 의한 것이라고 생각된다. 그러나 운저고도는 항공기의 이착륙(離着陸)의 안정성에 관한 중요한 정보이고, 또 미라이더 측정에서 도출되는 시정(視程) 정보도 항공기를 포함한 교통기관의 안전에 있어서 유익하다.

더욱이 미라이더는 구름, 성층권 및 대류권의 에어러솔, 방사수지, 대기확산, 대기구성 등 대기과학(大氣科學), 대기환경학(大氣環境學)의 연구에 있어서 관측기기(觀測機器)로서 중요한 역할을 다 하고 있다. 이하에서는 미라이더의 원리, 특성, 이용 상황에 관한 간단한 소개를 하도록 한다.

16.2. 원리・관측 자료의 특성

미라이더에서는 레이저광 펄스를 대기 중에 송신하고, 대기 중에 부유(浮遊)하는 에어러솔이나 구름 등의 입자로 산란되는 빛 중 후방으로 산란되는 빛을 집광망원경으로 수신한다. 그래서 펄스 발사에서 수신까지의 시간의 늦음에서 대상까지의 거리(距離)를 수신광의 강도에서 대상의 입자의 농도에 관한 정보를 얻는 것을 원리로 하고 있다. 펄스광을 송신하므로 후방산란광(後方散亂光)을 시간분해능으로 갖고 수신함으로써 레이저펄스의 광로(光路)를 따른 후방산란광(後方散亂光) 강도분포(强度分布)를 얻을 수가 있다.

미산란은 균질구형인 입자와 전자파(電磁波)와의 상호작용을 기술하는 미산란 이론(理論)이 적용되도록 전자파(電磁波, 레이저광])의 파장에 비해서 반경이 같은 정도 또는 그것보다 큰 입자에 의한 산란을 의미하고 있다. 그러나 미라이더로 측정되는 입자는 사용하는 레이저의 파장에 의하지만, 대체로는 서브미크론(마이크론) 오더(sub-micron order, $\mu, 10^{-6}$) 이상의 크기의 에어러솔, 운입자(雲粒子, 구름입자), 무입자(霧粒子, 안개입자) 등이다. 당연한 일이지만, 비구형(非球形)의 입자, 불균질의 입자 등도 측정에 걸린다. 수신 신호 만으로부터 균질・구상입자와의 구별이 되는 것은 아니고, 측정치에서 입자의 성상(性狀)에 관한 정보를 묘출(描出)할 때에 불확정요소가 된다.

지금 라이더에 의한 후방산란광(後方散亂光)의 수신신호는 거리를 R로 나타내면 다음 식을 나타난다.

$$P(R) = \frac{K P_0 \, L A_r \, Y(R) \, \beta(R) [T(R)]^2}{R^2} + P_b \tag{16.1}$$

$$T(R) = \exp[-\int_0^R \{\alpha(r) + \sigma \, N(r)\} dr] \tag{16.2}$$

여기서

K : 시스템의 상수,

P_0 : 송신(送信)레이저 출력 파워(power),

L : 거리분해능(距離分解能),

A_r : 수광(受光) 망원경의 유효면적,

$Y(R)$: 레이저빔과 수신시야(受信視野)와의 겹침을 나타내는 함수,

β : 에어러솔 등의 입자에 의한 후방산란계수(後方散亂係數) β_1 과 공기분자에 의한 후방산란계수(後方散亂係數) β_2의 합,

α : 소산계수(消散係數)로 똑같이 입자에서의 기여 α_1과 공기분자의 기여 α_2의 합이다.

P_b : 수신 배경광 파워이다.

식 (16.2) 중의

N : 흡수를 나태는 기체성분의 농도(濃度),

σ : 그 흡수 단면적

을 의미하고 있다. 미라이더에서는 통상 기체(氣体)에 의한 흡수는 무시할 수 있는 레이저 파장을 사용하고 있으므로 $\sigma = 0$ 으로 생각해도 좋다.

미라이더의 수신광강도(受信光强度) $P(R)$ 에서 정량적인 해석을 행하고, $\beta_1(R)$ 또는 $\alpha_1(R)$ 을 구하는 것으로 입자의 공간분포를 알 수가 있다. 그러나 식 (16.1), (16.2) 에서 분명하듯이 α_1과 β_1은 불가분의 형태로 $P(R)$ 에 관계되어 있고, 또 시스템 상수 K 의 정밀도가 좋은 결정이 반드시 필요하지만은 사정에서 정량적(定量的)인 해석(解析)은 쉽지 않다. 에어러솔 분포 구조 등의 정성적(定性的)인 해석(解釋)을 위해서는 미라이더 신호에 단순히 거리자승(R^2)의 보정(補正)을 하는 것만으로도 충분하고, 이때 지수함수로 나타내는 대기투과율(大氣透過率)의 항, 레이저 출력의 변동을 포함하는 시스템 상수의 항(項) 등은 무시된다.

한편, 식 (16.2) 로 표현되는 감쇠(減衰)의 효과가 무시될 수 있을 정도로 작을 경우, 예를 들면 성층권 에어러솔의 고도분포의 측정과 같은 경우에는 α_1에 관한 항은 무시 할 수 있다. 더욱이 시스템 상수 K 의 결정의 대용(代用)으로써 미리 알고 있는 공기분자 프로파일을 원천으로 하여 신호의 교정(校正, 메칭법)이 가능하고, 식 (16.1) 에서 $\beta(R)$ 을 산출할 수가 있다.

더욱이 최근 라이더 신호의 정량적(定量的)인 해석에 대해서의 논의가 활발하게 되어 소산계수(消散係數), 후방산란계수(後方散亂係數)의 분포를 절대치로 구하는 궁리를 하게 되었다. 이것에 의해 시기가 다른 관측 자료의 비교, 에어러솔의 광학적인 성질(대기의 광학적 두께, 산란계수), 대기방사에의 영향 등에 대해서의 논의가 가능하게 되었다. 또 다파장(多波長)을 이용한 미라이더의 관측에서 에어러솔의 타입의 식별을 하는 시도도 현실적인 것이 되어 왔다. 이것을 에어러솔에 의한 레이저광의 감쇠(減衰)가 무시할 수 없게 된 광역(廣域)의 관측자료의 해석을 하는 데에도 또 중요한 진전이었다.

이때 공기분자수 밀도의 분포를 주어질 필요가 있다. 또 경계조건(境界條件) $\alpha_1(R_0)$를 별도로 주어질 필요가 있다. 고층의 대기를 관측대상으로 하는 경우에는 공기분자만이 존재하는 고도층(高度層)을 가정해서 $\alpha_1 = 0$으로 놓을 수 있다(매칭법). 혹은 경계조건을 주어지는 대신에 어떤 거리범위에서의 광학적 두께나 투과기구탑재의 입자입경(粒子粒徑) 분포 측정기의 자료에 기인해서 만든 이론 계산치이다. 대규모의 화산분화(로마자로 약기) 후에, S_1의 값은 감소하는 경향이 보인다.

율(率)의 정보를 독립적으로 부여해서 푸는 일도 가능하다. S_1 의 값은 측정대상에 따라 다르고, 각종 관측실험이나 이론계산에 의해 그들의 값이 추정되어 왔다. 예로써 그림 16.1, 그림 16.2 에 성층권 에어러솔, 대류권 에어러솔의 S_1 추정치(推定値)를 나타낸다.

공기분자의 산란현상은 레일리산란 이론에서 기술되고, $\beta_2(R)$과 $\alpha_2(R)$의 사이에는

$$S_2 = \frac{\alpha_2(R)}{\beta_2(R)} \tag{16.3}$$

의 관계가 있다. 이것과 같이 $\beta_1(R)$ 과 $\alpha_1(R)$의 사이에도 다음과 같인 관계식

$$S_1 = \frac{\alpha_1(R)}{\beta_1(R)} \tag{16.4}$$

를 가정하면, 식 (16.1)~(16.2) 는 변형되어 해석적으로 풀려서 $\alpha_1(R)$이 다음 식과 같이 측정신호(測定信号) $P(R)$과 산란 파라미터 S_1 에서 계산된다.

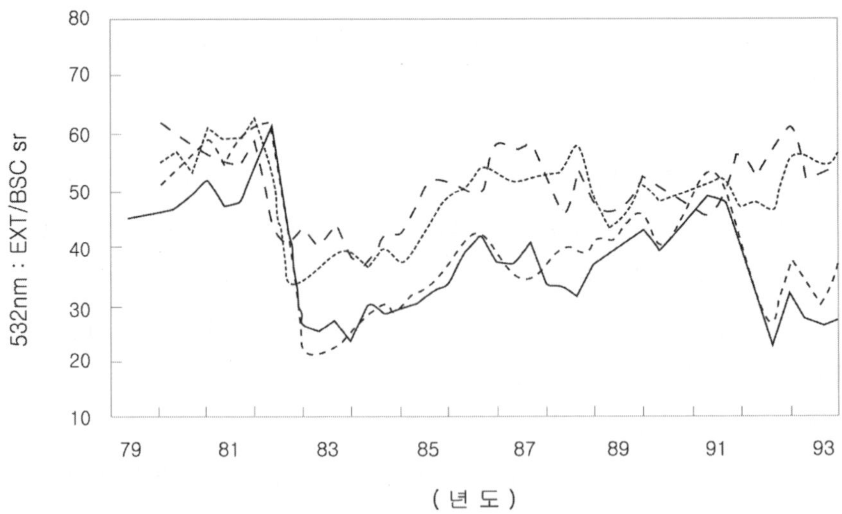

그림 16.1. 성층권 에어러솔에 대한 S_1 의 값(파장 532 nm)의 변화

종축(縱軸, 세로축)은 $S_1(=\alpha_1/\beta_1)$을, 횡축(橫軸, 가로축)은 년도를 나타낸다.

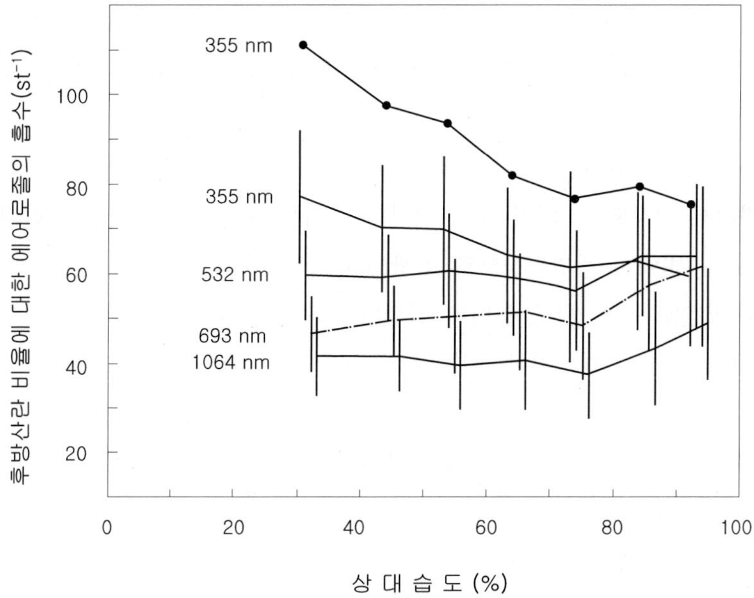

그림 16.2. 대류권 에어러솔에 대한 S_1 값의 상대습도와의 관계

지상 부근에서 탁도계(濁度計, 네펠로미터, nephelometer : 미소입자군에 의한 산란광의 각도분포 측정)로 측정된 대기저층(大氣低層)의 에어러솔에 관한 입경(粒徑)분포와 복소굴절률(複素屈折率)의 자료에 기인한 일론 계산치이다.

$$\alpha_1 = \frac{S_1}{S_2}\alpha_2(R) + \frac{P(R)R^2\exp[2(\frac{S_1}{S_2}-1)\int_R^{R_0}\alpha_2(r)dr]}{\frac{P(R)R_0^2}{\alpha_1(R_0)+\frac{S_1}{S_2}\alpha_0(R_0)} + 2\int_R^{R_0}P(r)r^2\exp[2(\frac{S_1}{S_2}-1)\int_r^{R_0}\alpha_2(r')dr']dr} \tag{16.5}$$

미라이더의 경우, 단일 파장을 이용한 측정만이 아니고 복수의 파장을 이용한 측정에서 입자의 입경분포(粒徑分布)에 관한 정보를 얻는 일이나 편광해소도(偏光解消度)의 측정에서 입자의 비구형성(非球形性)의 정보를 추출(抽出)하는 것 등도 시험하고 있다.

16.3. 장치의 원리와 개요

미라이더는 극히 간단한 원리(原理)에 근거하고 있고, 라이더 시스템은 레이저 발진부(發振部), 송신광학계(送信光學系), 수신광학계(受信光學系), 자료처리계(資料處理系)로 구성된다. 그림 16.3에 미라이더의 기분구성을 모식적으로 묘사하고 있다. 이것은 전천후형(全天候型)으로 하기 위해서 천정에 창이 달린 컨테이너(container)에 수납한 형태를 하고 있다.

레이저 발진기(發振器)에서 출력된 레이저광은 송신용 망원경으로 빔퍼짐이 조절되어 천정방향을 향해서 발사된다. 대기 중의 입자나 공기를 구성하는 분자로 산란된 레이저광 중 후방을 산란된 빛이 수광망원경으로 집광(集光)된다. 이때 사출(射出)된 레이저광만이 아니고 천공광(天空光, 背景光)도 동시에 집광된다. 수광망원경의 후방에 놓여진 시야조리개, 결합광학계(結合光學系)를 거처, 이들의 집광(集光)된 빛은 필터를 통해서 검출기(檢出器)로 보내진다. 이 그림에서는 고감도(高感度), 저감도(低感度)의 2조의 검출기(檢出器)가 그려져 있다. 필터는 배경광(背景光)의 제거를 목적으로 하고 있다. 검출부의 출력은 컴퓨터로 제어(制御)된 디지타이저(digitizer, transit recorder), 적산기(積算器) 등으로 이루어지는 처리부(處理部)로 보내진다.

미라이더의 측정방향을 공간적으로 쓸어들여 3차원적인 측정을 행하는 경우에는 레이저빔 방향과 수광광학계 주축을 동시에 같은 방향으로 회전시키기 위한 광학계의 궁리가 필요하다. 그러기 위해서 망원경 경통(鏡筒)에 레이저 발진기를 부착하는 방법, 방위각 방향의 회전축의 주위에는 망원경의 가대(架臺)와 같이 회전시켜 고도 각 방향에는 거울이나 프리즘 등으로 송광(送光 : 빛을 보냄)하는 방법, 방위각・고도 각 방향과 함께 거울이나 프리즘으로 회전시키는 방법 등이 실현되고 있다.

미라이더의 관측성능은 대상의 산란의 크기, 광로(光路) 중에서의 광감쇠(光減衰)의 크

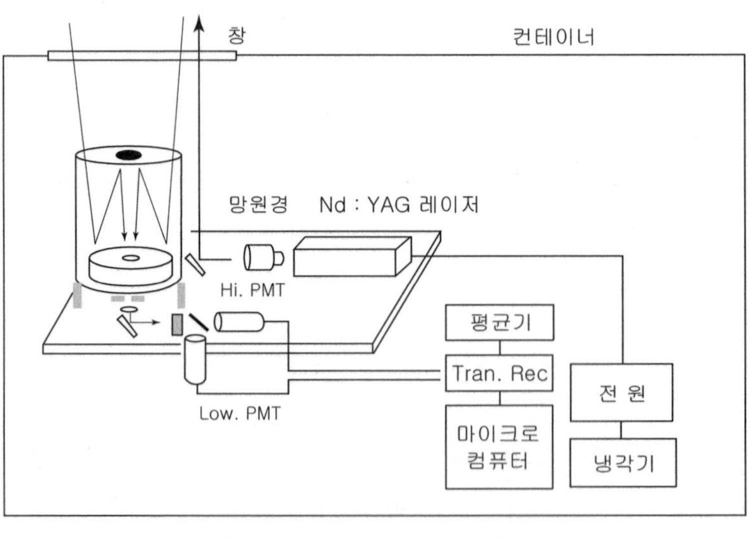

그림 16.3. 미라이더의 기본구성

기에 의존하는 외에 레이저 광출력, 수광계(受光系)·수신계(受信系) 효율로 규정된다. 또 배경광이 큰 경우에는 배경광과 레이저 수신광의 강도비(强度比)가 신호 대 잡음비에 영향을 미친다. 간단화해서 생각하면, 미라이더의 성능〔신호대 잡음비(信號對 雜音比)〕은 수신광 강도를 광전자의 수로 환산해서 다음 식으로 계산된다. 단, 배경광 신호의 크기는 정밀도 좋게 구해지는 것으로 생각하고 있다.

$$\frac{S}{N} = \frac{\sqrt{M}\ n_s}{\sqrt{n_s + n_d}} \tag{16.6}$$

$$n_s = \frac{\eta}{h\,\nu} \times \frac{KP_0LA_r\,Y(R)\,\beta(R)[\,T(R)]^{\nu}}{R^2} \tag{16.7}$$

$$n_b = \frac{\eta}{h\,\nu} \times KN_\lambda \times \frac{2\,L}{c} \times \Delta\lambda\ \Omega A_r \tag{16.8}$$

여기서 M 은 적산펄스수(積算펄스數), η 는 수광계의 광전자증배관의 양자효율(量子效率), h 는 플랭크의 상수(Planck's constant), ν 는 레이저의 발진파수(發振波數), N_λ 는 배경광 휘도(輝度), c 는 광속(光速), $\Delta\lambda$ 는 수광계(受光系) 필터의 밴드폭(幅), Ω 는 수신입체각(受信立体角)이다.

표 16.1에 하나의 예로써 일본의 국립환경연구소에서 제작한 미라이더의 사양(仕樣)을 나타낸다. 또 이 장치에서 기대되는 신호(信號) 대(對) 잡음비(雜音比)의 고도 의존성의 이론치를 실측 자료에 근거하는 평가치와 함께 그림 16.4에 나타낸다. 여기서 이론치는 공기분자만이 존재한다고 가정해서 야간(夜間, 밤)의 (배경광이 없는) 조건에서 구했다. 이것으로부터 알 수 있듯이 출력 50 mJ 정도, 반복 10 Hz 정도의 YAG 레이저의 제 2 고주파를 이용하고, 35 cm의 직경의 수광망원경을 사용하면 고도분해능(高度分解能) 10 cm 정도, 시간분해능(時間分解能) 300 초 정도로, 대략 20 km 정도까지의 공기분자분포의 측정이 가능하다. 측정대상이 구름〔雲〕이나 에어러솔 등과 같이 산란효과가 더욱 큰 것이라면 측정고도분해능이나 시간분해능을 높이는 일도, 측정 고도를 더욱 높이는 것도 가능하다. 단, 저층(低層)에 두꺼운 구름이 있을 경우에는 레이저광은 상층(上層)까지 투과하지 않기 때문에 상층의 측정은 안 된다. 또 주간(晝間, 낮)은 배경광이 잡음이 되기 때문에 측정성능은 저하한다. 배경광의 제거를 위해서 레이저 빔퍼짐을 작게 하고 수광망원경의 수신입체각(受信立体角)을 작게 한다. 필터의 밴드폭을 좁게 하는 등의 궁리를 하고 있다.

이론적으로도 기술적으로도 어느 정도 레이저출력을 높게 하고, 레이저 발진주파수(發振

표 16.1. 대류권 측정용 미라이더의 사양

송신 레이저	Nd : YAG 레이저
파 장	532 nm
출력 에너지	50 mJ/펄스
발진 반복	10 Hz
수신망원경	카세그레인 형 반사망원경, 직경 35 cm
광 검출기	광전자증배관
검출방식	AD 변환
샘플 폭	7.5 m

周波數)를 높여, 더욱 수광망원경의 직경을 크게 함으로써 측정성능(測定性能, 신호 대 잡음비)을 높일 수가 있다. 이것에 의해 측정대상 고도의 확대, 고도분해능, 시간분해능의 고도화(高度化)를 꾀할 수가 있다. 그러나 이 일은 앞에서 언급한 정량적인 해석에 있어서 불확정성의 문제의 해결에는 연결되지 않는다.

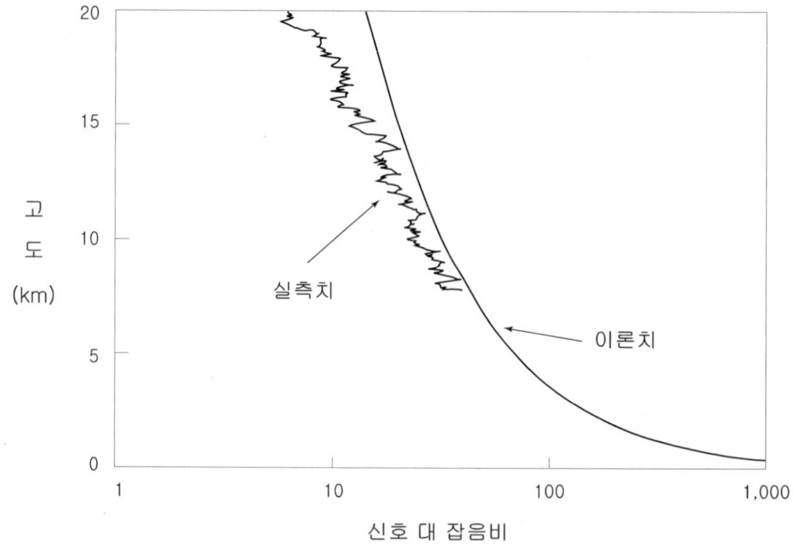

그림 16.4. 미라이더의 신호 대 잡음비의 계산과 실측자료에 근거한 평가치의 예

이론치는 공기분자만으로 이루어지는 대기를 가정해서 계산했다. 실측자료는 3,000 펄스의 적산 신호에 대해서, 고도방향으로 350 m 의 폭 속에서의 변동성분의 표준편차를 구해, 평균치와의 비로 신호 대 잡음비로 했다.

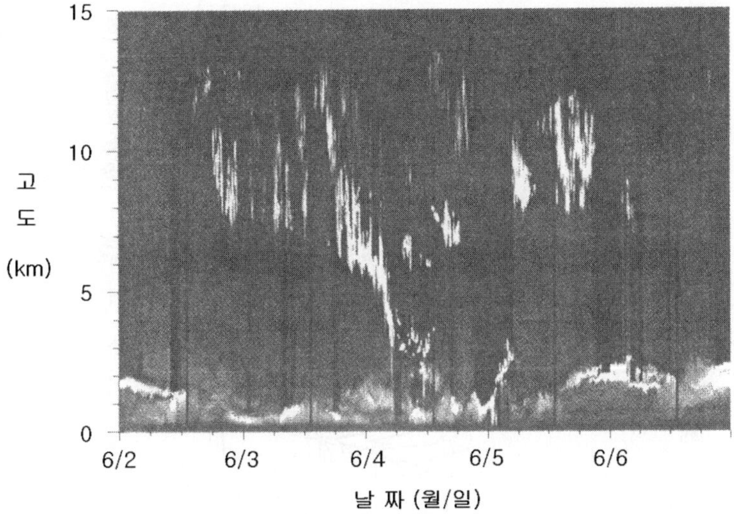

그림 16.5. 미라이더에 의한 대류권 중의 구름, 에어러솔의 연속관측의 예
종축(縱軸, 세로)은 고도, 횡축(橫軸, 가로)은 관측일을 잡고, 거리자승보정을 한 라이더 신호를 농담(濃淡)으로 표시했다. 하얀 쪽이 신호강도가 강하고, 구름・에어러솔 농도가 높은 것을 나타내고 있다.

16.4. 관측 예

측정 예로서는 대류권의 에어러솔, 구름의 연속관측의 결과를 그림 16.5 에 나타낸다. 이것은 표 16.1 에서 소개한 소형 라이더에 의한 측정에 의한 것으로 5 분간 측정, 10 분간 정지의 사이클을 연속적으로 5 일간 행한 것이다. 수신신호에 대해서 거리자승의 보정(補正)만을 해서 구한 상대적인 입자의 농도분포(濃度分布)를 나타내고 있다. 대기저층(大氣低層)의 구름, 대류권 중층 이상의 구름, 또 6 월 3 일에서 4 일 미명(未明)에 걸쳐서 전선 (前線)의 통과에 수반되는 운저(雲底) 고도의 변화 등을 볼 수가 있다.

표 16.2. 성층권 측정용 미라이더(일본기상연구소)의 사양

송신 레이저	Nd : YAG 레이저
파 장	532 nm
출력 에너지	110 mJ/펄스
발진(發振) 반복	20 Hz
수신망원경	카세그레인 형 반사망원경, 직경 80 cm
광 검출기	광전자증배관
검출방식	광자계수법(光子計數法)
샘플 폭	100 m

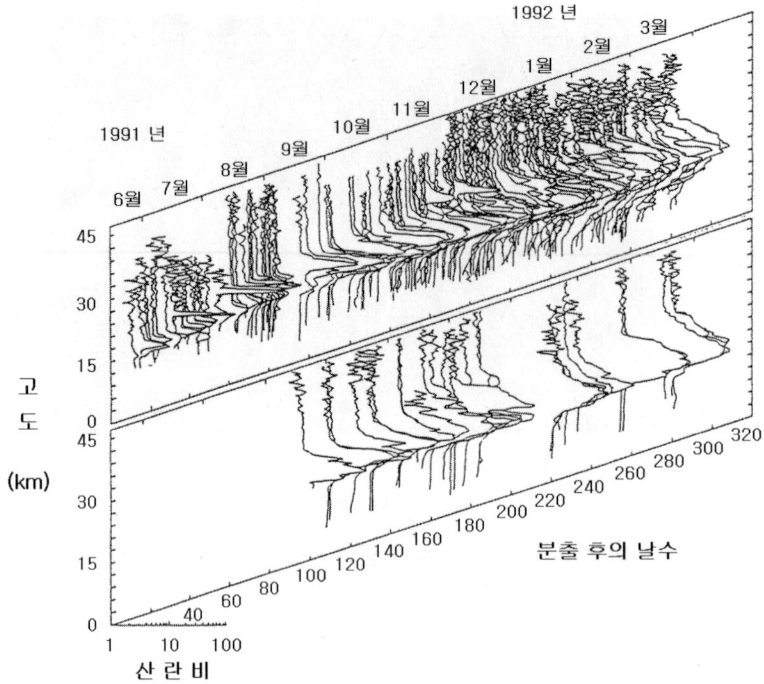

그림 16.6. 미라이더에 의한 성층권 에어러솔의 장기관측 예

상단은 온대, 하단은 열대의 관측 자료. 종축(縱軸, 세로)은 고도, 횡축(橫軸, 가로)은 1991 년 6 월 15 일부터 센 일수(日數)이다. 에어러솔에 의한 산란과 공기분자에 의한 산란의 비(比)를 또 하나의 축으로 해서 그려 있다.

그림 16.6 에는 성층권 에어러솔의 고도분포의 장기적인 변화의 관측 예를 나타내고 있다. 이것은 미라이더로 측정한 것이다. 사용한 미라이더의 주된 사양(仕樣)은 표 16.2 에 표시되어 있다. 1991 년 6 월에 대분화를 일으킨 필리핀의 피나트보 화산에 기인하는 성층권 에어러솔의 증가와 그 후의 감쇠의 과정이 훌륭하게 잡혀있다. 또한 여기서는 $S_1 = 35\sim45$ (1991 년 12 ~ 1993 년 10 월), 및 $S_1 = 50$(그 외의 기간)에 있어서 라이더 신호의 정량적인 해석이 이루어지고 있다.

16.5. 자료의 특성, 문제점 등

미라이더를 이용한 관측에서 정밀도를 결정하는 데에는 이미 말한 것과 같이 라이더 그 자체의 성능과 관측대상의 산란의 크기, 그리고 산란 대상까지의 왕복의 광로(光路)에서의 빛〔光〕의 감쇠(減衰)의 크기이다. 관측의 방해요인은 레이저광의 투과를 허용하지 않는 큰 감쇠(減衰)이다. 강우(降雨) 대상을 설정해두면 비〔雨〕 자체는 관측을 저해하는 것은 아니지만, 실용적으로는 강우대책(降雨對策)에 궁리를 할 필요가 있다.

레이저광빔과 수신망원경의 시야(視野)와의 겹침의 관계에서 근거리(近距離)에서의 신호는 전혀 수신되지 않든가, 혹은 송신 레이저광의 일부밖에 수광부(受光部)에 조달하지 않기 때문에 근거리(近距離)는 정확한 측정이 안 된다. 측정되지 않는 거리(불감거리, 不感距離) 범위는 송수신 광학계의 사양에 의해 다르다. 일반적으로 레이저 송신계의 최종부(最終部) 위치와 수신광학계 주축위치와의 간격이 클수록, 수신광학부(受信光學部)의 시야조리계의 직경이 작을수록 또 레이저광의 퍼짐이 좁을수록 불감거리(不感距離)는 커진다. 표 16.1 에 나타난 라이더 장치의 경우에는 불감거리는 약 300 m 이다.

라이더의 경우, 식 (16.1) 에서 알 수 있듯이, 수신신호는 대략적으로 말해서 거리의 자승에 역비례(逆比例)해서 작아지고 있고, 대기의 감쇠의 효과로 더욱 거리와 함께 신호는 작아진다. 그러기 때문에 수신신호의 다이나믹 레인지가 대단히 커진다. 이 일은 신호 검출계(檢出系)에 큰 다이나믹 레인지를 요구하고 있다.

또 일반적으로 사용되는 일이 많은 광전자증배관(光電子增倍管) 등의 검출기(檢出器)에서는 강한 광신호가 입사한 후에 계통적인 신호 왜곡을 발생하는 일이 있다. 이것은 그 내부에 발생한 전자가 일정의 시상수(時常數)를 가지고 검출기 내부에 머물기 때문으로 생각되고 있다. 그러기 때문에 시간과 함께 라이더 신호와 같은 큰 다이나믹 레인지를 갖고, 빨리 감쇠하는 신호에 대해서는 계통적인 왜곡의 대책이 필요하다.

다이나믹 레인지가 커지는 것을 억제하는 수단으로써 앞서 언급한 불감거리를 의도적으로 크게 잡는 방법이 있을 수 있다. 또 검출기에 대한 전자적 셔터 또는 기계적인 회전셔터 등을 이용하는 일도 있다. 신호 검출계에 큰 다이나믹 레인지를 확보하기 위해서는 수신광을 큰 비율로 2 개로 나누어서 작은 쪽의 신호에 대해서는 큰 증폭률로 신호를 검출하는 등의 궁리가 이루어지고 있다.

16.6. 성능표

표 16.3 의 〔예 2〕의 경우에는 캐나다 북극역(北極域)에서 아프리카, 일본열도, 뉴질랜드에 이르는 일본을 중심으로 한 라이더 네트워크〔lidar network, 그물망, 망상조직(網狀組織)〕가 구축(構築)되고 있다. 또 NDSC(성층권 변화의 조기검출을 위한 네트워크)에 있어서 성층권 에어러솔 관측용 미라이더의 네트워크가 정비되고 있다.

표 16.3. 성능의 비교

	예 1	예 2
관측요소	대류권 대기 중의 입자 (에러러솔, 안개, 구름 등) 고도 분포	성층권 대기 중의 입자 (에어러솔 등) 고도분포
측정원리	레이저광의 산란측정	레이저광의 산란측정
관측 가능범위	지상 부근에서 고도 15 km 정도 [소인(掃引: 끌어 제거함)기능을 첨가하면 수평 15 km 정도] 측정분해능: 연직 분해능 10 km 정도	대류권계면 부근에서 고도 40 km 정도
측정분해능		연직 분해능 100 m 정도
측정정밀도	측정대상농도, 시간분해능에 의존	측정대상, 시간분해능에 의존
설치조건	가반(可搬: 운반 가능)(컨테이너 탑재)	가반(컨테이너 탑재)
사용조건	전천후형, 주야 관측가능	야간(夜間, 밤) 청천(晴天)시를 중심
비고	연구기관, 대학 등에서 사용	연구기관, 대학 등에서 다수 사용

16.7. 이후의 동향

미라이더는 라이더 계측기술(計測技術) 중에서는 가장 단순하고 더욱 구축(構築)이 용이한 것이고 안정성, 조작성, 메인터넌스(maintenance, 유지 보수 관리)의 용이함에 있어서도 우수하다. 그러기 때문에 오퍼레이셔널(operational, 조작상의, 언제든지 측정할 수 있도록 준비된 장비) 측기로서 가능성이 높고, 유지(維持)·조작(操作)에 있어서 꼭 레이저 기술 등을 필요로 하지 않는 단계에 도달하고 있다. 주된 측정대상은 구름, 에어러솔 등의 대기 방사수지(放射收支)에 관계하는 입자물질(粒子物質)의 공간분포이고, 지금부터는 대기과학 등의 분야만이 아니고, 위성(衛星)에서의 원격계측(遠隔計測)에 있어서 대기효과 보장 등의 분야에서도 활동되어 갈 것이라고 생각된다. 또 구름이나 안개의 정보추출, 시정(視程)의 측정 등에 있어서의 이용이 기대된다.

정량적인 해석에는 라만 산란라이더의 병용 등, 기술의 고도화의 여지는 남아 있다. 또 다파장(多波長) 미라이더, 편광해소도(偏光解消度) 측정용 미라이더, 다중산란정보의 이용 등에 의해 입자물질의 성상(性狀), 입경분포 등의 고차의 정보추출의 가능성이 계속 실증되고 있어, 금후의 한층 높은 연구의 진전이 기대된다.

Chapter 17

차분흡수법라이더

17.1. 소 개

차분흡수법(差分吸收法)라이더(Differential Absorption Lidar, DIAL)는 대기 중의 가스 성분의 계측(計測)수법이다. 차분흡수(差分吸收)라이더는 1960년대에 수증기(水蒸氣)의 측정방법으로 Schotland(1974)에 의해 제안된 이래, 대기오염 기체 등의 측정에 관한 많은 연구가 행해져 왔다. 또 자외역(紫外域)의 레이저를 이용한 성층권 오존의 측정수법이 1970년의 후반에 Megie 등(1977)이나 Uchino 등(1978)에 의해 개발되고, 그 후의 오존층 파괴의 문제의 심각화에 수반되어 세계적으로 이용되게 되었다. 차분흡수라이더는 그 외에 대류권의 오존이나 수증기의 측정, 대기경계층내의 NO_2, SO_2, 오존 등의 대기오염기체의 측정에 유효하다. 또 산소분자의 흡수선을 이용한 기온, 기압의 측정도 보고되고 있다.

17.2. 차분흡수법라이더의 원리

차분흡수(差分吸收)라이더는 측정대상 분자의 흡수를 받는 파장과 받지 않는 파장을 이용해서 라이더 신호를 측정한다. 그림 17.1 에 나타낸 것 같이 흡수를 받는 파장의 신호는 흡수의 분만큼 크게 감쇄하므로 이 두 개의 신호를 해석함으로써 거리(또는 고도)마다의 측정 대상 분자의 농도(濃度)가 도출된다. 차분흡수라이더에 의한 측정에서는 우선 측정 대상 분자의 흡수가 있는 것과 대기에서의 산란광이 충분한 강도로 얻어지는 것이 조건이 된다. 이것에 의해 측정가능한 분자의 종류나 측정 가능한 거리가 한정된다.

대기(大氣)에 의한 레이저광의 산란에서는 대기 중의 에어러솔에 의한 미산란과 대기구성분자에 의한 레일리산란이 있다. 이 중 에어러솔은 대기경계층 내에 많이 분포하고, 상공에서는 에어러솔이 급격히 감소한다. 30 km 보다 상공에서는 에어러솔이 거의 존재하지

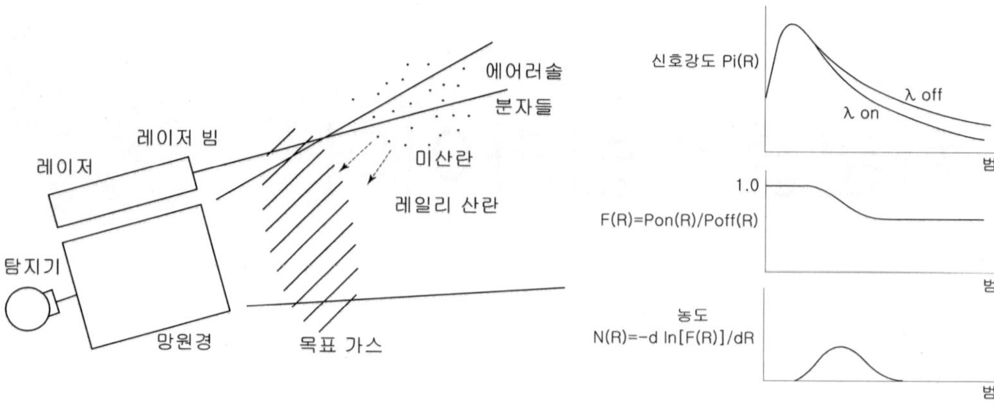

그림 17.1. 차분흡수라이더의 구성

않는다. 한편 미산란의 크기는 파장의 역수에 대략 비례하는데 대해서, 레일리산란은 파장의 4승에 역비례 한다. 그렇기 때문에 고층의 대기에서는 파장이 긴 빛의 후방산란(後方散亂)은 아주 작아진다.

성층권 오존의 측정에서는 300 nm 부근이 자외선(紫外線)의 레이저가 이용되고 있다. 이 경우 오존에 의한 적당한 크기의 흡수와 대기구성분자의 레일리산란에 의한 충분한 산란이 얻어진다. 또 오존의 고도분포 자체가 성층권에 피크〔peak, 정점(頂点)〕를 갖는 일도 있어서, 성층권 오존의 측정은 측정수법으로써의 차분흡수라이더가 가장 잘 기능을 발휘하는 예의 하나이다. 오존라이더의 장점은 고도 50 km 부근까지의 고도분포가 높은 고도분해능으로, 비교적 높은 정밀도로 얻어지는 점에 있다. 그 한편에서는 상공에 구름이 걸리는 때는 측정이 안 되기 때문에 측정 빈도나 측정시의 기상조건에 제약을 받는 결점이 있지만, 위성(衛星)센터에 의한 관측의 검증이나 존데 등의 상보적(相補的)인 이용에 있어서는 큰 역할을 다하고 있다.

대류권의 오존이나 수증기, 대기경계층 내의 대기오염 기체의 측정에 있어서도 측정원리는 같다. 대류권의 오존 측정에서는 성층권용의 장치 경우보다도 파장이 짧은 자외광(紫外光)이 이용된다. 수증기의 측정에서는 적색에서 근적외영역(近赤外領域)의 흡수선이 이용되지만, 수증기의 흡수선은 흡수선폭이 좁기 때문에 레이저의 스펙트럼폭, 스펙트럼의 순도(純度), 파장의 안정성 등에 고도의 특성이 요구된다. 또 수증기의 흡수선폭이나 중심파장의 기압의존성, 흡수계수(吸收係數)의 온도의존성 등을 고려할 필요가 있다. 대기오염 기체의 측정에 관해서는 가시(可視)의 450 nm 부근에서 NO_2, 300 nm 부근에서 SO_2, 오존이 측정 가능하다. 이 외에 측정거리는 짧지만, 더욱 파장이 짧은 자외역(紫外域)에서 NO나 톨루엔 등의 측정도 보고되고 있다. 적외영역에서도 탄산가스레이저를 이용해서 오존 등의 측정 예가 있다. 분광학적으로는 적외영역에 여러 종류의 분자의 흡수가 있어 주목되는 데, 대기의 산란계수는 파장이 길어짐에 따라서 작아지기 때문에 특히 고층대기(高層大氣)의 차분흡수라이더의 측정은 적외영역에서는 어렵다.

17.3. 장치의 구성

차분흡수라이더 장치는 레이저광원, 송신광학계, 수신망원경, 광검출계, 자료수집계 등으로 구성(構成)된다. 흡수파장과 흡수가 적은 참조파장(參照波長)을 얻기 위해서 2대의 레이저를 이용하는 경우와 레이저파장을 1대의 레이저로 교체하는 경우가 있다. 레이저파장이나 출력, 수신망원경의 구경(口徑) 등은 측정대상이나 측정고도영역에 따라 다르다. 또 광검출계에 광자계수법(光子計數法, photon counting)을 이용하든지, 아날로그・디지털 변환기를 이용할WL도 측정의 목적에 의존한다.

17.4. 오존의 측정

성층권 오존의 관측에서는 흡수파장에 고출력이 얻어지는 XeCl 에키마 레이저(308 nm)가 이용되는 경우가 많고, 참조파장(參照波長)에는 KrCl 레이저(308 nm)나 Nd : YAG레이저의 제 3 고조파(高調波) 등이 이용된다. 레이저의 출력은 수십~수백 mJ/pulse 정도이다. 수신망원경에는 구경(口徑) 1 m 정도의 것이 이용되고, 광자계수법(光子計數法)에 의해 신호가 기록된다. 흡수파장은 측정의 고도영역에 따른 최적의 값과 광원(光源)으로 이용될 수 있는 레이저의 종류, 파징, 출력 등을 감안해서 선택된나. 예를 들년 고고노(高高度 : 높은 고도)의 오존을 측정하는 경우 오존의 흡수가 너무 크면 그 고도까지 도달하는 레이저의 파워가 작아져 버린다. 역으로 흡수가 너무 적으면 차분흡수(差分吸收) 측정이 성립하지 않게 된다.

오존농도는 2 파장의 신호의 비(比)의 대수(對數)를 취해 그것을 고도방향으로 미분한다고 하는 수순으로 도출된다. 차분흡수라이더에서는 라이더의 신호의 감쇠(減衰) 항에 포함되는 측정 대상 분자의 농도를 구하기 위해서 미산란라이더 등과 비교해서 수신신호에 포함되는 오차에 주의할 필요가 있다.

오차요인(誤差要因)에는 원리적으로 불가피한 광자통계에 기인하는 샷노이즈(shot noise, 타격잡음) 외에 배경광에 의한 잡음, 암전류(暗電流)에 의한 다크카운트(dark count), 포톤카운팅(光子計數法, photon counting)의 포화(飽和)에 의한 오차, 광전자증배관의 응답에 기인하는 신호유도잡음(信号誘導雜音, signal induce noise)있다. 또 성층권 에어러솔농도가 높은 경우, 에어러솔의 산란의 파장의존성에 의해 생기는 오차도 중요하다.

샷노이즈(打擊雜音)는 신호강도에 의존하고, 고고도(高高度)일수록 오차가 커진다. 오차는 농도도출의 분해능이 높을수록 크고 고도에 따라서 분해능을 낮추는 등의 방법으로 자료처리가 행해진다. 오존라이더의 도달고도는 최대로 50 km 정도이고, 이 이상 고고도에서는 오차가 크고, 또 오존농도 자체도 적으므로 유의(有意)한 자료가 얻어지지 않는다. 성층권 오존의 관측은 통상 야간에 행해지므로 배경광 잡음은 작지만, 주간의 관측에서는 배경광 잡음이 지배적이 된다. 낮의 측정에서는 협대역(狹帶域)의 필터를 이용하는 것이 필요하다. 또 송신레이저의 파장폭도 좁게 할 필요가 있다. 다크카운트는 양호한 광전자증배관에서는 작고 통상은 문제가 되지 않는다.

포톤카운팅(光子計數法)의 포화(飽和)와 신호유도잡음(SIN)은 성층권 오존의 측정에서는 중요하다. 이들은 수신신호파형에 굽고, 오존농도에 계통적인 오차를 가져온다. 이들의 문제는 라이더 신호의 다이나믹 레인지가 대단히 크고, 즉 라이더 에코의 근거리(저고도)에서의 신호가 극히 크고, 원거리(고고도)에서의 신호가 대단히 작은 것에 기인한다. 여기서 기계적인 직교변환기(直交變換器, chopper)를 이용해서 측정에는 불요한 근거리에서의 신호를 차단하기도 하고, 저고도의 신호와 고고도의 신호를 다른 광전자증배관으로 검출하는 등의 방법이 이용된다.

에어러솔에 의해 생기는 오차는 화산분화 후에 고농도의 성층권 에어러솔이 있는 경우에는 문제가 된다. 이것에 대해서는 다음과 같은 대책이 강구되어 있다. 하나는 참조파장(參照波長)의 신호나 다른 라이더에 의한 에어러솔 분포를 구해 에어러솔의 후방산란의 파장의존성을 가정해서 오존농도 도출에 있어서 영향을 평가해서 보정(補正)하는 방법이다. 또 하나는 레일리, 미산란광에서는 없고, 라만산란광을 이용해서 차분흡수 측정을 행하는 방법이다. 후자는 라만DIAL이라고 불리고 있다. 이 방법은 산란단면적이 작은 라만산란을 이용하기 때문에 도달고도는 약 30 km 정도이다. 그러나 성층권 에어러솔의 영향을 받는 30 km까지의 범위가 이 방법으로 측정 가능하므로 보통의 차분흡수법라이더와 조합해서 하부성층권에서 50 km까지를 측정할 수 있다. 실제 라만DIAL은 오존라이더에 라만산란수신용의 채널을 증설함으로써 용이하게 실현할 수 있다. 또한 라만DIAL에 의해서도 에어러솔의 소산의 파장의존성의 영향은 남지만, 이 효과는 오존농도로 환산해서 많아도 1% 정도로 견적된다.

대류권의 오존의 측정에서는 성층권용의 장치의 경우보다도 짧은 파장, 즉 오존의 흡수가 큰 파장이 이용된다. 대류권에서는 에어러솔의 산란이 크기 때문에 에어러솔의 영향을 받기 어렵도록 파장이 짧은 레이저 파장의 조합이 이용된다. 그러기 때문에 Nd : YAG레이저로 여기(勵起)한 색소(色素)레이저의 제 2 고주파나 Nd : YAG레이저의 제 2 고주파의 수소와 중수소(重水素)의 유도라만산란(각각 298 nm, 289 nm), KrF 에기시마레이저의 유도라만산란 등이 이용된다. 광검출계(光檢出系)에는 광자계수법(포톤카운팅) 또는 아날로그・디지털변환기가 이용되고 있다.

수증기의 측정용의 장치에 있어서 중요한 것은 파장 폭이 좁은 파장을 안정화한 파장가변(波長可變) 레이저광이다. 그러기 때문에 에탈론〔etalon, 페브리-페로 간섭계, Fabry-Perot interferometer, 다광선간섭계(多光線干涉計) : 고분해능의 간섭분광기(干涉分光器)로서 이용된다〕 등으로 협대역(狹帶域)화한 Nd : YAG레이저 여기색소(勵起色素) 레이저나 티탄(티타늄, titanium, Ti) 사파이어〔sapphire, 강옥(鋼玉, corundum)〕 레이저 등이 이용된다. 반도체(半導體) 레이저 따위를 시드광(seed light, 種子光)으로 한 인젝션 씨딩〔injection seeding, 주입살포(注入撒布)〕기술의 개발도 행해지고 있다.

대기경계층 내의 NO_2, SO_2, 오존측정용의 차분흡수라이더에서는 광원으로써 Nd : YAG 레이저 여기색소(勵起色素)레이저나 티탄 사파이어레이저 등이 이용된다. 최근 플래시(flash, 섬광 장치)램프 여기(勵起)의 티탄 사파이어 레이저나 YAG 레이저 여기(勵起)의 광파라메트릭〔parametric, 매개변수적(媒介變數的) 발진기(發振器)〕를 이용한 장치도 개발되고 있다.

17.5. 관측 예

차분흡수법(差分吸收法)라이더에 의한 성층권 오존의 관측은 오존층 파괴의 문제가 심각하게 인식하게 된 1980 년대의 후반에서 세계적으로 전개되었다. 현재 캐나다의 북극권, 유럽, 미국, 일본, 뉴질랜드, 남극 등에서 관측이 행하여지고 있다.

성층권・대류권 오존 측정용의 차분흡수법라이더의 수신신호의 예를 그림 17.2 에 나타낸다. 이것은 오존레이더로 측정한 예로 파장별의 신호강도(信號强度)〔시간게이트(gate : 통제 신호가 특정 조건을 충족시켰을 때만 신호를 통하게 하는 회로)당의 광자수(光子數)〕를 고도의 함수로써 표시하고 있다.

그림 17.3 은 고고도(高高度) 시스템의 308 nm와 351 nm의 파장의 신호의 조합에서 구한 오존의 고도분포이다. 그림 중에 통계적인 오차를 나타내고 있다. 이 측정 예에서는 고도 15 km 이하의 신호는 직교변환기(直交變換器, chopper)로 차단하고 있기 때문에 얻어져

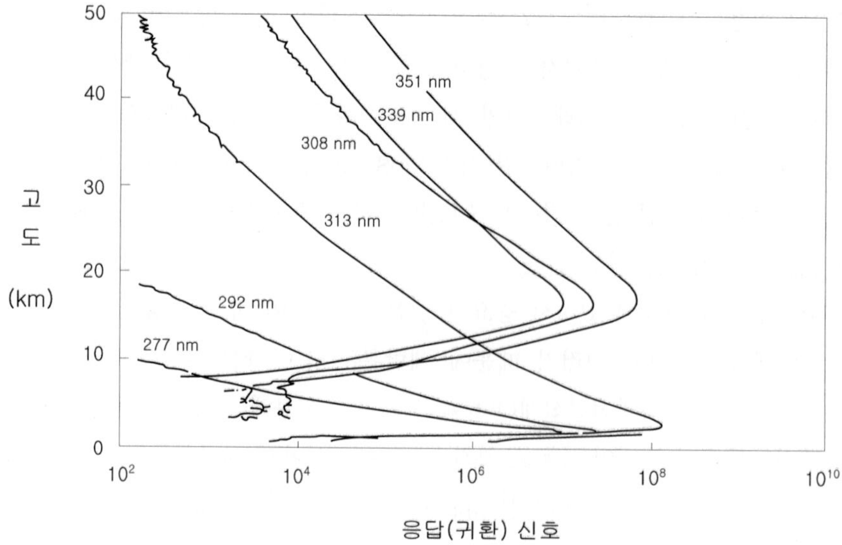

그림 17.2. 성층권 오존 측정용 차분흡수라이더의 수신신호의 예

게이트당의 광자수를 고도의 함수로써 표시하고 있다.

있지 않다. 이제까지 존대나 위성센터 SAGE II와의 비교를 해서 계통적인 오차가 보이지 않는 것을 확인하고 있다.

세계적으로도 NDSC 등의 프로그램 중에서 라이더 상호, 또는 다른 측기(測器)와 사이에

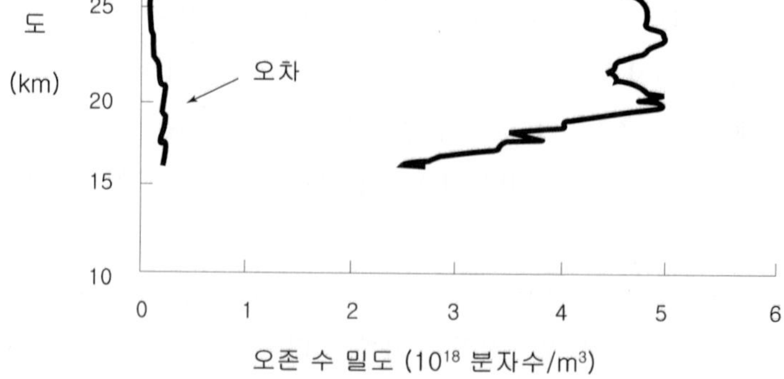

그림 17.3. 차분흡수라이더로 측정된 성층권 오존의 고도분포와 측정오차

비교검증이 행해지고 있다. 측기의 성능 표에서는 미국 캘리포니아 공과대학 제트추진연구소(JPL)와 미국 항공우주국의 고더드 스페이스 플라이트 센터(NASA/GSFC, National Aeronautics and Space Administration, Goddard Space Flight Center)의 라이더의 평가 결과를 참고했다. 단, 이것은 성층권 에어러솔의 작은 상황에 있어서의 결과이다. 차분흡수법라이더의 오차에 대해서 Steinbrecht 들(1995) 등에서 고찰되어 있지만, 고농도의 성층권 에어러솔이 있는 경우는 전항에서 언급한 라만DIAL이 유효한 것으로 되어 있다.

대류권 오존은 미국 해양대기국(NOAA, National Oceanic Atmospheric Administration)이나 오스트레일리아(Australia, 濠洲, 豪州) 등에서 관측이 행해지고 있다. 수증기에 대해서는 지상관측의 보고가 옛날부터 있지만, 항공기탑재 라이더에 의한 관측에 눈부신 것이 있다. 성층권, 대류권의 오존에 대해서도 같은 항공기탑재 라이더에 의해 큰 성과가 얻어지고 있다.

대기오염 기체의 측정에 대해서는 특히 영국이나 스웨덴, 독일 등 유럽에서 왕성히 행해지고 있다. 독일에서는 NO_2, SO_2, 오존 등의 측정을 위해서 차재형(車載型), 또는 고정형(固定型)의 장치가 제품화되고 있다. 일본에서도 광파라메트릭(parametric, 매개변수의) 발진기(發振器)를 광원(光源)으로 하는 장치가 제작되고 있다.

Chapter 18

공명산란라이더

18.1. 소 개

라이더의 송신레이저의 파장을 대기 중에 부유하는 원자・분자 특유의 공명파장(共鳴波長)에 동조(同調)함으로써 송신광과 같은 파장으로 강한 공명산란 에코를 수신할 수가 있다. 이 산란현상을 이용한 라이더를 공면산란라이더(共鳴散亂라이더, resonance scattering lidar)라고 부른다. 공명산란은 동파장의 레일리산란에 비교해 10자리 이상이나 산란단면적(散亂斷面積)이 크고, 저농도의 산란체이라도 강력한 산란광을 발한다. 그러기 때문에 레일리산란라이더보다 고고도(高高度)의 관측이 비교적 소형의 라이더 시스템을 이용하는 것이 가능하다. 단 충돌 등에 의한 여기(勵起)에너지가 상실되는 소광(消光, Quenching)을 무시할 수 없는 하층대기 중에 있어서는 산란효과가 극히 저하되기 때문에 이용되는 일이 적다.

영국의 Bowman et al.(1969)이 처음으로 공명산란(共鳴散亂)라이더를 이용해서 중간권계면 영역(고도 80~110 km)의 금속 나트륨(Na : Natrium, 소듐 Sodium) 원자층의 농도분포의 관측에 성공한 이래, 많은 연구자들에 의해 중간권계면 영역의 Na층의 관측이 행해져 왔다. 특히 브라질의 Clemesha 들은 15년 이상에 걸쳐서 남반구에 있어서 Na층의 장기관측을 했고, 또 일리노이 대학의 Gardner를 중심으로 하는 그룹은 대형의 Na라이더에 의한 정밀도 좋은 관측결과를 이용해서 Na층의 파상구조(波狀構造)에서 중간권계면 영역의 대기중력파(大氣重力波)의 해석을 했다. 더욱이 그들은 항공기탑재형의 Na라이더에 의한 적도영역 및 극영역의 Na층의 수평구조의 관측도 했다.

한편 프랑스의 그룹에서는 Na 이외의 금속원소인 K, Li, Ca, Ca 이온, Fe 등의 중간권계면 금속원자층의 관측에도 성공했다. 그 외의 그룹도 계속해서 이들의 금속원자의 동시관측, 다른 관측장치와의 비교관측도 해 왔다. 또 최근에서는 콜로라도주립대학의 *She*를 중심으로 한 그룹은 Na층에서의 공명산란파장의 도플러효과를 이용해서 Na층 고도의 기온과 바람의 정밀도 좋은 관측수법을 개발하고, 공명산란라이더의 응용분야를 크게 넓혔다.

일본에서도 초기단계에서 공명산란라이더의 개발이 행해져 왔다. Nomura et al.(1987)는 남극 쇼와(昭和)기지에 있어서 중간권계면 영역의 Na 원자층의 관측에 성공하고 있다. 최근에는 Nagasawa and Abo (1995)에 의해 일본상공의 중간권계면 영역의 Na 원자층의 장기관측이 행하여졌고, Sporadic〔산재(散在) : 때때로 일어나는 Na 층이라 불리는 돌발적으로 발생하는 스파이크 상(spike 狀)의 Na 층의 관측도 행하여지고 있다.

18.2. Na 원자층의 관측

공명산란라이더의 송신부의 레이저에 요구되는 요건은 파장동조성(波長同調性)이다. 레이저 개발의 초기의 단계에 있어서 넓은 파장역(波長域)을 커버(포함)하는 고출력레이저는 색소(色素)레이저매질로 하는 색소레이저는 가시파장전역에 있어서 레이저 발진의 이득을 갖지만, 특히 파장 550~600 nm에 있어서 Rhodamine 계의 색소를 이용함으로써 큰 출력과 안정된 특성이 얻어진다. 한편 Na 원자는 589 nm에 NaD_2 선이라고 불리는 강한 공명선(共鳴線)을 가지고 있다. 또 중간권계면 영역에는 여명(黎明, twilight, 땅거미, 황혼) 등의 관측에서 Na 원자층의 존재가 이미 알려져 있다. 따라서 중간권계면 영역의 금속원자층의 관측은 Bowman et al.(1969)에 의해 Na 원자층의 관측에서 시작된 것은 이해하기 어렵지 않다. 초기의 단계에 있어서는 플래시램프에 의해 직접 여기(勵起)된 색소(色素)레이저가 이용되었지만, 색소레이저용 플래시램프의 수명이 짧고 또 플래시램프광에 의해 열화(劣化)된 색소의 수명도 짧아, 이 타입의 색소레이저는 장시간의 연속관측에는 적당치 않았다.

그후 여기(勵起)효율이 높고 장수명이 기대되는 Nd : YAG 레이저의 제 2 고주파(파장 : 532 nm)에 의해 여기되는 색소레이저가 사용되게 되어 질이 높은 관측이 가능하게 되었다. 그림 18.1 에 대표적인 Na 원자층 관측용 라이더의 개략도(概略圖)를 나타낸다. 공명산란라이더는 다른 라이더 시스템과 크게 다른 점은 관측 중 좁은 레이저 선폭을 계속 유지하고, 관측대상이 되는 것의 공명선에 정밀도 좋게 동조(同調)하는 것이 구해지는 점이다. 표 18.1 에 한 대학의 구내에 있어서 관측에 이용되고 있는 Na 원자층 관측용 라이더의 제원(諸元)을 게재한다. 레이저의 선폭(線幅)은 Na 원자의 강한 공명선인 파장 589 nm의 NaD_2 선의 선폭정도(약 2.5 pm ; p = peta 10^{15}) 이하가 바람직하다. 이것으로부터 선폭이 넓어지면 공명산란효율이 급격히 열화(劣化)해 양호한 S/N 을 얻는 것이 어렵다.

보통 고도 90 km 부근에서의 산란은 공명산란(共鳴散亂) 이외의 에어러솔이나 대기분자

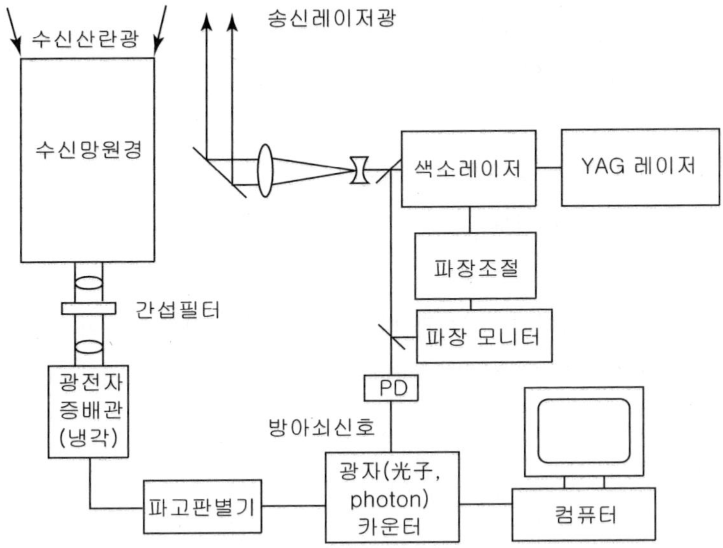

그림 18.1. 일반적인 Na 원자층 관측용라이더의 개략도

에서의 산란은 무시할 수 있기 때문에 이 영역 부근의 높이 z 에서의 공명산란라이더의 수신강도는 아래와 같이 나타낼 수가 있다.

$$P_r(z) = \frac{P_0 A \ \eta T^2 \rho_{Na}(z) \sigma_{eff}}{z^2} \tag{18.1}$$

단, P_r : 라이더의 수신강도

표 18.1. Na 원자층 관측용 공명산란라이더의 제원의 예

송 신 계	
레이저	Nd: YAG SHG 여기 색소레이저
파장	589 nm
출력	100 mJ/pulse
반복	10 pps
라인 폭	2.5 pm FWHM
펄스폭	6 ns
빔 퍼짐각	0.2 mrad

수 신 계	
수신호	60 cm ψ 카세그레인형 반사망원경
시야각	0.7 mrad
필터폭	3.5 nm(FWHM)

신 호 처 리 계	
방 식	광자계수법
거리분해능	100 m

P_0 : 송신레이저광의 출력

A : 수신경(受信鏡)의 면적

η : 효율

T : 지상에서 고도 z 까지의 투과율

ρ_{Na} : Na 원자의 개수밀도

이다. 기본적으로는 다른 라이더방정식과 다르지 않지만, 공명산란라이더에 있어서는 산란효율을 나타내는 유효산란단면적(有效散亂斷面積, effective cross section)이라고 불리는

$$\sigma_{eff} = \int g(\nu)\,\sigma(\nu, z)\,d\nu \tag{18.2}$$

로 나타내지는 양이 첨가된다. 여기서 g 는 송신레이저광의 스펙트럼 형상을 규격화한 것이다. $\sigma(v, z)$ 는 Na 의 산란단면적(散亂斷面積)이다.

그림 18.2 는 어쩐 대학의 Na 공명산란라이더로 얻은 수신에코의 생자료(生資料, 7 분간)의 예를 나타낸다. 이것으로부터 Na 원자밀도를 산출하는 데에는 에어러솔농도가 무시 가능

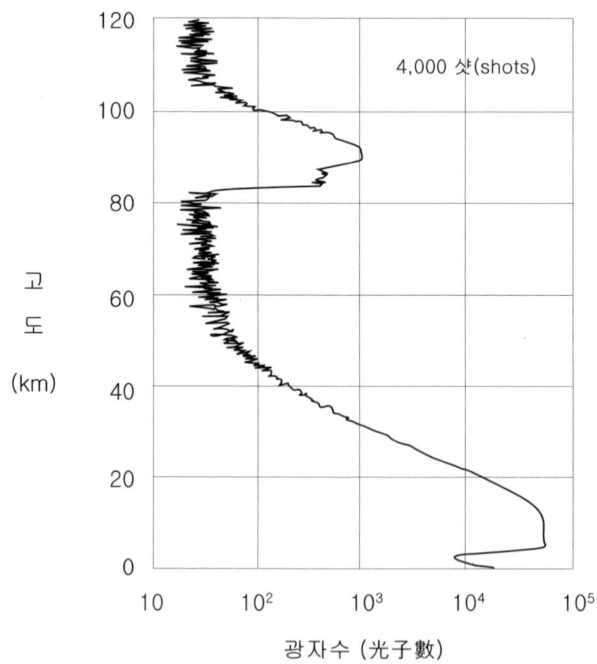

그림 18.2. Na 공명산란라이더에 의한 수신 생자료

하고, 또한 레일리산란 에코가 충분하게 얻어진 고도 z_R (통상 고도 30~35 km 부근)에 있어서의 수신신호를 이용한다. 우선 고도 z_R 에서의 수신신호 강도는 다음과 같이 표시된다.

$$P_r(z_R) = \frac{P_0 A \eta T^2 \rho_M(z_R)\sigma_M}{z_R^2} \tag{18.3}$$

단, $\rho_M(z_R)$: 높이 z_R 에 있어서의 대기분자의 개수밀도(個數密度),

σ_M : 대기분자에서의 레일리산란단면적

으로 한다. 따라서 식 (18.1), (18.3)의 비(比)를 취함으로써 z_R 에 있어서의 대기분자(大氣分子)의 개수밀도가 주어지면 Na 원자의 개수밀도 $\rho_{Na}(z)$ 는 다음과 같이 구해진다.

$$\rho_{Na}(z) = \frac{P_r(z)\rho_M(z_R)\sigma_M z^2}{P_r(z_R)\sigma_{eff}\ z_R^2} \tag{18.4}$$

그림 18.3 은 어떤 대학에서 관측한 Na 원자밀도의 관측 예이다. 일몰(日沒 : 해가 짐)

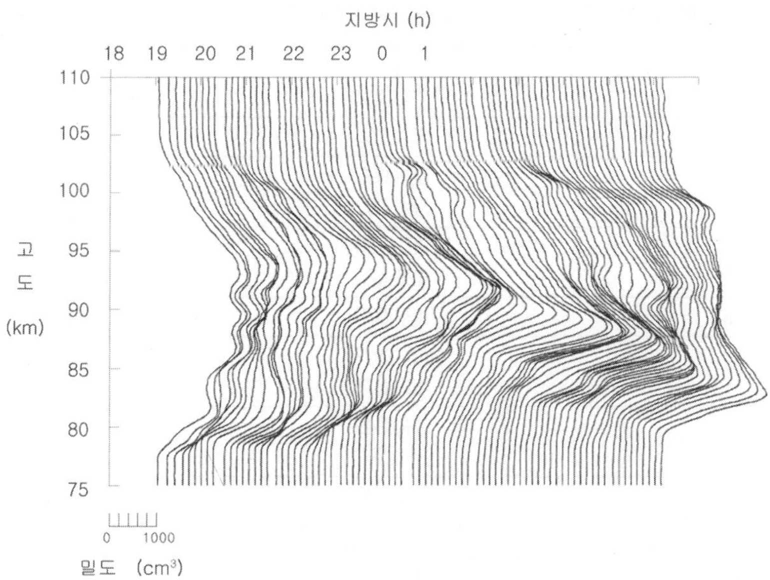

그림 18.3. 라이더 관측된 중간권계면 영역의 Na 원자밀도분포의 변동

한 대학의 구내에서 일몰에서 일출까지, 시간분해능 : 8 분, 높이분해능 : 100 m

에서 일출(日出 : 해가 뜸)까지의 8분마다의 Na 원자밀도 - 높이 상황이 표시되어 있다.

주간(晝間)의 관측은 흥미로운데, 보통 주간의 관측은 배경광이 크고 수신신호가 양호한 S/N 을 얻는 것은 곤란하다. 이제까지 주간의 Na 원자층의 관측은 Gibson and Sandford (1972)가 처음으로 페브리-페로 에탈론〔Fabry-Perot interferometer, 간섭계(干涉計), 의 etalon〕을 이용한 협대역(狹帶域) 필터에 의해 성공한 이래, Clemesha et al.(1982), Granier and Megie(1982) 이나 Kwon et al.(1987) 등에 의해 관측되어 왔는데, 정상적인 관측은 장치의 복잡성 때문에 관측 예는 많지 않다. 따라서 최근 Chen et al.(1996)은 Faraday band-pass filter 를 이용한 간단한 장치에 의해 주간의 중간권계면 영역의 Na 원자층의 관측에 성공했다. 금후 이것을 이용함으로써 주간의 관측이 정상적으로 해하여 지는 것이 기대되고 있다.

18.3. Na층 이외의 금속층의 관측

Na 원자 이외에도 표 18.2 에 게재된 것과 같이 각종의 금속원자나 이온 등이 관측대상으로 고려된다.

표 18.2. 금속원자 및 이온의 공명파장과 공명강도

금속원소 · 이온	공명파장(nm)	공명강도(gA)
칼륨(K)	766.491 769.898	1.6 0.78
리튬(Li)	670.784	1.2
나트륨(Na)	588.995 589.592	1.8 0.9
크롬(Cr)	427.480 425.435	1.5 2.0
칼슘(Ca)	422.673	1.0
망간(Mn)	403.307 403.076	0.95 1.4
칼슘이온(Ca^+)	396.847 393.367	0.45 0.95
알루미늄(Al)	394.403 308.216	0.66 2.7
철(Fe)	385.991 371.994	1.4 2.5
마그네슘(Mg)	285.213	9.4

프랑스의 Haute-Provence(오뜨-프로방스)관측소(44°N)에 있어서 Na 이외의 금속원소인 K, Li, Ca, Ca 이온, Fe 등의 관측에 계속해서 성공했다. 우선 Megie et al.(1978)은 루비레이저 여기(勵起)의 색소레이저를 이용해서 Na 원자 이외로는 처음으로 중간권계면 영역의 칼륨(K)의 원자밀도의 관측에 성공했다. 적당한 공명선(共鳴線)은 769.9 nm 와 766.5 nm에 존재하는데 766.5 nm 는 산소분자의 흡수선과 겹치기 때문에 공명강도가 약간 약한 769.9 nm 가 사용된다.

Jegou et al.(1980)은 670.8 nm 의 Li (lithium, 리튬)의 공명선으로 출력 800 mJ 의

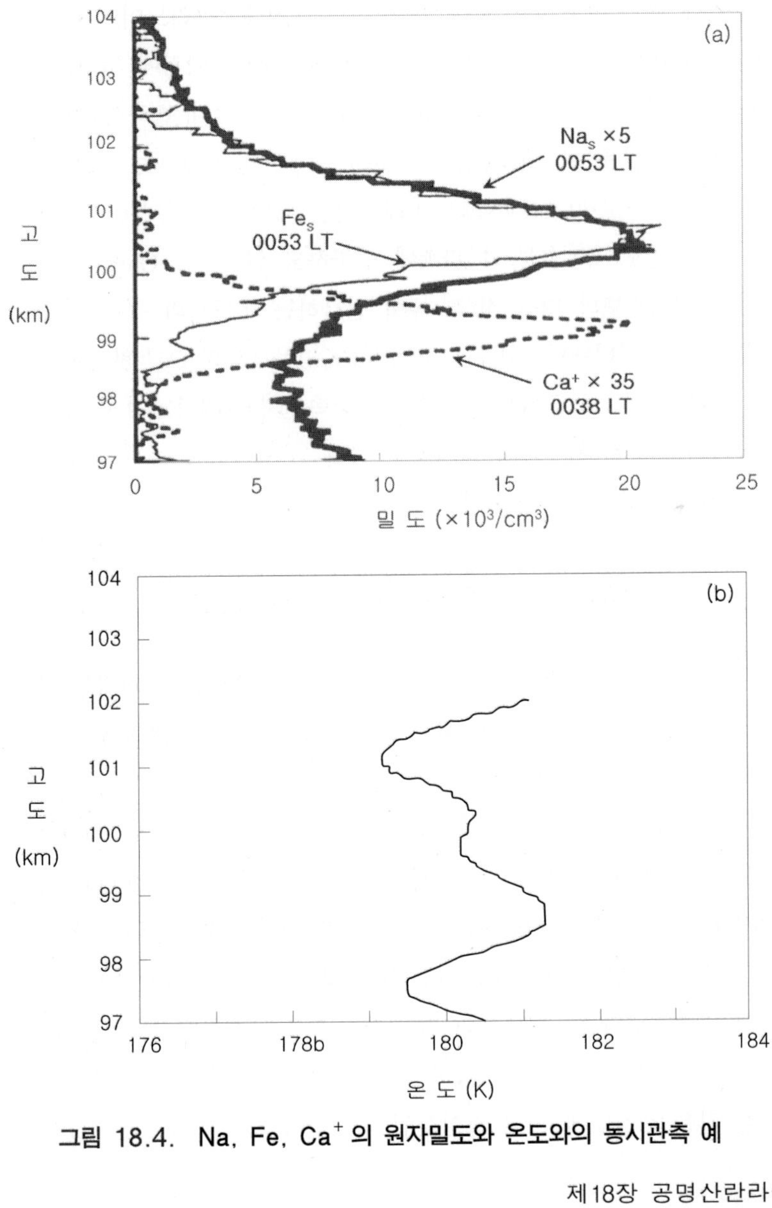

그림 18.4. Na, Fe, Ca$^+$ 의 원자밀도와 온도와의 동시관측 예

플래시램프 여기색소(勵起色素)레이저를 동조(同調)함으로써 Na의 약 1/1,000의 밀도의 Li의 관측에 성공했고, 더욱이 Li 원자와 Li 동위체(同位体)의 관측이 동시에 행해져 중간권계면 영역의 금속층의 생성론(生成論)에 일조했다. Granier et al.(1985)은 Nd : YAG 레이저의 제 3 고조파(高調波)로 여기된 색소레이저의 파장 422.7 nm에 의해 칼슘(Ca)원자밀도는, 또 Nd : YAG 레이저의 제 2 고조파에 의해 여기된 색소레이저의 624 nm와 Nd : YAG 레이저의 기본파(基本波) 1,064 nm를 혼합함으로써 파장 393.4 nm의 레이저광을 발생시켜 Ca 이온의 측정에 성공했다. 또 Granier et al.(1989)은 색소레이저의 572 nm와 Nd : YAG 레이저의 기본파 1,064 nm를 혼합함으로써 372.0 nm를 발생시켜 철(Fe)의 원자밀도의 관측에 성공했다. Bill and Gardner(1990)는 일리노이대학 구내(40°N)에서 높은 평균출력을 기대할 수 있는 에기시마레이저 여기색소레이저에 의해 같이 Fe의 원자밀도의 관측에 성공했는데 그 중에서 Granier et al.(1989)의 관측결과에 의한 Fe의 원자밀도가 5~8배 큰 것을 보고했다. Nagasawa and Abo(1994)는 색소(色素)레이저보다 취급이 용이한 파장가변고체(波長可變固体) 레이저인 티탄 사파이어(titan-sapphire)레이저를 이용해서 K 원자밀도(原子密度)의 관측에 성공하고 있다. 또 Gardner et al.(1993)은 Na, Fe, Ca^+의 원자밀도와 다음 절(節)에서 언급하는 온도와의 동시관측을 했다. 그 측정 예를 그림 18.4에 나타낸다. Alpers et al.(1996)은 Ca와 Ca^+ 원자밀도의 동시관측에 성공하고 있다. 이와 같이 최근에서는 1 종류의 금속원자의 관측만이 아니고 타 종류의 금속원자와의 동시관측을 행하는 예가 많아지고 있다.

18.4. 기온·풍속분포의 관측

NaD_2선은 그림 18.5에 나타내듯이 온도에 의한 도플러(Doppler)퍼짐을 갖는다. 이 퍼짐을 측정함으로써 Na층의 온도를 측정하는 것이 가능하다. 고도 90 km 부근에서의 대기분자와의 평균충돌회수는 10^4/s 정도인 것으로부터 Na 온도는 영역의 기온과 동일하다고 생각된다.

공명산란라이더에 의한 Na층의 온도측정에 처음으로 성공한 것은 Gibson et al.(1979)이었다. 중간권계면 영역에 성층(成層)인 Na 원자를 지상에서 협대역(狹帶域) 레이저〔레이저 선폭(線幅) ; 약 100 MHz〕에 의해 NaD_2선 스펙트럼내의 8점을 여기(勵起)하고, 수신광을 이론치에 맞춤으로써 Na 공명선의 Doppler 퍼짐을 측정해 온도측정을 했다. 따라서 측정된 영역은 Na 층의 중심부근의 평균온도 만이었다. 그 후 에기시마레이저 여기색소레이저를 이용한 같은 측정법에 의해 정상적인 온도관측을 Andoya(69.3°N)에 있어서 행한

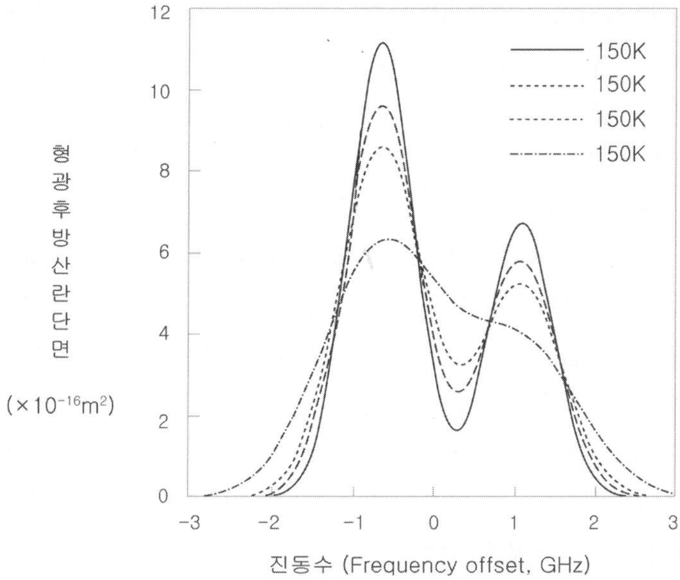

그림 18.5. NaD_2 선의 각 온도에 있어서의 스펙트럼

것은 Neuber et al.(1988)였다. 고도 85 km 에서 95 km 에 있어서 높이분해능 1 km에서 온도측정 정밀도는 ±5 K 이었다.

최근 She et al.(1990)은 보다 정밀도가 높은 온도측정법의 개발에 성공했다. She et al.(1990)의 중간권계면 영역의 Na 온도측정원리는 Bills et al.(1991)에 상세하게 언급되

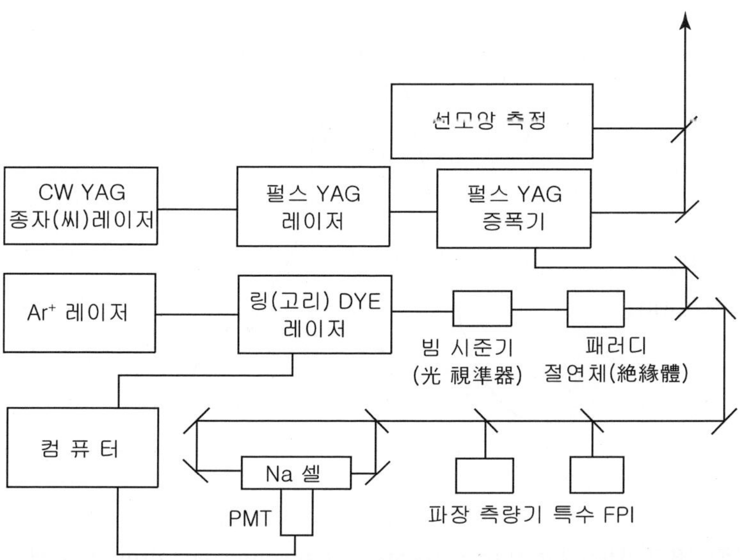

그림 18.6. 중간권계면 영역의 Na 층의 온도측정을 위한 라이더송신장치

어 있는데, Na 원자에서의 산란광의 Doppler 퍼짐을 측정하기 위해서 협대역(狹帶域) 링 색소레이저광을 Nd : YAG 레이저로 여기된 펄스색소에 주입함으로써 협대역의 증폭(增幅)된 펄스레이저광을 얻은 후, 이것을 라이더의 송신광에 이용했다. 이것으로 주파수의 지터(jitter : 텔레비전 화면이나 VTR 재생 화면이 옆으로 흔들리는 현상. VTR의 경우에는 테이프의 속도나 헤드의 회전이 고르지 못해 상대속도가 변화할 때 일어나는 시간축 오차를 의미)를 1 MHz 이하로 억제해 측정 정밀도를 높을 수가 있었다. 그들의 송신레이저시스템을 그림 18.6 에 나타낸다. 그들의 측정장치의 특징은 Na 셀 속에서의 Doppler-free saturated absorption spectroscopy 를 이용해서 라이더의 송신광을 정밀도 좋게 NaD_2 선 스펙트럼내의 최적한 2 파장에 교대로 동조하는 점이다.

그 때의 Na 증기셀에서의 형광스펙트럼을 그림 18.7 에 나타낸다. 이 스펙트럼 속에서 보이는 스파이크상의 부분을 동조위치(同調位置)로써 이용한다. 더욱이 송신레이저 스펙트럼의 형상(形狀)를 페브리-페로 에탈론〔Fabry-Perot interferometer, 간섭계(干涉計)의 etalon〕으로 모니터함으로써 보정을 해서 측정정밀도를 유지하고 있다. 거의 80 ~ 105 km 에 걸쳐서 약 5 분의 관측시간으로 높이분해능 1 km, 온도측정정밀도는 Na 층의 피크 부근에서는 ±1 K, 그 이외에서는 ±3 K 로 관측되고, 장치의 개량(改良)에 의해 더욱 정밀도를 올려오고 있다. Neuber et al.(1988)의 방법에 비교해 현격하게 조작(操作)이 용이하

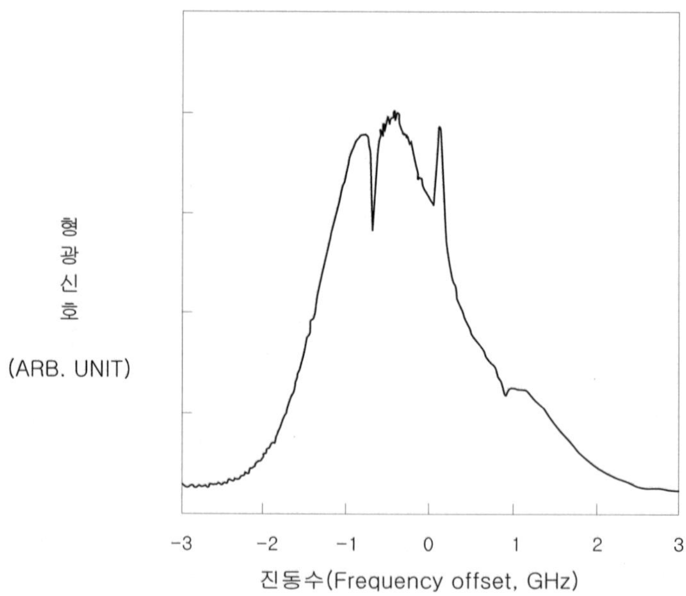

그림 18.7. Doppler-free saturated absorption spectroscopy 에서의 Na 증기셀에서의 형광스펙트럼의 측정 예

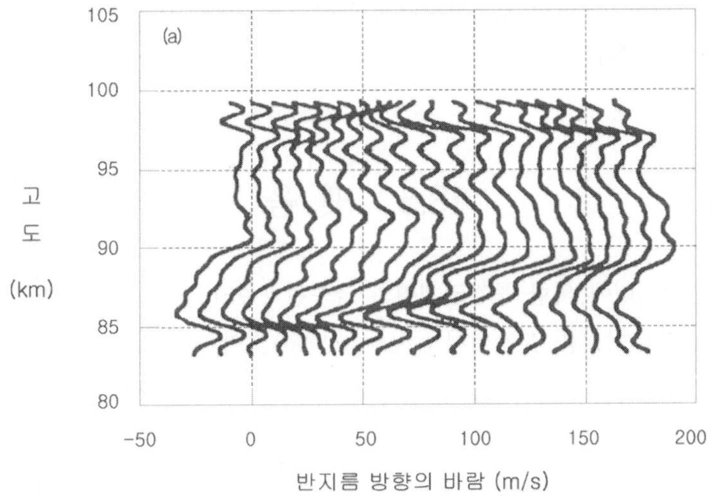

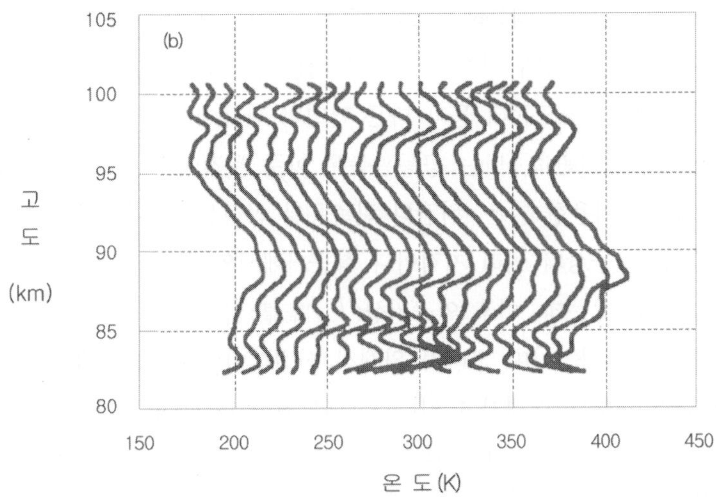

그림 18.8. 콜로라도주 Ft. Collins에 있어서의 Na공명산란라이너에 의한 온도와 바람의 관측 예(1993년 9월 21일 8.5~9.1시, UT)

(a) 동북방향으로 천장각 15°방향의 풍속의 관측, (b) 온도의 관측

게 되었다.

그들은 Na 온도의 측정장치를 발전시킴으로써 중간권계면에 있어서 풍속(風速)의 측정에도 성공했다. 그림 18.8에 온도와 바람의 측정 예를 나타낸다. 그 외 von Zahn and Hoffner (1996)는 색소레이저에 비해 메인터넌스(maintenance, 시스템이나 프로그램의 수정・보수)나 조작이 용이한 파장가변고체(波長可變固体)레이저를 이용해서 K의 온도측정에 성공하고 있다.

최근에서는 Gelbwachs(1994)에 의해 Fe의 Boltzmann factor를 이용한 새로운 공명산

란라이더에 의해 중간권계면의 온도측정법도 제안되고 있다. 이것에 의해 장치(裝置)의 소형화(小型化)가 기대된다.

18.5. 맺 음

현재 공명산란라이더에 의한 중간권계면의 금속원자층의 관측은 그 자신의 생성기원 등의 흥미도 있으면서 이것을 트레이서(trace, 追跡子)로써 대기의 운동이나 기온, 바람의 관측이 행해지고, 벨론(balloon, 氣球) 등에 의해 직접 관측이 곤란한 고도인 중간권계면에 있어서 유력한 관측수단이 되고 있다.

공명산란(共鳴散亂)라이더 관측에 있어서는 중간권계면의 측정의 중성원자(中性原子)의 밀도나 기온・바람이 높은 수직분해능으로 정밀도 좋게 관측이 가능하게 되고, 이 점이 전파레이더를 이용한 관측 등과 다른 특징이기 때문에 Nambooghiri et al.(1996) 등에서 보이듯이 MU 레이더나 이오노존데 등과 다른 단면의 관측에서의 비교가 가능하다. 따라서 그들의 관측수단과의 동시관측, 또는 공동관측은 아주 뜻깊어, 이후 각국에서 중간권계면의 금속원자나 그것을 이용한 기온, 바람의 관측용의 공명산란라이더의 건설이 예상된다.

공명산란라이더은 지구상의 여러 지점이나 항공기에서의 중간권계면의 금속원자층의 관측에 위력을 발휘하고 있는데, 이후 인공위성(人工衛星)의 탐재가 실현될 경우 그 위력(威力)은 더욱 배증될 것이다. 이미 그러기 위해서 신뢰성이 높은 전고체화(全固體化)된 Na 라이더 시스템 등의 개발도 행해지고 있다. 그 외 최근 Brinksma et al.(1997)는 에기시 마레이저를 이용한 공명산란라이더에 의해 중간권의 OH 분자의 관측에 처음으로 성공하고 있다. 이것은 종래의 금속원자・이온만으로 한정되었던 공명산란라이더에 의한 관측을 특정의 분자관측으로 넓히는 것이지만, 자외선영역에 있는 공명선을 이용하기 위해 오존에 의한 흡수를 보충하기 위해 지상에서의 관측에는 대형의 라이더 설비를 필요로 하고 있다. 또 대기과학분야 이외의 응용으로 중간권계면의 Na 층을 표적으로 한 공명산란라이더와 같은 시스템의 개발이 행해지고 있는 것에 대형 천체망원경에 이용되는 보상광학계(補償光學系)의 laser guide star를 위한 레이저시스템이 있다.

Chapter 19

라만라이더

19.1. 소 개

라이더가 발명된 직후에서부터 라만산란을 이용한 대기성분관측(大氣成分觀測, 라만라이더)가 모색되어 왔다. 그러나 사용 가능한 레이저광원이 제한되어 있는 것으로부터 이용은 극히 소수의 연구자에 한정되어 왔다. 근년 단파장역에서 사용하기 쉬운 레이저가 용이하게 입수될 수 있게 되어 라만라이더(Raman lidar)가 수증기나 온도의 관측에 널리 이용되게끔 되었다. 라만라이더는 각 분자에 고유의 진동준위분(振動準位分) 어긋난 파장으로 산란된 빛을 수신함으로써 그 분자의 분포를 구하는 장치이다. 또 거기다 회전준위(回轉準位)로 산란된 빛의 스펙트럼 형상에서 온도를 측정한다. 라만라이더는 이와 같은 파장시프트〔shift, 이동(移動)〕한 빛을 수신하기 위해 미・레일리산란(彈性散亂)을 이용한 차분흡수라이더의 관측결과의 해석으로 종종 문제가 되는 에어러솔에 의한 후방산란(後方散亂)의 영향을 무시할 수 있어 미후방산란의 보정을 요하지 않는다. 라만라이더는 장치의 구성이 레일리라이더나 미라이더와 같은 정도로 단순하다. 라만산란계수는 탄성산란(彈性散亂)에 비교해서 몇 자리 작아 그로 인해 관측상 또는 장치의 설계상 몇 가지의 주의할 점이 있고, 이들의 특징에 의해 라만라이더는 가장 사용하기 쉽고, 자료의 처리도 편한 라이더의 하나라고 말할 수 있을 것이다. 본 장에서는 가장 중요한 기상 파라미터의 하나인, 수증기 분포의 강력한 측정기(測定器)로 생각되는 진동(振動)라만산란을 이용한 라만라이더의 개요를 나타내고, 수증기의 관측 예를 소개한다.

19.2. 측정의 원리

그림 19.1 은 레일리산란, 라만산란의 각각의 과정에 있어서의 대기분자와 빛〔光〕의 상호작용의 양상을 모식적(模式的)으로 나타낸 것이다. 레일리산란이나 미산란 등의 탄성산란(彈性散亂) 과정에서의 입사광과 산란광의 파장은 동일하다. 한편 라만산란 과정에서는 진

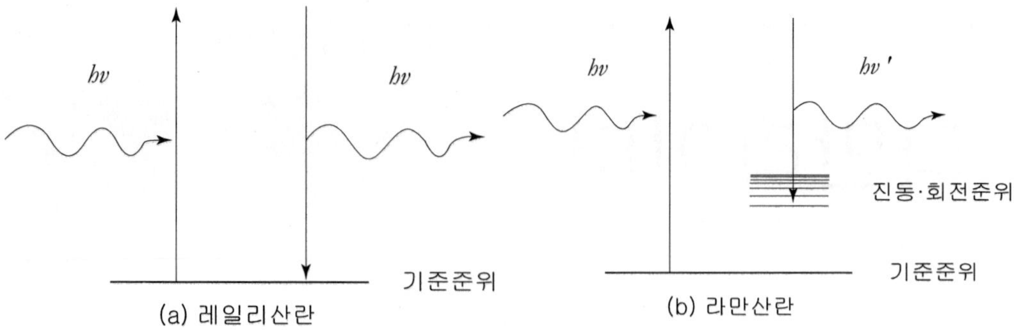

그림 19.1. 산란과정에서의 에너지 준위의 모식도

동・회전준위(回轉準位)로의 천이의 결과 파장의 이동이 생기고, 단색의 입사광에 대한 산란광 스펙트럼은 그림 19.2 와 같은 분포를 나타낸다. 라만산란에 있어서의 파장이동은 각각의 분자가 특유의 값을 갖고 있다.

그림 19.3 은 각각의 분자에 대한 주파수시프트(shift, 이동)를 나타내고 있다. 어떤 레이저광의 파장에 대해서 측정하려고 하는 분자 특유의 주파수이동(移動)한 광을 관측한다면, 그 분자에서의 라만산란광을 선택적으로 측정할 수 있는 것이 된다. 예를 들면, 물분자의 라만이동(시프트)주파수는 3,651.7 cm^{-1} 이다. Nd : YAG 레이저 제 3 고주파 355 nm

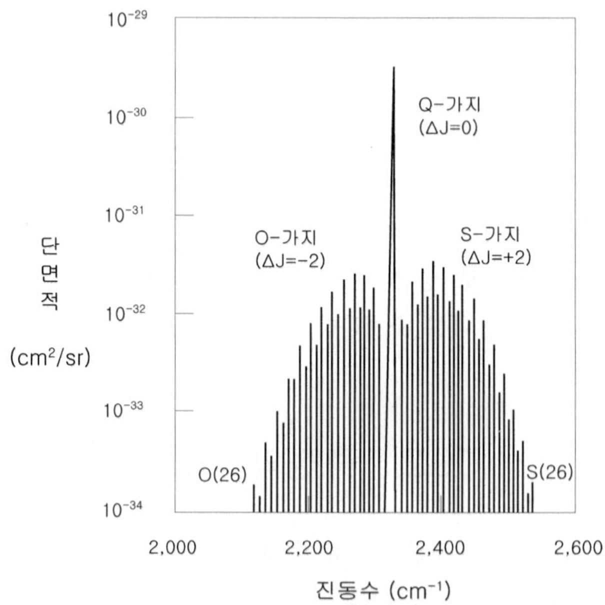

그림 19.2. 이론적 진동회전라만산란 스펙트럼 300 K 에 있어서의 질소분자의 O-, Q-, S- 분기(分岐)의 라만산란 단면적

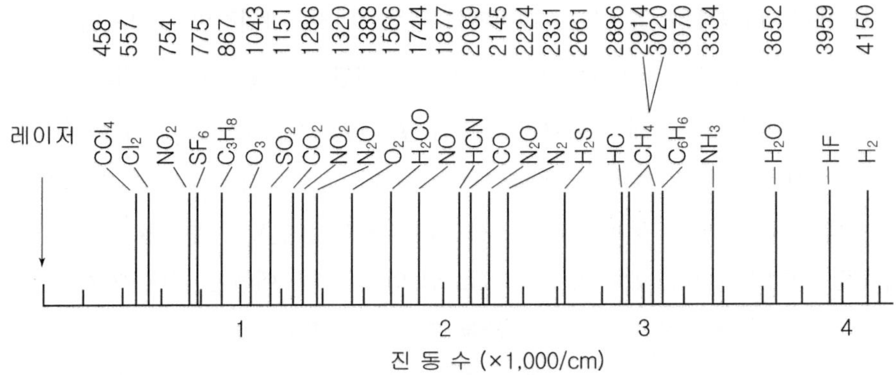

그림 19.3. 각종 분자의 라만시프트 주파수

의 빛, 물분자에 라만산란되면 라만이동의 결과 파장 407 nm가 된다. 즉 355 nm의 레이저광을 이용한 라이더에서는 407 nm로 산란광을 수신하면, 신호의 강도는 수증기의 농도에 직접 비례한 양(量)이 된다. 같이 질소(산소)분자의 라만이동(시프트) 2.330.7 cm^{-1}(1,556 cm^{-1})에 대응한 파장 386.6 nm(375.4 nm)에서는 질소(산소)분자가 관측된다. 이하 라만라이더를 이용해서 수증기와 질소(또는 산소)의 라만산란신호에서 수증기의 혼합비(混合比)를 구하는 방법을 언급한다.

고도 $z\sim\Delta z$에서의 신호 $P_i(z)$에 대한 라만라이더의 라이더 방정식은 다음과 같이 표현된다.

$$P_i(z) = K_i \frac{n_i(z)\beta_i}{z^2} \Delta z \times \exp\left[-\int_0^z \{\sigma_t(z') + \sigma_{bi}(z')\} dz'\right] \tag{19.1}$$

여기서 K_i, n_i, β, σ_i, σ_b는 비례상수(比例常數), 분자의 개수밀도(個數密度), 라만후방산란계수, 송신, 수신파장에 대한 소산계수(消散係數)를 각각 나타낸다. 하첨자(下添字) i는 각 대기분자(大氣分子)를 나타낸다. 이제 수증기를 첨자 $i=1$로 나타내면, 수증기의 혼합비는 다음과 같이 표현된다.

$$\frac{n_1}{n_{\text{air}}} = \frac{n_2}{n_{\text{air}}} \times \frac{P_1/P_2}{K_1/K_2 \times \beta_1/\beta_2} \times \exp\left[-\int_0^z \{\sigma_t(z') + \sigma_{bi}(z')\} dz'\right] \tag{19.2}$$

여기서 n_1, n_2, n_{air}는 물 분자, 질소(또는 산소)분자, 대기분자의 개수밀도(個數密

度)를 나타낸다. 비례상수 K_i 에는 레이저의 출력에너지, 망원경의 집광표면적(集光表面積), 라이더광학계 전체의 투과율(透過率), 광전자증배관의 효율(效率), 질소(또는 산소)의 혼합비 등이 포함되지만, 2개의 라만파장의 비 K_1/K_2 에서는 레이저의 출력에너지 등의 양 파장에서는 공통의 부분의 계수는 서로 상쇄된다. 식 (19.2) 중의 불명의 계수를 결정하는 데에는 각 라만이동파장에 있어서 라이더광학계 전체의 투과율과 광전자증배관을 포함하는 전기적인 효율(效率)를 알지 않으면 안 되지만, 이들은 실내실험에서 대략 결정할 수가 있다. 이와 같은 지수함수 부분을 제외하면 기지(旣知)의, 또는 실험적으로 알 수 있는 양으로 수증기의 혼합비가 얻어진다. 지수함수 부분은 소산의 파장차(波長差)에 의한 투과율의 비에 대응되지만, 대부분의 경우 이 부분은 아주 좋은 근사(近似)인 1로 생각해도 좋다. 실제의 라만라이더에서는 미・레일리산란에 의한 탄성산란(彈性散亂)도 동시에 관측하고 있는 경우가 많고, 이 투과율의 차를 정밀도 좋게 견적할 수가 있지만, 여기서는 그 상세함은 다루지 않는다. 라이더 관측자료의 구체적인 해석방법에 대하서의 기술은 참고문헌을 참조하기 바란다(Shibata et al., 1996).

19.3. 장치의 구성

라만라이더의 기본적인 구성(構成)은 앞장까지 소개된 탄성산란라이더와 같다고 생각해도 좋다. 송신레이저에는 가장 안전하고 사용하기 쉬운 Nd : YAG 레이저가 사용되는 일이 많다. 라만산란의 산란계수는 레일리산란과 같이 파장의 -4승에 비례한다. 그러기 때문에 보다 큰 신호를 얻는 짧은 파장의 레이저광을 이용하는 것이 유효하다. 단 라만라이더에서 이용하는 파장은 대기 중의 투과율이 어느 정도 유지되는 것이 필수이므로 350 nm 부근보다 긴 파장이 잘 이용된다. Nd : YAG 레이저의 제 3 고주파는 파장 355 nm 이고, 라만라이더용의 레이저파장으로서 최적이다. 일본 나고야대학(名古屋大學)에 설치된 라만라이더 장치의 모식도(模式圖)를 그림 19.4에 나타낸다. 이 라이더 시스템에서는 Nd : YAG 레이저의 3배파와 그것을 발생할 때에 동시에 출력하는 기본파(基本波, 1,064 nm), 및 제 2 고주파(532 nm)도 동시에 대기 중에 송신하고 있다. 기본파, 제 2 고주파는 미산란・레일리산란의 관측에 이용된다. 송신부는 전 장까지 소개된 레일리라이더, 미라이더와 거의 같아, 표준적인 펄스 Nd : YAG 레이저 출력을 그대로 콜리메이트(collimate : 렌즈나 광선을 평행하게 하다)해서 송신하고 있다. 근년 Nd: YAG레이저의 신뢰성은 비약적으로 높아 있어 올바르게 조정(調整)되어 있다면 소모품 교환 이외의 특별한 정비(整備) 없이 수년 이상

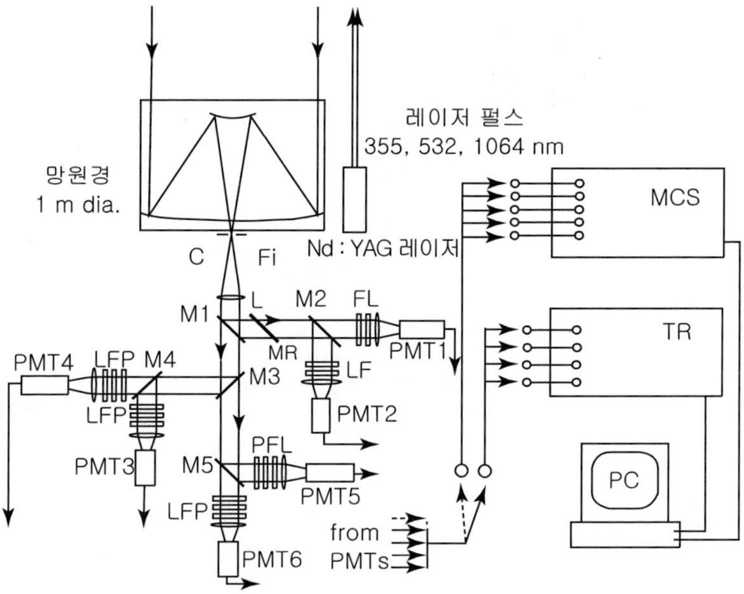

그림 19.4. 나고야대학의 라만라이더 장치의 모식도

고장 없이 작동되리라고 생각해도 좋다.

라만라이더를 구성할 때 가장 주의를 요하는 부분은 수신부로 라만시프트한 파장으로 올바르게 신호를 포착하지 않으면 안 된다. 라만산란의 산란계수는 레일리산란에 비교해서 대략 3자리 작다. 수증기의 혼합비(混合比)는 하부대류권에서 1/100의 오더(order, 자리 수, 크기)이므로 라만산란의 신호는 수증기로 5자리 이상, 질소·산소에서도 3자리 이상, 레일리산란의 신호에 비해서 작다. 대류권에서는 에어러솔, 구름, 황사(黃砂) 등의 입자성분이 부유(浮遊)하고 있고, 미산란은 레일리산란과 같은 정도이거나 다소 크다. 따라서 라만산란 신호는 탄성산란 전체의 신호에 비교하면 더욱 1자리 이상 작은 값을 갖는다. 라만라이더의 수신부분은 이 탄성산란분(彈性散亂分)의 강한 신호가 라만시프트파장의 신호에 새들어가는 것을 피하지 않으면 안 된다. Nd : YAG 레이저 제 3고조파 355 nm로 여기된 라만산란은 산소(酸素)라만 375.4 nm, 질소(窒素)라만 386.6 nm, 수증기라만 407 nm이므로, 탄성산란파장(355 nm)에서의 라만이동(移動)는 20~50 nm이다.

위 대학의 라만라이더에서는 수신하는 파장을 다음과 같이 분리하고 있다. 수신파장은 각종으로 선택이 가능하지만, 보통 질소(또는 산소)라만 386.6 nm(375.4 nm), 수증기라만(407 nm), Nd : YAG 레이저 제 2고조파 532 nm(평행, 수직편광 2성분), 동기본파(同基本波) 1,064 nm의 4파장·5성분을 동시 관측하고 있다. 구경 1 m의 망원경으로 집광한 빛을 우선 그림 19.4 중경(中鏡) M1로 약 450 nm보다 짧은 파장이 반사, 긴 파장의 투과

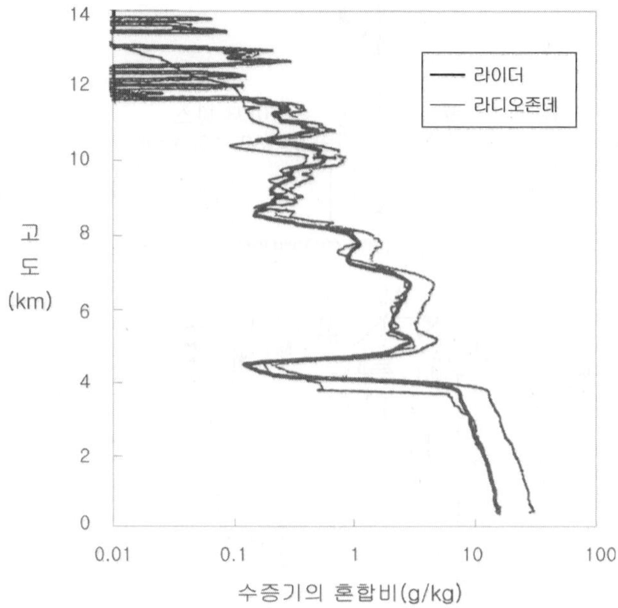

그림 19.5. 위 대학의 라만라이더 및 라디오존데에서 관측된 혼합비

(透過)된다. 반사한 단파장(短波長)의 빛은 경(鏡 : 거울)MR로 355 nm가 반사(반사율 99.9 % 이상), 370 nm 이상의 빛이 투과(투과율 80 % 이상)된다. 따라서 MR을 투과한 단계에서 탄성산란분은 3자리 작아진다. 경M2는 350～400 nm의 빛을 50 % 반사・투과한다. 분할된 빛은 간섭필터 F로 각각의 라만이동파장이 선택되고, 광전자증배관 PMT1, PMT2로 검출된다. 타성산란파장 355 nm와 라만이동파장 386.6, 375.4, 407 nm에서의 간섭필터의 투과율의 비는 $1:10^{6\sim8}$이다. 경 MR과 맞추어서 탄성산란 신호는 9자리 이상 파악하고 있다. 이와 같은 광학계의 배치의 결과, 라만산란 신호가 탄성산란의 새어들어감 없이 측정 가능하게 되었다. 여기서 이용하고 있는 다이크로믹 미러나 간섭필터는 현재 입수 가능하므로, 이것도 라만라이더 기술의 보급에 기여하고 있을 것이다.

제 2고조파, 기본파의 신호는 경M3, M5로 분리되어 PMT3～5로 검출된다. 제 2고조파에 대해서는 M4로 2분할된 후 편광소자(偏光素子) P로 직선편광(直線偏光)한 레이저광의 편광면에 대해서 평행(平行)과 수직(垂直)의 2성분이 선택된다. 제 2고조파, 기본파의 부분은 앞 장에서 소개한 미라이더와 기본적으로 같으므로 자세한 기술은 피하지만 앞의 대학에서는 수증기・질소의 고도분포와 에어러솔・구름의 고도분포를 동시에 측정 가능하다.

PMT에서의 신호는 레이저펄스가 대기 중에 사출(射出)되고서 특정의 시간간격마다 적산된다. 라만산란 신호는 강도(强度)가 약하기 때문에 통상 PMT 에서의 신호는 광전자(光電子) 펄스의 개수를 계측(計測)하는 포톤카운트모드(photon count mode)로 MCS (Multi-Channel Scaler)에 의해 처리된다.

19.4. 관측 예

관측된 신호와 식 (19.2) 에서 구한 수증기 혼합비를 그림 19.5 에 나타낸다. 앞에서 언급한 것과 같이 식 (19.2) 의 대부분의 파라미터는 문헌이나 실험에서 구할 수가 있다. 그러나 라만산란 단면적에 대해서는 각 문헌 값에 50 % 정도의 흩어짐이 있다. 그러기 때문에 측정 정밀도에 걸 맞는 최종적인 교정계수(校正係數)를 결정하는 데에는 라이더 이외의 무엇인가의 방법으로 구한 값과 라이더 관측치를 비교해서 결정할 필요가 있다. 그림 19.5 에서 문헌・실험만에 의한 교정계수를 이용한 해석은 엷은 실선(實線)으로 표시되어 있다. 이 결과와 라디오존데에 의한 결과(점선)은 약 2 배의 차가 있다. 라디오존데의 결과를 이용해서 교정계수를 보정한 값이 짙은 실선으로 표시되어 있다. 양자는 작은 스케일의 변동까지 잘 일치 대응하고 있다. 고도 3.7 km 부근의 혼합비가 크게 변화하는 고도의 차는 라디오존데가 측정 시 바람에 흘러서 실제로 라이더와는 수평방향으로 떨어진 장소에서 관측하고 하는 있는 것에 의한, 즉 수평구조를 반영하고 있는 것으로 생각된다. 이와 같은 기구관측(氣球觀測)과 라이더의 동시관측을 몇 번이고 실시해서 평균적인 교정계수를 구한다.

그림 19.5 에 표시되어 있는 예에서는 측정오차는 고도 5 km 부근까지에서는 수 %, 10 km 까지 대략 10 % 이내로 관측되고 있다. 측정오차는 관측 시의 천후(天候), 수증기의 절대값에 의존하지만, 이 날의 예는 표준적인 예로 생각해도 좋다. 이 고도분포관측시의 적산시간은 30 분, 생(生) 신호는 50 m마다 적산(積算)하고 있지만, 해석 시 3 점의 이동평균을 잡고 있다. 따라서 거리분해능은 150 m 이다. 관측은 통상 배경광(背景光) 노이즈가 없는 맑은 야간(夜間)에 행하지만, 엷은 구름(광학적 두께 10 % 이하)이 있어도 관측에는 거의 지장이 없다. 그림 19.6 은 구름이 있던 경우의 관측의 예로 왼쪽의 2 개의 그림은 기본파와 제 2 고조파로 관측된 에어러솔 및 구름의 산란비(散亂比, R), 파장의존성을 나타내는 지수(指數, α), 편광해소도(偏光解消度, δ)이다. 고도 11 km 부근에 권운(卷雲)이 존재한다. 이 그림의 제일 오른쪽의 그림은 질소(窒素)라만산란의 관측에서 구한 대기밀도의 분포를 이용해서 계산한 대기온도분포를 나타내고 있다. 온도를 구하는 방법은 레일리라이더와 같고, 정수압평형(靜水壓平衡)을 가정해서 구하고 있다. 이와 같이 라만라이더에서 관측된 온도분포도 라디오존데에서의 결과와 잘 일치하고 있다. 라이더에 의한 온도와 수

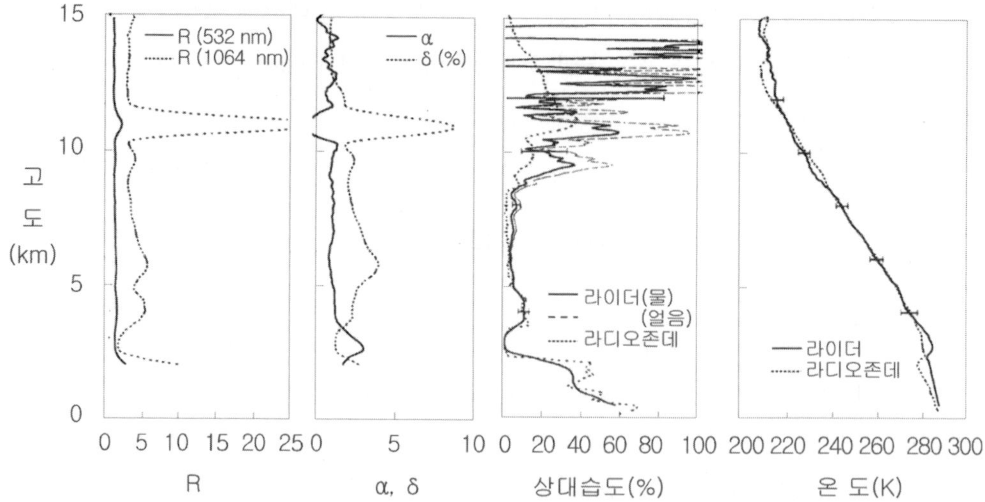

그림 19.6. 위 대학의 라만라이더 및 라디오존데로 관측된 에어러솔 산란비, 파장의존성지수(α) · 편광해소도, 상대습도, 온도의 고도분포

증기 혼합비에서 구한 상대습도(相對濕度)의 분포가 오른쪽에서 두번째의 분포이다. 이 날의 관측에서는 습도(濕度)의 시간적 또는 공간적인 변동이 크고 작은 변동에는 상당한 어긋남이 보인다. 라이더 관측에서는 권운(卷雲)이 존재하는 고도 11 km 부근에서는 얼음 표면에 대한 상대습도가 거의 100 %가 되어 있다.

19.5. 문제점

라디오존데를 이용한 수증기 관측에서는 230 K 부근보다 저온에서의 측정오차가 커진다. 라만라이더 관측에서는 측정온도와 측정정밀도는 원리적으로는 무관계하고, 충분한 신호강도가 얻어지면, 관측결과는 신뢰할 수 있다. 그러나 대기 중의 절대습도(絶對濕度)는 저온이 됨에 따라서 지수적으로 감소하므로 신호강도도 이것에 따라 감쇠(減衰)한다. 예를 들면 상부대류권에서는 온도저하에 따라서 절대습도가 작아진다. 수증기 라만라이더의 측정고도의 상한은 이 절대습도로 결정된다. 그림 19.6 의 예에서는 고도 11 km 에서의 상대습도는 거의 100 % 로 권운의 존재와 일치하고 있다. 그러나 측정정밀도는 절대습도의 저하로 작아지고, 이것에 의해 높은 고도에서 오차 · 측정치의 흩어짐 역시 커지고 있다. 보통의 수증기 고도분포에서는 10 km 정도가 측정상한이 되는 일이 많다. 또 성층권 고도에서는 습도는 측정한계 이하가 된다.

Chapter 20

도플러라이더

20.1. 소 개

라이더에 있어서 레이저광을 산란하는 대기분자나 에어러솔은 대기의 바람 ν 를 타고 움직이고 있기 때문에 수신되는 산란광(散亂光)의 주파수는 아래의 도플러시프트〔(Doppler shift, 이동(移動))〕 $\Delta\nu$의 분(分)만큼 주파수가 송신하는 레이저의 주파수와 달라있다.

$$\Delta\nu = 2\frac{v}{\lambda} \tag{20.1}$$

이 도플러이동(시프트)의 주파수를 측정해서 대기의 바람을 측정하는 라이더가 도플러라이더(Doppler lidar)이고, 바람을 측정하는 레이더와 도플러 이동을 이용하는 의미로는 원리적으로 같은 것이지만, 레이더와 라이더에서는 산란체(散亂体)가 다르다. 1 m/s의 바람에 의한 도플러이동의 양은 송신하는 레이저의 파장 λ(주파수 ν)가 10 ㎛일 때 200 kHz, 0.5 ㎛일 때 4 MHz가 된다. 지상에서의 관측에서는 레이더에 의한 관측은 전천후(全天候)이고, 라이더에 의해 실용적이지만, 로켓사장(射場)과 같이 레이더에서 사용하는 전파에 의한 장해가 문제가 되는 지점이나 레이더의 산란체(散亂体)가 적은 상부성층권 부근의 관측에서는 라이더에 의한 관측이 필요하다.

또 대기풍(大氣風)를 관측하는 레이더의 안테나는 일반적으로 라이더의 수신경(受信鏡)에 비교해서 대단히 크고, 항공기나 위성(衛星)의 비상체(飛翔体) 탑재용으로는 레이저를 이용하는 라이더를 이용할 필요가 있다. 그러기 때문에 대기풍(大氣風)을 관측하는 라이더의 대부분은 위성탑재의 라이더와 상부성층권의 관측을 목표로 하는 개발의 방향에 집중되고 있다. 도플러라이더도 레이저와 같이 시선방향(視線方向, line of sight 또는 radial direction)의 도플러이동만이 측정이 가능하기 때문에 3개의 방향(많은 경우는 남이나 북과 동이나 서와 연직방향)으로 레이저를 내서 측정을 행하고, 3개의 방향의 측정영역으로 풍속(風速)이 같다고 해서 풍속의 벡터를 구한다. 일반적으로 연직풍(鉛直風)의 크기는 작고, 현재의 도플러라이더에서는 연직풍의 직접측정은 곤란하여 많은 경우 2개의 방향만을 측정에서 수평풍(水平風)벡터가 측정되고 있다.

도플러라이더는 수신하는 산란광의 분광법(分光法)에 의해 2개의 방법이 있다. 그의 하나는 코히렌트 도플러라이더(coherent Doppler lidar)로 불리는 것이고, 또 하나는 인코히렌트 도플러라이더(incoherent Doppler lidar)로 불리는 것이다. 코히렌트 도플러라이더는 도플러이동(시프트)의 분광(分光)에 코히렌트검파(檢波)〔헤테로다인(heterodyne : 진공관에 일종의 진동소리를 일으키는 수신장치)이라고도 한다〕를 이용하는 것이다. 코히렌트검파는 수신광과 국발(局發)이 되는 레이저광을 검출기상(檢出器上)에서 혼합해서 국발(局發)레이저광과 수신광의 주파수차(도플러시프트)의 IF신호를 꺼내서 도플러이동을 구하는 것이다. 인코히렌트 도플러라이더는 분광에 도플러이동을 충분히 분해할 수 있는 분해능를 갖고 있는 페브리-페로 분광기〔Fabry Perot interferometer 또는 페브리 페로 에탈론(Fabry Perot Etalon)이라고도 불린다〕를 이용하고, 검출법으로는 직접 검파(檢波)를 사용하는 것이다.

대기풍(大氣風)을 측정한 도플러라이더의 산란체는 대기분자와 에어러솔이다. 도플러라이더는 산란광의 분광측정을 행하는 것이고, 수신된 빛의 스펙트럼 폭이 바람(도플러시프트)의 측정 정밀도에 중요한 역할을 다하고 있다. 수신광의 스펙트럼 폭은 간단하게는 산란체의 스펙트럼과 레이저의 스펙트럼의 합이다. 대기분자의 스펙트럼은 충돌에 의한 폭과 도플러 폭으로 이루어지고, 1기압, 20C에서 대기분자에 대해서 0.5㎛의 빛일 때 대략 어느 쪽도 4GHz〔반치전폭(半値全幅)〕 정도이다. 충돌에 의한 폭은 기압에 비례하고, 높이에 따라 작아지지만, 도플러의 폭은 높이에는 그 정도로 의하지 않고 대략 일정하다. 한편 에어러솔은 대기분자에 비례해서 대단히 무겁고 대기분자의 충돌에 의한 움직임이 작기 때문에 그 폭도 대기분자의 도플러 폭에 비교해서 대단히 작다. 앞 과정의 대기분자의 스펙트럼의 경우와 같은 1기압, 20C의 조건에서 대략 아래와 같은 값을 갖는다.

입경(반경)	스펙트럼 폭(半値全幅)
0.1㎛	12MHz
10㎛	680Hz

여기에서부터 대기의 산란의 스펙트럼은 GHz의 폭의 대기분자의 스펙트럼에 그 대략의 1/100 이하의 민감한 스펙트럼이 겹쳐 있다. 이 산란체의 폭은 도플러라이더를 설계할 때에 가장 중요한 파라미터이다.

중간권 상부 80 km 의 부근의 나트륨(Na) 등의 금속원소에 의한 공명산란(共鳴散亂)의 측정에서도 도플러이동에서 바람의 측정이 행하여지고 있다.

20.2. 코히렌트 도플러라이더

코히렌트 도플러라이더의 장치구성의 예로써 로케사장(射場)용으로 개발된 CLAWS의 것을 그림 20.1 에 표시되어 있다. 장치는 크게 5개로 나누어져 있다.

① 코히렌트 검파의 국발(局發)이 되는 주파수의 안정된 연속발진(連續發振)의 레이저(CW레이저)와 그 국발레이저의 주파수로 주파수가 제어(制御)된 펄스발진의 출광력(出光力) 송신레이저

② 송수(送受)를 겸한 망원경〔축은 도시경(圖示鏡 : 그림으로 그려 보인 거울)〕

③ 수평방향의 바람을 측정하기 위해 연직방향에서 기울어진 방향의 측정을 행하기 위한 회전경(回轉鏡)

④ 수신광과 국발을 코히레트 검파(檢波)하는 검파부(檢波部)

⑤ 검파부(檢波部)에서의 IF 신호에서 도플러이동을 구하고, 대기풍(大氣風)의 분포를

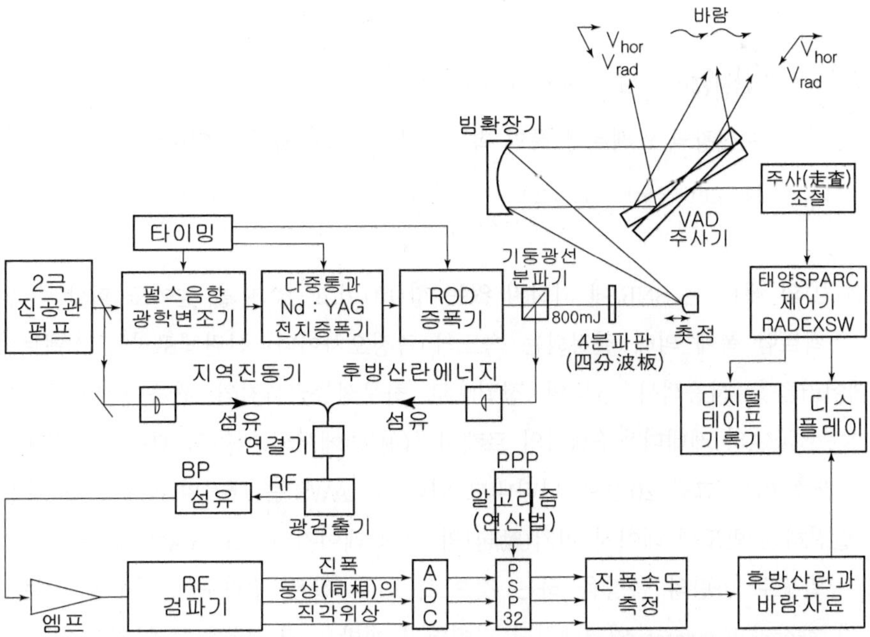

그림 20.1. 코히렌트 도플러라이더의 구성 예, 샤틀 사장용(射場用)의 CLAWS

내는 신호처리부(信號處理部)

코히렌트 도플러라이더는 시간의 함수인 IF 신호에서 후리에 변환(실제는 FFT 변환)이나 상관계수(相關係數, poly-pulse-pair algorithm 등)의 방법으로 수신 스펙트럼의 중심 주파수를 구해, 도플러이동(시프트)을 측정한다. pulse pain algorithm 을 이용해서 측정하는 풍속의 오차는 대기풍(大氣風) 관측용 레이더의 경우와 같이 다음의 식으로 주어진다.

$$\delta\nu = \frac{\lambda}{4\pi} \times \sqrt{\frac{f}{2\,N\,L\,\Delta t}} \times \left\{ 2\pi^{2/3} W + \frac{16\pi^2 W^2}{(SNR)_c} + \frac{1}{(SNR)_c{}^2} \right\} \tag{20.2}$$

여기서, N : 평균하는 레이저의 발포수(shots)

f : IF신호의 샘플링 주파수

L : 거리분해능(距離分解能, ΔR)과 레이저펄스장($c\Delta t$)의 비〔$L = \Delta R/(c\Delta t)$〕

$(SNR)_c$: 레이저 1 샷(shot)으로의 코히렌트 검출의 IF 신호의 신호잡음비(雜音比)

W : 수신광의 스펙트럼 폭을 속도 표시한 것으로 다음과 같이 나타낸다.

$$W = \frac{\sqrt{V_{bm}^2 + V_{atm}^2}}{V_N} \tag{20.3}$$

V_{bm} : 송신레이저의 스펙트럼 폭의 속도표시($= \lambda/2\pi/\Delta t$)

V_{atm} : 수신광의 스펙트럼 폭의 속도표시〔$=$ 수신광의 스펙트럼 폭$(1/s) \cdot \lambda/2\pi$〕

V_N : Nyquit 속도($= f\lambda/2$)

식 (20.2)의 제1항은 SNR 에 의하지 않는 항(項)이고, SNR 을 높여도 피할 수 없는 수신광의 스펙트럼 폭에 의해 결정되는 속도의 측정오차이다. 산란체로써는 스펙트럼 폭이 작은 에어러솔을 사용해서 m/s 의 정밀도로 하부성층권까지의 관측이 달성되고 있다. CLAWS는 NASA의 케네디우주센터의 로켓사장(射場)에서의 바람의 관측에 사용하고 있으므로 그 관측 예를 그림 20.2 에 나타내고 있다. CLAWS 는 근적외(近赤外)의 파장 1.06 mm 로 발진하는 반도체 레이저 여기(勵起)의 고체 레이저인 Nd : YAG 레이저를 사용해서 m/s 의 정밀도로 바람의 측정을 하는 것으로, 이후 같은 주파수 안정성을 갖는 파장이 1.5 ㎛ 긴 파장의 Eyesafety영역에서의 라이더의 개발은 위성탑재 등의 비상체탑재(飛翔体

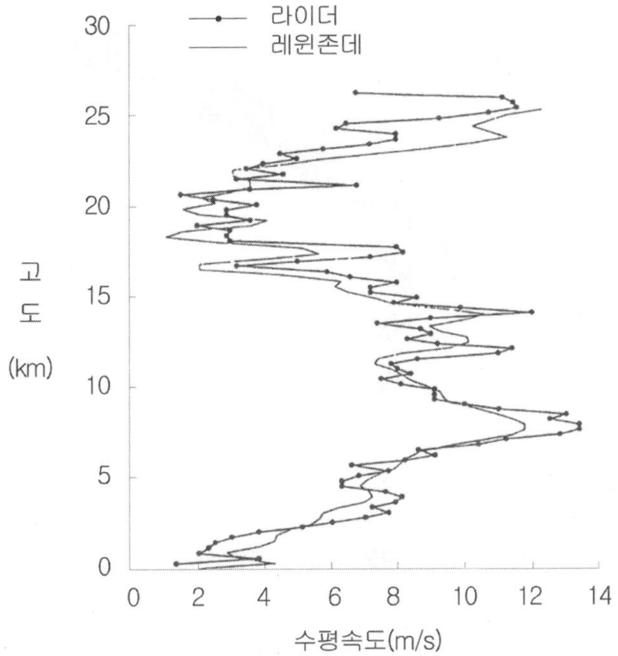

그림 20.2. CLAWS의 관측 예

搭載)의 가능성이 있어 크게 기대된다.

20.3. 인코히렌트 도플러라이더

인코히렌트 도플러라이더는 페브리페로에탈론(Fabry Perot Etalon)의 사용방법에 따라 아래와 같은 방법이 제안되어 있다.

① 차분(差分)필터법(Chanin et al., 1989; Garnier and Chanin, 1992)
② 파장스켄법(Tepley et al., 1991; Tepley et al., 1993 ; Tepley, 1994)
③ 이미지프렌법(Abreu et al., 1992; Fischer et al., 1995; Rees et al., 1996)
④ 엣지법(Korb et al., 1992; Gentry and Korb, 1994)

①과 ②에서는 고도 5 km 정도에서 60 km 정도까지, ③에서는 10 km에서 25 km까지, ④에서는 지상에서 2 km까지 대기풍(大氣風)이 관측되고 있다. ①에서 ④의 관측 예를 그림 20.3~그림 20.6까지에 나타내고 있다. 이들의 방법은 앞(前節, 20.2)의 코히렌

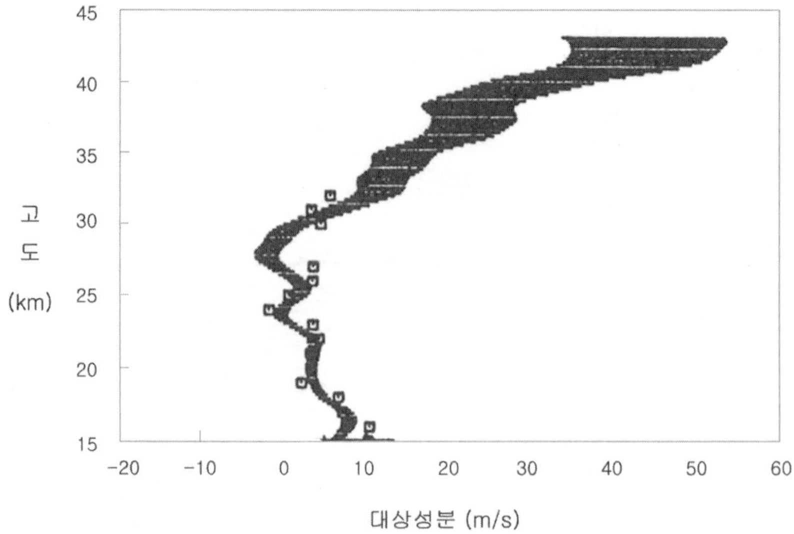

그림 20.3. 차분(差分)필터법에서의 관측 예

트 도플러라이더의 장치구성에 있어서 ④, ⑤의 수신부 처리부가 다른 것이다. ①에서 ④에서 사용되는 레이저는 수십 MHz의 스펙트럼 폭을 갖는 Nd : YAG 레이저의 배파(倍波)이다.

①에서 ④의 수신부의 기본적의 구성(構成)은 같으므로 ③을 대표로 해서 그림 20.7에 그 구성을 나타내고 있다. ①에서는 그림 20.7의 에탈론의 부분에 그림 20.8에 필터 A, B로 표시되는 투과율 특성을 갖는 2개의 필터로 이용되고, 도플러 이동(시프트)에 의해 2개의 필터를 투과하는 수신광양(受信光量)이 변화하는 것으로부터 풍속이 측정된다. 이 경우는 2개의 주파수 채널을 갖는 것이 된다. ②는 그림 20.7에서 에탈론간의 광로장

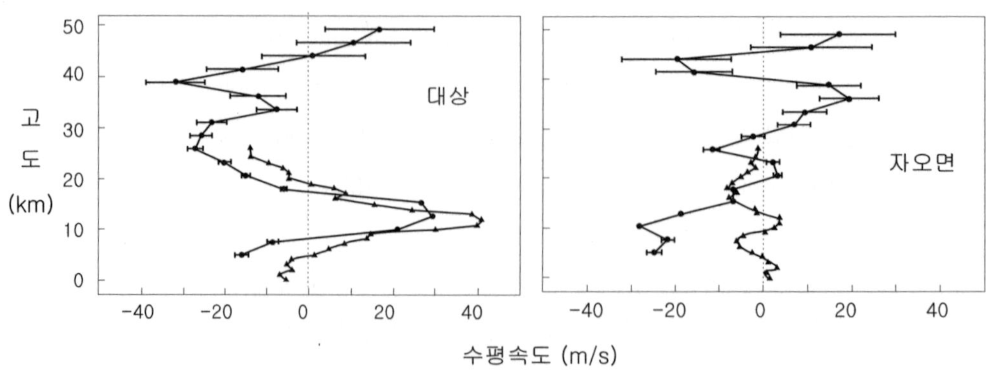

그림 20.4. 파장(波長)스켄법에 의한 관측 예

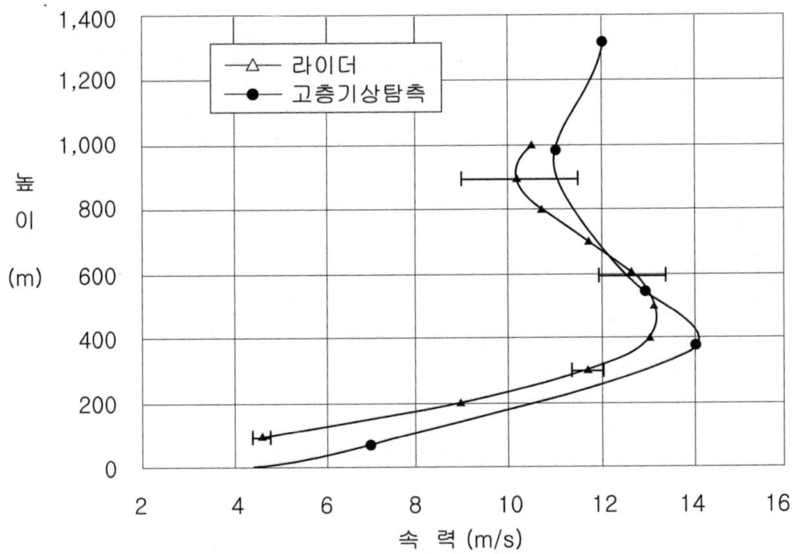

그림 20.5. 이미지프렌법에 의한 관측 예

(光路長)에 압력을 걸어서 시간마다 변화시켜 파장스캔[(scan, 주사(走査)]을 해서 수신광의 스펙트럼을 얻는 것이다. 이들의 시간적으로 주파수를 채널에 분할(分割)하는 것으로 되어

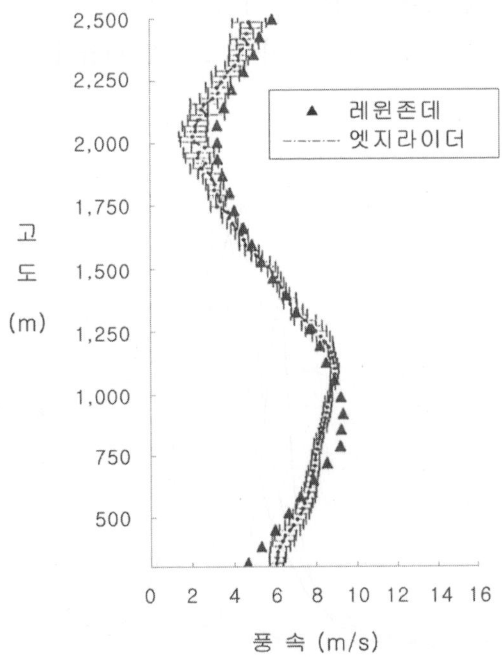

그림 20.6. 엣지법에 의한 관측 예

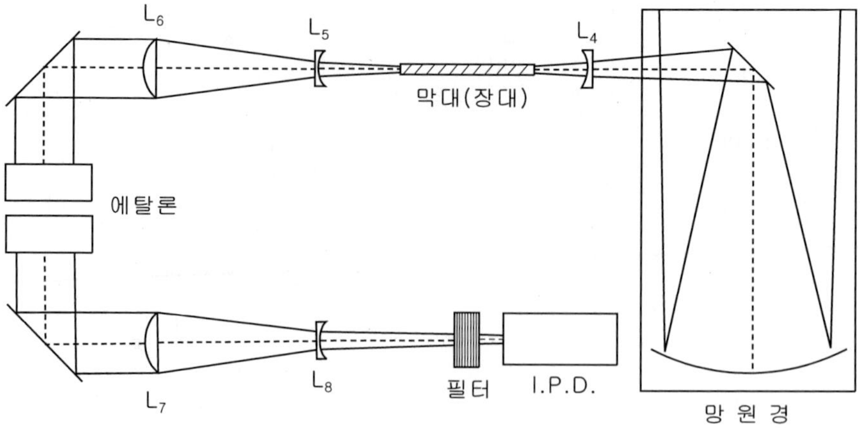

그림 20.7. 인코히렌트 도플러라이더의 구성 예

있다. ③에 대해서는 그림 20.7 속에서 IPD로 써진 광전자증배관의 캐소드〔(cathode, 음극(陰極)〕가 그림 20.9와 같이 12의 같은 면적의 채널에 분할되어 있고, ②와 같은 파장 走査(주사, 스캔)을 하는 일 없이 수신광(受信光)을 분광(分光)하려고 하는 것이다.

④는 그림 20.10과 같이 에탈론〔etalon = 페브리 페로(Fabry Perot) 간섭계(干涉計)〕의 스펙트럼 폭에 비교해서 극히 좁은 폭을 갖는 수신광의 주파수의 변동을 에탈론의 투과율의 변화를 통해 빛의 강도의 변화로 바꾸어서 주파수의 변동(變動), 속도를 측정하는 것이다. 에탈론의 주파수에 대한 ①에서 ④의 방법에서 각 에탈론의 주파수의 채널의 광량(光量)을 $F_i(\nu)$로 하여 시선방향의 속도와 그 오차를 다음의 식으로 나타낸다.

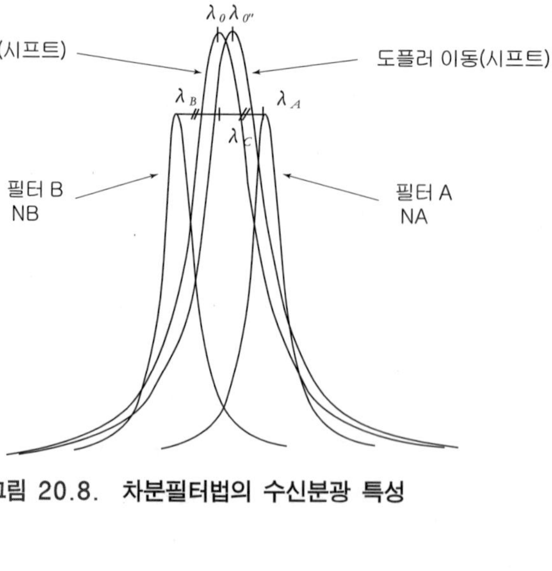

그림 20.8. 차분필터법의 수신분광 특성

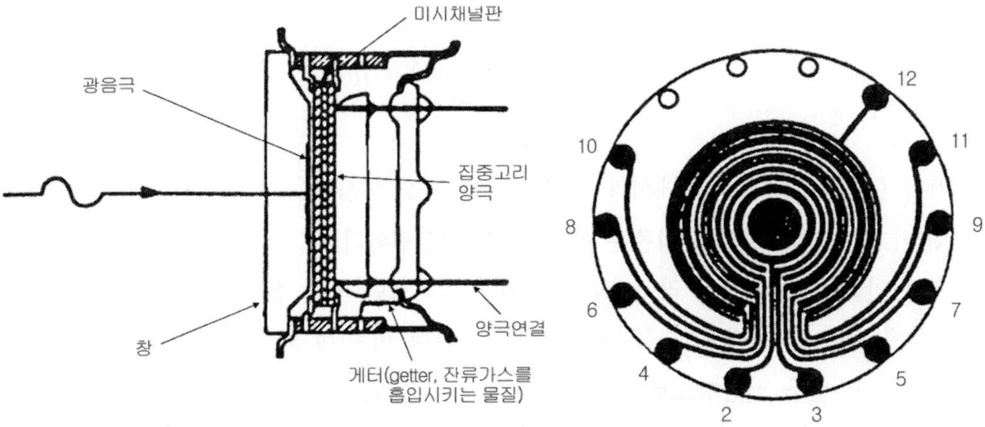

(a) 개 략 도 (b) 양극 배치(layout : 레이아웃, 판짜기)

그림 20.9. 12 채널 IPS(이미지프렌 검출기)의 광전면(光電面)의 구성

$$\nu = \frac{\dfrac{2c}{\nu}\sum_{i=1}^{N}\left[F_i(\nu) - F_i(0)(SNR)^2_{li}\dfrac{\partial F_i(\nu)}{\partial(\nu)}\right]}{\sum_{i=1}^{N}\left(\dfrac{\partial F_i(\nu)}{\partial \nu}\right)^2 (SNR)^2_{li}} \tag{20.4}$$

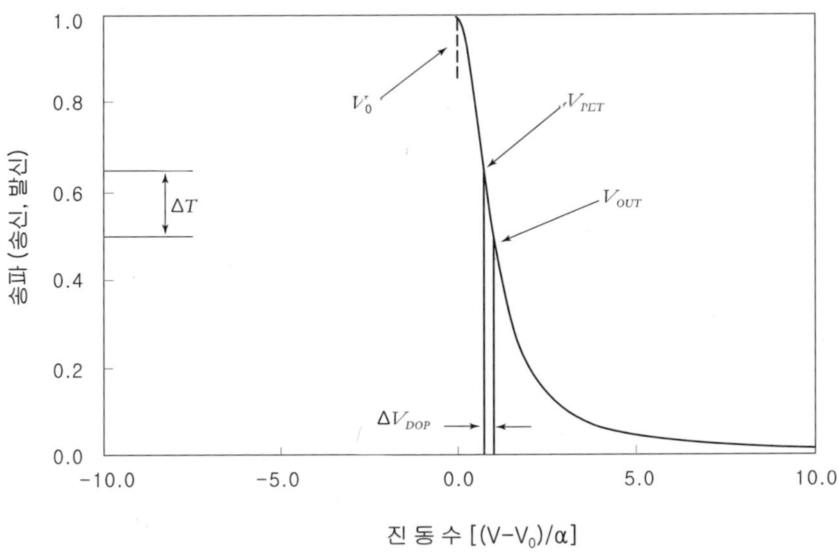

그림 20.10. 엣지법의 원리

$$\delta\nu = \frac{4C^2}{\nu^2 \sum_{i=1}^{N} [\frac{\partial F_i(\nu)}{\partial \nu}]^2 (SNR)_{li}^2} \tag{20.5}$$

여기서 $(SNR)_{li}$ 는 i 채널에서의 N 발의 레이저를 발사했을 때의 검출기(檢出器)에서의 SNR이고, 함수의 주파수 의존은 수신광의 스펙트럼이다.

앞에서 언급한 것과 같이 라이더로 수신되는 스펙트럼 폭은 산란체가 대기분자냐 에어러솔이냐에 따라 크게 다르고, ④의 경우도 $F_i(\nu)$의 미분(微分)이 작아지는 스펙트럼 폭의 작은 에어러솔을 산란광으로써 이용하는 방법이 정밀도가 좋아진다. 인코히렌트 도플러라이더에서는 원리적으로 출력, 수신경(受信鏡)의 구경(口徑)과 레이저발사의 적산(積算)을 크게 해서 SNR을 높임으로써 바람의 측정의 정밀도를 높일 수가 있지만, 페브리 페로(Fabry Perot)의 특성은 높이가 다른 수신광의 스펙트럼으로 각각 다른 것을 설계할 필요가 있다.

Chapter 21

위성탑재라이더

21.1. 소 개

전후(戰後)의 폭발적인 인류문명의 개화는 인류가 열망하고 있던 편리하고 쾌적한 사회를 달성했지만, 그 반면에 너무나 급격한 사회변화 때문에 역으로 인류만이 아니고 지구상의 생물의 생존마저 위협하지 않는다고 아니할 수 없는 온난화(溫暖化), 산성우(酸性雨, 산성비), 오존층 파괴 등 심각한 환경문제(環境問題)를 일으키고 있다. 잘 알려진 것 같이, 지구상의 많은 생물의 영위(營爲)의 범위는 주로 대류권(對流圈)이지만, 이 대류권은 그 위에 존재하는 성층권(成層圈)과는 대기 구조적으로 독립되어 있는 것이 아니고, 태양에서의 방사(放射)에너지에 의해 대기순환을 통해 각각의 권계(圈界)의 상층·하층대기와 밀접한 관계가 있다. 같이 대기(大氣)와 해양과의 사이에는 해면수온, 기온과 해상풍, 수증기량에 의해 지배되고 있는 열교환, 증발량과 강수량으로 대표되는 수교환(水交換, 물교환), 해상풍(海上風), 파랑(波浪), 해류(海流)의 운동량교환 등의 상호작용(相互作用)이 왕성하게 이루어지고 있다. 현재 인류가 직면하고 있는 여러 가지 문제의 특징은 이들 대기 중이나 대기·해양간에서의 상호작용을 통해서 생기고, 지구규모에서 현상이 진행되고 있는 것이다.

이들의 상호작용은 지구규모에서의 구름〔雲〕, 에어러솔, PBL〔Planetary Boundary Layer : 대기경계층(大氣境界層)〕, 바람〔風〕, 수증기, 대기미량 가스성분 등이 강하게 관여하고 있고, 현재의 지구온난화나 그것에 수반되는 기후변동의 지견(知見)과 앞으로의 예측(豫測)을 행한 위에 그 동안의 포인트 관측에서는 없는 우주에서 지구전체로의 대기관측(大氣觀測)을 이후 진전시키지 않으면 안 된다. 본 장에서는 이와 같은 관점에서 지구규모에서의 대기계측(大氣計測)의 차세대 센서로서 가장 큰 기대가 걸려 있는 위성탑재라이더〔衛星搭載라이더 : 이후 스페이스라이더(space lidar)라 부른다〕에 대해서는 그 개념과 개발의의(意義)에 대해서 논하고, 그 후 현재까지 발사된 것 또는 발사 예정의 라이더에 대해서 소개하고, 최후의 스페이스라이더 계획을 섞어 장래에의 전망에 대해서 언급한다.

21.2. 스페이스라이더의 개념

그림 21.1 에 스페이스라이더의 개념(概念)을 나타낸다. 스페이스라이더는 NASA (National Aeronaut and Space Agency)가 1980 년대에 지구를 고체권(固体圈), 생물권(生物圈), 수권(水圈), 대기권(大氣圈), 설빙권(雪氷圈)으로 이루어지는 하나의 시스템(system)을 생각해 패시브(passive) 및 엑티브 리모트 센싱(active remote sensing) 기술을 이용해서 우주에서 종합적으로 지구시스템을 관측하고 해석(解析)함으로써 기후(氣候)나 대기(大氣)·물순환(水循環) 등에 대한 이해를 더욱 명확한 것으로 해 두려고 하는 지구관측시스템 EOS(Earth Observing System) 계획(計劃)의 코어센서〔core sensor, 핵심감지(核心感知)〕의 하나로써 거론된 것이 그의 시작이다. 스페이스라이더의 지구대기관측에 해야 할 역할의 중요성의 인식이 높아지는 데 수반되어 현재까지는 NASA 외에 ESA(European Space Agency), RSA (Russian Space Agency) 그리고 우주개발사업단(宇宙開發事業團 ; 이후 NASDA라 부른다)이 정력적으로 연구개발에 몰두하고 있다.

스페이스라이더에서 지구를 향해서 발사된 레이저광은 우선 오존층, 다음에 화산회(火山灰, 화산재) 등으로 이루어지는 성층권 에어러솔층 그리고 엷은 권운〔卷雲, 견운(絹雲)〕을 통과 후, 대류권에 돌입해 도중에 두꺼운 구름이 없으면 지상까지 도달한다. 지상에 도달한 레이저광은 지표면을 원형〔圓形, foot print (족적, 足跡)로 불린다〕으로 비치지만, 그 foot

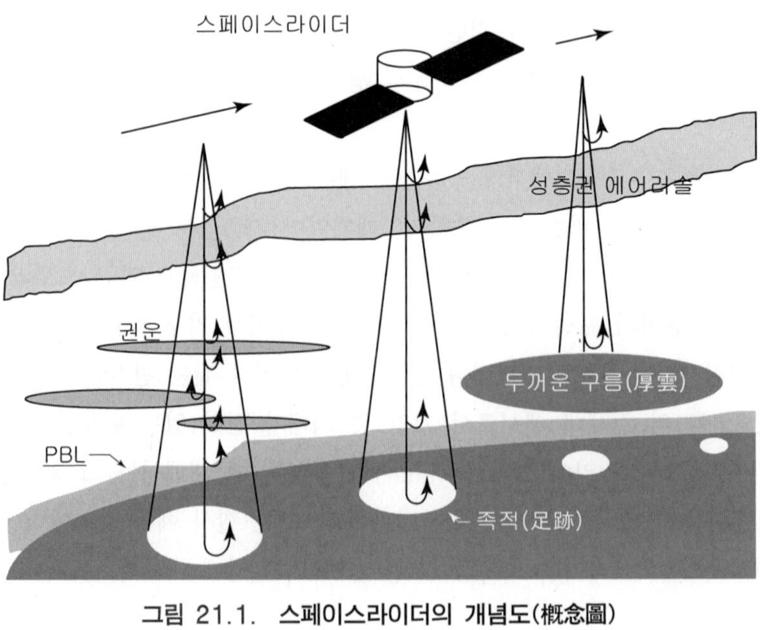

그림 21.1. 스페이스라이더의 개념도(槪念圖)

print의 직경은 송신레이저광의 퍼짐각과 위성고도에 의해 결정된다. 예를 들면 라이더의 송신레이저 퍼짐각이 0.1 mrad, 위성고도가 300 km로 하면 직경 30 m의 foot print가 된다. 지표면에서 반사된 레이저광은 다시 대기 중을 전파해 위성상의 수신망원경으로 집광되어 광검출기 내에서 전기신호로 변화된 후 자료취득장치에 의해 처리된다. 물론 송신된 레이저광은 성층권 중의 N_2 분자, O_3 분자에 의해 레일리산란을, 에어러솔이나 구름에 의해 미산란이나 흡수를, 또 사용하는 레이저파장에 의해서는 H_2O 분자, O_3 분자에 의한 흡수를 받는다. 레이저발사 후 각 산란체에서 되돌아올 때까지의 시간에서 위성에서 산란체까지의 거리(지상에서의 高度에 단순히 환산가능)가 예측 가능해 성층권 N_2 분자, O_3 분자에서의 레일리산란광과 에어러솔에서의 미산란광과의 비(比)에서 성층권 에어러솔 후방산란계수가 구해진다. 위성은 대략 1시간 반으로 지구를 일주하고 있음으로 스페이스라이더에 의해 종래의 패시브 센서(passive sensor)에서는 얻어질 수 없었던 이들 대기성분의 위도・경도・고도분포를 파악할 수 있게 되었다.

1994년 9월, 인류 최초의 스페이스라이더가 스페이스 셔틀 'Discovery'에 의해 우주(宇宙)를 10일간에 걸쳐서 비상(飛翔)했다. 이 실험은 LITE(Lidar In-space Technology Experiment)라 불리고 그 제 1의 목적은 우주환경 하에서의 라이더 기술의 확립이만, 겨우 10일간이었지만 지구규모에서의 구름・에어러솔의 관측실험에 의해 귀중한 대기(大氣)의 다이나믹한 운영을 생생하게 포착해, 스페이스라이더가 21세기의 지구환경관측의 핵심감지(核心感知, 코어센서, core sensor)인 것을 세계의 과학자들에게 인식시켜 주는 일에 성공했다.

그림 21.2는 LITE로 얻어진 대기관측 자료의 예이다. (a) 1994년 9월 12일(1시 43분 25초) GMT에서 60초간의 관측 예이다. 아틀라스산맥(북서아프리카) 상공을 고도-수평거리의 2차원으로 해서 표시된 생자료(生資料, 파장 532 nm)이다. 아틀라스산맥의 상공 및 남서부가 에어러솔(먼지 또는 보래)층으로 덮여 있다. 에어러솔층의 일부는 대서양을 향해서 북서방향으로 뻗어 있다. 부분적으로 두꺼운 구름으로 차단되어 구름 아래의 지표면이 관측되어 있지 않다. (b) 서아프리카 상공에서 1994년 9월 12일(1시 47분 25초) GMT에서 60초간의 관측 예이다. 열대수렵대의 상공에서 구름의 생성역(生成域)을 표시하고 있다. 상공의 엷은 구름을 통해서 다층운(多層雲)의 구조를 나타내고 있다. (c) 태평양상의 태풍(颱風)의 눈(eye, 目)의 단면도이다. 1994년 9월 14일(3시 57분 03초) GMT에서 60초간의 관측 예이다. 태풍의 눈의 주위가 15~17 km의 키가 큰 권운〔卷雲, cirrus, 견운(絹雲)〕으로 둘러싸여 있다. 태풍의 눈의 안쪽에서는 상층의 운층(雲層)에서 해면 부근의 저층운(低層雲 : 낮은 구름 층)에까지 구름의 벽이 뻗어 있다. 눈의 크기는 고도 17 km에서 45 km 정도, 해면 부근에서 30 km 정도이다.

그림 21.2 에서 스페이스라이더가 갖는 비범한 관측성능이 이해된 일로 생각되는데, 다음에는 스페이스라이더에 의한 지구규모로의 대기관측의 의의에 대해서 정리해 보자.

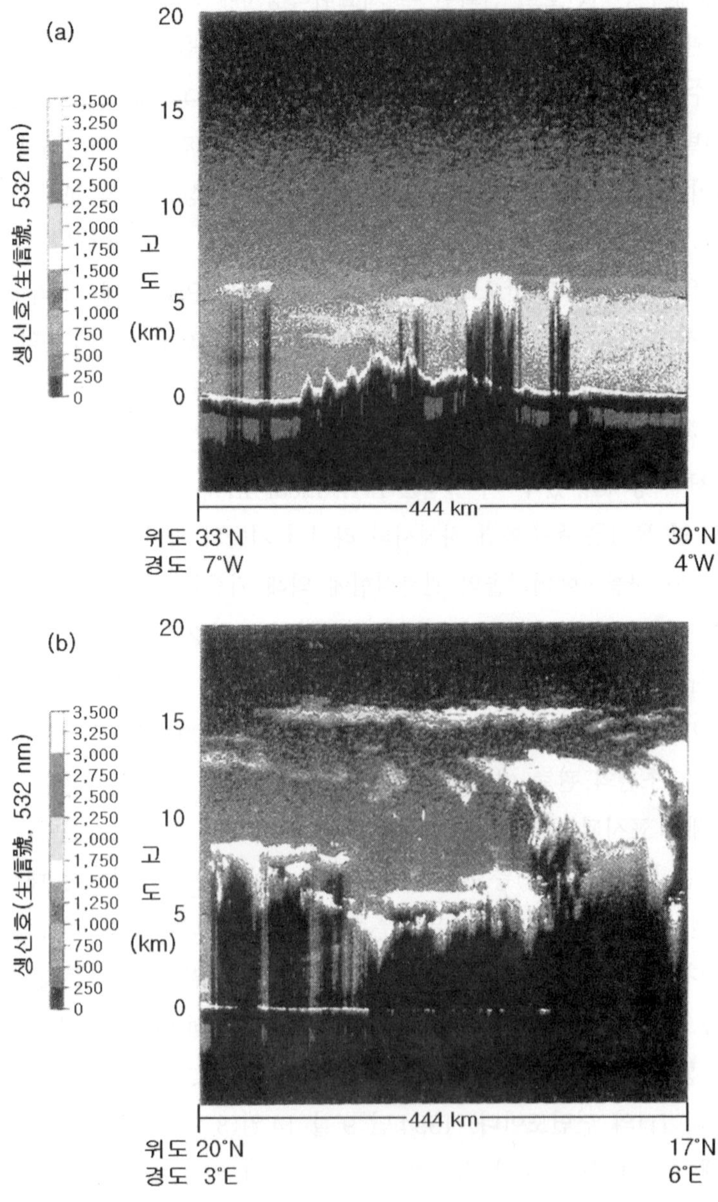

그림 21.2. LITE 로 얻어진 대기관측 자료의 예

(a) 아틀라스 산맥(북서 아프리카) 상공, (b) 서아프리카 상공

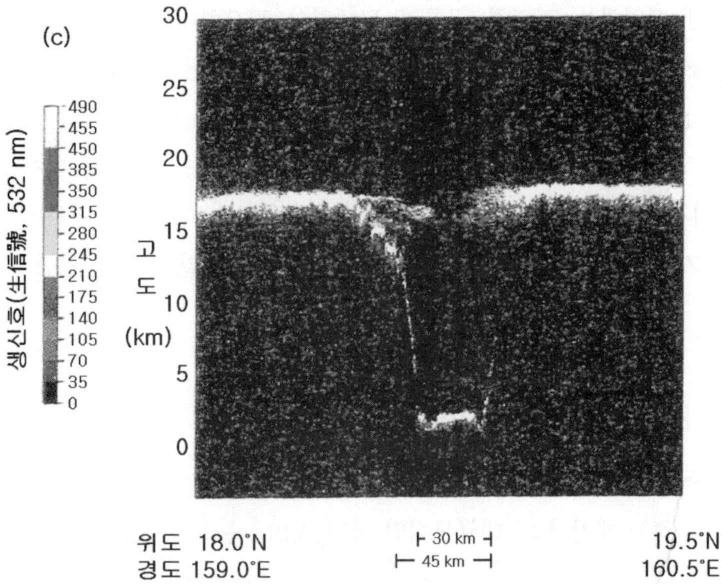

그림 21.2. LITE로 얻어진 대기관측 자료의 예(계속)

(c) 태평양상의 태풍의 눈의 단면도

21.2.1. 성층권 에어러솔 관측의 필요성

화산활동에 의해 생긴 대량의 화산회(火山灰, 화산재)나 아황산가스 등의 기체가 성층권에 주입되면, 큰 입자의 화산회는 중력낙하에 의해 비교적 조기에 대류권으로 낙하해 버리지만, 아황산가스는 성층권에서의 광화학 반응에 의해 작은 황산액적(黃酸液滴)으로 변화하면서 글로벌(global, 세계적)적으로 퍼진다. 이 체류(滯留)시간은 2~3년으로 길고, 태양의 직달일사(直達日射)를 차단하므로 지표면의 기온을 내리는 등의 영향을 미친나. 또 근년에는 성층권 에어러솔의 표면반응을 매개로 한 오존층 파괴의 메커니즘〔mechanism, 기구(機構)〕이 연이어 분명하게 되고 있어, 이 점에서도 에어러솔 관측에 의한 실태 파악이 밝아지고 있다. 한편 에어러솔 분포상태는 패시브센서(passive sensor)에 의한 해면온도 등의 관측에 영향을 미치므로 이 관점에서도 에어러솔의 지구규모에서의 연직분포를 정확하게 측정하는 것은 패시브센서〔수동감지(受動感知)〕의 측정 정밀도 향상에도 기여할 수 있다.

21.2.2. 구름관측의 필요성

온실효과(溫室效果, greenhouse effect)기체로 생각되는 CO_2, CH_4 등의 증가에 의한 지구의 온난화 현상의 파악과 예측에는 구름의 대기과학적 이해를 찾고, 대기대순환(大氣大循環)

모델 속에 조합 삽입하는 정밀한 구름의 모델링이 필요하다. 현재의 위성탑재(衛星搭載) 수동감지〔受動感知, 패시브센서, passive sensor)에서는 구름의 고도가 정확하게 구해지지 않고, 또 엷은 권운 등의 관측이 불가능하다. 액티브센서〔active sensor, 능동감지(能動感知)〕인 스페이스라이더는 수동감지가 갖는 결점을 보충할 수가 있고, 더욱이 직선편광(直線偏光)한 레이저 송신기를 이용한 경우 편광해소도(偏光解消度)의 관측에서 운입자(雲粒子 : 구름입자)가 수적(水滴, 물방울)인가 빙정(氷晶, 얼음 알갱이)인가 등 지구규모에서의 구름의 종류도 구별 가능하게 된다.

21.2.3. PBL 관측의 필요성

주된 인간활동은 지표에서 1,000 m 전후의 범위이고, 이 영역에서는 인간의 사회활동에 수반되는 매연(煤煙), 배기가스, 대규모적인 화전(火田 : 불살라 만든 밭)이나 아마존 유역에서의 산림 불사르기 등에서 나오는 매연 등의 부(負)의 생산물(生産物)이 혼재해 층(層)을 이루고 있다. 이 층을 PBL(大氣境界層, Planetary Boundary Layer)이라고 부르고 있는데, 층 내에서의 온위(溫位)나 에어러솔 등은 균일〔일양(一様)〕하게 분포하고 있다. PBL 고도의 측정을 지구규모로 행하는 일은 수치예보(數値豫報)의 하단조건을 결정하는 데에 유효하고, 또 예보의 검증에도 도움이 된다. 또 다른 수동감지에 의한 지면에서의 열(熱)이나 수증기의 플럭스(flux)를 추정하는 데에 중요하다. 스페이스라이더에 수평거리 분해능 50 km, 연직거리 분해능 50 m를 갖게 하면 상기의 요구가 만족되어 지구환경관측에 소용이 된다.

21.2.4. 수증기관측의 필요성

지구를 덮고 있는 대기성분 중에서 N_2 분자, O_2 분자에 이어서 3번째로 많은 것이 이 H_2O 분자이고, 기상예측에 대해서는 없어서는 안 될 대기량(大氣量)이다. 지구규모에서의 수증기 분자 농도의 3차원 분포관측은 열대역(熱帶域)에서의 대기・물순환에 대한 새로운 지견(知見), 중규모스케일의 대기현상의 해명, 기후변동과 대기대순환의 해명에 크게 도움이 됨과 동시에 지구환경의 장래를 예측하는 데에 대단히 중요한 역할을 담당하는 것이 될 것이다.

21.2.5. 바람관측의 필요성

수치기상예측 모델의 이론적 한계까지 도달하기 위해서는 정확하고 또 상세한 지구규모에서의 바람의 관측자료의 취득이 요구된다. 바람자료는 주로 세계 각지에 존재하는 기상대(氣象臺)에서 올려지고 있는 기상존데, 배나 항공기에서의 관측자료에 의존하고 있고, 지구표면의 3/4를 점령하고 있는 대양(大洋)이나 미개발지역이 많은 남반구에서의 바람자료는 극단으로 부족한 것이 현상(現狀)이다. 이들의 이유가 장기적인 수치기상예측 모델을 세우기 어렵게 하고 있다. 스페이스라이더의 목적은 간단히 수치일기예보(數値日氣豫報) 정밀도의 개선(改善)만이 아니고, 기후변동과 대기대순환의 해명, 지구의 환경을 예측하는 데도 중요하다.

LITE를 포함해서 현재까지 우주를 날고 있는 라이더를 정리해서 표 21.1 에 나타낸다. 이들은 제 1 세대에 속하는 스페이스라이더이고, 기술적 달성도의 점에서 동작모드는 미산란방식을 채택하고 있다. 비교를 하기 위해서 2002 년 2 월에 정력적으로 연구・개발 발사된 일본의 스페이스라이더 'MDS-lidar'도 병기해서 나타내고 있다.

이 표에서 보아서 알 수 있듯이 스페이스라이더의 제 1세대의 개발의 목표는 우선 우주환경 하에서의 레이저기술, 송수신 광학계의 광학축조정기술(光學軸調整技術) 등 공학/광학적 기술의 확립을 노리고 있고, 그러기 위해 대기과학 미션으로서는 기술적 달성도의 비교적 간단한 구름・에어러솔 관측을 설정하고 있다. 그 이유는 당연하지만 전절(前節)까지의 각종 라이더장치는 그대로는 발사 때의 충격・진동, 궤도상에서의 과혹한 우주환경(우주선, 열사이클, 초고진공 등)에 견딜 수 없기 때문에 다음과 같은 개소(個所)에 대해서 소형화(小型化), 경량화(輕量化), 내진화(耐振化), 내우주환경화(耐宇宙環境化) 기술의 확립을 목표로 하고, 실제의 우주환경 하에서 실험을 통해 그 기술을 확립할 필요가 있다.

- 반도체 레이저 여기에 의한 전개체화 레이저의 고출력화, 고효율화와 그 냉각법
- 대구경 망원경의 경량화(Be, Al, SiC 등)
- 송수신 광학계축의 자동조정법

표 속에 다른 라이더와 비교해서 레이저출력이 작은 SLA에 마음이 상했을 것으로 생각하지만, 이 라이더는 샤틀탑재 레이더 고도계로서 육빙면(陸氷面)의 융기나 작은 스케일의 요철(凹凸, roughness)을 측정한다. SLA는 장래 플레이트 테크닉스(plate technics), 지진예지(地震豫知), 온난화(溫暖化)에 수반되는 극역빙상후(極域氷床厚)의 변화의 관측에 의한 기후변화 등의 연구에 있어서 중요한 스페이스라이더의 하나이지만, 한편 1992년에 발사된 화성탑재기의 탑재센서의 하나 MOLA(Mars Observation Laser Altimeter)로써 화성표면의 凹凸(요철)을 정밀도 ±1 m 내로 계측하기 위해서도 탑재되었다. 그러나 유감스럽

표 21.1. 과거의 라이더 및 NASDA 에 의해 개발된 MDS-lidar 들이 각 제원(諸元)

미션명(mission)		LITE[1]	SLA[2]	ALISS	MDS-LIDAR[3]
개발기관		NASA	NASA	CNES · RSA	NASDA
목표		· 우주에서의 라이더 기술확립 · 구름,에어러솔, PBL[4] 의 관측	· 우주에서의 레이저 고도계기술확립 · 지형(植生,水面) · 구름의 관측	· 우주에서의 라이더 기술확립 · 구름,에어러솔, PBL[4] 의 관측	· 우주에서의 라이더 기술확립 · 구름,에어러솔, PBL[4] 의 관측
미션 파라 미터	발사년도	1994년	1996년	1996년	2002년
	궤도경사각	57°		51.2°	30°
	궤도고도	260 km	305 km	381 km	550 km
	탑재위성	스페이스 · 샤틀	스페이스 · 샤틀	우주스테이션 · MIR	MDS(실증위성)
라이 더 사양	레 이 저	플래시램프 여기(勵起) Nd : YAG	반도체레이저 여기(勵起) Nd : YAG	플래시램프 여기(勵起) Nd : YAG	반도체레이저 여기(勵起) Nd : YLF
	파 장	355, 532, 1,064 nm	1,064 nm	532 nm	526, 1,053 nm
	출 력	355에서 160 mJ 533 〃 560 mJ 1,064 〃 440 mJ	40 mJ	총 40mJ(출력10 mJ 레이저를 4 대 사용)	526 에서 50 mJ 1,053 〃 100 mJ
	펄스반복	10 Hz	10 Hz	50 Hz	50 Hz
	송신빔퍼짐	0.1 mrad	0.1 mrad	0.1 mrad	0.1 mrad
	망원경구경	98 cm ψ	8 cm ψ	40 cm ψ	100 cm ψ
	연직분해능	35 m	0.75 m	150 m	100 m
	수평분해능	750 m	100 m	1 km	1.5 km
	중 량	990 kg	90 kg		250 kg
	소비전력	3 kW	60 W	250 W	250 W

1. LITE : Lidar-In-space Technology Experiment
2. SLA : Shuttle Laser Altimeter
3. MDS-LIDAR : Mission Demonstration Satellite-Lidar
4. PBL : Planetary Boundary Layer

게도 화성탐사기 자체의 문제 때문에 목적을 달성하지 못했다.

이들 제 1 세대의 개발성과를 기반으로 레이저 파장이나 주파수를 고도로 제어해서 보다 어렵기는 하지만, 지구환경관측에 있어서 대단히 주요한 대기(大氣) 파리미터인 수증기나 바람의 관측을 목적으로 한 대형위성(大型衛星)에 의한 차세대 스페이스라이더의 개발이 계획되고 있다. 이들을 표 21.2 에 정리해서 나타내고 있다 국제협력에 의한 ISS(International Space Station, 우주스테이션)의 건설이 드디어 1997 년부터 시작되어 2001 년에는 공용(共

표 21.2. 대형위성에 의한 차세대 스페이스라이더의 개발계획

	NASDA		NASA			ESA	
명칭	DIAL	J-LAWS[1]	GLAS[2]	LAWS[3]	LASE[4]	*ATLID*[5]	*ALADIN*[6]
탑재 후보	*ISS*[7] − *JEM*[8]	*ISS* − *JEM*	?	?	?	?	*ISS*[7]
발사 계획	200?년	2006년	2002년	?	?	?	2002년
관측 대상	· 수증기 · 구름 · 에어러솔 · PBL	· 바람 · 구름 · 에어러솔 · PBL	· 지형 · 구름 · 에어러솔 · PBL	· 바람 · 구름 · 에어러솔 · PBL	· 수증기 · 구름 · 에어러솔 · PBL	· 구름 · 에어러솔 · PBL	· 바람 · 구름 · 에어러솔 · PBL
레이저	Ti:Sapp-hire 레이저	Tm, H_0 : YLF 레이저	Nd : YAG 레이저	? ·	Ti:Sapphire 레이저	Nd:YAG 레이저	CO_2레이저

1. J-LAWS : Japanese-LAser Wind Sensor.
2. GLAS : Geoscience Laser Altimeter System.
3. LAWS : LAser Wind Sounder.
4. LASE : Lidar Atmospheric Sensing Experiment.
5. ATLID : ATmospheric LIDar.
6. ALADIN : Atmospheric LAser Doppler wINd sounder.
7. ISS : International Space Station.
8. JEM : Japanese Experimental Module

用)이 개시되지만, 대형우주건조물인 ISS는 중량, 전력량 모두 제 1세대에 비교해 월등히 큰 IDIAL이나 탑라이더(top lidar) 등의 우주실험에는 적합하다.

일본에서는 대기(大氣), 해양(海洋), 식생(植生) 등 각 분야의 과학자, 연구자의 입장에서 "일본이 지구환경문제에 대해 어떻게 세계에 공헌할 수 있을까?"를 NASDA 지구환경 관측위성 프로그램에 제언하는 기관으로써 '지구환경관측위원회(地球環境觀測委員會)'가 있다. 많은 검토·토의를 거친 결과, 지구환경문제에 새롭게 되는 지견(知見)과 예측(豫測)에 대한 스페이스라이더는 대기, 해양이 있어서 수순환(水循環, 물순환, water cycle)에 초점을 좁히고, 우선 MDS-Lidar에 의한 우주에서의 기초실험 후 이들의 자료를 근거로 수증기 분포, 바람 분포 관측을 위해 더욱 고기능(高機能) 라이더인 H_2O DIAL이나 탑라이더인 J-LAWS의 개발을 제안하고 있다.

제 Ⅳ 부 빛과 음파를 이용한 측기

이 단원에서는 빛〔光, light〕과 음파(音波, sound wave)를 이용해서 고층관측을 하는 대기측기(大氣測器, atmospheric instrument)를 개발했고, 또 앞으로 개척하려는 측기의 기본이 되고자 하는 곳이다. 제 22 장~25 장까지는 빛을 이용하는 수동형(受動型) 측기이고, 26 장은 음파(音波)를 이용하는 능동형(能動型) 측기(測器)를 취급하고 있다.

Chapter 22

썬포토미터에 의한 에어러솔 관측

22.1. 소 개

썬포토미터〔sun-photometer, 태양광도계(太陽光度計)〕를 이용해서 에어러솔에 의한 대기혼탁도(大氣混濁度, atmospheric turbidity)의 관측에 대해서는 관근(關根 = 세끼네, 1980)이 WMO의 대기혼탁도전문가회의에서의 보고 사례를 토대로 해서 소개하고 있다.스즈끼・사사끼(鈴木・佐佐木; 1989)가 썬포토미터를 시작(試作)하고 있다. 또 대기배경오염관측의 한 종목으로써 썬포토미터에 의한 관측을 개시하고 있다. 더욱이 고층기상대에 있어서도 일사(日射)·방사(放射) 관측에 있어서 에어러솔의 영향을 정확하게 평가하기 위해서 썬포토미터의 의한 에어러솔의 정상적인 연구관측도 개시하고 있다.

22.2. 원 리

태양에서 오는 직달광(直達光)은 대기중의 공기분자나 에어러솔에 의한 산란(散亂), 수증기, 이산화탄소, 오존 등의 기체에 의한 흡수에 의해 감쇠(減衰)한다. 여기서 지상에 있어서 어떤 파장의 태양직달광(太陽直達光) I 는 다음의 식으로 표현할 수 있다.

$$I = I_0 \cdot e^{-[\tau(air) + \tau(aro) + \tau(gas)]\, m} \tag{22.1}$$

여기서

I : 지상에서 관측되는 파장별 직달일사(直達日射) 강도

I_0 : 대기(大氣) 밖에서의 파장별 직달일사 강도

$\tau(air)$: 공기분자의 의한 빛의 파장별 산란계수((散亂係數, 공기분자의 광학적 두께)

$\tau(aro)$: 에어러솔의 〃 〃 (에어러솔의 광학적 두께)

τ(*gas*) : 수증기, 이산화탄소, 오존 등의 기체에 의한 빛의 파장별 흡수계수(흡수기체의 광학적 두께)

m : 대기로정(大氣路程, air mass)

이다. 따라서 에어러솔의 광학적 두께는 위식을 변형해서,

$$\tau(\text{aro}) = \frac{1}{\text{m}} \cdot \ln\left(\frac{I_0}{I}\right) - [\tau(\text{air}) + \tau(\text{gas})] \tag{22.2}$$

로 구해진다.

여기서 τ(air)는 공기분자에 의한 빛의 파장별 레일리산란(Rayleigh 散亂)계수이고, τ(air) 는 Flöhlich and Shaw(1980)가 이용한 식에 의해 이론적으로 계산할 수 있다.

$$\tau(\text{air}) = \frac{\text{p}}{1{,}013.26} \times 0.00838 \times \lambda^{-(3.916 + 0.074\lambda + \frac{0.05}{\lambda})} \tag{22.3}$$

λ 는 파장(㎛), *p* 는 현지기압(hPa)이다. 그런데 τ (gas)는 관측파장 λ 를 수증기나 이산화탄소 등의 기체에 의한 흡수가 없는 파장으로 설정함으로써 무시할 수 있다. 단, 가시역(可視域)의 중앙부에서는 오존에 의한 흡수대(吸收帶, Chappuis 흡수대)가 있기 때문에 오존의 흡수대에 해당하는 관측파장(500 nm, 675 nm)에서는 오존에 의한 흡수량을 견적할 필요가 있다(자세하게는 22.6.1 항의 「파장별 에어러솔의 광학적 두께」에 있다).

22.3. 썬포토미터의 관측파장

썬포토미터에 의한 관측에 대해서 관측파장의 설정은 관측대상이 되는 대기량(大氣量)과도 깊은 관계가 있어 중요하다. 그림 22.1과 표 22.1은 세계기후연구계획(世界氣候硏究計劃, WCRP, 1986년, World Climate Research Programme)의 기술서(技術書)에서 추장〔抽奬 : 추천하여 장려함, 추탁(抽擢)〕하고 있는 관측파장이다. 이들의 도표에서도 알 수 있듯이 에어러솔을 관측대상으로 한 경우 수증기나 이산화탄소 등의 기체에 의한 흡수가 없는 파장으로 관측파장을 설정하고 있다. 또 관측대상에 따라서는 대상이 되는 기체의 흡수대(吸收帶)에 관측파장을 설정(設定)해서 행하는 경우도 있다.

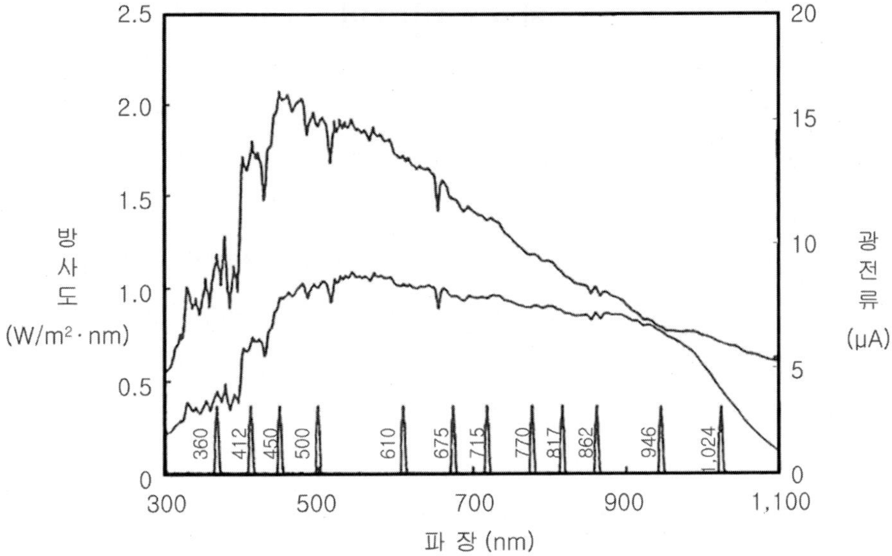

그림 22.1. 썬포토미터로 이용되고 있는 관측파장(WCRP, 1986)

세로축의 왼쪽 방사도(放射度)는 방사밀도(放射密度, irradiance)이고, 오른쪽은 광전류(光電流)는 photocurrent(photoelectric current)이다.

표 22.1. 썬포토미터에 이용된 파장들(WCRP, 1986)

적 용		채 널 파 장 (nm)											
		368	412	450	500	610	675	719	778	817	862	946	1,024
에어러솔	최소	○			○				○				
	확장	○	○		○		○		○		○		
오 존			○		○	○	○		○				
수증기	약함						○	○	○	○	○		
	강함										○	○	○
이산화질소		○	○	○									
3 채널		○			○				○				
6 채널		○	○		○	○			○		○		
9 채널		○	○		○	○	○	○	○	○	○		
12 채널		○	○	○	○	○	○	○	○	○	○	○	○

22.4. 썬포토미터의 검정

썬포토미터의 관측에서는 측기가 고유로 갖는 측기상수(測器常數, instrument constant) J_0 는 대기 밖에 있어서 그 측기로 태양직달광(太陽直達光)을 측정했을 때의 출력치〔出力値, 전류 또는 전압치로 출력되는 상대일사강도(相對日射强度)〕이다.

이 측기상수(測器常數) J_0 를 지상에서의 관측자료에서 결정하기 위해서는 Langley method 라 불리는 방법이 이용되어 오고 있다. 썬포토미터에 있어서 지상에서의 상대일사강도(相對日射强度)를 J, 대기 밖의 상대일사강도를 J_0 로 하고, 식 (22.1)을 변형해서 양변에 대수(對數)를 취하면,

$$\ln J = -[\tau(\mathrm{air}) + \tau(\mathrm{aro}) + \tau(\mathrm{gas})] \times \mathrm{m} + \ln J_0 \tag{22.4}$$

가 된다. 위 식은 경사〔傾斜, 기울기, 물매, 구배(句配)〕가 대기의 광학적두께 〔$\tau(\mathrm{air}) + \tau(\mathrm{aro}) + \tau(\mathrm{gas})$〕이고, 절편(切片)이 측기상수의 절대치($\ln J_0$) 인 직선의 식을 나타내고 있다.

그림 22.2 는 횡축(橫軸, 가로축)에 대기로정(大氣路程) m(air mass), 종축(縱軸, 세로

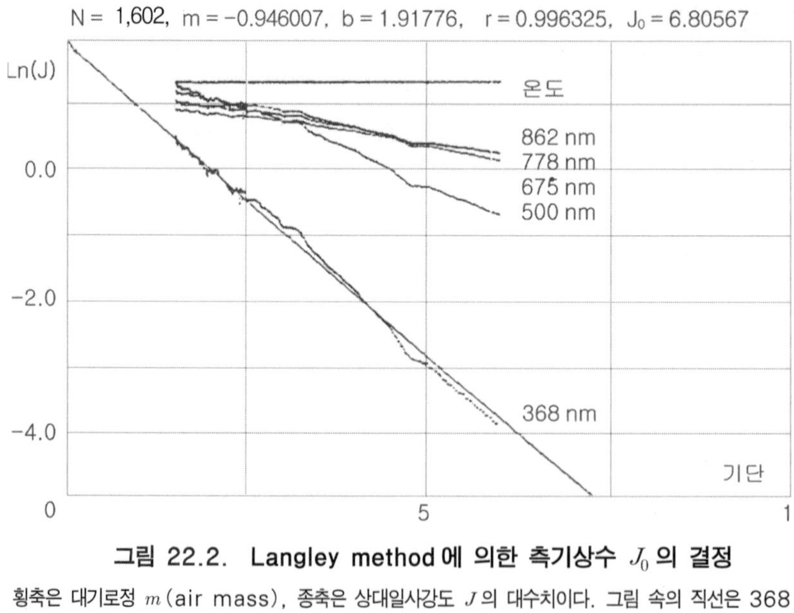

그림 22.2. Langley method 에 의한 측기상수 J_0 의 결정

횡축은 대기로정 m(air mass), 종축은 상대일사강도 J 의 대수치이다. 그림 속의 직선은 368 nm 의 관측자료에서 최소자승법에 의해 경사 및 절편을 구해 그리고 있다. 또 측기상수 J_0는 절편에서 계산하고 있다.

표 22.2. Langley method에 의한 측기상수의 검정치와 상관계수(괄호)의 예

관측파장(nm)	368	500	675	778	862
A 날짜	5.519(0.996)	6.258(0.992)	4.487(0.990)	3.597(0.990)	3.097(0.989)
B 〃	6.806(0.996)	7.162(0.989)	4.761(0.980)	3.768(0.974)	3.176(0.965)
C 〃	6.869(0.996)	7.246(0.987)	4.764(0.972)	3.827(0.971)	3.253(0.956)
D 〃	5.994(0.998)	6.580(0.990)	4.401(0.943)	3.642(0.927)	3.101(0.872)

축)에 상대일사강도 J의 대수치(對數値)를 취해 그렸다. 이들의 사이에는 식 (22.4)에 표시한 직선(반비례)의 관계가 보인다. 여기서 식 (22.4) 및 그림 22.2의 관계에서 대기로정(大氣路程)이 0, 즉 이 측기에 의한 대기 밖에서의 상대일사강도 J_0(측기상수)를 결정할 수가 있다.

이 Langley method에 의한 측기상수(測器常數)의 결정은 간단한 원리로 행할 수 있고, 쉽게 할 수 있을 것 같으나, 실제로는 그렇게 간단하지가 않다. 그것은 이 검정관측을 실시하고 있는 사이 일기가 쾌청(快晴)하고 거기다 대기의 상태가 안정되어 있을 것이 필요하기 때문이다. 표 22.2 에는 검정관측(檢定觀測)을 행한 예를 나타내고 있다. 최소자승법(最小自乘法)에 의해 직선의 절편을 정하고, 측기상수를 정하면 상관계수도 좋고 정밀도도 좋은 측기상수가 결정되는 것 같이 보이지만, 관측일이 다르면 다른 측기상수로 되어 있다. 이것은 관측일에 의해 대기의 상태가 달라 있기 때문으로 생각된다. 이 방법에서의 검정(檢定)의 곤란함을 알 수 있다.

이 Langley method 에 의한 이상적인 검정상수를 실시하기 위해서는 대기의 변동이 작고, 표순고도(標高) 2,000 m 이상의 고지(高地, 높은 곳)에서의 관측이 좋은 것으로 되어 있다. 주의 깊게 행한 관측에서는 측기상수(測器常數)를 검정오차 1 % 이하로 결정할 수 있다고 말하고 있다.

22.5. 썬포토미터의 구조

일본에서 시판되고 있는 썬포토미터로서는 에이코(英弘)정기주식회사(精機株式會社)가 제작한 전자동 썬포토미터(MS-110S)가 많이 사용되고 있다. 이 장치는 회전하는 필터홀더에 5 종류의 간섭필터(특정 파장의 빛만을 통과시키는 필터)를 탑재하고 있고, 5 파장에 대해서의 분광강도(分光强度)를 거의 동시에 연속해서 관측할 수 있는 장치로 되어 있다.

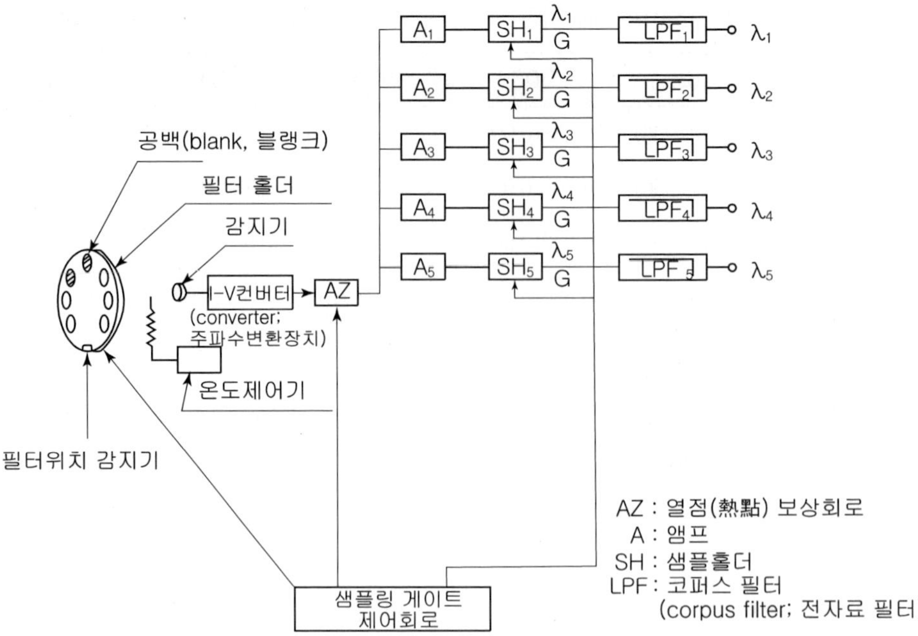

그림 22.3. 전자동(全自動) 썬포토미터(MS-110S)의 블럭도(英弘精機주식회사)

그림 22.3 에는 5 채널 전자동 썬포토미터의 블럭도(block圖)를 나타낸다. 입사창(入射窓)으로 들어온 빛은 회전하는 필터홀더에 장착된 간섭(干涉)필터를 통과해서 분광된 후, 실리콘·핀포토다이오드로 전기신호로 바뀐다. 이 전기신호는 각 파장마다 설치된 앰프로 각각 증폭(增幅)된 후, 분광강도로써 기록장치에 기록된다. 표 22.3 에는 英弘精機(영홍정기)주식회사의 전자동(全自動) 썬포토미터(MS-110S)의 규격을 나타내고 있다.

사진 22.1. 썬포토미터의 의한 관측의 모습

표 22.3. 전자동(全自動) 썬포토미터(MS-110S)의 규격(英弘精機주식회사)

1. 입사계(入射系)	전개구각(全開口角) 경사각(傾斜角) 입사창(入射窓) 조준(照準)	2.5° 이내 0.8° 이내 석영(石英) 핀홀(pinhole, 바늘구멍)
2. 분광계(分光系)	간섭(干涉)필터	파장 368, 500, 675, 778, 862 nm 파장 정밀도 ±2 nm 이하 반치폭(半値幅) 5 nm 이하 1/10치폭(値幅) 20 nm 이하 투과율(透過率) 20 % 이상 블로킹 10^{-8}% 이하(368,500,675 nm) 10^{-4}% 이하(778, 862 nm)
	필 터	구멍수 7개[안 2개 블랭크(blank=공백)] 휠(wheel)회전수 120 rpm ± 10 % (연속회전) 통과시간 12 msec 구동(驅動)모터 홀모터(hole motor)
3. 검출기(檢出器)	센서(sensor, 感知器) 유효면적 감도(感度) 온도계수 직선성(直線性) 온도검출	실리콘 · 핀포토다이오드 5.1 mm^2 > 0.15 amps/watt < −0.1 %/C < 1.0 % 반도체 온도센서
4. 온도제어(溫度制御)	히터용량 설정온도 제어방식 동작온도	AC 100 V, 50∼100 W 40 C ± 1 C 비례제어(比例制御) 30 C 이하

그런데 썬포토미터는 태양직달광의 분광관측을 하기 위해 태양추적장치로 태양을 추적(追跡)하고, 직달광(直達光)을 취급할 필요가 있다. 사진 22.1은 고층기상대에서 관측한 때의 모습이다. 태양추적장치는 스위스의 BRUSAG사에서 제작된 태양추적장치(太陽追跡裝置, INTRA II)를 이용하고 있다. 이 장치는 내장의 마이크로 프로세서로, 방위각 및 고도각을 자동적으로 제어해서 정확하게 태양추적이 될 수 있도록 되어 있다.

22.6. 관측자료의 해석처리

22.6.1. 파장별 에어러솔의 광학적 두께

파장별 에어러솔의 광학적 두께는 기본적으로는 식 (22.2)로 계산할 수 있으나, 실제의 해석에서는 태양-지구 간 거리보정(距離補正)을 고려한 아래의 식이 이용된다.

$$\tau(\mathrm{aro}) = \frac{1}{\mathrm{m}} \times \ln\left(\frac{J_0}{J \cdot S}\right) - [\tau(\mathrm{air}) + \tau(\mathrm{gas})] \tag{22.5}$$

여기서, J : 썬포토미터에 의한 지상에서의 상대일사강도(相對日射强度),

J_0 : 같은 측기에 의한 대기 밖에서의 측기상수(測器常數)

S : 태양-지구 간 거리보정계수(距離補正係數)

이다. 공기분자의 산란에 의한 광학적 두께 $\tau(\mathrm{air})$ 는 식 (22.3)으로 할 수 있다. 또 오존의 Chappuis 흡수대에 거리는 500 nm, 675 nm 의 관측파장에 대해서는 $\tau(\mathrm{gas}) = \tau(\mathrm{ozn})$ 으로 해서 아래의 식으로 계산하고, 오존 및 그 외 기체의 흡수대에 관계하지 않는 그 외의 관측파장에서는 $\tau(\mathrm{gas}) = 0$ 으로 해서 계산할 수 있다.

$$\tau(\mathrm{ozn}) = 0.001 \times \Omega \times \mathrm{k} \tag{22.6}$$

여기서, Ω : 오존량(mm-atm-cm)

k : 오존의 흡수계수, $k = 0.0328$(500 nm), $k = 0.0415$(675 nm)

이다. 여기서 이용한 오존의 흡수계수 k 는 영홍정기주식회사(1988)에 의해 인용되고 있다. 대기로정(大氣路程) m 은 태양고도각 h 를 변수로 한 Kasten(1966)의 식으로 계산할 수 있다.

$$m = \frac{1}{\sin h + 0.15 \times (h + 3.885)^{-1.253}} \tag{22.7}$$

여기서 h 는 태양고도각〔太陽高度角, ° 도(度)〕이다.

22.6.2. Angstrom의 파장지수 α와 혼탁계수 β

에어러솔입자의 입경분포에 관계되어 있는 파장지수(波長指數) α 와 에어러솔에 의한 대기의 혼탁도를 나타내는 혼탁계수(混濁係數) β 는 Ångström(1961, 1964)에 의해 아래 식으로 관계되어 있다.

$$\tau(aro) = \beta \times \lambda^{-\alpha} \tag{22.8}$$

단, τ(aro)는 각 파장에 있어서 에어러솔의 광학적 두께, λ 는 관측파장(觀測波長)이다. 그런데 식 (22.8) 의 양변의 대수(對數)를 취하고 변형하면,

$$\ln\tau(aro) = -\alpha \times \ln\lambda + \ln\beta \tag{22.9}$$

가 된다. 여기서 가로축에 파장의 대수치(對數值, ln λ), 세로축에 각 파장에 있어서의 에어러솔의 광학적 두께의 대수치 ln τ(aro)를 취해 그리면 파장지수 α 를 직선의 기울기로 하고, 혼탁계수(混濁係數) β 는 절편의 값 (lnβ)에서 계산할 수 있다.

그림 22.4에는 관측자료에서 식 (22.9)에 근거해 계산을 한 예를 나타낸다. 그림 중의 직선은 최소자승법으로 (α)와 절편 (lnβ) 를 구해 그리고 있다. 이 그림을 보면 찍은 점

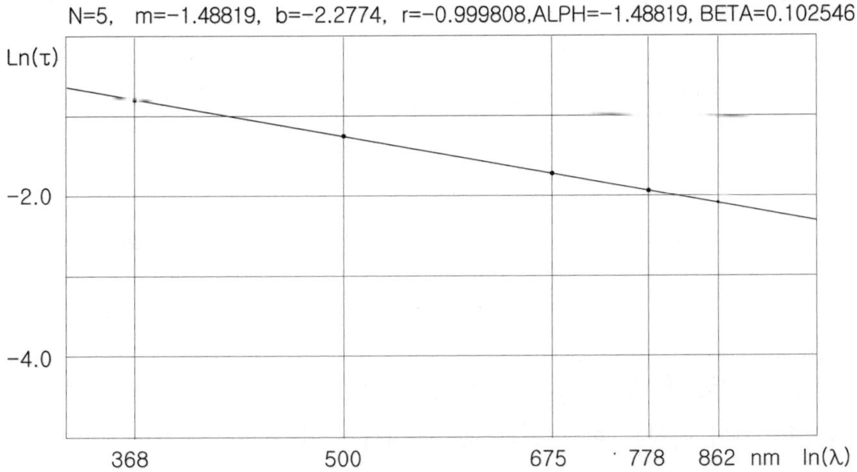

그림 22.4. 에어러솔의 광학적 두께와 파장과의 관계

횡축은 파장 λ 의 절대치(수치는 파장표시), 종축은 에어러솔의 광학적 두께의 절대치이다. 그림 중의 직선은 최소자승법에 의해 경사 및 절편을 구해서 그려 있다. 직선의 기울기는 Angstrom의 파장지수 α, 혼탁계수 β 의 대수치(對數值)이다.

이 직선상에 잘 나열되어 있는 것으로부터 에어러솔의 광학적 두께와 파장의 관계는 식 (22.8) 으로 표현된 대로라는 것을 확인할 수가 있다.

22.7. 관측자료의 해석 예

여기서는 해석결과의 예로서 그림 22.5 ~ 22.7 에는 대표적인 파장의 에어러솔의 광학적 두께의 계절변화를 나타낸다. 또 그림 22.8 과 그림 22.9 에는 각 파장에 있어서의 에어러솔의 광학적 두께의 값에서 최소자승법으로 계산한 Angstrom 의 파장지수 α와 혼탁계수 β 의 계절변화(季節變化)를 나타낸다.

이들의 결과는 고층기상대에서 관측한 것으로 자료해석은 2 월부터 12 월까지이고, 자동집록(自動集錄)에 의한 관측자료 속에서, 수평시정(水平視程)은 10 km 이상이고 남중시각의 전후 30 분 이내에 태양면에 구름이 걸려있지 않는 날을 선택했고, 그때의 에어러솔의 광학적 두께를 계산했다.

이들의 결과에서 에어러솔의 광학적 두께 등의 계절변화의 특징을 아래와 같이 해석하고 있다.

① 에어러솔의 광학적두께의 계절변화는 각 파장과 함께 2 월 후반에서 3월에 걸쳐서와 12월에 광학적 두께가 커져 있다(그림 22.5 ~ 22.7).
② Angstrom의 혼탁계수 β 의 계절변화에 있어서도 에어러솔의 광학적 두께의 경우와 같은 경향이 보인다(그림 22.9).
③ Angstrom의 파장지수 α의 계절변화는 2 월에서 3 월에 걸쳐서 크고, 12 월에 작은 경향을 나타내고 있다(그림 22.8).

더욱이 이상의 특징에서 상공의 에어러솔의 계절변화에 대해서 아래와 같은 결론을 짓고 있다.

① 이른 봄과 초겨울에 에어러솔의 양이 많아지고 있다.
② 에어러솔입자의 특징은 이른 봄과 초겨울에서는 달라있고, 초겨울 쪽이 에어러솔입자의 입경(粒徑)이 상대적으로 큰 경향이 보인다.

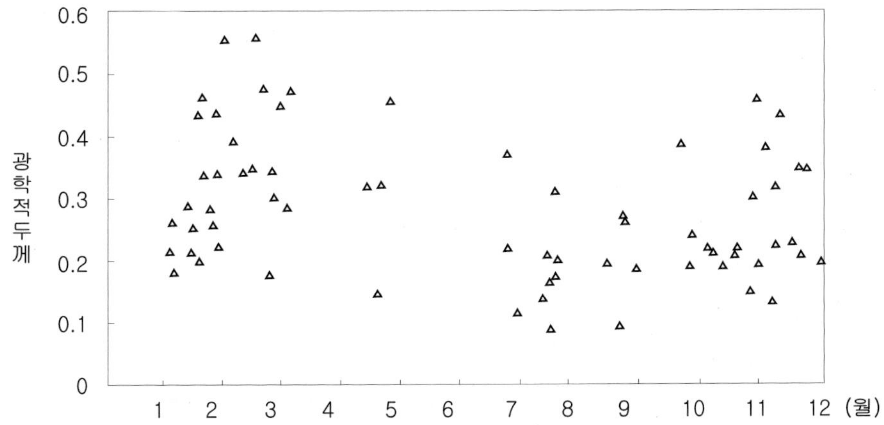

그림 22.5. 에어러솔의 광학적 두께의 계절변화(368 nm)

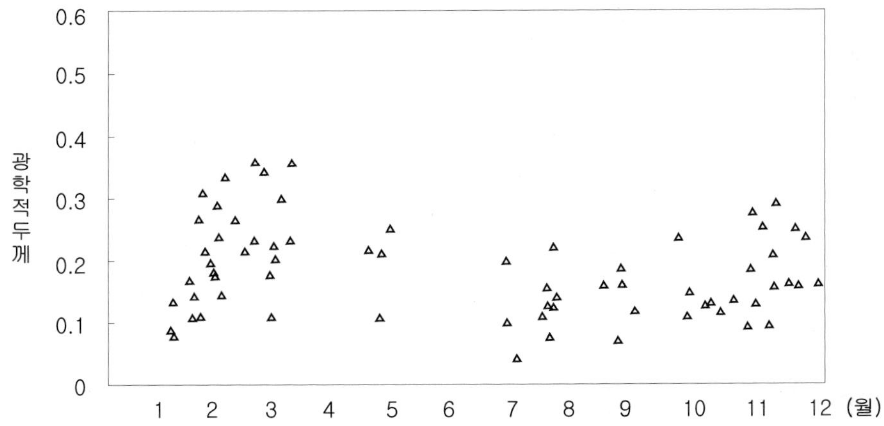

그림 22.6. 에어러솔의 광학적 두께의 계절변화(500 nm)

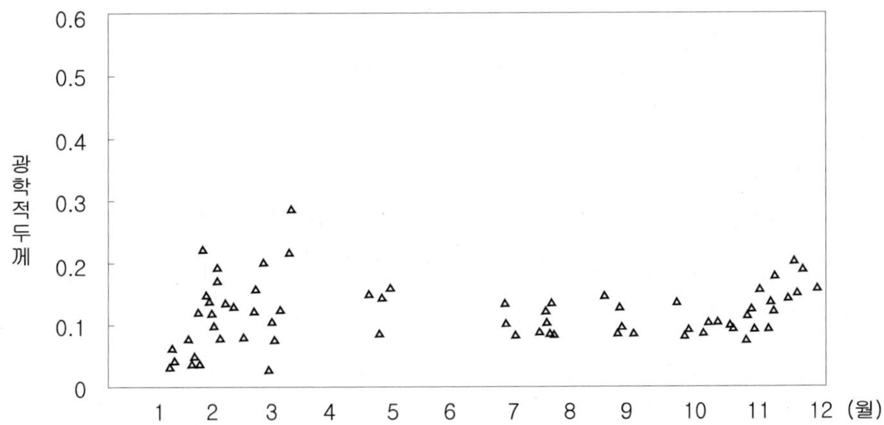

그림 22.7. 에어러솔의 광학적 두께의 계절변화(862 nm)

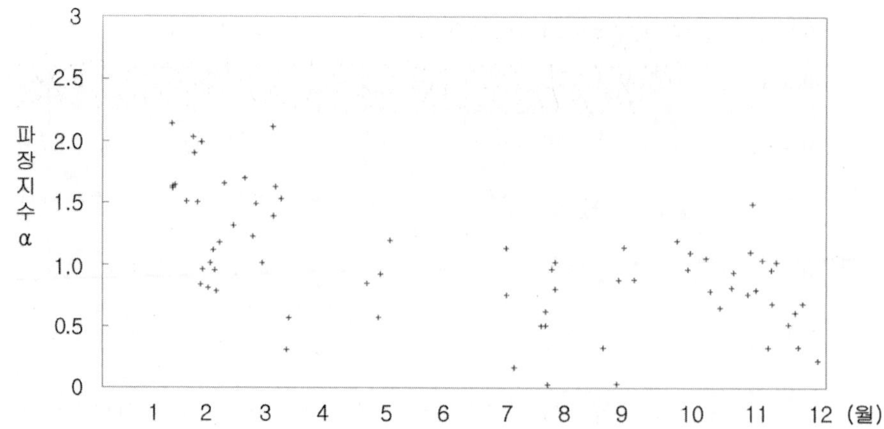

그림 22.8. 파장지수 α의 계절변화

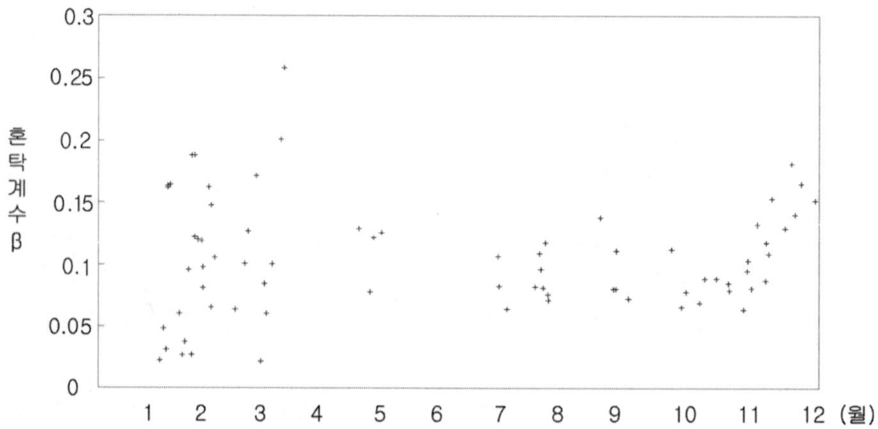

그림 22.9. 혼탁계수 β

22.8. 맺 음

썬포토미터에 의한 관측의 원리나 해석수법에 대해서 초심자를 위해 알기 쉽게 쓰인 문헌은 적다. 본문을 집필하는 데 있어서 특히 이 점을 배려하고, 구체적인 관측 사례에 근거하여 해설을 했다. 좀 더 조사나 논의를 깊게 해보는 쪽이 좋다고 생각되는 사항도 없는 것은 아니지만, 가능한 최대의 최신정보를 모집할 계획이다. 더욱이 참고문헌 등을 참조해서 썬포토미터 관측에 관한 이해를 좀 더 깊이 있게 한다면 다행한 일이다.

Chapter 23

편광방사계

23.1. 소 개

편광(偏光, polarization)은 전기 마당 벡터 또는 자기 마당 벡터의 방향이 일정한 직선 편광, 원을 그리면 진동하는 원편광 따위가 있다. 천공(天空)의 광파(光波)의 진동방향이 진행방향을 포함하는 한 평면 내에 한정되어 있는 빛을 평면편광(平面偏光, 直線偏光이라고도 한다)이라고 한다.

천공은 공기분자나 대기 중에 부유하는 입자에 의한 태양광선의 산란이 생기므로 거의 대부분에서의 빛도 편광(偏光)되고 있다. 천공광(天空光)의 편광도(偏光度)는 태양에서 90° 떨어진 부근에서 최대이고, 계절이나 시공(時空)의 상태, 태양고도에 의해 변하는데 대체로 0.6~0.8 이다. 이 최대 편광점에서 멀어짐에 따라서 편광도는 작아지고, 전연 편광되고 있지 않는 중립점(中立点)이 생긴다. 대일점(對日点)에서 약 20° 상방에 하나의 중립점(아라고의 중립점)이 있다. 또 일출・일몰의 전후 태양의 상방 약 18.5° 에도 중립점(바비네의 중립점)이 있고, 더욱이 그 태양의 반대쪽에 태양의 하방 약 10~18° 에 부류스다의 중립점이 있다. 편광기(偏光器, polariscope, 偏光子, polarizer)는 자연광을 편광으로 바꾸는 장치로, 2 개의 편광소자(偏光素子)를 편광자(偏光子)와 검광자(檢光子)로써 조합해서 편광도를 측정하는 측기(測器)이다. 편광자는 빛을 직선편광으로 바꿔 검광자를 회전시키므로 빛의 강도의 최대와 이것과 직각방향의 최소치에서 편광도를 측정한다.

편광소자(偏光素子)는 니콜〔Nicol, 니콜프리즘(Nicol prism) 편광 실험용의 방해석(方解石)제 프리즘〕, 전기석판, 폴라로이드, 적층(積層)유리판 등이 사용되고 있다. 대기과학 분야에서는 천공산란광의 편광을 측정하는 것을 가리키지만, 눈결정의 결정축의 판단에 사용되는 편광현미경, 대기 에어러솔의 구형(球形)・비구형(非球形)의 판정에 사용되는 편광해소도(偏光解消度) 판정용 라이더에도 편광기(偏光器)는 사용되고 있다.

23.2. 원 리

편광(偏光)의 원리(原理)를 방사계(放射計)에 응용한 것이 편광방사계(偏光放射計, polar-radiometer)이다. 1996년 8월에 쏘아 올린 ADEOS위성에 탑재되어 있는 POLDER (POLarization and Directionality of the Earth′s Reflectance)에서는 종래의 방사휘도(放射輝度)의 관측에 더해, 새로운 시도로써 편광도(偏光度)를 관측하는 일이 행해지고 있다. 대기 중의 에어러솔이나 구름, 지표면의 광학특성을 이제까지 이상으로 정밀도를 추정하는 것이 기대되고 있다.

빛(光, light)의 특성은 서로 수직한 두 방향의 진폭(振幅)과 위상(位相)에 의해 기술된다. 이들은 2개의 복소수(複素數)로 표현되는데, 이들의 시간적으로 평균해서 변형한 4개의 실수의 조합〔I, Q, U, V〕(Stokes parameter)으로 취급하는 일이 많다. 서로 상관(相關)이 없는 다수의 빛의 평균치에서는

$$I^2 > Q^2 + U^2 + V^2 \tag{23.1}$$

의 관계가 있다. 특히 $Q=U=V=0$의 경우는 중립(中立, neutral)인 빛으로 불리고 있다. 대기 상단에 있어서 입사 태양광은 중립인 빛의 한 예이다. POLDER에 의해 관측되는 빛은 태양광이 대기-지표면에 의해 반사되는 것이고 Q, U, V성분이 나타난다. 이들 중 V는 보통 대단히 적다. POLDER에서는 3개가 서로 60° 다른 직선편광자(直線偏光子)를 통한 빛에서 I, Q, U의 3성분을 구하고, 이들은 더욱

직선편광도(直線偏光度)

$$P = \frac{\sqrt{Q^2 + U^2}}{I} \tag{23.2}$$

편광방향(偏光方向)

$$\chi = \frac{\tan^{-1}\dfrac{U}{Q}}{2} \tag{23.3}$$

으로 변환된다. I는 이전부터 관측되고 있는 방사휘도(放射輝度)이다. 편광관측을 행함

표 23.1. 간섭필터의 특성

채널/파장(nm)	중심파장(nm)	반치폭(nm)
0/dark(暗)		
1/443	444	17.6
2/490	490	17.8
3/565	564	22.9
4/670	673	17.9
5/765	766	37.5
6/865	863	43.2

으로써 그것에 첨가되는 P, X의 2개의 양이 얻어진다. 대기-지표면을 구성하는 분자, 에어러솔, 구름, 수면(水面), 토양, 식생(植生) 등의 요소에 대해서는 이론적으로 또는 관측에서의 편광(偏光)을 포함한 광학적 특성이 알려져 있으므로 역으로 위성(衛星)에서 관측된 I, P, X에서 그들의 양이나 성질을 추정하는 것이 된다. 따라서 이전부터 행하고 있는 방사휘도(放射輝度)만에 의한 추정에 비교해서 대기량(大氣量)의 추정 정밀도가 향상되고, 또 지금까지 없었던 정보가 얻어질 것이 기대된다. 그런데 이제까지의 위성 원격탐사(遠隔探査, 리모트 센싱 = remote sensing)에서도 몇 개의 파장에 의한 방사휘도의 연산, 예를 들면 2개의 파장의 방사휘도의 차(差)와 비(比)에 주목하고 있는 대기량을 얻는 일이 행하여지고 있다. 직선편광도나 편광방향은 직선편광자을 통한 방사량(放射量)에 대기과학적인 근거에 기초해서 연산을 걸었다고 하는 견해가 가능하다.

지상에서의 천공광(天空光)의 편광관측 및 POLDER 자료의 지상 검증을 목적으로 해서 편광방사계 FPR1000〔주(株)옵토리써치, opto-research 제(製)〕이 개발되있다. 그의 파장역(波長域)과 주된 사양(仕樣)을 각각 표 23.1, 표 23.2에, 그의 블럭도〔block 圖, 덩어리 그림 = 괴도(塊圖), 조각그림 = 편도(片圖)〕를 그림 23.1에 나타낸다.

표 23.2. FPR1000의 주된 사양

검 출 부	실리콘포토 5.8 mm × 5.8 mm 다이오드
온도제어	패루체 소자(素子)
획 득	$\times 1$, $\times 10$, $\times 10^2$, $\times 10^3$, $\times 10^4$, $\times 10^5$, $\times 10^6$
편광자(偏光子)	그랜돔프손 8 mm × 8 mm 프리즘
시야각(視野角)	2°

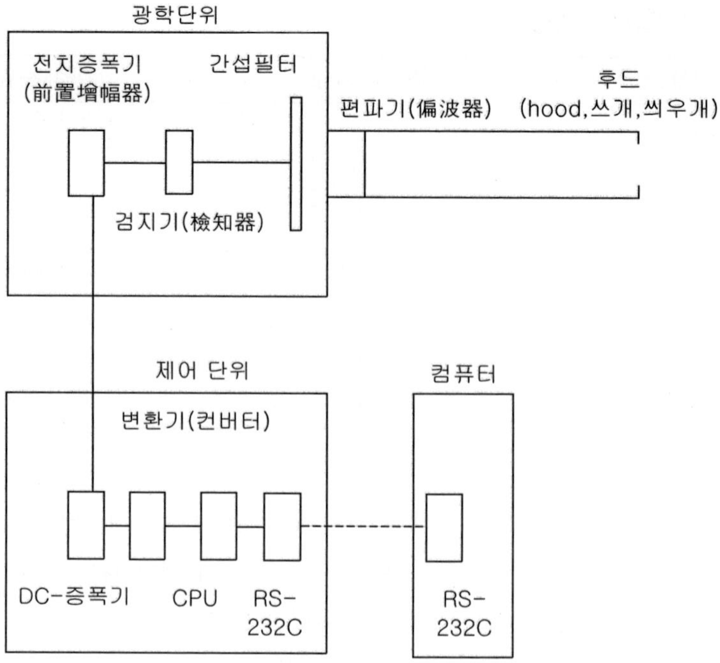

그림 23.1. 편광방사계의 부록도

FPR1000 에서는 직선편광도(直線偏光度)를 측정하기 위해서 프리즘을 회전시킴으로써 편광자(偏光子)를 통한 방사량(放射量)을 수집한다. 그들의 최대치 ($I_{\max}$), 최소치 ($I_{\min}$)에서 편광도(偏光度, polarity, %) P_0 는

$$P_0 = \frac{I_{\max} - I_{\min}}{I_{\max} + I_{\min}} \times 100 \qquad (23.4)$$

에서 구한다. 편광도(偏光度)는 측정 방사량의 상대치이기 때문에 엄밀한 측기(測器)의 검정을 행할 필요는 없다. 본기(本器)의 편광도 측정오차는 1 % 정도이다. 또 랑그리(langley, ly) 플롯〔plot, 제도(製圖)〕 등에 의해 적절한 눈금을 붙임으로써 방사휘도 W/(m^2 • um • sr)〕나 대기의 투과율을 구할 수도 있다.

23.3. 관측 예

그림 23.2 는 극동 연안의 태평양과 근해에서 방사관측(放射觀測)을 한 결과이다.

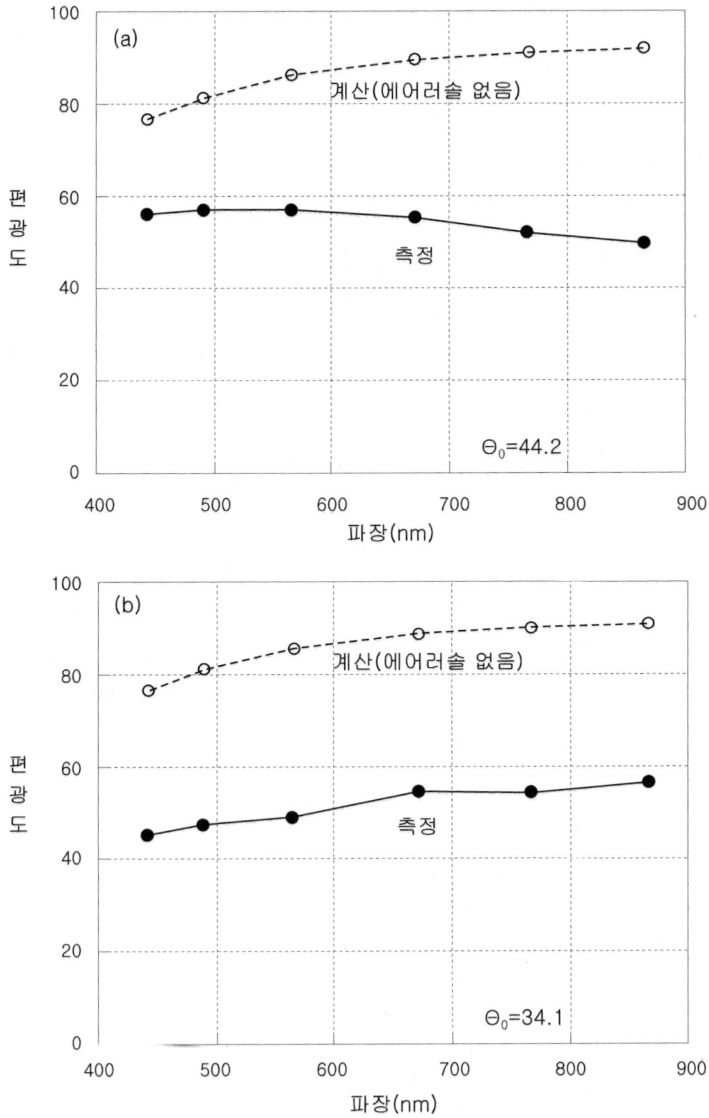

그림 23.2. 산란각 90°에서의 직선편광도

(a). 7 월 25 일 8 시 57 분(KST) 태평양 연안, (b). 7 월 29 일 9 시 55 분(KST) 육지 부근의 내해 흰 원(白圓) : 에어러솔이 없는 경우의 이론 계산치, 검은 원(黑圓) : 관측치

이 그림의 (a), (b) 는 각각 7 월 25 일(08 시 57 분)과 29 일(09 분 55 시)에 FP1000 으로 관측한 주자오면상(主子午面上), 산란각 90° 방향에 대응하는 직선편광도(直線偏光度)을 나타난다. 선박(船舶)상에서의 방사관측에서는 배의 흔들림에 대한 고려가 필요하지만, 산란각 90°에 있어서의 편광도는 보통 극대치(極大値)를 나타내므로 몇 도 정도의 배의 흔들

림에 대해서의 관측결과는 크게 영향을 받지 않는다고 하는 장점이 있다. 그림 23.2에 나타내듯이 해양상에서 가령 에어러솔이 없는 경우에는 이론적으로 편광도는 파장에 대해서 증가하는 것이 나타난다. 에어러솔이 존재하면 편광도는 각 파장에서 감소하지만 감소(減少)의 크기는 파장이나 에어러솔의 성질과 양에 따라 다르다. 대기분자의 광학적 두께는 파장의 4승에 반비례하므로 일반적으로 에어러솔이 존재함으로써 편광도의 감소는 짧은 파장에서 작고 긴 파장에서 크다. 그러나 그것은 에어러솔의 입경분포나 성분에 의한 광학특성의 파장의존성(波長依存性)에 영향을 받는다. 동시에 관측된 500 nm와 675 nm에 있어서 에어러솔의 광학적 두께에서 추정한 에어러솔의 입경분포(粒徑分布)에서는 7월 25일 08시 57분에서는 7월 29일 09시 55분에 비교해서 큰 입자를 상대적으로 많이 포함하는 에어러솔에서는 광학적 두께가 파장의 증가와 함께 그 정도로 감소하지 않으므로 그 효과가 커진다. 그 결과가 7월 25일(08시 57분)의 편광도의 감소는 7월 29일(09시 55분)의 경우와 비교해서 장파장(長波長)에서 큰 것이 나타나 있다. 여기서는 정성적(定性的)인 해명을 했지만, 편광도의 정보는 방사전달(放射傳達)의 계산결과와 비교함으로써 에어러솔의 특성의 정량적(定量的)인 이해에 유용하다. 또 에어러솔입자의 비구형성(非球形性)은 편광도에 크게 영향을 미치는 것이 지적되고 있고, 이전부터 행하고 있는 썬포토미터, 오리오르미터 등에 의한 대기투과율의 관측방사휘도의 관측과 병용함으로써 에어러솔의 광학특성(光學特性)의 추정에 유력한 수단이 된다.

Chapter 24

각종 적외분광계

파장 또는 파수를 주어지는 눈금을 갖는 분광기(分光器)를 분광계(分光計, spectrometer) 또는 스펙트로미터라고도 한다. 분광기(spectroscope)는 빛의 스펙트럼(spectrum)을 얻는 장치로 스펙트로스코프라고도 한다. 프리즘 또는 회절격자(回折格子)를 이용하는 것 외에 간섭분광기(干涉分光器)가 있다. 단파장의 자외선에는 진공분광기(眞空分光器)가, 또 장파장의 적외선에는 에쎄렛트격자 등이 이용된다. 특수한 용도에는 직시분광기(直視分光器)등도 이용된다. 분광사진기(分光寫眞器)를 단순히 분광기라고 부르는 일도 있다. 정편각(定偏角) 프리즘을 이용해서 망원경, 코리미터〔collimator : 렌즈 또는 철면경(凸面鏡)을 이용해서 평행광선속(平行光線束)을 얻는 장치〕를 고정한 채 프리즘대를 회전해서 십자선에 일치한 스펙트럼선의 파장을 회전대의 눈금에서 직접 읽을 수 있게 끔 한 것이 파장분광계(波長分光計)라고 한다. 특수한 것에 전파분광계(電波分光計), 레이저분광계, X선분광계 등이 있다. 전자등 입자선(粒子線)의 에너지 해석기(解析器)도 분광계로 부르는 일도 많다.

24.1. 소 개

전자파(電磁波)를 파장으로 식별하는 경우 0.75 ㎛~1 mm 에 걸쳐서의 파장영역을 적외영역(赤外領域, infrared region)이라고 한다. 이 영역은 가시광영역(可視光領域)과 마이크로파 영역의 중간에 위치하고 있다. 적외영역은 더욱

근적외영역(近赤外領域, 파장 : 0.75 ~ 2.5 ㎛, 파수 : 13,333~4,000 cm^{-1}),

중적외영역(中赤外領域, 파장 : 2.5 ~ 25 ㎛, 파수 : 4,000~400 cm^{-1}),

원적외영역(遠赤外領域, 파장 : 25 ㎛ ~ 1 mm, 파수 : 400~10 cm^{-1})

으로 구분되고 있다. 이 파장구분에 의하면, 원적외영역의 장파장단(長波長端)에서 부미리파영역〔부(副)미리파영역, 파장 : 0.1 ~ 1 mm, 파수 : 100~10 cm^{-1})이 포함되어 있는데,

파장구분이나 그 명칭에 대해서는 다양한 연구분야에서 독자의 정의가 되어 있는 일도 있어 꼭 통일되어 있다고는 말할 수 없다.

적외영역의 분광법은 요즈음 장족의 진보를 이루어, 적외흡수 스펙트럼의 측정은 분자구조의 해명이나 여러 가지의 화학분석에 널리 이용되어 왔다. 적외광을 분광하는 측정기의 개발의 역사는 프리즘이나 회절격자를 분산소자(分散素子)로 한 분산형분광계에서 시작되어, 현재 마이컬슨간섭계(Michelson interferometer)를 이용한 후리에변환형광도계가 다양한 분야에서 이용되고 있다. 종례 불가능했던 기술의 실용화나 새로운 광학소자(光學素子)의 개발 결과, 페브리페로 간섭계를 이용한 분광계, 레이저헤테로다인분광계나 쮸나부루레이저를 이용한 분광계가 적외영역에서도 이용 가능하게 되어 있다.

분광계의 고정밀도화(高精密度化)에 동반해서, 측정 스펙트럼의 파장분해도 현저하게 향상되고 있다. 표준적인 회절격자분광계에서는 $0.5\,cm^{-1}$ 정도의 파수분해였던 것이 레이저헤테로다인분광계를 이용하는 경우, $0.0013\,cm^{-1}$ 에도 미치는 초고분해측정이 실현되고 있다. 이와 같은 파수분해의 고분해화에 수반되어, 측정대상으로 하는 대기량도 증가하고, 고분해 스펙트럼은 각종의 현상 해명에 이용되고 있다. 저분해측정(低分解測定)의 경우, 흡수대를 구성하는 흡수선(吸收線)의 한 개 한 개를 분해해서 측정하는 것은 안 되기 때문에, 흡수대 내의 흡수강도의 큰 영역에서 작은 영역으로 넓게 파수영역을 주사(走査)해서 추정하는 대기량의 고도정보를 얻을 필요가 있다. 흡수선의 하나하나를 분리 가능한 고분해측정의 경우는 하나의 흡수선에 대해서 중심에서 날개에 걸쳐서 좁은 영역을 주사하여 추정하는 대기량의 고도정보를 얻을 수가 있다.

실제로 분광계를 이용하고 있는 물체에서의 방사(放射)를 측정하면, 그 물체에서 방사되는 에너지 분포에 물체와 분광계의 사이에 있는 기체 등에 선택적으로 흡수된 스펙트럼이 중첩해서 관측된다. 적외영역(赤外領域)에서의 흡수스펙트럼의 대부분은 대기중에 존재하는 미량성분(수증기, 이산화탄소, 오존 등)의 진동(振動)-회전준위(回轉準位) 간의 천이(遷移)에 의한 것이다. 흡수량은 흡수되는 장소에서의 기압, 기온 및 그 장소에 존재하는 기체성분의 양에 의해 결정된다. 그러기 때문에 분광계로 관측되는 방사스펙트럼에는 이상과 같은 정보가 포함되어 있다. 따라서 방사스펙트럼 흡수물질의 고도분포, 기압, 기온 등의 대기량이 단독으로 또는 복합된 상태로 구하는 것이 가능하다. 흡수선의 선폭(線幅)은 도플러(Doppler)폭이 중요하게 되는 저압(低壓)의 경우를 제외하고, 압력에 비례해서 커진다. 이런 일을 이용해서 관측된 스펙트럼의 흡수선의 중심파수에서의 거리에 의해 기압(고도)의 정보를 얻을 수가 있다.

여기에서는 적외영역에서 이용되고 있는 분광계마다 대기의 기온이나 미량기체(微量氣

体) 농도의 리모트센싱에 이용되는 측정장치에 대해서 해설한다. 거론한 측정장치 중에는 시판(市販)되고 있는 분광계를 기초로 해서 보조광학계를 조합해서 구성된 장치나 광학소자나 전자기술의 최근의 발달에 지지된 개발가능하게 된 장치도 있어 다양하다. 이들의 장치에는 매일매일 개량(改良)의 첨가되어 측정정밀도나 장치의 안정성 등에 개선이 시도되고 있다.

24.2. 회절격자분광계

1970년대의 초기, 지상에 설치한 회절격자(回折格子)를 분산소자(分散素子)에 이용한 적외방사계를 이용해서 CO_2의 15 ㎛대를 측정함으로써 0~6 km까지의 하층대기(下層大氣)에 있어서의 기온의 연직분포를 측정하는 시도가 이루어졌다. 일본의 기상연구소에서는 지상설치형 회절격자 분광계에 의한 하층대기의 기온분포의 추정이 시도되었다. 또 지상에서 적외방사를 측정함으로써 하층대기의 수증기 분포를 추정하는 수법에 대해서 보고하고 있다. 위성이나 지상에서 회절격자분광계(回折格子分光計)나 필터방사계를 이용해서 기온이나 미량기체의 연직분포 등의 기상요소를 추정하는 방법도 있다.

24.2.1. 측정장치의 원리

적외영역에 관한 다양한 연구분야에 있어서, 1970년대 초두에 마이컬슨간섭계를 이용한 후리에변환형 적외분광계〔Fourier Transform Infrared(FTIR) Spectrometer〕가 시판되고 되고 나서 회절격자분광계에서 FTIR분광계로 분석이나 계측의 주역의 자리가 교대되고 있다. 회절격자분광계(回折格子分光計)는 분산소자(分散素子)와 광학계에 의해 컴퓨터를 사용하지 않고 후리에변환의 연산과 동등한 처리를 가볍게 할 수 있는 분광계로써 현재도 많은 연구자가 이용하고 있다. 회절격자분광계와 FTIR분광계의 성능을 비교하는 것은 쉽지는 않지만, FTIR분광계가 회절격자분광계에 비교해서 광학적으로 밝은 것이나 FTIR분광계의 횡축(橫軸, 가로축)의 정밀도가 높은 것 등은 FTIR분광계의 우위점이다. 반면 FTIR분광계의 블랙박스〔black box, 암상(暗箱) 밀폐된 전자장치〕적인 신호처리의 신뢰성이 문제가 된다. 종례 분산형분광계로 측정하는 경우에는 연구자가 장치를 개량을 해서 분광계의 성능향상에 노력해 왔다. 이 경우 스펙트럼의 파수축과 투과율축의 검정 등을 꼼꼼하게 정성을 들여 행할 필요가 있고, 그 결과로써 장치의 성능과 특성을 충분히 파악할 수 있고, 또 연구목적에 따라서 장치를 변신할 수가 있었다. 그러난 현재의 FTIR

분광계에 대표되는 시판의 분광계에는 연구자가 독자적으로 개조(改造)를 할 여유는 거의 남아 있지 않다. 이와 같은 경향은 이후 더욱 더 강해지리라고 생각되지만, 연구자가 장치의 세부까지 숙지하고, 손을 댈 수 있는 가능한 분광장치는 기초연구에는 필요 불가결한 것이다. 이와 같은 관점으로부터도 회절격자분광계는 금후도 계속 이용되어 갈 것이라고 생각한다.

24.2.2. 측정장치의 구성

여기서는 기온의 연직분포의 추정을 위한 Miyauchi and Kando(1981)에 의해 개발된 분광방사계에 대해서 나타낸다. 분광방사계는 분광계 본체, 자동계측부, 기준흑체와 검정용 흑체 및 그들의 열제어장치, 신호증폭기, 신호기록장치로 구성된다.

그림 24.1 에 분광계 본체와 그 주변부의 개략을 나타낸다. 분광계의 시야각(視野角)은 15°로 설치되고, 천공(天空)광 표준흑체에서의 방사는 8 Hz 주기의 초퍼〔chopper, 직교변환기(直交變換器) : 직류증폭을 위해 전류를 단속하는 변환장치〕에 의해 교호로 측정된다. 초핑된 방사는 회절격자(回折格子, 60 lines/mm)에 의해 분산되어, 고차광(高次光)을 제거하기 위해 밴드펄스 필터를 개입해서 검지기(檢知器, 眞空熱電對)에 도달한다. 검지기에서의 신호는 로크인 증폭기〔lock-in amplifier : 동조증폭기(同調增幅器)와 위상민감검파기(位

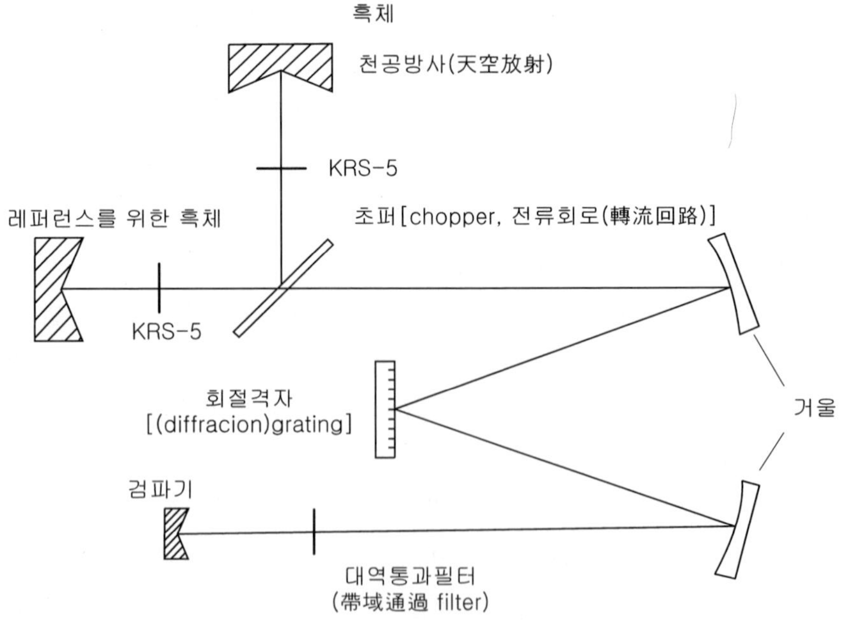

그림 24.1. 분광방사계의 개략도

相敏感檢波器)]와 조합해서 주파수와 위상이 기지(旣知)의 신호의 증폭을 높은 감도로 측정하는 증폭기)로 증폭되어 기록된다. 한 파장당 약 35초의 측정시간을 요한다. 검지기에서의 전기출력을 방사량으로 환산하기 위해 흑체로(黑体爐)를 이용해서 검정을 행할 필요가 있다. 이 검정에 대해서 Miyauchi and Kando(1981)는 분광계 내부의 열방사의 영향을 제거하기 위해 분광계의 환경온도나 분광특성에 의존하지 않는 방법을 나타내고 있다. 측정파장은 Wang et al.(1975)에 이용된 13.81, 14.05, 14.29, 14.43, 14.54, 14.76 및 14.95 ㎛가 채택되고 있다.

24.2.3. 관측 예

청천(晴天)의 조건하에서, 고층기상대에서 Miyauchi and Kando(1981)에 의해 행해진 관측 예를 나타낸다.

그림 24.2는 분광방사계에 의해 추정된 기온의 연직분포(점선)과 기상용존데에 의해 동시에 관측된 기온의 연직분포(실선)이다. 추정된 접지역전층(接地逆轉層)의 높이와 존데관측에 의한 그것과는 약 150 m 정도의 차이가 있지만, 접지역전층의 양상은 명료하게 검출되고 있다. 존데관측의 기온과 추정기온에는 2 C 정도의 차이가 보이지만, 이 차이의 원

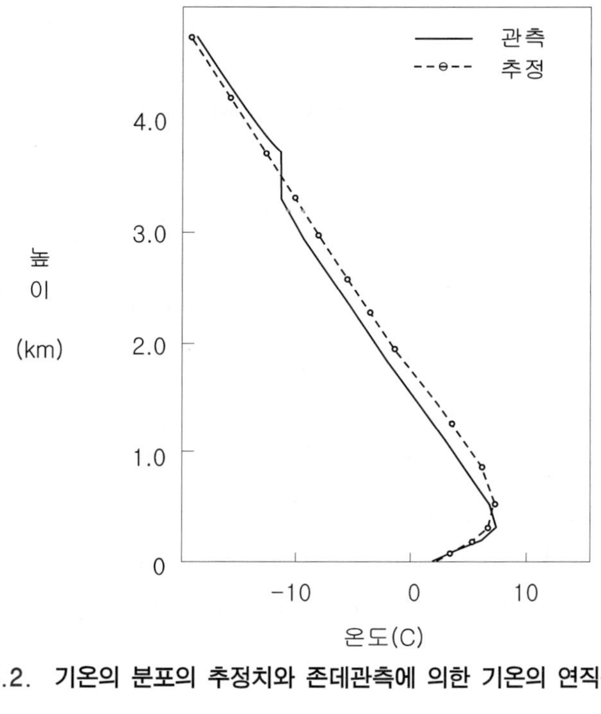

그림 24.2. 기온의 분포의 추정치와 존데관측에 의한 기온의 연직분포의 비교

인으로 추정된 방사량의 불정확함이나 해석으로 계산된 대기의 투과함수의 불확실함이 고려되고 있다. 또 해석에 이용된 파장의 하중함수(荷重函數)가 상공일수록 작아지기 때문에 추정되는 정보가 불충분한 것과 존데에 의한 관측치 자체의 오차(誤差) 등도 차위(差違)의 원인으로 지적되고 있다.

Miyauchi and Kando(1981)는 분광방사계의 시야 내에 구름이 존재하는 경우에 대해서도 논의하고 있지만, 회절격자분광계와 같이 관측에 시간을 요하는 측기(測器)에서는 구름이 변화하는 상태를 관측하는 어려움이 지적되고 있다.

24.2.4. 자료의 특성

회절격자분광계는 마이컬슨간섭계나 페브리페로간섭계를 이용한 간섭형분광계에 비교해서 광학계가 밝지 않다. 이 때문에 스펙트럼의 신호대 잡음비(*SN*비)를 향상시키는 데는 측정에 시간을 들일 필요가 있다. 따라서 변화가 빠른 현상의 관측에서는 일반적으로 적당하지 않다. 장시간의 관측에서 얻어진 대기량은 관측시간 내에서 평균화된 값으로 고칠 수가 있다. 이 점을 개선하기 위해서는 광학계의 밝은 간섭형분광계를 이용한 단시간의 관측이 바람직하다. 최근 파수분해(波數分解) 0.5 cm^{-1} 정도의 FTIR 분광계를 이용해서 대기의 하향 적외방사(下向 赤外放射)를 측정하고, 기온이나 미량성분농도의 관측 예가 보고 되고 있다.

24.3. 후리에 변환형분광계

지구온난화나 성층권의 오존층 파괴에 관련된 다수의 미량기체(微量氣体)가 지상에 설치된 후리에변환형 적외분광계 〔후리에變煥型 赤外分光計, Fourier Transform Infrared (FTIR) Spectr ometer〕나 항공기·기구 등에 탑재된 FTIR 분광계를 이용해서 관측되고 있다. 미량기체의 관측은 태양광의 스펙트럼을 측정하는 방법이 일반적이고, 미량기체의 적외흡수를 정밀측정하는 것에 의해 이루어진다. 1980년대 후반에 되어 0.01 cm^{-1}이상의 고분해측정이 가능한 FTIR분광계가 시판되게 되고, 적외영역에서의 고분해 스펙트럼을 관측할 수 있게 되었다. 그 결과 현재에는 미량기체의 기주량(氣柱量)이나 고도분포가 연속 관측되고 있다. 세계의 많은 연구자가 FTIR분광계를 이용해서 미량기체의 관측을 행하고 있고, 성층권·대류권의 대기화학에 관련된 미량기체의 관측이 계속되고 있다.

24.3.1. 측정장치의 원리

FTIR 분광계에 대해서는 다수의 서적이 출판되고 있으므로 측정원리의 상세한 것은 서적을 참고하기 바란다. 여기서는 후리에 변환형분광법(變煥型分光法)에 대해서 간단히 설명한다.

프리즘이나 회절격자 등의 분산소자(分散素子)를 이용한 분산형분광계는 빛의 진동수(파장)의 함수로써 빛의 강도를 측정하고 있다. 즉 주파수영역의 스펙트럼을 측정하고 있다. 한편 FTIR분광계는 빛의 간섭(干涉)이 이용되고 있고, 시간영역의 스펙트럼인 간섭곡선(干涉曲線)을 측정한다. 시간영역의 스펙트럼은 주파수영역의 스펙트럼과 후리에변환의 함수로 있기 때문에 측정한 간섭곡선을 후리에 변환하면 주파수영역의 스펙트럼이 얻어진다. 그림 24.3 에 일반적인 FTIR분광계에 채용되어 있는 마이컬슨간섭계(Michelson interferometer)를 나타낸다. 그림에 나타난 마이컬슨간섭계는 빔 스피리터[beam splitter, 광선분열파(光線分裂波), BS]와 고정경(固定鏡), 가동경(可動鏡)으로 구성된다. 광원에서 어떤 각도로 퍼져나온 빛이 코리메터(collimator : 렌즈 또는 요면경(凹面鏡)을 이용해서 평행광선속(平行光線束)을 얻는 장치)경으로 평행광이 되어 BS에 입사한다. BS에서는 입사한 빛이 투과광과 반사광의 2 개의 광속으로 분할한다. 반사광은 고정경에, 투과광은 가동경에 입시하고 반사되어 BS에 돌아오고, BS 위에서 양 광속이 합성하게 된다. 이때, 합성파(合成波)는 고정경과 BS와의 거리 x_f 와 가동경과 BS 와의 거리 x_m 과의 차에 의존해서 간

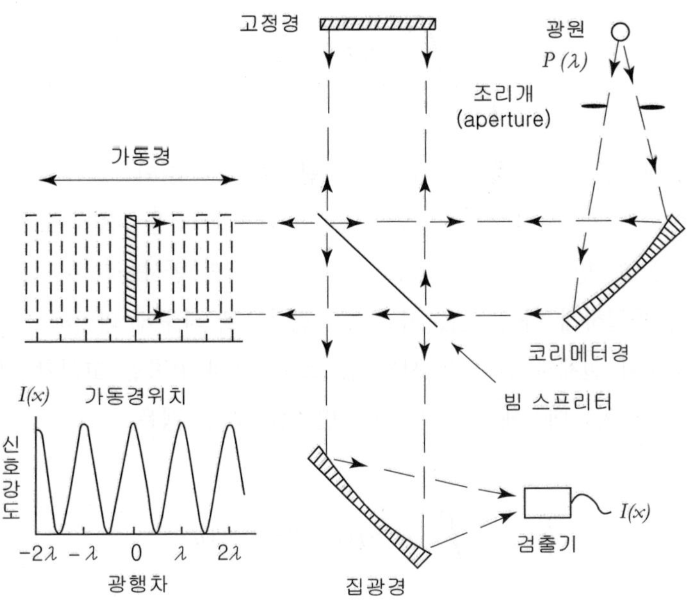

그림 24.3. 마이컬슨간섭계

섭을 받고, 강해지기도 하고 약해지기도 한다. 거리 x_f 와 거리 x_m 과의 차를 광로차(光路差)라고 한다.

일반적으로 말하면, 빛의 파장을 λ, n을 정수(整數)로 하면, 광로차가 $n\lambda$일 때에 서로 강해지고, $(n+0.5)\lambda$일 때 약해지는 것이 된다. 따라서 가동경(可動鏡)을 움직여서 광로차를 바꾸면서 간섭광의 강도 $I(x)$를 검지기로 관측하면, 어떤 파장의 빛 λ에 대해서 광로차가 $n\lambda$에서 최대가 되고, $(n+0.5)\lambda$에서 최소가 되는 파형(波形)이 얻어진다. 이것을 식으로 표현하면 다음과 같이 된다.

$$I(x) = 0.5\,P(\lambda)\left(1+\cos\frac{2\pi x}{\lambda}\right) \tag{24.1}$$

여기서 $P(\lambda)$는 어떤 파장 λ에서의 광원강도(光源强度)이다. 광원에는 각종 파장의 성분이 포함되어 있다. $I(x)$는 광로차가 영(零, zero)의 점에 대해서 좌우대칭인 간섭파형(干涉波形)이다. $I(x)$는 직류성분과 교류성분의 합으로 표현되어 있지만, 후리에변환에 대해서는 교류성분이 의미를 갖고, 이 변조(變調)되어 있는 간섭곡선(干涉曲線)의 것을 인터페로그램(interferogram)이라고 한다.

여기서 파장을 파수로 변환($\lambda = 1/\nu$)하고, 각종의 파수를 포함하는 연속광원을 생각하면, 인터페로그램은 다음과 같이 표현된다.

$$I(x) = \int_0^\infty 0.5\,P(\nu)\cos(2\pi\nu x)\,d\nu \tag{24.2}$$

이 식은 후리에변환의 모습을 취하고 있고, 단광속(單光束)의 스펙트럼 $P(\lambda)$가 후리에 여현(余弦=餘弦, cos, 코사인, cosine)변환으로 구해지는 것을 나타내고 있다. 그러나 광선분열파(光線分裂波, 빔 스프리터, beam splitter, BS)의 반사율과 투과율을 전파수 영역의 빛에 대해서 동일하게 하는 것은 사실상 곤란하므로 파수에 의존해서 다수의 빛 손실이 있는 것으로부터 실제의 간섭계에서는 빔 스프리터의 효율을 고려할 필요가 있다. 이것들을 포함해서 $P(\lambda)$ 대신에 $B(\lambda)$로 놓으면 인터페로그램은

$$I(x) = \int_0^\infty B(\nu)\cos(2\pi\nu x)\,d\nu \tag{24.3}$$

이 된다. 따라서 후리에변환의 관계에 의해 검지기에 입사하는 빛의 강도분포는

$$B(\nu) = \int_0^{\infty} I(x) \cos(2\pi\nu x)\,dx \tag{24.4}$$

로 주어진다. 이상과 같이, 인터페로그램 $I(x)$를 측정하고 그 후리에변환을 행하면, 목적하는 스펙트럼 $B(\nu)$가 얻어지게 된다.

$B(\nu)$에 관한 식을 측정계에서 실행하는 데에는 광로차가 무한대가 될 때까지 가동경(可動鏡)을 움직이지 않으면 안 된다. 그것은 실제상에서는 불가능하다. 그 대신에 인터페로그램의 측정은 가동경을 어느 일정의 거리이동해서 행해진다. 이와 같이 유한의 범위에서 가동경을 이동시켜서 인터페로그램을 측정하고 후리에변환하면, 본래 선스펙트럼(line spectrum)이 되는 경우도 리플〔ripple, 잔물결, 소파(小波), 맥동(脈動) : 교류를 직류로 바꾸었을 때 완전히 직류로 되지 않고 남은 작은 전압의 변동〕을 동반한 폭(幅)이 있는 스펙트럼이 된다.

유한범위$(-L, L)$에서 측정하는 일은 후리에변환일 때 다음의 식을 계산하는 것으로 대응한다.

$$\overline{B}(\nu) = \int_0^{\infty} A(x)\, I(x) \cos(2\pi\nu x)\,dx \tag{24.5}$$

단, $A(x) = 1\,(|x| \leq L)$, $A(x) = 0\,(|x| \geq L)$으로 위 식으로 계산된 스펙트럼은 본래의 스펙트럼 $B(\nu)$에 $A(x)$의 후리에변환상 $a(\nu)$가 속에 넣어져 있다〔convolution, 와권(渦巻), 회선(回旋)〕. 함수 $A(x)$는 적분을 급속히 마감하는 것에 대응하고 있고, 이 경우에 리플〔ripple, 소파(小波), 맥동(脈動)〕이 나타난다(그림 24.4). $A(x)$로써 삼각함수 등을 이용해서 적분을 부드럽게 끝내면, 그림과 같이 소파(小波, 맥동)은 작아진다. 이와 같이 소파를 작게 하는 함수의 것을 아포다이제이션(apodization : 거의 균일한 투과율분포를 갖고 있는 렌즈 등의 결상계(結像系)에 고의로 특수한 투과율 분포를 부여해서, 점상(点像) 주위에 생기는 고리상의 구조를 제거하는 기술)함수라고 한다. 표 21.1에 잘 이용되고 있는 아포다이제이션함수의 예를 나타낸다. 아포다이제이션함수를 후리에변환한 함수〔표 24.1의 $F\{A(x)\}$〕는 FTIR 분광계의 장치함수(裝置函數)로 불리고, 분산형분광계의 스릿함수에 상당한다. FTIR분광법에 있어서 위 이외의 중요한 문제점으로는 사입사광(斜入射光)의 영향에 관한 입사공(入射孔)의 크기의 영향이나 비대칭 인터페로그램을 보정하

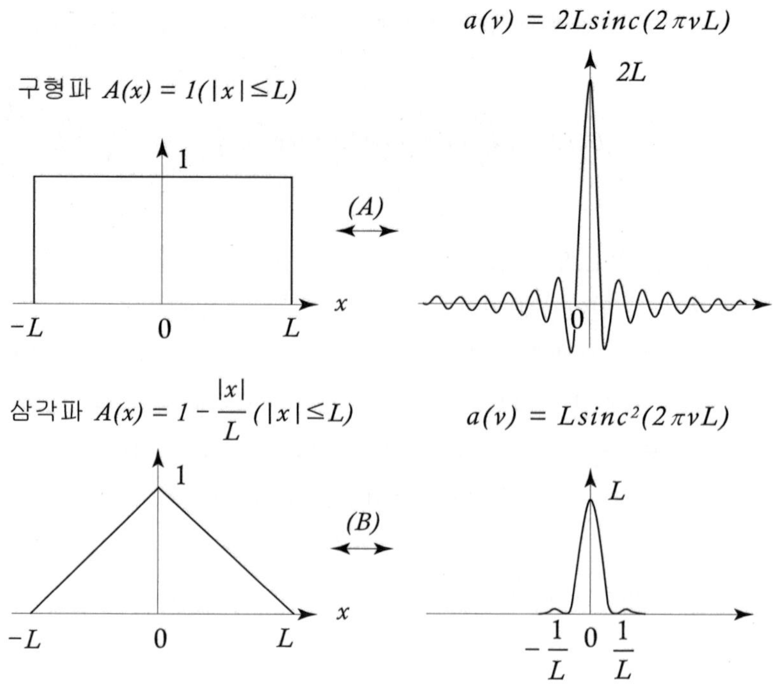

그림 24.4. 구형파, 삼각파와 그 후리에변환상(像)

(sin cx = sin x/x), 구형파(矩形波, 矩形 = 方形 = 직사각형), 삼각파(三角波)

는 위상오차(位相誤差) 등이 있다.

FTIR 분광법은 분산형분광법에 비교해서, 다음과 같은 몇 개의 이점이 거론된다.

i) 광량(光量) 이용률의 이점(Jaquinot advantage)

분광계는 밝은 쪽보다 약한 빛을 검출할 수 있다. 이 밝기는 광학적 스루풋(throughput : 기계, 특히 컴퓨터 등의 정보처리 기기가 일정 기간에 처리할 수 있는 작업량, 생산고, 일량)이라고 하는 광원(光源)의 면적과 이용할 수 있는 입체각의 곱〔적(積)〕으로 결정된다. 분산형분광계에서는 좁은 폭의 슬릿(slit)을 이용해서 분해능을 유지하고 있고, 광학적 스루풋은 입사 슬릿 면적과 입사 입체각과의 적(積)이 된다. 한편 FTIR분광계에서 분해능은 가동경(可動鏡)의 이동거리로 결정되고, 광학적 스루풋은 입사공(入射孔)의 개구(開口)면적과 입사입체각으로 정의된다. 입사공(入射孔)의 개구(開口)는 슬릿에 비교해서 크고, 일반적으로는 분산형분광계에 비교해서 FTIR분광계의 쪽이 약 2자리 정도 밝은 특징이 있다.

ii) 다중도(多重度)의 이점(Fellgett advantage multiplex advantage)

분산형분광계에서는 어떤 시각에 전측정 파수영역(全測定 波數領域) 중 특정파수의 부

표 24.1. 주된 아포다이제이션함수의 특성

아포다이제이tus함수 $A(x) = (\mid x \mid \leq L)$①	$F\{A(x)\}$	반치폭 (半値幅)	분해능② (分解能)	피크 높이③	리플④ (%)
구형(矩形)=방형(方形) =직사각형 1	$2Lrmsin(2\pi\nu L)/2\pi\nu L$	0.60/L	0.68L	2.0	-21.5
삼각형 1-x/L	$L\sin^2(\pi\nu L)/(\pi\nu L)^2$	0.88/L	0.88/L	1.0	+4.5
여현함수(余弦函數) $\cos(\pi x/2L)$	$\frac{\pi L}{(\pi/2)^2-(2\pi\nu L)^2}\cos(2\pi\nu L)$	0.82L	0.85/L	1.27	-6.7
Happ Genzel $0.54+0.46\cos(\pi x/L)$	$[\frac{0.54}{\pi\nu}+\frac{(0.46)4\pi\nu L^2}{\pi^2-(2\pi\nu L)^2}] \times \sin(2\pi\nu L)$	0.91/L	0.89/L	1.08	-0.6
로렌스형 $\exp(-\|x\|/L)$	$\frac{2L}{1+(2\pi\nu L)^2}[1+e^{-1} \mid 2\pi\nu L \times \sin(2\pi\nu L)-\cos(2\pi\nu L) \mid]$	0.71/L	0.73/L	1.26	-5.5
가우스형 $\exp[-(2.24x/L)^2]$	$\frac{L\sqrt{\pi}}{2.24}\exp[-(\frac{\pi\nu L}{2.24})^2]$	0.17/L	0.16/L	0.79	-0.0

① $A(x) = 0(|x| > L)$.

② 분해능은 피크(peak, 頂点)높이에 대해서 2 %의 움푹 들어간 곳〔요부(凹部)〕이 생기는 경우에 대해서 나타내고 있다. 또한 20 %의 요부(凹部)에서는 구형함수(矩形函數)로 0.73/L cm^{-1}, 삼각형에서 1/L cm^{-1} 이 된다.

③ 삼각형의 경우의 피크높이를 1로 한 때의 상대치(相對値).

④ 피크높이에 대한 소파(맥동, 리플)의 크기의 비율.

분만의 빛을 이용하고 있다. 이것에 대해서 FTIR분광법에서는 어떤 측정시간 내에 전파수 영역의 빛을 이용해서 스펙트럼의 측정을 행한다. 일반적으로 측정신호의 SN비는 측정에 요하는 시간을 T로 하면, $\sqrt{T}$에 비례한다. 여기서 측정하는 스펙트럼 요소를 m으로 하면, 가 요소당의 소요측정시간은 분산형분광계에서는 T/m이 되는데 반해서, FTIR분광계에서는 한번에 전파수영역을 측정하므로 T가 된다. 따라서 FTIR 분광계의 쪽이 $\sqrt{m}$ 배 만큼 SN비가 좋아진다. 다중도(多重度)의 이점은 분해능이 높은 측정일수록 FTI R분광계의 쪽이 유리하게 되는 것을 나타내고 있다.

iii) 파수정밀도의 이점(Connes advantage)

FTIR 분광계에서 얻어진 스펙트럼은 절대파수(絶對波數) 정밀도가 높다고 하는 특징이 있다. 이것은 He-Ne 레이저광의 파장을 기준으로 해서 자료의 측정을 하고 있기 때문에 파수 정밀도는 분산형분광계에 비교해서 월등히 높다.

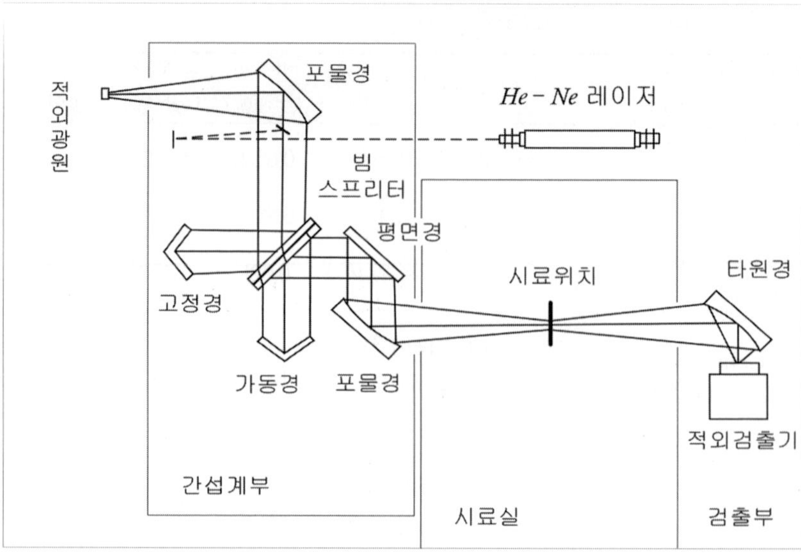

그림 24.5. FTIR 분광계의 과학계의 예

24.3.2. 측정장치의 구성 및 적외흡수대

그림 24.5 에 일반적인 실내실험용의 FTIR 분광계의 광학계를 나타낸다. 대기중의 미량기체를 측정하는 경우에는 그림 중의 적외광원은 태양이 되고, 태양광은 태양추미장치(太陽追尾裝置) 등에 의해 FTIR 분광계에 도입된다.

FTIR 분광계는 적외역에 흡수를 갖는 기체성분의 측정이 가능하지만, 그림 24.6 에 각종 기체의 적외흡수대에 대해서 나타낸다(Ramanathan et al., 1987; Rothman et al., 1987). 근년 고분해 FTIR분광계를 이용해서 이들의 흡수대를 구성하는 흡수선의 한 개 하나하나를 측정하는 것으로 기체성분의 기주량(氣柱量)이나 고도분포에 관한 정보가 얻어지고 있다.

24.3.3. 관측 예

O_3 의 화학에 관련된 HCl, $ClONO_2$, HNO_3, HF, NO, O_3 등의 대기미량성분이나 대기의 수송과정을 조사하기 위해서 N_2O, CH_4 등의 연속관측을 실시하고 있다. 이제까지 CO의 기주량(氣柱量)이나 대류권 농도 및 O_3의 고도분포 등에 대해서 자세한 결과가 보고 되고 있다. 관측에 이용되고 있는 FTIR 분광계은 Bruker사 제품의 IFS-120M 이고, 스펙트럼분해는 0.0024 cm^{-1}〔구형(矩形)의 아포다이제이션함수를 사용〕에 설치되고 있다. 그림 24.7 은 관측된 2,111 cm^{-1} 및 2,158 cm^{-1} 부근의 태양스펙트럼의 각 기체성분의 기여

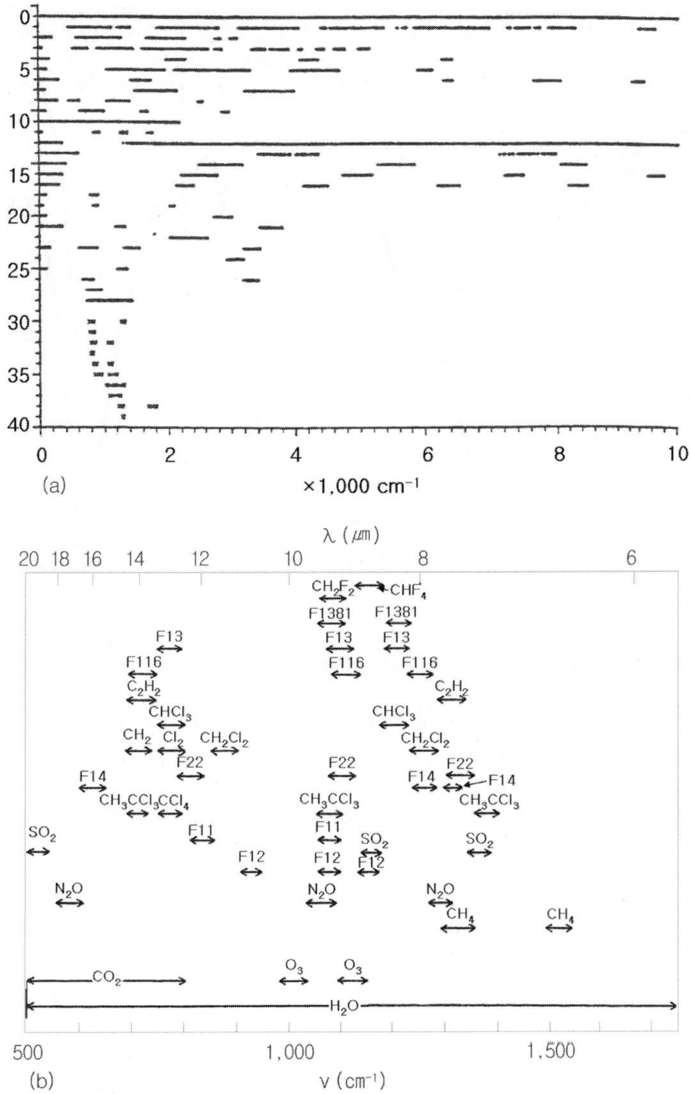

그림 24.6. 미량기체의 적외흡수대

의 시뮬레이션 결과이다. 이들의 스펙트럼은 그림의 중앙에 위치하는 CO를 관측하기 위해 취득되어 있다. 이들의 스펙트럼에서 얻어진 CO의 혼합비의 고도분포는 항공기로 가스크로마토그래피〔gas chromatography : 이동상에 기체를 이용하는 크로마토그래피를 뜻한다. 크로마토그래피(chromatography)는 각 성분의 흡착성(吸着性)이나 분배계수의 차이에 근거해서 이동속도의 차를 이용해서 이것을 상호 분리하는 기술을 총칭한다〕법을 이용한 CO의 농도의 관측과 잘 일치하고 있는 것이 확인되고 있다. 그림 24.8에서는 CO의 기주량(氣柱量)의 일평균치 및 월평균치의 변화를 나타내고 있다. 이들의 결과는 CO 전

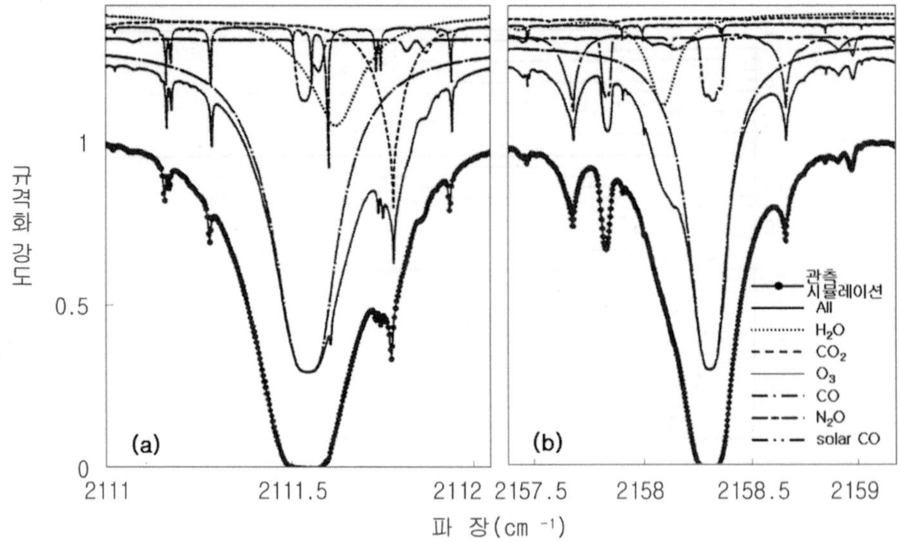

그림 24.7. 2,111 및 2,158 cm^{-1} 부근의 태양 스펙트럼

량(全量)의 계절변화를 명료하게 포착하고 있다.

그림 24.9는 관측된 1,163 cm^{-1} 부근의 O_3의 스펙트럼이다. O_3의 관측은 1,163 cm^{-1} 이외에도 1,146 cm^{-1} 부근의 흡수선을 이용해서 이루어지고 있다. 그림 중의 직선은 관측스펙트럼에 계산에 의한 스펙트럼이 일치하도록 O_3의 고도분포 등을 변화시켜서 얻어

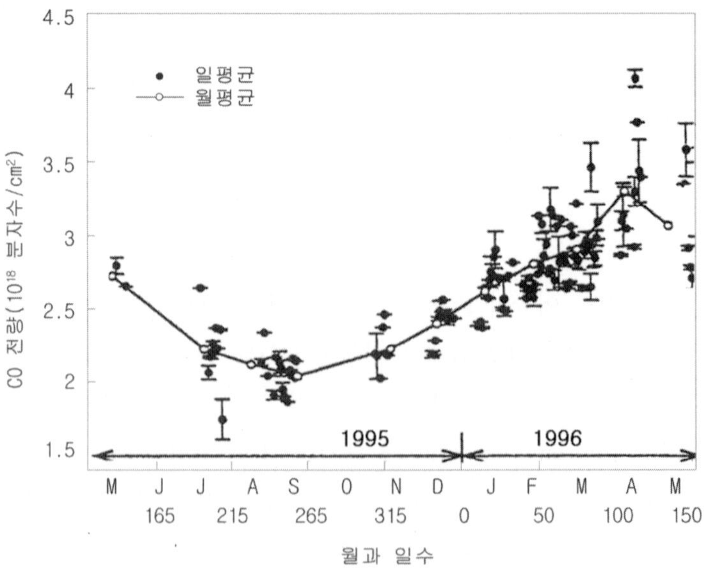

그림 24.8. CO의 기주량의 일평균치 및 월평균치

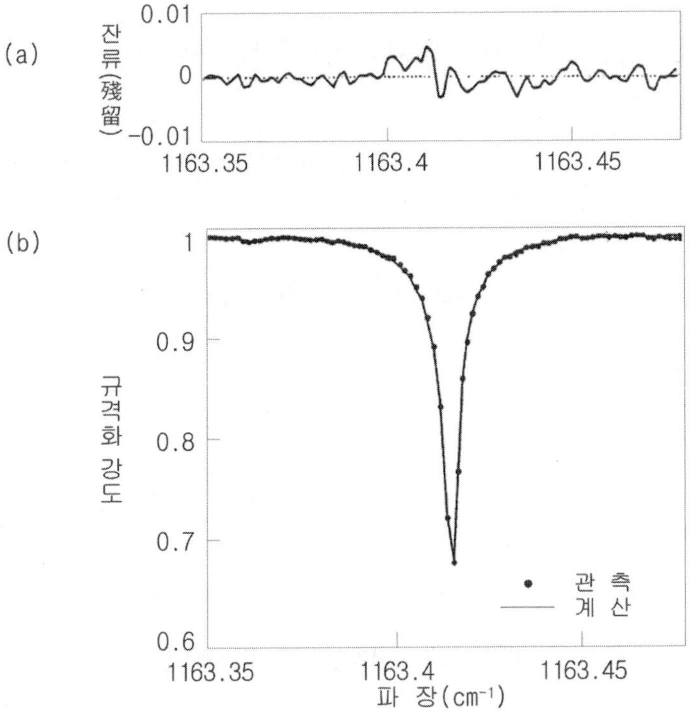

그림 24.9. 관측된 1,163 cm^{-1} 부근의 태양 스펙트럼

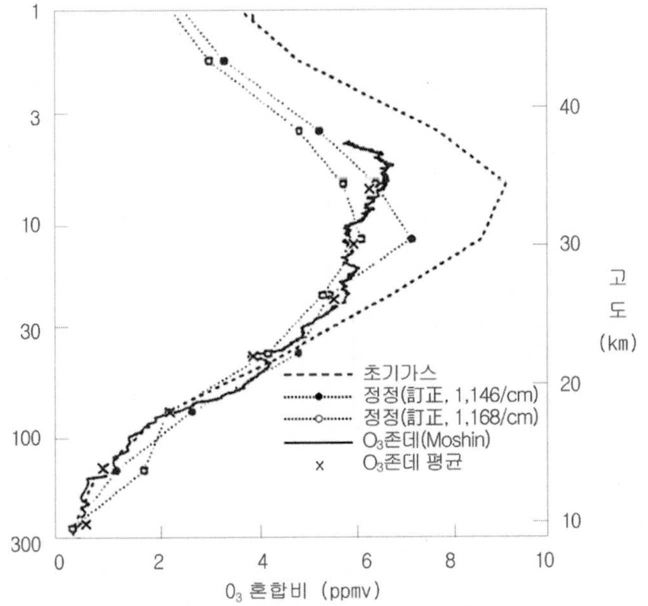

그림 24.10. FTIR 분광계에서 얻어진 O_3의 고도분포와 오존존데와의 비교

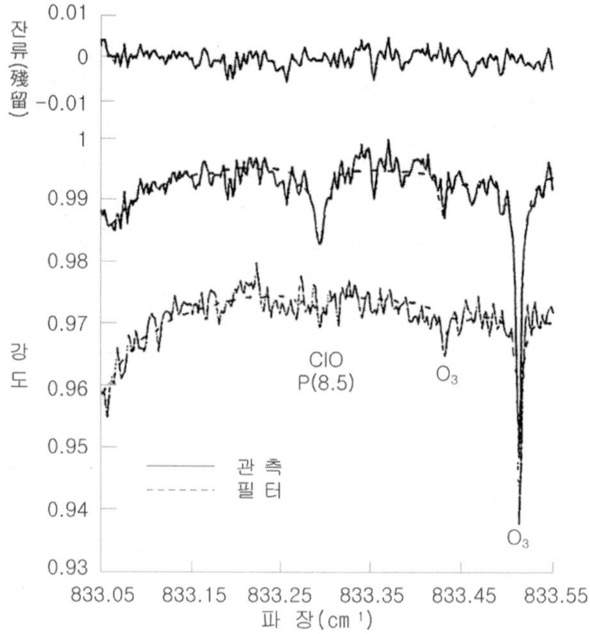

그림 24.11. 관측된 ClO의 스펙트럼

진 것이다. 그림 21.10에 얻어진 O_3의 고도분포와 오존존데에 의한 결과와의 비교를 나타낸다. Nakajima et al.(1997)은 1,146 cm^{-1}과 1,163 cm^{-1}의 영역에서 얻어진 O_3의

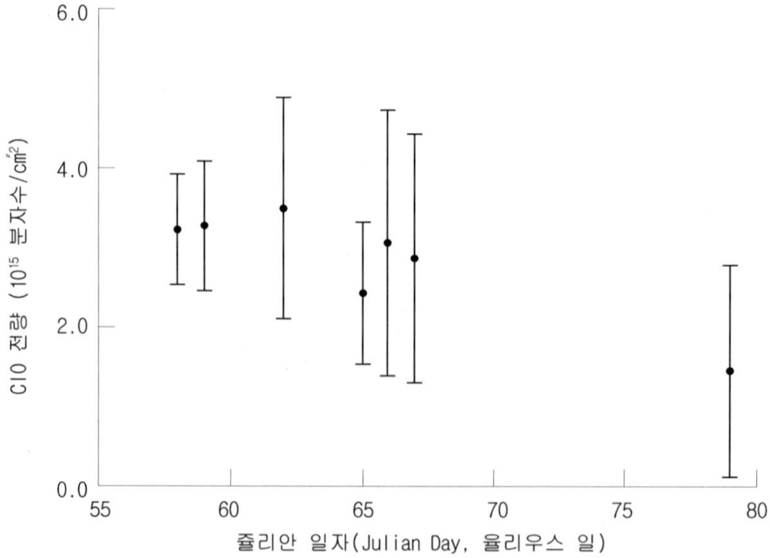

그림 24.12. 북극 성층권에서 관측된 ClO의 일평균치의 변화

고도분포의 상이(相異)에 대해서 자세하게 논의하고 있고, 더욱이 FTIR 분광계와 가시분광계에 의한 O_3 의 기주량(氣柱量)의 비교도 행하고 있다.

HCl이나 HF 의 전량(全量)이나 그 외의 성분에 대해서 연속관측이 실시되었다. 또 북극 성층권 관측(80°03'N, 86°25'W)에 있어서 오존층 관련의 기체의 측정이 이루어졌다. 이들의 관측에 이용되어 있는 FTIR분광계는 BOMEN사 제품의 DA8 이고, 스펙트럼은 0.0024 cm^{-1}〔구형(矩形)의 아포다이제이함수를 사용〕의 스펙트럼 분해로 측정되고 있었다.

그림 24.11 은 관측된 833 cm^{-1} 부근의 ClO 의 스펙트럼이다. 이것은 극역(極域)에서 ClO 가 적외분광법에 의해 처음으로 얻어진 스펙트럼이고, 북극권 상공의 대기화학 과정을 추정하는 데에 중요한 자료이다. 그림 24.12 는 ClO 의 일평균치의 변화를 나타낸다. 다른 영역에서 얻어진 HCl 의 감소와 ClO 의 증가에서 상공에서의 염소 활성화(鹽素 活性化)에 관한 현상이 관측되고 있다.

24.3.4. 자료의 특성

FTIR분광계에 의한 측정에서는 근년 파수분해(波數分解) 0.01 cm^{-1}이상의 고분해 스펙트럼을 관측하는 일이 가능하게 되었다. 고분해(高分解)로 한 개의 인터페로그램을 얻는데 요하는 시간은 2~3 분 정도이지만, 스펙트럼의 *SN* 비를 향상시키기 위해서는 복수개의 인터페로그램을 적산(積算)하는 것이 일반적이다. 파수주사(波數走査)하는 영역은 측정대상으로 하는 흡수선의 근방 이외에도 넓은 파수범위에 걸치기 때문에 복수의 미량기체에 관한 정보가 얻어진다.

24.4. 페브리-페로간섭분광계

페브리-페로(Fabry-Perot)간섭계를 탑재한 방사계를 이용해서, 주로 근적외영역에서의 태양광의 지표반사를 측정함으로써 위성에서 대류권 내의 미량기체의 연직분포나 기주량(氣柱量)를 원격측정(遠隔測定)하는 센서(感知部) TERSE(Tunable Etalon Remote Sounder of the Earth)가 제안되고 있다. TERSE 은 현재 지상에 설치되어 태양의 근적외광(近赤外光)을 직접 관측함으로써 미량기체의 연직분포를 도출하는 측정원리의 검정관측이나 장치의 기능시험을 행하고 있다. TERSE 는 경량(輕量)이고 콤팩트(compact, 소형화)되어 있어, 연구소 구내에서의 관측만이 아니고 중국의 다그라마간 사막에서의 수증기나 메탄의 관측에도 이용되고 있다.

24.4.1. 측정장치의 원리

페브리-페로간섭계는 그림 24.13 에 있는 것 같이 반사율(R)이 높은 2 장의 평면반사경(平面反射鏡)이 간격(間隔, d)으로 평행하게 서로 향하고 있는 구조를 하고 있다. 광원에서 경사 θ로 반사경에 입사한 광속은 반사경 간에서 반복해서 반사되어 서로 간섭(干涉)한다. 다중반사에 의한 투과광의 강도(强度, T)는 반사경에서의 흡수를 무시하면, 파수 ν와 광학적 거리(距離, t)의 함수로써 다음과 같은 에어리(Airy) 의 식으로 표현된다.

$$T(\nu,t) = \frac{(1-R)^2}{1-2R\cos(2\pi\nu t)+R^2} \qquad (24.6)$$

$$t = 2n\,d\cos\theta \qquad (24.7)$$

여기서 n은 반사경간에 있는 매질의 굴절률(屈折率)을 나타낸다. 또 위 식은 평면반사경의 평면도(平面度)나 평행도(平行度)가 이상적인 경우에 성립한다. 페브리-페로간섭계 중에서 스페이서〔spacer, 역전류기(逆電流器)〕 등으로 반사경의 간격을 고정한 것을 페브리-페로-에탈론(etalon) 또는 간단히 에탈론이라고 한다. 페브리-페로간섭계는 마이컬슨간섭계와 같이 2 광속의 간섭을 이용하는 방법과 달리, 광속의 다중반사(多重反射)를 이용하는 것으로부터 다광속간섭법(多光束干涉法)라고 말하여지고 있다.

그림 24.14 에 페브리-페로간섭계의 투과곡선(透過曲線)을 나타낸다. 횡축(橫軸, 가로축)은 위상차(位相差, $\delta = 4\pi nd\nu\cos\theta$)를 표시하고, 투과율은 δ가 $2m\pi$(차수 m이 정수)일

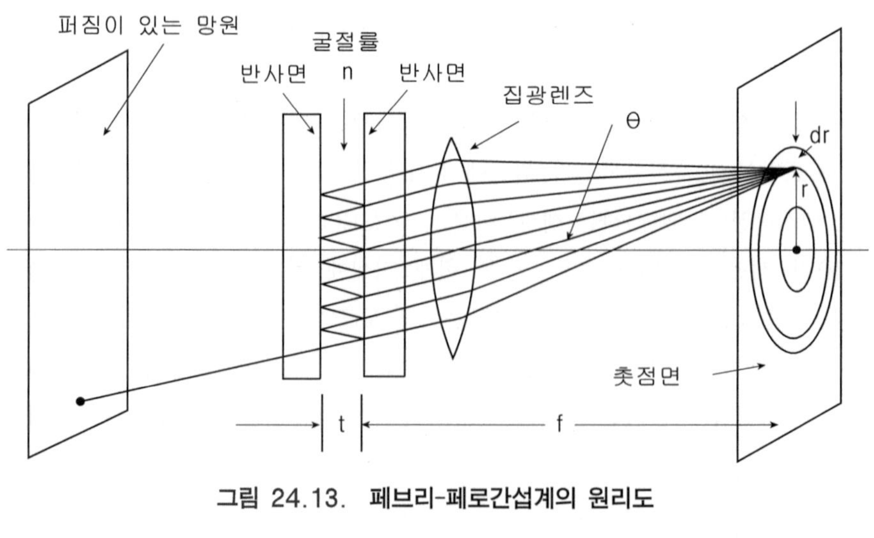

그림 24.13. 페브리-페로간섭계의 원리도

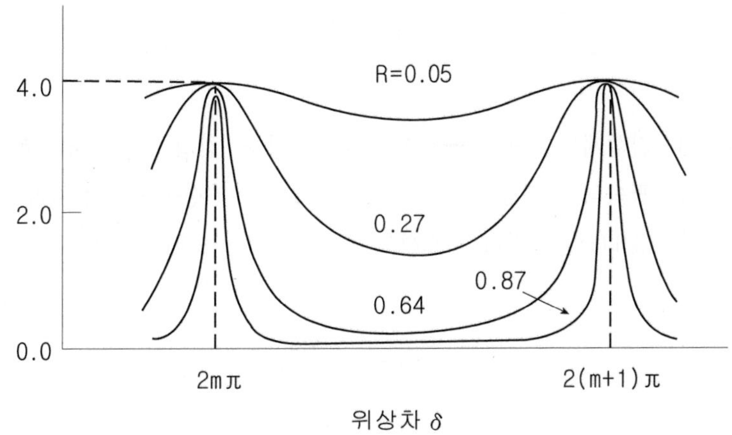

그림 24.14. 페브리-페로간섭계의 투과곡선

때 극치(極値)를 갖는다. 반사율이 높아짐에 따라서 투과곡선(透過曲線)의 폭이 좁아지고, 투과광의 단색성(單色性)이 강해진다. 따라서 반사율이 높은 에탈론을 이용하면, 높은 파수분해의 측정이 가능하게 된다. 투과곡선에 인접하는 피크 간의 거리는 자유스펙트럼영역(FSR : Free Spectral Range)이라 불리고, 파수로 나타내면 다음과 같이 된다.

$$\Delta\nu = \frac{1}{2\,n\;d\cos\theta} \tag{24.8}$$

휘네스(finesse)는 FSR 에 대한 투과곡선의 반치전폭(半値全幅)의 비로 나타낸다. 반사경의 반사율만에 의해 결정되는 휘네스는 다음 식으로 표현된다.

$$F_R = \frac{\pi\,\sqrt{R}}{1-R} \tag{24.9}$$

휘네스는 투과곡선의 피크의 민감함을 나타내고 있고, 휘네스가 커지면 커질수록 스펙트럼의 파수분해능이 높아진다.

반사경의 평면도(平面度)나 평행도(平行度)가 완전하지 않을 경우, 휘네스는 변화하고 투과곡선의 반치전폭(半値全幅)은 넓어지는 경향을 나타낸다. 상대하는 2 면간의 어긋남을 λ/κ (λ : 파장)로 나타낼 때, 평면도 휘네스는 다음과 같이 표현할 수 있다.

$$F_D = \frac{\kappa}{2} \tag{24.10}$$

또 페브리-페로간섭계를 측정장치에 끼워 넣은 경우, 간섭계의 광축(光軸)에 대해서 기울어져 통과하는 광속의 영향을 고려할 필요가 있다. 이 경우 측정장치의 시야각(視野角)을 결정하는 개구(開口)의 크기가 중요하고, 개구 휘네스는 다음 식으로 나타낸다.

$$F_A = \frac{2\pi}{m\Omega} \tag{24.11}$$

여기서 m 은 차수(次數), Ω는 간섭계에 입사하는 광속의 입체각(立体角)을 나타낸다.

반사휘네스, 평면도휘네스, 개구(開口)휘네스를 고려한 최종적인 실효(實效)휘네스는 다음과 같이 된다.

$$\frac{1}{F^2} = \frac{1}{F_R^{\ 2}} + \frac{1}{F_D^{\ 2}} + \frac{1}{F_A^{\ 2}} \tag{24.12}$$

페브리-페로간섭계를 이용해서 파수주사(波數走査)를 하기 위해서는 반사경의 면간격(面間隔)이나 반사경 간에 있는 매질의 굴절률 또는 광속의 입사각을 변화시키면 된다. 현재의 TERSE 에서 이용되고 있는 방식은 반사경 간의 거리를 바꾸는 것이다. TERSE 로 파수주사(波數走査)를 행하고 있는 소자(素子)는 튜나블에탈론(tunable etalon, TE)이다. 페브리-페로간섭계의 일종인 튜나블에탈론은 반사경 간의 간격은 거의 고정되어 있기 때문에 FSR 을 자유롭게 바꿀 수 있는 기구(機構)를 갖는 소자(素子)이다. TERSE 에 이용되고 있는 튜나블에탈론의 파수주사는 피에조〔piezo, 압력(pressure)의 연결형〕소자에 고전압(高電壓)을 인가전압(印加電壓 : 전기 회로의 단자 사이에 공급되는 전압)해 피에조 소자의 전기 왜곡(歪曲; 비뜰림)을 이용해서 반사경 간 거리를 변화시켜서 행해진다.

24.4.2. 측정장치의 구성

그림 24.15 에 중국의 다구라마간 사막에서의 관측에 이용된 장치의 개요를 나타낸다. 태양광은 헤리오스타트〔heliostat, 시로스타트(coelostat) : 거울면을 회전축에 대해서 적당히 기울여서 시야(視野)는 시간과 함께 회전시키는 장치, HS〕를 이용해서 분광계로 유도된다. 롱패스필터(long pass filter, LPF)에 의해 가시광을 거의 차광(遮光)하고, 에탈론

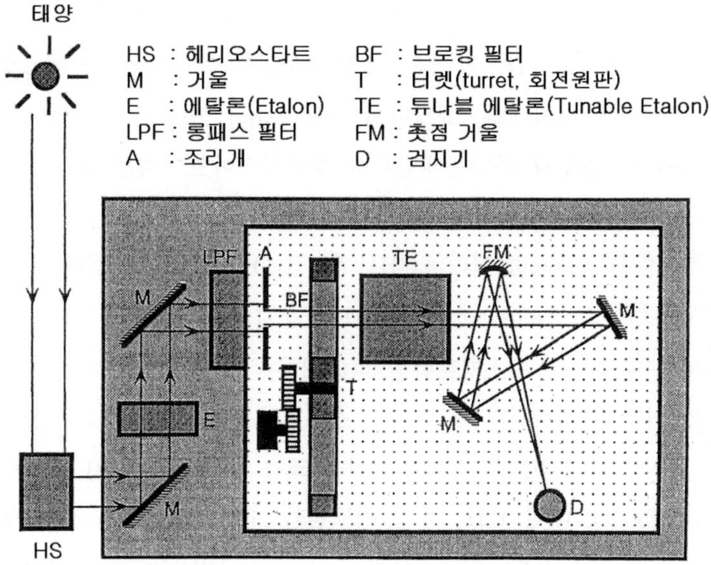

그림 24.15. TERSE의 개략도

(E)과 브로킹필터(blocking filter, BF)와 조합해서 대단히 좁은 협대역(狹帶域)의 밴드패스필터(band pass filter)를 형성한다. 에탈론의 투과곡선의 피크를 목적의 파수에 동조(同調)시키기 위해 광축(光軸)에 대한 에탈론의 각도를 수동으로 바꿀 필요성으로부터 에탈론은 분광계 본체의 전단(前段)에 설치되어 있다. 튜나블에탈론(TE)에 의한 협대역(狹帶域)의 파수주사를 행해 스펙트럼을 관찰한다. He・Ne 레이저(L)는 튜나블에탈론 2장의 에탈

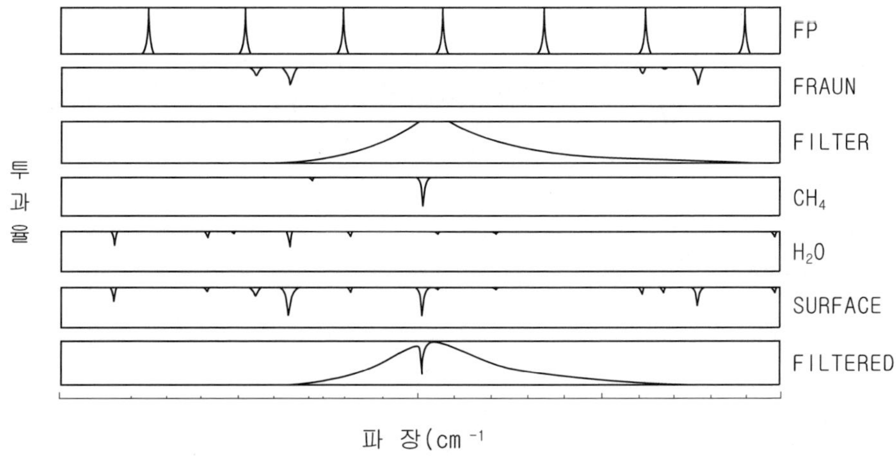

그림 24.16. TERSE에 의해 관측되는 CH_4 영역의 스펙트럼

론판의 평행도의 조절에 이용된다. 검지기(檢知器, D)에는 InGaAs가 이용되고 있다.

그림 24.16에 TERSE에 의해 얻어진 기체의 분광학적 정보의 한 예로써, CH_4의 측정에 이용하는 파수역을 나타낸다. 최상단의 패널(panel, 널빤지, 配電盤) 'FP'는 일정전압을 피에조소자에 건 경우의 튜나블에탈론의 투과함수이고, 'FRAUN'은 후러운호퍼선에 의한 흡수스펙트럼을 나타낸다. 또 'FILTER'는 에탈론과 브로칭필터로 구성된 협대역 밴드패스필터의 투과함수(透過函數)이다. 'CH_4' 및 'H_2O'는 각각 지상에서 관측되는 CH_4와 H_2O의 스펙트럼이고, 'SURFACE'는 CH_4 및 H_2O의 흡수선 외에 후러운호퍼선도 고려한 지상에서 관측되는 흡수스펙트럼을 나타낸다. 'FILTERED'는 'SURFACE'의 스펙트럼이 'FILTER'의 밴드패스필터를 투과한 스펙트럼을 나타낸다. 피에조소자에 인가(印加)하는 전압을 변화시키면 'FP'의 투과곡선의 피크는 고파수(高波數) 쪽으로 서서히 치우치고, 결국 'FILTERED' 내의 CH_4의 스펙트럼을 주사(走査)하는 것이 된다. 그림 중 'FP'의 투과곡선의 폭〔파수분해(波數分解)〕은 $0.06\ cm^{-1}$정도로 되어 있다.

24.4.3. 관측 예

그림 24.17은 실제의 출력 예이고, $6{,}541.289\ cm^{-1}$의 H_2O의 흡수선을 측정한 것이다. 횡축은 TE에 인가된 전압을 나타내고, 1FSR보다 다소 넓은 범위를 주사(走査)하고 있다. 2개의 예민한 골〔곡(谷)〕은 H_2O의 흡수선을 TE의 투과곡선이 2회 주사(走査)한 것에 대응한다. 관측에 있어서 첫 번째의 곡(谷)과 두 번째의 곡이 엄밀히는 같은 곡선으

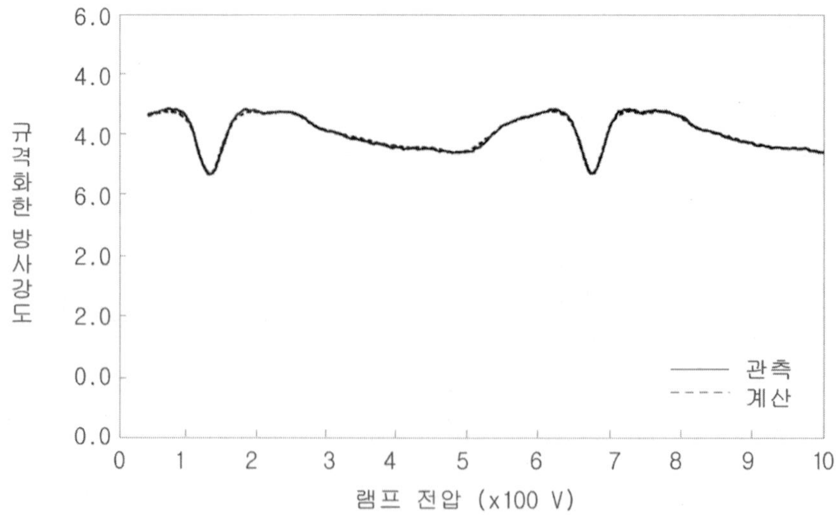

그림 24.17. TERSE에 의한 관측 스펙트럼

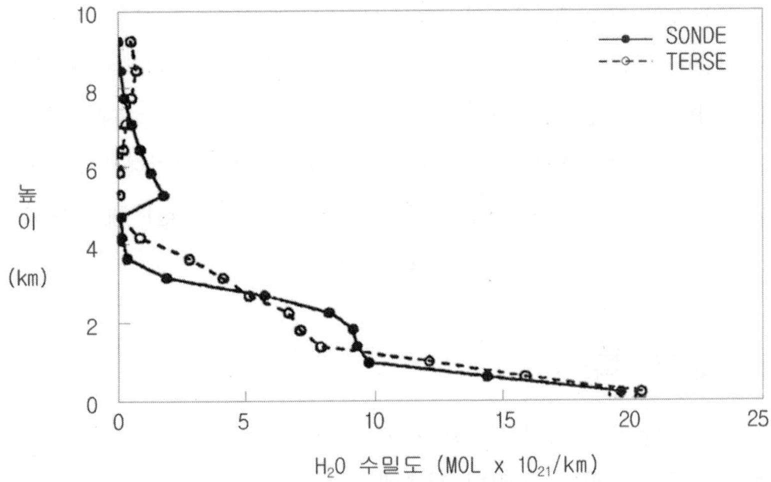

그림 24.18. TERSE에 의해 관측된 수증기의 연적분포와 존데관측에 의한 비교

로 되지 않은 것은 주사(走査) 중의 대기의 흔들림, 태양추미경(太陽追尾鏡)의 불연속한 움직임, 피에조소자의 비선형성(非線形性) 등에 의한 것이다. 이 때문에 실제의 연직분포 산출에는 하나의 흡수선의 아주 가까운 근방만을 사용해 해석한다. 또 주기가 빠른 대기의 흔들림의 영향을 억제하기 위해, 1회의 주사에 요하는 시간을 5초 정도로 설정하고 있다.

그림 24.18은 연구소 구내에서 관측된 수증기(水蒸氣)의 연직분포의 예이다. 실선(實線)

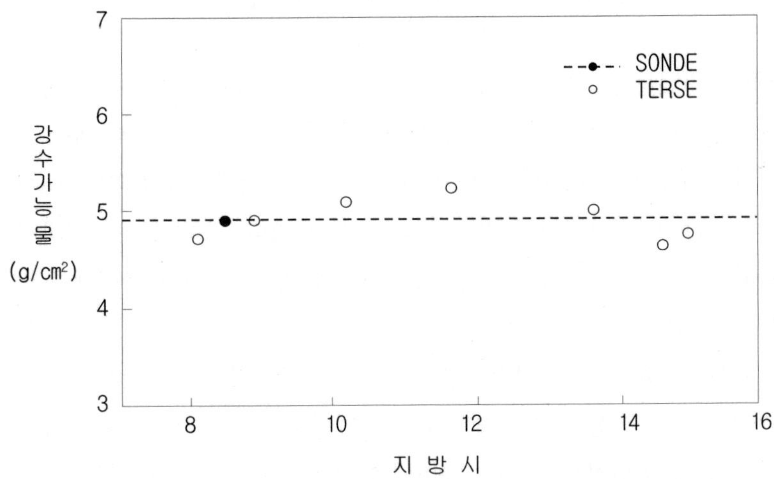

그림 24.19. TERSE에 의해 관측된 수증기의 기주량의 일변화

은 고층기상대의 오존에 의한 관측치, 파선(破線)이 TERSE에 의한 관측치를 나타낸다. 양자의 차는 하층에서 10% 정도이지만, 상층으로 감에 따라서 나빠지고 있다. 그러나 그림 24.19에 나타내듯이 가강수량(可降水量)에 대해서 TERSE와 존데관측의 값은 수% 이내의 정밀도로 잘 일치하고 있다. 또 이 그림은 가강수량의 일변화를 나타내고 있고, 일중 수증기량이 다소 많아져 있는 것은 지면에서의 증발(蒸發)이나 해륙풍(海陸風)에 의해 바다에서의 습한 공기의 유입 등이 원인이라고 생각한다.

24.4.4. 자료의 특성

튜나블에탈론을 이용한 측정에서는 파수분해 0.02 cm^{-1} 정도의 고분해(高分解) 스펙트럼을 관측하는 것이 가능하다. 1회의 관측에 요하는 시간은 같은 정도의 분해능을 갖은 FTIR분광계의 측정시간에 비교해서 짧은 것이 특징이다. 파수주사(波數走査)하는 영역은 측정대상으로 하는 흡수선의 근방의 아주 좁은 대역(帶域)에서 좋기 때문에 스펙트럼을 자기(磁氣)매체 등으로 보존하는 데에 필요한 용량은 적게 든다. 또 장치의 광학계는 간결하고, 스펙트럼을 얻기 위해서 FTIR분광계에는 불가결한 후리에변환과 같은 수학적 처리가 필요 없다. 파수주사하는 경우, 피에조소자에 인가(印加)하는 전압과 피에조소자가 신축(伸縮)하는 크기의 관계가 꼭 선형(線形)이 아닌 경우가 있다. 이 일은 파수의 정밀도를 저하시키는 원인이 되고, 해석 결과에 악영향을 미친다. 파수정밀도를 향상시키기 위해서는 피드백(feedback, 歸還)방식의 튜나블에탈론을 이용할 필요가 있다.

24.5. 레이저 헤테로다인분광계

레이저 헤테로다인분광법(laser heterodyne 分光法)은 라디오의 헤테로다인〔헤테로다인(heterodyne) : 수신파 전파의 주파수에 가까운 주파수의 전기 진동의 파를 국부(局部) 발진기로 발생시켜 수신파와의 사이에 윙윙거리는 소리를 발생시켜 검파(檢波)하는 방식〕 수신기로 알려져 있듯이 전파영역의 기술에 그 단서가 있다. 헤테로다인 검파법은 전파영역에서 실용화되고, 그 후 마이크로파 영역으로 응용되어, 천문학의 분야에서 성간분자(星間分子)의 연구에 이용되고 있다. Menzies(1976)은 적외영역에서 레이저 헤테로다인분광계를 이용한 O_3의 전량(全量)과 연직분포의 측정의 가능성을 지적하고, 국부발진기(局部發振器)에 CO_2 레이저를 이용한 레이저 헤테로다인분광계로 O_3의 흡수선 파라미터를 실내실험에서 측정했다. 일반적으로 CO_2 레이저와 같은 기체 레이저를 국부발전기(局部發振

器)에 이용한 경우, 파수주사 가능한 범위는 대단히 좁은 영역에 한정된다. 이와 같은 기체 레이저의 결점은 국부발진기에 파장가변반도체(波長可變半導体) 레이저를 이용해서 극복하고, Frerking and Muehlner(1977)는 1,010.9 ~ 1,011.8 cm^{-1} 로 대기 중의 O_3 의 스펙트럼 관측에 성공했다.

그 후 각종의 파장가변반도체(波長可變半導体) 레이저가 개발되고, 측정파수범위의 확장과 정밀도의 향상이 시도되었다. Glenar et al.(1982)은 7.5 ~ 8.5 ㎛로 발진(發振) 가능한 반도체 레이저를 이용해서 대기 중의 N_2O, O_3 및 CH_4를 관측했다. 그 후 10 ㎛ 부근의 O_3의 스펙트럼을 반전법(反轉法)을 이용해서 해석하고, 성층권 O_3 의 연직분포 관측이 처음으로 성공했다. 일본에서는 파장가변반도체 레이저를 국부발진기에 이용한 분광계(TDLHS: Tunable Diode Laser Heterodyne Spectrometer) 를 개발하고, 성층권 O_3, N_2O 및 CH_4의 연직분포 관측의 실용화에 성공했다.

24.5.1. 측정장치의 원리

그림 24.20 에 헤테로다인분광의 원리를 나타낸다. 헤테로다인분광에서는 측정하려고 하는 신호(진폭 E_S, 주파수 ν_{SIG})에 대해서, 국부발진기〔局部發振器, LO: Local Oscillator)로 코히런트광〔coherent light: 간섭성(干涉性)을 갖는 빛으로, 위상(位相)이 갖추어진 파형(波形)이 공간적·시간적으로 무한히(실제로는 충분히 길게) 유지되어 있는 빛, 진폭 E_{LO}, 주파수 ν_{LO} 〕을 발생시켜서 파면(波面)을 갖추어서 겹치게 한 후, 반도체 검출기 등의 고속응답의 믹서(mixer)에 놓는다. 믹서에서는 소자(素子)의 전류-전압이 강한 비선형 특성에 의해 혼합(混合)이 이루어져 차의 주파수에 상당하는 중간주파수(IF; Intermediate Frequency)

$$\nu_{IF} = \nu_{SIG} - \nu_{LO} \tag{24.13}$$

를 얻는다. IF신호는 저잡음(低雜音)의 IF 앰프로 증폭 후 대역(帶域)을 제한한 후, 스펙트로미터로 주파수성분으로 분해하고, 분해한 주파수성분마다 2승검파(檢波) 및 적분을 해서 직류성분으로 출력한다. 헤테로다인분광계의 스펙트럼의 분해능은 각 채널의 밴드폭으로 정해진다.

헤테로다인분광에서 중요한 요소는 국부발진기(局部發振器)와 혼합기이다. 국부발진기에는 기체레이저나 반도체레이저가 이용되지만, 반도체레이저를 이용함으로써 기체레이더에 비교해서 넓은 파수범위의 분광측정(分光測定)이 가능하게 되었다. 반도체레이저에 있어서

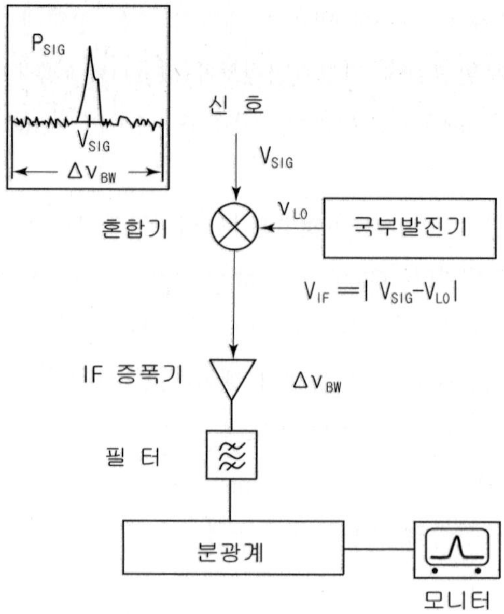

그림 24.20. 헤테로다인분광법의 원리도

발진파장을 변화시키는 방법은 소자의 온도 및 전류를 변화시키는 것으로 행해지지만, 일정온도하에서 전류를 변화시키는 것이 일반적인 방법이다. 또 믹서는 측정파장영역에서 감도(感度)를 갖고, 중간주파수에 응답하는 속도를 갖는 소자(素子)가 아니면 안 된다. 믹서의 소자로는 반도체다이오드나 초전도체(超傳導体) 등이 있다. 신호처리의 과정에서 믹서나 IF 앰프에서는 잡음(雜音)이 발생하고, 신호에 중첩(重疊)해서 출력된다. 믹서와 IF앰프를 포함하는 수신기의 성능은 잡음온도로 표현되고, 잡음온도(雜音溫度)의 대부분은 믹서에 의한 것이다. 믹서의 잡음을 감소시키기 위해서는 통상 믹서는 냉각해서 이용된다.

24.5.2. 측정장치의 구성

그림 24.21 은 O_3나 N_2O의 측정에 이용된 TDLHS 의 개략(槪略)을 나타낸다. 태양광은 태양추미장치(太陽追尾裝置)에 의해 분광광학계로 유도된다. 이때 입사태양광속(入射太陽光束)은 초퍼〔chopper, 직류변환기(直流變換器)〕에 의해 단속광속(斷續光束)으로 된다. 그 후, 태양광속은 Ge(게르마늄, germanium)의 코리미터〔collimator, 시준기(視準器) : 렌즈 또는 요면경(凹面鏡)을 이용해서 평행광속(平行光束)을 얻는 장치〕렌즈에 의해 평행광속으로 된 국부발진기의 반도체레이저광속과 ZnSe의 빔 스프리터(beam splitter)상에서 겹쳐진다. 믹서 내에서의 쇼트 노이즈를 감소시키기 위해 태양광속은 회절격자로 조분광(粗分光, 粗 : 거칠 조)되고, 그후 양광속(兩光束)은 Ge렌즈를 개입시켜 믹서〔HgCdTe 검지기

(檢知器)〕에 유도된다. 헤테로다인신호는 RF 증폭기로 증폭된 후, 파수분해능을 결정하는 로패스필터〔low pass filter, 저통과여과(低通過濾過〕로 여과된다. 신호는 자승검파(自乘檢波)된 후, 입사태양광속을 단속광속(斷續光束)으로 하는 초핑(chopping)주파수의 성분으로 로크인 증폭기〔로크인앰프, lock-in amplifier : 동조증폭기(同調增幅器)와 위상민감검파기(位相敏感檢波器)를 조합해서 주파수와 위상이 기지(旣知)의 신호의 증폭을 높은 감도로 측정하는 증폭기)에 의해 동기검지(同期檢知)된다. 빔 스프리터를 통과한 국부발진기에서의 레이저빔은 Ge에탈론과 HgCdTe검지기로 구성되는 파수교정(波數較正)시스템에 들어가고, 파장가변반도체(波長可變半導体) 레이저의 파수주사가 모니터된다. 레이저파수의 절대교정은 0.5 cm^{-1} 이상의 분해능을 갖는 회절격자분광기(回折格子分光計)를 이용해서 행해진다.

자료수집장치를 제어하는 컴퓨터는 다음의 4 개의 신호를 기록한다.

① 로크인앰프에서의 헤테로다인 출력신호

② 믹서에 입사한 반도체레이저의 출력에 비례하는 믹서의 직류전류

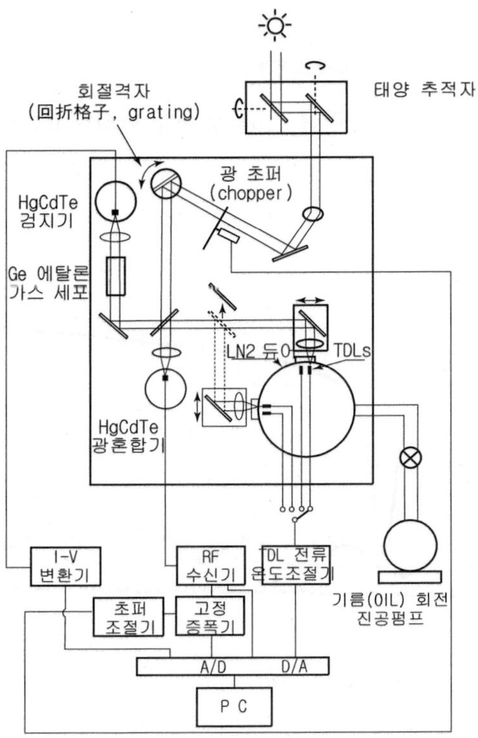

그림 24.21. TDLHS 의 개략도

③ 파수교정 시스템의 HgCdTe검지기에서의 전류

④ 국부발진기의 반도체레이저의 전류

국부발진기의 반도체레이저는 당초 헬륨냉동기(冷凍機)로 냉각해서 이용하고 있지만, 기술의 진보에 의해 액체질소냉각으로 발진 가능한 레이저가 사용될 수 있게 되었다. 이 결과 액체질소의 듀어(Dewar : 실험실에서 액체질소 등을 주로 해서 저온액체의 보존) 내에 설치된 반도체레이저를 이용하는 것으로, 기계식냉동기에 의해 진동을 제거해서 레이저의 안정한 발진(發振)을 얻는 것이 가능해졌다. 또 반도체레이저빔의 믹서 표면에서의 반사에 의해 돌아오는 빛의 영향이 레이저발진의 불안정의 원인이 되지만, 이것에 대해서 레이저빔의 광로(光路)상의 시야(視野)조리개와 믹서 표면의 각도를 미조(微調)함으로써 레이저의 발진안정화의 궁리가 이루어지고 있다.

24.5.3. 관측

그림 24.22에 남극에서 파수분해 0.0013 cm^{-1}로 관측된 O_3의 흡수스펙트럼을 표시한다. 그림 중의 실선, 파선 및 점선은 각각 1,104 cm^{-1} 부근의 O_3의 흡수스펙트럼, 파수교정용(波數較正用)의 에탈론에 의한 간섭호(干涉縞), 레이저전류를 나타내고 있다.

그림 24.23은 관측된 N_2O의 체적혼합비(体積混合比)의 연직분포를 나타낸다. 오차는 관측스펙트럼의 랜덤노이즈에 의한 평균 2승 오차를 나타내고 있다. 이 N_2O의 연직분포

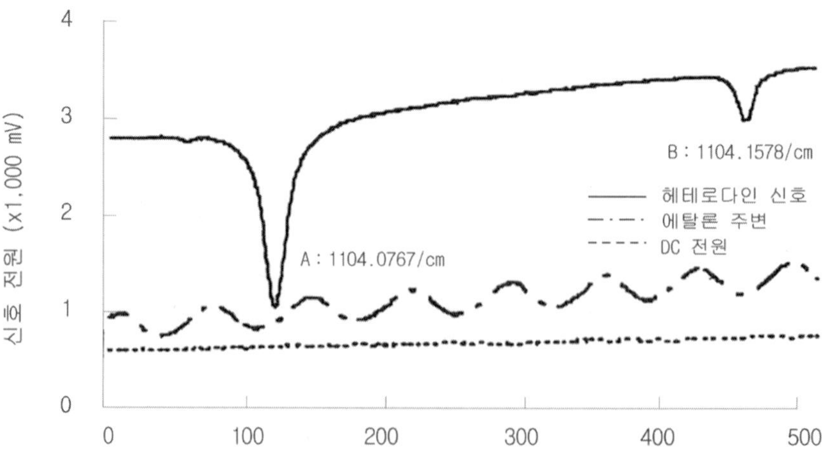

그림 24.22. TDLHS에 의한 O_3의 흡수스펙트럼

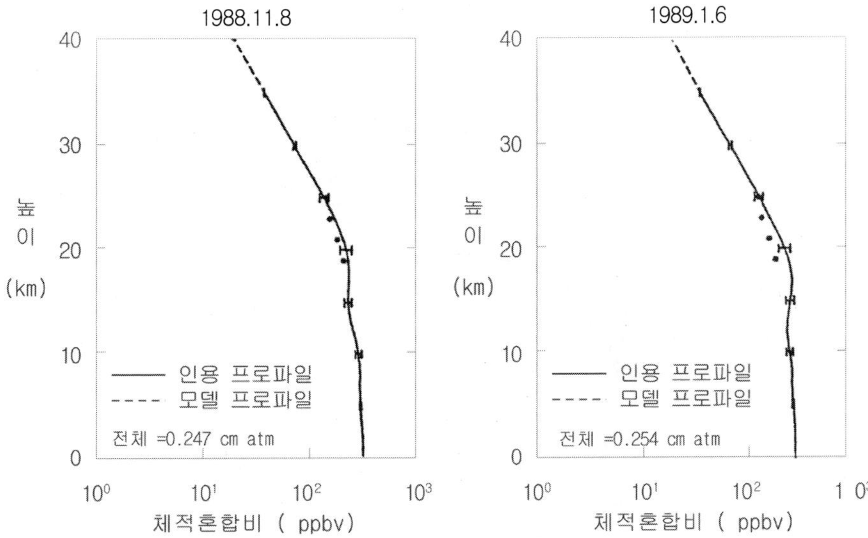

그림 24.23. N_2O 의 연직분포

는 대류권 내의 균일〔均一, 일양(一様)〕한 체적혼합비와 성층권에서 체적혼합비가 급속히 감소하고 있는 것을 나타내고 있다. 양일(兩日)의 연직분포에는 그다지 차가 보이지 않고, N_2O가 안정되어 있는 것을 알 수가 있다. 그림 24.23 에는 기구관측(氣球觀測)에 의한 결과(검은 점)도 보이고 있다. TDLHS 의 관측과 기구관측에 의한 성층권에서의 N_2O의 감소 경향은 잘 일치하고 있다.

상호비교하기 위해, 그림 24.24에 TDLHS와 오존존데에 의한 O_3의 연직분포를 나타내고 있다. TDLHS 와 오존존데의 관측시간은 다르지만, 오존존데의 관측결과에 보이는 고도 25 km 부근의 O_3분압의 극대(極大)는 TDLHS 의 관측결과와 잘 일치하고 있는 것을 일 수 있다. 그러나 오존존데의 관측결과에시 보이는 권계면 고도 부근의 O_3 분압(分壓)의 미세구조는 TDLHS 의 결과에는 보이지 않는다. 이것은 TDLHS 의 하중함수(荷重函數)의 폭이 약 18 km 와 넓은 것에 원인을 두고 있다. 그림 24.24 이외의 3예의 상호비교의 결과에서도 오존존데관측에서 보이는 O_3 분압의 미세구조를 평활화하도록 TDLHS 의 관측결과가 보이고 있다. 그러나 O_3의 기주량(氣柱量)은 표 24.2에서 나타내듯이, 오존존데의 관측결과와 잘 일치하고 있다. 또 관측기간 내에서의 TDLHS에 의한 O_3의 기주량의 증가는 도브슨분광광도계의 관측치와 같은 경향이다.

TDLHS는 경량화(輕量化)로의 각종의 개조(改造)나 개량(改良)이 이루어져, 가반형(可搬型)의 장치가 제작되고 있다. 가반형(可搬型) TDLHS 는 하와이나 남극에서의 관측에 이용되고, 특히 O_3 및 N_2O의 연직분포와 극와(極渦)와의 관련이 보고되고 있다. 그림

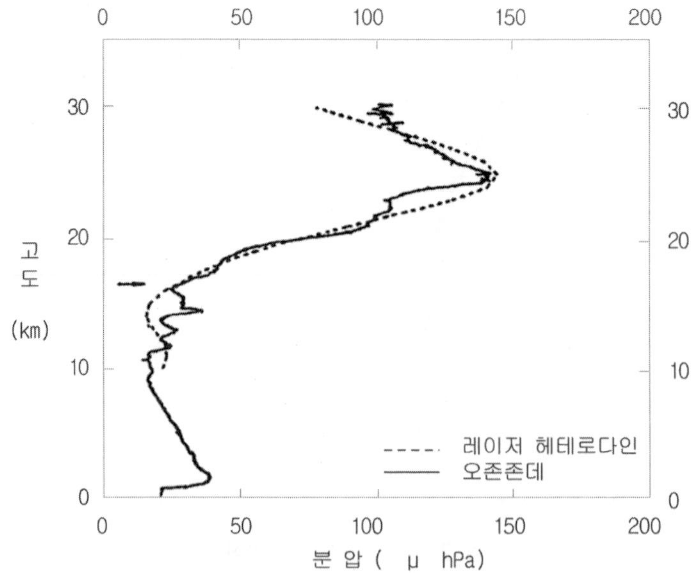

그림 24.24. O_3의 연직분포

표 24.2. O_3의 기주량의 비교

번 호	TDLHS	오존존데	도브슨 1	도브슨 2
1	273	269	259	—
2	278	301	262	358
3	285	—	275	369
4	330	335	302	382

21.25는 남극 상공의 O_3의 고도분포를 거의 10분 간격으로 연속 관측한 결과이고, 짧은 시간 스케일의 변동(變動)을 잘 포착하고 있다.

24.5.4. 자료의 특성

레이저 헤테로다인분광에서는 흡수선의 중심에서 날개(wing)의 영역까지를 초고분해(超高分解)로 측정 가능하지만, 현재의 기술에서는 파장가변(波長可變)레이저의 1회의 주사(走査)에 약 8분 정도의 시간을 요한다. 또 스펙트럼의 S/N비를 높이기 위해서는 관측 스펙트럼의 적산(積算)이 필요하고, 관측시간은 수십 분에서 1시간을 넘는 경우도 있다. 이와 같은 관측시간은 회절격자분광계(回折格子分光計)를 이용한 관측에서도 보이지만, 관

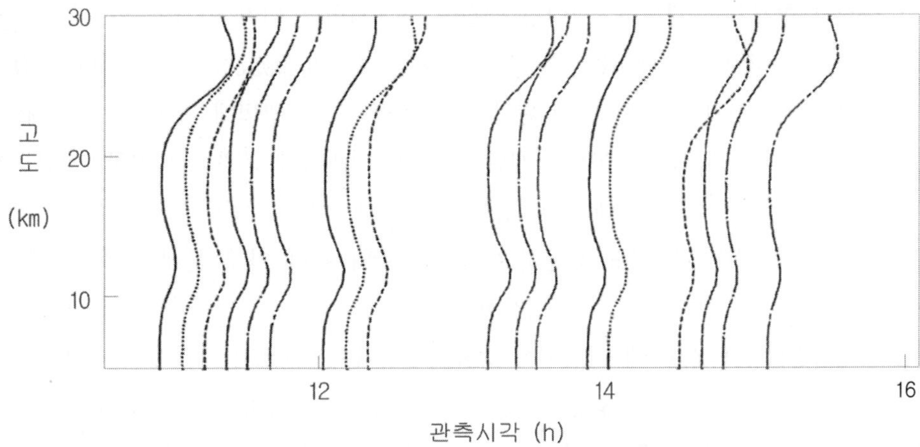

그림 24.25. 남극 상공의 O_3 연직분포의 연속관측

측된 스펙트럼에서 얻어진 대기량은 관측시간 내의 평균량으로써 간주할 수가 있다. 그러기 때문에 변화가 빠른 현상(現象)의 관측에서는 현재의 TDLHS는 적당하지는 않지만, 장래 필요한 스펙트럼 범위를 동시에 기록할 수 있는 광음향(光音響) 스펙트럼 애널라이저(analyger, 分析裝置)가 이용된다면, 이 결점은 극복된다. 현재 O_3, N_2O, CH_4 및 HNO_3의 흡수선(吸收線)에 동조(同調)해서 발진 가능한 파장가변(波長可變) 반도체레이저가 개발되어 있지만, 이후 더욱 많은 기체성분의 관측에 사용가능한 반도체레이저의 개발이 기대된다.

24.6. 장래의 과제

광학소자(光學素子)의 개발이나 전자기술의 현저한 진보에 수반해서 적외영역에 있어서 대기의 방사스펙트럼이나 태양광의 스펙트럼을 고분해측정해 상층대기(上層大氣)의 대기량을 추정하는 관측이 수없이 이루어지게 되었다. 해마다 장치가 개량(改良)되고, 장래에는 대형장치로 밖에는 실현할 수 없었던 고분해측정(高分解測定)이 경량(輕量)·콤팩트한 분광장치로 가능하게 되어 왔다. 새롭게 개발된 광학소자(光學素子)나 전자기술을 이용한 분광장치(分光裝置)는 연구개발 단계에 있는 것도 많고, 간편하게 이용할 수 없었던 경우도 있지만, 요즘의 소자개발기술의 진전의 빠르기를 고려하면, 가까운 장래에 이들의 장치의 안정적인 이용이 가능하게 되리라고 생각한다.

지금까지 소개해 온 각 측정기(測定器)에는 장단점이 있고, 또 원리적 및 기술적인 제약 등에서 측정의 한계가 존재한다. 그렇기 때문에 대기과학의 여러 가지의 문제에 대한 해명의 실마리를 찾아내기 위해서는 그 문제를 푸는 측정법(測定法)의 개발이나 측정기의 개발을 착실히 진행시키지 않으면 안 된다. 원적외영역의 분광법에 있어서는 몇 개의 진전이 보고되고 있다. 새로운 분광법의 개발은 분자크러스터의 분광학적 연구, 성간분자의 연구나 분자의 동적구조의 연구에 크게 공헌하고 있다. 이후 각종 연구 분야에서 개발·발전된 분광기술을 적외영역에도 응용하고, 대기과학의 여러 가지 문제를 해명하기 위해서 적용하는 것이 가능하게 되리라고 생각한다.

또 고분해측정(高分解測定)에 관련해서 중요하게 되는 문제로서, 한 개 한 개의 흡수선의 중심파수(中心波數), 선강도(線强度), 반치반폭(半値半幅) 등의 흡수선 파라미터의 정확한 값의 파악이다. 더욱이 흡수선의 선형(線形)에 관한 정확한 지식이나 선혼합(線混合, line mixing)의 효과 등을 실험과 이론적 측면에서 연구할 필요가 있다.

현재 적외분광의 분야에서는 FTIR 분광계가 전성(全盛)이라고 해도 과언이 아닐 정도로 보급되어 있고, 저분해에서 고분해에 이르기까지 폭넓은 용도의 측정에 이용되고 있지만, 관측치의 신뢰성을 향상시키기 위해서도 측정원리가 다른 장치에서 얻어지는 대기량의 상호비교에 의해 관측된 대기량의 해석을 하는 것도 중요하다.

Chapter 25

도브슨 오존 분광광도계

분광기(分光器, spectroscope)에서 얻어지는 스펙트럼의 강도분포를 광전관(光電管), 광센서 등을 이용해서 전기적으로 측정하는 장치를 분광광도계(分光光度計, spectrophotometer) 라고 한다. 파장영역에 의해 적외(赤外), 가시적외(可視赤外), 원자외(遠紫外) 등으로 분류되고, 흡수(吸收), 발광(發光), 반사(反射), 형광(螢光) 등의 측정에 이용되는 다종류의 것이 제조 시판되고 있다. 또 분광방식에 따라 격자(格子), 프리즘, 필터의 이름으로 관을 씌워 부르고 있다. 정밀도가 좋은 것은 분광학적 연구용으로 이용되고, 화학분석의 목적에는 간단형이 이용되는 일이 많다. 자외가시 분광광도계(紫外可視 分光光度計)를 단순히 분광광도계라고 하는 일도 있다.

25.1. 소 개

도브슨 오존 분광광도계는 태양광 또는 월광(月光, 달빛)의 자외부(紫外部)의 분광관측에 의해 대기중의 오존의 기주(氣柱)적분치를 측정하기 위한 장치이다. 1913년 프랑스의 C. Favbri와 H. Buisson은 최초로 자외선(紫外線)의 측정에서 상층대기 중의 오존량을 측정했다. 1920년에 그들은 개량된 이중분광광도계(二重分光光度計)를 이용해 기주(氣柱)에 포함되는 오존전량(全量)이 표준대기로 두께 3 mm 인 것을 분명히 했다. 이 오존분광기는 정교하고 고가(高價, 값이 비쌈)였으므로 영국 옥스퍼드(Oxford)대학 교수 B.M.G. Dobson(도브슨) 에 의해 1925년에 목제(木製)의 소형경량안가(小型輕量安價)인 페리(Fery)형의 자외분광기(紫外分光器)를 작성하고, 유럽 각지의 오존전량의 관측에 성공했다. 그러나 도브슨 교수에 의해 개발된 페리형 자외분광기는 스펙트럼을 사진건판에 의해 관측했으므로 관측 및 자료해석에 많은 시간을 허비했다. 또 이중분광방식이 아니었기 때문에 가시광(可視光)의 산란에 의한 미광(迷光, 소실된 빛)이 측정 정밀도를 나쁘게 하고 있다. 이 결점을 극복하기 위해서 1931년에 도브슨 교수는 미광(迷光)을 막기 위해서 이중분광방식(二重分光方式)을 채용하고 감부(感部, 感知部, sensor, 센서)에 광전자증배관(光電子增倍

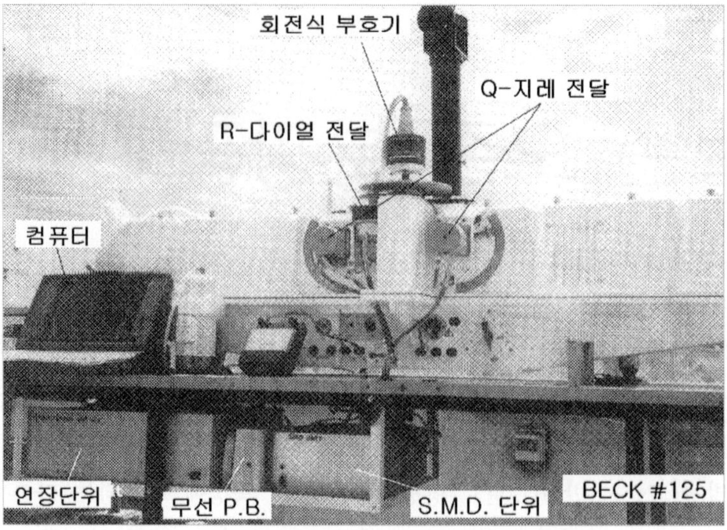

그림 25.1. 도브슨 오존 분광광도계의 외관

管)을 비치한 개량형의 분광기를 개발했다(Dobson, 1968). 이것이 현재의 도브슨 오존 분광광도계의 원리이고, 세계의 오존전량관측망(觀測網)에서 시용되고 있다. 그림 25.1 에 도브슨 오존 분광광도계의 외관(外觀)을 나타낸다.

25.2. 특 징

도브슨 오존 분광광도계는 장치를 콤팩트하고, 취급을 용이하게 하기 위해서 리트로(littrow)형의 분광기를 채용하고 있다. 리트로형의 분광기는 프리즘 후면에 반사경을 놓고, 한 개의 프리즘을 2 번 투과시킨다. 그렇기 때문에 소형의 장치에서도 효율 좋게 분광할 수가 있다. 또 미광(迷光)을 막기 위해서 본체는 거의 좌우대칭의 2 조의 분광기로 구성되고, 이중분광광도계로 되어 있다. 제 2 분광기는 역분산형(逆分散型)으로 배치되어 미광이 감부(感部)에 도달하는 것을 막는다. 자외역(紫外域)을 취급하기 위해서 광학계로(光學系路) 위의 프리즘, 렌즈 등은 모두 용융수정(溶融水晶)이 이용되고 있다. 감부는 광전자증배관이 이용되고, 분광된 미약한 빛(紫外域)을 효율 좋게 전기신호로 변환한다. 광학계는 대부분이 측기상에 고정되어 있고, 가동부분의 마모나 덜거덕거림에 의한 오차가 들어갈 가능성이 극히 적고, 안정된 성능을 갖고 있다.

그림 25.2 는 도브슨 오존 분광광도계의 광학계의 모식도이다. 입사창(入射窓)에서 넣어진 태양직사광 또는 천공(天空, 하늘)에서의 산란광은 직각 프리즘으로 방향이 바뀌어, 슬

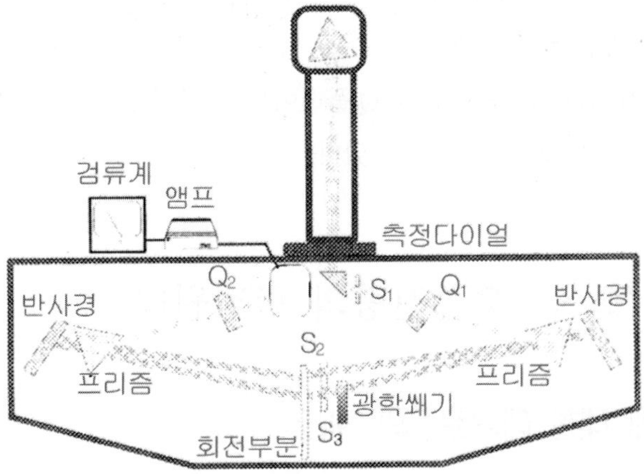

그림 25.2. 광학계의 모식도

릿 S_1에 입사한다. S_1을 통과한 빛은 오른쪽의 제1분광기로 분광된다. 분광된 빛은 슬릿 S_2 및 슬릿 S_3을 포함하는 면상에 스펙트럼을 결상(結像)한다. 슬릿 S_2에 의한 단파장(短波長)의 빛을, 슬릿 S_3에 의한 장파장(長波長)의 빛을 꺼내 제 2 분광기로 보내 넣는다. 제 2 분광기는 제 1 분광기와 거의 대칭으로 왼쪽에 배치되어 슬릿 S_2 및 슬릿 S_3에서의 분광된 빛을 광학전자증배관(光電子增倍管, PMT)으로 보내 넣는다. 슬릿 S_2 및 슬릿 S_3의 후면에 회전섹터〔sector, 영역(領域), 구역(區域)〕가 배치되어 있고, 슬릿 S_2 및 슬릿 S_3를 통과한 빛은 교대로 광전자증배관에 도달한다. 그렇기 때문에 광전자증배관에서는 광전류(光電流)로의 교류출력이 얻어진다. 이 교류출력은 1,000 배로 앰프〔증폭(增幅)〕되어 더욱 동기정류(同期整流)신호기에 의해 직류로 변환된다. 동기신호정류기(同期信號整流器)는 회전섹터가 회전함으로써 슬릿의 개광부(開光部)를 판단하고, 동기정류(同器整流)가 행해진다. 따라서 슬릿 S_2, 슬릿 S_3을 통과한 빛의 강도의 차에 비례한 직류출력이 검류계(檢流計)로 감시될 수 있다.

슬릿 S_3의 전면(前面)에는 광학쐐기가 배치되어 있다. 광학쐐기를 조절함으로써 슬릿 S_3를 통과하는 빛의 강도를 최대 1,000 분의 1 로 감쇠(減衰)할 수 있다. 광학쐐기를 측정 다이얼(dial)의 위치와 연동되어 있고, 측정 다이얼을 조절해서 검류계의 출력을 영(零, zero)으로 하면 슬릿 S_2를 통과한 빛에 의한 광전자의 수와 슬릿 S_3를 통과한 빛에 의한 광전자의 수가 같아진 것을 의미한다. 측정 다이얼과 감쇠량과의 관계는 미리 검정해 놓고 이때의 측정 다이얼의 위치에서 감쇠량을 구해 이 감쇠량과 관측시의 태양 천장각(天頂角)에서 오존전량을 산출할 수가 있다. 슬릿 S_2 및 슬릿 S_3를 통과하는 빛의 파장은 분광 프리즘과 거울 및 슬릿의 과학적인 위치관계로 결정된다. 파장조(波長組)의 전환 및 온도변화에 대한 미조정(微調整)은 Q 플레이트(plate, 판)의 경사를 바꾸어 줌으로써 이루어진다. 각 온도에 있어서의 파장조(波長組)와 Q 플레이트의 관계는 각종 가스를 봉입한 스펙트럼 램프에 의해 검정되고, 눈금이 매겨져 있다.

25.3. 오존전량의 측정원리

25.3.1. 오존층에 대한 대기로정의 계산

그림 25.3에서 다음 식에 따라서 오존층에 대한 대기로정(大氣路程, μ)을 구할 수 있다. 관측지점의 지상의 태양천정각(太陽天頂角, Z)은

$$\cos Z = \cos t \cos \delta \cos \phi + \sin\delta \sin\phi \tag{25.1}$$

이 된다. t는 태양의 시각(時角), δ는 태양적위(太陽赤緯), ϕ는 관측지점의 위도(緯度)를 나타낸다.

관측점의 광로(光路) 상의 고도 h에서 본 태양천정각 ζ는

$$\sin Z = \frac{R+h}{R+r} \sin\zeta \tag{25.2}$$

$$\sin\zeta = \frac{(R+r)\sin Z}{R+h} \tag{25.3}$$

에 의해 얻어진다. 여기서 R은 지구반경(地球半徑), h는 오존층의 중심(重心)의 고도, r은 관측점의 해발고도(海拔高度)이다. 따라서 오존층에 상대적인 대기로정(μ)은

$$\mu = \frac{1}{\cos\zeta} = \frac{1}{\sqrt{1-\sin^2\zeta}} = \frac{R+h}{\sqrt{(R+h)^2-(R+r)^2\sin^2 Z}} \tag{25.4}$$

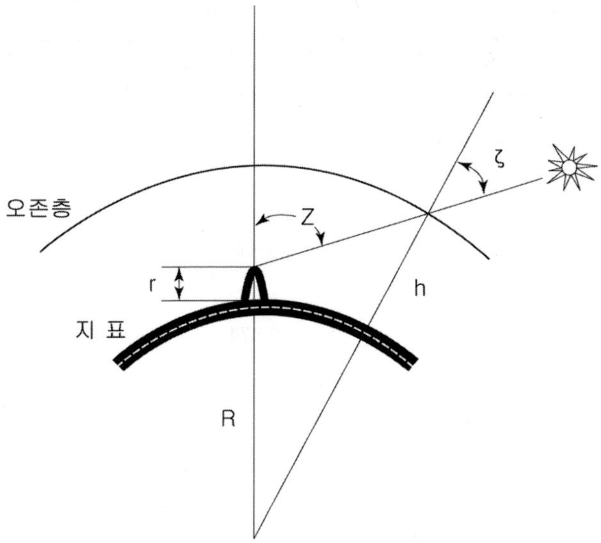

그림 25.3. 오존층에 대한 대기로정의 계산의 설명

가 된다. 여기서 $r=0$, $f=R/(R+h)$로 놓으면,

$$\mu = \frac{1}{\cos\zeta} = \frac{1}{\sqrt{1+f^2\sin^2 Z}} \tag{25.5}$$

를 얻는다. 보통은 R 에 6,371 km, h 에 22 km 를 사용하고 있다.

25.3.2. 관측에 이용하는 파장조

1991 년까지는 Vigroux(1957)에 의해 계측(計測)된 값을 이용해서 오존전량을 계산하고 있었으나, WMO 는 1992년 이후 오존흡수계수는 Bass-Paur(1985)의 측정에 근거한 값을, 공기분자의 산란계수(散亂係數)는 Bates(1985)에 의해 계산된 값을 이용하도록 권고했다. 각 파장조(波長組)에 대한 계수는 표 25.1 에 표시한다.

25.3.3. 오존전량의 계산

관측에서 얻어진 것은 어떤 시각에 있어서의 태양 직사광 중 2 개의 자외선의 분광강도(分光强度)의 비이다. 이 관측치에서 오존전량(Ω)을 유도하는 원리를 나타낸다.

표 25.1. 각 파장조의 파장과 오존 흡수계수 및 공기분자의 산란계수

파장조 (波長組)	슬릿 파장(nm)	오존의 흡수계수 $(\alpha-\alpha')/(\text{atm})$	공기분자의 산란계수 $(\beta-\beta')/(\text{atm})$
A	S_2 305.5 S_3 325.4	1.806	0.114
C	S_2 311.5 S_3 322.4	0.833	0.109
D	S_2 317.5 S_3 339.9	0.374	0.104

파장 λ의 빛의 대기 밖에서의 분광강도 I, 지상에서의 분광광도를 I_0 로 한다. 그러면

$$I = I_0 10^{-(\alpha \mu \Omega + \beta m \frac{p}{p_0} + \delta \sec Z)} \tag{25.6}$$

여기서 a는 오존의 흡수계수(吸收係數), β 는 공기분자의 산란계수(散亂係數), m은 대기로정(大氣路程), δ는 에어러솔에 의한 산란량(散亂量)을 나타낸다. p는 현지기압(現地氣壓), p_0 는 1 기압(氣壓, 1,013 hPa)이다. 위 식의 양변에 상용대수(常用對數)를 취하면,

$$\log I = \log I_0 - (\alpha \mu \Omega + \beta m \frac{p}{p_0} + \delta \sec Z) \tag{25.7}$$

위 식을 파장 λ, λ′의 파장의 자외선의 각각에 적용해서 양변을 서로 빼주면,

$$\log \frac{I}{I'} = \log \frac{I_0}{I'_0} - (\alpha - \alpha')\mu \Omega - (\beta - \beta')m \frac{p}{p_0} - (\delta - \delta')\sec Z \tag{25.8}$$

여기서

$$L = \log \frac{I}{I'}, \quad L_0 = \log \frac{I_0}{I'_0} \tag{25.9}$$

로 놓으면,

$$L_0 - L = (\alpha - \alpha')\mu\,\Omega + (\beta - \beta')m\frac{p}{p_0} + (\delta - \delta')\sec Z \tag{25.10}$$

더욱이

$$N^* = L_0 - L \tag{25.11}$$

로 놓고, A, D 2개의 파장에 있어서 관측에 대응시키면,

$$N_A^* = (\alpha - \alpha')_A\,\mu\,\Omega + (\beta - \beta')m\frac{p}{p_0} + (\delta - \delta')_A \sec Z \tag{25.12}$$

$$N_D^* = (\alpha - \alpha')_D\,\mu\,\Omega + (\beta - \beta')m\frac{p}{p_0} + (\delta - \delta')_D \sec Z \tag{25.13}$$

변변 서로 빼면,

$$N_A^* - N_D^* = [(\alpha - \alpha')_A - (\alpha - \alpha')_D]\,\mu\,\Omega + [(\beta - \beta')_A - (\beta - \beta')_D]\,m\frac{p}{p_0} + [(\delta - \delta')_A - (\delta - \delta')_D]\sec Z \tag{25.14}$$

$(\delta - \delta')_A$ 와 $(\delta - \delta')_D$ 는 거의 같으므로 우변 제3항은 생략할 수 있다. 따라서

$$\Omega = \Omega^*_{AD} = \frac{(N_A^* - N_D^*) - [(\beta - \beta')_A - (\beta - \beta')_D]m \cdot \dfrac{p}{p_0}}{[(\alpha - \alpha')_A - (\alpha - \alpha')_D]\,\mu} \tag{25.15}$$

보통 오존의 관측이 이루어지는 $\mu < 4$ 에서 m 은 근사적으로 μ로 놓을 수가 있고, 또 통상은 $p/p_0 \fallingdotseq 1$로 놓을 수 있으므로 위 식은 더욱

$$\Omega^*_{AD} = \frac{(N_A^* - N_D^*)}{[(\alpha - \alpha')_A - (\alpha - \alpha')_D]\,\mu} - \frac{(\beta - \beta')_A - (\beta - \beta')_D}{(\alpha - \alpha')_A - (\alpha - \alpha')_D} \tag{25.16}$$

으로 놓을 수 있다.

이 식은 Ω^*가 (atm-cm)로 표시되는 경우의 식이지만, 실제의 관측은 N^*를 100배한 N을 이용하고, Ω는 (m atm-cm)으로 나타내지기 때문에 위 식은 더욱

$$\Omega_{AD}(\mathrm{m\ \ atm-cm}) = \frac{10(N_A - N_D)}{[(\alpha-\alpha')_A - (\alpha-\alpha')_D]\,\mu} - \frac{1{,}000[(\beta-\beta')_A - (\beta-\beta')_D]}{(\alpha-\alpha')_A - (\alpha-\alpha')_D} \tag{25.17}$$

로 변형된다. $(N_A - N_D)$는 관측에 의해 얻어진 측정다이얼의 독취치(讀取値, 읽어서 얻어진 값)에서 R 대 N 표 이용해서 얻어진다. 위 식에 표 25.1에 나타난 값을 대입하면, N_A 및 N_D가 알려지면 오존전량을 구할 수가 있다.

$$\Omega = \frac{(N_A - N_D)}{0.1432\,\mu} - 7 \tag{25.18}$$

실제의 관측에서는 준기(準器)와 비교교정을 했을 때의 표준의 기준램프(lamp)의 기준과 그것 이후의 표준램프 점검치와의 차를 보정하기 위해서 ΔN_0를 더해

$$\Omega = \frac{(N_A - N_D) + \Delta N_0}{0.1432\,\mu} - 7 \tag{25.19}$$

에 의해 오존전량을 구한다.

25.3.4. 광학쐐기에 의한 감광량의 계산

광학쐐기에 의해 S_3 슬릿을 통과하는 빛의 감광량(減光量)의 측정은 오존관측의 심장부가 되는 중요부분이므로 그 계산순서를 아래에 기록한다. 슬릿 S_2를 통하는 빛의 강도를 I, 슬릿 S_3를 통하는 빛의 강도를 I'으로 한다. 슬릿 S_3를 통하는 빛은 광학쐐기도 통과하고 있고, 광학쐐기에 의한 감광(減光)의 비율을 $T(R)$로 한다. I, I'의 빛이 도달한 때에 광전자증배관에 발생하는 광전류(光電流)를 각각 i, i'으로 하면,

$$i = abcI\ ,\quad i' = a'b'c'\,T(R)I' \tag{25.20}$$

이 된다. 여기서 a, a'은 슬릿 S_2, 슬릿 S_3의 면적, b, b'은 파장 λ, λ'의 빛의 광학계에 있어서의 감쇠(減衰), c, c'는 파장 λ, λ'의 빛에 대한 광전자증배관의 감도를 나타낸다. 측정다이얼을 움직여서 검류계의 지시가 영(零, 0)이 될 때, $i = i'$이므로

$$\frac{I}{I'} = T(R)\frac{a'b'c'}{a\,b\,c} \tag{25.21}$$

이 된다. 상용대수(常用對數)를 취하면,

$$\log\frac{I}{I'} = \log T(R) + \log\frac{a'b'c'}{a\,b\,c} \tag{25.22}$$

가 된다. 측정다이얼 R과 광학쐐기의 투과율(透過率)의 관계가

$$T(R) = T_0 10^{-kR} \tag{25.23}$$

과 같이 만들어져 있다고 한다면, 식 (25.23) 을 식 (25.22) 에 대입해서

$$\log\frac{I'}{I} = kR - \log T_0 - \log\frac{a'b'c'}{a\,b\,c} \tag{25.24}$$

를 얻는다. 여기서

$$K_1 = \log T_0 + \log\frac{a'b'c'}{a\,b\,c} \tag{25.25}$$

로 놓으면

$$\log\frac{I'}{I} = kR - K_1 \tag{25.26}$$

이 되고, 여기서 K_1은 측기상수(測器常數)가 된다.

어떤 빛의 강도비가 (I'/I)일 때 측정다이얼의 읽은 값이 R_1 이고, 이 강도비가 n 배가 되었을 때의 측정다이얼의 읽은 값이 R_2가 되었다고 하면, 식 (25.26) 에서

$$\log(\frac{I'}{I})_1 = kR_1 - K_1 \tag{25.27}$$

$$\log(n) + \log(\frac{I'}{I})_1 = kR_2 - K_1 \tag{25.28}$$

이 되고, $\log(n) = (R_2 - R_1)$을 얻는다. $k=0.01$이 되도록 만들어진 광학쐐기를 이상적 광학(理想的光學)쐐기라고 한다. 만일 빛의 강도비가 2배가 되었다고 하면, 다이얼의 변화량 $(R_2 - R_1)$은 30.1°가 되어야 할 것이다. 그런데 실제로는 이상적 광학쐐기를 제작하는 것이 곤란하므로 광학쐐기의 투과율을 일반적으로 $T_0 10^{-\tau(R)}$ 과 같이 표현하고,

$$\log(\frac{I'}{I})_1 = \tau(R) - K_1 \tag{25.29}$$

의 관계식으로 취급하고 있다. 이 $\tau(R)$은 위에서 언급한 빛의 강도비가 2배가 되었을 때

$$\tau(R_2) - \tau(R_1) = 0.301 \tag{25.30}$$

을 만족하도록 결정할 필요가 있다. 실제로는 2램프 점검결과에서, $N(R) = 100\tau(R)$ 이 되는 R 대 N의 관계를 결정하고, 파장조(波長組) 마다 N_A, N_D 로 나타낸다.

25.3.5. 오존전량의 관측순서

이하의 표준적인 관측인 태양 직사광을 이용한 A D 파장조(波長組)에 의한 오존전량의 관측순서를 나타낸다.

① 직사광 관측의 경우는 입사창에 태양광의 입사광을 산란시키기 위한 확산판(擴散板, 인쇄水晶板)을 부착한다. 선디렉터(sun-director)의 60° 프리즘을 조절해서 지사광을

측기의 창에 수직으로 입사시킨다.

② Q_1, Q_2 레바의 값을 A 파장조 및 D 파장조로 조절한다. 이때 측기 내의 온도에 대한 광학계의 굴절률의 보정도 미조정(微調整)된다.

③ A 파장조, D 파장조마다 광전자증배관에서의 출력이 영(零)이 되도록 측정다이얼을 조절한다. 이때의 다이얼의 읽음에서 A 파장조, D 파장조를 구성하는 파장의 빛의 강도비가 구해진다.

④ ③에서 구한 A 파장조, D 파장조의 강도비를 미리 검정된 R-N 표에 의해 변환하고, 이 값과 천문계산에서 구해진 태양 고도각에서 오존전량을 산출한다.

25.3.6. CD 직사광 관측

대기로정(大氣路程)이 커지면 오존에 의한 흡수가 크고 A 파장조에서는 광량(光量)이 극히 약해져서 관측이 곤란해진다. 이와 같은 경우에는 A 파장조 대신에 C 파장조를 이용해서 CD 파장조에 의한 오존전량관측을 할 수가 있다. C 파장조는 A 파장조보다 오존흡수가 작으므로 대기로정이 큰 때라도 오존전량의 측정이 가능하고, 특히 태양 천장각이 커지는 고위도의 겨울철 관측에 이용되고 있다. CD 직사광 관측의 대기외상수(大氣外常數) ΔN_0 는 태양 천정각이 작을 때에 A-D 직사광 관측과 같은 오존전량을 부여하도록 상수를 결정

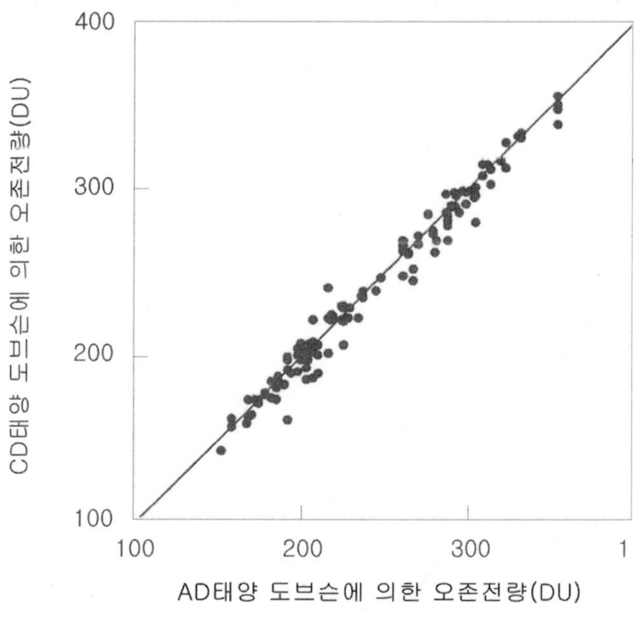

그림 25.4. CD와 AD의 태양 직사광 관측에 의한 오존전량의 비교

한다. CD 직사광 관측은, 예를 들면 남극기지(南極基地)에서 이용되고 있다. 그림 25.4 에 남극기지에서 거의 동시에 관측된 CD 직사광 관측과 AD 직사광 관측의 비교도(比較圖)를 나타낸다.

25.3.7. 월광에 의한 오존전량 관측

월광관측은 태양 직사광 대신에 월광(月光, 달빛)을 이용해서 오존전량을 구하는 관측이다. 월광은 CD직사광 관측시의 일광(日光, 햇빛)에 비교해서 광량이 더욱 적으므로 선디렉터 내에 부착된 수정제(水晶製)의 볼록렌즈를 이용해 집광(集光)한다. 태양 직사광 관측에 이용하는 인쇄수정판을 벗기고, S_1 슬릿상으로 빛을 유인한다. 그후의 순서는 태양광 관측과 같지만, 월광에 의한 오존전량 산출을 위한 계산처리에서는 지평시차(地坪視差)에 의한 보정을 첨가하지 않으면 안 된다. 지평시차(地坪視差)에 의한 보정(補正)은 아래와 같다.

지구와 달 사이의 거리를 R, 지구반경을 r 로 한다. 또 관측점과 달과의 거리를 I 로 한다. 그림 25.5 에서

$$R\cos Z^* = l\cos Z + r \tag{25.31}$$

여현(余弦, cosine)정리에 의해,

$$l^2 = R^2 + r^2 - 2Rr\cos Z \tag{25.32}$$

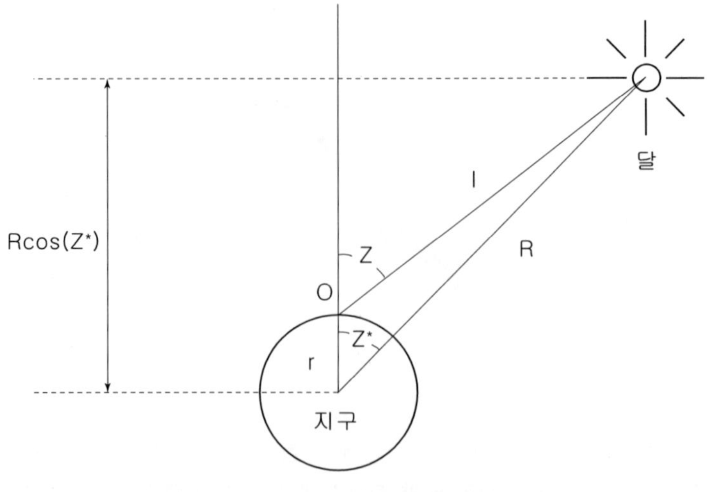

그림 25.5. 지평시차를 설명하는 모식도

이므로

$$\cos Z = \frac{R\cos Z^* - r}{\sqrt{R^2 + r^2 - 2rR\cos Z^*}} = \frac{\cos Z^* - \dfrac{r}{R}}{\sqrt{1 + (\dfrac{r}{R})^2 - 2\dfrac{r}{R}\cos Z^*}} \tag{25.33}$$

여기서 $HP = r/R$ 로 놓고, 더욱 $HP^2 \ll 1$ 을 적용하면, 위 식은

$$\begin{aligned} \cos Z &= \frac{\cos Z^* - HP}{\sqrt{1 - 2HP\cos Z^*}} \\ &\simeq (\cos Z^* - HP)(1 + HP\cos Z^*) \\ &\simeq \cos Z^* - HP\sin^2 Z^* \end{aligned} \tag{25.34}$$

$$Z = \cos^{-1}(\cos Z^* - HP\sin^2 Z^*) \tag{25.35}$$

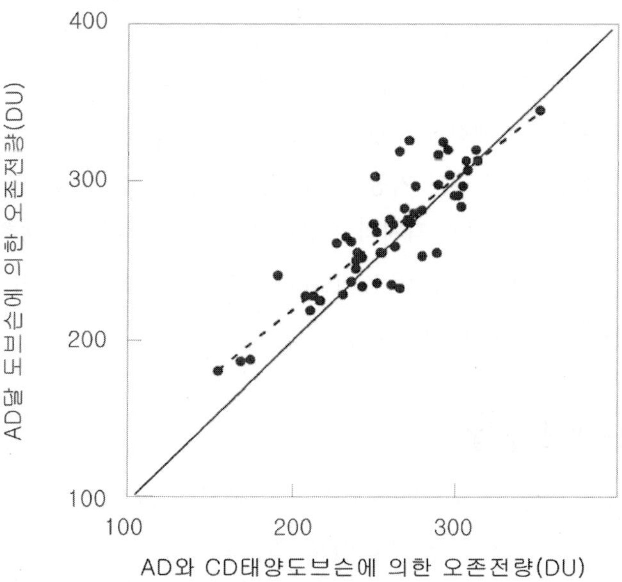

그림 25.6. 오존전량(全量)과의 비교

월광에 의한 야간의 오존전량과 CD 또는 AD 태양 직사광 관측에 의한 것

가 된다. 이 보정(補正)은 Z = 90° 의 부근에서 최대가 되어,

$$Z_{90} = \cos^{-1}(-HP) \cong 90^\circ \qquad (25.36)$$

이 되고, 지평시차(地坪視差)은 약 1° 의 크기가 된다.

월광(月光)에 의한 오존전량 관측은 예를 들면 남극기지에서 행하여지고 있고, AD 파장조를 이용하고 있다. 월광관측에 의한 야간(夜間, 밤)의 오존전량과 주간(晝間, 낮)의 AD 또는 CD 파장조에 의한 태양 직사광에 의한 오존전량의 비교의 결과를 그림 25.6에 나타낸다. 양자의 대응이 좋다는 것을 알 수 있다.

25.4. 자동화

25.4.1. 개요와 경과

WMO 는 국제적인 오존관측 자료의 질적 향상을 꾀하기 위하여 반자동화(半自動化)에 의한 도브슨 오존 분광광도계의 개발을 권하고 있다. 특히 반전(反轉)관측에서는 장시간에 미치는 수동조작을 동반하는 것으로부터 그 효과는 크다고 되어 있다. 일본에서는 1970 년에 오존 반전관측(反轉觀測)을 위해서 자동기록장치를 개발하고, 오존관측 관서(官署)에서 이미 20 년 이상 운용(運用)되고 있다. 1993 년 오존관측 정밀도를 더욱 향상하기 위한 목적에서 동측기(同測器)의 근대화를 추진하기 위해서 자동화(自動化)에 대응하는 개조(改造) 및 각종 오존관측의 시스템화를 꾀했다. 그 결과 오존전량 관측이나 오존반전관측 및 측기의 각종의 점검작업의 수작업이 자동화되었다. 이 장치에 의한 운용은 1994 년 1 월부터 고층기상대에서 개시되고, 그후 각지의 오존관측 실시 관서에서 자동화로 이행했다. 또 아시아 지구준기(地區準器)인 Beck116 은 1995 년 스위스에서의 국제비교에 참가해 자동화에 의한 정밀도 평가가 이루어지고 있다.

25.4.2. 하드웨어 구성

주요한 개조(改造)부분은 각 파장조(波長組)를 선택하는 Q_1, Q_2 레바, 2 파장의 강도비 측정을 제어하는 R 다이얼 및 그 R 각도치(角度値)의 삽입, 빛의 강함에 대응해서 광전자 증배관(光電子增倍管, PMT ; photo-multiplier tube)의 감도를 적정(適正)하게 조절하는

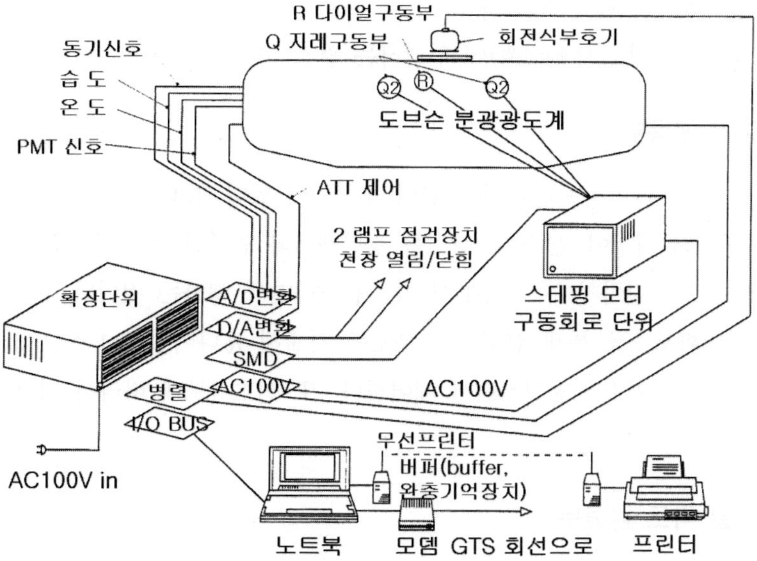

그림 25.7. 자동화의 구성

감쇠기(減衰器, ATT : attenuator) 등이다. 측기 내부의 신호계는 PMT신호, 기온, 습도 등의 전압신호를 A/D 변환보드에 의해 디지털 변환된다. 또 ATT 의 설정전압을 제어하는 D/A변환보드가 있다. 하드웨어 구성도(構成圖)를 그림 25.7 에 나타낸다.

ㄱ. Q 레바 구동부

Q 레바 구동부(驅動部)는 스테핑모터〔stepping motor : 입력한 펄스(pulse)의 수(주파수)에 비례하여 회전수를 바꾸는 모터〕와 기어헤드(gear head) 및 드라이버, 컨트롤러(controller, 制御器) 등으로 구성되어 있다. Q 레바 각도 설정은 통상 0.1° 이상의 정밀도를 필요로 하므로 스테핑모터와 기어헤드의 조합에 의해 1 펄스당의 이론적인 회전각도(스텝각, step angle)을 0.05°로 하고 있다. 이 관계를 다음 식으로 나타낸다.

$$N = \frac{\theta}{\theta_0\ K\ F} \tag{25.37}$$

여기서, θ_0 : 모터스텝각(motor step angle) 0.9 Deg./step

K : 기어헤드의 감속비(減速比) = 1/9

F : 스텝핑모터의 여자(勵磁)방식 1/2

θ : 회전(回轉)각도 deg.

N : 구동회로(驅動回路)에 입력하는 펄스 수

ㄴ. R 다이얼 구동부

R 다이얼 구동부(驅動部)는 Q 레바와 같이 구성되어 있다. R 다이얼의 작동은 2개의 파장의 자외선 중에서 파장이 긴 빛의 강도를 광학쐐기와 연동된 R 다이얼의 위치를 조절해서, 2 파장의 강도가 같아지도록 PMT 신호를 감시하면서 행하는 것이다. 2개의 빛의 강도신호는 A/D 변환보도를 통해 삽입, 그 부호를 검출해 R 다이얼을 1 스텝(step) 마다 오른쪽 또는 왼쪽 방향으로 회전시키면서 제어한다. 또 신호강도에 따라서 회전속도도 미조정(微調整)된다.

ㄷ. R 다이얼 각도 검출부

R다이얼 각도 검출부는 엡솔루트〔absolute, 절대(絶對)〕형 로터리 인코더〔rotary encoder, 회전식 부호기(回轉式 符號器, 정보를 부호화하는 장치)〕와 패럴렐보드〔parallel board, 평행판(平行板)〕로 구성된다. R 다이얼의 각도는 12 bit 의 인코더에 의해 1 회전 4,096 펄스의 신호가 얻어져, 약 0.088°(= 360/4,096)의 이론적인 정밀도로 측정할 수가 있다.

ㄹ. ATT 제어

PMT에 들어오는 빛의 강도는 대기로정(大氣路程)이나 에어러솔에서의 산란, 구름 등의 영향에 의해 크게 변화하기 때문에 PMT 출력을 하는 일정한 범위에 들어가도록 PMT 의 공급전원 -1,000 V 를 8 bit D/A 변환보드에 의해 256 스텝으로 제어한다.

25.4.3. 오존관측 조작

오존전량(全量) 관측에서는 측기를 밖으로 이동해 선디렉터의 부착과 스팟(spot, 点, 場所, 地點) 맞춤 등을 수동으로 행한 뒤, 관측개시의 조작(操作)을 행하므로 측정이 개시된다. 제어가 종료되면 오존전량이 바로 계산되고, 결과를 시계열적(時系列的)인 그래프로 나타내 오존의 변화상황을 관찰할 수가 있다.

오존반전(反轉)관측은 태양 천정각이 60° ~ 90° 까지를 통상 C 파장조를 이용한 연속관측이다. 측기의 준기(準器)를 정비해 관측개시의 조작을 행하므로 측정이 개시된다. R 다이얼의 제어는 1 분마다 반복해서 실행되고, 지정천정각(指定天頂角, 14 점)에 필요한 일차 자료를 측정한다. 제어가 완료되면 기준곡선(基準曲線)과의 차의 그래프에 의해 측정자료의 품질 점검을 행할 수가 있다.

25.4.4. 중요한 개선점

① 수동 작동으로 하고 있던 R 다이얼 조작, R 다이얼의 독취(讀取, 값 읽기), Q 레바의 설정, 앗테네터 감도(感度) 조정 등의 관측자에게 의존하고 있던 부분이 자동화되었다.

② 오존전량 관측, 반전관측, 각종 측기의 점검은 ①에 의한 관측순서에 따른 프로그램 제어가 가능하게 되어 대부분이 자동화되었다.

③ ②의 자동화에 의해 통일된 순서로 측기의 조작 및 측정치의 독취(讀取)가 행하여지고, 인위오차(人爲誤差) 및 개인차도 제외되어, 관측 정밀도의 향상 및 보다 균질(均質)한 자료의 독취가 가능하게 되었다.

25.5. 램프 점검

항상 측기(測器)의 상태가 정상으로 동작하고 있는 것을 확인하기 위하여 각종의 점검이 행해지고 있다.

25.5.1. 표준램프 점검

이 점검(點檢)은 23 V 200 W의 할로겐램프를 사용하고, 측기의 교정수준(較正水準)이 일정하게 유지되는 것을 확인하고, 또 절대교정(絶對較正)한 상수를 유지하고, 오존자료에 의한 교정치(較正値)를 결정한다.

25.5.2. 수은램프 파장 점검

수은(水銀)램프 점검에 의해 슬릿 S_2, S_3에 적정한 수은 스펙트럼선이 들어가 있는가를 확인한다. 이 점검에 의해, Q 레바 눈금과 측정온도(Q 표)가 올바르게 대응하는가를 확인할 수가 있다.

25.5.3 2 램프 점검

이 점검에서는 광학쐐기에 더러움 등이 생겨있지 않는가를 점검한다. 또 측정 다이얼의 읽음, 감광량(減光量)을 대응시키는 표(*R-N*표)를 작성하기 위해 특별히 행하는 점검이기도 하다. 광학쐐기를 정상적인 상태로 유지하는 것은 오존관측의 정밀도를 좌우하는 가장 중요한 점검이다.

25.6. 국제비교관측

최종적으로 절대적인 오존전량을 결정하기 위해서는 미국 NOAA가 소유하는 세계준기(世界準器) Beck 83〔제 1 준기(第一準器)〕과의 직접 또는 간접의 자연광에 의한 비교관측에 의해 상수의 사본(寫本 : 원본을 그대로 베낌)화함으로써 보증된다. 일본이 소유하고 있는 아시아지구 준기(準器) Beck 116 은 최근은 약 3 년마다 국제 비교관측에 참가하고, 그 정밀도의 유지를 꾀하고 있다. 최초의 WMO 주최의 국제비교관측은 1974 년 폴란드의 Belsk 에서 실시되었고, 1977 년에는 볼더(Boulder, 미국)이고, 최근에는 1995 년에 아로자(스위스), 1998 년에도 볼더(Boulder)에서 국제비교관측이 이루어지고 있었다. 1996 년의 국제비교관측에서는 아시아 지구에서 4 대의 도브슨 오존 분광광도계가 참가하고 있었다.

25.7. 관측 자료

오존의 관측 자료는 일본의 경우, 기상청(氣象廳)에서 '기상청 오존관측 보고'로써 보고된다. '기상청 오존관측보고'는 1995 년 이후는 CD-ROM의 형태로 보고되고 있다. 속보치(速報値)는 매월 '오존층 관측속보'로 보고된다. 남극기지에 있어서의 관측결과는 'Antarctic meteorological data, 기상청' 으로 보고된다. 관측된 오존전량은 WMO 의 'WOUDC(World Ozone and Ultraviolet Radiation Data Center)'에 보고된다. 세계각지의 오존 자료는 WOUDC 에서 정리되어 'Ozone Data for the Would' 로 발표되고 있다.

Chapter 26 음파를 이용한 측기소다

음파(音波, sound wave)란 가청주파(周波可聽)의 탄성파(彈性波)로 청각에 관련해서 취급할 때에는 단순히 음(音)이라고 부른다. 공기중 파의 경우를 가리키는 경우가 많지만, 액체・고체 중의 것도 포함해서, 주파수가 가청주파 이상의 초음파(超音波)나 가청주파수 이하의 초저주파음(超低周波音)까지를 합해서 음파라고 부르는 일도 있다. 고체 속의 음파에서는 횡파(橫波)도 포함된다. 음파의 강함은 음압(音壓) 또는 음의 강도로 나타난다. 온도 $t(C)$ 의 공기 중의 음파의 전반속도(傳搬速度) c(m/s) 는

$$c = 331.5 + 061t \tag{26.1}$$

로 표현된다. 파장은 같은 주파수의 전파의 $1/10^6$ 정도이고, 가청음파에서는 마이크로파의 상한 부근에 있다.

소다(SODAR ; SOund Detection And Ranging)는 대기중을 전반(傳搬 : 전기 에너지를 전파하는 것이나 또는 그 전파)하는 음파가 기온의 교란으로 일어나는 후방산란을 검출하기도 하고, 산란음파의 주파수의 도플러 편이(偏移)에서 바람을 측정하는 리모트 측기〔remote instrument, 원격측기(遠隔測器)〕이다. 즉 다시 말하면, SODAR는 음파의 도플러효과(Doppler effect)를 이용한 액티브・리모트센싱〔active remote sensor, 能動遠隔感(知)部〕이다. 고정주파수의 음향 펄스를 대기 중에 발신하고, 대기에서 산란해 오는 음향신호의 도플러효과에 의한 주파수편이(周波數偏移, Doppler shift)를 계측(計測)해서 속도로 변환하는 것이다.

음파를 이용해서 상공의 풍향・풍속을 측정할 수 있는 도플러 음파레이더를 국제적으로는 '소다' 라고 불리고 있고 이에 주목되고 있다. 지금까지의 상공의 풍향・풍속은 존데나 철탑(鐵塔)을 이용해서 측정되어 왔으나, 전자는 많은 일손이 들 뿐더러 연속관측이 곤란하고, 후자는 측정고도에 한계가 있으며 더욱이 철탑의 유지관리에 막대한 경비(經費)가 드는 등의 결점이 있다.

26.1. 소 개

소다는 1968년 오스트레일리아(Australia, 호주 = 濠洲, 豪州)에서 개발된 것으로 지상에 설치한 장치에서 상공(上空)에 음파를 발사해 상공대기의 상태를 연속해서 파악할 수 있는 획기적인 신기술이었는데, 그 장치의 원리나 구조는 비교적 간단한 것으로, 수신음파의 강도를 화상화(畵像化)하고, 그 모양의 변화에서 상공의 역전층(逆轉層) 등의 대기성층의 상태를 파악하는 것만의 것이었다. 그후 1971년에 미국에서 수신음파의 강도뿐만이 아니고 그 주파수 해석을 행해 음파산란을 일으키는 공기의 움직임, 즉 풍속을 측정할 수 있는 소다가 개발되어 환경모니터, 대기확산연구 등의 바람의 관측에 사용되게끔 되었다. 근년에서는 저주파수(低周波數)를 이용해서 약 5 km 상공까지 측정 가능한 대형(大型)과 초소형(超小型)의 배터리 가동(稼動)의 가반형(可搬型)이 개발되어 그 이용범위는 점점 더 퍼지고 있다.

소다의 설명에 앞서서 소다에 대해서는 기본적인 개념인 산란각도(散亂角度)에 대해 설명해 두기로 한다. 산란각도는 발산된 음향펄스가 전반해 오는 방향과 산란파가 수신안테나로 향해서 전반(傳搬)해 오는 방향 사이의 각도로 정의된다. 산란각도에 따라 소다안테나의 형상(形狀)은 그림 26.1의 (a), (b)에서와 같이, 모노스태틱〔mono-static, 단정위(單定位)〕과 바이스태틱〔bi-static, 双(雙, 二, 複, 重)定位〕으로 분류할 수 있다. 모노스태틱에서는 음향펄스의 송・수신을 동일 측기에서 전환해서 행할 수 있도록 같은 안테나에서 행한다. 따라서 산란각도는 180°이다.

한편 바이스태틱에서는 송신과 수신을 떨어진 장소에서 다른 안테나로 행하므로, 송신안테나와 수신안테나로 만들어지는 산란각도는 약 110°의 사이에서 취해진다. 따라서 바이스태틱방식은 떨어져서 안테나를 설치하기 때문에 넓은 면적을 필요로 한다. 또 음파발사법(音波發射法)으로써 연속파(連續波)를 사용하는 방법과 펄스파를 이용하는 방법이 있는데, 바람의 단시간 변동을 측정하는 데에는 연속파가 우위이지만, 저풍속(低風速)의 측정에는 펄스파가 편리하다.

바람의 3차원성분을 측정하는 데에는 그림 26.1(a)와 같은 모노스태틱를 3개를 조합한 트리 모노스태틱방식이 채택되고 있다. 또 최근에는 트리 모노스태틱방식을 하나의 안테나로 행하는 훼즈드・아레이방식이 이용되게 가고 있는 추세이나, 여기서는 현재 널리 이용되고 있는 소다의 기본으로 되어 있는 모노스태틱방식의 소다를 중심으로 해서 설명한다.

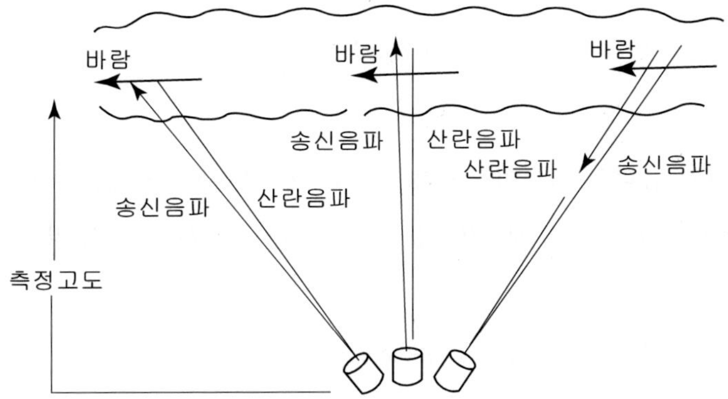

(a). 트리(3 개) 모노스태틱형 도플러 음파레이더의 배치도

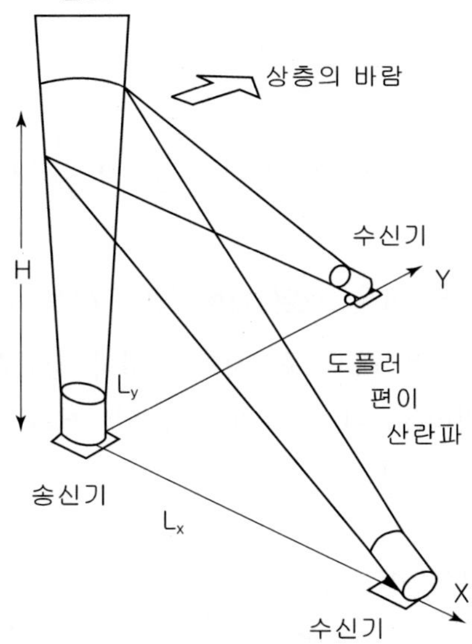

(b). 바이스태틱형 도플러 음파레이더의 배치도

그림 26.1. 도플러 음파레이더의 방식

26.2. 도플러속도의 검출

모노스태틱의 산란음향신호의 강도는 후방산란 단면적(後方散亂 斷面積), 즉 단위체적, 단위입사 파워, 단위입체각당의 산란파워(m^{-1})에 의존하고, 후방산란 단면적 $\sigma(\pi)$는 다음과 같이 표현된다.

$$\sigma(\pi) = 0.00753\,\lambda^{1/3}\frac{{C_T}^2}{T^2} \tag{26.2}$$

여기서 λ는 발신된 음파신호의 파장, T는 온도, C_T는 온도구조함수(溫度構造函數)라 불리는 것이고, 높이 z와 $z+\delta z$에 있어서 기온을 $T(z)$, $T(z+\delta z)$라 하면 C_T는

$$ {C_T}^2 = \overline{[T(z) - T(z+\delta z)]^2} \cdot (\delta z)^{-2/3} T \tag{26.3}$$

으로 나타난다.

음파의 펄스신호를 강도 P_0(파워)로 발신하면 거리 r에서 후방산란신호의 수신강도 $P(r)$은 다음 식으로 주어진다.

$$P(r) = \eta_t \eta_r P_0\ \sigma(\pi)\ \frac{C\,\tau}{2}\ A\ \frac{1}{R^2}\ L \tag{26.4}$$

여기서 η_t, η_r은 송수신변환효율(送受信變換效率), C는 음파, τ는 송신펄스장, A는 수신안테나의 단면적(m^2), L은 대기 중에서의 음파의 감쇠손실(減衰損失, m^{-1}), r은 산란체와 수신안테나간의 거리(m)이다. 대기 중에 있어서의 음파의 감쇠율(減衰率)은 주

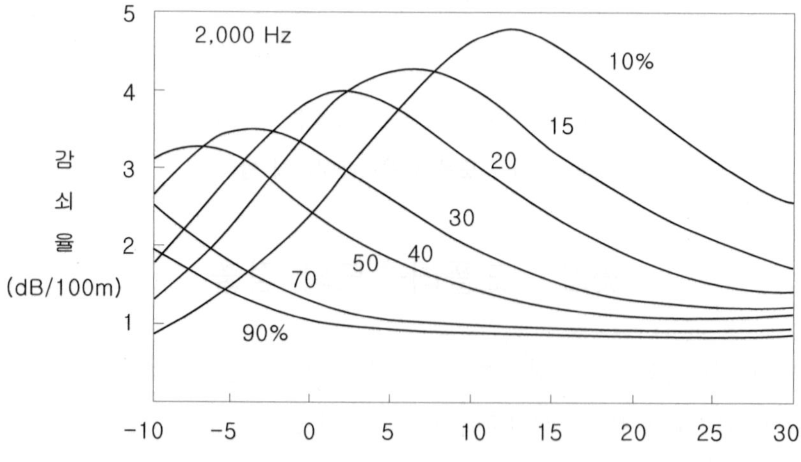

그림 26.2. 대기 중에 있어서의 음파(2,000 Hz)의 감쇠율과 기온, 습도와의 관계

그림 중의 숫자는 상대습도(%)를 나타낸다.

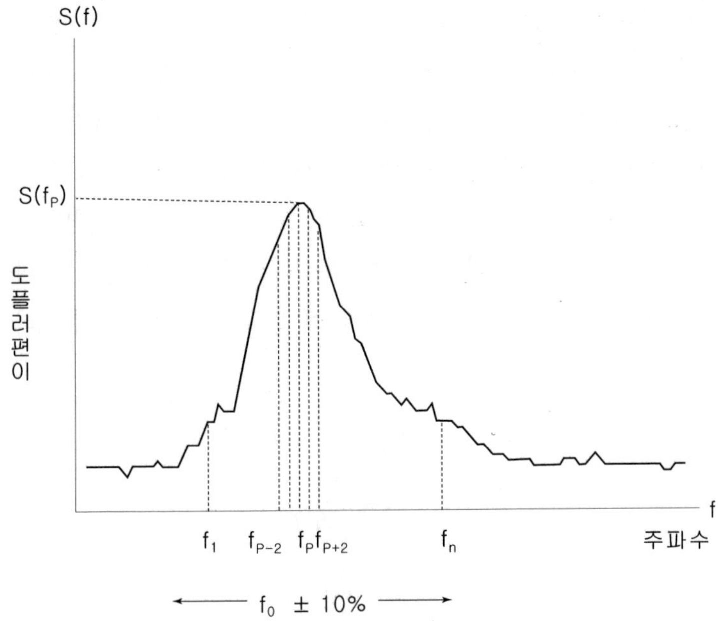

그림 26.3. 파워스펙트럼에서 주파수의 도플러편이를 구하는 방법의 모식도

파수가 높을수록 크고, 또 기온과 습도에 의존한다. 그림 26.2는 2,000 Hz의 주파수의 경우의 기온과 습도에 대한 감쇠율이다. 기온에 대해서는 일정의 습도에서 최대치를 갖지만, 습도에 대해서는 반비례해서 습도가 높을수록 감쇠율은 작아진다. 식 (26.4)에서는 소다의 시스템에 의해 결정되는 몇 개의 시스템 상수가 포함되어 있지만, 이들을 제외하면 후방산란신호의 수신강도는 산란단면적, 즉 대기의 온도구조에 의해 결정된다. 따라서 각 고도에서의 후방산란신호의 수신강도의 연직분포를 관측함으로써 대기경계층(大氣境界層)에 있어서 기온의 역전층(逆轉層) 등 온도성층(溫度成層) 상태를 알아낼 수가 있다.

산란체인 산란영역(散亂領域)의 공기가 바람이나 그 난류성분에 의해 변동해가므로 이들 수신신호의 주파수는 도플러효과에 의해 산란체의 속도에 비례해서 주파수가 변화한다(도플러편이, Doppler shift). 발신 및 수신신호의 주파수를 각각 f_0, f_r로 하면, 편이(偏移, shift, 시프트) 된 f_d는

$$f_d = f_r - f_0 \tag{26.5}$$

f_d는 수신안테나를 향해서 오는 방향이 f_0를 중심으로 해서 정(正, 陽, +), 즉 주파수의 증가에 의한 고음(高音)쪽으로 편이(偏移, 시프트)이고, 떨어져서 가는 방향이 그 역의 부

(負, 陰, −)이다. 이와 같이 f_d 는 산란체의 속도와 관련된 음파산란신호에서 구해진다. 주파수의 검출은 표준(標準) FFT〔패스트 후리에변환(變換), fast Fouier transformation〕을 이용해서 이산화(離散化)한 어떤 일정 간격의 256~1,024개 수의 주파수 빈도분포(頻度分布, 스펙트럼)를 구해, 이 스펙트럼을 몇 개인가를 겹친 후에 행(hang) 등의 윈도(window)를 걸어서 평활화(平滑化)하든가 또는 아래의 방법으로 도플러주파수를 구한다.

그림 26.3에 표시되어 있는 것과 같이 스펙트럼밀도가 최대가 되는 주파수 f_p 와 이것을 끼는 합계 5점의 스펙트럼에서 다음 식에 의해 도플러주파수를 산출한다.

$$f_d = \frac{\sum_{i=p-2}^{p+2} f_i \cdot S(f_i)}{\sum_{i=p-2}^{p+2} S(f_i)} \tag{26.6}$$

스펙트럼을 겹치게 한 것은 시간평균풍(時間平均風)을 구하기 위한 것이고, 평균화시간은 아래의 조건을 만족한다면 자유롭게 선택할 수 있다.

$$N = \frac{I}{3\,T} \tag{26.7}$$

여기서 N은 겹친 스펙트럼의 개수(個數), I는 평균화시간(초), T는 펄스를 발신하는 간격, (초)이다. 3방향으로 펄스를 발신하기 위해서 3배로 하고 있다. 지금 각각의 방향으로 5초 간격으로 펄스를 발신하고, 평균화시간을 120초로 했다고 하면, 중첩된 스펙트럼의 수는 8개가 된다. N이 정수(整數)가 되도록 평균화시간을 선택할 필요가 있다.

26.3. 풍향・풍속과 난류성분의 산출

스펙트럼의 신뢰성을 판단하기 위해서 S/N비를 나타내는 파라미터 γ를 다음의 식과 같이 정의하고, γ의 값에 따라 양호한 판단이 가능하도록 기준치(基準值)를 약 8 dB로 하고, 이 값 이상의 수신신호를 이용해서 풍속의 연산을 행하고 있다.

$$\gamma = \frac{S(f_0)}{\frac{1}{n}\sum_{i=1}^{n} S(f_i)} \tag{26.8}$$

위 식의 분모의 스펙트럼밀도의 적산(積算)은 그림 26.4 에 표시되어 있는 것 같이, 발신주파수 f_0 를 중심으로 해서 샘플주파수대의 ±10 % 이내의 주파수, $f_1 \sim f_n$ 의 범위에서 행해진다. 그리고 γ가 10 dB 이상의 스펙트럼을 풍속성분의 연산으로 채용한다.

식 (26.6) 또는 그 외의 방법에 의해 결정되는 도플러주파수에 대한 각각의 발신펄스 진행방향의 도플러 풍속성분 V_i 는 다음의 식으로 구해진다.

$$V_i = \frac{C\ (f_d - f_0)}{f_0} \tag{26.9}$$

여기서 C 는 음속, f_0는 발신주파수이고, 또 트리 모노스태틱에서는 상공을 향해서 3 방향으로 음파펄스가 발신되므로 $i = 1 \sim 3$ 이다.

측정공간은 시간 평균하는 것으로써 균질(均質)하다고 가정하고, 좌표축(座標軸)을 그림 26.4 에 표시하듯이 정의하면, 풍속의 동서, 남북, 연직성분 V_X, V_Y, V_Z 는 다음의 식에 의해 결정된다.

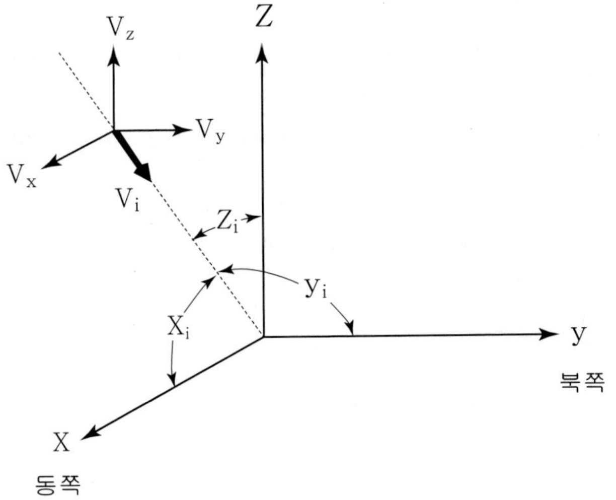

그림 26.4. 트리 모노스태틱 소다의 송수신축의 부착방법의 예

$$\begin{pmatrix} V_x \\ V_y \\ V_z \end{pmatrix} = -A^{-1} \begin{pmatrix} V_1 \\ V_2 \\ V_3 \end{pmatrix} \tag{26.10}$$

여기서

$$A = \begin{pmatrix} \cos x_1 & \cos y_1 & \cos z_1 \\ \cos z_2 & \cos x_2 & \cos y_2 \\ \cos y_3 & \cos z_3 & \cos x_3 \end{pmatrix} \tag{26.11}$$

이고, $\cos x_i$, $\cos y_i$ 는 각각 음파빔방향(i = 1, 2, 3) 의 x, y, z 축으로의 방향 여현 (cosine)이다.

트리 모노스태틱식 소다의 안테나 2 대를 음파빔방향의 축이 천정각 α, 방위각을 각각 ϕ(phi, 파이), ψ(psi, 프사이 = 프시) 로, 나머지 1 대를 연직상방으로 설치하고, 방위 북을 기준으로 해서 0°로 하면, 식 (26.11)은

$$A = \begin{pmatrix} \sin\alpha \cdot \sin\phi & \sin\alpha \cdot \cos\phi & \cos\alpha \\ \sin\alpha_0 \cdot \sin\psi & \sin\alpha_0 \cdot \cos\psi & \cos\alpha \end{pmatrix} \tag{26.12}$$

로 표현된다. 따라서 이 식과 식 (26.10) 에서 풍속의 동서성분 V_x 와 남북성분 V_y 는 각각

$$V_x = \frac{1}{\sin\alpha \cdot \sin(\psi - \phi)} [V_1 \cos\psi - V_2 \cos\phi + V_3 \cos\alpha (\cos\phi - \cos\psi)] \tag{26.13}$$

$$V_y = \frac{1}{\sin\alpha \cdot \sin(\phi - \psi)} [V_1 \cos\psi - V_2 \cos\phi + V_3 \cos\alpha (\cos\phi - \cos\psi)] \tag{26.14}$$

로 구해진다. 더욱이 풍속 U 와 풍향 θ 는 동서성분 V_x 와 남북성분 V_y 에서 각각 다음 식에 의해 얻어진다.

$$U = \sqrt{V_x^2 + V_y^2} \tag{26.15}$$

$$\theta = \tan^{-1}\frac{V_x}{V_y} \tag{26.16}$$

훼즈드·아레이 식의 소다에서는 안테나가 1 대이고, α, ϕ, ψ 가 시스템에 의해 고정되어 있고, 대부분의 경우 $\alpha = 20° \sim 30°$ 가 되도록 미리 설정되어 있다. 또 $\phi = 0°$ (북), $\psi = 90°$ (동)가 되도록 설치한다. 만일 근방의 지형적 또는 건물 등의 관계로 $\phi = 0°$ 로 설치할 수 없을 때는 설치했을 때의 북쪽에서의 어긋남의 각도를 소프트웨어에 의해 보정할 수 있도록 되어 있다.

평균풍향과 이것에 직각인 가로방향 및 연직방향의 풍속성분의 표준편차(標準偏差) σ_u, σ_v, σ_w 는 각각의 빔축방향의 도플러속도 V_i 에서 구해진다. 특히 σ_w 는 $w\ (= V_3)$의 표준편차 그것이기 때문에 다음 식에 의해 얻어진다.

$$\sigma = \sqrt{\frac{1}{N}\sum_{i=1}^{N}(W_i - \overline{w_i})} \tag{26.17}$$

또 각각의 빔축방향의 풍속성분 V_1, V_2 의 표준편차 σ_1, σ_2 는 각각의 스펙트럼 밀도분포를 평활화한 후로 가우스분포 등의 분포형(分布型)을 가정해서 그 표준편차를 취하는 방법도 있다. 지금 3 방향으로 5 초 간격으로 음파펄스를 발신하고, 풍향·풍속의 평균화를 10 분으로 하면, w_i 는 15 초마다 얻어지므로 $N=40$ 이다. 한편 σ_u 와 σ_v 에 대해서는 각각의 빔방향의 속도변동의 표준편차 σ_1 및 σ_2 에서 다음 식에 의해 결정된다.

$$\begin{aligned} \sigma_u^2 &= \sigma_1^2 \sin^2 \overline{\theta} + \sigma_2^2 \cos^2 \overline{\theta} + C_{12} \sin 2\overline{\theta} \\ \sigma_v^2 &= \sigma_1^2 \cos^2 \overline{\theta} + \sigma_2^2 \sin^2 \overline{\theta} + C_{12} \sin 2\overline{\theta} \end{aligned} \tag{26.18}$$

여기서 $\overline{\theta}$ 는 평균풍속, C_{12}는 V_1과 V_2의 공분산(共分散)이다. 그러나 식 (26.18)의 방법은 σ_1과 σ_2 가 떨어진 곳에서 측정된 일이나 C_{12} 의 항이 포함되는 것 등에서 오차가 크다. 거기서 수평성분의 표준편차 σ_u 에 대해서는 그림 26.5 에 표시한 것 같은 교란의 공간분포 형상을 타원형(橢圓形)으로 가정해서 아래 식에 근거해서 안테나의 방향의 표준편차 σ_R 에 상수를 곱해서 구하고 있다. 식 중의 κ 는 수평성분과 연직성분의 비 σ_u / σ_w 로 2.5 로 하고 있다. α 는 안테나의 경사각(傾斜角)으로 20° 이다.

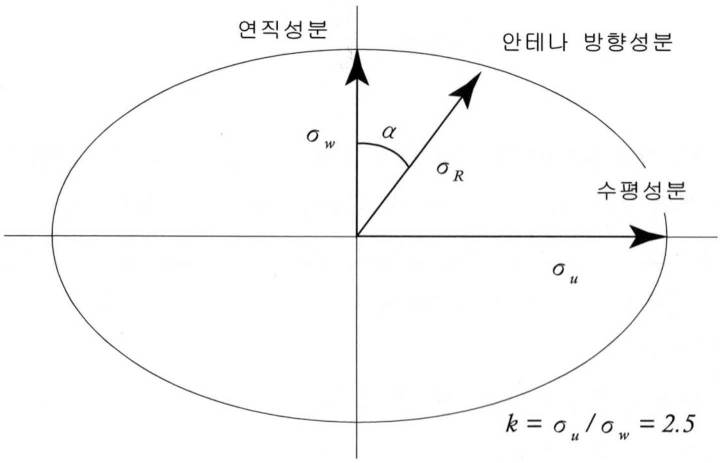

그림 26.5. 교란의 모델(타원모델)

$$\sigma_u = \sigma_R \sqrt{\sin^2\alpha \ + \kappa^2 \cos^2\alpha} \tag{26.19}$$

식 (26.19)의 가정이 성립하는 것으로 하면, 연직성분의 교란 σ_w는 경사방향의 교란 σ_R을 이용해서 다음과 같이 구할 수가 있다.

$$\sigma_w = \sigma_R \sqrt{\frac{1}{\kappa^2} \sin^2\alpha \ + \cos^2\alpha} \tag{26.20}$$

R의 값으로써 1.2 ~ 2.5가 사용되고 있다.

26.4. 소다의 측풍 신뢰성

리모트센싱(remote sensing, 遠隔探査)은 진자료(眞資料, truth data)에 의해 검증(檢證)할 필요가 있고, 검증함으로써 원격탐사(遠隔探査)에서 얻어진 자료를 신뢰(信賴)할 수가 있다. 그러나 트리 모노스태틱식의 소다는 고도의 증가와 함께 음파펄스의 퍼짐에 의해 측정공간이 커짐과 동시에 각각의 빔방향도 떨어져간다. α = 30°로 하면 고도 700 m로 연직축과 약 400 m 떨어진다. 이와 같이 큰 측정공간(測定空間)을 검증하는 것은 불가능하고, 소다를 철탑(鐵塔) 부근에 설치하고, 철탑에 부치(付置, 설치해 부치는 것)되어 있

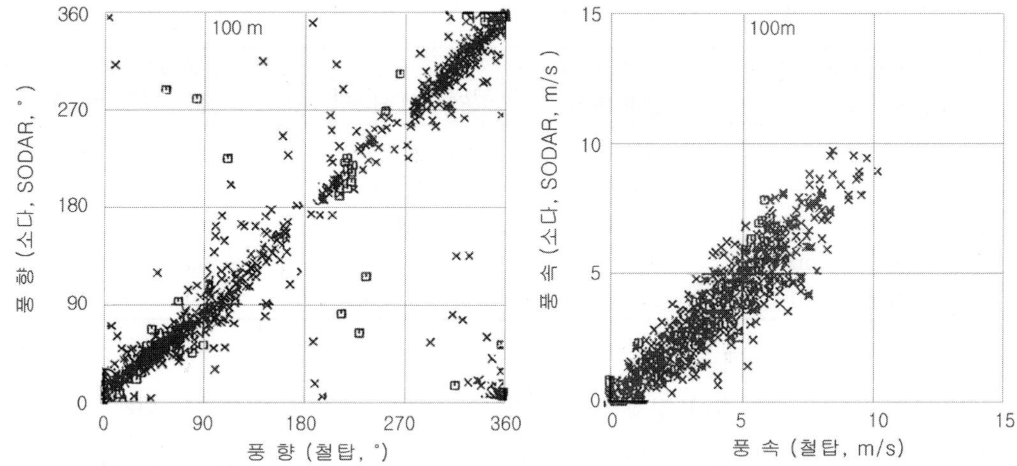

그림 26.6. 고도 100 m에 있어서 도플러소다와 철탑에 의한 풍향 · 풍속 관측자료의 10 분간의 평균치의 비교(□ 안은 강수시의 자료를 나타낸다.)

는 풍향풍속계(風向風速計)에 의한 자료를 비교함으로써 소다의 신뢰성(信賴性)이나 특성 및 실용성을 파악하려고 하는 시도가 행하여지고 있다.

그림 26.6 은 소다(훼즈드 · 아레이 ; XONDAR-III)와 철탑에 설치되어 있는 풍차형(風車型) 풍향풍속계에 의한 10 분 평균의 풍향, 풍속을 고도 100 m 에 있어서 비교한 예이다. 그림에는 강수 시의 자료도 포함되어 있지만, 3 mm/h 이하의 강수에서는 문제없이 얻어지고 있다. 소다에서는 큰 측정공간을 목표로 해서 공간적 시간적 평균치를 계측(計測)하기 위해서 순간치의 비교는 할 수 없다. 그러나 철탑자료 등과 시간평균치를 비교함으로써 소다의 특성을 파악해 충분히 신뢰성이 있는 자료를 취득(取得)할 수가 있다.

현재 선진국에서 사용되고 있는 도플러소다의 성능을 표 26.1 에 나타낸다. 사용하고 있는 음파신호의 길이나 주파수에 상위(相違 : 서로 다름)가 있어도 성능(性能)은 거의 동등하다.

26.5. 앞으로의 전망

발전소 등의 원자력 시설에서는 배기구(排氣口)의 높이에 있어서 바람의 관측과 기온의 연직분포를 상시 관측하는 것이 의무화되어 있어야 한다. 현재에서는 철탑에 의해 이들이 관측되고 있지만, 철탑의 건설비용 등에서 코스트 퍼포먼스〔cost performance : 《經》 비용 대 효과(가격과 가치의 균형), 《컴》 단위 가격에 대한 처리 능력〕를 고려하면, 바람의 관

표 26.1. 주로 사용되고 있는 소다의 성능

기종명(機種名) 및 메이커(상표, 국명)	A410 KAIJO(일본)	PA2 REMTECH(프랑스)	XONDAR-Ⅲ XonTech(미국)
주파수(Hz)	2,400	2,100	1,600
최대음향출력(W)	90	45	240
펄스발신주기(s)	3, 5, 10	5 주파 불규칙	5
최고관측고도(m)	1,000	1,500	1,000
평균화시간(min)	2~60	30~60	2~60

측에는 소다를 이용하는 쪽이 경제적이고, 소다가 점차로 철탑을 대신해서 변해 가는 추세에 있다. 그러나 현재 소다는 기온의 연직분포의 직접 측정은 불가능하지만, 앞에서 말한 것과 같이 음파신호의 연직방향에서의 고도별 산란강도를 계측함으로써 대기의 상대적인 온도성층의 관측 예가 그림 26.7 에 표시되어 있다. 대응하는 기온의 연직분포의 자료는 없지만, 바람의 연직분포에서도 역전층으로 간주된다. 이 층은 약 2 시간의 주기로 진동하면서 그 깊이를 증장(增長)하고 있다.

한편 음속이 온도에 의존하는 사실로부터 소다의 발신음파 신호펄스의 대기중에 있어서

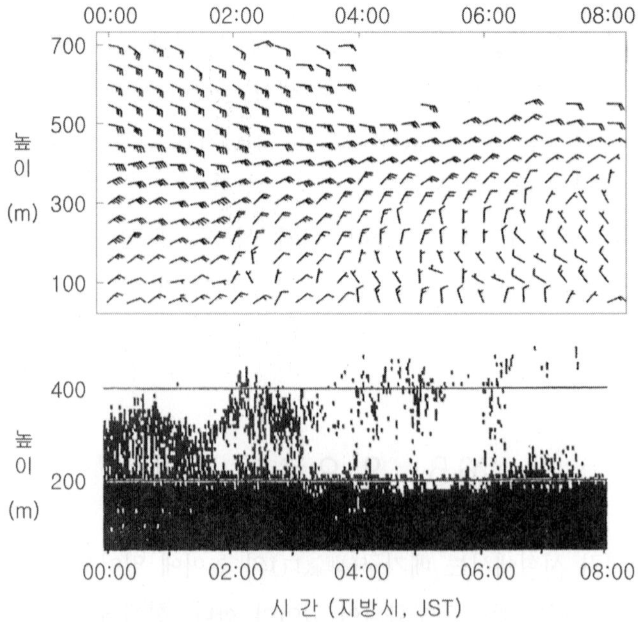

그림 26.7. 소다로 관측된 기온역전층과 바람의 시간변화

역전층 상부와 약 2 시간 주기로 진동을 보이고 있고, 역전층보다 상부는 강한 동풍이지만, 역전층 내부는 약풍으로 되어 있다.

의 전반속도(傳搬速度)를 전파에 의해 계측하고, 기온의 연직분포를 얻는 RASS (Radio Acoustic Sounding System)도 소다의 응용으로 개발되고 있다.

도플러소다로 직접 계측되는 대기경계층(大氣境界層) 내의 대기량은 온도성층 상태, 3차원의 풍속성분과 그 교란의 성분의 연직분포이다. 이들의 자료를 이용해서 대기 중의 모든 현상을 파악할 뿐만이 아니고, 난류(亂流)에 의한 운동에너지 플럭스(kinetic energy flux)나 소산율(消散率) 등의 양을 간접적으로 구하는 일도 가능하다. 이와 같이 지금까지 분명하게 되어 온 대기경계층에 있어서의 제대기량(諸大氣量 : 모든 대기과학에 관한 양)의 상호관계를 이용해서 간접적으로 추측(推測)되는 대기량의 파악 등 소다의 응용면(應用面)은 지금부터 점점 더 퍼져갈 것이라고 생각된다.

한편 소다의 관측법도 아직 완성된 것은 아니어서 여러 가지 문제가 남아 있다. 예를 들면 강수 시에 있어서의 관측에서는 하강류(下降流)를 과대평가하고 있다고 하는 의문이 있다. 또 우립(雨粒, 빗방울)이 안테나에 해당하는 음(音)이 노이즈가 되어 상층 자료의 취득률(取得率)이 저하는 등 이들의 문제는 강수량이나 빗방울의 크기 등과 관련지어서 명확하게 함으로써 소다관측에 의한 측풍(測風)의 한계를 명확하게 해감과 동시에 얻어진 자료의 신뢰성을 높여갈 필요가 있다.

부 록

대기과학의 분류

______ 는 신종학문 분야

1. 대기요소의 원리, 측기(測器, instrument) 및 관측(觀測, observation)
 1.1. 기압(氣壓, pressure)
 1.2. 온도(溫度, air temperature)
 1.3. 습도(濕度, humidity)
 1.4. 바람(wind, breeze): 풍향・풍속(風向・風速, wind direction, wind speed)
  1.4.1. 풍력발전(風力發電, generation of wind power)
 1.5. 구름〔운(雲), cloud〕
 1.6. 강수(降水, precipitation)
 1.7. 적석(積雪, snow cover, deposited snow)
 1.8. 증발(蒸發, evaporation)
 1.9. 시정(視程, visibility)
  1.9.1. 안개〔무(霧), fog〕
  1.9.2. 대기오염(大氣汚染, air pollution)
 1.10. 방사(放射, 輻射, radiation)
 1.11. 일사(日射, 太陽放射, solar radiation)
 1.12. 일조(日照, sunshine)
 1.13. 지중온도(地中溫度, soil temperature)
 1.14. 대기현상(大氣現象, atmospheric phenomenon)
 1.15. 일기(日氣, weather)
2. 기초대기과학(基礎大氣科學, basic atmospheric science = atmoscience)
 2.1. 유체역학(流體力學, fluid dynamics)
  2.1.1. 역학대기(力學大氣, dynamic atmosphere)
  2.1.2. 지구유체역학(地球流体力學, global fluid dynamics)
  2.1.3. 열역학(熱力學, thermal dynamics)
  2.1.4. 교통류(交通流, traffic flow)
  2.1.5. 식물과 유체역학(植物과 流體力學, plants and fluid dynamics)
 2.2. 대기방사(大氣放射, 大氣輻射, atmospheric radiation)
 2.3. 대기대순환(大氣大循環, general circulation)
 2.4. 종관대기(綜觀大氣, 總觀大氣, synoptic atmosphere, 時系列 포함)
  2.4.1. 종관규모의 바람(綜觀規模의 風, wind of synoptic scale)
  2.4.2. 종관규모의 강우(綜觀規模의 降雨, rainfall of synoptic scale)
 2.5. 중소규모의 대기요란(中小規模의 大氣擾亂, disturbance of meso- and small scale)
  2.5.1. 중(간)규모요란〔中(間)規模의 擾亂, intermediate(medium) scale disturbance, mesoscale disturbance〕
  2.5.2. 호우(豪雨, heavy rain. heavy rainfall), 뇌우(雷雨, thunderstorm)

2.5.3. 용권(龍卷, tornado, spout, waterspout, '용오름'은 잘못됨)
2.6. 극대기(極大氣, polar atmosphere)
2.7. 열대대기(熱帶大氣, tropical atmosphere)
2.7.1. 태풍(颱風, typhoon)
2.8. 중·상층대기(성층권, 중간권)〔中·上層大氣(成層圈, 中間圈), middle·upper atmosphere (stratosphere, mesosphere)〕
2.8.1. 중간대기의 미량성분(中間大氣의 微量成分, minute component of middle atmosphere)
2.8.2. 초고층대기(超高層大氣, upper atmosphere)
2.9. 대기경계층(大氣境界層, atmospheric boundary layer, 난류 포함)
2.9.1. 접지(기)층〔接地(氣)層, surface boundary layer〕
2.9.2. 국지순환(局地循環, local circulation, 열적원인)
2.9.2.1. 해륙풍(海陸風, land and sea breeze)
2.9.3. 국지풍(局地風, local winds)
2.9.4. 안개〔무(霧), fog〕
2.10. 행성대기(行星大氣, planetary atmosphere, 惑星大氣)
3. 대기성분(大氣成分, atmospheric component)
3.1. 화학대기(化學大氣, chemistry atmosphere)
3.2. 운대기(雲大氣, cloud atmosphere)
3.2.1. 빙(氷, 얼음)의 물성(物性)(properties of ice)
3.3. 대기전기학(大氣電氣學, atmospheric electricity, 천둥번개, 雷電)
3.4. 에어러솔(aerosol)
3.5. 설빙학(雪氷學, snow and ice)
3.6. 대기광학(大氣光學, atmospheric optics)
3.7. 대기음향학(大氣音響學, atmospheric acoustics)
3.8. 운학(雲學. 구름학, nephology, 구름의 형태학)
4. 기후(氣候, climate)
4.1. 대기후(大氣候, macroclimate)
4.2. 중기후(中氣候, mesoclimate)
4.3. 소기후(小氣候, microclimate)
4.4. 도시기후(都市氣候, city climate, urban climate)
4.4.1. 열도(熱島, 열섬, heat island)
4.5. 고기후(古氣候, paleoclimate); 古氣候學(paleoclimatology)
4.6. 기후변화(氣候變化, climatic change)
4.7. 기후모델링(climate modeling)
5. 응용대기(應用大氣, applied atmosphere)
5.1. 일기예보〔日氣豫報, weather forecast(ing), weather prediction〕
5.1.1. 수치예보(數値豫報, numerical weather prediction)
5.2. 대기오염(大氣汚染, air pollution)
5.3. 산업대기(産業大氣, industrial atmosphere);
산업기상(産業氣象, industrial meteorology)
5.4. 항공대기(航空大氣, aeronautical atmosphere);
항공기상(航空氣象, aeronautical meteorology)
5.5. 해양대기(海洋大氣, marine atmosphere)

해양기상(海洋氣象, marine meteorology)

5.6. 수문대기(水文大氣, hydroatmosphere) = 수리대기(水理大氣);
수문기상(水文氣象, hydrometeorology) = 수리기상(水理氣象)

5.7. 대기재해(大氣災害, atmospheric disaster);
기상재해(氣象災害, meteorological disaster)

5.8. 생대기(生大氣, bioatmosphere); 생기상(生氣象, biometeorology)

5.9. 농업대기(農業大氣, agricultural atmosphere, agroatmosphere);
농업기상(農業氣象, agricultural meteorology, agrometeorology)

5.10. 산악대기(山岳大氣, mountain atmosphere);
산악기상(山岳氣象, mountain meteorology)

5.11. 생물과 대기(生物과 大氣, biology and atmosphere)

5.12. 위성대기과학(衛星大氣科學, satellite atmospheric science)

5.13. 레이더대기과학(레이더大氣科學, radar atmospheric science)

5.14. 대기제어(大氣制御, atmospheric control)

5.15. 대기통계(大氣統計, atmospheric statistics)

6. 전산대기과학(電算大氣科學, computation atmospheric science)

6.1. 그래픽처리(그래픽處理, graphic processing) S/W

6.2. DB 구축(DB 構築, data base development)

6.3. 병렬화[竝(並)列化, paralyza(sa)tion]

7. 기타(the others)

7.1. 통계수법(統計手法, statistical method)

7.2. 실험기술(實驗技術, experimental skill)

7.3. 사진기술(寫眞技術, photographic technique)

7.4. 대기사업(大氣事業, atmospheric business), 기상회사(氣象會社, meteorological company)

7.4.1. 어학(語學), 용어(用語), 논문(論文)의 쓰는 방법 (language study, terminology and method of writing a paper)

7.4.2. 연구(研究) 및 대기사업체제(大氣事業体制) (study and system of atmospheric business)

7.4.3. 회의(會議, conference)

7.4.4. 문헌(文獻, reference), 간행물(刊行物, publication)

7.4.5. 대기과학사(大氣科學史, history of atmospheric science)

7.5. 대기교육(大氣教育, atmospheric education)

7.6. 인물(人物, person)

7.7. 기상캐스터(氣象캐스터, meteorological caster), 대기캐스터(大氣캐스터, atmospheric caster)

7.8. 대기과학 관련 잡지(大氣科學 關聯 雜誌, journal with atmospheric science)

7.9. 지구 관련 분야(地球 關聯 分野, field with earth)

7.10. 천문(天文, astronomy)

7.11. 해양(海洋, ocean)

7.12. 측지(測地, geodesy, 測地學)

7.13. 지리(地理, geography)

7.14. 고체지구(固体地球, solid earth)

찾아보기

[국 문]

ㄱ

ㄹ

ㅁ

■ ㅂ

ㅅ

ㅇ

ㅈ

ㅊ

ㅋ

ㅌ

ㅍ

찾아보기

[영 문]

C

D

E

F

G

H

I

J

K

L

M

N

O

P

Q

R

S

T

U

V

저자 소개

소선섭(蘇鮮燮)

공주사범대학 지구과학교육과 졸업
서울대학교 대학원 지구과학과 졸업
일본 동경대학 대학원 연구생, 석사, 박사 졸업(대기과학 전공, 이학박사)

현재 공주대학교 대기과학과 교수

저서 기상역학서설(교학연구사, 1985)
일반기상학(교문사, 1985)
기상관측법(교문사, 1986)
지구과학개론(교문사, 1987)
지구물리개론(범문사, 1992)
지구과학실험(교문사, 1992)
기상역학서설 주해(공주대학교 출판부, 1996)
지구유체역학입문(공주대학교 출판부, 1996)
대기·지구통계학(공주대학교 출판부, 1996)
대기관측법(교문사, 2000)
승마입문(공주대학교 대기과학과, 2000)
천둥번개(雷電, 大氣電氣學)(공주대학교 대기과학과, 2000)
대기과학의 레이더(공주대학교 대기과학과, 2000)
승마와 마필(乘馬와 馬匹)(공주대학교 출판부, 2003)
기상역학 주해(註解)(공주대학교 출판부, 2003)
날씨와 인간생활(도서출판 보성, 2005)

E-mail: soseuseu@kongju.ac.kr

소은미(蘇恩美)

공주대학교 자연과학대학 대기과학과 졸업
공주대학교 자연과학대학 대기과학과 석사 졸업

현재 공주대학교 자연과학대학대기과학과 박사과정

E-mail : soeunmi80@kongju.ac.kr

서명석(徐明錫)

공주사범대학 지구과학교육과 졸업
서울대학교 자연과학대학 대기과학과 석사, 박사 졸업(위성기상학 전공, 이학박사)

현재 공주대학교 자연과학대학 대기과학과 부교수

E-mail : sms416@kongju.ac.kr

이천우(李天雨)

서울대학교 문리과대학 천문기상학과 졸업
경희대학교 산업정보대학원 정보통신학과 졸업
조선대학교 일반대학원 대기과학과 박사과정 수료
서울대학교 행정대학원 정보통신방송정책과정
서울대학교 자연과학대학 과학 및 정책 최고연구과정
중앙관상대, 기상연구소, 중앙기상대 근무
기상청 기상개발관, 관측관, 광주지방기상청장, 예보국장, 강원지방기상청장 역임

현재 진양공업(주) 기상환경연구소장

저서 전산업무개요(중앙관상대 기상연구소, 1980)
기상관측법(교문사, 1986)
공업계고등학교 전자응용(대한교과서, 1992)
대기관측법(교문사, 2000)

E-mail : cwlee@jinyangind.com

고층대기관측법

2007년 8월 30일 초판 발행
2008년 10월 15일 2쇄 발행

지은이 소선섭 외
펴낸이 류 제 동
펴낸곳 (주)교 문 사

디렉터 양계성
책임교정 김지연
본문편집 정연성 · 정연진
표지디자인 반미현
제작 김선형
마케팅 김재광 · 정용섭 · 송기윤

출력 문성애드컴
인쇄 동화인쇄
제본 과성제책사

우편번호 413-756
주소 경기도 파주시 교하읍 문발리
출판문화정보산업단지 536-2
전화 031-955-6111(代)
FAX 031-955-0955
등록 1960.10.28 제1-2호

홈페이지 www.kyomunsa.co.kr
E-mail webmaster@kyomunsa.co.kr
ISBN 978-89-363-0859-9(93450)

값 25,000원

*잘못된 책은 바꿔 드립니다.